U0254109

中国设施葡萄栽培技术大全

严大义 主编

中国农业出版社
北 京

大棚葡萄生产规模

大棚葡萄结果情况

编委与分工

	姓　名	职称与职务	工作单位	编写分工
主　编	严大义	教授	沈阳农业大学园艺学院	第一章（一至四）第二章（一至三） 第六章全部
副主编	赵常青	研究员　副所长	沈阳市现代农业研发服务中心 （原沈阳市林业果树研究所）	第三章全部 第十一章（三）
秘书长	蔡之博	研究员		第七章（一至五）
编　委	须　辉	教授　博导　李天来 院士团队副主任	沈阳农业大学园艺学院北方园艺设施设计与应用技术国家地方联合工程研究中心	第四章全部 第五章全部
	郭修武	教授　博导	沈阳农业大学园艺学院	第一章（五） 第十二章全部 第十八章全部
	赵奎华	研究员 原副院长	辽宁省农业科学院	第十三章全部
	赵文东	研究员 原研究室主任	辽宁省农业科学院果树研究所	第八章全部
	孙凌俊	研究员		第十章全部
	马海峰	副研究员 研究室主任	大连市农业科学研究院	第九章全部
	王海波	研究员 研究室主任	中国农业科学院果树研究所	第十一章（一、二） 第十六章全部
	王世平	教授　博导	上海交通大学农业与生物学院	第十五章全部
	刘　俊	研究员 原院长	河北省林业和草原科学研究院	第十四章全部
	张　平	研究员	国家农产品保鲜工程技术中心	第十七章全部
	白先进	研究员 院长	广西壮族自治区农业科学院	第十一章（四）
	赵胜建	研究员 副所长	河北省农林科学院昌黎果树研究所	第七章（六）
	常永义	教授	甘肃农业大学园艺学院	第十一章（五）
	商佳胤	副研究员	天津市设施农业研究所	第二章（四）
	王　丹	助理研究员		

副主编赵常青（左）、主编严大义（中）、秘书长蔡之博（右）

序

葡萄是世界性果树，遍布五大洲。近40年来，我国葡萄产业发展迅猛，业绩辉煌，无论是葡萄总产量还是鲜食葡萄产量均已连续多年跃居世界第一。尤其是近20多年来，设施葡萄产业也得到蓬勃发展，2019年全国设施葡萄面积约28万公顷，总产量约480万吨，均已位列世界首位。设施葡萄的发展，不仅解决了鲜食葡萄周年供应问题，而且促进了农民增收，已成为一些地区脱贫攻坚的重要产业。

然而，我国葡萄产业中除了总量独占世界鳌头外，在葡萄品质和生产效率方面均与葡萄生产先进国家有较大差距，特别是设施葡萄生产水平的差距更大。其主要原因除了我国葡萄产业科技创新能力不足、研究成果不能满足生产需求以外，更重要的是由于高水平的葡萄、特别是设施葡萄生产集成技术普及书籍不多，生产技术培训不到位，设施葡萄生产者的整体技术素质不高，生产技术不过硬。因此，在加强设施葡萄生产科技创新的基础上，出版具有实用价值的反映现代设施葡萄生产科技创新成果的书籍，强化设施葡萄生产者的科技培训，大幅度提升设施葡萄生产者的技术水平，是未来我国设施葡萄健康和可持续发展的关键所在。

严大义教授是我国知名的葡萄专家，他几十年来一直从事葡萄生产技术的创新与科技普及工作，无论是在职还是退休，他始终矢志不渝，为我国葡萄产业科技进步孜孜追求，积累了大量葡萄生产技术成果和经验。为了使这些葡萄生产技术成果和经验、特别是近年来形成的适于设施葡萄生产的“新设施、新品种、新知识、新技术”更好地应用于生产，以弥补设施葡萄栽培技术的不足，促进我国葡萄栽培技术升级，使我国由葡萄产业大国早日转变成葡萄产业强国，80多岁高龄的严大义教授组织编写了《中国设施葡萄栽培技术大全》一书。

这本书的编委会汇集了我国设施葡萄产业领域的众多知名专家，编写阵容实力雄厚。全书既涵盖了园艺设施设计、环境调控、养护管理与使用以及葡萄新品种和砧木引种试验、生态环境调控、树体构建和枝蔓花果管理、水肥一体化管理、病虫害防控和灾害管控、果实贮运保鲜等葡萄常规生产技术，还增添了葡萄产期调节、限根栽培、无土栽培、机械化与智能化管理和植物生长调节剂应用等近年来的新技术。全书内容丰富，技术先进，实用性强，具有很好的可读性，既适于作为葡萄生产者的指导书，也适于作为葡萄科技人员的参考书。相信这本书的出版发行，会受到葡萄科技工作者和生产者的广泛欢迎，必将推动我国设施葡萄栽培技术水平的进一步提高，为我国建成世界葡萄强国做出应有贡献。

李天来

2020年7月20日于沈阳

李天来院士工作照

前言

葡萄果虽小，恰是大产业。在世界上，上百种果树中，葡萄的产量（据FAO 2017年统计）仅次于香蕉和苹果，以7 428万吨排在第三位。我国葡萄1 170万吨（占世界15.8%）总产量和950万吨（占世界33.9%）鲜食葡萄产量均居世界第一位，其中设施葡萄更是独树一帜，无论是设施规模、结构，还是葡萄品种数量、栽培面积和总产量，都已连续多年位列世界首位。所以，我国是名副其实的葡萄产业大国。然而，我国还不是真正的葡萄产业强国，其中重要因素之一就是葡萄栽培技术没能与日俱进、相应提升，尤其是葡萄栽培方式由露地栽培逐步走向设施栽培以来，葡萄种植者对利用园艺设施中“光、温、气、土、肥、水”等葡萄生产要素，还缺乏足够的认知和全方位的调控能力，不少人还停留在露地栽培的技术范围内。

中国葡萄生产大国要向葡萄产业强国转化，不仅露地栽培技术要过硬，而且设施栽培必须现代化、智能化，这就催生了《中国设施葡萄栽培技术大全》著作的问世。用知识武装葡萄产业，让员工得到技术提升，以“新设施、新模式、新品种、新技术、新产业”为引领，配合农业产业化+物联网，促进全国葡萄栽培技术升级，就能逐步实现我国葡萄产业现代化，由葡萄生产大国转变成真正的葡萄产业强国。

本书共设18章，由设施葡萄概论引头，到葡萄设施类型、设计、选材、施工、养护和智能服务；紧紧围绕葡萄栽培的核心——品种、育苗、建园、树体结构和枝蔓、花果、土肥水一体化管理；树体和果实保护、采收、休眠期管理，葡萄鲜果分级、包装、储运、市场营销，又新增加葡萄促早、延后、一年多收的产期调节技术，葡萄根域限制栽培、葡萄无土栽培、葡萄栽培机械化与智能管理以及植物生长调节剂在葡萄栽培中应用等新科学、新技术。

书中推介我国目前设施葡萄主栽品种21个，部分科研院所和私营企业自育葡萄新品种24个，近年引进的葡萄最新品种8个等共计53个百余张果实彩照，加上各章插图和实景彩照300多幅，可谓图文并茂，极具阅读、参考和收藏价值。

在这里我要特别感谢18位编委们，在职工作任务十分繁重的情况下，挤时间为本书写稿。感谢中国农业出版社的各级领导和编辑为本书出谋划策得以如期出版发行。

在本书编写过程中，还得到我国广大葡萄科技界和产业界朋友的热情支持，提供文献资料、调研数据和实物照片，有的还亲自写出独立文章用以丰富作者主题章节的内容。我们除了在书中相关版面署名标出或参考文献中按规示出外，在此，再一次表示衷心感谢。

本书涉及内容广泛，不少是葡萄学科的边缘科学，这是一次新的尝试，加之主编水平有限，缺点错误定在其中，请读者批评指正，以利今后修改完善，谢谢！

严大义（13604007775）
2020年7月于沈阳农业大学

沈阳农业大学教学楼主楼

目录

序

前言

第一章

设施葡萄概论 …… 1

一、设施葡萄的概念 …… 1

二、发展设施葡萄的目的和意义 …… 2

（一）扩大葡萄生产种植区域 …… 2

（二）调节葡萄市场供应期 …… 2

（三）利于葡萄防病减灾 …… 2

（四）利于葡萄卫生安全 …… 3

（五）促进农民致富增收 …… 3

三、设施葡萄在生态农业中的地位 …… 3

（一）发展设施葡萄具有节地保粮功能 …… 3

（二）设施葡萄具有调节气候改善环境功能 …… 4

四、中国设施葡萄发展概况 …… 4

五、世界设施葡萄发展概况 …… 6

（一）世界葡萄生产概况 …… 6

（二）世界设施园艺发展历史与现状 …… 7

（三）世界设施葡萄（果树）发展历史与现状 …… 8

第二章

设施葡萄品种 …… 9

一、设施葡萄品种类型 …… 9

（一）按植物学起源分类 …… 9

（二）按果实成熟期分类 …… 10

（三）按浆果特性分类 ……10
二、设施对葡萄品种的要求……10
（一）设施葡萄品种应具备的特点 ……11
（二）设施葡萄品种选择 ……11
三、中国设施葡萄品种结构特点 ……12
（一）欧美杂交种的主导地位……12
（二）欧洲种葡萄栽培的崛起……14
（三）地域特色显著 ……14
四、设施葡萄主要品种简介……15
（一）常规葡萄品种 ……15
（二）中国自育的部分葡萄新品种 ……26
（三）近年引进的葡萄新品种……39

第三章

设施葡萄嫁接育苗……43

一、葡萄嫁接繁殖的意义 ……44
（一）葡萄嫁接的原理 ……44
（二）葡萄嫁接的历史 ……44
（三）葡萄嫁接在栽培中的作用……45
二、葡萄嫁接繁殖的生物学原理 ……45
（一）葡萄茎的构造与作用……45
（二）葡萄嫁接方法 ……46
（三）嫁接成活的过程 ……46
（四）影响嫁接成活的因素 ……47
三、葡萄砧木资源、品种与利用 ……48
（一）国内外葡萄砧木的研究与利用 ……48
（二）葡萄砧木资源 ……49
（三）我国常用葡萄砧木品种及特性 ……51
（四）葡萄砧木对接穗品种的影响 ……52
四、葡萄砧木和接穗生产……54
（一）葡萄砧木生产 ……54
（二）葡萄品种接穗生产 ……59
五、葡萄硬枝嫁接技术……59
（一）砧木和接穗的准备 ……59
（二）物料准备……60
（三）硬枝机械嫁接技术 ……61
（四）硬枝刀具嫁接技术 ……62

六、葡萄绿枝嫁接技术 ……63
（一）嫁接材料和物料的准备 ……63
（二）嫁接时期和嫁接方法 ……63
七、葡萄嫁接苗管理 ……64
（一）抹芽与除萌 ……64
（二）搭架与上架 ……65
（三）除卷须、主梢摘心与副梢处理 ……65
（四）其他综合管理 ……66
八、葡萄无病毒苗木培育 ……66
（一）葡萄无病毒苗木生产的重要性 ……66
（二）葡萄无病毒苗木生产的技术环节 ……67
九、葡萄苗木出圃和贮藏 ……69
（一）起苗 ……69
（二）苗木分级、消毒、包装、运输 ……70
（三）苗木贮藏 ……73

第四章
葡萄栽培的设施建造 ……75

一、葡萄生产设施的选择原则与方法 ……75
（一）确定产品市场定位 ……75
（二）确定市场供货方法 ……75
（三）确定生产设施类型 ……76
二、葡萄设施设计与建造技术 ……76
（一）避雨棚 ……76
（二）塑料大棚 ……77
（三）日光温室 ……81

第五章
设施葡萄栽培机械化与智能管理 ……86

一、土地整理机械化 ……86
（一）动力机械 ……86
（二）开沟机 ……87
（三）旋耕机 ……88
（四）枝条粉碎机 ……88
二、水肥一体化管理 ……89
（一）手动施肥器 ……89

（二）水肥一体化灌溉与施肥技术 ……89
三、植保设备……93
（一）背负式打药机 ……93
（二）高压喷雾打药机 ……93
（三）风送式打药机 ……94
（四）弥雾机 ……94
（五）多功能植保机 ……95
四、树体和果穗管理设备……95
（一）修枝剪 ……95
（二）打尖器 ……96
（三）绑枝机 ……96
（四）疏粒剪 ……97
（五）果穗整形器与助力器 ……97
（六）花瓣去除器……98
（七）套袋撑口器……98
（八）膨果器 ……99
五、采摘与运输设备 ……99
（一）升降式采摘车 ……99
（二）运输车 ……100
六、物联网设施环境监测与智能管理 ……100
（一）设施环境监测系统 ……100
（二）智能管控系统 ……101
附录 物联网在设施葡萄产业园中的应用……108
一、环境信息采集 ……108
二、智能监控应用 ……109
三、智慧管理系统 ……109
四、办公智能管理 ……110
五、产品质量追溯 ……111

第六章

设施葡萄生态环境与调控……112
一、光照的特点与调控 ……112
（一）光照的特点……112
（二）光照调控……114
二、温度的特点与调控 ……115
（一）温度的特点……115
（二）温度调控……116

三、水分的特点与调控 …… 118
（一）水在葡萄生命活动中作用 …… 118
（二）水分如何进入葡萄植株 …… 118
（三）设施葡萄水分的特点 …… 119
（四）水分调控 …… 120
四、气体环境与调控 …… 120
（一）设施内空气流动特点 …… 120
（二）气体环境对葡萄生育的影响及调控 …… 120
五、土壤环境与调控 …… 121
（一）土壤对葡萄生育的影响 …… 121
（二）设施内土壤环境的特点 …… 122
（三）设施内土壤环境的调节 …… 122

第七章
设施葡萄建园技术 …… 124

一、建园前的效益分析和风险评估 …… 124
（一）效益分析 …… 124
（二）风险评估 …… 125
二、园地选择与规划设计 …… 126
（一）环境条件 …… 126
（二）规划与设计 …… 128
三、设施葡萄架式 …… 130
（一）篱架 …… 130
（二）棚架 …… 131
四、葡萄架的建立 …… 132
（一）葡萄架材 …… 133
（二）建立葡萄架 …… 134
五、栽植技术 …… 135
（一）挖栽植沟与回填 …… 135
（二）苗木选择与处理 …… 136
（三）栽植时期与密度 …… 136
（四）栽植技术 …… 137
（五）当年幼树管理 …… 137
六、生态观光葡萄产业园的典范 …… 138
（一）上海马陆葡萄公园建园实践 …… 138
（二）河北昌黎葡萄沟石质山地建园技术 …… 142
（三）合肥市大圩“鲜来鲜得”大树稀植建园 …… 145

第八章
设施葡萄树体枝蔓管理 …… 147

一、葡萄枝芽特性 …… 147
（一）葡萄枝蔓构成与生长特性 …… 147
（二）葡萄芽的构成与生长特性 …… 148
二、葡萄定植当年幼树树体管理 …… 149
（一）抹芽、除萌（蘖） …… 149
（二）搭架、绑梢、除卷须 …… 149
（三）整形 …… 150
（四）新梢摘心 …… 150
（五）副梢处理与利用 …… 151
三、葡萄结果树树体管理 …… 152
（一）枝蔓引缚 …… 152
（二）抹芽、定枝 …… 152
（三）新梢引缚 …… 152
（四）新梢摘心 …… 153
（五）副梢处理 …… 153
四、设施葡萄树体整形 …… 154
（一）葡萄树体整形的意义 …… 154
（二）整形方式及特点 …… 154
（三）葡萄树体整形方法 …… 156
五、设施葡萄树体修剪 …… 159
（一）葡萄修剪基础知识 …… 159
（二）日光温室葡萄修剪 …… 161
（三）大棚葡萄修剪 …… 162
（四）避雨棚葡萄修剪 …… 163
（五）设施葡萄二次果生产修剪 …… 164

第九章
设施葡萄花果管理 …… 165

一、葡萄花芽分化 …… 165
（一）葡萄花芽分化时期 …… 165
（二）影响葡萄花芽分化的因素 …… 166
（三）调节花芽形成和分化质量的措施 …… 167
二、葡萄开花与坐果 …… 168
（一）葡萄花器官 …… 168

（二）葡萄开花 …… 169
（三）授粉与坐果 …… 170
三、葡萄疏花序与花序整形 …… 171
（一）葡萄疏花序 …… 171
（二）葡萄花序整形 …… 172
（三）植物生长调节剂在花序上的应用 …… 175
四、葡萄果实构成和影响果实品质的生态因子 …… 177
（一）葡萄浆果构成 …… 177
（二）影响果实品质的生态因子 …… 178
五、葡萄浆果发育和成熟的过程及栽培管理措施 …… 179
（一）初始快速生长期 …… 179
（二）生长缓慢期（硬核期） …… 184
（三）第二次快速生长期（果实成熟期） …… 186
（四）阳光玫瑰葡萄精品果的培育 …… 189

第十章
设施葡萄土肥水管理 …… 191

一、设施葡萄土壤管理 …… 191
（一）土壤是葡萄生存的基础 …… 191
（二）葡萄对土壤肥力的需求 …… 192
（三）设施内土壤利用特点 …… 194
（四）设施内土壤科学管理方法 …… 195
二、设施葡萄施肥技术 …… 196
（一）葡萄对营养元素的需求 …… 196
（二）提倡多施有机肥 …… 198
（三）科学施肥 …… 198
（四）国外兴起的新肥源 …… 202
三、设施葡萄水分管理 …… 202
（一）设施葡萄灌水原则 …… 203
（二）设施葡萄灌水技术 …… 204
（三）设施葡萄排水 …… 205

第十一章
设施葡萄产期调节 …… 206

一、设施葡萄产期调节的意义和原理 …… 206
（一）设施葡萄产期调节的意义 …… 206
（二）设施葡萄产期调节的原理 …… 206

二、果实成熟调控 …… 210
（一）影响果实成熟的因素 …… 210
（二）调控果实成熟的技术 …… 211
三、设施葡萄促早栽培 …… 213
（一）我国设施葡萄促早栽培概况 …… 213
（二）设施葡萄促早栽培模式与管理特点 …… 214
（三）设施葡萄促早栽培温度调控 …… 217
（四）设施葡萄休眠障碍 …… 219
（五）设施葡萄促早栽培更新修剪技术 …… 224
四、设施葡萄一年多收栽培技术 …… 228
（一）葡萄一年两收栽培模式 …… 228
（二）葡萄一年两收栽培品种 …… 230
（三）葡萄一年多收栽培管理技术 …… 230
五、设施葡萄延后栽培技术 …… 238
（一）设施葡萄延后栽培概况 …… 238
（二）冷凉干旱区日光温室的建造 …… 239
（三）定植技术 …… 242
（四）枝蔓管理 …… 243
（五）花果管理 …… 244
（六）土肥水管理 …… 245
（七）环境的调控 …… 246
（八）产期调节 …… 247
（九）冬季修剪与越冬 …… 248

第十二章
植物生长调节剂在设施葡萄中的应用 …… 249

一、植物生长调节剂的概念 …… 249
（一）植物生长调节剂 …… 249
（二）植物生长调节剂的主要作用 …… 249
（三）植物生长调节剂的安全性 …… 250
二、植物生长调节剂的种类、性质和作用 …… 251
（一）生长素类 …… 251
（二）赤霉素类 …… 251
（三）细胞分裂素类 …… 251
（四）乙烯类（乙烯发生剂） …… 252
（五）生长抑制剂和生长延缓剂 …… 252
（六）其他生长调节剂 …… 253

三、植物生长调节剂在设施葡萄生产中的应用 …… 254
（一）促进葡萄插条生根 …… 254
（二）打破葡萄植株休眠 …… 254
（三）拉长葡萄花序 …… 255
（四）控制葡萄新梢生长 …… 255
（五）提高葡萄坐果率 …… 256
（六）促进葡萄无核化 …… 256
（七）增大葡萄果粒 …… 258
（八）调节葡萄成熟期 …… 259
四、植物生长调节剂使用中应注意的问题 …… 260

第十三章
设施葡萄病虫害与防控技术 …… 261

一、设施葡萄病虫害防控的基本思路 …… 261
（一）注重生态防控的理念 …… 261
（二）坚持“预防为主，综合防治”的原则 …… 262
二、设施葡萄主要病虫害及其防控 …… 263
（一）葡萄真菌病害 …… 263
（二）葡萄细菌病害 …… 268
（三）葡萄病毒病害 …… 271
（四）葡萄生理病害 …… 273
（五）葡萄害虫 …… 278
三、设施葡萄科学施用化学农药 …… 287
（一）化学农药的毒力与药效 …… 288
（二）化学农药的作用方式 …… 288
（三）常用的化学农药剂型与制剂 …… 289
（四）农药浓度表示与稀释方法 …… 291
（五）设施葡萄农药的安全使用 …… 291
（六）农药配制、稀释速查表 …… 292

第十四章
设施葡萄灾害防控技术 …… 296

一、设施葡萄防灾减灾战略对策 …… 296
二、冻害 …… 297
（一）我国葡萄栽培可能发生冻害的地区及其气候特点 …… 297
（二）葡萄冻害 …… 297

（三）葡萄冻害的类型 …… 298
（四）防止葡萄冻害的技术措施 …… 299
（五）葡萄遭受冻害后的抢救措施 …… 301
（六）预防葡萄晚霜冻害实例 …… 301
三、冰雹与雪灾 …… 303
（一）冰雹 …… 303
（二）雪灾 …… 306
四、风害 …… 307
（一）大风危害 …… 307
（二）台风灾害 …… 310
五、水灾和火灾 …… 311
（一）水灾 …… 311
（二）火灾 …… 312
六、高温伤害（葡萄日灼病） …… 313
（一）葡萄日灼病的种类 …… 313
（二）葡萄日灼病的发病规律 …… 313
（三）葡萄日灼病的预防与治疗 …… 314
七、鸟害 …… 315
八、药害与肥害 …… 317
（一）葡萄药害 …… 317
（二）葡萄肥害 …… 319
（三）除草剂危害 …… 320

第十五章
葡萄根域限制栽培技术 …… 322

一、葡萄根域限制栽培的生物学基础 …… 322
（一）葡萄根系与根域限制栽培 …… 322
（二）葡萄园土与根域限制栽培 …… 322
二、根域限制的形式 …… 323
（一）垄式 …… 323
（二）沟槽式 …… 324
（三）箱框式 …… 324
（四）控根器模式 …… 325
（五）盆栽式 …… 326
三、不同生态条件下的应用模式 …… 327
（一）防寒区和非防寒区 …… 327
（二）多雨湿地生态区 …… 327
（三）少雨地下水位较低生态区 …… 328

（四）西北半干旱山地生态区 …… 328
（五）北方干旱寒冷、沙漠戈壁生态区 …… 328
（六）盐碱滩涂地栽培区 …… 330
（七）少土石质山坡地栽培区 …… 330
四、根域限制栽培模式下合理根域容积及土壤基质调配 …… 331
（一）根域容积选择 …… 331
（二）土壤基质调配 …… 332
五、根域土壤的肥水管理 …… 332
（一）肥水供给指标 …… 332
（二）肥水供给的原则和方法 …… 333
六、其他综合管理 …… 334

第十六章
设施葡萄无土栽培 …… 335

一、无土栽培的概念与历史 …… 335
二、设施葡萄无土栽培的原理 …… 337
（一）葡萄不同生育阶段对各种元素的吸收分配比例 …… 337
（二）葡萄不同生育阶段对大量元素与微量元素的吸收比例 …… 338
（三）葡萄不同生育阶段对大量元素的吸收速率 …… 339
（四）葡萄不同生育阶段对微量元素的吸收速率 …… 340
（五）葡萄各生育阶段及周年对矿质元素的需求量 …… 341
三、设施葡萄无土栽培的类型 …… 341
（一）无基质栽培 …… 341
（二）基质栽培 …… 342
四、设施葡萄无土栽培的常用设备 …… 344
（一）简易槽式无土栽培装置 …… 344
（二）盆式无土栽培装置 …… 347
五、设施葡萄无土栽培的营养液 …… 349
（一）经典营养液 …… 349
（二）营养液的配制（中国农业科学院果树研究所研发） …… 349
（三）营养液的使用 …… 350

第十七章
设施葡萄采收和产后处理 …… 351

一、鲜食葡萄品质指标 …… 351
（一）葡萄外观品质指标 …… 351
（二）葡萄内在品质指标 …… 352

（三）葡萄商品价值指标 …… 354
（四）葡萄耐贮运特性指标 …… 355
（五）鲜食葡萄的标准化 …… 356
二、设施葡萄采收 …… 357
（一）设施葡萄的成熟度和采收特点 …… 357
（二）采收前的准备 …… 358
（三）采收技术 …… 359
三、设施葡萄分级 …… 360
（一）葡萄分级标准制定要素 …… 360
（二）葡萄分级标准 …… 361
（三）企业的分级标准 …… 363
四、设施葡萄包装 …… 364
（一）包装的作用 …… 364
（二）包装的要求 …… 365
（三）现代包装场所与设施 …… 366
（四）包装容器与填充材料 …… 367
（五）葡萄大宗贮运销保鲜基本包装方式 …… 371
（六）商品化销售包装技术 …… 372
五、设施葡萄冷藏与冷链物流 …… 374
（一）创立低温环境实施葡萄冷藏和流通保鲜 …… 374
（二）温度精准检测、监测与控制技术及应用 …… 376
（三）冷藏库与果实温度的综合管理 …… 379
六、设施葡萄防腐保鲜处理 …… 381
七、设施葡萄贮运保鲜期潜力预警及果实货架寿命确定 …… 382

第十八章
设施葡萄休眠期管理 …… 384

一、葡萄树体休眠特性 …… 384
（一）葡萄树体休眠概念 …… 384
（二）葡萄树体休眠的生理特性 …… 385
（三）葡萄休眠期的需冷量 …… 385
二、设施葡萄解除休眠技术 …… 386
（一）葡萄被迫休眠的解除 …… 386
（二）葡萄自然休眠的解除 …… 386
三、葡萄树体抗寒能力与防寒技术 …… 388
（一）葡萄树体抗寒能力 …… 388
（二）葡萄树体防寒技术 …… 388

四、设施葡萄越冬前管理 …… 390
（一）冬季修剪 …… 390
（二）清理园地和架面 …… 390
（三）修整设施 …… 391
五、设施葡萄越冬防寒方法 …… 391
（一）日光温室葡萄越冬防寒方法 …… 391
（二）塑料大棚葡萄越冬防寒方法 …… 391
（三）设施葡萄越冬防寒其他问题 …… 392

主要参考文献 …… 393
编后 …… 397

葡萄限根及生草栽培

第一章 设施葡萄概论

一、设施葡萄的概念

设施葡萄是农业现代化工程装备技术在葡萄产业中应用的一个分支。它是利用人工园艺设施对葡萄生产要素全方位调控，为葡萄生长发育提供良好的生态环境，从而实现优质、高产、安全、高效的现代园艺生产方式。

设施葡萄以合理利用光、土、水、肥、气等资源，实现环境友好可持续发展为前提；以现代信息技术、生物技术、新型材料和现代园艺栽培技术为支撑，提高土地产能，实现葡萄优质、高产、安全、高效和常年供应为目标；以葡萄设施栽培为抓手，带动乡镇“三产”企业全面发展，促进乡镇村落经济发达、农村生态文明、农民家庭富裕，从而实现城乡一体化建成小康社会并努力向着社会主义现代化强国目标迈进。

随着我国国民经济的全面提升，人民对美好生活的向往热情澎湃，丰富人民的果盘子是新一代果树工作者义不容辞的责任。只有大力发展设施葡萄产业，才能为果品市场常年提供品优、味佳的葡萄鲜果。成熟的葡萄浆果，是一种外观美、风味佳、营养极为丰富的果品，通常含有15%～25%的葡萄糖、果糖和少量蔗糖，含有0.5%～1.5%多种有机酸、0.15%～0.9%蛋白质、0.3%～1%果胶、0.3%～0.5%钾、钙、磷、锰等对人体有用的矿物无机盐，以及人体所必需的多种维生素（维生素A、B族维生素、维生素C、维生素P）和10多种氨基酸等。经常食用葡萄及其制品更具医疗保健功能，对防止贫血、降低血脂、软化血管等具有辅助功效，尤其是近年研究指出葡萄汁中含有白藜芦醇，对人体癌细胞有抑制作用，防癌效果明显。发展设施葡萄，为国民常年提供更多、更好的鲜食葡萄，对促进人民健康长寿具有一定的功效。

当前，我国设施葡萄栽培的主要内容可分为五类，即防病避雨栽培、防寒增温栽培、防灾特殊栽培、观光限域栽培和介质无土栽培。设施栽培的生产类型有促早栽培、延迟栽培和多次果生产栽培等。比起露地葡萄栽培，设施葡萄不仅内容丰富多彩，而且实施起来科学有效，可控性大大提升，生产过程节地、省工、节能、安全，其效果稳产、优质、增收、高效。

二、发展设施葡萄的目的和意义

我国农业正面临着耕地不断减少，社会对农产品需求大量增长的严峻形势。为了保持社会生产与人民需求之间的相对平衡，就必须改变农业资源低效高耗的局面，以“强适应性新设施，高产优质新品种”为引领，走技术替代资源的路子，提高土地产能，其根本的出路在于走农业工业化的发展道路。

葡萄实行设施栽培是生产方式的一次革命，可以合理利用环境资源、调控葡萄生长发育、提前或延后浆果成熟和提高抵御自然灾害的能力，具有比露地葡萄更加高产、稳产、优质、高效的优越性，尤其具有较好的经济效益和社会生态效益，正驱动着我国设施葡萄迅猛发展。

（一）扩大葡萄生产种植区域

尽管葡萄适应性很广，生命力也很强，但是露地栽培还是受地理环境影响，其生存发展空间受到温度、湿度、光照、土壤等诸多环境因子的限制。随着栽培设施的广泛应用，葡萄生存条件和生长发育生态因子得到了保障，使得我国葡萄种植区域迅速扩大，东至山东半岛，西至青藏高原，南从沿海各省，北到黑龙江畔，到处都有设施葡萄栽培，葡萄已成为我国果树分布最广的树种。过去，祖祖辈辈没见过葡萄怎么长的内蒙古、黑龙江、吉林和西藏等高寒地区和青藏高原的农牧民，如今也能品尝到自己栽培的葡萄美味了。

（二）调节葡萄市场供应期

设施葡萄栽培通过人为调控设施内的温度、湿度、光照等环境因子，促进葡萄提早成熟或延后成熟，能有效地延长鲜食葡萄市场的供应期。云南元谋、建水等地有天然温室之称，大棚早熟葡萄3月即可上市，而一年多次结果的2～3茬葡萄可延续到春节前后采收，促使一年四季市场鲜食葡萄不断档。北方的沈阳日光温室早熟葡萄在4–5月也可上市，晚熟葡萄可延续到元旦至春节采收，除2–3月一段时间需依赖贮藏保鲜技术和外地引进葡萄外，可以满足沈阳市场对鲜食葡萄的周年需求。

（三）利于葡萄防病减灾

露地葡萄遇到多雨高湿天气，雨滴把空气中飞翔的真菌孢子带到葡萄枝叶花果上，极易从皮孔、气孔等处侵入器官内部滋生繁殖引发病害，或遭受暴雨、冰雹、霜冻等自然灾害，不仅损害了产量和品质，而且也使生产成本大幅增加，限制葡萄产业的发展。而设施葡萄由于受设施的保护和人为的调控，改善了设施内生态条件，葡萄病害的发生得到明显的抑制，暴雨、冰雹、霜冻等自然灾害基本可以杜绝。而我国冬季最低温－15℃线以北的大部分寒冷地区，在日光温室和可覆盖大棚等设施保护下，葡萄植株可以不下架埋土防寒越冬，这不仅免除了“冬埋春刨”的繁重作业，节省了大量劳力和资金，而且避免了上、下架给枝蔓带来的机械损伤，为葡萄优质、丰产、安全、高效创造了条件。

（四）利于葡萄卫生安全

近年来，国际和国内食品安全事件不断发生，引起世人的关注。我国大部分露地葡萄生产中都需要施用大量农药进行病害防治，很难做到无公害生产。而设施葡萄由于葡萄植株被覆盖在设施内得到有效保护，葡萄常见病基本能够避免，大大降低农药使用次数和剂量；同时设施内葡萄浆果很少受到粉尘和有害气体污染，完全可以达到绿色食品标准；尤其很多欧亚种葡萄成熟后能长期挂在树上，随需随采，可避免葡萄贮藏期间遭受二次化学污染，所以非常安全又卫生。

（五）促进农民致富增收

当前，我国国民经济大发展，年经济总量已跃居世界第二，给设施葡萄的发展带来曙光，政府下政策送补贴，引导农民投资设施葡萄建果园。南方多雨地带采用避雨棚栽培，不仅葡萄生产面积增加几十倍，而且由于浆果质量的提高，市场浆果售价也大幅上升，亩*产值普遍达到2万元以上。北方冷凉地区采用塑料大棚和日光温室栽培，充分发挥光热资源作用，将葡萄成熟期提早到4–5月上市，平均亩产值达3万～4万元，沈阳市还创造了最高亩产值达14万元的新纪录。设施葡萄超越的经济效益已成了我国某些地区农村脱贫致富的“金钥匙”，成为农村的曙光产业。

由于设施葡萄的发展，农民富裕了，乡镇企业和商贸发达了，农村生态文明和新农村建设升级了，为实现城乡一体化建成小康社会奠定了基础。

三、设施葡萄在生态农业中的地位

我国是世界上人均耕地面积较少的国家之一，同时也是农业生态脆弱的国家。各种自然灾害不断，生态环境恶劣，人多地少，直冲需粮底线。所以，全国农业都应为保粮底线和保护生态环境良性循环做出贡献，而设施葡萄恰恰可以大显神通。

（一）发展设施葡萄具有节地保粮功能

(1) 葡萄是藤本蔓生植物，利用限根方式栽培，可以“占天不占地或者少占地”。如河北昌黎凤凰山葡萄沟，就是在石质山地的乱石滩中、石头缝中凿坑填土栽葡萄苗木，依山傍水搭架引蔓，架上葡萄，架下行车，硬是人工造成一条十多公里长，闻名于世的郁郁葱葱、天蓝棚绿、红果飘香的葡萄沟。如果把这种向“空间”要效益的栽培方式在云贵、青藏高原和湘鄂川桂石质化山地推而广之，更好能使边远贫困的少数民族聚集地区早日过上富裕的小康生活！

(2) 同样利用“少占地多占天”的优势，设施葡萄更利于向荒山荒漠进军，只需引进水源，将占地不足1/5面积的葡萄栽植沟内客土改良即可栽苗建园。其改土栽苗的费用仅为栽培其他农作物的20%，而葡萄的收入却是一般农作物的十多倍。如甘肃河西走廊张掖、敦煌、酒泉、永登等戈壁沙漠和高寒山地，建设1亩日光温室葡萄的效益，相当于几十亩玉米

*亩为非法定计量单位，15亩=1公顷，下同。——编者注

或者百亩青稞的收入，当地大批藏汉农民都因种植日光温室红地球葡萄而脱贫致富。

(3) 如果用葡萄酒代替粮食酒，不仅有益于人体健康，而且又能节省出大量粮食和大批良田。因为葡萄出汁率为75%左右（1千克鲜葡萄能榨出0.75千克葡萄汁=能酿制原汁原味葡萄酒0.75升），如1亩地年产鲜葡萄按1 667千克计算，即可酿出酒精度12度葡萄酒约1 250升。而1亩地只产玉米约600千克，能酿出酒精度50度白酒300升。换言之，1亩地葡萄生产出的酒精等于1亩地玉米生产出的酒精。所以，用葡萄酒替代粮食酒是科学、合算的、必需的！据统计，我国2018年用于酿造白酒的粮食871.2万吨以上，需耗费1 452万亩良田，这是多么大的浪费！

（二）设施葡萄具有调节气候改善环境功能

(1) 葡萄植株地上部枝叶繁茂，可以净化空气，增氧消尘，调节温湿度，夏以遮阴，冬以防风，创造出如同公园绿地和森林植被类似的小气候，改善环境，保护家园，造福人民。

(2) 我国是贫水国家，政府一贯倡导发展节水农业。新疆是我国最大的葡萄产区，露地葡萄园每年每亩用水量约为1 000米^3，而采用"大棚设施膜下滴灌"栽培葡萄的用水量约为300米^3/（年·亩），节水70%左右。这对于我国西北风大、干旱、蒸发量很大的地区来说，水是生命线，有水才有人居耕作，没水只见戈壁荒漠，节水等于创造财富，节水等于扩延生命。

(3) 设施葡萄在棚室的保护下，能抵抗或减轻大风、暴雨、冰雹、冷害等自然灾害，保持农业生态的稳定。如河北怀来万亩葡萄防雹网、哈尔滨东金公司3 000亩葡萄防寒大棚等都起到减病免灾的积极效果。

(4) 设施葡萄能推动观光旅游业的发展。如新疆吐鲁番葡萄沟、上海马陆葡萄公园、河北昌黎凤凰山葡萄沟等都是闻名于世的生态农业观光的典型。

四、中国设施葡萄发展概况

我国利用设施栽培瓜果的历史悠久，有文字记载可查到的也有2 000多年历史了。据《古文奇字》记载，公元前221年秦始皇统一中国以后，提出"制天命而用之"的人定胜天的口号，"密令种瓜于骊山"（今西安临潼境内），而且"瓜冬有实"。这应该是我国有史以来最早的温室栽培。但是，古代有无设施葡萄栽培的史实？至今未见报道。

我国改革开放以后，园艺工作者解放思想，引进技术，开始设施葡萄栽培试验，并陆续取得成果。1981年齐齐哈尔市园艺研究所首次通过日光温室葡萄栽培技术成果鉴定；1983年沈阳农学院和辽宁省农业科学院果树研究所合作研究的数千亩"巨峰葡萄保护地栽培技术研究"项目也获得成功。随后，辽宁、吉林、黑龙江、内蒙古、河北等冬季寒冷地区的设施葡萄栽培逐渐投产并形成相当大的规模，如辽宁省盖州市熊岳地区万亩巨峰葡萄日光温室和塑料大棚应运而现，使同一品种的设施葡萄比露地葡萄提前1～3个月上市，改变了北方春夏季水果萧条局面，取得良好经济效益。1995年6月，中国农学会葡萄分会乘势而为在河北滦县召开中国"第一届葡萄保护地栽培技术研讨会"，进一步肯定和推广辽宁、河北各地日光温室和塑料大棚葡萄栽培方式、技术和经验，促进设施葡萄向全国有条件的地区迅速发展，设施葡萄栽培地区由辽宁逐渐向北京、天津、河北、山东、山西、陕西、甘肃、宁夏、内蒙古、新疆等省、自治区、直辖市扩展，并很快建成了如河北饶阳万亩维多利亚葡萄、天津滨海千亩玫瑰香葡萄，以及陕西渭南和甘肃等高寒地区几万亩日光温室和塑料大棚红地球葡萄，新疆吐鲁番千亩早熟葡萄等设施葡萄生产基地。

20世纪末，上海农学院葡萄避雨棚栽培试验取得成功，葡萄病害得到有效控制。葡萄基本不发病或很少发病、高产稳产、品质优秀、市场价高，很受栽培者欢迎，带动了华东、华中、华南、西南等年降水量大于700毫米地区葡萄避雨棚栽培的大发展，打破了历史上“葡萄不过江”的禁锢，很快就出现千亩、万亩避雨棚葡萄商品基地，开辟了我国南方葡萄设施栽培的新纪元。

进入21世纪以后，南方避雨棚葡萄迅速发展，出现了像云南建水县“全国早熟葡萄和一年两熟葡萄生产基地”。建水县地处北回归线，属亚热带高原季风气候，被称为中国的“露地温室”，这里有近10万亩的夏黑葡萄，其中80%以上由外地葡萄生产商投资兴建。如红河州提子科技产业有限公司是由浙江台州商人投资5 000多万元，兴建16 000亩大棚种植夏黑葡萄（图1-1），实行一年两收栽培，一茬果于3月底至4月中旬采收上市，比北方日光温室葡萄促早栽培（5月中旬至6月中旬成熟）还提前一个多月，多年来已经占领全国早熟葡萄市场，不仅满足消费者需求，而且卖出好价钱，取得亩产值5万～8万元的经济效益；而且二茬果正遇中秋及国庆两节采收上市，又赚了一大把，并大大丰富了人民群众“两节”期间的生活需求。

图1-1　云南省红河哈尼族彝族自治州大棚夏黑葡萄生产基地

21世纪，正逢我国农村实施农业产业结构调整和农民脱贫致富计划实施之际，提倡“退耕还林”，葡萄作为“经济林木”适应其时，正好能发挥所长。例如，甘肃“河西走廊”的敦煌、酒泉、张掖等高寒山区农民，利用荒漠、沟壑挖土筑墙，建起了大量土洋结合的“钢架土墙塑料顶”的日光温室（图1-2），充分发挥当地阳光充足、土墙保温的有利环境优势，大力发展设施葡萄延后栽培，生产“两节葡萄鲜果”供应元旦和春节市场，卖上了好价，取得每亩4万～5万元产值的极好经济效益，为我国西部广大地区贫困农民“脱贫致富”闯出一条新路。

图1-2　甘肃省日光温室葡萄生产基地

尤其近20年来，党和政府对农民的“乡村振兴”“脱贫攻坚”等一系列政策，强力促进全国葡萄大发展，2016年葡萄产量已跃居世界第一位，葡萄面积仅次于西班牙居世界第二位。而且鲜食葡萄的面积和产量已连续多年居世界首位，设施葡萄更是独树一帜——无论是设施规模、结构多样化，还是葡萄品种数量、栽培面积和总产量，都是位列世界第一的。据国家统计局数据（表1-1），2019年全国葡萄种植面积72.62万公顷，葡萄总产量1 419.54万吨。其中，估算设施葡萄占有比重约38%，即全国设施葡萄面积约28万公顷，年产量约539万吨。

表1-1　中国葡萄产业发展情况（1979—2019年）

年份	面积（万公顷）	绝对增值（万公顷）	总产量（万吨）	绝对增值（万吨）
1979	3.26	–	25.1	–
1989	13.87	10.61	87.4	62.3
1999	22.32	8.45	270.81	183.41
2009	45.12	22.80	715.15	444.34
2019	72.62	27.50	1 419.54	704.39
设施葡萄（估计）	约28	–	约539	–

注：港、澳、台3地未统计在内。

五、世界设施葡萄发展概况

（一）世界葡萄生产概况

人类利用和栽培葡萄的历史非常悠久，有5 000 ～ 7 000年，在5 000年前埃及古墓的壁画上就出现有葡萄棚栽培、采收、榨汁和酿酒的描绘。现今，葡萄栽培已遍及世界五大洲，成为分布最广的果树，但多数葡萄产区在北纬20° ～ 52° 及南纬30° ～ 45° ，约

95%的葡萄集中在北半球。

根据FAO数据，2016年世界葡萄园收获面积为709.67万公顷，葡萄总产量为7 743.89万吨，根据国际葡萄与葡萄酒组织(OIV)公布的报告显示，2017年全球葡萄栽培面积共760万公顷。2019年世界葡萄产量最大的前五国依次为中国、意大利、美国、法国和西班牙，而栽培面积最大的前五国依次为西班牙、中国、法国、意大利和土耳其。

（二）世界设施园艺发展历史与现状

设施农业是利用现代工程技术手段和工业化生产方式，为作物生产提供可控制的适宜生长环境，充分利用土壤、气候和作物潜能，在有限的土地上获得较高产量、品质和效益的一种高效、集约化的农业生产技术。近年来世界范围内设施农业随着农业环境工程技术的突破，发展迅速，不仅使单位面积产量大幅度增长，而且保证了蔬菜、瓜果等农产品全年均衡供应。

早在15–16世纪，荷兰、法国、中国和日本就开始建造简易温室，栽培时令蔬菜或小水果。17世纪开始采用火炉和热气加热玻璃温室。19世纪在英格兰、荷兰、法国出现双面玻璃温室，这时期温室主要栽培黄瓜、草莓和葡萄等。19世纪后期，温室栽培技术从欧洲传入美洲及世界各地。据不完全统计，截至2017年底，世界设施园艺总面积约为460万公顷，主要分布在亚洲、地中海沿岸、非洲及欧洲等地区。中国设施园艺面积达370万公顷，居世界第一，其中设施葡萄面积也是世界最大的国家，截至2016年全国设施葡萄总面积已超过28万公顷。设施栽培技术起步早、发展快、综合环境控制技术水平高，比较先进的国家有荷兰、法国、英国、西班牙、意大利、美国、加拿大、日本、韩国、澳大利亚、以色列、土耳其和中国等国家。从种植地域分布来看，中国、日本和地中海沿岸国家主要种植蔬菜、草莓和葡萄，欧美一些发达国家以高附加值的鲜切花和盆栽花卉生产为主。

近年来，世界各国设施农业主要涉及以下几个领域：

一是园艺作物温室栽培。近代园艺作物温室栽培主要包括塑料大棚栽培和现代玻璃温室栽培两类。目前，世界上塑料大棚栽培最多的国家是中国、意大利、西班牙、法国和日本等国，栽培的主要作物是蔬菜和花卉。而中国利用塑料农膜覆盖的避雨棚、大棚和日光温室栽培葡萄的面积已经超出28万公顷，为世界之最。玻璃温室是荷兰、英国、法国、德国、日本等国家发展的一种现代化温室，以荷兰的栽培面积最大，全国玻璃温室面积超过1万公顷，世界上玻璃温室生产的主要作物仍然是蔬菜和花卉。当前，玻璃温室发展的主要问题是能源消耗大、成本高。

二是温室无土栽培。无土栽培技术是随着温室生产技术发展而研究采用的一种最新栽培方式，分为基质栽培和无基质栽培（水培）两大类。无土栽培的营养液中完全具有、甚至超过土壤所供给的各种营养物质，因此更有利于各类作物生长发育。目前世界上已有100多个国家将无土栽培技术用于温室生产。目前温室无土栽培比较发达的国家包括美国、荷兰、日本及英国等，主要生产的是蔬菜（黄瓜、番茄、叶菜类等）及部分花卉。以色列“耐特菲姆”（NETAFIM）农业示范园区塑料温室内的自动水肥系统，采用了先进的营养膜技术进行瓜果蔬菜无土栽培，种植工人坐在电脑遥控平台前就可管理成千上万平方米的作物，通过伸向生产线上的各种传感器，将专业技术人员设计的采集数据源源不断地传入电脑，通过自动操作平台配料后，营养液又源源不断地输送给作物，极大地精准、省肥、省时和节省人力。而意大利应用无土栽培加热水滴灌使葡萄一年两收，取得了高效益，促进温室葡萄无土栽培的发展。但是，温室无土栽培还存在投资较高、营养液中有时会遭受病原菌感染使植物受害等局限性。

三是植物工厂。植物工厂是继温室栽培之后发展的一种高度专业化、现代化的设施农业。它与温室生产不同点在于，完全摆脱大田生产条件下自然因素和气候的制约，应用现代先进技术设备，完全由人工控制作物生长发育环境条件，实现全年均衡供应农产品。目前，高效益的植物工厂在某些发达国家发展迅速，实现了工厂化生产蔬菜、食用菌和名贵花木等。其中，日本是全球植物工厂发展最好的国家之一，主要种植番茄、辣椒以及叶菜类蔬菜。由于植物工厂受设备投资大、耗能大、成本较高等影响，发展慢，规模小。但是，它是集约农业的代表，是智能农业的方向，植物工厂必然要成为今后人类植物性食品的来源之一。

（三）世界设施葡萄（果树）发展历史与现状

在世界上，18世纪就开始了果树的设施栽培，但快速发展是在近20 ～ 30年。20世纪80年代以来果树设施栽培发展迅速。据资料表明，世界各国设施果树栽培面积超过60万公顷，葡萄是设施栽培主要树种之一，此外还有草莓、桃、樱桃、李子、杏和无花果等树种。设施葡萄栽培最早始于中世纪的英国宫廷园艺，1882年日本开始小规模温室葡萄生产。在亚洲，日本是世界上果树设施栽培技术最先进的国家，设施果树以草莓、葡萄和无花果等为主，其中设施葡萄(塑料大棚和温室)面积最大，主要分布在北纬36° 以南的山形、岛根、山梨及福冈等县。世界上设施葡萄栽培面积在1万公顷以上的国家有中国、日本、西班牙、荷兰、美国、韩国、土耳其；此外加拿大、意大利、英国、法国、葡萄牙、罗马尼亚、希腊、以色列、德国、比利时、智利、保加利亚、突尼斯、埃及等国家塑料温室发展面积也较大。这些国家设施葡萄栽培都有一定的发展，其中荷兰和意大利的鲜食葡萄几乎都是设施生产的。

总之，世界上葡萄栽培方式已从传统的露地栽培模式向现代高效设施栽培模式转变，设施栽培已成为其中重要栽培形式。随着现代农业科技进步与发展，设施葡萄生产必将有一个大发展。

第二章 设施葡萄品种

一、设施葡萄品种类型

（一）按植物学起源分类

葡萄科（Vitaceae Juss）植物共有7属，70余种，其中我国约有39种1亚种13个变种。为多年生木质藤本或攀缘灌木，叶互生，叶的对面着生卷须或花序，花序为总状花序或圆锥花序，花单性或两性，花萼合生，花冠由5个花瓣合生，雄蕊多为5个，雌蕊1个，子房上位，受精后发育成果实。

葡萄属植物又分为真葡萄亚属（*Euvitis* Planch.）和麝香葡萄亚属（*Muscadinia* Planch.）。麝香葡萄亚属有3种：圆叶葡萄、乌葡萄和墨西哥葡萄，目前极少作鲜食葡萄利用。设施葡萄主要用于鲜食，鲜食葡萄只归真葡萄亚属。真葡萄亚属包括68种，根据地理分布的不同，可分别归属于3个种群：

1.欧亚种群 仅有欧亚种（*V. vinifera* L.）葡萄一个种，起源于欧洲、亚洲西部和北非，目前全世界有8 000个以上栽培品种，世界著名的鲜食葡萄品种均属本种。该种群葡萄耐高温和耐干旱，浆果品质优良，是优质鲜食葡萄品种的基因库。但是，高湿、低温及短日照等是该种群葡萄发展的限制因素。目前我国设施葡萄的代表品种如无核白鸡心、维多利亚、牛奶、美人指、红地球、秋黑、克瑞森无核等均属欧亚种葡萄。

2.美洲种群 包括28种，仅美洲种（*V. labrusca* L.）葡萄和美洲种葡萄与欧亚种葡萄的杂交后代(又称欧美杂交种葡萄）在鲜食葡萄栽培中得到广泛应用。该种原产于加拿大东南部和美国东北部。特点是叶片带有浓密的毡状绒毛，幼叶深桃红色，果实圆形，肉软，有肉囊，具有浓郁的草莓香味（或称狐臭味），故该种亦称狐葡萄。对环境的适应能力较欧亚种葡萄强，可耐－30℃低温，抗病性亦强于欧亚种葡萄，但是，不抗根瘤蚜，对石灰质土壤敏感（易生小叶和患失绿病）。目前，美洲种群直接用于我国设施葡萄的代表品种却很少，已知的仅有玫瑰露（地拉洼），红香水（卡它巴）；但是，采用美洲种和欧亚种所产生的杂交种后代，继承了欧亚种和美洲种葡萄的优点，更适应短日照、弱光及低温环境，恰好适应我国南北方设施葡萄栽培的要求，栽培面积很大。目前欧美杂交种葡萄已占据我国设施葡萄栽培品种的半壁江山，如巨峰和巨峰群品种（有40多个品种）、阳光玫瑰及其后代（目前已有近20个品种）等。

3.东亚种群　包括39种以上，生长在中国、朝鲜、日本、俄罗斯等山地、河谷及海岸旁，都处于野生状态，较有代表性的为山葡萄（*V. amurensis* Rupr.），至今尚未培育出具有优质鲜食葡萄风味的品种。

（二）按果实成熟期分类

葡萄果实生长发育是有规律的，即前期生长迅速（70%），中期生长极缓慢（5%），生长主要表现于胚的发育与核的硬化上，后期出现一次生长高峰（占25%），使生长量呈双S形曲线的图像。

葡萄不同品种浆果从受精后开始生长到表现出该品种应具有的颜色、糖酸度和肉质风味（成熟），所需有效积温和天数是不等的，据此，可将鲜食葡萄品种分为五类（表2-1）。

表2-1　鲜食葡萄品种分类（按有效积温）

品种类型	从萌芽期至浆果充分成熟所需		设施葡萄代表性品种
	有效积温（℃）	天数（天）	
极早熟品种	2 100 ～ 2 300	<120	早巨峰、乍娜、87-1系、早夏无核
早熟品种	2 301 ～ 2 700	121 ～ 140	夏黑、着色香、维多利亚、京亚、光辉、春光、蜜光、早香玫瑰
中熟品种	2 701 ～ 3 200	141 ～ 155	巨峰、巨玫瑰、香悦、甜蜜蓝宝石
晚熟品种	3 201 ～ 3 500	156 ～ 180	红地球、阳光玫瑰、牛奶、美人指、玫瑰香
极晚熟品种	3 501以上	>180	秋黑、克瑞森无核

（三）按浆果特性分类

葡萄在开花后胚的发育正常与否，所结果实出现两种类型：一种是开花后经过授粉、受精作用，葡萄的胚发育正常，浆果中形成正常的种子，称为有核葡萄。另一种是开花后只有授粉过程而无受精作用，葡萄的子房受花粉刺激而形成单性结实不产生种子；或者虽经授粉、受精作用，葡萄的胚在发育过程中途败育，形成的浆果具有很细小幼嫩瘪粒种子，称为无核葡萄。

在葡萄栽培生产实践中，葡萄胚中途败育而形成的无籽浆果，是受品种遗传基因控制的，不可逆转，称天然无核葡萄；而单性结实所形成的无籽浆果，是受树体营养条件、开花期环境条件（如光照不足、气温过低、湿度太大等）不适等影响所致，如果在开花期满足葡萄所需，是可逆的，葡萄的胚就能正常发育而产生种子，成为有核葡萄。所以，在管理水平不高的葡萄园大多数的有核葡萄品种，在每穗葡萄中或多或少都存在单性结实的无籽果粒。

二、设施对葡萄品种的要求

设施葡萄的生育环境比起露地葡萄的生存环境有很大的差别，再加上设施栽培往往要求葡萄上市期尽可能填补露地葡萄的空白，对葡萄品种的要求有其特殊性。

（一）设施葡萄品种应具备的特点

1.适应设施环境 设施内光照时间缩短，光照强度减弱，因此需要选择在弱光下容易形成花芽的品种，浆果容易着色，特别是散射光就能着色的品种。设施内高温、多湿的生态环境，常常导致植株徒长，叶片及果实灼伤、萎蔫和脱落，因此应选择耐高温、不易徒长、生长势中庸健壮的葡萄品种。

2.商品性状优良 设施栽培属集约经营，投资大、生产费用多、产品成本高的高效农业，要求选用产量高、品质优、商品价值高的葡萄品种，如果穗大小适中、穗形优美、适宜包装，果粒大、果形美、色泽艳，果肉细腻多汁香甜、货架期长、耐贮耐运等。

3.合适的成熟期 设施栽培一个主要的目的是调节葡萄成熟上市时期，以满足人民的需求。所以就出现“促成栽培”“延迟栽培”“二次果栽培”等改变葡萄成熟上市期的栽培技术，选择相适应的“特早熟”“早熟”“晚熟”、“特晚熟”或能多次开花结果的葡萄品种。

（二）设施葡萄品种选择

1.促成栽培 首先，从遗传角度看，应选择特早熟和早熟葡萄品种；其次，从栽培技术上分析，应选择休眠期短，容易人工辅助解除休眠，花芽分化容易，可实现连续丰产，叶片相对较小，生长势中庸健壮，耐高温、易着色、易管理的葡萄品种。多年的生产实践表明，着色香、藤稔、夏黑、光辉、京亚、87-1、无核白鸡心、维多利亚、蜜汁、醉金香、早巨峰、红光无核、春光、蜜光等葡萄品种适宜促成栽培。

2.延迟栽培 从生物学特性上看，应选择晚熟、极晚熟，叶片耐低温、抗老化、生育期长的葡萄品种。对果实性状的要求，除综合品质优良外，浆果应硬脆，在延迟采收过程中不软化、不退糖的葡萄品种。葡萄延迟栽培，在我国北方东经105° ～ 125° ，北纬35° ～42° 范围内的一部分地区较合适，适宜的葡萄品种有：阳光玫瑰、玫瑰香、紫甜、红地球、秋黑、美人指、意大利、克瑞森无核、牛奶、龙眼等品种。

3.避雨栽培 实施避雨栽培的区域，往往是降雨频繁、光照不足的地区。再加上避雨棚膜有一定遮光作用，对葡萄前期花芽分化有所影响，也不利葡萄后期果实着色。为此，应首先选择耐阴雨潮湿、比较适合短日照和散射光着色的欧美杂交种葡萄品种，如巨峰、醉金香、夏黑、巨玫瑰、阳光玫瑰、蜜光、宝光等品种。适度选择欧亚种中花芽分化容易的维多利亚、87-1、意大利、秋黑、红地球等品种。

4.一年多收栽培 葡萄一年内有多次副梢生长，每次副梢的基部都产生冬芽。只要选择花芽分化早、分化进程短而彻底的欧美种一些葡萄品种，如早巨峰、京亚、春光、蜜光、醉金香、巨峰等，一年内通过人为诱导当年形成的冬芽在合适的时间萌发，就可再次结果或多次结果。在这个生产领域做得最好的要数日本和我国台湾、广西等地。另外，欧亚种中极早熟和早熟易成花的葡萄如维多利亚、无核白鸡心等品种，也可实现一年多收。

5.观光采摘葡萄栽培 现在越来越多的消费者都愿意体验自己不熟识的生活，尤其是食品领域的“探真”成为一种时尚，于是就出现顾客直接进园自采葡萄。“观光采摘葡萄园”与普通葡萄生产园的最大区别在于葡萄品种要多样化，从浆果成熟期来说，早、中、晚熟品种都得有；从浆果外观上，要求粒大、色艳、形奇；从浆果的内在品质上要求肉脆、汁多、酸甜适口。不同地区人们的饮食习惯不尽相同，品尝感觉不一样，选择葡萄品种时可从调查当地果品市场入手。

三、中国设施葡萄品种结构特点

（一）欧美杂交种的主导地位

由于我国属大陆性季风气候，通常南方夏秋多雨，日照时间短，广大北方冬季长、温度低，是我国葡萄发展的主要限制因素。然而，欧美杂交种葡萄抗性强，适用范围广，在我国大江南北都可栽培，推广面积大，分布地域广，适合我国生态环境；同时，欧美杂交种葡萄很适合中国人的消费习惯；可见其在我国设施葡萄中所处的主导地位将长期难以改变。目前我国推广的欧美杂交种葡萄主要有巨峰群及阳光玫瑰群。

1. 巨峰群葡萄品种

（1）巨峰群葡萄来源　巨峰（Kyoho）葡萄品种是日本大井上康氏于1937年以石原早生作母本，森田尼作父本杂交育成，1945年命名发表。经过日本与我国葡萄工作者半个多世纪的不懈努力，以巨峰为亲本进行广泛的杂交育种和无性系选种，至今已选育出近百个鲜食葡萄品种，如先锋、夏黑、辽峰、户太8号、醉金香、巨玫瑰、光辉等。它们或多或少继承了巨峰父本森田尼的粒大、品优等欧亚种的特性，又继承了巨峰母本石原早生抗逆性好、适应环境能力强的美洲种野生特性，统称为巨峰群葡萄。

（2）巨峰群葡萄品种特点

①适应性很强，抗病性、抗旱性、耐弱光能力均强，是我国鲜食葡萄分布范围最广、栽培面积最大、产量最多的葡萄品种。

②果粒硕大超群，平均粒重大于10克。单粒重最大的藤稔葡萄经膨大剂处理后可达57克，1994年获得“上海大世界吉尼斯之最”证书，创造葡萄史上单粒重记录。

③花芽分化容易，结果系数高，连续丰产性强，很适合设施栽培和一年多收栽培。

④在成熟期方面，巨峰群上百个品种，除了大多数为中熟外，也有早巨峰、京亚、宝光、光辉及夏黑等早熟品种。

⑤在果实香气方面，巨峰群中大多数品种具有草莓香味，其中我国葡萄专家在杂交育种中创造性地把“玫瑰香”风味第一次导入巨峰群，成功培育出醉金香、巨玫瑰、长青玫瑰、蜜光等具有玫瑰香型的优质鲜食葡萄，几乎成了中国设施葡萄品种构成的主力军。

⑥在果实无核化方面，巨峰群葡萄品种中的大多数都可实现无核化生产，如夏黑、京亚、巨峰、先锋、醉金香等具有很强的单性结实能力，提高浆果商品价值。

⑦巨峰群品种尽管优点很多，但是还称不上“完美”，依然有果实柔软、有肉囊，耐贮运性差，货架期短的缺陷；栽培中，像巨峰、紫珍香等品种落花落果较严重，巨玫瑰、状元红等品种成熟期着色较慢。

2.阳光玫瑰群葡萄品种　有人说阳光玫瑰葡萄“生”在日本，却“长”在中国，此话真实。自2007年开始生产推广以来，在这短短14年时间里，阳光玫瑰在中国东南西北中，五大农业区域已经得到普及。据农商多部门统计，中国现有栽培面积不少于50万亩，年产鲜果60万吨以上。

（1）阳光玫瑰来源：阳光玫瑰，为欧美杂交种，二倍体。日本农林水产省果树试验场安艺津支场培育，亲本为安艺津21号 × 白南。1988年杂交，1993年初选，1997年决选，1999年开始在28个都道府县的30个国立试验研究机构进行系统试验，2003年定为品种，但发现感染病毒严重，随后开展为期3年的脱毒工作，2006年品种登记，2007年开始向生产者提供脱毒苗木（图2-1）。

图2-1　阳光玫瑰谱系

Wayne, Sheridan, Flame Tokay为美国早期葡萄品种，新马特（ネオマスカット）为日本品种

（2）阳光玫瑰葡萄品种特点：阳光玫瑰继承了母本安艺津21号欧美杂交种特性，树势强健，适应性广，抗逆性强，花芽分化好，易结果，早丰产，果皮韧性强，不裂果；又继承了父本白南欧亚种的血缘，具有独特的“高糖、纯香，优质”的鲜食品质，糖度超过20%，皮薄光亮，果肉细腻硬脆、耐储运，货架期长，实用价值高。

阳光玫瑰与巨峰比较，具有许多相同的特点，还具有显著的优点。其共同特点如树势强壮，抗性强，适应高温潮湿环境，花芽分化好，易于栽培，果穗大，果粒大，适于无核化等；阳光玫瑰的显著优点，表现在品质优，无裂果，耐运输，货架寿命长等，已经成为我国葡萄精品果的典型，如表2-2。

表2-2　阳光玫瑰与巨峰部分特性对比

品种	果肉质地	含酸量	香味类型	果皮与果肉分离难易	裂果	脱粒难易	货架寿命	栽培难易
阳光玫瑰	硬脆	低	玫瑰香	难	无	难	长	易
巨峰	中等	较高	草莓香	易	有	易	短	较易

（3）阳光玫瑰群葡萄品种：目前，阳光玫瑰成为继巨峰群之后又一个受欢迎的葡萄新品种，不仅如此，日本近年来又培育出一批阳光玫瑰的后代（近20个），形成阳光玫瑰葡萄群，如表2-3，其中不乏优秀成员，如红阳光玫瑰，穗大粒大，果皮光亮鲜红，果肉平滑适口，高糖低酸，香甜爽口。

表2-3 近年阳光玫瑰群葡萄育种谱系

（截至2018年资料）

序号	亲本		后代品种
1	红芭拉多（ベニバラード）（♀）		神红
2	极高（ジーコ）（♂）		黑阳光玫瑰
3	天山（♂）		雄宝、天晴
4	温可（ウインク Wink）（♂）		我的心、我的道、红国王、美和姬、富士之辉
5	甲斐乙女（♀）		高托比（コトピー Kotopy）
6	红地球（？）	阳光玫瑰	恋人
7	独角兽（ユニコーン Unicorn）（♀）		葡萄长果11号（也称皇后胭脂）
8	美人指（♂）		皇后7号（クイーン セブン Queen Seven）
9	淑女指（？）		思小指
10	红罗莎（ロザリオロッソ）（♀）		玫瑰13号、浪漫红颜、红阳光玫瑰（新闻玫瑰）
11	山梨47号（♀）		宝石玫瑰

注：根据日本相关网站资料整理。

（二）欧洲种葡萄栽培的崛起

1.对鲜食葡萄的品质需求的提高 随着我国经济的发展，国人对高档欧洲种葡萄需求量也在不断增强。长期以来，玫瑰香、牛奶、美人指及无核白等欧洲种品种一直作为高档葡萄来栽培和经营，特别改革开放后各地大批引种红地球、红光无核、克瑞森无核等欧洲种葡萄，大面积推广到全国适栽地域，是对鲜食葡萄品种的补充，也是提高葡萄市场需求量。

2.葡萄栽培新设施和配套新技术得到保障 过去露地葡萄栽培在很大程度上受天气制约很难做到“人定胜天”之举，尤其欧洲种葡萄因适应性差，导致葡萄产量低、病害严重、灾害频繁、品质较低、商品性差、效益不高、栽培者积极性不高；而如今，葡萄在设施保护和调控下茁壮成长，葡萄栽培呈现品种良种化、土肥水管理标准化、枝叶花果处理数字化、病虫灾害防治信息化，葡萄栽培技术整体水平显著提高，欧洲种葡萄栽培技术难题逐渐得到化解，栽培区域不断扩大，栽培面积迅速增加，欧洲种葡萄已成为我国葡萄发展中新的生力军。

3.对外贸易需求 我国是葡萄生产大国，鲜食葡萄的栽培面积和总产量已多年稳居世界首位，但出口量非常少。原因是多方面的，其中最重要一条是我国欧洲种葡萄栽培规模和技术水平与世界先进生产国家还是有差距的。然而，恰恰只有果肉硬脆的欧洲种葡萄才耐贮运，这也是促进我们攻克欧洲种葡萄栽培技术难关，以适应外贸所需。以红地球葡萄为例，我国从引进到大量出口仅仅用了20年的时间。

（三）地域特色显著

改革开放40年，我国农村取得翻天覆地的变化，延续了2 600多年的农业赋税已被彻底取消，标志着政府由过去对农业“索取”转变成“反哺”，农业基本建设得到政府的“补贴”，设施农业迅速发展，葡萄设施栽培如同雨后春笋般地崛起，并显示出各地的特色。

（1）沈阳市永乐乡近万亩的日光温室无核白鸡心葡萄，栽培已有近三十年了，薄皮肉脆，清香爽口，产量高，效益好，销往北京、天津、上海、广州，已成为当地的一张名声显赫的名片。2006年秋“第十二届全国葡萄学术研讨会”就在沈阳召开，总结推广“永乐无核白鸡心葡萄设施栽培技术和经验”，并被授予全国日光温室“无核白鸡心葡萄示范基地”。永乐乡的葡农由栽种葡萄致富，家家有存款、汽车和新房，幸福日子越过越香甜。

（2）河北省饶阳县万亩维多利亚大棚葡萄产量高，品质好，耐贮运，卖相好，利润高，葡农致富，带动当地“三产”发展，十里八村的农民都愿意往这里聚，“维多利亚葡萄”好似他们的一面旗帜，人人都团结起来，共同建设社会主义新农村。

（3）四川观音镇美人指葡萄，是川府江南鱼米之乡另类农村，房前屋后溪旁路边都是大棚葡萄，自从2000年8月观音镇第一次举办“美人指葡萄节”以来，已连续20年了。凡是种过美人指葡萄的专业人员都知道，它抗性弱，要求生存条件（光、温、湿、气、土）苛刻，可是观音镇葡农不仅把它种好，而且种成“名果”，2013年葡萄节开幕式上，葡农杨志明的葡萄园送展一穗2 000多克的美人指葡萄竟然拍出8 800元“天价”。

（4）甘肃河西走廊红地球葡萄实行延后栽培技术，元旦、春节上市，出现了西北高寒山区“棚外飘雪花，棚内吃葡萄”的人间仙境般自然景观，并创造了贫困山区农田亩产值超8万元的高效益记录。

（5）云南建水县于21世纪初才开始引种葡萄，如今已建成具有10多万亩的夏黑葡萄生产基地和“中国早熟葡萄市场”。最显著的特点是：筑巢引凤，引资兴业。现已引进浙商三千人，资金50亿元，投资建园10万亩，称为振兴乡村的典型范例：土地流转，农田变果园，农民变工人，农村变企业，农村逐步实现现代化。

四、设施葡萄主要品种简介

（一）常规葡萄品种

1.着色香　欧美杂交种，二倍体。别名：茉莉香。原产中国盘锦，辽宁省盐碱地改良与利用研究所于20世纪60年代以玫瑰露 × 罗也尔玫瑰杂交选育而成。2009年8月通过辽宁省种子管理局登记备案。

果穗圆筒形，带副穗，小，平均穗重175 ~ 250克。果粒长椭圆形，平均粒重3 ~ 4克，着生紧密，果皮较厚，紫红色，着色不一致。果肉硬度适中，汁中等多，可溶性固形物含量18% ~ 20%，很甜，具有浓郁茉莉香味，品质上等。每果粒含种子1 ~ 2粒，多为1粒，而且经常可见单性结实的无种子果实，所以，该品种非常适合无核化栽培（图2-2）。

植株生长势中等偏弱，芽眼萌发率和结果枝率都较高，早果性好，夏芽副梢结实力强，适合二次果生产，而且着深粉红色，亮丽、高糖、美味。在沈阳露地4月末萌芽，6月初开花，8月上中旬浆果成熟，属早熟品种。

图2-2　着色香
左：果穗形态　右：丰产状态（蔡之博　提供）

2. 京亚　欧美杂交种，四倍体。原产中国北京，1990年由中国科学院植物研究所北京植物园从黑奥林实生苗中选出，1992年通过品种审定。

果穗圆锥形或圆柱形，有副穗，大，平均穗重478克，最大可达1 070克。果粒椭圆形，大，平均粒重10.8克，最大可达20克，紫黑色或蓝黑色，着色一致。果肉硬度中等或较软，汁多，可溶性固形物含量13.5%～18%，含酸量0.65%～0.9%，味酸甜，有草莓香味，鲜食品质中等。每果粒含种子1～3粒，多为2粒，也经常出现单性结实的无种子果实，所以，该品种非常适合无核化栽培（图2-3）。

图2-3　京亚
左：果穗形态　右：丰产状态（蔡之博　提供）

植株生长势中等，芽眼萌发率80%，结果枝比占55%，隐芽萌发的新梢结实力强，适合二次果实生产。在沈阳露地5月初萌芽，6月中旬开花，8月中旬浆果成熟，从萌芽至浆果成熟约需120天，属早熟品种。

3.维多利亚（Victoria）　欧亚种，二倍体。罗马尼亚哥沙尼试验站1978年杂交育成，亲本为绯红×保尔加尔（Dattier），1978年进行品种登记。1995年由河北省农林科学院昌黎果树所引入我国。

果穗圆锥形或圆柱形，平均穗重630克。果粒长椭圆形，平均粒重9.5克，果皮绿黄色，外观美。果肉硬脆，味甘甜，可溶性固形物含量16%，品质极佳（图2-4）。

生长势、发枝率中等偏弱，结果枝率高。结实力强，每结果枝平均果穗数1.3个，副梢结实力强。花芽分化好，丰产稳产性好。果实在沈阳露地8月中下旬成熟，为早熟品种。

图2-4　维多利亚
左：果穗形态　右：丰产状态（刘俊　提供）

4.醉金香　欧美杂交种，四倍体。1981年由辽宁省园艺研究所以沈阳玫瑰（玫瑰香四倍体枝变）×巨峰杂交，1997年审定并定名。

果穗圆锥形，平均穗重618克。果粒近圆形，平均粒重11.6克，黄绿色。果肉软，汁多，可溶性固形物含量19%，玫瑰香味浓，口感极佳，品质极上（图2-5）。

图2-5　醉金香
左：果穗形态　右：丰产状态（蔡之博　提供）

植株生长势强。隐芽萌发的新梢结实力中等，夏芽副梢结实力强。早果性强。在沈阳露地，5月上旬萌芽，6月上旬开花，9月上旬浆果成熟。属中熟品种。该品种特别适合无核化栽培，在苏、浙、沪等长三角地区大面积生产推广。

5.藤稔（Fujiminori）　欧美杂交种，四倍体。原产地日本，由青木一直以红蜜（井川682）×先锋（Pione）杂交育成。1978年杂交，1985年登记注册，1986年由辽宁省营口县农业科技站首次引入我国。

藤稔果粒平均重15 ~ 18克，每穗中通常可见20克以上的大果，经严格的疏穗和疏粒，并经膨大剂处理后，最大粒纵径4.33厘米、横径2.99厘米、重36克（乒乓球的直径为3.8厘米），俗称“乒乓葡萄”（图2-6）。

树势强旺，极丰产，抗病力强，适合南北方栽培。果实在沈阳露地9月上旬成熟，比巨峰早1周左右，为中熟品种。

图2-6 藤稔
左：果穗形态 右：丰产状态（李向东 提供）

6.巨峰（Kyoho） 欧美杂交种，四倍体。日本培育，亲本是石原早生（早生康贝尔的四倍体变异）× 森田尼（Centenial，Rozaki的四倍体变异）。1937年杂交，1945年正式命名发表，1959年由北京农业大学从日本引入我国。改革开放以后很长一段时间，它已成为我国南北方葡萄产区第一位的鲜食葡萄主栽品种。

果穗圆锥形，平均穗重500 ~ 600克。果粒短椭圆形，平均粒重10 ~ 11克，果皮紫黑色。多汁，有肉囊，可溶性固形物含量16% ~ 18%，味酸甜，有草莓香味，品质中上等。每果粒含种子1 ~ 3粒，多为1粒（图2-7）。早期采用赤霉素处理可终止种子发育，成为无核葡萄。

植株生长势强。隐芽萌发的新梢结实力中等，夏芽副梢结实力强。早果性强，易丰产，抗病强。浆果在沈阳露地于9月中旬成熟，为典型的中熟品种。

图2-7 巨峰
左：果穗形态 右：丰产状态（刘俊 提供）

7.巨玫瑰 欧美杂交种，四倍体。大连市农业科学研究院育成，亲本为沈阳玫瑰×巨峰，1993年杂交，2000年审定定名。

果穗圆锥形，平均穗重514克。果粒短椭圆形，平均粒重9克，果皮紫红色。果肉多汁，无肉囊，可溶性固形物含量17%～22%，具有纯正的玫瑰香味，品质极上。每果粒含种子1～2粒（图2-8）。

植株生长势强。隐芽萌发的新梢结实力中等，夏芽副梢结实力强。早果性强，抗逆、抗病性强。浆果在沈阳露地于9月中旬成熟，属中熟品种。

图2-8 巨玫瑰
左：果穗形态 右：丰产状态（赵常青 提供）

8.阳光玫瑰 欧美杂交种，二倍体。原产日本，父本白南×母本安艺津21号。

果穗圆锥形或圆柱形，穗重500～800克。果粒长椭圆形，黄绿色，粒重12～14克，每果粒含1～4粒种子。肉质硬脆，有玫瑰香味，可溶性固形物含量18%～20%左右。继承了父本白南典型欧亚种特性，具有独特“高糖、纯香、优质、耐贮”的鲜食品质（图2-9）。

树势健壮，抗病，丰产。在大连露地9月下旬浆果成熟，从萌芽到果实成熟一般为150～160天，属晚熟品种。继承了母本安艺津21号抗逆性强、花芽分化好、穗大粒大、连年丰产，而且特别适合无核化栽培等欧美种特点。

图2-9 阳光玫瑰
左：果穗形态 右：丰产状态（晁无疾 提供）

9.牛奶 欧亚种，二倍体。原产地中国，是河北省宣化地区古老的著名鲜食葡萄。

果穗长圆锥形带副穗，松散，平均穗重400 ~ 800克，最大1 500克。果粒圆柱形，平均粒重5 ~ 7克，最大9克，果皮黄绿色至黄白色，皮薄肉脆，可溶性固形物含量15%～22%，含酸量0.25%～0.3%，有清香味，品质极佳。种子与果肉易分离，无小青粒。牛奶葡萄穗大粒大，果粒长圆柱形，似牛的奶头，外形美观。皮薄肉脆，汁多爽口，俗有“刀切牛奶而不流汁”的美誉，深受消费者欢迎，在国内、国际市场享有盛誉（图2-10）。

植株生长势极强，抗寒力和抗病力差，对土壤和气候要求较严，每个技术环节要求做到位，果皮摩擦易变褐。适宜在干旱或半干旱、热量充足、土壤通透性好的生态条件下生长。在河北张家口市露地葡萄9月下旬成熟，属晚熟品种。

图2-10 牛奶
左：果穗形态 右：丰产状态（刘俊 提供）

10.玫瑰香（Muscat Hamburg） 欧亚种，二倍体。原产英国，亲本是黑汉（Black Hamburg）× 白玫瑰（Muscat of Alexandria），是世界著名鲜食葡萄品种。

果穗圆锥形，平均穗重300 ~ 500克，最大穗重达3 000克。果粒椭圆形，平均粒重5 ~ 6克，果皮紫黑色，果粉厚。果肉较脆，有浓郁的玫瑰香味，可溶性固形物含量15%～19%，品质极上。每果粒含种子1 ~ 3粒，以2粒较多，种子中等大，与果肉易分离，有小青粒（图2-11）。

植株生长势中等。隐芽萌发力强，副芽萌发力中等。隐芽萌发的新梢和夏芽副梢结实力均强。进入结果期早，一般定植第二年开始结果，并易早期丰产。耐运输和短时期

图2-11 玫瑰香
左：果穗形态 右：丰产状态（刘俊 提供）

的贮藏。耐盐碱，不耐寒。抗病性中等。在天津露地4月中旬开始萌芽，5月20日左右开花，9月中旬果实充分成熟，属晚熟品种。

11.美人指（Manicure Finger） 欧亚种，二倍体。日本培育，亲本为优尼坤（Unicorn）×巴拉蒂（Baladi）。1984年杂交，1991年由中国农业科学院引入我国。

果穗圆锥形，平均穗重300克，大的可达2 000克以上；果粒长椭圆形，平均粒重8～10克，生产上有两种类型：一是粒长4～5厘米，果皮黄绿色仅果顶端有少量紫红色，恰如染红指甲油的美人手指，外观极美；二是粒长3～4厘米，较粗，果皮鲜红至紫红色，一般为片红或全红。两者果肉硬脆，能切片，半透明状，能见到种子，可溶性固形物含量16%～19%，味甜，品质上等（图2-12）。

植株生长势均强，秋后枝条成熟度都不理想，需采取断水抗旱、喷生长抑制剂或磷酸二氢钾等促使枝条木质化。但是，芽眼萌发率、成枝率都很强，均达95%以上，结果枝率可达85%以上，只要管理恰当，优质、丰产还是可能的。在沈阳露地5月初萌芽，6月中旬开花，9月下旬至10月初浆果成熟，属晚熟品种，耐贮运。

图2-12 美人指
左：果穗形态 右：丰产状态（常永义，赵常青 提供）

12.红地球（Red Globe） 欧亚种，二倍体。又名：晚红。原产美国，由L_{12-80}（皇帝×Hunisa实生）×S_{45-48}（L_{12-80}×Nocers）多亲本杂交育成。1987年沈阳农业大学从美国引入我国，1994年审定。

果穗长圆锥形，平均穗重800克，大的可达2 500克。果粒圆形或卵圆形，平均粒重12克，大的可达22克，果皮中厚，由鲜红色到暗红色。果肉硬脆，能削成薄片，味甜，可溶性固形物含量17%～20%，品质上等。每果粒种子3～4粒，多为4粒。果粒着生极牢固，耐拉力强，不脱粒，特耐贮藏运输（图2-13）。

图2-13 红地球
左：果穗形态 右：丰产状态（刘俊 提供）

树势强，极丰产。果实易着色，不裂果。抗病性弱，抗旱性差，宜在年降水量400毫米以下的地区做主栽品种大面积露地栽培。在年降水量超过400毫米的地区应采取避雨栽培，否则真菌病难以防控。在沈阳露地10月初果实成熟，属晚熟品种，从萌芽到果实完熟生长期160天左右。

13.龙眼　欧亚种，二倍体。原产我国，具有千年以上栽培历史的古老品种。

果穗圆锥形，平均穗重500～1 000克，大的可达2 000克以上。果粒近圆形，平均粒重5克，紫红色，果粉白色。果肉柔软多汁，可溶性固形物含量15%～18%，含酸量0.5%～0.8%，出汁率71%，品质中上等（图2-14）。

植株生长势强。早产、丰产性好。在河北省怀来露地果实9月下旬成熟，属晚熟品种。适应性极强，耐干旱，耐瘠薄，耐贮运。抗病力较弱。

图2-14　龙眼
左：果穗形态　右：丰产状态（刘俊　提供）

14.秋黑（Autumn Black）　欧亚种，二倍体。原产美国，亲本为Calmeria × Black Rose（黑玫瑰）。1987年沈阳农业大学从美国引入我国，1995年通过品种审定。

果穗长圆锥形，平均穗重720克，最大穗重1 500克以上。果粒阔卵形，平均粒重9～10克，着生紧密，蓝黑色，果粉厚，外观极美。果肉硬脆，能削成薄片，味酸甜，可溶性固形物含量17%～20%，品质佳。每果粒含种子2～3粒，多为3粒，种子与果肉易分离。果粒着生极牢固，极耐贮运，贮后品质更佳（图2-15）。

植株生长势强。丰产，抗病性强于红地球和秋红。生育期170～190天，属极晚熟品

图2-15　秋黑
左：果穗形态　右：丰产状态（刘俊，赵常青　提供）

种，目前已成为我国设施葡萄延迟栽培最佳品种之一。在沈阳露地栽培果实不能正常成熟，而日光温室栽培可在元旦前采收上市或冷贮至春节，其超越的品质深受人们的欢迎。

无核品种：

15.红光无核（Flame Seedless） 欧亚种，二倍体。又名火焰无核、弗蕾无核、早熟无核红。原产美国，1983年由沈阳农学院引入我国。

果穗圆锥形，平均穗重400克。果粒近圆形，平均粒重4克，果皮薄，鲜红色至紫红色。果肉硬脆，可溶性固形物含量16%，含酸量0.5%，爽口，略有香气。在沈阳地区露地葡萄果实8月中旬成熟，从萌芽到果实成熟约需115天，属极早熟品种（图2-16）。

植株生长势强。隐芽萌发的新梢和副梢结实力较强，果实成熟期一致。早果性和丰产性好，果实抗病、抗寒能力强，耐贮运。

图2-16 红光无核
左：果穗形态 右：丰产状态（蔡之博 提供）

16.夏黑（Summer Black） 欧美杂交种，三倍体。原产日本，日本山梨县果树试验场1968年杂交育成，亲本为巨峰（四倍体）× 无核白（二倍体）。

果穗圆锥形，平均穗重400克，紧穗。果粒椭圆形，自然粒重2 ~ 3.5克，大小粒明显，大粒有籽，必须经赤霉素处理才能全部变成无核葡萄，而且果粒可增大1倍以上，可达7 ~ 9克或10克以上，紫黑色，果粉厚。肉质硬，可溶性固形物含量20% ~ 21%，有草莓香味，品质上（图2-17）。

图2-17 夏黑
左：果穗形态 右：丰产状态（严大义 提供）

植株生长势极强。抗病、丰产、耐运输。在江苏避雨棚条件下浆果成熟期为8月上旬，属早熟品种。云南省建水县10万亩夏黑葡萄生产基地的商品，不仅其质量是全国的优质样板，而且供应期从3月下旬一直延续到6月下旬。

17.**无核白鸡心**（Centennial Seedless） 欧亚种，二倍体，又称森田尼无核、世纪无核。原产美国，亲本为Cold × Q_{25-60}。1983年由沈阳农学院引入我国，1994年通过品种审定。

果穗圆锥形，平均穗重500克以上，最大1 800克。果粒长卵形，略呈鸡心形，平均粒重6克左右，经激素处理后果粒长达5厘米，粒重可达8 ～ 10克，果皮底色绿，成熟时呈淡黄色，极为美丽，皮薄而韧，不裂果。果肉硬而脆，略有玫瑰香味，充分成熟后可溶性固形物含量达16%，品质极上（图2-18）。

植株生长势强。丰产，较抗霜霉病。果粒耐拉力、抗压力均较强，耐运输。在沈阳露地8月中下旬果实成熟，属早熟品种。

图2-18 无核白鸡心
左：果穗形态 右：丰产状态（刘俊 提供）

18. **红宝石无核**（Ruby Seedless） 欧亚种，二倍体。原产美国，亲本为Emperor（皇帝）×Pirovano75。1983年由沈阳农学院引入我国，1994年10月通过品种审定。

果穗大，长圆锥形，平均穗重1 000克。果粒短椭圆形，粒重5 ～ 6克，果皮宝石红色，通常不易达到全果面红色，多夹杂一些绿黄色或绿白色。果肉硬脆，味甜，低酸，可溶性固形物含量18.5%，糖酸比20 ：1，品质极佳（图2-19）。

图2-19 红宝石无核
左：果穗形态 右：丰产状态（刘俊 提供）

植株生长势强，丰产，较抗病，果实耐贮运。沈阳露地果实9月中下旬成熟，属中晚熟品种。

19.紫甜 欧亚种，二倍体。原代号A17，昌黎县李绍星葡萄育种研究所以牛奶 × 皇家秋天（Autumn Royal）杂交选育，2010年通过了河北省品种审定。

果穗长圆锥形，紧密度中等，平均穗重500克。果粒长椭圆形，平均粒重5.6克。经赤霉素处理后，平均穗重918.9克，最大穗重1 200克，平均粒重10克，果粒大小均匀，自然无核。果皮呈紫黑至蓝黑色，套袋果实呈紫红色，色泽美观。果粉较薄，果皮厚度中等，较脆，与果肉不分离。果肉硬脆，淡牛奶香味，风味极甜，可溶性固形物含量20%～24%，果实含酸量0.384%，鲜食品质极佳（图2-20）。

植株长势中庸，早果性好，丰产，抗病性和适应性较强。果实成熟后可在树上挂2个月以上，且不落粒，极耐贮运。在河北省昌黎地区露地葡萄，一般在4月中旬萌芽，6月初开花，9月中旬成熟，从萌芽至成熟需148天，为中熟品种。

图2-20 紫甜
左：果穗形态 右：丰产状态（张占川 提供）

20.无核白（Thompson Seedless） 欧亚种，二倍体。原产中亚和近东一带，在我国新疆栽培已有1 700多年历史，目前在新疆吐鲁番、塔里木盆地和内蒙古乌海等地已有大面积栽培，是鲜食和制干的著名品种，现已出现了大粒型和长穗型的变异品系。

果穗长圆锥形或歧肩圆锥形，平均穗重350克。果粒椭圆形，平均粒重1.4 ～ 1.8克，经赤霉素处理果粒可增大至3克左右，商品名叫“小蜜蜂”。果皮黄绿色，皮薄肉脆，可溶性固形物含量21%～24%，含酸量0.4%～0.8%，味甜，品质上等，除鲜食外，还是极好的制干品种，出干率23%～25%（图2-21）。

图2-21 无核白
左：果穗形态 右：丰产状态（蔡之博 提供）

植株生长势强，早果性差，抗寒性和抗病性较差，抗旱、抗高温能力强。在新疆吐鲁番露地，果实8月中旬充分成熟，从萌芽到果实成熟生长日数约140多天，属中熟品种。

21.克瑞森无核（Crimson Seedless） 欧亚种，二倍体。原产美国，亲本为Emperor（皇帝）×$C_{33\text{-}199}$。1999年由沈阳农业大学引入我国。

果穗圆锥形，平均穗重500 ~ 600克。果粒椭圆形，平均粒重5克，经膨大处理可增至8 ~ 12克，红色，外观美。果肉硬脆，可溶性固形物含量17% ~ 20%，味甜，品质极佳。浆果在沈阳日光温室10月中旬成熟，延迟采收品质更好。从萌芽到浆果成熟约需180多天，属极晚熟品种。不裂果，不脱粒，特耐贮运。在新疆库尔勒、四川西昌等地有大面积的设施栽培，并已形成该品种的专属产地（图2-22）。

图2-22 克瑞森无核
左：果穗形态 右：丰产状态（刘俊、徐卫东 提供）

（二）中国自育的部分葡萄新品种

选育拥有自主知识产权的葡萄新品种是葡萄产业持续发展的重要保障，也是广泛适应当地地理环境、气候、市场、经济发展，满足人民生活所需，对进一步提升我国葡萄产业的国际竞争力和进入世界葡萄强国具有重要意义。

我国拥有园艺果树专业的大专院校和科研机构百余所，葡萄立项研究的也不在少数；而且民营企业葡萄育种的积极性也很高。新中国成立70年以来已培育出各种用途的葡萄新品种300多个，这里仅简要介绍部分育种单位培育的鲜食葡萄品种。

科研院所选育的部分新品种：

（1）沈阳农业大学：近20年内育成沈农脆丰、沈农金皇后、沈农硕丰、沈农香丰、沈香无核等5个鲜食品种。

（2）辽宁省农业科学院：自1987年以来先后育成康太、紫珍香、夕阳红、瑰香怡、醉金香、香悦、状元红、巨紫香等8个鲜食品种。

（3）沈阳市林业果树科学研究所：近10年来先后育成光辉和长青玫瑰等2个鲜食品种。

（4）大连市农业科学院：自1988年以来先后育成凤凰12号、凤凰51号、黑瑰香、蜜红、巨玫瑰、早霞玫瑰、晨香等7个鲜食品种。

（5）中国农业科学院果树研究所（兴城）：自2000年以来先后育成华葡紫峰、华葡黑峰、华葡翠玉、华葡玫瑰、华葡黄玉、华葡早玉等6个鲜食品种。

（6）中国科学院植物研究所（北京）：自1977年以来先后育成京大晶、京丰、京超、京可晶、京早晶、京紫晶、京秀、京亚、京玉、京香玉、京优、京蜜、京翠、京艳、京焰晶、京莹等16个鲜食品种。

（7）北京市林业果树科学研究院：自1984年以来先后育成爱神玫瑰、翠玉、早玛瑙、紫珍珠、艳红、早玫瑰香、峰后、香妃、瑞都无核、瑞都香玉、瑞都脆霞、瑞都红玫、瑞都红玉、瑞都早红、瑞都无核怡、瑞都科美等16个鲜食品种。

（8）河北省农林科学院昌黎果树研究所：自1987年以来先后育成超康丰、超康美、超康早、无核8612、霞光、月光无核、红标无核、无核早红、春光、蜜光、宝光、峰光、黄金蜜等13个鲜食品种。

（9）河北科技师范学院和昌黎金田苗木有限公司：自2007年以来先后育成金田蜜、金田0608、金田星、金田玫瑰、金田翡翠、金田美指、金田无核等7个鲜食品种。

（10）山东省葡萄研究院（济南）：自1976年以来先后育成山东早红、红香蕉、红莲子、脆红、红双味、丰宝、翡翠玫瑰、贵妃玫瑰、红玉霓、黑香蕉等10个鲜食品种。

（11）中国农业科学院郑州果树研究所：自1982年以来先后育成郑州早玉、郑州早红、早莎巴珍珠、超宝、郑佳、夏至红、贵园、郑美、郑艳无核、郑葡1号、郑葡2号、水晶红、红美、庆丰、神舟红等15个鲜食品种。

（12）山西省农业科学院果树研究所（太谷）：自1988年以来先后育成了瑰宝、早黑宝、秋红宝、秋黑宝、丽红宝、无核翠宝、晶红宝、晚黑宝、晚红宝、玫香宝等10个鲜食品种。

（13）上海市农业科学院：自1996年以来先后育成申秀、申丰、沪培1号、沪培2号、申宝、申华、申爱、申玉、沪培3号等9个鲜食品种。

（14）新疆葡萄瓜果开发研究中心（鄯善）：以新疆瓜果开发研究中心为代表的，包括新疆农业科学院和农技推广站等，新中国成立70年以来不仅育成新雅、新郁等大批鲜食新品种，而且挖掘整理出50多个新疆地方鲜食品种（详见《中国葡萄志》《中国自育葡萄品种》）。

1.沈农硕丰 欧美杂交种，四倍体。沈阳农业大学从紫珍香自交后代中选育。1996年套袋自交，2009年12月通过品种审定。

果穗圆锥形，较大，平均穗重527克，最大719克。果粒大，椭圆形，果皮紫红色，平均粒重13.3克，最大16.6克。果肉较软，种子1 ~ 2粒。可溶性固形物含量为18.1%，可滴定酸含量0.74%，酸甜适口，多汁，香味浓郁，品质上等（图2-23）。

图2-23 沈农硕丰
左：果穗形态 右：丰产状态（郭修武 提供）

植株生长势中等。早果性好，丰产性强。在沈阳地区露地4月底萌芽，6月上旬开花，8月底至9月初果实成熟，从萌芽到果实充分成熟需125天，属早熟品种。果穗、果粒成熟一致。抗病性极强。

2.香悦 欧美杂交种，四倍体。辽宁省农业科学院园艺研究所培育，1981年杂交，亲本为紫香水（四倍体）× 沈阳玫瑰。

果穗圆锥形，平均穗重620克。果粒圆球形，平均粒重10克，果皮厚，蓝黑色。果肉多汁，具有桂花香味，甜，可溶性固形物含量16%～18%，品质上（图2-24）。

树势极强壮，极抗病，坐果率高，丰产，易着色。浆果在沈阳露地9月上中旬成熟，为中熟品种，适合南北方栽培，是取代巨峰葡萄的理想品种之一。

图2-24 香悦

左：果穗形态 右：丰产状态（蔡之博 提供）

3.光辉 欧美杂交种，四倍体。2003年杂交，亲本为香悦 × 京亚。沈阳市林业果树科学研究所与沈阳长青葡萄科技有限公司联合选育，2010年9月品种审定。

果穗圆锥形，整齐，较大，平均穗重560克。果粒着生较紧密，大小均匀，近圆形，粒大，平均粒重10.2克，果皮紫黑色，较厚。果肉较软，可溶性固形物含量为16%～18%，可滴定酸含量为0.5%，味酸甜，品质优（图2-25）。

树势强壮，适应性强，坐果率高，丰产，栽培管理容易。在沈阳露地4月下旬萌芽，6月初开花，8月末果实充分成熟，比巨峰早10～15天，为早熟品种。

图2-25 光辉

左：果穗形态 右：丰产状态（赵常青 提供）

4.早霞玫瑰 二倍体，欧亚种。大连市农业科学院以白玫瑰香×秋黑杂交育成，2012年通过品种登记。

果穗圆锥形，平均穗重650克（最大1 680克），单粒重6～7克，紫黑色。果肉硬脆，可溶性固形物含量18%以上，可滴定酸含量0.46%，具有浓郁的玫瑰香味，品质极佳。果实在大连露地8月上旬成熟，属早熟品种（图2-26）。

图2-26 早霞玫瑰
左：果穗形态 右：丰产状态（蔡之博 提供）

5. 华葡玫瑰 欧美杂交种，四倍体。中国农业科学院果树研究所以巨峰×大粒玫瑰香杂交育成，2019年农业农村部公告第225号公布。

果穗圆锥形，平均穗重532.5克（最大穗重738.2克），平均粒重10.4克，紫黑色。果肉软至硬脆，可溶性固形物含量19.7%，可滴定酸含量0.33%，玫瑰香型，属高糖低酸、香脆爽口高档葡萄类型（图2-27）。

树势较强，早果性强。抗病性与巨峰相近，抗寒性、抗旱性和耐土壤瘠薄能力较强，抗盐碱能力中等。在兴城露地5月上旬萌芽，6月上旬开花，9月上旬果实成熟，属中熟品种。

图2-27 华葡玫瑰
左：果穗形态 右：丰产状态（王海波 提供）

6.京玉　欧亚种，二倍体。中国科学院植物研究所以意大利×葡萄园皇后杂交育成，1992年审定。

果穗圆锥形，平均穗重600克，果粒椭圆形，平均粒重6.5克，果皮黄绿色，皮薄，可溶性固形物含量15%，味甜，品质上等（图2-28）。

较抗病，丰产。浆果在沈阳露地8月中下旬成熟，属早熟品种。

图2-28　京玉

左：果穗形态　右：丰产状态（范培格　提供）

7.瑞都香玉　欧亚种，二倍体。北京市林业果树科学研究院以京秀×香妃杂交，2007年北京市审定。早中熟品种。

果穗长圆锥形，平均单穗重432克。果粒中等大小，椭圆形，平均粒重6～8克；颜色翠绿，果皮薄至中等，不裂果；可溶性固形物含量18%以上，有较浓郁的玫瑰香味；较耐贮运；挂树期很长，在北京露地8月中旬果实成熟，能挂到9月底，属早熟品种（图2-29）。

图2-29　瑞都香玉

左：果穗形态　右：丰产状态（徐海英　提供）

8.蜜光　欧美杂交种，四倍体。2003年河北省农林科学院昌黎果树研究所以巨峰×早黑宝杂交，2013年通过河北省品种审定。

果穗圆锥形，较紧，平均穗重720.6克。果粒椭圆形，平均粒重9.5克，最大粒重18.7克，果粒大小均匀一致，果皮紫红色，充分成熟紫黑色，色泽美观。果肉硬而脆，具浓郁的玫瑰香味，可溶性固形物含量达19.5%以上，最高达24.8%，风味甜，品质佳（图2-30）。

树势强壮，丰产性强，具有早结果、早丰产的突出优良特性。花芽分化容易。在昌黎露地8月初果实充分成熟，为早熟品种。

图2-30 蜜光
左：果穗形态 右：丰产状态（赵胜建 提供）

9.金田翡翠 欧亚种，二倍体。河北科技师范学院和昌黎金田苗木有限公司以凤凰51号×维多利亚杂交育成，2007年审定。

果穗圆锥形，平均穗重500克，果粒椭圆形，平均粒重12～15克，果皮黄绿色，果实较硬、脆，汁少，可溶性固形物含量18%～20%，品质上等（图2-31）。

抗病性强，丰产。浆果在沈阳露地9月下旬成熟，为中晚熟品种。

图2-31 金田翡翠
左：果穗形态 右：丰产状态（罗树祥 提供）

10.贵妃玫瑰 贵妃玫瑰葡萄是1985年由山东省酿酒葡萄科学研究所（今山东省葡萄研究院）育成，父母本为红香蕉和葡萄园皇后，欧美杂种，二倍体。

该品种果穗大，圆锥形，有副穗和歧肩，平均穗重650克，最大890克。果穗外形紧凑、美观，成熟期一致。果实黄绿色，圆形，粒重8～10克。果皮中厚，果粉厚，汁液丰富，果肉韧脆，口感好，酸甜适中，有浓郁的玫瑰香味，可溶性固形物含量17%以上，品质极佳。每果粒含种子2～3个，种子与果肉易分离。不裂果，不脱粒，耐贮运（图2-32）。

该品种生长势中偏强，芽眼萌发率78%，每果枝挂果多为2穗，丰产稳产，结果早，栽植第二年亩产可达500～800千克。在济南地区4月初萌芽，5月上旬开花，7月中旬成熟，生长天数为105～110天。该品种适应范围广，抗冻性强，抗霜霉病强，抗白粉病中等，是适合露地和日光温室栽培的优良品种。目前在山东、河北、甘肃、宁夏等地有较大面积的种植。

图2-32　贵妃玫瑰
左：果穗形态；右：丰产状态（丌桂梅提供品种介绍，吴新颖提供照片）

11.夏至红　欧亚种，二倍体。亲本为绯红×玫瑰香，中国农业科学院郑州果树研究所杂交选育。1998年杂交，2004年审定。

果穗圆锥形，平均穗重750克，大的可达1 300克以上。果粒椭圆形，平均粒重8.5克，大的可达15克，果皮紫红色至紫黑色。果肉绿色，肉质硬脆，稍有玫瑰香味，可溶性固形物含量16%，总糖14.5%，总酸0.28%，品质极上（图2-33）。

植株生长势中等，丰产。在郑州露地，4月初萌芽，5月中旬开花，7月上旬果实充分成熟。果实发育期为50天，是极早熟品种。

图2-33　夏至红
左：果穗形态　右：丰产状态（刘崇怀　提供）

12.早黑宝　欧亚种，四倍体。山西省农业科学院果树研究所以瑰宝×早玫瑰杂交育成，2001年审定。

果穗圆锥形，平均穗重500克，果粒椭圆形，平均粒重7克，果皮紫黑色。果肉硬脆，具有玫瑰香味。可溶性固形物含量16%～20%，口感好，品质上等（图2-34）。

抗病性中等，较丰产。浆果在沈阳露地8月上中旬成熟，为早熟品种。

图2-34　早黑宝
左：果穗形态　右：丰产状态（唐晓萍　提供）

13.申华　欧美杂种，四倍体。上海市农业科学院用京亚 × 优系“86-179”杂交育成的无核化栽培品种。2010年通过上海市农作物新品种认定，2016年获得植物新品种权。

果穗圆柱形，平均穗重600克。果粒椭圆形，无核化处理后平均粒重13克，最大粒重18克，果皮中厚，紫红至紫黑色。果肉中软，肉质致密，草莓香味、甜酸适度，可溶性固形物含量16.5%～17.5%，含酸量为0.4%～0.5%，风味浓郁，无核率100%（图2-35）。

树势中庸，抗病力强，无日烧。棚架、篱架栽培均可，适宜中短梢修剪。在上海地区避雨栽培条件下7月下旬至8月上旬成熟，为早熟品种。

图2-35　申华
左：果穗形态　右：丰产状态（蒋爱丽　提供）

14.新郁　欧亚种，二倍体。新疆瓜果葡萄开发研究中心以红地球 × 里扎马特杂交育成，2005年审定。

果穗圆锥形，平均穗重800克，果粒椭圆形，平均粒重11.6克，果皮紫红色。果肉硬脆，可溶性固形物含量16.8%，口感好，品质上等（图2-36）。

树势较强，抗病性中等，丰产，果实耐运输。浆果在沈阳露地9月下旬成熟，为晚熟品种。

图2-36　新郁
左：果穗形态　右：丰产状态（石洪光　提供）

民营企业培育的部分新品种：

改革开放以来，我国民营企业积极投入到鲜食葡萄新品种的选育工作上来，为葡萄产业的发展起到促进作用。先后培育出早巨峰（天津葡先生科技有限公司）、甬优1号（宁波东钱湖旅游度假区野马湾葡萄场等）、紫甜（李绍星葡萄育种研究所）、葡之梦（浙江乐清市联宇葡萄研究所）、卓越玫瑰（山东省鲜食葡萄研究所）、早香玫瑰（安徽鲜来鲜得生态农业有限公司）、辽峰（辽峰葡萄核心庄园）、户太8号（西安葡萄研究所）、小辣椒（张家港市神园葡萄科技有限公司）、玉波2号（山东省江北葡萄研究所）、长青玫瑰（沈阳长青葡萄科技有限公司）等上百个新品种。

1.早巨峰　欧美种，四倍体。原产中国唐山，从巨峰葡萄园中发现的极早熟单株后，由天津葡先生科技有限公司选育而成。

果穗圆锥形，平均穗重400克，大的重达820克。果粒椭圆形，平均粒重10克，果皮稍厚，紫红色至紫黑色，易着色，着色均匀一致，外观美。果肉稍软而多汁，可溶性固形物含量为16%～18%，味甜，含草莓香味，品质上等。每果粒多数含种子1～2粒，也经常可见单性结实的无种子果实，所以，该品种非常适合无核化栽培。浆果露地栽培成熟期在唐山地区为8月初，属极早熟品种（图2-37）。

图2-37　早巨峰
左：果穗形态　右：丰产状态（李海明　提供）

2.甬优1号　欧美杂交种，四倍体。1995年宁波市葡农王鹤鸣藤稔葡萄园内发现的一株优良芽变植株选育所得，1999年通过鉴定并命名。

果穗圆柱形，少有副穗，平均穗重650克。果粒短椭圆形，平均粒重12 ~ 15克，果皮紫红色至紫黑色。果肉较硬，汁多，味甜，可溶性固形物含量18%（图2-38）。

树势强健，易成花结果，栽后第二年即丰产。果实比藤稔葡萄早熟5天左右，为中熟品种。

图2-38　甬优1号
左：果穗形态　右：丰产状态（王鹤鸣　提供）

3.辽峰　欧美杂交种，四倍体。辽宁省辽阳市赵铁英等人从巨峰系葡萄品种中选出，2007年育成。

果穗圆锥形，平均穗重800克左右，最大穗重1 500克，果粒椭圆形，平均粒重13克，果皮紫黑色，果粉厚，具有草莓香味。可溶性固形物含量16% ~ 20%，口感好，品质极佳（图2-39）。

抗病性强，较丰产。浆果在辽阳露地栽培9月中下旬成熟，为中熟品种。树势强壮，适合无核化栽培。

图2-39　辽峰
左：果穗形态　右：丰产状态（赵铁英　提供）

4.户太8号 欧美杂交种，四倍体。西安市葡萄研究所从巨峰系葡萄品种中选出，1996年育成。

果穗圆锥形，带副穗，平均穗重600克以上，果粒椭圆形，平均粒重10.4克，果皮紫黑色，果粉厚。果肉较软，具有淡草莓香味。可溶性固形物含量17%～21%，口感好，品质上等（图2-40）。

抗病性强，较丰产。浆果在西安露地8月上中旬成熟，为中熟品种。

图2-40 户太8号
左：果穗形态 右：丰产状态（蔡之博 提供）

5.葡之梦 欧亚种，二倍体。由浙江乐清市联宇葡萄研究所于2010年采用美人指×玉指（金手指芽变）杂交育成。

果穗圆锥形，穗重750～900克，最大1 500克以上；果粒长指形、略弯曲，平均粒长5.5厘米，平均粒重10克左右，鲜红色，极易着色，有果粉，外观非常漂亮。果肉软硬适中，可溶性固形物含量19.0%～22.5%，具有奶油与冰糖混合香味，品质极上（图2-41）。有种子1～3粒，适合无核化栽培。

抗病性强，早期丰产稳产。在浙南乐清市避雨棚条件下，3月下旬萌芽，5月上旬开花，7月下旬成熟，全生长期140多天，属中熟品种。

图2-41 葡之梦
左：果穗形态 右：丰产状态（金联宇 提供）

6.卓越玫瑰 欧亚种，二倍体。原产山东平度，由山东省鲜食葡萄研究所采用玫瑰香葡萄种子播种实生选育而成，于2019年4月16日农业农村部公告第157号公布。

果穗长圆锥形，平均穗重385克。果粒短椭圆至圆形，果实自然无核，平均粒重5.1克，膨大处理后可增大到10 ~ 12克。果肉硬脆，可溶性固形物含量18%～20%，而且玫瑰香味浓郁（图2-42）。

该品种始果期早，在山东半岛大棚栽培，7月初浆果成熟，属早熟品种。成熟后可在树上挂贮几个月，不裂果，不脱粒。

图2-42 卓越玫瑰

左：果穗形态 右：丰产状态（昌云军 提供）

7.早香玫瑰 欧美杂交种，四倍体。安徽省合肥市农业科学研究院与安徽省亿东现代农业有限公司合作从巨玫瑰葡萄中选育出的早熟芽变品种，2017年8月通过品种审定。

果穗圆锥形带副穗，平均穗重710克，最大穗重1 025克。果粒近圆形，平均粒重11.3克，紫黑色，果粉厚，果皮易剥离。果肉质地硬脆，有玫瑰香味，可溶性固形物含量18%～20%，可滴定酸含量为0.43%左右。每果粒含种子1 ~ 3粒，种子与果肉易分离（图2-43）。

植株生长势中等偏旺，丰产稳产性好，比巨玫瑰成熟期早10天左右，具有着色早、成熟早、果实偏硬、成熟后不落粒、挂果期长、耐贮运等优点。

图2-43 早香玫瑰

左：果穗形态 右：丰产状态（孟祥侦 提供）

8.玉波2号　欧亚种，二倍体。山东省江北葡萄研究所韩玉波等人以紫地球×达米娜杂交育成，2017年审定。

果穗分支形，平均穗重820克，果粒圆形，平均粒重9～10克，着生松散均匀，果皮黄绿色。果肉脆，具有浓郁玫瑰香味，可溶性固形物含量16%～20%，口感好，品质上等，每果粒大多数含2个种子（图2-44）。

抗病性较强，较丰产。浆果在山东青岛露地9月中旬成熟，成熟后可在树上挂贮较长时间而不脱粒。

图2-44　玉波2号
左：果穗形态　右：丰产状态（韩玉波　提供）

9.长青玫瑰　欧美杂交种，四倍体。沈阳长青葡萄科技有限公司与沈阳市林业果树科学研究所联合选育，亲本为夕阳红×京亚。

果穗大，长圆锥形，平均穗重650克左右；果粒大，短椭圆形，无大小粒现象，平均粒重9～10克；果皮紫红到紫黑色，中等厚，可食；果粉中等厚，外观漂亮；果肉质地中等，无肉囊；可溶性固形物含量18%～20%，含酸量0.50%，具有浓郁的玫瑰香味，品质极上。每果粒含种子1～2枚（图2-45）。

树势强健，抗病性强。花芽分化容易，丰产。浆果易着色，在我国南部高温地区（如四川）无赤熟现象。二次果生产能力强。在沈阳露地9月初果实充分成熟，生育期130～140天，属早中熟品种。适宜广大巨峰种植区栽培。

图2-45　长青玫瑰
左：果穗形态　右：丰产状态（赵常青　提供）

10.小辣椒　欧亚种，二倍体。张家港市神园葡萄科技有限公司徐卫东以美人指×大独角兽杂交育成，2013年审定。

果穗圆锥形，平均穗重450克，果粒弯束腰形，中等大，平均粒重7～8克，着生紧凑，果皮鲜红色。果粉薄。果肉脆多汁，可溶性固形物含量17%～20%，口感好（图2-46）。

植株生长势强，产量中等，抗病性中等。浆果在张家港地区避雨棚条件下8月下旬成熟，为中熟品种。

图2-46 小辣椒
左：果穗形态　右：丰产状态（徐卫东　提供）

（三）近年引进的葡萄新品种

1.甜蜜蓝宝石　欧亚种。

果穗较大，平均穗重600～900克。果粒长圆柱形，最长超过5.5厘米，平均果粒重7.8克，最大粒重超过10克，果粒大小均匀一致，果顶凹陷形窝是其最奇特之处，粒形美观。果皮厚，蓝黑色，果粒排列疏松，不拥挤，着色均匀一致。果肉脆硬，可溶性固形物含量19%～23%，高糖低酸，自然无籽品种（图2-47）。可免于激素处理，不用人工拉穗、膨大、疏果等。不仅是优质鲜食葡萄，也是黑色大粒葡萄干的优质原料。

树势强旺，成花节位前移明显，适宜长梢、超长梢修剪。西北地区一般4月上旬萌芽，6月上旬开花，9月上中旬浆果成熟，属中晚熟品种。适宜光照强、光照时间长的干旱、半干旱地区栽培，但果穗上部应多留副梢枝叶遮阳降温，以防日烧气灼和皮裂。

图2-47　甜蜜蓝宝石
左：果穗形态　右：丰产状态（刘俊　提供）

2.巨盛1号（苏欣1号） 欧亚种。

果穗平均重700克，果粒长椭圆形，着生整齐紧凑，果皮深红到紫红色，平均粒重8～10克，可溶性固形物含量16%～20%，果肉脆，甜，通常每个浆果含种子1～2枚（图2-48）。

树势中庸，抗病性较弱。果实成熟早。

图2-48 巨盛1号
左：果穗形态 右：丰产状态

3.长克瑞森无核（深红无籽） 欧亚种。

果穗平均重750克，最大穗可达2 000克；果粒长椭圆形，着生整齐紧凑，果皮鲜红到深红色，平均粒重8～10克，可溶性固形物含量16%～20%，果肉脆，甜，无核（图2-49）。

树势较强，抗病性中等。中晚熟。

图2-49 长克瑞森无核
左：果穗形态 右：丰产状态（张宝民 提供）

4.浪漫红颜 欧美杂交种。用阳光玫瑰×温克杂交育成。

果穗平均重650克，果粒椭圆形，大，平均粒重10～12克，着生整齐紧凑，果皮鲜红色，可溶性固形物含量18%～20%，果肉脆，甜。适应无核化栽培。树势较强，抗病性强。晚熟（图2-50）。

图2-50　浪漫红颜
左：果穗形态　右：丰产状态（齐艳峰　提供）

5.红阳光玫瑰　欧美杂交种。阳光玫瑰杂交的后代。

果穗平均重650克，果粒椭圆形，大，平均粒重8～10克，着生整齐紧凑，果皮鲜红色，可溶性固形物含量18%～20%，果肉脆，甜。具有浓郁香气，品质优。适合无核化栽培。树势较强，抗病性强。晚熟（图2-51）。

图2-51　红阳光玫瑰
（张宝民　提供）

6.妮娜皇后　欧美杂交种。四倍体，巨峰群新品种。

果穗平均重500克，果粒椭圆形，大，平均粒重10～12克，果皮鲜红色，可溶性固形物含量18%～20%，果肉较硬，甜。具有浓郁草莓香味，品质优。适合无核化栽培（图2-52）。

树势较强，抗病性强。晚熟。产量高时上色难。

图2-52　妮娜皇后
左：果穗形态　右：丰产状态（齐艳峰　提供）

7.浪漫红宝石　欧美杂交种，四倍体，巨峰群新品种。

果穗平均重500克，果粒椭圆形，大，平均粒重15 ~ 18克，果皮鲜红色，可溶性固形物含量18% ~ 20%，果肉硬度适中，甜。具有浓郁草莓香味，品质优。适合无核化栽培（图2-53）。

树势较强，抗病性强。中晚熟。

8.富士之辉（高贵葡萄）　欧美杂交种。阳光玫瑰杂交的后代。

果穗平均重650克，果粒椭圆形，大，平均粒重12克，着生整齐紧凑，果皮黑紫色，可溶性固形物含量18% ~ 20%，果肉脆，甜，品质优（图2-54）。适合无核化栽培。树势较强，抗病性强。晚熟。

图2-53　浪漫红宝石

图2-54　富士之辉

9.红玫瑰　欧亚种。

果穗平均750克，大穗可达2 000克，穗粒较紧；果粒椭圆形，平均粒重7克，经膨大可达12克以上，天然无核，果皮紫红色；果肉硬脆，细腻，含糖20% ~ 23%，有玫瑰香味。中熟、丰产、抗病、耐贮运（图2-55）。

10.黑色极香　欧亚种。

比阳光玫瑰省工，易种植，更加香甜的葡萄。穗重600克或更多，粒重9克以上，皮黑肉红，可连皮食用，香甜（含糖量最高可达26%）多汁，无肉渣。果实中熟，可在树上久挂，特耐贮运（图2-56）。

图2-55　红玫瑰

图2-56　黑色极香

第三章 设施葡萄嫁接育苗

苗木是发展设施葡萄生产的物质基础，苗木质量好坏直接关系到建园的成败和葡萄园的兴衰。这里推荐的嫁接育苗，是葡萄品种繁殖最重要的技术，它把葡萄优良品种的枝芽，通过嫁接手段移植到抗性砧木上，使两者愈合生长成为一个新植株，既保持原接穗品种的优良性状不变，又利用抗性很强的砧木根系增强对生存环境的适应能力，强化葡萄植株抵抗严寒、干旱、水涝、盐碱、病虫等功能从而促进葡萄优质、丰产、节能、高效、卫生与安全等。嫁接育苗，正基于可利用砧木的各种抗性，强化葡萄植株获得最广泛的适应能力，以维护葡萄生长与结果优势。所以，本章特别强调“砧木资源、品种性状与生产利用”。

设施育苗，环境易于控制，可延长生育期，提早或延迟嫁接时间，进而提高苗木质量与数量。设施可抵御暴雨、冰雹等自然灾害，降低病害的发生概率；也可避免除草剂2，4-D丁酯污染等人为危害，确保苗木安全生产，如图3-1。同时也由于设施环境易于控制，各项农事作业可按时操作完成，不误农时，如阴雨天设施可避雨，炎热天气设施放置遮阳网可降温等。

图3-1　大棚葡萄育苗
（摄于沈阳长青葡萄科技有限公司）

一、葡萄嫁接繁殖的意义

（一）葡萄嫁接的原理

把植物的一部分器官（如枝、芽）移植到另一个植物体上，使两者愈合生长在一起成为一个新个体，这种生物学技术称为嫁接。嫁接口以下的部分称为砧木，嫁接在砧木上的枝、芽称接穗或接芽。

葡萄嫁接苗是由砧木和接穗组建的共同体，它是无性繁殖的后代。无性繁殖，现代也称"克隆（Clone）"，能保持母体的所有特性。嫁接过程主要是砧木与接穗双方的嫁接口处形成层细胞产生愈伤组织，内部导管等再相互连接，使水分及其他营养物质上下正常输导。接穗与砧木组织的细胞仍进行旺盛分裂，各自复制出母体细胞中的基因，没有任何其他不同种类的细胞内的物质参与，所以嫁接繁殖的后代其特性完全是母体特性的延续。但是，它毕竟是两个不同个体的组合，当吸收营养物质的根系发生改变，砧木对接穗品种可能对葡萄的生长势、成熟期、坐果率、树体寿命等主要栽培性状产生影响，从而出现同一品种接穗，嫁接在不同种类砧木上表现一定的差异。正由于有可能出现这种差异，生产上才根据地理环境、生态条件的不同，利用这种差异去慎重选择穗/砧组合，以取长补短。

（二）葡萄嫁接的历史

1.国外葡萄嫁接历史 国外葡萄嫁接历史较长。1854年在北美洲葡萄种植园发现了葡萄根瘤蚜，导致欧美各国几乎所有的葡萄园因根瘤蚜危害而全军覆灭。在人虫"大战"中，葡萄科技工作者通过大量调查研究，发现原产美洲大陆的野生葡萄中的一些种类或品种具有抗葡萄根瘤蚜的特性，于是利用抗葡萄根瘤蚜的美洲种葡萄作欧洲种葡萄砧木进行嫁接育苗和栽培，这才挽救了欧美各国葡萄业濒临灭绝的局面。随着葡萄产业的再度兴起，欧美各国葡萄产区接续发现还存在着各种各样不利于葡萄生长的如干旱、盐碱、水湿、石灰质土壤等因素，但通过对葡萄砧木的深入研究与筛选，都可以从中找到相应的抗性砧木，通过嫁接栽培而逐一解决或缓解，从而极大地提高了土地利用率，扩大了葡萄种植区域，带来了欧美葡萄种植业及酿酒业的文明与辉煌。

2.我国葡萄嫁接历史 我国葡萄嫁接栽培历史较短，至今还有部分果农对葡萄嫁接栽培的认识仍然相当模糊。据报道，原沈阳农学院（现沈阳农业大学）傅望衡教授是我国提出利用贝达（Beta）抗寒砧木进行葡萄嫁接栽培的创始人，他于1957年进行葡萄砧木贝达与玫瑰香葡萄硬枝嫁接育苗，建成的沈阳农学院的葡萄试验园，经历了1967年东北地区果树大冻害的考验，成了沈阳地区唯一没有发生冻害的葡萄园，成为当地连年丰产稳产优质葡萄样板园，显示出嫁接栽培的强大优越性。1974年，吉林省长春市东郊果园把硬枝嫁接技术应用到葡萄大面积育苗生产中，给葡萄生产带来积极作用，时至今天硬枝嫁接仍然是吉林、黑龙江等省葡萄繁殖的最主要方式。由于我国硬枝嫁接采用的砧木条较短（10 ~ 15厘米），定植后接穗容易生根有失去嫁接意义的缺点，1976年沈阳市林业局与下属于洪区、东陵区农林局和沈阳农学院等多单位科技人员开展葡萄绿枝嫁接育苗研究攻关，1978年试验成功并开始应用于大面积生产，随后逐年向省内外扩散，使绿枝嫁接育苗成为中国葡萄栽培的一大特色。在生产实践中，广大科技工作者与苗木繁殖者总结出当年扦插砧木，当年绿枝嫁接品种接穗，当年培育出优质苗的“三当苗”新技术，加快了苗木繁殖速度。进入90年代后，浙江农业大学陈履荣教授和当地的葡萄专业技术人员用葡萄新品种硬枝接穗嫁接在老品种葡萄绿枝砧木上，进行高接换种并取得成功（当时藤稔葡萄硬枝接穗嫁接在老品种巨峰葡萄绿枝砧木上，大面积高接换种就是个典型），为老葡萄园品种更新换代闯出一条新路。

今天，葡萄嫁接栽培已成为全世界葡萄产业的绝对主流，凡是葡萄产业化先进的国家和地区都采用嫁接栽培，只有葡萄生产落后的国家和地区还保持过去的自根苗栽培生产方式。

（三）葡萄嫁接在栽培中的作用

嫁接繁殖是葡萄生产中必不可少的技术措施。生产实践证明葡萄自根苗（扦插、压条）繁殖已暴露出它的局限性，越来越不受生产者的欢迎；而葡萄嫁接苗繁殖的优越性，却越来越受到生产者的青睐，其作用阐述如下：

1.能保持母本品种的优良特性 嫁接繁殖所采用的砧木和接穗的枝芽，都是母体的营养器官，嫁接成活过程仅仅是砧穗嫁接口体细胞双方形成层产生愈伤组织和进行细胞的有丝分裂。接穗与砧木的细胞或组织没有改变各自的基因，从而能长久保持原有品种的固有性状。

2.能提高葡萄植株的抗逆性 采用具有不同抗性（抗害虫、抗病害、抗寒、抗旱、抗涝、抗盐碱、抗石灰质土壤等）的葡萄砧木进行嫁接栽培，可以避免根系的某些病虫危害，尤其是毁灭性的根瘤蚜及线虫的威胁，提高根系抗冻、抗干旱、抗水湿等能力，增强根系对盐碱、石灰质土壤的适应性，使原本因自然气候条件不良，葡萄生长发育困难的地区，也能栽植葡萄了，从而提高了土地利用率，扩大了葡萄种植区域。

3.能调控葡萄树体的生长 通过科学选配葡萄穗/砧优良组合，控制生长势过强或促进生长势过弱的接穗品种达到均衡生长，从而达到早果、优质、丰产的目的。

4.能快速实现品种更新换代、老园更新 随着科技发展和对外改革开放的步伐加速，国内外葡萄新品种层出不穷，采取枝芽嫁接方法可在短期内繁育出大量的优质苗木，增加新品种的繁殖系数，满足市场需求；同时通过枝芽嫁接能有效地对老品种园进行高接换头去劣换优，达到在短期内更新品种的目的，使优良新品种在很短的时间内得到普及。近年来夏黑、阳光玫瑰等葡萄新品种在全国主要产区形成可观的产量就是最好的体现。

二、葡萄嫁接繁殖的生物学原理

（一）葡萄茎的构造与作用

葡萄嫁接是葡萄穗/砧之间的优良组合，要了解葡萄嫁接成活的原理，首先要了解葡萄茎的构造和作用。

葡萄茎的内部结构并不复杂，茎的初生结构是由梢尖生长锥的初生分生组织细胞分化形成，从外及里为表皮、初生皮层、形成层、初生木质部和中柱。表皮由一层多角形细胞组成，被覆有角质层，有气孔，有茸毛，也可能有珠状腺体，起到内外物质交换和保护作用。初生皮层由8～10层排列紧密的薄壁细胞组成，含有淀粉、糖、单宁和叶绿体等，为嫁接体生长提供营养。形成层位于韧皮部和木质部之间，由一个薄层幼嫩细胞组成，它从外侧韧皮部筛管的食物流中吸收光合作用产生的碳水化合物，从内侧木质部的导管中吸取水和矿质营养，因而具有旺盛的分生能力，不断向外产生新的皮层细胞和向内产生新的木质部细胞，形成次生韧皮部和次生木质部，使接穗和砧木形成层紧密联结在一起，并使葡萄茎不断生长加粗。木质部由木质纤维和导管组成，除对葡萄茎起到机械支撑作用外，导管还是水和矿质营养的通道。中柱由维管束、髓射线和髓部组成，它是营养物质水平方向运输的保证和贮藏养分的场所，也是嫁接愈合过程中的积极部分。

葡萄嫁接成活过程与上述葡萄茎的结构和作用密不可分。首先，葡萄硬枝嫁接即采用一年生枝作接穗或砧木，葡萄绿枝嫁接采用半木质化新梢或副梢作接穗和具有根系的半木质化新梢或副梢作砧木。其次，由皮层和髓部提供嫁接愈合所需营养。最后，穗/砧形成层紧密结合，形成层细胞旺盛分裂，沟通嫁接口上下输导组织，使穗/砧形成一体，不断生长加粗。

（二）葡萄嫁接方法

1.硬枝嫁接 葡萄硬枝嫁接育苗是采用砧木和品种接穗的一年生成熟枝条作嫁接材料，可在冬季室内进行机械嫁接或人工刀具嫁接的一种育苗方法。嫁接时间长，受季节约束差，标准化程度高，劳动强度低，生产效率高，是世界各国广泛采用的葡萄嫁接育苗技术。但是，需要嫁接机械、密封蜡材、工作厂房、愈合箱和库房，以及大量砧木和接穗材料；而且工序繁杂，接条愈合时间长，栽植成活率低，苗木生产成本也高。

2.绿枝嫁接 葡萄绿枝嫁接育苗是我国沈阳科技人员研究创造的（见前述）对世界葡萄产业作出重大贡献的一项新技术，是采用砧木和接穗的当年半木质化新梢作嫁接材料，进行夏季人工田间嫁接繁殖苗木的方法。采用该方法无需复杂的设备与设施，适合我国农民吃苦耐劳、奋发图强的精神，能发挥出极高的生产力水平：一个嫁接能手每天在田间能嫁接1 500株左右葡萄苗木，而且保证98%左右的成活率；每亩每年能培育出近万株合格苗木；头年冬季获取1株葡萄新品种合格苗木，第二年秋就能繁殖出5 000株以上的该新品种绿枝嫁接苗，一年繁殖系数达到1 ∶ 5 000，为植物细胞组织培养育苗方法的几十倍。因此，我国葡萄绿枝嫁接育苗技术已成为世界葡萄产业的一颗亮丽明珠——独有的先进技术。但嫁接时间集中，季节性强，标准化程度低，劳动强度大。

（三）嫁接成活的过程

葡萄嫁接是削取接穗和砧木的一部分，将接穗和砧木的削伤面密切结合，使接穗、砧木双方的形成层和薄壁组织细胞一起分裂，形成愈伤组织，彼此从组织上愈合在一起长成为一个新植株。因此，穗、砧双方削伤面组织的愈合和形成层细胞分裂产生新的组织是葡萄嫁接成活过程中至关重要的环节。

植物在受到伤害时，本身具有再生能力，是生物长期自然选择与进化的结果，嫁接就是利用植物再生能力的繁殖方法。葡萄嫁接时，按设定的嫁接方法切削接穗和砧木的削面并对准双方形成层紧密结合在一起，双方削伤的细胞产生一种创伤激素（Wound-Hormone），刺激削伤面周围的薄壁细胞进行分裂，产生愈伤组织相互接合填补空隙，使接穗和砧木之间的细胞产生胞间连丝，把彼此的原生质相互联结起来，以后愈伤组织中接近双方的形成层分成联络形成层，加速细胞分裂，向内分生新的木质部组织，向外分生新的韧皮部组织，把砧、穗木质部和韧皮部的输导组织相互沟通、联系起来。于是，砧木的根系就从土壤中吸收水分和矿质养分，经木质部导管上升，通过嫁接口结合部输送到接穗，供给新梢和叶片；而接穗接受砧木送上来的水分和矿质养分以及贮藏的有机营养，开始萌芽、抽梢、发叶并进行光合作用，制造碳水化合物，一方面满足新梢生长发育的需要，另一方面从韧皮部筛管向下运输到砧木，供根系生长发育。这样，砧木和接穗便结合成一个新的有机体，形成嫁接植株，开始独立的生长发育。

据观察，砧木和接穗嫁接开始产生的愈伤组织，仅仅是填满接合部的空隙和从外部机械相互抱合，但砧木和接穗的细胞并没有真正融合，结合并不牢固，稍有外力推动很可能断离。也有当接穗芽已萌发生长，而愈伤组织产生较少时，因砧木的水分及矿物质营养供不应求，导致接穗枯死的现象时有发生。这仅是嫁接成活的第一阶段。尔后砧、穗双方形成层细胞开始分裂，产生上下统一的输导组织，茎部逐渐加粗，不仅提高了接合部的机械牢固性，而且沟通了砧、穗间水分养分的上送下达，开始嫁接植株的自然生长，实现嫁接真正成活。

（四）影响嫁接成活的因素

1.嫁接亲和力 嫁接亲和力，指的是砧木和接穗嫁接后能否相互亲和结合形成一个有机整体，开始正常生长发育的能力。砧、穗之间具有相同的组织结构和生理生化特性，嫁接后能很快愈合，细胞组织沟通、水分养分输导流畅、各部生长点正常分裂生长，谓之亲和力强；反之，亲和力差或不亲和，嫁接后不是嫁接口不愈合而死亡，就是嫁接口愈合不好接穗生长极度衰弱。

葡萄属不同种之间的嫁接亲和力，一般都较好，容易嫁接成功；同一种群不同品种间的嫁接亲和力，绝大多数都很好，嫁接成活率也高。因此，目前生产上常用的葡萄种间（如欧亚种与美洲种、欧美种）和品种间嫁接，至今尚未发现嫁接不成活的情况，只是由于某些砧木和接穗的形成层薄壁细胞的大小、渗透压的高低有些差异，引起不同穗/砧组合生长势强弱，出现“小脚”现象而已。

亲和与不亲和，也不是绝对的。从理论上看，砧、穗双方亲缘关系近，嫁接易亲和；砧、穗双方亲缘关系远，嫁接亲和力差或不亲和。但是，有时同一个穗/砧组合还可能受嫁接方法、嫁接时期的影响出现嫁接成活率和苗木生长势的差异。

2.砧、穗质量 一般葡萄砧木发育正常，接穗枝芽发育充实，体内贮藏营养丰富，嫁接容易成活。反之，砧、穗任何一方组织不充实、不新鲜，不仅形成层活力减弱，而且供给接合部愈合过程新生细胞的营养不足，嫁接后很难产生足够的愈伤组织，嫁接就不易成活。为此砧木与接穗需精心培育。

用于嫁接的葡萄砧木和接穗，最好是嫁接前就地采集，不失水，不污染，保持较高的生活力。可是生产上往往需从外地引种，或结合冬剪采集砧、穗，这就需要在运输和贮藏过程中，尽可能保持砧、穗的含水量和不受病菌感染。

3.砧木根压 葡萄植株早春季节根压较大，有新鲜伤口的部位要出现伤流，直至展叶后伤流才停止。因此，葡萄于春季实施就地枝接的时期应尽量躲避伤流期，否则接口处涌出大量伤流，窒息接口处细胞的呼吸，使接合部难以产生愈伤组织，造成接口霉烂，使嫁接失败。如果一定要在伤流期嫁接，必须对接口下位的砧木实施切削深达木质部的放水口，让伤流液从放水口淌出，不危及接口，才能使接口愈合而成活。

4.温度、湿度条件 葡萄嫁接口产生愈伤组织的快慢与多少，受外界湿度、温度的影响很大。一般嫁接口处保持24 ~ 27℃的温度和大于80%的相对湿度，易产生愈伤组织，对嫁接口愈合最为有利。为此，葡萄室内硬枝嫁接常采取愈合箱内填充湿锯末进行加温愈合处理，室外嫁接则要求晴天气温稍高时进行，接口用塑料条包扎密封以利保湿。而葡萄绿枝嫁接一般在5–6月生长季进行，正值葡萄新梢旺盛生长期，砧、穗形成层和薄壁细胞活跃时期，外界气温又较高，有利于产生愈伤组织和促进形成层细胞分裂，对嫁接成活十分有利。

5.嫁接技术 葡萄嫁接方法较为单一，硬枝嫁接通常采用舌接、劈接、嵌合接等，绿枝嫁接一般只采取劈接。在嫁接操作过程中，切削平滑与否，砧、穗密接好坏，接口包扎效果和嫁接速度等，都直接影响嫁接成活率。如果削面凹凸不平，接口衔接不紧密，接合部空隙较多，填充接口空隙所需的愈伤组织要多，产生愈伤组织所消耗砧、穗双方的营养物质就多，接口处形成的隔膜层也厚，影响砧、穗愈合和形成层细胞分裂，从而延缓新韧皮部和新木质部的产生。即使砧、穗接口处愈伤组织抱合，由于接穗体内贮藏营养过度消耗，发芽也晚，新梢生长衰弱，以后还会有从接合部脱裂的危险。接口包扎密封严实，嫁接速度快，可减少伤口与空气的接触时间，避免接穗失水风干和削面细胞氧化变褐，保持形成层的活力和减少伤口隔膜的厚度，使愈合过程加速，提高嫁接成活率。

三、葡萄砧木资源、品种与利用

（一）国内外葡萄砧木的研究与利用

1.国外葡萄砧木的研究利用 国外葡萄砧木的研究始于1854年葡萄根瘤蚜发生危害之后，如今对砧木的研究已经不局限于抗根瘤蚜一项指标，已扩展到葡萄抗逆性栽培的各个方面，如抗线虫、抗寒（热）、抗旱（湿）、抗盐碱、抗病毒等。现在欧美等发达国家，葡萄砧木不仅实现了无毒化，而且严格执行砧木区域化的原则，不同国家根据本国的不同生态条件选择不同的穗/砧组合，取得良好的效果，找到适合本国生产实际的砧木品种。

2.我国葡萄砧木的研究利用 我国对葡萄砧木的研究，除抗寒砧木外，其他方面成果较少。一方面由于我国葡萄发展过程中没有受到根瘤蚜及线虫的危害，没有引起重视；另一方面我国葡萄专业化科研水平与国外发达国家还有差距。长期以来我国北方栽培葡萄选用抗寒砧木，认识到嫁接栽培是刚性需求，其他地区刚刚认识到嫁接栽培的重要性。

沈阳农业大学从20世纪50年代末开始研究东北的野生山葡萄（*Vitis amurensis*）、贝达和北醇等抗寒砧木，其中以贝达的综合性状表现最优。贝达根系可抗－12.5℃的低温，枝条及芽眼可抗－30℃的低温，扦插生根容易，而且根系发达，移栽成活率高，嫁接亲和力好。经近70年生产推广，由贝达作砧木的葡萄抗寒栽培几乎占据我国北方葡萄总面积的98%以上（只有极个别从外地引进的葡萄品种苗木采用非抗寒砧木），在减轻根系冻害、节省防寒用工和减轻劳动强度及促进葡萄生长发育、早期丰产、稳产、提高品质等方面起到突破性作用。近20年来，我国南方（上海、浙江、江苏、云南及四川等地）葡萄产业得到快速发展，砧木贝达也得到了大量应用，发现其在抗湿热、耐水涝、耐盐碱、耐土壤板结等方面表现突出，又成为南方发展葡萄的主要砧木，砧木品种贝达的利用推动了我国南、北方葡萄产业的共同发展。当然，由于砧木贝达使用年限长，携带病毒有逐年加重的趋势，甚至出现僵苗现象。好在中国农业科学院果树研究所早已对贝达进行了脱毒研究，已经获得无病毒原种，并且建立了脱毒母本园。沈阳长青葡萄科技有限公司对无病毒贝达砧木苗（条）已大量繁殖，并于2019年生产出首批10多万株阳光玫瑰/贝达无毒绿枝嫁接苗供应全国各地，开创了我国葡萄无病毒生产栽培先例。

1983年开始，沈阳农学院从国外引进大批葡萄砧木，有河岸葡萄系（*V. riparia*），山河系（*V. amurensis* × *V. riparia*），山美系（*V. amurensis* × *V. labrusca*），1613C，3309C，Harmony，Freedom，圣乔治（St. George），5A，SO4和我国自己培育的北醇、公酿1号、公酿2号等20多个砧木品种，进行系统的生物学特性和嫁接栽培技术研究，筛选出一系列抗寒砧木品种，总结出一系列适合我国国情的嫁接方法和生产管理实用技术。

近年来，葡萄嫁接栽培的优势在我国葡萄产业中逐渐显露头角，葡萄砧木的抗逆性研究越来越被我国学者所重视，许多科研单位纷纷立项涉足葡萄砧木的研究，如上海市农业科学院园艺研究所，不仅开展葡萄砧木的引种观察试验，而且在葡萄砧木抗性育种方面已取得显著成绩，华佳8号就是他们以我国的野生葡萄资源华东葡萄（*V. pseudoretculata*）× 佳利酿（欧洲种葡萄*V. vinifera*）杂交培育出来的抗病、生长势强旺的适宜我国南方高温多雨地区的优良葡萄砧木品种。中国农业科学院郑州果树研究所，从北美收集大量河岸葡萄资源，建立资源圃，并在20世纪末以河岸580作母本，SO4为父本，培育出砧木抗砧3号，高抗根瘤蚜、根结线虫，耐盐碱等，用途广泛，很受欢迎。此外，山东农业大学园艺系、中国农业大学、河北省农林科学院昌黎果树研究所及沈阳市林业果树科学研究所等单位，不仅引进国内外葡萄砧木，而且开展砧木品种选育及生物学特性和嫁接栽培技术等相关经济性状的系统研究。相信经过大家的共同努力，我国葡萄砧木品种的研究和利用一定会出现欣欣向荣的局面。

（二）葡萄砧木资源

1.河岸葡萄（*V. riparia* Michaux） 原产北美东部，野生于密西西比河及密苏里河两岸的森林等潮湿地带。抗寒力强，枝芽可耐－30℃的低温，抗真菌病害和抗根瘤蚜的能力很强，耐湿，耐酸性土壤，耐石灰质土壤较弱。根浅，叶大，枝红色，有光泽，成熟枝条的皮易剥离。用作砧木时，易生根，嫁接亲和性好，生长期短，接穗品种长势旺，嫁接品种果实成熟早，品质也好，但不耐干旱，产量低，结果期也短。喜欢肥沃的湿润土壤，在干旱瘠薄地生长弱。在日本火山灰土壤发根良好。因根浅，开始活动早，在保护地应用有利；同时根浅，深耕易伤根。

直接选用砧木的品种有光荣河岸（Riparia Gloirede Montpellier）和无毛河岸；以河岸葡萄为亲本与沙地葡萄、冬葡萄等杂交育成一系列生产上常用砧木品种，如SO4、5BB、5C、420A、3309C等。我国常用的抗寒砧木贝达，也是用河岸葡萄与美洲葡萄杂交育成的。

2.沙地葡萄（*V. rupestris* Scheele） 原产美国中部和南部，生长于干旱的峡谷、丘陵和砾石土壤上。适于耕作层浅的稍黏的瘠薄地，根系较河岸葡萄深，表现深根性，根细长而坚硬。叶小，形似银杏叶，叶片稍厚。节间短，易发副梢。扦插易生根，与欧洲种嫁接亲和力强。生长期长，适于嫁接晚熟品种。抗根瘤蚜能力很强，抗石灰质土壤能力强于河岸葡萄，耐旱性中等，但也强于河岸葡萄。较抗霜霉病、白粉病及灰霉病，易感黑痘病。抗寒性强，但弱于河岸葡萄，不耐湿，耐瘠薄。作砧木用时品种表现乔化性，无小脚现象，能长成大树，丰产，但晚熟，品质和坐果都不太好。目前在欧洲广泛用作酿酒葡萄砧木的圣乔治就源于本种。该种与冬葡萄杂交培育出著名砧木99R、110R、1103P等。

沙地葡萄喜干热与强光照，在干旱地生长强，而湿地反而弱，这种特性与河岸葡萄恰恰相反。

3.冬葡萄（*V. berlandieri* Planch，也译作伯兰氏葡萄） 原产美国南部和墨西哥北部，生长于干燥的石灰性丘陵及河谷上。抗旱、抗根瘤蚜能力强，较抗霜霉病和白粉病，最耐石灰质土壤，抗碱能力强，当土壤可溶性石灰含量达50%～60%时仍不会缺铁黄化，对土壤适应性好，抗旱耐高温，但不耐寒。与欧洲种葡萄嫁接亲和力强，在欧洲广大的石灰质土壤是特别重要的砧木。属矮化砧木，嫁接品种表现早熟、丰产，品质提高，结果期也长，纯种虽嫁接亲和性好，但扦插发根不好，繁殖困难。代表砧木品种有B.Resseguier No.1和B.Resseguier No.2。主要用作亲本，选育抗根瘤蚜和耐石灰质土壤的砧木品种。除与河岸葡萄、沙地葡萄杂交育成一系列重要砧木外，与欧洲种杂交育成41B、333EM及弗卡（Fercal）等抗石灰质土壤的砧木。

4.美洲葡萄（*V. labrusca* L.） 又称狐葡萄（Fox grape）。原产于美国东部大西洋沿岸，耐湿性强，抗寒力强，冬季可以抗－30℃的低温。极抗白粉病、黑痘病，较抗霜霉病和灰霉病；不抗黑腐病，不抗根瘤蚜，也不耐石灰质土壤。植株生长势强旺，扦插易生根。同时也是抗寒、抗病、抗湿育种的原始材料。直接用于栽培的品种有康可（Concord）、红香水（Catawba）等。该种与欧洲种葡萄杂交育成欧美杂交种鲜食品种，如巨峰系品种及新品种阳光玫瑰等，已成为日本及我国的主栽品种。

5.香宾尼葡萄（*V. champini*，也称山平氏葡萄） 原产美国南部，抗根瘤蚜，抗黑腐病，但抗霜霉病能力中等。抗石灰质土壤能力极强，抗线虫能力最强。非常抗旱，抗寒性中等。该种生根困难，根硬，分布深。可直接作为砧木用于生产，或作为抗线虫的亲本加以选择利用。

6.圆叶葡萄（*V. rotundifolia*） 原产美国南部，是极强旺的藤本，喜高温多湿，在温带和干旱地方生长不良。扦插不易生根，嫁接愈合不良。不耐石灰质土壤。对根瘤蚜及多种真菌病害抗性极强，有些近于免疫。由于扦插不易生根及与欧亚种品种嫁接亲和力差，因此一般不直接用作砧木，只能作为砧木亲本利用。

7.山葡萄（*V. amurensis*） 野生于我国东北、华北、俄罗斯远东、日本及朝鲜半岛山地、河谷及森林当中，是葡萄属中分布最北界的一个种，也是最抗寒的一个种。枝蔓可耐－40℃严寒，根系可耐－16℃低温，但不抗根瘤蚜，不抗线虫，不耐涝，插条不易生根。对白粉病、白腐病、黑痘病等真菌病害抗性强，但易感染炭疽病和褐斑病。山葡萄是抗寒育种的极好亲本，它与欧亚种葡萄杂交培育出的北醇、北玫、公酿1号、公酿2号等酒用葡萄品种，也可做抗寒砧木使用。

（三）我国常用葡萄砧木品种及特性

1.贝达 1881年美国葡萄育种家Lousis Snelter，在明尼苏达州以Carver（河岸葡萄）和Concord（美洲葡萄）杂交育成。据考证，1900年前后，沙俄铁路工人在中国东北修建中东铁路时，作为庭院观赏抗寒树种引进，之后开始在东北广泛传播。

生长势旺，极性生长强，副梢萌发的少。生育期短，有利于枝条成熟。

扦插易生根，嫁接亲和力强，有小脚现象，但不明显，适宜嫁接生产各类品种。抗根瘤蚜和线虫能力中等，抗根癌病。耐寒，枝条可耐－30℃低温，根系可耐－12℃低温，在我国北方大部分地区可安全越冬。抗湿热、耐水涝、较耐盐碱和土壤板结，也是我国南方葡萄最主要砧木。尤其我国采用绿枝嫁接育苗，贝达砧木的优势不可低估，是目前我国各地应用最广泛的首选砧木品种。

2. 5BB 雌株。极抗根瘤蚜，抗根结线虫。耐石灰质土壤，不太耐旱。抗湿性好，在黏土中生长良好。生长势旺，在北方平原或沃土上易导致地上部成熟延迟而影响越冬性。产枝量大，枝条直、分枝少。扦插生根率60%～70%，室内嫁接成活率亦可，田间嫁接成活率较高，但接穗易生根，与酿酒品种如品丽珠、哥伦白、莎巴珍珠等亲和力差。生长前期长势旺，营养生长期较短，进入结果期早，果实成熟早，品质提高。为适宜钙质土的最佳砧木。在干旱的沙砾土和湿润的黏土上均表现良好。

目前是日本推广的主要砧木品种，认为耐旱性与早熟性是最大特点，在湿地果实品质差，也是意大利、法国、德国等使用较多的砧木。近年在我国表现抗旱、抗湿、抗寒、抗南方根结线虫，生长量大，建园快，嫁接藤稔表现良好，是目前我国具有发展潜力的砧木品种。

3.SO4 是英文Selection Oppenheim No.4的缩写。抗根瘤蚜，抗根结线虫。抗钙中等，抗旱性中等，抗湿性好，抗盐性亦较好，可以适合含镁较多的土地。生长旺，与多数品种嫁接亲和力良好，导致旺势品种延迟成熟甚至落花落果。有时有小脚现象。嫁接苗前期发苗快，生长迅速。高抗根癌病。扦插易生根，繁殖容易。根系发达，硬，中深。抗寒性强，可抗－9℃的低温。

在德国、法国、美国及日本等应用较广。在日本认为没有徒长的习性，作巨峰群葡萄的砧木好。

4. 河岸3号（*V. riparia* Macadams） 是20世纪80年代末期，沈阳农业大学从美国引入的系列砧木品种之一。生长势强，插扦生根容易，根系发达。根系抗寒性强，可抵抗－13.0℃的低温，强于贝达，在沈阳地区露地可安全越冬。与生产上主栽品种嫁接亲和力强。对真菌性病害有高度的抗性，高抗根瘤癌。耐高温，耐潮湿，抗旱性较强。有希望替代贝达成为我国南北方共享的新砧木品种。几个砧木品种新梢或叶片特点如图3-2。

图3-2　葡萄砧木品种新梢或叶片
左起：SO4、5BB、贝达、河岸（光荣）

5. 华佳8号　系1984年上海市农业科学院园艺研究所以华东葡萄（*V. pseudertculate*）与佳利酿（欧洲种）杂交的后代。抗病性特强，耐高温和潮湿。生长势特旺，扦插苗根系特别发达，有明显的乔化作用。适宜嫁接长势中庸的品种。上海市农业科学院嫁接藤稔，表现长势旺，尤其副梢生长量大，树体一年便可形成。

6.抗砧3号　是中国农业科学院郑州果树研究所于1998年以河岸580作母本、SO4作父本杂交育成的葡萄砧木品种，高抗葡萄根瘤蚜、根结线虫，耐盐碱；与葡萄品种嫁接亲和性好；适应性强，产条量高。经观察，在沈阳地区枝条生育期150天以上，在露地枝条成熟不充分，抗寒性与5BB及SO4相当，露地越冬能力较差，需设施生产。

（四）葡萄砧木对接穗品种的影响

葡萄砧木对接穗生长发育的影响，是国内外近几十年的研究新成果。葡萄通过嫁接改变了原葡萄品种的根，根系的变化改变了接穗品种的营养供应，在一定程度上对接穗的生长发育构成影响。通过合理利用这种影响作用，在不同立地条件下选择不同砧木或不同穗/砧组合克服了生产中通过栽培手段不能或很难解决的问题，为现代葡萄生产开辟一条新路。

1.对树势的影响　在相同立地条件下，对同一接穗品种而言，使用不同砧木品种，对其生长势影响不同。依嫁接后对接穗品种生长势的影响将砧木分成增强树势的砧木和削弱树势的砧木两类。

增强树势的砧木品种：贝达、山河系、华佳8号、圣乔治、99R、140Ru、5BB、SO4、A×R#1、Dog Ridge、Salt Creek。近年来在我国南方观察发现，阳光玫瑰采用贝达及5BB作砧木，栽植7～8年后，5BB砧阳光玫瑰树势过旺，难以控制，甚至影响到果实品质及成熟期，值得深入研究。

削弱树势的砧木品种：161-49C、333EM、Harmony、41B、1613C、101-14Mgt、420A、光荣河岸等。

在砧木的研究过程中，通常把能够增强树势的砧木称为乔化砧木，把削弱树势的砧木称为矮化砧木；认为乔化砧木的特点是：增强树势，降低坐果率，提高产量，推迟果实成熟；延长树体寿命，而葡萄及葡萄酒的质量有所下降。认为矮化砧木的特点是：降低树势，提高坐果率，促进果实着色，提高葡萄及葡萄酒的品质，树体寿命缩短，产量相对低一点。

合理利用砧木对接穗品种生长势有影响的特性，在土壤肥力不同的地域应选择不同的砧木品种。土壤肥力好，可选择矮化砧木，抑制生长势；土壤肥力差，应选择乔化砧木，增强树势。例如，在土壤肥沃的地块，对树势强旺、落花落果重的巨峰等四倍体品种，应选择矮化或半矮化性的砧木，这样会缓和树势，维持营养生长与生殖生长的平衡，促进坐果，同时对着色有利。设施促成栽培葡萄的发展，旨在促进葡萄早熟，因此选用抗寒，适应早春低温环境，能促使葡萄早萌芽，果实早熟，且生长势不旺的矮化砧木类型特别重要。

2.小脚现象 小脚现象指嫁接后接口上部接穗品种生长粗壮而接口以下砧木较细，产生的原因是砧木品种和接穗品种的组织膨大方式不同而引起的。欧洲种接穗葡萄细胞大而柔软，导管粗，在高温多湿的条件下膨大迅速，容易出现徒长的发育症状，而砧木生长势较弱，容易出现小脚。欧美杂交的品种一般不会发生严重的小脚现象，砧木的选择自由度更大些。经观察，无论巨峰还是阳光玫瑰采用贝达及5BB砧木都有明显的小脚现象。

在生产上，砧木粗与接穗粗之比达70%左右的小脚对接穗品种的生长发育影响不大，反而被认为是生产优质葡萄果实的保证，这时的小脚现象，其作用相当于环割，对营养积累有好的作用，因此轻微的小脚现象有其积极意义，应合理加以利用。但砧木粗度只有接穗粗的50%以下的极端小脚，则会表现寿命短、低产，易受冻害，有枯死的危险。这样的砧木生产中不能选用，或者该穗/砧组合不适当。

乔化砧木生长旺盛，根粗，深根性，嫁接后地上部表现丰产、强旺、生命周期长，没有小脚现象，但果实成熟延迟、果实或酒的品质变差。矮化砧木浅根性、根细，嫁接树生长势弱，树龄短，产量少，即果实表现早熟、着色好、糖度高，从幼树期结果开始就表现品质好。

3.对着色的影响 坐果性能可以通过栽培技术而加以改善，但由于砧木或接穗品种引起的着色不良则很难通过栽培技术解决，这时，优良砧木的选择就非常重要。

一般认为，乔化砧木着色不好，矮化砧木着色良好。Teleki系（指5BB、5C等）等砧木，只要在适宜地区并采用适当的栽培技术，可以表现着色良好。美国研究表明，葡萄品种皇帝（Emperor）和托凯 (Tokay) 以Dog Ridge 为砧木，着色趋向于紫红色而不是鲜红色；以圣乔治为砧木着色没有该品种自根苗着色好。日本植原葡萄研究所（1995）研究表明，地拉洼选用Teleki系及SO4作砧木，果实着色深，选用101-14 Mgt及3309作砧木，着色浅，在糖度相同情况下，从外观上看，以Teleki系作砧木，果实给人已完熟的印象。日本认为砧木188-08有促进红色葡萄着色的作用。在实际生产中着色不良的原因相当复杂，比如有可能是病毒侵染引起的，应在了解起因后再采取相应的措施。

4.对产量、树龄的影响 产量大、树龄长以乔化砧木为好。栽培试验结果表明，8B、420A等作砧木时果实早熟并优质，但根的老化较早，101-14 Mgt比Teleki砧木更早老化，并低产。由于现代葡萄栽培品种更新快，早果性、优质化成了栽培的首要目标，所以矮化砧木在高温多湿及寒冷地区更有生命力。在干旱或贫瘠地区，则仍以乔化砧木为主。

选用能使果实早熟，且萌芽早，适应低温环境，生长势不旺的砧木品种类型特别重要。近年来观察发现，砧木品种贝达在北方（如东北、西北）日光温室促早栽培及延迟栽培，南方（如浙江、云南）大棚促早栽培等，表现良好，值得广泛利用。日本葡萄砧木品种对接穗品种的影响如表3-1，可供参考。

表3-1　砧木对接穗品种的影响

（日本植原葡萄研究所，1998）

序号	砧木品种	小脚	树龄	产量	成熟期	品质	着色	坐果
1	河岸（光荣）	严重	短	低	早	良	好	好
2	圣乔治	无	长	高	晚	不良	不好	不好
3	B. Resseguier No.1	有	长	高	很早	极良	极好	中
4	3309C	少	非常长	非常高	中	良	好	中
5	3306C	有	中	非常高	很早	良	好	中
6	101-14Mgt	有	短	非常低	极早	良	好	好
7	1202	无	最长	极高	晚	中	不好	中
8	Hybrid Franc	无	长	极高	晚	中	不好	好
9	41B	无	长	极高	很早	良	好	好
10	5BB	有	中	中	很早	优良	极好	中
11	5C	有	中	中	早	优良	极好	中
12	8B	有	中	中	早	优良	极好	中
13	SO4	有	中	中	很早	优良	极好	中
14	420A	无	中	中	很早	优良	极好	极好
15	188-08	有	长	高	早	优良	极好	好

四、葡萄砧木和接穗生产

（一）葡萄砧木生产

葡萄砧木来源于每年生产大量的一年生枝条，供苗圃硬枝嫁接作砧条或绿枝嫁接作砧木插穗。砧木品种的选择主要根据当地危害葡萄的根瘤蚜及线虫情况、土壤条件、气候条件和主要发展品种等对砧木的亲和力而定。作为育苗单位，必须建立相应的砧木圃。砧木圃可分成永久性砧木圃和临时性砧木圃两种。

1. 建立砧木圃

（1）永久性砧木圃：国内外通常采用永久的篱架或小棚架栽培砧木。以棚架为例，株行距是（0.3 ~ 1.0）米 ×（3 ~ 4）米。如图3-3。所生产的枝条粗细均匀，一般直径5 ~ 12毫米，节间长度15 ~ 20厘米。产量大，质量好，可利用率高。

管理特点：

①采用无主干一年一平茬制管理。

②枝条选留密度5 ~ 7.5厘米。夏季需要适时合理引缚新梢，按时剪掉副梢，秋季适时摘心，保持架面通风透光，确保枝条充分木质化。

③合理调控肥水，预防徒长，合理控制新梢粗度与节间长度。

图3-3　永久性葡萄砧木圃
左：春季　右：夏季（摄于沈阳长青葡萄科技有限公司）

④适时防治病虫，避免直接危害或间接传播病毒。

⑤寒冷地区需适度简化越冬防寒。

例如，应用大棚（主要参数指标：跨度8米，肩高2米，长度80米）生产贝达砧木，采用小棚架（株距0.3米，行距3.5米，架高1.7 ～ 1.8米），一般每亩产砧木条300 ～ 400千克，其中15%～ 20%条材的直径大于7毫米，70%～ 85%在3 ～ 7毫米，10%以下小于3毫米。这样条材，大部分适合硬枝嫁接。该规格的砧木条材单位产条（穗）率高，通常每千克可剪出硬枝嫁接条50 ～ 80个，绿枝嫁接插穗100 ～ 150个。

（2）临时性砧木圃：当年春季扦插砧木插穗（详见下文“绿枝嫁接砧木的准备”），密度比常规绿枝嫁接育苗可以小一些，常用株距10 ～ 20厘米，行距60厘米，垄作或床作。每年适时搭临时架，架高1.5 ～ 1.7米，生产管理过程中，需随时引缚新梢，适时剪掉副梢及摘心，使砧木有序生长，充分利用光照，确保砧木质量与产量。

以砧木贝达生产为例，通常每亩产砧木条150 ～ 200千克，直径一般3 ～ 5毫米，粗细均匀适度，节间短，芽眼饱满，成熟度高，质量好，扦插极易生根，成活率高。该方法生产的砧木条材出穗率高，每千克可剪插条300个左右，是绿枝嫁接育苗砧木快速繁殖的重要方法。如图3-4。

图3-4　临时性葡萄砧木圃
（春季　沈阳长青葡萄科技有限公司）

砧木条收获留下的根砧称作“坐地砧”，在土壤封冻以前做简易防寒（沈阳地区），翌年在此砧木上嫁接，形成的苗称“坐地苗”。“坐地苗”粗壮，根系庞大，质量好。所以它是“一苗两用”，成本低，效益高。

秋天砧木苗叶片枯萎自然脱落后，待3 ～ 5天营养回流，再展开砧木收集。根据枝条成熟度和粗度进行剪截，将未成熟的、直径在3毫米以下的梢头剪掉，通常剪留长度1米（称米条），每50 ～ 100根一捆，拴上标签，标明品种、数量、产地，避免混杂。收集好的砧木条及时运到低温冷库堆垛或露地沟藏，一层砧木条一层湿河沙并设通风口。

2.砧木生产

（1）选材：选取一年生成熟枝条应具有砧木品种固有色泽，条粗度5 ～ 10毫米，最细不得小于3 毫米，最粗不得大于15 毫米，芽眼饱满、节间隔膜坚韧、横截面近圆形、髓心较小、皮层鲜绿、含水量正常、木质化程度高、无检疫对象（图3-5）。

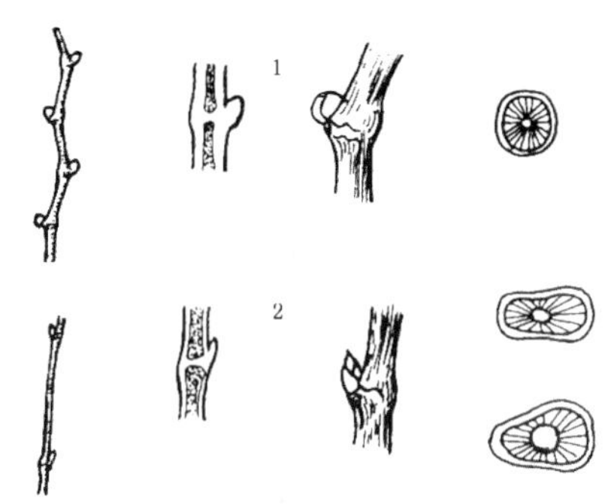

图3-5　葡萄（砧木）枝条质量优劣
1.质量优良的枝条　2.质量低劣的枝条

（2）短截：砧木的挑选标准可参考硬枝嫁接，但粗度可以细一些。目前我国大力推广绿枝嫁接，主要使用砧木粗度4.0 ～ 12.0毫米的条材，将长条按15 ～ 20厘米（2 ～ 3个芽）剪成小段，称插穗，如图3-6，选留饱满芽为插穗上端的芽，在芽上方1 ～ 1.5厘米平剪，插穗下端最好在芽节下稍斜剪或平剪（有利于剪口周围产生愈伤组织，频发不定根），并削去其余芽眼。然后按长度和粗度的不同分别以20 ～ 50条插穗为一捆，用不同颜色（1个品种统一颜色）撕裂膜捆绑。

砧木插穗应在保湿条件下贮藏。如图3-7。

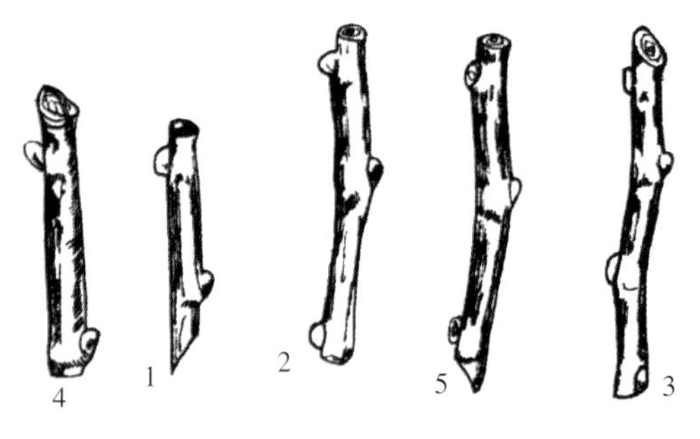

图3-6　葡萄绿枝嫁接砧木条剪法

图3-7　葡萄砧木插穗保湿贮藏

（3）催根：为了提高扦插成活率，过去只强调催根处理，近些年发现还不够，还要催芽，既生根又发芽两者结合为宜。

砧木在催根以前要对插穗进行浸泡消毒。将插穗放入5%硫酸铜或0.3%多菌灵溶液中，浸泡时间12 ～ 24小时，取出晾至表面无水渍后送催根温床催根。

①药剂催根：应用催根的植物生长调节剂有吲哚乙酸、吲哚丁酸、萘乙酸等。其处理方法，用上述药剂2 000 ～ 5 000毫克/千克 的50%酒精溶液速浸3 ～ 5秒钟。

②电热催根：电热温床催根是目前常用的催根方法。整个系统由电热线、自动控温仪、感温头及电源配套组成，安装方法详见说明书。每条DV20608号线，长80 ～ 100米，功率600瓦，4 ～ 5厘米的线距，可布成3.5 ～ 5米^{2}的床面，可供2万～ 4万根插条催根。床上所能容纳插条的数量取决于插条粗度和摆放的紧密度，成捆放置比单根放置容量大。

催根地点可选在室内（含苗木贮藏库内）或室外遮阳棚内，催根环境条件要求空气温度相对较低，而湿度较高，确保先发根后发芽，相对而言，室内催根容易控制空气湿度与温度。在室外催根，通常用地下式床，保温效果好。具体做法是在地面挖深为

40 ～ 50厘米，宽1.5 ～ 2.0米，长2.0米以上的沟槽。床内铺厚度达5 ～ 10厘米的稻草帘，防止散热及促进渗水，草帘上铺5厘米厚的湿沙，整平。在床的两头和中间（数量大时采用）每相距2 ～ 3米各横放一根长1.5 ～ 2.0米、宽5厘米、高5厘米的木方，在木方上要每间隔4 ～ 5厘米均匀钉一根6.7厘米铁钉，然后把木方在地下固定牢，以备在铁钉上挂电热线。电热线顺着温床纵向拉直，在木方上同距离铁钉一侧来回布线，至整条电热线布完，两端都要留出接线头，如图3-8。

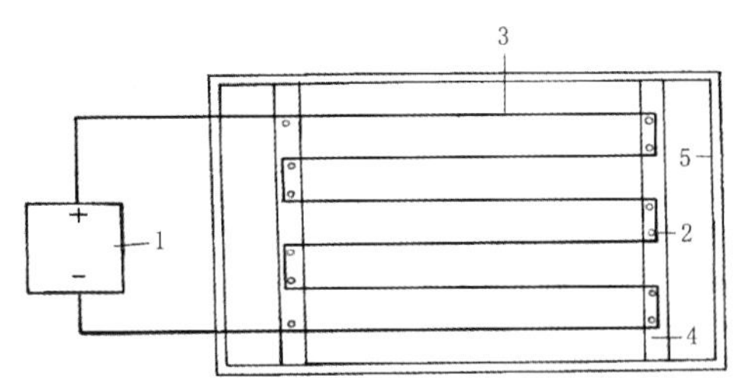

图3-8　葡萄插条催根电热线的布置方法
1.控温仪　2.铁钉　3.地热线　4.木方　5.催根床外框

布好电热线后，铺5厘米左右的湿沙，然后摆放经过药剂催根剂处理过的插条，成捆或单根放置均可。对插条要求直立摆放，基部平齐，中间空隙用湿沙充满，保证插条基部湿润不风干，但插条芽眼必须裸露在外，否则极易先萌芽，后长根。填充物也可用湿锯末。

插条在床上摆放好后，将电热线两端接在控温仪上，感温头插在床内，深达插条基部，然后通电。由于控温仪灵敏度有的误差较大，应人为通过温度计校正，即伴随放置感温头，按照同样的深度，放置1 ～ 2只温度计，观察温度计显示的温度与控温仪温度是否一致，不一致应适当调节。一定要把催根温度控制在25 ～ 28℃。实际催根时，前期2 ～ 3天的温度可调到30℃左右，促进温床快速升温（因为此时插条和河沙的温度很低，温度提升上来需要大量热能），当电热床温度稳定在25 ～ 28℃时，一般经11 ～ 14天，插条基部产生愈伤组织，发出小白根；而插条上端芽体开始膨大，鳞片开裂，有的芽已抽出嫩梢。此时应逐渐降温，并于扦插前2 ～ 3天断电，以达到锻炼插条的目的。

催根过程中，应注意插条基部河沙的湿度，要勤浇水。前期应注意遮光，后期适度见光，使萌芽由黄变绿，增强光合能力，提高插条扦插成活率。

③光热催根：选取光照条件较好的平地做插床，将插穗直接散放在温床内，一排插穗覆一次湿沙或湿锯末，将顶芽露出，排满后震动插穗让沙充实插条之间空隙，防止风干。以后管理与电热催根相同。

（4）扦插：苗圃地经预先平整、施肥、深耕、耙平、作垄（床）、覆膜后即可扦插。扦插时根据砧木的不同用途，采用不同的株行距。一般硬枝嫁接育苗用的砧木要求节间长些、粗壮些，生长时间也长达整个生长季，每株苗木需求的营养面积稍大些，通常行距80厘米、株距15厘米，每亩可扦插5 500条插穗；而培育绿枝嫁接用的砧木，扦插后生长5 ～ 6片叶新梢半木质化时即可嫁接，通常行距60厘米、株距8 ～ 12厘米，每亩可扦插9 000 ～ 13 000条插穗。扦插时，选用合适的打孔器（图3-9）打孔。

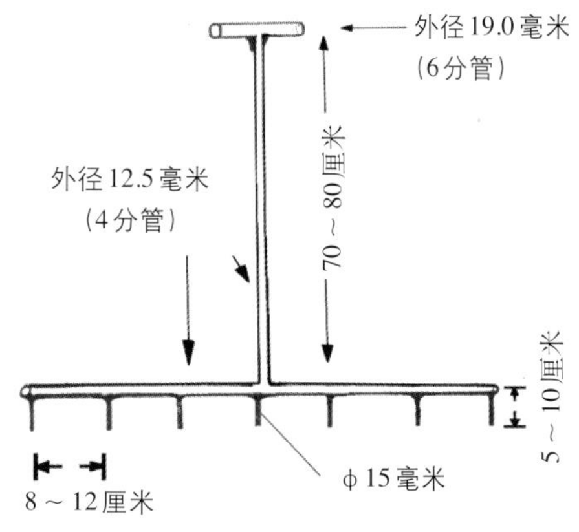

图3-9　葡萄砧木扦插打孔器

通常温度稳定在10℃时，即可扦插，沈阳地区在4月上旬，南方可以提早。挑选既生根，又萌芽的插穗扦插。扦插时根据孔距进行，长条倾斜扦插，短条垂直扦插，芽眼朝南向最佳，深度以芽眼距地膜1厘米左右为宜。扦插后立即灌一次透水，半个月内应特别注意土壤墒情，合理调控温湿度，提高扦插成活率，如图3-10。

图3-10　葡萄砧木扦插

（5）砧木苗管理：砧木扦插成活后变成砧木苗。砧木苗有时拥有多个新梢，应尽早选留一个壮梢生长，以避免营养浪费。生产中为了提高砧木苗的生长量，一方面通过催根和提早扦插，延长苗木生长时间来实现；另一方面于生长前期，即砧木苗高度达到3～4个叶片时喷施尿素等叶面肥，或通过水肥一体化冲施肥，促进砧木苗前期快生长，以适应绿枝嫁接提早进行。

绿枝嫁接前2～4天，要对砧木苗摘心，摘心高度距地面30～35厘米，并将下部3～4个叶腋内萌发的副梢一次性除掉，以便嫁接操作及减少营养消耗。嫁接口必须距地面25厘米左右，如果嫁接口距地面低，一者砧木保留叶片少，光合营养不足，成活率低，再者生产出的苗木不符合苗木质量标准，在栽培中接穗容易生根演变成自根苗，失去砧木的作用。嫁接时，砧木苗嫁接部位直径应大于3毫米，小于3毫米的不便于操作，成活率低。因此培育葡萄绿枝嫁接苗时，前期应加强对砧木苗管理，增加砧木苗粗度显得非常重要。

绿枝嫁接前应对砧木苗灌一次透水，沙质壤土前一天灌水，第二天嫁接；黏质土壤应提前2～3天灌水，防止嫁接时土壤黏重，影响工人操作，嫁接后也应立即灌水。灌水可以提高土壤湿度，增加砧木苗活性，有利于嫁接口愈合，提高嫁接成活率。

用于硬枝嫁接的砧木苗需整个生长季的生产管理，除参考永久性砧木圃管理特点外，还需及时疏除所有夏芽副梢和卷须以及开展病虫害防控。根据苗木不同时期需肥、需水特点进行追肥和灌水（大多是由全苗圃滴灌体系水肥一体化来完成），以保证砧木生长健壮，秋后木质化程度高、枝芽成熟度好，产条量高。

（6）砧木收集与贮藏：秋季砧木苗叶片枯萎自然脱落后，待3～5天营养回流再展开砧木收集。根据枝条成熟度和粗度进行剪截，将未成熟的直径在3毫米以下的梢头剪掉，通常剪留长度1米左右（称米条），每50～100根一捆，拴上标签，标出品种、条数、产地，避免混杂。收集好的砧木条及时运到低温冷库堆垛或露地沟藏，一层砧木条一层湿河沙，并设通气口。

（二）葡萄品种接穗生产

葡萄品种接穗生产要比砧木生产繁殖复杂很多，因为我国葡萄生产区域广泛，气候地理环境复杂，生产品种数量多，尤其大型苗圃既要生产绿枝芽，又需要硬枝接穗，前期选材、短截、催根、扦插等工序，接穗生产与砧木生产基本相同，详见下文。

1.建立采穗圃 我国生产上用的葡萄品种接穗，通常来源于三个方面。

（1）种质资源圃：我国现有三个国家级葡萄品种资源圃，一是国家果树种质葡萄圃·桃圃（郑州）；二是国家果树种质枣圃·葡萄圃（太谷）；三是国家果树种质山葡萄资源圃（左家）。还有省市级葡萄品种资源圃（如山东省葡萄研究院葡萄种质资源圃）和大专院校及企业葡萄品种资源圃等，都可以为葡萄育苗户提供原种接穗，用于引种繁殖。

（2）品种生产园：根据育苗需要，可选择生产管理良好、结果盛期、无植物检疫对象的葡萄品种生产园开展合作，预定一年生枝条或当年半木质化绿枝芽，前者用作硬枝嫁接接穗或接穗繁殖圃插穗，后者可直接用于绿枝嫁接接穗。

（3）接穗繁殖圃：大型苗圃除了建立自己的砧木圃外，还必须建立自己的接穗繁殖圃，由资源圃和生产园冬剪时收集一年生品种枝条，经选材、短截、催根（以上工序与建立砧木圃相同）等，于第二年早春开始品种绿枝接穗和品种硬枝插条生产。

2.品种接穗生产

（1）绿枝接穗生产：首先，绿枝接穗为半木质化嫩梢，产出日期与砧木发育时期、绿枝嫁接时期相一致；其次，绿枝接穗粗度应与砧木苗粗度相匹配，通常规格为4～6毫米。要求剪口横切面只有髓心“一点白”，其余全是翠绿色。采集绿枝接穗时，主剪人要携带水桶，剪下的半木质化嫩枝随手放入盛有水的桶内，助手随即剪去叶片（保留几毫米的叶柄）和前端幼嫩的梢尖，挂上品种标签后及时送到苗圃嫁接。人工绿枝接穗需要外运时，由专业包装人员来处理，包装箱内要有保湿的软垫材料和降温冰袋等，并经塑料密封。

采集绿枝接穗后的品种苗木，留出顶端1～2个强壮副梢继续生长，秋后木质化，粗度达到5毫米以上的可用作硬枝接穗，一苗二用。

（2）硬枝接穗生产：与硬枝砧木生产工艺基本相同（略）。

五、葡萄硬枝嫁接技术

葡萄硬枝嫁接育苗是硬枝砧木的上端与硬枝接穗的下端通过刀具削出形状、大小规格相同但方向相反却对称的几何图形接口，镶嵌铆合在一起形成接条，经过封蜡、愈合、催根催芽、扦插、苗木管理等一系列程序育成商品苗。

（一）砧木和接穗的准备

通常硬枝嫁接使用的砧木和接穗品种枝条，都来自专业砧木圃和品种接穗圃生产。

（1）剪截：砧木长度要求22～30厘米，必须一致，一般3～4个芽，上部剪口距顶芽4～6厘米，基部剪口距基芽2～3厘米，其位置依据基芽位置略有随意性；接穗长度要求5 ~ 6厘米，芽上留1厘米，芽下留4 ~ 5厘米；剪口一律平剪，如图3-11。

(2) 除芽：砧木上所有芽眼使用切削刀具彻底清除，避免以后萌发，否则将影响成活率或增加除萌用工量。为了便于下一步操作，除芽后每50 ~ 80根捆成一捆。

(3) 浸泡：为了防止病虫害传播，需对砧木及接穗进行浸泡消毒。做法是以5%硫酸铜溶液（或其他杀菌剂）浸泡24小时，取出晾至表面无水渍后嫁接。

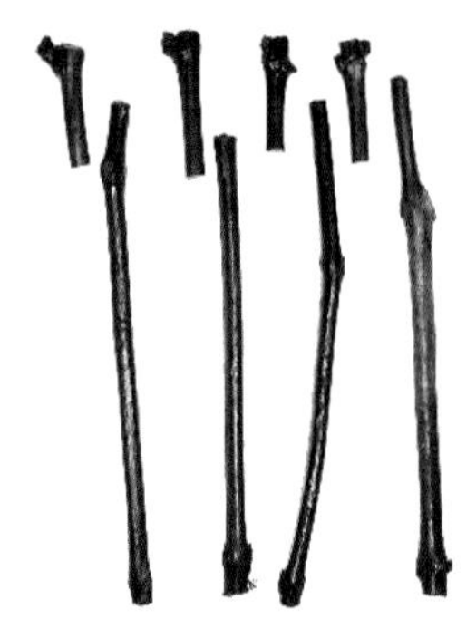

图3-11　砧木与接穗枝条剪截

（二）物料准备

(1) 嫁接机：分手持式、脚踏式和电动式等多种类型，不同类型的嫁接机构造各异，但都可以使用同一规格不同几何图形的切削刀具，如欧米卡形（Ω）、倒梯形等，用于切削砧木和接穗的嫁接口，如图3-12。目前各国比较常用的为脚踏式欧米卡接口嫁接机，其中也分成两种类型，一种是嫁接过程中接穗与砧木同时切割与组装，另一种是接穗与砧木分别切割然后再组装。

图3-12　葡萄硬枝嫁接机

(2) 接蜡：专用于葡萄硬枝嫁接发挥封闭及固定作用的石蜡。目前我国没有生产。进口接蜡具有如下特点：①良好的附着性，但不粘连；②良好的韧性及弹性，不脆裂，封闭性好；③烈日下不易熔化。

(3) 浸蜡箱：选用国外专业生产，可控恒温，自动调节。

(4) 愈合箱：主要用于盛装接条入库进行愈合处理，常选用无毒硬质塑料箱，如图3-13，价廉、轻便、耐用。但在许多国家，目前木箱还在沿用。

图3-13　葡萄嫁接愈合箱

（5）剪截机：有手持剪枝剪和脚踏裁剪刀两种类型，用于剪截砧木和接穗，有的也可用于除芽。

（6）嫁接专用塑料：近年国外也有用塑料包扎封闭嫁接口而替代石蜡的。塑料厚度0.02毫米，宽度2 ~ 3厘米；依靠塑料间静电作用黏合在一起，发挥密封作用，而无需扎结，方便实用。

（三）硬枝机械嫁接技术

1.嫁接 机械嫁接无论采用哪种类型嫁接机，都同样利用机器上的刀具把砧木枝条的上端和接穗枝条的下端分别切削出1个方向相反的Ω形或倒梯形的接口，再将二者Ω形或倒梯形接口镶嵌铆合在一起形成嫁接后的接条，如图3-14。国外嫁接参考速度600 ~ 700株/小时，操作简便，工效很高。

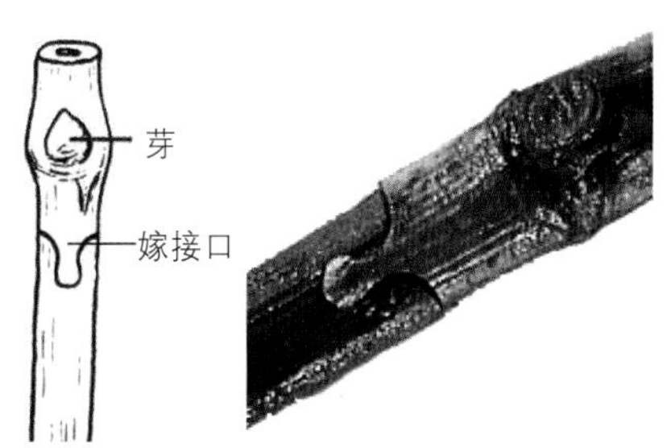

图3-14 欧米卡形（Ω）嫁接
左：示意图 右：实物图

操作要求：①砧木、接穗粗度要一致；②嫁接口结合紧密；③形成的嫁接条长度必须大致相等。

嫁接过程中，如果有两个或两个以上砧木或接穗品种同时进行，应严格标定，防止混杂。

2.封蜡 封蜡目的：①使砧木接穗形成一体；②密封嫁接口，防止失水及病原菌侵入。

浸蜡通常需要二次，根据作用及枝条发育状况，每次所用蜡的类型不同。第一次在嫁接后愈合处理前，目的为了固定嫁接口，并防止接口失水及杀菌消毒，蜡中含有杀菌剂和生长素；第二次在愈合处理后，田间或温室内扦插前，作用同第一次浸蜡，因为愈伤组织的形成及部分萌芽，导致第一次封蜡部分劈裂，需要重新封蜡，这次封蜡温度要低于上次，防止烫伤新生组织。

浸蜡时蜡温控制在80 ~ 85℃，或再低些，温度高，容易烫伤组织；温度低，蜡膜厚，易脆裂脱落。为防止各嫁接体相互粘连和烫伤植株个体，浸蜡后，要迅速蘸水降温，水温15 ~ 20℃。蘸水后，要对嫁接体捆绑，20 ~ 30根/捆，并置于低温环境临时保湿贮藏。

实际上，有些国家在苗木收获后入库前，对接穗及嫁接口还进行一次浸蜡（第三次浸蜡），防止苗木在贮运及栽植到田间萌芽前再失水。

3.愈合 接条的接口愈合必须在恒定的温、湿度条件下才能产生愈伤组织和形成不定根，一般要有专用的处理库房，设有空调设备，以调节温度、湿度和通风等。

愈合目的是让嫁接部位迅速生成愈伤组织，同时也要避免发芽及发根过长。愈合基质是河沙、锯末、蛭石等，在保持温度25 ~ 30℃，湿度80% ~ 90%情况下，需10 ~ 15天完成愈伤；温度调控办法是，前3 ~ 5天调至25 ~ 30℃，以后调至20℃左右，愈伤组织形成后温度降到15℃左右，并使芽逐渐见光绿化锻炼。温度过高愈伤组织形成快，大而不匀，不充实，最后成活率低，应避免。为此，接条愈合后，扦插（或移栽）前需挑选。

4.接条挑选 愈伤好的嫁接条基部及嫁接口部位都应形成完好的愈伤组织，接穗芽眼刚萌芽。实际操作时，砧木往往比较容易形成愈伤组织，而接穗部分形成得缓慢，值得注意。

接条挑选过程中，若嫁接条上附着的基质多，遮挡视线，应在保湿避阴的环境下，用清水迅速冲洗，以提高分辨率，嫁接理想的愈合率需在70%以上。

合格的嫁接条有时经过愈合后，接穗萌芽很长，封蜡时易烫伤，需留1厘米剪截，再封蜡处理，以后诱导副芽萌发。

为了便于运输及田间扦插，需要对挑选合格的嫁接条再捆绑，通常50 ~ 100根/捆，若不能及时扦插，应低温保湿贮藏。

为提高成活率，在封蜡、愈合、选条、捆绑、贮藏、运输等环节操作中，要在“轻拿轻放”的原则下进行，杜绝嫁接口机械性人为损伤。

5.接条栽植技术 一般有两条路径。国外比较常用的一条路径是生产温室绿苗，要求温室具有自动控制温湿度的条件，即将接条栽植营养钵内，通过一段生长发育后，随时出售营养钵绿苗直接建园；另一条路径是将接条直接栽植或扦插在苗圃，经过一个生长季节的管理后，秋季起苗待售，这个路径与我国目前葡萄绿枝嫁接育苗后期管理有很大的相似之处，适合我国现阶段采用，如图3-15。

图3-15 硬枝嫁接苗
左：营养钵绿苗 右：田间扦插

（四）硬枝刀具嫁接技术

硬枝刀具嫁接材料（砧木和接穗）的准备、接条愈合处理以及接条扦插或栽植技术等与硬枝机械嫁接技术相同。使用的刀具是普通的果树切接刀，嫁接方法主要有劈接和舌接，是国内外没有发明嫁接机之前普遍采用的手工嫁接方法。

1.劈接法 选取粗度相当的砧木和接穗条子，将砧木上所有芽眼削去，在横切面中心线垂直劈开一条深度3 ~ 4厘米的劈口；再在接穗芽下左右两面向下斜切3厘米左右等长的两个长削面，呈楔形，随即插入砧木劈口，对准双方一侧的形成层，并用薄膜塑料带把接口包扎严实（图3-16）。

2.舌接法 选取粗度大致相等（直径6 ~ 10毫米）的砧木和接穗条子，在砧木顶端一侧由上向中心斜切长约2厘米的削面，再从顶端中心处垂直下切，与第一刀削面底部相接，切下一个三角形木片，出现第一个“舌头”；然后顺砧木顶端的另一侧由下向中心处斜切一个与前一削面相平行的削面，切下另一个三角形木片，出现第二个“舌头”，完成了砧木的“舌”形切口。再在接穗下端采取与砧木相同的切削方法

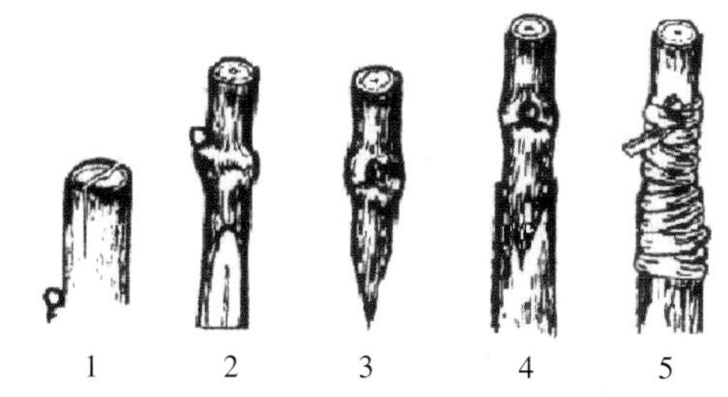

图3-16 硬枝刀具嫁接劈接法
1.砧木切口 2、3.接穗切法
4.嫁接 5.接口绑扎

完成同样大小的“舌”形切口，并将砧木和接穗两者的“舌”形切口相互套接，并对准双方形成层，上下挤紧即完成（图3-17）。

劈接与舌接形成的嫁接体的封蜡、愈伤及接条栽植技术同机器硬枝嫁接。

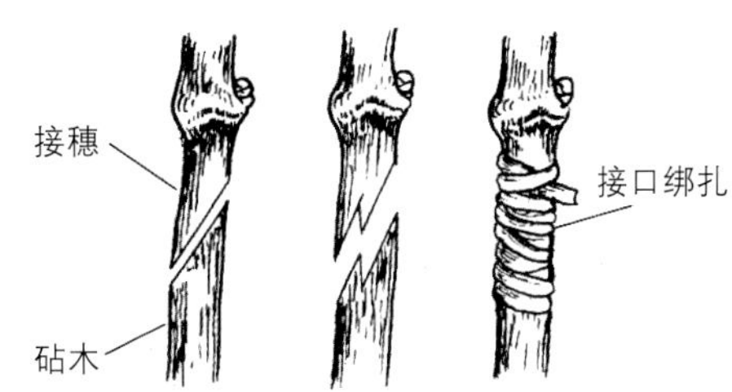

图3-17　硬枝刀具嫁接舌接法

手工硬枝嫁接在我国吉林、辽宁及河北等部分地区还在不断探索。同时国内部分专业场圃或科研单位，已经引进国外机器嫁接设备与技术，开始同化及推广工作。

六、葡萄绿枝嫁接技术

（一）嫁接材料和物料的准备

1.砧木和接穗　详见本章葡萄砧木和接穗生产。

2.物料

（1）嫁接刀：主要使用磨制刀具，刀刃钢口好，耐磨，锋利，用钝了磨后可接续使用。嫁接刀刀刃锋利不锋利、选用得当与否，直接影响到嫁接速度、质量和成活率。

（2）包扎膜：采用厚度0.02毫米左右的聚乙烯膜，可塑性大，包扎松紧适度；裁剪宽度2 ～ 3厘米，长度25 ～ 30 厘米；使用方便，节省费用。

（二）嫁接时期和嫁接方法

1.绿枝嫁接时期　葡萄绿枝嫁接的适宜时间主要取决于两个条件。

（1）农时：砧木苗和接穗的新梢必须具备5 ～ 6片以上新叶，粗度达到3毫米以上，达到半木质化的程度，从实践上看，当截断新梢刚刚看见白心，此时是形成层最活跃期，利于成活，是绿枝嫁接最适时期。

（2）足够的生长期：嫁接后必须保证接芽萌发出来的新梢，具有100天以上的生长期和15厘米高度处具有3毫米以上的粗度，在落叶前新梢基部至少应具有3个以上充分成熟的芽眼。

具体嫁接时间，在北方沈阳地区5月初到7月初，近2个月，是葡萄绿枝嫁接的适宜时期；通常为了提高嫁接成活率与成苗率，宁早勿晚。南方根据当地实际情况，嫁接期可延长。

2.圃地清理　在绿枝嫁接前1 ～ 3天，要对苗圃地进行清理。清除圃地内支架、杂草、未成活的砧木死桩和不适合嫁接的细弱砧木，为嫁接工清除工作障碍，以提高嫁接效率。

3.绿枝嫁接方法　葡萄绿枝嫁接普遍采用劈接法。首先，选取育苗品种直径4 ～ 5毫米（与砧木苗相当或略粗）的半木质化新梢或副梢作接穗，在芽上方1 ～ 2厘米和芽下3 ～ 4厘米处剪下全长5 ～ 6厘米的穗段（“接芽”）。再用刀片从芽下两侧削成长2 ～ 3厘米的对称楔形削面，削面一刀成，要求平滑，倾斜角度小而匀。在砧木苗距地面25厘米左右处用嫁接刀片割断，留3 ～ 5个砧木苗叶片，剪口应距砧木苗顶芽3 ～ 4厘米，用刀片在断面中心垂直劈下，两侧要求大小对称，劈口深度略长于接穗楔形削面，然后将削好的接芽轻轻插入劈口，使接穗削面上部稍露出砧木苗截面外2 ～ 3毫米（俗称“露白”，利于产生愈伤组织），对齐砧、穗一侧形成层，当然两侧形成层对齐更好，然后用塑料条将接口和接穗全部包扎严密，仅露出芽眼，如图3-18和图3-19。

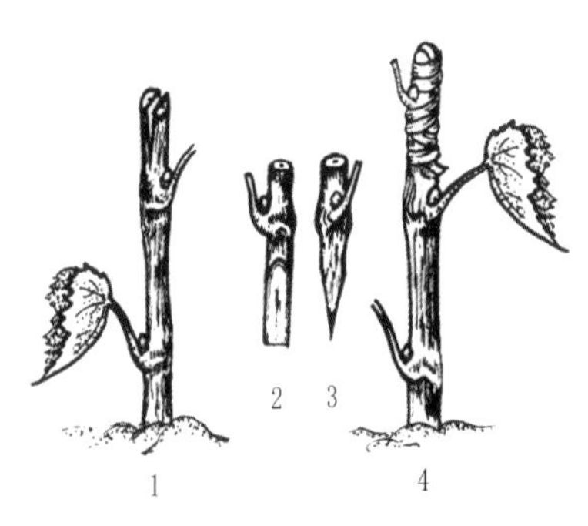

图3-18 葡萄绿枝嫁接劈接法
1.砧木切口 2、3.接穗削法 4.嫁接口绑扎

图3-19 葡萄绿枝嫁接口包扎

4.提高绿枝嫁接成活率的技术措施 绿枝嫁接是我国当前繁殖葡萄苗木最主要的方法，接穗来源丰富，可利用新梢和副梢绿枝芽与砧木配套繁殖，为新品种推广工作做出突出贡献。提高绿枝嫁接成活率的关键技术措施如下：

（1）加强砧木苗管理：嫁接前1～3天应对砧木苗灌水，以提高砧木苗活性，并增加环境湿度，嫁接后还要立即灌水，提高田间持水量，降低接穗与砧木苗的水分挥发。嫁接前需除去砧木苗基部15～20厘米（3～4个芽）范围内所萌发的夏芽副梢，嫁接后砧木苗上接续萌发的夏芽与冬芽副梢，应随时除去，避免与接穗萌芽及生长争夺营养。嫁接过程中，应完整保留砧木苗叶片，保持其最高活性与最大光合能力。

（2）确保接穗质量：育苗圃地应建立相应的品种接穗圃。接穗最好随嫁接随采集，采集后要及时剪去叶片，留下1/3左右叶柄，严防失水。从外地调运接穗应低温保湿贮运，而且贮运时间不宜超过3天。

（3）严格掌握嫁接时间（农时）：应在砧木与接穗半木质化时进行。当接穗木质化程度高，芽眼开始进入浅休眠阶段，由于休眠不可逆转的习性，嫁接后不易萌芽或大幅度推迟萌芽，严重影响成活率；根据葡萄品种休眠期长短的不同，其差别表现较大，如巨峰、藤稔、醉金香、夏黑及巨玫瑰等品种严重，而红地球、克瑞森无核、无核白鸡心、维多利亚、金星无核、着色香、阳光玫瑰等品种较轻；而接穗与砧木没有达到半木质化，组织过于幼嫩，嫁接也不易成活。为此，生产中强调按时集中作业。

具体嫁接时间，从天气上看，炎热的晴天比凉爽的阴雨天成活率高。

（4）嫁接操作应技术熟练：嫁接各环节应协调一致，速度要快，削好的接穗不能失水，接口和接穗必须包扎严密，保持湿度，如图3-19。

七、葡萄嫁接苗管理

（一）抹芽与除萌

葡萄砧木苗每个节位上都有1个冬芽和多个隐芽（潜伏芽）存在，受嫁接创伤的刺激，这些芽极易萌发，消耗苗体营养，干扰接穗生长。为了提高嫁接成活率，促进嫁接品种萌芽、生长，应对砧木苗进行及时抹芽和除萌。绿枝嫁接在嫁接后7 ~ 10天开始抹芽、除萌，硬枝嫁接于萌芽后进行。在沈阳地区以贝达为砧木培育的嫁接苗，抹芽及除萌时间持续50 ~ 60天，即持续到苗木上架以后，如图3-20。

图3-20　葡萄绿枝嫁接苗除萌
左：待除萌　右：除萌后

（二）搭架与上架

1.搭架　当苗长至20 ~ 30厘米时，开始搭架，按照苗木生长所在垄或畦的行向每隔一定距离（3 ~ 4米）插一根架杆。架材由立杆和线绳两部分组成，应就地取材，挑选物美价廉、牢固、耐用的材料作架杆。架杆过去通常采用竹、木等不耐腐蚀材料，如今采用 ϕ8 ~ 10毫米钢筋、包胶钢筋及光纤棒等耐腐蚀材料。线绳采用渔网线（双线）作横线。第一道线距地面50厘米，第二道线距地面80 ~ 100厘米为宜，培育“三当苗”上一道线即可，只有需要采收品种种条或繁殖“坐地苗”时，才要求上二道线。

2.上架　上架工作在苗木达到架面横线的高度后即可进行，由于苗木生长不齐，可分期进行。过去横线是单线，苗需要绑缚，现在改成双线直接夹苗，节省大量用工。

（三）除卷须、主梢摘心与副梢处理

1.除卷须　葡萄卷须由花序退化而成，卷须生长需要消耗较多树体营养。伴随嫁接苗长高，为了节省营养，加速苗木木质化，同时也为了便于夏季管理，防止干扰苗木空间分布，对生长过程中所产生的卷须应及时除掉。

2.主梢摘心　摘心，俗称掐尖。主梢摘心时间早晚以能使苗木秋季早霜来临前充分成熟为标准，无霜期短的地方应早摘心，最迟不能晚于立秋，无霜期长的地方可晚摘。枝条不易成熟的品种（如红地球、美人指）应早摘，枝条易成熟的品种（如阳光玫瑰、巨峰）可晚摘。摘心标准，依苗木高于架线部分再保留1 ~ 2片叶为合适，这样苗木生长整齐，田间管理操作方便。

3.副梢处理　主梢摘心后，叶腋间的夏芽快速萌发称夏芽副梢，必须及时处理，否则消耗营养，影响主梢加粗生长及木质化。通常基部的4 ~ 8个副梢从基部掰掉，最上的2

个副梢各选留一片叶“绝后摘心”。为了预防有些品种顶部的冬芽可能由上而下萌发，对顶端的2个副梢，有时需延伸5 ~ 6片叶再处理（具体情况可具体分析），以释放营养。

（四）其他综合管理

1.除草 为了确保苗木健康生长，需适时除草。

2.肥水管理 育苗除了一次性施足腐熟的有机肥外，生长期应根据实际情况，结合水肥一体化进行冲施肥或叶面喷施肥，补充苗木生长过程中对营养的进一步需求。

葡萄育苗必须有灌溉条件。在苗木整个生长发育过程中，对水的需求较为有序，即前期供水多，后期供水少。秋季为了促进苗木枝条成熟应控制给水，否则苗木易贪青、徒长，质量降低。雨季苗圃地内积水对苗木生长发育有严重威胁，一方面田间湿度大，为病菌侵染造成有利条件，病害易发生，另一方面田间水分长期饱和，根系厌氧呼吸，植株易死亡。所以，苗圃地周围必须有排水沟渠，圃地内也应设纵横交错的小排水沟，保证雨水及时排出。

3.病虫害防治 在葡萄苗木繁育过程中，防治病虫害是一个重要环节。设施育苗病害显著减轻，但秋季白粉病需引起注意；设施环境对昆虫发育有利，应特别注意螨类及小型金龟子类昆虫对葡萄苗叶片及新梢的危害。提倡“预防为主，防治结合”的标本兼治方针，本着“治早、治小、治了”的治疗原则，把损失降到最低程度。葡萄病虫害和防控措施，在本书第十三章均有详细叙述。

八、葡萄无病毒苗木培育

（一）葡萄无病毒苗木生产的重要性

葡萄病毒病是世界性病害，凡是有葡萄栽培的地区都有病毒病存在。现已知侵染葡萄的病毒种类达60多种，国内已报道过的葡萄病毒类病害有10余种，其中扇叶病、卷叶病、栓皮病和斑点病等分布广、危害重。葡萄苗木被病毒侵染后，对光合作用、呼吸作用、糖代谢、酶活性、韧皮部运输、激素平衡、细胞代谢等新陈代谢活动造成不利影响，导致生根率和嫁接成活率降低。

葡萄嫁接苗往往造成病株长期带毒并重复感染，表现为复合侵染和潜伏侵染的叠加数量性状特征。葡萄植株一旦被病毒侵染，将终生带毒，持久危害，没有药剂可以有效预防或控制，使用无病毒苗木是防控葡萄病毒病的最根本方法。栽培葡萄无病毒苗木，根系发达，成活率高，无僵苗，长势旺，整齐，节肥水，抗逆性强。

目前，国外已经强制推广无病毒苗木生产多年，取得良好的效果。而我国葡萄苗木繁殖对葡萄病毒的危害没有引起足够的重视，嫁接苗僵苗现象频发，尤其近10年来，葡萄新品种阳光玫瑰得到迅速推广，但僵苗、皱叶现象异常严重，制约该品种的发展；这些现象的出现，一方面主要是由于接穗带毒导致的，另一方面也是由于砧木带毒所引发的，或二者同时带毒的结果。为此，欲从本质上解决这些问题必须开展无毒苗木生产。目前中国农业科学院果树研究所（兴城）、沈阳长青葡萄科技有限公司等单位已经建立了贝达等砧木脱毒母本园和部分鲜食葡萄品种接穗母本园，每年都产出无病毒鲜食葡萄新品种嫁接苗供应市场。

（二）葡萄无病毒苗木生产的技术环节

葡萄无病毒苗木培育技术体系包括原种（品种及砧木）选择、脱毒、病毒检测和无病毒苗木繁育四个主要环节（图3-21）。

图3-21　无病毒阳光玫瑰葡萄绿枝嫁接苗木生产状况
1.脱毒贝达砧木圃生产情况　2.无病毒阳光玫瑰圃生产情况
3.无病毒阳光玫瑰绿枝嫁接成活后生长情况　4.无病毒阳光玫瑰嫁接苗健壮生长情况

1.无病毒原种选择　在成龄结实良好的葡萄园，选择生长健壮、农艺性状与经济性状优良，无病毒症状的植株作为原种备检测繁殖材料，待检测。

2.脱毒　从田间直接经优选获取的原种待检测繁殖材料，大多时候是携带病毒的，为此需进行病毒检测筛查；检测后确定不带病毒后可直接作为原种登记并保存在防虫网室中，如发现有病毒，则必须进行脱毒处理。

葡萄脱除病毒的方法有多种，其中热处理茎尖脱毒较为常用。热处理茎尖脱毒，根据病毒和葡萄组织细胞对高温耐受程度的差异，采用适当的温度和恰当的处理时间，使葡萄植株体内的病毒活性降低甚至失活，而葡萄植株细胞此时正快速生长，最终导致葡萄植株生长点附近的细胞不含病毒，从而达到脱毒的目的。操作要点是：将待处理的优良品种或砧木移植到营养钵中，待长出3～5片叶时，放入恒温38℃的光照培养箱中处理2～3个月，然后切取1.5～2.0厘米的嫩梢，嫁接在通过营养钵栽培的无毒砧木上，成活后待检病毒。

葡萄脱毒只要脱除了当前对生产具有严重危害的病毒，如导致阳光玫瑰苗木僵化、皱叶的病毒，导致巨峰大小粒的病毒等，就具有重大意义。

3.病毒检测 葡萄经脱毒处理培育出的植株，并非全部实现脱毒，为此需要对所有植株进行病毒检测筛选。

目前，常常采用症状识别法检测葡萄病毒。受病毒侵染的葡萄植株，大部分表现出一定的症状，该症状是识别葡萄病毒病的重要依据，具有很高的诊断价值，由此许多葡萄病毒病也可以通过症状表现初步确定。如葡萄苗木受卷叶病毒侵染后表现为：植株长势减弱；夏末秋初，下部叶片开始向下反卷，并逐渐向上蔓延至整个植株；红色品种叶脉间变红，白色品种叶色变黄，枝条不易成熟，根系发育不良；嫁接成苗率显著降低；苗木栽植生根能力差，成活率低，僵苗，苗木生长不整齐等。

经病毒检测确认无毒筛选出的植株，需作原种保存在网箱中，作为今后无病毒苗木繁殖的最原始材料。

4.无病毒苗木的繁育 目前，葡萄大规模工业化育苗技术已逐渐成熟和完善，可广泛应用于葡萄无病毒苗木的快速繁育。但生产者应充分认识到葡萄无病毒苗木繁育体系建设，遵守无病毒检疫检验制度及规范化操作的重要性，同时要了解培育无病毒苗木，必须有相应的技术队伍作支撑。

从事葡萄无病毒苗木生产必须建立无病毒良种库、无病毒采穗圃和无病毒苗木繁育场。

（1）建立无病毒良种库：经优选脱毒后即成为原种，需科学保存。通常每个品种选用2～4株，分别保存于防虫网（300目，0.4～0.5毫米网眼）室中，建立无病毒良种库。

防虫网室应建在通风透光良好、未见传毒线虫、6～8年之内没有栽植过葡萄的地块，与商品葡萄园和苗圃的距离大于50米，网室建好后应全方位消毒再启用。网室中保存的材料，以后每年需定期进行病毒病症状调查和病毒检测，这样的无病毒材料方可应用于繁育葡萄无病毒母本树，建立无病毒母本园（采穗圃）。

（2）建立无病毒采穗圃：葡萄无病毒母本园或采穗圃应建在水肥良好、未见传毒线虫、6年之内没有栽植过葡萄的地块，与商品葡萄园和苗圃的距离大于50米，以防止粉蚧等媒介从带毒葡萄园中传带病毒。生产过程中需对母树的病毒再感染情况随时进行定期鉴定，及时淘汰劣变株或再感染病毒植株。以后无病毒苗木的繁殖，可直接从母本园或采穗圃采取无病毒试材，达到快速繁育的目的。

（3）建立无病毒良种苗木繁育场：繁育无病毒苗木，需经国家对资质审查，以确定繁育场的建立。

葡萄无病毒苗繁殖圃建园时，应选择水肥良好，3年以上未栽植过葡萄的地块，园址应离其他葡萄园20米以上。连续重茬育苗时，需每间隔2～3年适时与其他农作物轮作。在葡萄苗木生长季节，需按规定进行病毒抽检，发现病毒植株立即挖除淘汰。各园区生产用农机具、修剪工具等需专管专用，并定期消毒。快速繁育葡萄无病毒苗木工艺流程，如图3-22。

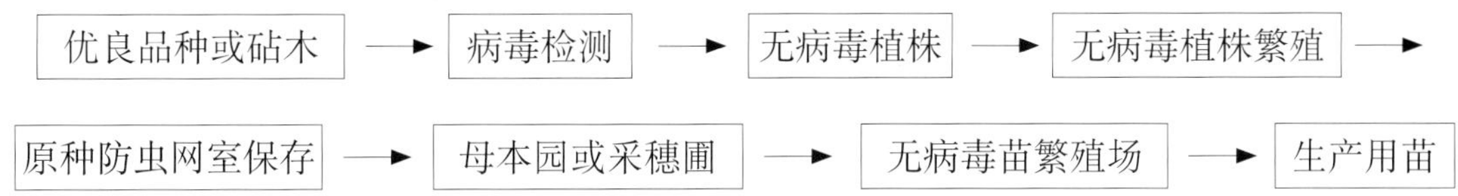

图3-22 葡萄无病毒苗木繁育流程

九、葡萄苗木出圃和贮藏

（一）起苗

1.苗木出圃前的准备工作

（1）苗木调查：葡萄苗木起苗前要对品种及数量进行调查，一般带叶时进行，这样便于区分品种。对品种进行调查，一方面是要弄清各品种的基本数量，另一方面是为了提高苗木的纯度，依据育苗计划按地块分别画出各品种育苗图，在落叶前挨行逐棵检查，发现个别杂株立即从基部剪掉，否则起苗时人多手杂容易造成苗木混杂。对于因某种原因造成一块地内有较多品种时，应尽早鉴定标记，品种代号要求统一，字迹要清楚，以便于识别、归类，确保品种纯度。

（2）制定苗木出圃计划：包括起苗用的时间，劳动力多少，机器设备等工具及包装用品的数量，运输车辆的型号，贮藏库的规模等。

（3）适时灌水：秋季在起苗前3～5天应灌一次透水以疏松土壤，有利于保持苗木根系完整，并提高起苗效率。

（4）清除杂物：起苗前应拔出架材，解除搭架的线绳，清除农膜、滴灌带等。

（5）剪梢：如果用机器起苗，起苗前还要对苗木剪梢，通常在嫁接口以上剪留4～5个饱满芽。

（6）机器设备及相关物料：对起苗机器如拖拉机、运输车辆、起苗犁及修枝剪等进行检修，备足绑扎、包装、标记等物料及用品。

（7）场所准备：为了使起苗工作有条不紊地顺利进行，应准备足够面积的苗木分级和包装场所，同时对苗木贮藏库要进行清理消毒。埋苗用的河沙要提前全面过筛，拣出遗留在沙中的残余苗、条、绳等杂物，然后用硫黄熏蒸消毒，并及时补充河沙和调整湿度，等待苗木入库贮藏。

2.技术要求

（1）起苗时间：在北方起苗时间是秋季落叶后，南方秋季、春季均可。北方秋季起苗在落叶1周后到封冻前，晚起苗有利于树体营养回流与休眠，对苗木发育有好处，苗木质量有保证。起苗尽量选择晴朗、温度相对较高（−5～10℃）的天气进行，工作效率高。严寒天气苗木脆、硬，操作易损伤苗，工作效率也低。

（2）起苗机器：起苗是由葡萄专用起苗犁完成的。起苗犁由拖拉机驱动，犁刀深入土壤30～40厘米，与地面平行切削根系，以振动装置疏松土壤，人工捡拾苗木。机械起苗根系完整无损伤，苗木质量高，同时降低劳动强度，工作效率高，如图3-23。

图3-23　葡萄振动式起苗犁及效果

(3) 注意事项：

①严防品种混杂。起苗要分品种有序地进行，防止在起苗过程中造成混杂。当同一块圃地内同时繁殖两个或更多的品种时，应先起数量少的品种，后起数量多的品种。起苗过程中要按不同品种集中堆放，并及时标记与后续处理，保证苗木纯度。

②严防根系失水。拔出的苗木应及时遮阴严防风吹日晒，因为苗木根系长期生长在地下，已适应了土壤的湿润环境，风吹日晒下很易失水，细根干枯，贮藏期间霉烂，影响苗木质量，降低栽植成活率；所以苗木拔出后要集中在条件适宜的车间内尽快保湿分级和包装。

(二) 苗木分级、消毒、包装、运输

1.苗木分级　苗木分级能够去粗取精，保证苗木质量，提高栽植成活率，保证苗木长势、整齐度及早期丰产性。在分级过程中首先挑选出有病虫害的不合格苗，然后根据苗木质量标准（表3-2）即苗木粗度、根系多少等，将苗木分成一级、二级苗，其他不符合标准的苗，不得流入市场，可移栽继续培育。

表3-2　葡萄嫁接苗质量指标

（中华人民共和国农业农村部）

项　目		级　别		
		一　级	二　级	三　级
品种与砧木数量类型			纯　正	
根系	侧根数量	5条以上	4条	4条
	侧根粗度	0.4毫米以上	0.3 ~ 0.4毫米	0.2 ~ 0.3毫米
	侧根长度		20厘米以上	
	侧根分布		均匀、舒展	
枝干	成熟度		充分成熟	
	枝干高度		50厘米以下	
	接口高度		20厘米以上	

（续）

项　　目			级　　别		
			一　级	二　级	三　级
枝干	粗度	硬枝嫁接	0.8厘米以上	0.6 ~ 0.8厘米	0.5 ~ 0.6厘米
		绿枝嫁接	0.6厘米以上	0.5 ~ 0.6厘米	0.4 ~ 0.5厘米
嫁接愈合程度				愈合良好	
根皮与枝皮				无新损伤	
接穗品种饱满芽			5个以上	4个以上	3个以上
砧木萌蘖处理				完全清除	
病虫危害情况				无明显严重危害	

苗木的分级与捆绑可同时进行。捆绑时每捆10株或20株，首先注意嫁接口对齐，另外由于绿枝嫁接苗往往都有一个弯，也应注意弯对弯一顺捆绑，每捆苗木要捆扎2 ~ 3道线绳，通常嫁接口上接穗部分捆一道线绳，嫁接口下砧木部分捆1道或2道，要捆扎牢固。因为苗木要在湿度大的河沙中保存5 ~ 6个月，需选择不易腐烂的撕裂膜作捆绑材料，最好选用不同色彩撕裂膜，同一品种选择同一颜色，以免在苗木贮藏、出库、销售、运输及栽植中造成混杂，如图3-24。

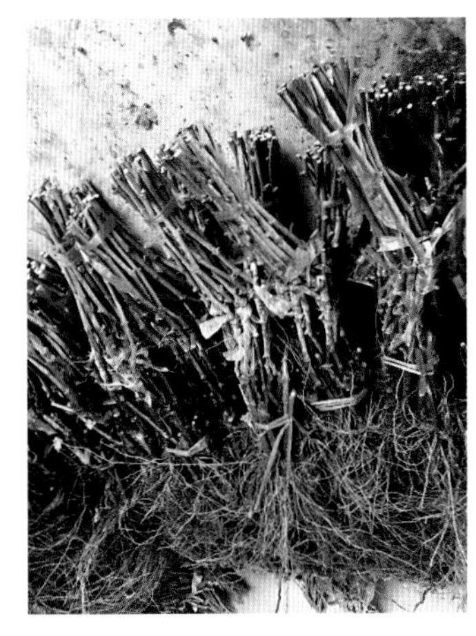

图3-24　葡萄苗木绑扎
左：绿枝嫁接苗　右：硬枝嫁接苗（国外网站资料）

2.苗木消毒　为了预防通过葡萄苗木传播病虫害，起苗后需对苗木进行消毒处理。方法是将苗木整株放在50℃温水中浸泡0.5小时或多菌灵1 000 ~ 1 200倍液浸泡4小时以上，如图3-25。

图3-25　葡萄苗消毒（国外网站资料）

3.苗木包装 苗木作为一种商品，对其进行合理的包装是必要的。科学的包装能便于流通，也能降低苗木在运输中造成的损失。苗木在包装中作保湿处理、防止风干非常必要，一旦苗木在运输中失水，会大大降低栽植成活率，影响长势，甚至大批死亡。

目前保湿包装主要是编织袋内衬塑料袋，编织袋起固定作用，塑料袋发挥保湿作用，编织袋有很强的韧性，抗挤压，实用价廉，适合我国当前的运输条件与经济水平。

例如，采用长150厘米，宽115厘米的编织袋，内衬长200 ~ 220厘米，宽120厘米，厚度0.04 ~ 0.06毫米的塑料筒袋，每袋可包装“三当”嫁接苗木1 000株左右，坐地苗800株左右，重量30千克左右；其包装过程为：每次以5捆（50株）苗木（根系统一朝向袋边一侧摆整齐）为基本数量单位，上次根系朝一侧，下一次根系朝另一侧，码落在袋中，循环往复，踩实，封口前对苗木少量喷水（每袋250 ~ 300毫升）保湿，然后缝合封口，最后标明品种、数量等信息，如图3-26。

图3-26　葡萄苗编织袋包装

根据商品经济的发展，我国葡萄苗木包装也已升级。开始采用纸箱包装，塑料袋保湿，根系间填充苔藓等保湿材料。包装箱外侧标明：产地、品牌、品种、砧木类型、数量以及生产单位和咨询电话等信息，如图3-27。

4.苗木运输 我国物流业发展迅速，网络遍布全国城乡，4 000千米内3天到达。葡萄苗木流通的渠道还有邮政运输、铁路货物快运、民航快运、公路快运和汽车包运等。无论采用何种运输方式，在运输过程中都要考虑鲜活苗木的最适生存条件，温度及湿度。

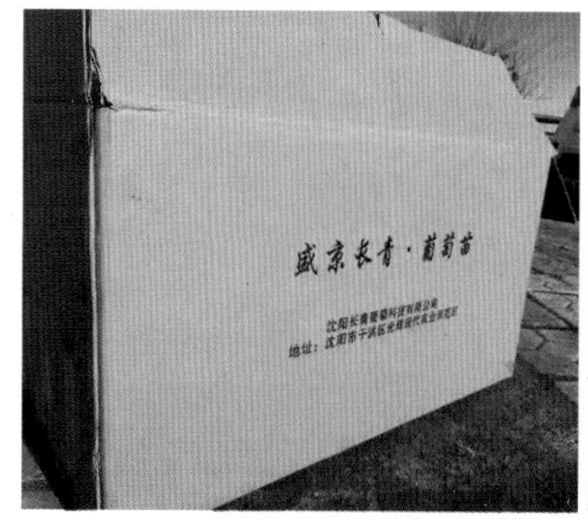

图3-27　葡萄苗纸箱包装

首先应在 −4 ～ 10℃温度状况下运输；其次要通过科学包装保持苗木不失水分；再次要注意运输过程中途和目的地的温度变化；最后苗木运到目的地后应及时入库或作栽植等处理，坚决杜绝苗木长时间裸露风吹日晒。

（三）苗木贮藏

葡萄苗木贮藏需要一定的温度、湿度和氧气条件。一般贮藏温度最好控制在0 ～ 2℃，秋天晚起苗，推迟苗木入库时间，减少苗木的田间热量带入库内，防止苗木热伤霉变，对苗木贮藏有积极意义。湿度控制在60%～ 80%较合适，湿度低，苗木易失水，影响成活率；湿度高、苗木易霉变，根系和芽眼易死亡。

苗木贮藏方法一般分传统标准的窖藏、沟藏和库藏，以及近年新涌现的简易贮藏等。

1. 标准贮藏

（1）窖藏：苗木贮藏窖一般分成地下或半地下二种，地下窖对保湿保温有利，因此目前推广普及地下窖。

①建窖设计。窖址应选避风向阳的高地，防止积水，交通及管理方便。窖的结构以砖混为主，为了坚固耐用窖体结构设计上应打两道圈梁，顶部水泥板上要做防水处理，为了提高窖的恒温效果，窖顶可覆50厘米以上厚的泥土作保温材料。窖面积较大时，可分成若干个独立的贮藏室，便于不同品种苗木的贮藏。窖内必须通电通水解决照明和用水问题。另外窖内湿度较高，电路系统应做严格绝缘处理，防止漏电伤人，开关也应安装在窖外干燥的环境下。窖上应设进出通风口，促进空气流通，利于外界空气调节窖内温湿度，减少窖内甲烷、一氧化碳等有害气体的积累。

②窖的管理。应在窖内不同位置放置温度计，观察窖温变化，通过通风口调节窖温。苗木在冬季贮藏过程中，一般表层河沙易失水，因此表层喷几次水即可。窖内要保持清洁，防止杂草等易腐烂的东西带入，造成病原菌增加，对苗木贮藏构成威胁。为此需专人负责。

③苗木摆放方式。摆放苗木前，先在地面铺厚度10厘米的湿河沙，将苗木水平多层放置，每层苗根对苗根，朝里摆放，苗茎向外，苗木根系间要填满河沙，一层苗覆一层薄薄的湿河沙，一般可垒至2米左右的垛高，如图3-28。

图3-28　葡萄苗贮藏码垛

每垛的苗木必须是一个品种，垛上部应设标识牌，标明品种和数量等。全窖应绘出品种摆放平面图，以防苗木品种混杂。

（2）沟藏：选择避风向阳高燥的地方挖1 ～ 1.5米深的条状沟，地下水位高的地区可浅一些，地下水位低的地区可深一些，宽度1 ～ 2米，长度因贮藏苗木数量多少而定。苗木的摆放方法同窖藏，区别是苗垛最上层河沙要埋厚一些，即30 ～ 40厘米，防止上层河沙风干危及苗木。为了通风换气，在苗木贮藏沟内隔2 ～ 3米立放一个通气草把，下部到沟底，上部露沟外。

苗木入沟时间不宜过早，应尽可能延晚至土壤结冻前入苗。保持沟内贮苗温度在4℃以下，以免温度过高引起霉菌的发生危害苗木。苗木入沟后，中间不取苗，可直接覆土封盖；如果要随时取出苗木，则苗垛封顶后，在沟顶部架横杆覆顶盖，留出上下出入口。贮苗沟的顶盖要防雨水渗漏并高出地面，防止沟内积水。

（3）库藏：现代化的苗木贮藏都是冷库，将苗木放置在贮藏箱（统一规格，箱底设有沟槽，便于叉车搬运）内，垂直叠放，或楼下作业（选苗、分级、包装）楼上贮藏苗木。苗木可常年贮藏，由专业人员调控库内温度、湿度，随时调运，通常同一批入库的苗木在0 ～ 5℃的低温和75%左右相对空气湿度条件下，贮藏30个月，仍能保持苗木生命活力，栽植成活率仍能达到85%以上。

以上苗木标准贮藏方法，是在我国葡萄绿枝嫁接苗原产地——寒冷沈阳地区多年的经验总结，伴随葡萄嫁接育苗走向全国，各种简易贮藏方法不断涌现，且有成为主流之势。

2.简易贮藏

（1）露天覆盖贮藏：在我国辽宁西部及河北昌黎一带，冬季不很冷，将苗木埋湿沙码垛（同窖藏）于露天，然后以塑料布保湿，再根据当地气温实际，覆盖不同的保温材料。整个冬季，伴随销售随时拿取，方便实用。

（2）遮阳棚内贮藏：在我国山东、河南、浙江及江苏等地，冬季将苗木贮藏在遮阳大棚内，随时拿取，很方便。做法是将苗木码垛（同窖藏）在遮阳大棚里，顶部以10 ～ 15厘米河沙保湿，温度、湿度恒定，随时拿取，效果也很好。

第四章 葡萄栽培的设施建造

传统的露地葡萄生产受各种不良气候条件限制，在采收时间、果实品质、病虫害防治等诸多方面存在着难以克服的问题。使用不同种类的设施对葡萄进行保护性栽培，可以实现精准化的环境控制，实现了产期调节生产，大幅度降低了病害的发生，使得葡萄的产量、品质、效益都得到了显著提升。随着人们对葡萄品质要求的不断提升及市场的常年需求，设施葡萄生产的重要性越发凸显。

一、葡萄生产设施的选择原则与方法

在设施葡萄生产中，设施同其他机械设备和劳动工具一样，只是一个调控环境的工具。人们对工具的要求往往不是越高级越好，而是要求经济适用，设施类型的选择也是如此。选择设施类型的基本原则是“够用”，能帮助实现生产目标的设施就是好设施，与是否自动化、美观、高级无直接关系。设施选择的不好，可能无法满足葡萄生长所需环境条件，增加生产管理难度甚至造成生产失败，同时浪费大量投资。通常在发展设施葡萄产业之前需要按照以下思路确定设施类型。

（一）确定产品市场定位

从事葡萄生产的最终目的不是获得更多的葡萄，而是挣到更多的钱，产量高不一定就获利大。细致开展客户端需求调研是投入葡萄产业之前的必修课。通过调研，一要精准定位目标客户群体的属性，如消费能力、习惯购买途径、消费目的等；二要确定目标客户需要的葡萄产品的商品属性，如供货量、外观品质、卫生品质、口感、价格、上市时间、销售模式等；三要确定竞争对手的优势和自身优势。根据以上信息，确定即将开拓的市场的基本特征，包括葡萄品种、商品质量、上市时间、成本控制、营销手段等。

（二）确定市场供货方法

能够满足上述市场需求的葡萄供货方法有多种，选择一种在技术难度上、成本上都能满足市场要求和自身条件的方法至关重要。大多数葡萄品种耐储运能力较强，保鲜贮藏技术发展也较快，加之国内便利的交通条件，为葡萄鲜品的市场调节提供了多种解决方案。对即采即食葡萄的需求局限在个别耐储性较差的品种或对品质要求很高的高端消费及娱乐消费上，市场容量有限。因此，设施反季节生产只是解决葡萄周年均衡供应中的一个手段之一，采取什么方式生产、什么时间生产、获得什么样的产品都是以最终的销售收入高低为标准确定的。

（三）确定生产设施类型

在明确产品市场定位的基础上，通过计算比较诸多市场供货方案，确定经济产投比最佳的营销模式。如需要反季节或长季节稳定供货，则需考虑在本地或多地进行设施生产。我国地域辽阔，生态气候类型多样，可用于设施葡萄栽培的设施类型较多。选择设施类型的时候要根据产品上市时间倒推出生产季节，再依据当地生产季节的气候条件和葡萄生长发育对环境条件的要求，确定经济且安全的设施类型。目前我国设施葡萄生产主要采用避雨棚、塑料大棚和日光温室三种设施进行。

二、葡萄设施设计与建造技术

（一）避雨棚

1.避雨棚的作用 避雨棚是一种能防止雨水对葡萄树体的直接淋洗的简易生产设施（图4-1）。避雨栽培条件下，由于阻断了雨水对树体枝叶及花果的直接淋洗，使病菌的传播和繁殖得到了有效抑制，病害发生量明显减轻；同时农药喷洒后不会被雨水直接冲刷，药效大大提高，从而减少了打药次数，节省了农药成本，减轻了果品药残污染。即使是露地无法栽培的欧亚种葡萄品种如红地球、美人指等也能实现安全优质高效栽培。

图4-1 葡萄避雨棚栽培
左：简易避雨棚 右：现代避雨棚

从设施生产的角度看，避雨栽培只是对农作物进行的初级保护。这种设施的应用虽然对防病非常有效，但对其他环境条件几乎不具备调节能力，不能给葡萄植株的生长发育带来更好的保护。因此，避雨棚只是葡萄设施生产的初级阶段。随着人们对葡萄产品质量要求不断提升，以及生产水平和投资能力的提高，各类综合环境调控能力强的大型设施有逐渐取代避雨棚的趋势。

2.避雨棚的建造 应用最多的避雨棚就是伞形小拱棚架，在每行葡萄植株上面搭建一排拱架，上面覆盖农用塑料棚膜，两行之间留有20厘米以上宽的漏雨缝，下面开排水沟。棚架四周是敞开的。为了延长使用年限，减少维护成本，避雨棚可用常见的钢管、方钢建设，使用塑料压膜卡扣将棚膜固定在钢管上（图4-2）。常见避雨棚结构与用料详见图4-3。由于这类设施多为简易设施，农户更喜欢采用相对较为便宜的水泥杆做支柱，3～4厘米宽的竹片、ϕ8毫米或更细的钢筋做拱杆。或者由露地葡萄园改建成避雨棚时，可在原水泥柱顶端用铁线捆绑上一截高出水泥立柱60厘米的支杆，用作伞形避雨棚的支柱，加上竹片拱杆，再覆农膜，便建成廉价的避雨棚。对于投资能力较强的农户或农企，则更倾向于建设性能更好的全封闭温室大棚，进行更高级的葡萄设施生产。

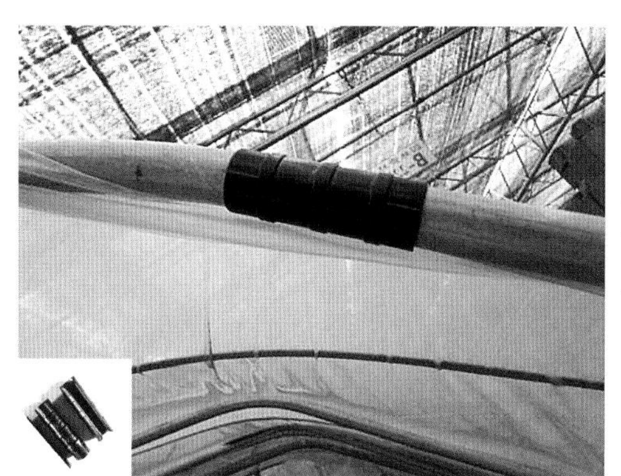

图4-2　压膜卡扣固定棚膜

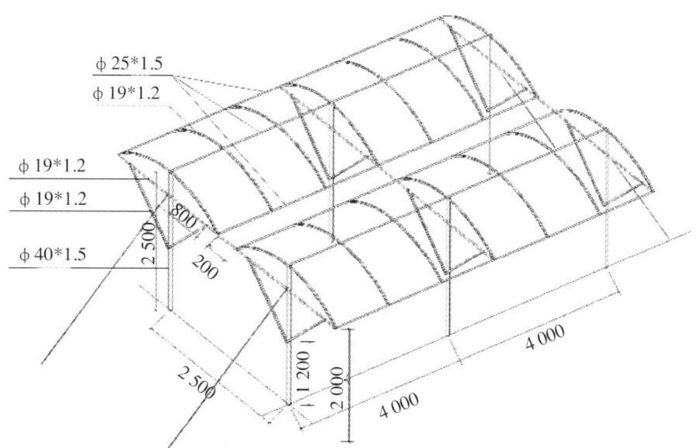

图4-3　钢骨架伞形避雨棚结构图（单位：毫米）

（二）塑料大棚

1.塑料大棚的作用　塑料大棚是一种封闭或半封闭的简易保护设施，主要用来进行葡萄的春提早、秋延晚和夏季避雨栽培（图4-4）。目前生产上使用的多数为装配式管架大棚，采用标准配件施工简单，热镀锌钢管防腐防锈，设施维护保养简单，综合使用寿命在10年以上。

图4-4　塑料大棚葡萄栽培

塑料大棚不但可以为葡萄植株遮风挡雨，而且通过通风、遮阳、喷雾加湿等设备对棚内环境进行调控，使之更加适应葡萄各个生长发育阶段对环境条件的需求。强烈的温室效应和密闭的环境可以使大棚内中午的温度明显高于外界气温，一天不同时间段棚室内二氧化碳浓度是逐渐减少的，何时内外平衡？何时不足？是生产中二氧化碳施肥的依据之一。这些都为葡萄叶片进行高效率的光合生产提供了良好条件，可明显促进葡萄的生长。此外，在春秋两季，大棚内的昼夜温差远远大于露地，更有利于葡萄糖分的积累，提高果实含糖量。在通风口和门窗上安装防虫网，还可以减轻虫害，避免鸟害的发生。近年来，有人将日光温室外保温技术应用在单栋塑料大棚上，寒冷季节棚外使用保温，大大延长了塑料大棚的生产季节。相比于投资巨大的各类温室，塑料大棚是提高葡萄产量和品质的不二选择。

2.塑料大棚的场地选择 设施葡萄生产需要慎重选择生产场地，这对设施环境调控及生产效果将产生很大影响。

(1) 采光和通风良好：大棚生产场地要求地形平坦开阔，周围没有高大山体、建筑或树木的遮挡。要选择背风向阳处，尽量避免在“风口”或“窝风”处建棚。春季大风对棚体结构威胁较大，夏季通风不良也容易造成棚温过高。

(2) 排水良好，灌溉水源方便充足：要选择地势高燥、排水良好处建棚，棚外排水设施齐全通畅，防止雨季内涝。灌溉水来源方便，水质优良，pH中性、含盐量低。水质对节水灌溉与施肥设备的使用效果和寿命有较大影响。

(3) 土层深厚疏松，土质肥沃：良好的土壤条件是葡萄根系生长的必要条件，40厘米以上深度的土层有利于葡萄根系扩展，扩大吸收面积。

(4) 无环境污染：农产品污染指数已逐渐成为国家衡量农产品品质的强制性指标。国家认证的安全农产品（无公害食品、绿色食品等）除了对生产投入品有明确限制外，还必须选择没有土壤、水源、大气污染的地块进行生产。有机农产品的认证对土、水、气的环境评估要求更加严格，这些条件往往不是生产者自身能够通过后天努力决定得了的，一旦选错地方，便几乎失去了生产优质认证产品的可能性。此外，避免在风沙大的地方，以及附近有采石厂、砖瓦厂、水泥厂、化工厂等排污严重地方进行生产，也有利于维护棚膜清洁，保持较高透光率。

(5) 供电和交通便利：现代设施生产离不开各种电动设备，包括土地整理、环境控制、灌溉施肥、照明等，大棚通电是必要条件之一。为了更方便生产资料和农产品的运输，园区内道路平整、距离公路较近才能方便运输。当然，设施小区最好不要紧挨主干道，防治汽车尾气和尘土对生产环境造成污染。

3.塑料大棚场地规划 在选定地块成群修建大棚时需要注意以下原则：

(1) 大棚结构基本要求：塑料大棚对长度的要求不严格，长短可依地块形状和地势平坦方向而定。但纵向超过100米物资运输和人员操作的效率会降低，横向超过50米就超出了强制通风设备的有效范围。大棚一般都有侧面通风窗，为了保持通风良好，并列两栋大棚间距不应小于2米。

(2) 土地利用率最大化：要根据地块的形状、地势标高排布大棚的延长方向，尽可能减少平整土地的土方量，并增加总覆盖面积。通常连栋塑料大棚的土地利用率显著高于单栋大棚，且室内环境相对均匀稳定，便于机械化作业。北方地区如果与日光温室一同建设，则可以在两栋日光温室之间建造一栋塑料大棚，冬季撤去棚膜防止遮挡温室阳光，但须注意树体防寒。

（3）大棚延长方向：大棚栋向的确定要综合考虑土地利用率、结构防风安全、葡萄群体的采光和通风效果等多种因素。在每年有固定方向季候风（台风或春夏季短时强风）的地区，出于安全考虑，棚体延长方向应与风向平行。还可在迎风的棚头加设“子弹头”形状的防风罩以减少风阻（图4-5）。跨度十几米的单栋塑料大棚一般只设置侧面的通风口，空气横穿棚体。因此，葡萄的架式应避免树体对横向气流的阻挡。东西延长大棚的拱形棚顶侧面向阳，早春光入射量大，棚温高，但室内光照强度南强北弱分布不均。而南北延长大棚进光量相对较少，但光照均匀度好。如何选择棚向还需要各地根据其气候特点灵活分析。

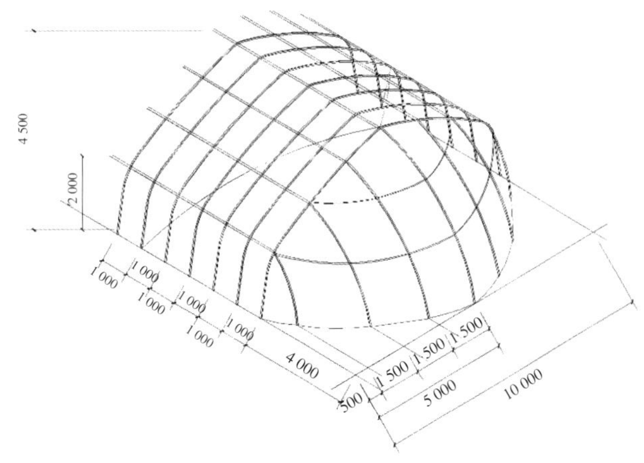

图4-5　塑料大棚棚头防风罩（单位：毫米）

4.塑料大棚的建造　塑料大棚可分为单栋塑料大棚、连栋塑料大棚两类。

（1）单栋塑料大棚：单棚面积通常在600～1 500米^2，跨度在8～12米，脊跨比（脊高/跨度）0.4～0.5（图4-6）。这种棚型结构简单，施工难度小，农户甚至可以自行安装。一次性投资小，管理方便，适合家庭生产特点。

单栋塑料大棚通常采用ϕ19.0毫米或ϕ25.0毫米的热镀锌钢管和专用连接卡具拼装而成，覆盖0.08～0.10毫米厚聚乙烯（PE）农用塑料棚膜。拱形棚面有圆拱型和屋脊型两种，其中屋脊型大棚的两肩比较直立，适合葡萄树的生长。侧面装有手动或电动卷膜器，可将两侧的棚膜卷起进行通风。这类棚型通常没有顶窗，高温强光的夏季容易形成棚顶局部高温区。也可在棚外安装黑色遮阳网遮阳降温，但要注意避免过度遮光影响作物健康生长。

为了更早地开始生产，可在大棚外面覆盖保温被，安装卷帘机，建成保温大棚（图4-7）。葡萄树开始萌芽的时候早开晚放，明显提高塑料大棚的保温能力，达到提早上市的目的。

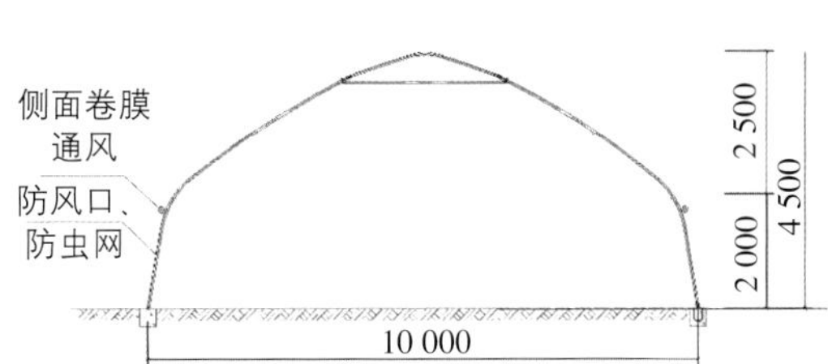

图4-6　单栋塑料大棚（单位：毫米）

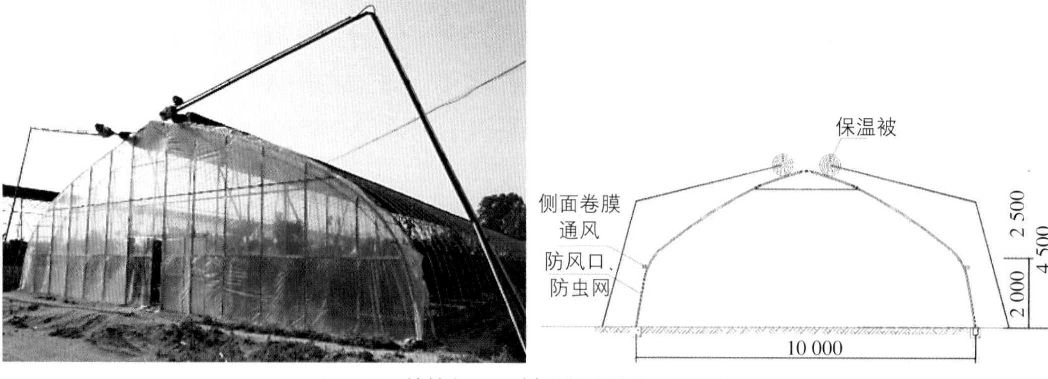

图4-7　单栋保温塑料大棚（单位：毫米）

近年来，在冬季比较温暖、少雪的地区出现了一些跨度在20米以上的大跨度巨型大棚（图4-8）。这种大棚通常在中部有两到三排立柱支撑过宽的棚面，外面覆盖保温被，电动卷帘机卷放，顶部和侧面还安装电动放风机进行通风。这种大棚土地利用率高，室内宽敞，易于机械作业。但受高度所限，棚面倾斜角度较小，如遇较大降雪或急雨容易造成棚体受损或内涝。同时，室内棚膜内表面冷凝水也因棚面倾角太小不易自然流下，而是滴落在葡萄叶片上，易诱发病害，即使使用流滴性能良好的优质棚膜也无济于事。因此，此类大棚须慎重发展。

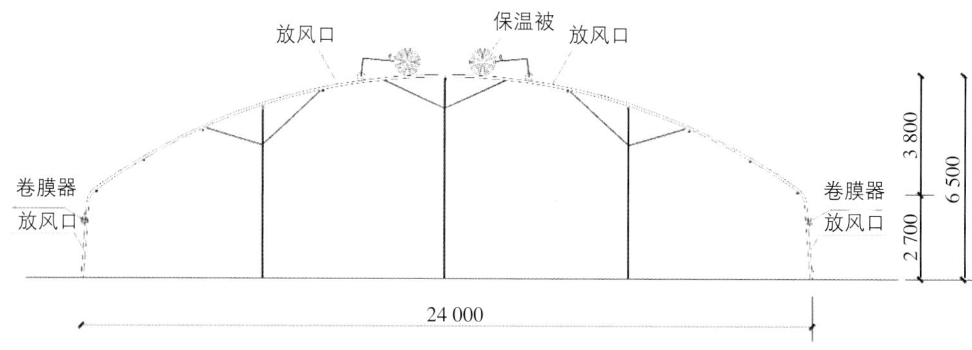

图4-8　大跨度单栋塑料大棚（单位：毫米）

（2）连栋塑料大棚：单棚面积大多在2 000～10 000米^2，单拱跨度8米，棚宽为8米的整数倍，长度不宜超过100米（图4-9）。适应葡萄叶幕生长的高度，棚的肩高通常在2.0～2.5米，脊高4～4.5米（图4-10）。脊高较高有利于通风降温。两拱连接处的天沟设置集雨槽，将雨水导到棚外侧面的排水管，流入排水沟渠。连栋大棚配套的环境控制设备较多，侧面和顶棚侧面的机械放风器，可手动或电动完成通风窗的开闭。在夏季高温强光的南方地区，还可以架设外遮阳网。室内安装环流风机，有利于室内环境均匀。此外，设施内空间宽敞，更

图4-9　连栋塑料大棚外观

适合机械化作业，提高劳动效率，降低劳动强度。这种棚一次性投资大，适合企业、合作社应用。

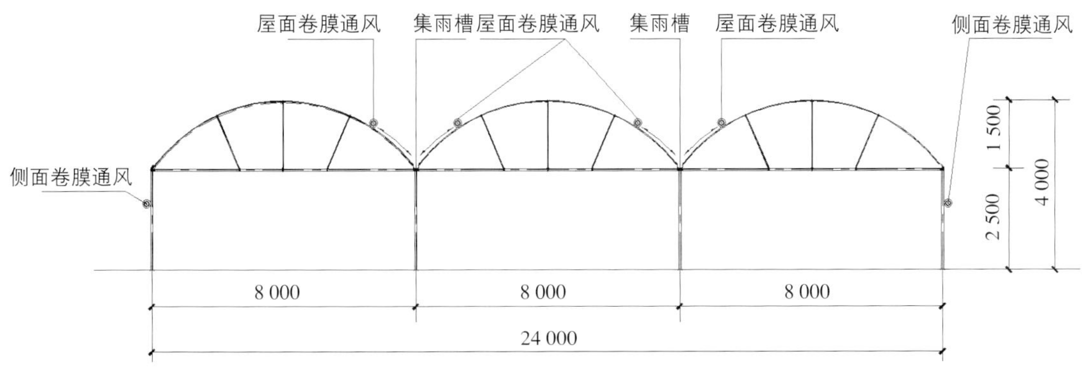

图4-10 连栋塑料大棚 参数（单位：毫米）

（三）日光温室

1.日光温室的作用 日光温室是我国特有的一种园艺作物生产设施，具有高效的采光、保温和蓄热构造。白天覆盖优质塑料薄膜的采光屋面可以接收大量太阳光能，使棚温升至25～30℃以上，多余热量储存在墙体、土壤等围护结构中。具有高度保温能力的北墙和采光屋面外的保温被（棉被）隔绝了夜间大部分的热量散失，使蓄热构造中的热量大部分释放回室内，阻止室温的下降。性能优良的日光温室，无需人工加温即可创造出30～35℃的室内外温差，可以满足葡萄树的正常萌动和生长发育所需温度条件。因此，日光温室可以在我国北方地区不加温越冬生产葡萄，如第十一章，西北冷凉干旱区日光温室葡萄延后栽培，使红地球葡萄延后到12月至翌年2月采收。

由于日光温室的使用时间大部分是在一年中温光条件最不适宜葡萄生长的冬季，规划、设计、建造中细小的差异都可能造成性能上的显著不同，进而影响到温室性能和栽培效果。

2.日光温室场地选择 日光温室的场地要求与大棚的要求基本相同。所不同的是日光温室要在冬季进行生产，因此，必须考虑尽可能规避冬季灾害性天气对棚室结构和环境控制造成的不良影响。①应避免在冬季寒风地带建造日光温室，大规模建设时最后在场地北侧有天然或人工阻风屏障，如山丘、树林、房屋等。②应避免在容易积雪的地方建造日光温室。有些地方虽然降雪量不大，但降雪被风吹送造成的局部积雪严重，也会危及温室安全。③在坡地建造温室最好建在向阳的南坡，避免在其他坡向建造日光温室，否则会严重影响温室采光。

3. 日光温室场地规划

（1）日光温室方位的确定：出于采光需求，日光温室必须东西延长坐北朝南。高纬度寒冷地区由于冬季早晨寒冷，揭开外保温被的时间较晚，为了更充分地利用午后的阳光资源，40°N以北地区的日光温室采光屋面应以南偏西5°～7°为宜，38°N以南地区前栋5°～10°中间地区可选正南。需要注意的是，这个角度是地理北极而非指南针指示的磁北极。我国各地磁偏角相差很大且大多偏西（表4-1），说明地理北极在指南针磁北极的西边。如沈阳地区的磁偏角是7° 44′ N，温室方位南偏西5° 时在指南针上显示的度数应该是南偏西12° 44′ N，而磁偏角偏东的乌鲁木齐地区应该是南偏西2° 16′ N。具体应用时还应该考虑该地冬季风向，尽量使温室北墙与当地季候风垂直。同时也要照顾到地块形状，有时为了提高土地利用率，可能也要在方位角上做些妥协，以牺牲一定采光性能换取更大的设施生产面积。

表4-1 我国部分地区的磁偏角（偏西）

地　区	磁偏角	地　区	磁偏角	地　区	磁偏角
哈尔滨	9° 39′	包　头	4° 03′	济　南	5° 01′
长　春	8° 53′	西　安	2° 29′	呼和浩特	4° 36′
沈　阳	7° 44′	乌鲁木齐	2° 44′ 偏东	合　肥	3° 52′
满洲里	8° 40′	兰　州	1° 44′	郑　州	3° 50′
齐齐哈尔	9° 54′	大　连	6° 35′	银　川	2° 35′
徐　州	4° 27′	北　京	5° 50′	西　宁	1° 22′
太　原	4° 11′	天　津	5° 30′	拉　萨	0° 21′

如不知道磁偏角或没有指南针的时候，可使用以下简易方法准确确定温室方位：选晴天中午11：30在平地上插一根细杆，在地面点出杆阴影末端的位置。以后每隔5分钟标出杆影末端的位置，直至找到距离细杆插地点最近的杆影，连接两点的直线就是正南正北线。准备一条12米长的绳子，在上述南北线上拉3米长，向西折90° 拉出4米，再使两个绳头重叠，形成一个直角三角形，则4米长的边就是正东正西线。将该线一端向西偏移5° 并延长，就是日光温室北墙基线。

（2）南北两栋温室间隔距离的确定：冬季太阳高度角小，物体的阴影长。为了防止南侧的温室对北侧温室造成遮光，两栋温室间应留有足够距离，必须保证当地冬至日10：00～14：00南栋温室的阴影不能落在北栋温室的采光屋面上。这个距离通常是“温室屋脊高度+屋顶保温被卷高出部分”的2倍。

4. 日光温室的设计与建造

（1）温室跨度、脊高、长度的确定：不同纬度地区适宜的日光温室大小各不相同。在44° N以北地区日光温室跨度不宜超过8米，40° N～43° N地区不宜超过10米，其他地区不宜 超过12米。近年来有些地区盲目加大日光温室的跨度，受脊高限制采光屋面角度小，透光率低，保温能力减弱，结构安全性降低。为确保日光温室拥有良好的采光性能，必须保证30° N～35° N的屋面角（图4-11）。因此，温室的矢跨比（温室脊高/室内跨度）应在0.55～0.65，纬度越高的地区矢跨比应该越大。温室后屋面起到保温的作用。后屋面越长温室的保温性能越好，但入春以后落在地面的阴影越长，会影响北侧作物的生长。因此，适宜的脊位比（温室后屋面水平投影长/室内跨度）应在0.15～0.25，地理纬度越高矢跨比越大。表4-2给出了第三代节能型日光温室基本结构参数可供各地建棚参考。日光温室的长度可随地块大小而定，但短于60米单位面积造价较高，长于100米则影响管理的便利，而且过长的温室也影响到整体结构的稳定性。

表4-2 不同纬度地区第三代节能型日光温室结构参数表

（李天来，2017）

纬度（°N）	跨度（米）	脊高（米）	后墙高（米）	后屋面水平投影（米）	温室屋面角（°）	矢跨比	脊位比
44～46	7.0	4.5	2.9	1.7	40.3	0.64	0.24
	8.0	5.2	3.2	2.0	40.9	0.65	0.25
42～44	8.0	5.0	3.2	1.7	38.4	0.63	0.21
	9.0	5.5	3.5	2.0	38.2	0.61	0.22
	10.0	6.1	3.8	2.3	38.4	0.61	0.23
40～42	9.0	5.3	3.5	1.8	36.4	0.59	0.20
	10.0	5.9	3.8	2.1	36.8	0.59	0.21
38～40	9.0	5.2	3.6	1.6	35.1	0.58	0.18
	10.0	5.8	3.9	1.8	35.3	0.58	0.18
	12.0	6.8	4.2	2.3	35.0	0.57	0.19
36～38	9.0	5.0	3.3	1.4	33.3	0.56	0.16
	10.0	5.6	3.9	1.5	33.4	0.56	0.15
	12.0	6.6	4.0	2.0	33.4	0.55	0.17

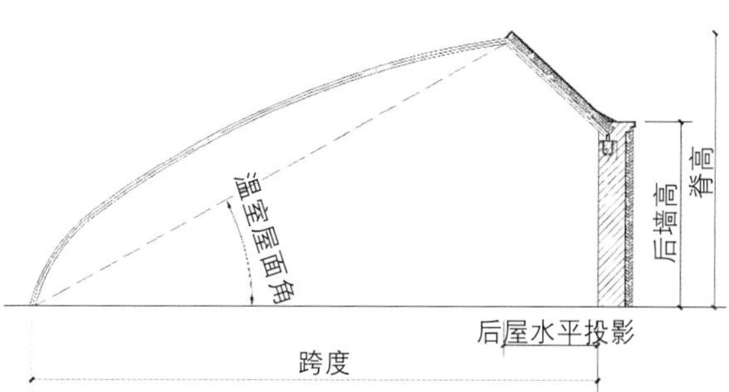

图4-11 日光温室

（2）结构材料的选择：日光温室通常使用双梁平面桁架做拱架，间隔85厘米放一排拱架。纵向系杆使用热镀锌钢管制成。不同跨度日光温室对骨架强度的要求不同，用料也不相同，可参考表4-3选料。近年来，由工厂生产的装配式日光温室得到了越来越多的应用（图4-12）。主要使用椭圆钢、方钢或“几”字形钢制造骨架，钢材用量大幅度减少。标准连接件的应用及快速安装工艺也降低了温室组装的人工成本，从而使单位面积造价降低。

表4-3 不同跨度日光温室骨架材料选用表

跨度（米）	6.0～7.0	7.5～8.0	8.5～9.5	10.0～12.0
上弦（毫米）	外径12.5 （4分管）	外径12.5 （4分管）	外径19.0 （6分管）	外径25.4 （1寸管）
下弦（毫米）	ϕ12	ϕ14	ϕ16	ϕ18
腹杆（毫米）	ϕ8	ϕ8	ϕ10	ϕ12

（续）

跨度（米）	6.0 ~ 7.0	7.5 ~ 8.0	8.5 ~ 9.5	10.0 ~ 12.0
纵向系杆（毫米）	外径12.5 （4分管）	外径12.5 （4分管）	外径12.5 （4分管）	外径19.0 （6分管）
纵向系杆数量（根）	5	6 ~ 7	7 ~ 8	8 ~ 10

椭圆钢骨架截面

方钢骨架截面

图4-12　装配式日光温室

日光温室的后墙起到承重、保温和蓄热的作用。由于不同建材的热特性不同，蓄热能力强的材料往往导热率高，保温性能差。为了让墙体兼有保温和蓄热功能，日光温室后墙应该建成复合材料墙体。其中内墙使用蓄热性好的黏土砖、粉煤灰砌块、毛石等砌筑，外面贴保温性能良好的聚苯板（图4-13）。也有在砖墙外培土保温，或使用抓钩机和推土机堆筑土墙。有些装配式日光温室将拱架向后延长直接落地，替代了后墙承重作用。再在后面覆盖保温性能良好的棉毡、棉被、塑料薄膜等材料，不但保温性能良好，整体造价较传统温室降低1/3 ~ 1/2。但此类温室由于没有能够蓄热的内墙，早晨棚温较低。

图4-13　软质后墙日光温室

（3）覆盖材料的选择：整个温室的覆盖材料有农用塑料棚膜、遮阳网、保温被等三类。生产上可以选用的塑料棚膜有聚氯乙烯（PVC）膜、聚乙烯（PE）膜、乙烯-醋酸乙烯（EVA）膜和聚烯烃（PO）膜。冬季生产葡萄可选择保温性能相对较好的PE膜或PVC膜，但PVC膜容易粘灰，影响透光率，几乎每年都需要更换。近年出现的PO膜透明度高，耐老化防尘性能优良，使用寿命在3年以上，极大降低了每年更换棚膜的成本。虽然价格较高，但以其优越的性能逐渐提升了市场占有率。

日光温室夏季高温期为避免棚温过高或日灼病的发生，可使用塑料遮阳网遮光降温。需要注意的是，日光温室最好使用外置遮阳网，网与棚膜之间保持30厘米以上的孔隙降

外遮阳装置

外置保温被

图4-14 日光温室覆盖材料

温效果好（图4-14）。保温被由外皮和内芯组成，是一种具有多层结构的复合材料。据测定，日光温室夜间90%的热量是从保温被覆盖的前屋面散出温室的，所以，其隔热性能好坏直接决定了温室冬季的使用效果。保温被通常由防水耐磨的外皮和隔热的内芯构成，保温能力高低不仅仅取决于内芯的材质，还与被子整体防水性密切相关。因此，选择防水好的复合保温被可有效提高日光温室夜间最低气温。

第五章 设施葡萄栽培机械化与智能管理

当今中国城市化进程高速发展，农村人口大量减少，从事设施生产的劳动力严重短缺且呈现严重老龄化现象。这是世界发达国家农业发展的必经阶段和共性问题。设施葡萄生产除正常的栽培管理以外，棚室的环境管理也将消耗大量劳动力。人们对产品品质要求的提升，使得设施葡萄生产管理更细致、更专业，对设施管理者提出了更高的技术要求和更细致的操作能力。现有的劳动力不论在数量上和质量上都无法很好满足以上需求。农业机械装备和葡萄管理专用工具的应用，不但能降低劳动强度、提高管理效率，而且便于实现技术的标准化。本章将从设施葡萄生产涉及的土地整理、环境管理、水肥管理、植物保护、植株调整、物流运输等方面简要介绍各类轻简化机械设备和专用工具及其智能管理。

一、土地整理机械化

设施葡萄园在建园栽苗之前，需要对园地进行去凸填凹平整、开沟等整地作业。

土地整理目的是创造良好的土壤耕层构造和表面状态，协调根际水分、养分、空气、热量等因素，提高土壤肥力，为作物生长提供良好条件。葡萄在土层深厚、疏松、肥沃、地下水位低的条件下，根系生长迅速，根量大，分布深度可达1～2米。相反，如果土壤条件不好，则根系分布浅而窄，一般在40～60厘米深。因此在葡萄新苗定植之后，每年园地的正常管理，也需要进行深翻、除草等作业。一般使用拖拉机、开沟机、微耕机等农机具进行土地机械化耕整。北方地区露地种植葡萄在入冬之前还需将葡萄藤蔓下架并开沟掩埋防寒，这是一个用工量和劳动强度很大的工序，可以使用专门的葡萄埋藤机。但在设施栽培条件下，设施良好的保温性可以免除埋藤防寒这一工序，只需用保温被进行覆盖保温即可。因此，本章不再介绍葡萄埋藤相关机械。设施葡萄生产土地整理机械设备如下：

（一）动力机械

用于土地整理的机械设备往往功率较大，其动力来源通常有两种：一是设备自带动力，及所谓的自走式机械。这类设备自身携带电动机或发动机输出动力，具有结构紧凑等优点。

但其动力输出单元功能单一，相对价格较高。另一种是以各类型小型拖拉机为设备提供动力，此外，这些设备还可以一机多用，承担其他如打药等设备的动力输出或运输功能。设施葡萄生产应用的机械设备通常在各类温室大棚中进行的，除大型连栋大棚以外，一般的单栋塑料大棚、日光温室等室内空间相对狭小，农机也不能大，因此往往采用小型拖拉机提供动力输出。

1. **手扶拖拉机** 手扶拖拉机（图5-1a）按动力大小分为2.2千瓦以下、2.2 ～ 4.5千瓦、5 ～ 13千瓦三个等级，多采用卧式单缸柴油机，发动机的动力由三角皮带传给传动系统。按作业性能分驱动型、牵引型和驱动牵引兼用型。驱动型主要配套旋耕机作业，故又称动力耕耘机；牵引型主要配套牵引式农具作业；兼用型既可配套旋耕机作业，又可配套牵引农具作业或配上挂车进行运输作业。由于其小巧、转向灵活、动力强劲，特别适用于空间相对狭小低矮的日光温室或单栋塑料大棚中使用。

2. **四轮拖拉机** 农用小马力四轮拖拉机（图5-1b）动力输出通常为40 ～ 70马力。该机型体型较大（通常1.2 ～ 2.0米），小型设施需要设置专门的门或活动骨架，供其进出。

a.手扶拖拉机　　　　b.四轮拖拉机

图5-1　农用拖拉机

（二）开沟机

葡萄定植时往往需要开深沟施底肥，这是一项重要且费工费时的作业环节，人工操作消耗体力大。与露地葡萄种植不同，设施葡萄栽培受棚室结构限制，需要使用农用小型开沟机（图5-2）作业，开沟宽度30厘米、深度40厘米，有些多功能设备还可同时进行施肥、回填、单独旋耕松土、锄草等作业。

图5-2　小型开沟机

（三）旋耕机

每年葡萄开始生长之前需要施用大量有机肥，由于葡萄是多年生作物，施肥时应尽量避免大量伤根。所以，通常在撒施有机肥以后使用旋耕机（图5-3）将肥与土充分混合。这个作业是在两行葡萄之间进行，因此只能使用小型机械，包括手扶式土地整理机或由小四轮拖拉机拖拽的旋耕机，以及小型自走式旋耕机。这类旋耕机通常有效作业宽度90～120厘米，深度在20厘米以内。目前，可以旋耕40厘米的小型深旋机已经开发出来，用四轮拖拉机牵引并提供动力。

图5-3　小型旋耕机

（四）枝条粉碎机

枝条粉碎机（图5-4）可将修剪后的葡萄枝条粉碎后直接还田，也可以将玉米秸秆等有机物进行粉碎，与有机肥一起施入葡萄行间，再用旋耕机与土壤搅拌均匀，可使耕层土壤蓬松富含有机质，有利于葡萄根系发育。

图5-4　枝条粉碎机

二、水肥一体化管理

水肥管理是设施葡萄栽培过程中最重要的环节之一，直接影响了葡萄的长势、产量和品质。葡萄生产过程中的基肥是在每年抽梢之前在葡萄行间撒施有机肥，然后使用旋耕机将有机肥与表土混匀。鉴于大多数小型旋耕机的工作深度不超过20厘米，因此过度深松可能会伤及较多的根系。生产过程中的追肥可根据生产规模和投资能力选择各类施肥器和现代化的施肥系统进行。

（一）手动施肥器

手动施肥器（图5-5）主要由桶、扶手、枪杆、助力器、施肥枪、圆底盖土、软管等部件构成，适用于所有干燥的颗粒肥和粉末状肥料。借助脚踩的力量将施肥枪插入根际土壤，扶手释放等量的肥料后撤出踩实。与传统挖坑施肥相比，使用者不用弯腰操作，不会闻到肥料异味，轻松且有利于健康；不易伤根，等量等深，肥效高。

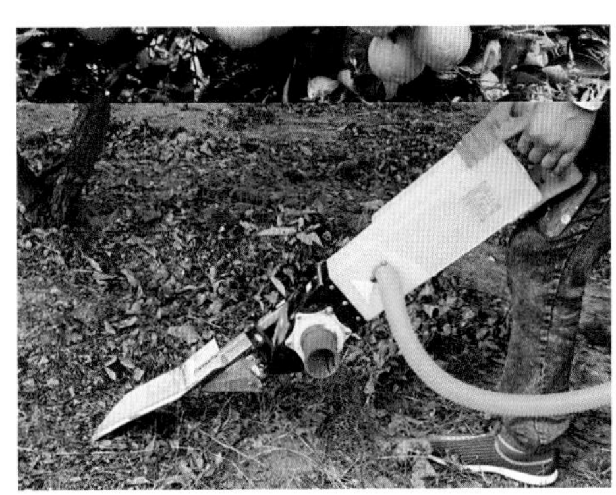

图5-5　手动施肥器

（二）水肥一体化灌溉与施肥技术

设施葡萄生产中施肥与灌溉通常是同步进行的，固态肥料施入土壤后必须马上灌溉，使其全部溶解才能很好地扩散并被根系吸收。近年来，水肥一体化的应用，很好地解决了设施葡萄生产对灌溉和施肥的要求，极大地提高了水肥管理的效率和精度。

所谓水肥一体化技术是指将灌溉与施肥融为一体的技术。根据葡萄植株不同发育阶段和长势对养分和水分的需求特点，使用可溶肥或液体肥料配制成养分比例和浓度适宜的营养液，通过灌溉系统将定量的营养液直接输送到葡萄根部土壤。该系统可实现施肥灌溉的自动化或半自动化，灌溉时无需人员值守，灌水量是普通沟灌的1/3左右，冬季可避免大量灌水造成的土温大幅下降，影响根系吸收能力。此外，系统可实现土下或膜下灌溉，减少了土壤水分蒸发，降低设施内的空气湿度，有效地抑制病害的发生。水肥一体化系统的组成如图5-6所示，主要包括以下几个部分：

1.首部 即供水处理设备（图5-7），包括提水和水处理等两部分。灌溉的水源可以是水厂的自来水、井水或地表水（河、湖），有些大型连栋设施还配有集雨系统，将落在设施表面的雨水收集储存，用于灌溉。水源的水经自身压力或水泵作用进入灌溉系统。水处理系统包括水过滤、软化、加温等设备。水源的水均需经过过滤处理，去除其中的无机或有机杂质方可进入下面的灌溉系统，以防造成堵塞。根据水源污染程度，过滤系统可以是简单的一级过滤，但对污染较为严重的地表水，也可能先用水砂分离器等初级过滤装置去除较大粒径的杂质，然后再经过较细的二级过滤进入后面的施肥与灌溉系统。需要特别提醒的是，在肥料经施肥系统进入灌溉系统之前，必须再次经过过滤器的过滤。如果水中钙镁离子含量较高，则与肥料可能发生沉淀反应堵塞滴灌系统，如果沉淀严重可能需要安装水软化系统，以延长过滤器的使用寿命。

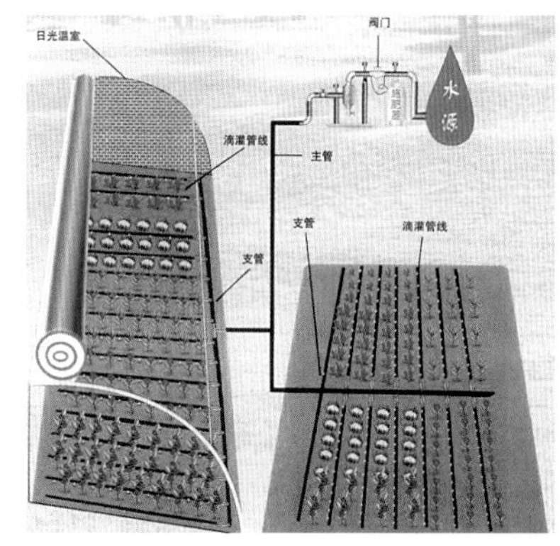

图5-6 水肥一体化灌溉系统示意图

图5-7 水肥一体化系统首部

2.灌溉系统 将水肥送至作物根际的设备，包括田间供水管道、灌水器、施肥器、过滤器、控制阀门等。灌水器的种类很多，设施葡萄生产中最适宜的灌溉方式是滴灌，即在葡萄定植的垄台上植株两侧各铺设一条滴灌管（带），将水肥直接滴到根际土壤中（图5-8）。滴灌管通常采用聚乙烯材质的内镶式圆柱滴灌管，管外壁直径16毫米，壁厚0.6～1.0毫米，滴孔间距300毫米，单个滴头流量1～4升/小时。这种滴灌管在无水的时候是圆柱形，因此可以埋在土下进行地下暗灌。这种灌溉的好处是表土干燥不易板结，且土壤水分蒸发量小，棚室内空气湿度较低，有利于防止病害发生。滴灌带通常采用聚乙烯材质的单翼迷宫式滴灌带，管直径10～16毫米，壁厚0.1～0.4毫米，滴孔间距200～400

毫米，单孔流量2～2升/小时。这种管壁薄，无水时扁平，故只能置于土壤表面。为了防止表土水分蒸发诱发病害，低温季节使用通常需要覆盖地膜，进行膜下滴灌。

图5-8 葡萄滴灌
a.滴灌管 b.滴灌带 c.葡萄滴灌

3.施肥器 施肥器是将配制好的肥液输送进灌溉系统管路里的设备，可利用水力驱动或电动泵吸肥。利用水流压差吸肥的水力驱动施肥器结构简单，但会降低水压，影响滴灌系统的灌溉均匀度，因此只适用于生产面积较小的设施，在大面积生产中则需要使用电动泵的施肥机。

（1）水力驱动施肥器：

①压差式施肥罐（图5-9a）。将可溶性肥料溶解到罐中，用两根各配一个阀门的管子将旁通管与主管接通，利用主管道中水流产生的负压将罐中肥液吸入管路。

②文丘里施肥器（图5-9b）。与滴灌系统的供水管控制阀门并联安装，利用水流通过文丘里管产生的真空吸力，将肥料溶液从敞口的肥料桶中均匀吸入管道系统进行施肥。

③水力驱动活塞式施肥泵（图5-9c）。依靠管网系统的水压驱动叶片旋转产生离心力，将肥液从开敞式的肥料罐注入管网系统。具有可以控制施肥量和施肥时间的功能，水头损失较小。

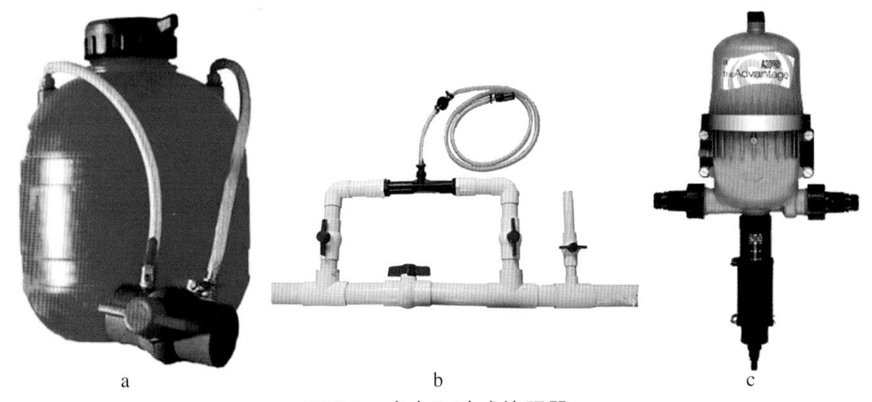

图5-9 水力驱动式施肥器
a.压差式施肥罐 b.文丘里施肥器 c.水力驱动活塞式施肥泵

（2）电驱动施肥机：

①简易水肥一体机（图5-10）。主要由肥液罐、水泵、控制系统、反冲洗过滤系统、

自动阀门、管道等组成，可任意调节流速流量，实现现场手动按钮控制灌水施肥。有些一体机还具有程序控制器，可按实现输入的程序定时定量自动灌溉，或通过网络实现远程手机或电脑操控。由于缺乏标准肥料，作物种类及品种繁多，设施类型、生产茬口各异，这类设备还需有经验的生产管理者进行操控，尚不能实现全自动运行。

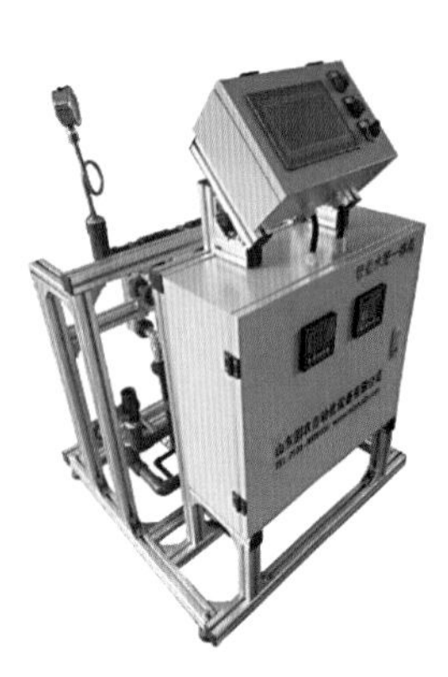

图5-10　简易水肥一体机

②全自动施肥系统（图5-11）。通常拥有完善的配肥系统、消毒系统，将大量元素氮、磷、钾和中量元素钙、镁、硫，以及微量元素、磷酸等分别置于不同的罐中，电脑根据作物种类、生长阶段、实时天气条件等自动计算出适宜的肥料成分比例、浓度（EC值），配肥系统自动完成肥料的配制和酸碱度调配、紫外（或超声）杀菌等工序，并实行精量灌溉。设备结构复杂，自动化程度高，需要设置专用的配肥室，一般在大型连栋温室生产中应用。

图5-11　全自动施肥系统

三、植保设备

温室大棚等生产设施为葡萄植株生长创造了良好的条件，但同时适宜的温度和湿度同样也给很多病虫害创造了良好的繁衍条件，植物保护成为设施生产中一项重要操作环节。从安全生产的角度出发，尽量采用严格的物理隔离手段减少病虫进入室内的可能。同时要注重生态防控，认真研究不同病虫害发生发展所需的基本环境条件，尽量使室内温度、湿度、凝水以及持续时间等发病要素不能同时得到满足。当然，科学的化学防治也是设施葡萄生产的重要技术手段。在有套袋的条件下，使用安全低毒的农药不会对产品产生严重污染，安全性较好。

（一）背负式打药机

这类打药机（图5-12）是目前市场上最常见的，体积小重量轻，可背负在操作人员背上使用手柄上下压动进行打药，也可使用蓄电池带动小型电机进行电动打药。适用于可湿性粉剂、乳油等剂型的农药，压力低，喷射距离近，雾化程度低，喷雾效果较差。打药人员与药剂接触较多，不利于健康。近年来这类打药机逐渐被更加高效安全的高压喷药机械取代。

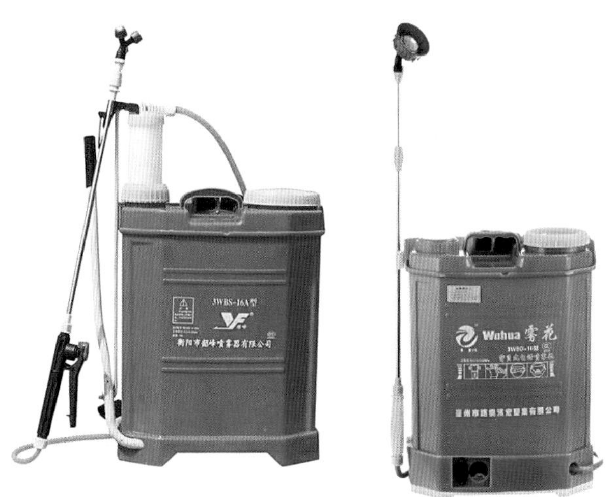

图5-12　背负式打药机
左：手动压杆式　右：电动式

（二）高压喷雾打药机

这类打药机（图5-13）由加厚药箱、喷水直枪、高强度高压管、机油箱、手动拉杆、化油器、转速开关、风门开关、空滤器等构成，以二冲程或四冲程汽油机为动力，形成高压，不但扩大了打药范围和射程，而且雾化效果好，打药效率较传统机械式或电动式大大提高。喷雾器有背负式，也可置于小车上推动，或在轨道上电动移动，这样可使操作人员尽量远离药剂。

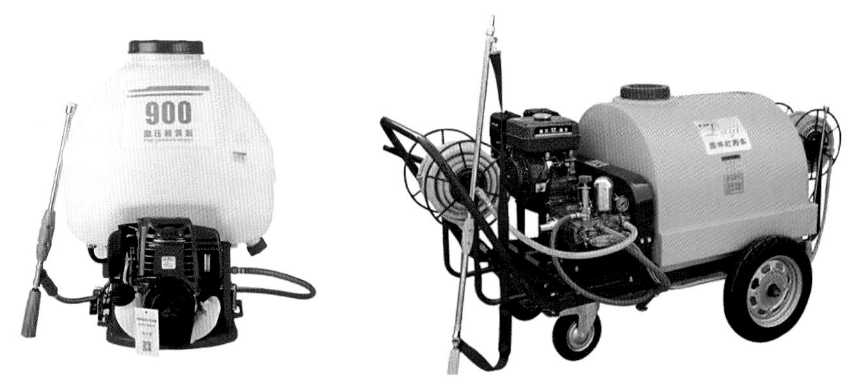

图5-13　高压喷雾打药机

（三）风送式打药机

在高压喷雾机的基础上，风送式打药机（图5-14）使用电机产生强风将喷嘴雾化的药液滴送出，可使大量雾滴在空间弥漫，喷射距离更远，分布更均匀，防效进一步提高。

图5-14　风送式打药机

（四）弥雾机

弥雾机（图5-15）主要由药箱、压力泵、电动机、排液管、风机、高压喷头、智能控制开关、小车、摇摆机构等组成。有脉冲式弥雾机和送风式弥雾机。脉冲式弥雾机发动机产生的高压气流将药箱里药液压至爆发管内，与爆发管内的高压高速气流迅速混合，在相遇的瞬间将药液雾化从喷管中喷出（烟雾或水雾）。风送式弥雾机由高压雾化喷头形成极细小雾滴并由强风风扇送出。弥雾机形成的水雾粒径通常在0.5～10微米，如不蒸发可较长时间悬浮在空气中随风弥漫扩散，在葡萄叶片正反面及茎秆上黏附成水膜，增大了与病菌或害虫的接触机会，达到预防或消杀作用。在设施内结合环流风机的应用，可实现无人值守喷药。

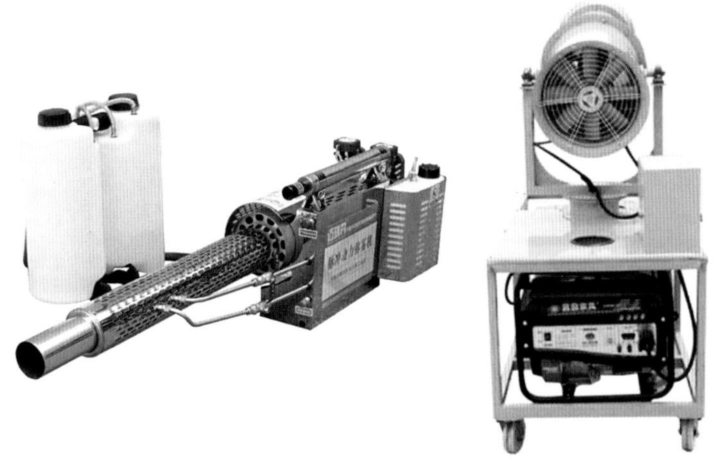

图5-15　弥雾机
左：脉冲式　右：风送式

（五）多功能植保机

除了常规打药机以外，设施内还可利用各种物理手段进行病虫害防治。多功能植保机（图5-16）通过释放一定浓度的臭氧杀灭多种病菌，具有光谱防病治病的作用。黄色和蓝色诱虫灯可有效吸引害虫，并利用风扇产生的负压将靠近的害虫吸入，并在高速气流中杀死害虫。

图5-16　多功能植保机

四、树体和果穗管理设备

（一）修枝剪

树体要使枝蔓分布合理，新梢疏密适度，通风透光，才能优质高产，这就需要使用修剪刀整形修剪。目前市场上修剪刀种类很多，大致分为普通型、升降型和电动型。普通型修剪刀（图5-17A）是最为常见的修剪工具，使用方法与剪子相似，适合低处葡萄枝修剪。升降型（图5-17B）配有可伸缩的长杆，杆的顶部安装特制的剪刀，可剪断直径1.5厘米左右的枝条；还可安装夹子，在剪下果实的同时夹住果柄，防止果实坠落；有的还可安装锯片，锯断直径3厘米以上的高枝。电动修剪刀（图5-17C）操作更加方便省力，内部装有无刷电机与电池，只需扣动扳手就可剪切。配有挎包式锂电池以及延长杆，更加方便修剪高处的葡萄枝蔓。

A　B　C

图5-17　各种修枝剪

（二）打尖器

在葡萄修剪时，需要摘心，保留主蔓，需要用到打尖器（图5-18）。这种打尖器自动控制，只需联通电源，机器前部刀片旋转，可以剪掉多余枝蔓。特别适用于截掉高出的嫩梢。

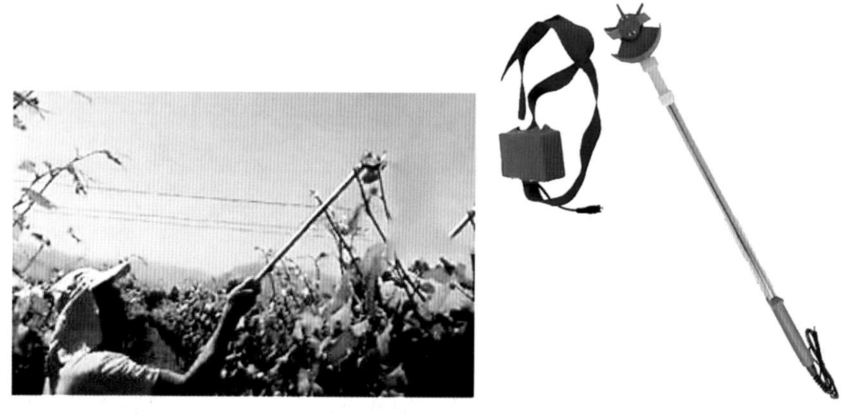

图5-18　电动葡萄打尖器

（三）绑枝机

在葡萄整形过程中，需要将新生的枝蔓固定到支撑杆或铁丝上，使枝条分布均匀，充分利用阳光。传统手工绑绳费时费工，松紧不好掌握。使用绑枝机（图5-19）时将枝蔓与要绑扎的支撑物放置工具前端一推，绑带便可缠绕需要绑扎的茎蔓和支撑物，轻轻按压手把钉住绑扎带并切断分离，枝蔓就固定好了。比人工绑扎更加方便快捷。

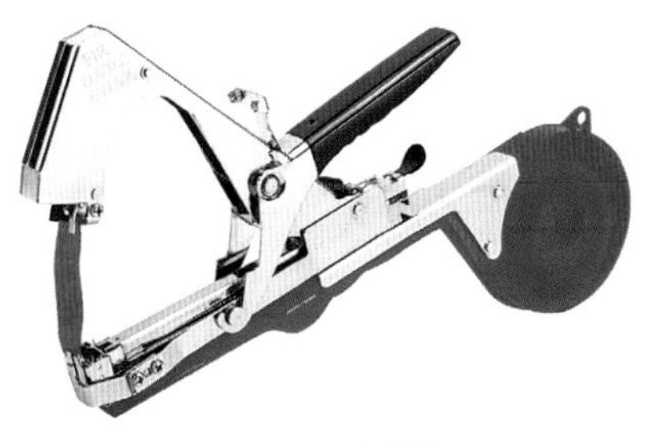
图5-19 绑枝机

（四）疏粒剪

葡萄果穗开花后往往需要进行疏花疏粒，确保保留下来的果实营养供应充足，获得较高的品质和经济价值。进行疏花疏粒的工具（图5-20）叫疏粒剪或稀果剪。剪刀尖部细长，方便深入密集花簇中剪断花柄。有助力回弹弹簧，使用轻松。刀头上有刻度，可以方便果农确定疏花位置。翘头款可以顺着果实方向，更加不容易伤害旁边果实。果实成熟时也可用于采摘果穗。

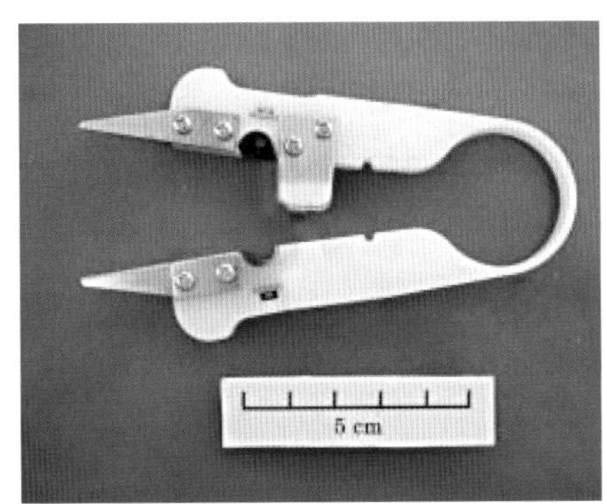

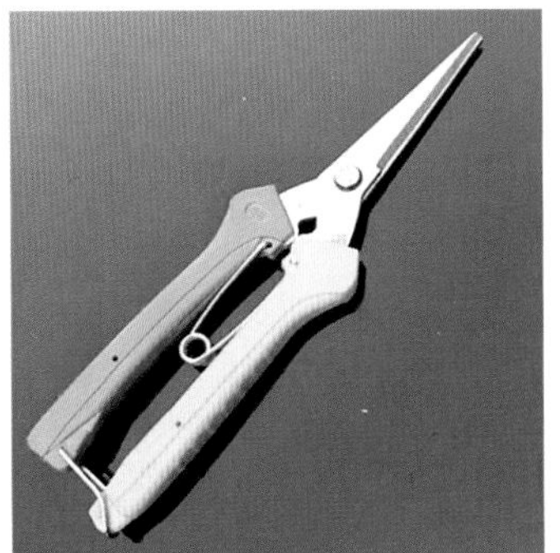
图5-20 葡萄疏粒剪

（五）果穗整形器与助力器

果穗刚刚开花的时候用前端夹住穗轴，上下移动果穗整形器刮落小花梗，并按栽培技术要求保留果穗前端一定量的小花发育成果实。这种整形器（图5-21）比上述疏粒剪刀疏花效率更高。

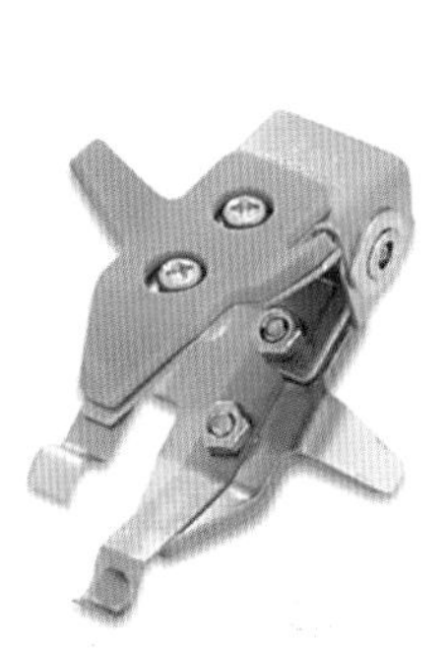
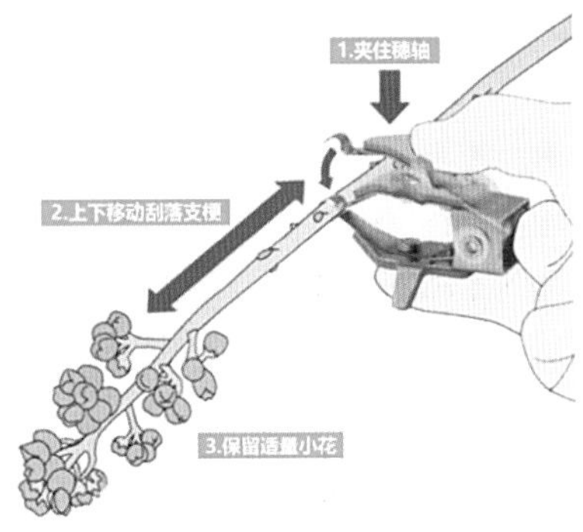

图5-21 葡萄果穗整形器

为更好地利用设施内的空间和光资源，设施葡萄栽培通常将藤蔓引到上面，形成叶幕。在进行花果管理时须长时间高举双臂，劳动强度大，易造成手臂损伤。为此开发的葡萄管理助力器（图5-22）很好地解决了这个问题。

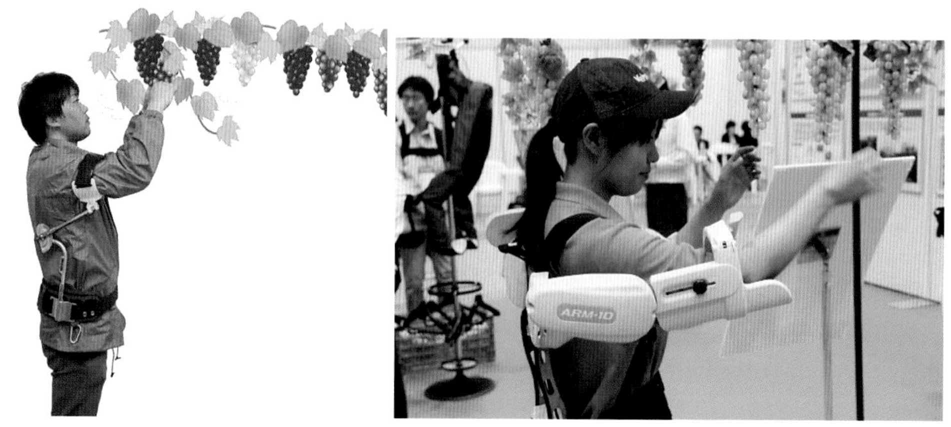

图5-22　葡萄管理助力器

（六）花瓣去除器

葡萄坐果后花瓣不易自然脱落，残存的花瓣附着在果实上会造成果面斑痕，影响果实商品性。此外，果面残瓣还是病菌滋生的场所，容易诱发灰霉病等病害。手工除瓣费工费时，日本研制的花瓣去除器（图5-23）是一个内附软硬适度橡胶片的环形装置，将葡萄果穗套进并上下拉动，橡胶片即可扫去果实顶部残留的花瓣。

图5-23　葡萄花瓣去除器

（七）套袋撑口器

葡萄果实套袋栽培具有改善果面光洁度，提高着色，预防病虫害，减少农药使用次数，降低果实中农药残留及鸟类危害等优点。作为无公害果品的一项重要技术措施，已在生产上广泛应用，也成为市场消费的一种必然的趋势。在进行套袋时，果农往往用手指粘口水撵开套袋，既不卫生也影响效率。撑口器（图5-24）斜挎在腹部，固定好一叠套袋以后即可自动撑开袋口，方便取用。

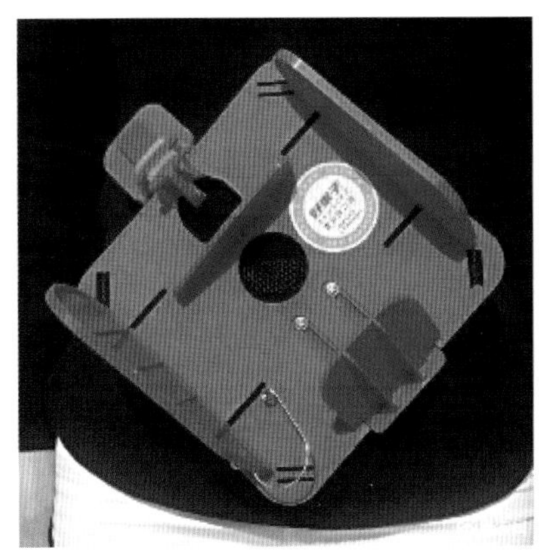

图5-24　套袋撑口器

（八）膨果器

在葡萄栽培过程中，有些品种需要人为增大果粒，必需要进行喷洒膨果剂促进果实发育。传统使用小喷壶给果穗喷雾需要转圈喷，不但费工费力、浪费药剂，还容易喷到叶片上影响其正常生长。膨果器（图5-25）有环形喷雾装置，可将果穗套在其中上下移动即可均匀喷洒。下面挂的塑料袋可防止误喷叶片，且能将多余的药剂回收。

图5-25　葡萄膨果器

五、采摘与运输设备

（一）升降式采摘车

为进行葡萄枝蔓管理提供可坐或站立的作业平台，满足不同高度作业需要。采摘座椅（图5-26a）由车轮、座板、车架构成，可旋转、升高或降低座椅，可坐着进行葡萄整枝或采摘。电动采摘车则由底盘、剪叉臂、升降平台、驱动缸及液压系统构成（图5-26b），可实现葡萄生产管理和采摘时高空作业。

a.升降式采摘座椅

b.升降式采摘车

图5-26　升降采摘设备

（二）运输车

由车轮、座板、车架、轨道组成，用于温室内运输生产资料、采摘后的果实及人员乘坐。有手推式、电动式、轮式、轨道式等多种类型（图5-27）。

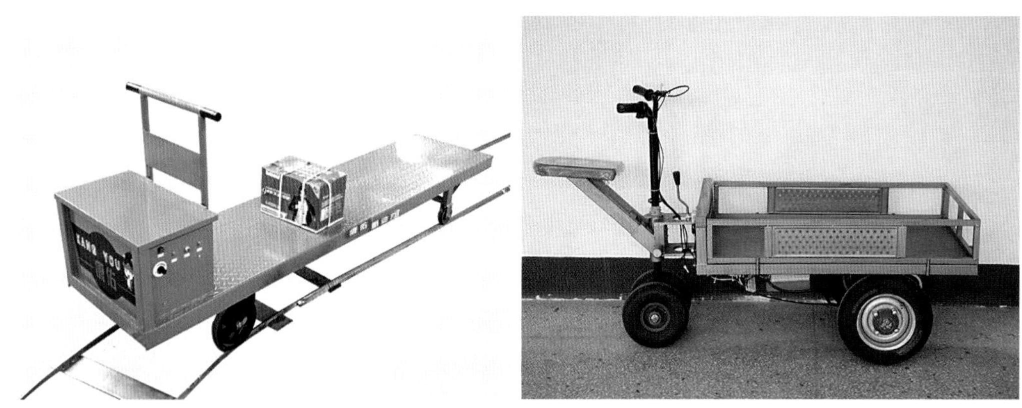

图5-27　温室运输车

六、物联网设施环境监测与智能管理

现代物联网技术的快速发展为农业生产提供了诸多便捷的管理手段。在作物生长信息、环境信息、市场信息的获取、综合环境和水肥精准控制、产品质量追溯，以及人员、资金、物资管理等方面发挥出巨大的作用，大幅度提高了企业管理水平，降低了管理成本和生产成本，是设施葡萄产业升级的重要途径。

（一）设施环境监测系统

实时掌握设施内各种环境参数变化并及时准确地调整，是生产成功的关键。传统获得环境信息的方法是在设施内放置温湿度计，人工观察数值变化。不仅费工费时，难以保证不间断监测，对于光照强度、二氧化碳浓度、土壤温湿度等重要环境参数都无法获得，一旦疏于管理就可能造成难以挽回的损失。

设施环境监测系统由室外气象站、室内多种传感器和摄像头、智能网关、服务器、管理中心或移动终端等部分组成。室外气象站实时采集小区的光强、气温、风速、风向、降水（雪）量、空气湿度、水分蒸发量等气象资料。安装于室内的空气温湿度、光辐射强度、二氧化碳浓度、土壤温度、土壤湿度等传感器，实现对设施内土壤温湿度、pH、养分值、重金属离子等多种环境参数在线实时监测。进行无土栽培时，pH传感器、EC传感器实时检测营养液浓度等技术参数。室内外摄像头对园区、人员劳动和作物生长进行监控，确保安全生产。获取的数据通过智能网关、GPRS等无线通信模块接入互联网，保存在云服务器、服务商或用户服务器中，实现手机端、客户端电脑的远程实时查看、历史查询、超标报警等功能，确保温室环境管理的安全稳定。

（二）智能管控系统

环境数据经过电脑或云计算分析，按预设模型计算出当前环境的适宜指标，并通过远程控制器控制温室环境调控设备进行环境调控和水肥自动控制。其系统构成如图5-28。

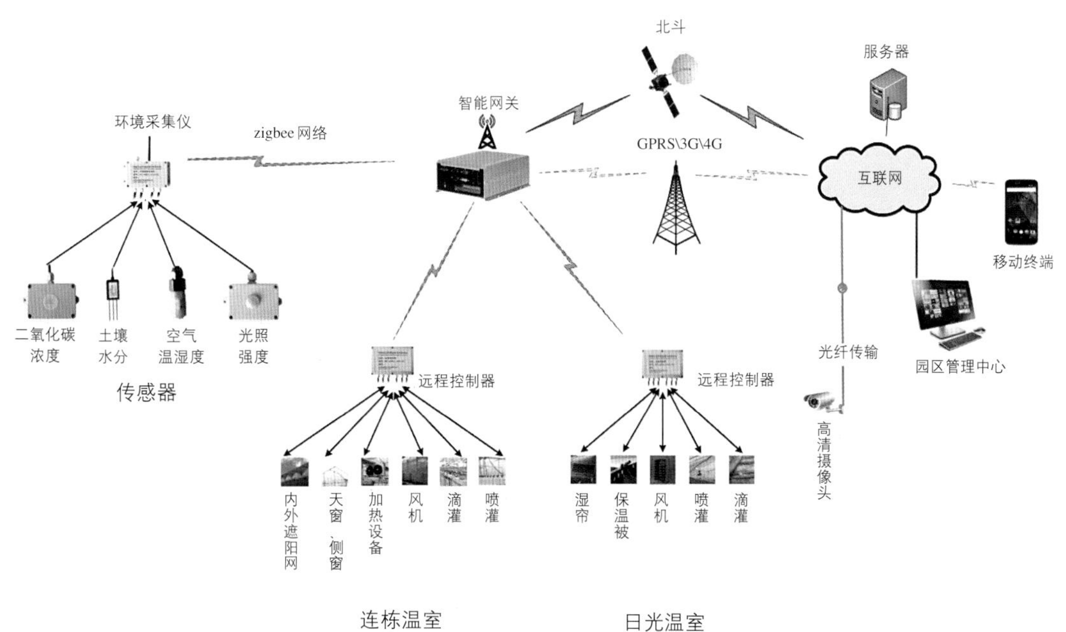

图5-28　物联网温室环境监控系统

实现设施环境智能化、自动化控制是所有生产者追求的目标。但目前除少量环境控制设备装备齐全的大型连栋温室以外，大部分葡萄生产设施缺乏环境调控设备，或由于购置成本和使用能耗成本等因素无法安装使用环控设备，因此系统的控制功能通常不能得到充分发挥。植物对环境的要求是综合的，温光水气肥任一指标的改变，都会影响到植株对其他指标的需求。目前，适用于葡萄的这种多因素生长发育模型尚未建立，上述环境控制系统也只能根据经验给出单一环境参数的控制目标，不能实现综合环境参数的实时联动。因此，系统在实际应用时虽然可以实现远程控制，但依然离不开经验丰富的管理人员的参与，距离“智能”和“全自动”还有很大差距。

目前，我国设施葡萄生产中应用较为广泛的环境控制系统有光照调节系统、温度调节系统和水肥控制系统。

1.光照调节系统　葡萄生长需要较强的光照，特别是果实中糖分大多来自光合产物的积累。我国南方地区夏季高温强光对葡萄生产也会产生不良影响，使用遮阳网或玻璃涂白剂进行遮阳降温是行之有效的措施，此部分将在温度调控中加以介绍。北方地区葡萄设施反季节生产时，往往会由于光照不足影响生产效果，特别是连阴天、雾霾天对植株的影响巨大，人工补光可以有效地克服弱光造成的生产损失。

可促进叶片光合效率的光源要求有适宜的光谱和较强的功率密度（单位面积上的电功率），高功率灯具的价格和耗电量带来较高成本，普通生产者压力较大。目前生产上常用的设施补光灯具有三类：

（1）高压钠灯：高压钠灯（HPS，图5-29）是一种高压气体放电灯（HID），由内到外由汞、钠、氙电弧管灯芯、玻壳、消气剂灯头等构成。灯管的发光角度为360°，必须通过反射器反射后才能照射到指定区域。单灯功率400～1 000瓦，使用寿命为12 000～24 000小时，光谱能量分布大致为红橙光、黄绿光，蓝紫光只占很小部分。钠灯是一种热光源，照明时会伴随热量的产生，影响了发光效率。高压钠灯价格适中，配套的补光技术已经较为成熟，在大型连栋温室中广泛应用。

图5-29　高压钠灯补光系统

（2）LED补光灯：LED又称发光二极管（图5-30），核心部分是由P型半导体和N型半导体组成的晶片。电流从LED阳极流向阴极时，半导体晶体就会发出从紫色到红色不同颜色的光线。按发光强度和工作电流可分为普通亮度（发光强度＜10毫坎）、高亮度（发光强度为10～100毫坎）和超高亮度（发光强度＞100毫坎）等类型。其结构主要分为四大块：配光系统、散热系统、驱动电路和机械/防护系统。作为第四代新型的半导体光源，LED灯采用直流驱动，寿命可达到50 000小时以上。属于冷光源，可以贴近植物照射，甚至可将灯具（灯管或灯带）深入葡萄叶幕内部进行补光。由于照明时热损耗较少，获得同样的补光产量LED只需要消耗高压钠灯75%的电能。

LED光源具有波长可调性，可发出光波较窄的单色光，如红外、红色、橙色、黄色、绿色、蓝色等，可以根据作物光合作用的不同需要任意组合。目前有关葡萄适宜的光谱研究较少，缺乏精准的葡萄光谱。一般绿叶植物的光合作用对红光和蓝光的吸收效率较高，但不同作物、不同生长发育阶段对红蓝光的吸收比例各有不同，通常LED植物灯的红蓝光谱比例设在（5～10）：1，可根据情况进行调整。LED灯初始安装成本较高，一次性投资较大，不适合个体生产者使用。

图5-30　LED灯补光系统在温室中的应用

（3）农用荧光灯：农用荧光灯（图5-31）是一种低压气体放电灯，改变荧光粉成分就可以获得作物所需的各种光谱。单灯功率通常为8～40瓦，使用寿命3 000小时左右，价格低廉，为广大个体生产者在日光温室或塑料大棚生产中应用。由于功率较低，通常可作为夜间延时补光。最新研究发现，特殊光谱的弱光可以诱导植物光合器官进入工作状态，一旦温光条件良好即可进行高效率的光合作用。因此，凌晨短时低强度补光，对叶片光合的快速启动起到良好的诱导作用，延长了光合时间。

图5-31　农用荧光灯在温室中的应用

2. 温度调控系统

（1）加温技术与设备：设施加温应以满足低温季节作物生长发育所需要的温度条件为最终目标。由于作物在不同发育阶段、不同器官对温度的要求有所不同，良好的加温技术应该是能够满足这些差异化的温度需求，特别要关注花芽分化、生长点幼叶分生、根毛分生等对温度敏感且对生产效果影响较大的时期和器官的温度条件。因此，加温的位置、时期以及效果的评价应以作物生长发育为中心，而不是简单地加热室内所有空气，水平和垂直方向上温度完全一致的加温方式是不足取的。比如，通过热水管给槽式栽培的葡萄根系加温，可以显著提高水肥的吸收能力和作物地上部的抗寒能力。

目前设施加温系统按热媒不同可大致分成四种类型：热风加温、热水加温、辐射加温、电阻加温。每种系统的能源不同、供热设备不同、散热器不同，因而适用的生产场景也各不相同。在作物下面加温、周围加温、或基质内加温，以及是否需要融雪除冰等都可能令生产者做出不同的选择。能源、设备、管理人工等加温成本也是影响选择的重要因素，如果不能获得商业成功，加温技术就不能应用。

①水加温。热水加温系统是现代温室中最常用的加温系统，由锅炉、输热管道、散热器三部分构成。锅炉加热产生的热水，通过循环泵将锅炉加热的热水通过供热管道送到温室或大棚中，并均匀地分配给室内设置的每组散热器，通过散热器来加热室内的空气，提高温室的温度，冷却了的热水回到锅炉再重新被加热。散热器的种类很多，最普遍采用的是光管散热器（图5-32A），大多采用薄壁钢管制成，与铸铁柱型散热器相比传热滞后不明显，系统反应迅速。这类散热器被加工成各种形状规格，可布置在地面兼做轨道车的运行轨道（图5-32B），可埋入基质栽培槽或营养液槽中进行根部加温，可挂在天沟下面进行融雪除冰，还可制成可上下移动的悬吊式加热管，为高架栽培的作物中上部提供加温。光管散热表面经过加工制成翅片管道形式的铸铁圆翼散热器（图5-32C）、热浸镀锌钢制圆翼散热器，增加了散热面积，且在相同热负荷要求下，管道的水流截面积减小，从而减少了整个系统的供水量，提高了系统反应速度。此外，利用热水提高土壤温度最实用的方法，就是在土壤中适当位置埋设塑料管引热水加温（俗称"地热"）。除锅炉以外，热水的来源还可以利用热电厂的冷却水、地源热泵或水源热泵等。日光温室里还可以安装水蓄放热系统（图5-33），将白天的太阳能储存在热水中供夜间给室内加温。

A.光管散热器

B.轨道散热器

C.圆翼散热器

图5-32　设施热水散热器

②热风加温。热风加温系统由热源、风机和送风管道三部分组成。其工作原理是：燃烧器通过燃烧煤炭、天然气、煤油或使用电加热器、热水等加热吸入的空气，热空气在排风机作用下直接吹入温室，再经室内环流风机保证加温均衡（图5-34）。也可经送风

管均匀释放到距离较远需要加热的地方（图5-35）。热风机的优点是没有昂贵的热传输系统和散热器，设备整体价格相对便宜；响应速度快，分区加温灵活。缺点是没有集中加温，耗能较高且运行费用高；设备在温室高湿环境中使用寿命短，遮阴面积较大；温室较长时送风困难，易造成加温不均。

③辐射加温。辐射加温装置（图5-36）通常是由电热管或电阻丝通电烧红后，用反

图5-33　日光温室水蓄放热系统

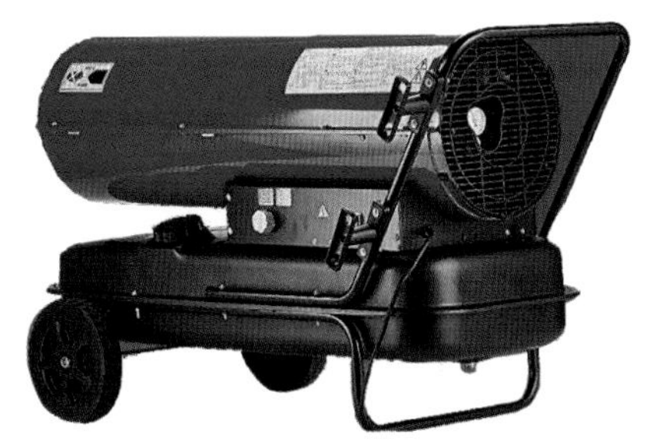

燃油直排式热风机

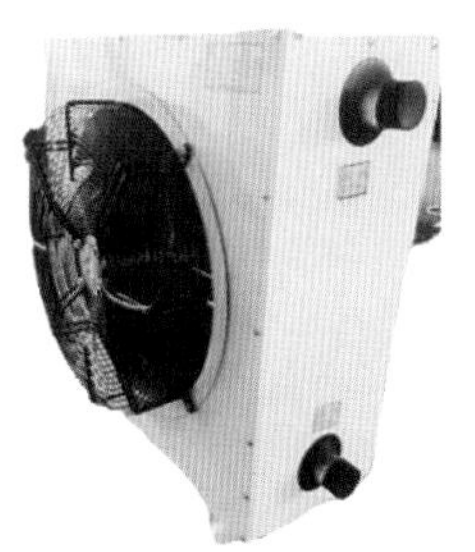

水暖式热风机

电热风机

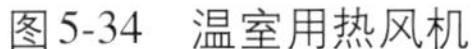

图5-34　温室用热风机

图5-35　温室加温热风筒

图5-36　温室电加热灯

辐射罩将热辐射向一个方向投射。通常做成如照明灯一样，在温室种植区域上部按一定距离均匀布置。这种加温系统的安装简单，能提供温暖干燥的环境，热效率高。缺点是加热距离近，不均匀。如加装送风系统，就变成了热风加温。顶部安装的加温灯白天还可能还会造成较为严重的遮阴。

（2）降温技术与设备：高温季节为了维持葡萄生长所需气温和根际温度，需将进入室内的热量强制排除，以达到降温的目的。降温可通过减少进入室内的太阳辐射、增加热量支出和加大蓄热量等途径实现。

①遮阳降温。设施葡萄生产的遮阳方法有室内遮阳、室外遮阳和屋面喷白等，可使用黑色遮阳网、银色遮阳网、缀铝条遮阳网、镀铝膜遮阳网、玻璃涂白剂等材料。室内遮阳系统（图5-37A）是将遮阳网安装在温室内，在温室骨架上拉接一些金属或塑料托幕线作为支撑系统，将遮阳网安装在支撑系统上，采用电动或电动加手动控制开闭。室外遮阳是在温室骨架外另外安装遮阳网骨架，将遮阳网安装在遮阳骨架上，用拉幕机构或卷膜机构带动自由开闭（图5-37B）。驱动装置可根据需要进行手动控制、电动控制或与计算机控制系统连接进行自动控制。屋面喷白降温是温室特有的降温方法，尤其适用于玻璃温室。夏天将白色涂料喷在温室的外表面，阻止太阳辐射进入温室内，并将直射光转换为散射光（图5-37C）。涂料的形态有液态和粉剂，不同种类涂料性能也不相同，有的涂料可随时间均匀消退，有的则具有一定的抗风化性能。使用屋面喷白技术遮阳率最高可达85%，可以通过人工喷涂的疏密来调节其遮光率。

A

B

C

图5-37　遮阳降温网类型

②通风降温。绝大多数情况下，设施的温度调节是通过频繁开关通风窗实现的。开窗机械可以大幅度减轻管理者在温度控制方面的用工量，提高控温精度。设施通风通常是通过卷放薄膜形成风口实现的。卷膜器有手摇式、链条传动式，也有电动卷膜器（图5-38）。日光温室顶部防风口安装的卷膜器配上温度传感器、雨量传感器和温度控制器，即可实现顶部通风口根据设定温度自动开闭（图5-39），并在降雨时自动关闭风口，也可通过互联网实现远程手机遥控。该设备不但极大地减轻了温室管理者的劳动强度，也可避免人为疏忽造成的巨大损失。

③蒸发降温。在高温干燥的夏季可利用水汽蒸发吸热的原理，对设施内空气进行加湿降温。常用的蒸发降温方法有两类：一是湿帘风机降温系统。湿帘风机降温系统由湿

帘箱、循环水系统、轴流风机和控制系统四部分组成（图5-40a），湿帘由箱体、湿帘、布水管和集水器组成。轴流风机向室外排风，使室内形成负压，外面的空气经湿帘进入室内的过程中，湿帘上的冷水吸收空气热量而汽化，使得干热空气变成湿冷空气进入室内，起到降温加湿的作用。喷雾降温是直接用高压将水以雾状喷在设施内的空中，因为雾粒的直径只有10微米，在空气中即可直接汽化。雾粒汽化时吸收大量热量，在通过风机将湿热空气强制排出，从而快速降低室内气温。喷雾降温系统（图5-40b）由水过滤装置、高压水泵、高压管道、旋芯式喷头组成。蒸发降温在高温干燥的天气条件下降温效果良好，但在高温高湿下效果欠佳。

图5-38　温室大棚卷膜器
a.链条传动式　b.手摇式　c.电动卷膜器

图5-39　日光温室自动放风机

a.湿帘风机降温系统

b.喷雾降温系统

图5-40　日光温室自动降温系统

附录　物联网在设施葡萄产业园中的应用

物联网技术在当今社会上的应用日渐深入，对农业的促进作用逐显成效，设施葡萄生长环境的可控性，为物联网技术的应用创造了条件。目前，我国物联网技术在葡萄产业中的应用，着重在环境信息采集、智能监控应用、智慧技术操作、办公智能管理和产品质量追溯等五个方面先行。

一、环境信息采集

（1）根据葡萄生长需要在棚室内葡萄生长空间和根系周围土壤中设置空气温度、湿度、光照、CO_2、土壤温度、湿度、养分值、pH、EC值、重金属离子等相关传感器（图5-41），并将收集到的数据传输到视频服务器，实时在线监控种植生产信息和土壤参数，为精准栽培技术给予支持。

（2）在水源地设置水质监测系统，实时监测灌溉用水的养分值、pH、重金属值等，从源头保证葡萄安全用水。

（3）通过PC端/APP端实时查看葡萄生长的环境数据（图5-42），为农时操作提供科学支持，并可以积累相关数据，上传至云端保存。

图5-41　环境信息采集系统
（王素青　提供）

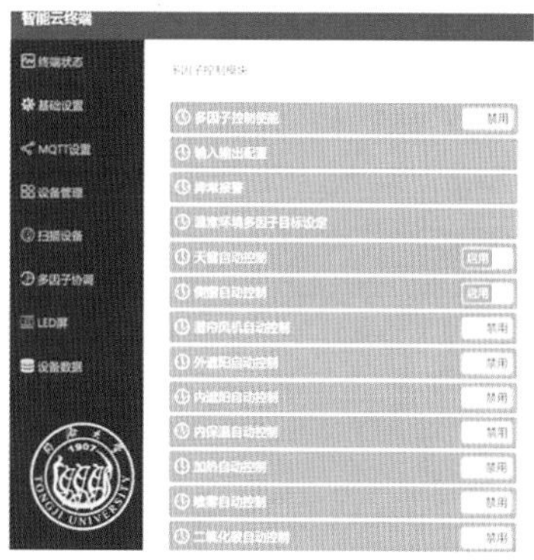

图5-42　传感器实时监测数据显示板（PC端）
（王素青　提供）

二、智能监控应用

（1）高清网络摄像机，对棚室内进行全方位监控，并传输到视频服务器，经服务器处理后在PC端或手机端进行观察与判断，形成指令下达生产技术措施，实现实时智能监控应用（图5-43）。

（2）将采集的环境信息储至服务器中对接预设的指标阈值，利用智能云终端控制设备实现生产自动化控制。如开启卷帘机、卷膜器等实施调温降湿（图5-44）。

（3）采取人工光源装置系统，在开花坐果期遇上连续阴雨、雾霾天气时，实现自动补光，可提高坐果率，减少单性结实，实现葡萄优质丰产。

图5-43　物联网视频监控系统
（王素青　提供）

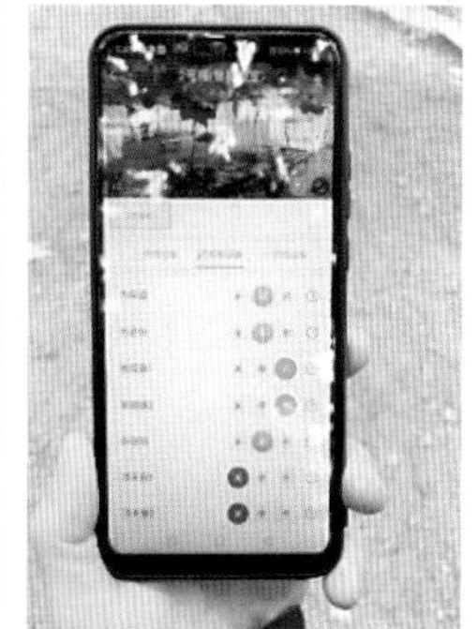

图5-44　多因子控制模块
（王素青　提供）

三、智慧管理系统

（1）根据传感器传输到服务器得到的葡萄枝果生长、根系生长数据和土壤水分、营养数据以及葡萄病菌落和虫卵数量，连接智能种植专家平台，作出葡萄生产管理指令，实施田间项目作业技术操作。

（2）根据葡萄园内采集到的病菌和害虫指数确定喷药防护，首先按需配药入罐（图5-45），尔后利用高压管道（图5-46）喷药，药液喷洒均匀，用时短，效率高；从高压喷药系统管道喷出的微雾，不仅叶片正反面容易吸收，而且枝蔓、果实、架材等表面因棚室内形成的自然药雾，增加黏着性而获得更好的防治效果，达到保护葡萄卫生安全目的。

（3）根据“养分平衡配方施肥法”计算出此时全园葡萄植株对各元素需要的施肥量进行配药，按序装罐（图5-47）。应用水肥一体化的程序控制器，现实自动化灌溉与施肥（图5-48），达到省工节肥、降低生产成本的目的。

图5-45　配药罐
（王素青　提供）

图5-46　高压喷药防治
（王素青　提供）

图5-47　配肥室
（王素青　提供）

图5-48　滴管布置体系
（王素青　提供）

四、办公智能管理

（1）通过葡萄架面高清网络摄像传输实时图像，以及通过环境信息采集系统所获得的葡萄枝、叶、果、根系等生长数据和气象、土壤参数，连接智能种植专家平台，可作出葡萄生产管理指令，实施田间项目作业。

（2）全园信息系统得到的相关数据，通过服务器处理后，可支持PC端的云办公模式，满足园区日常行政事务需求，可处理日常员工考勤、发放工资和处理文档、审批等行政业务。

五、产品质量追溯

以葡萄生产全过程的协同管理为核心的实时系统，记录下以时间为轴，生产为主线，关联地块，品种、生产投入和农事行为，建立起葡萄作业流程、规范、标准。通过当事者(管理员和消费者)扫描二维码获取产品的溯源信息。宣传品牌，提高信誉，总结经验，坚定信心；园区作业科学，技术操作到位，生产资料精准，省工省时省钱；果实适时采收，粒大色美质优，包装精美实用，绿色贮运销售。

第六章 设施葡萄生态环境与调控

葡萄的生存、生长和结果，时刻离不开周围的生态环境。其中主要的是气候、地形和土壤，还有空气、动物、植物和微生物。

葡萄设施栽培是在人选环境条件下进行的，受管理者对环境的调控影响很大。必须指出，不同葡萄品种其种性和生物学特性对环境的要求不尽相同，管理的核心技术，就是尽可能为葡萄不同品种和不同生育时期提供光、温、湿、气、土等最佳综合环境条件，从而达到葡萄优质、高产、绿色、高效的目标。

一、光照的特点与调控

“万物生长靠太阳”，太阳光是葡萄生命活动中的主要能源，有阳光葡萄才能进行光合生产，制造有机物。同时，太阳辐射又使葡萄植株、空间和土壤加热，也是葡萄生育进程中的热量来源。

今天人们鲜食用的葡萄起源于气候温和光照充足的地中海沿岸，是喜光果树，对光的反应敏感。光的强弱、多少直接支配着葡萄组织和器官的分化，而光照时间的长短则制约着植株的发育。在充足的光照下，植株生长健壮，花芽分化良好，开花坐果和果实生长正常，浆果产量高、品质优。光照不足，植株虚弱、新梢细长，花序瘦弱，花器分化不良，落花落果严重，浆果产量低、品质差，树体养分累积少，枝芽成熟差，越冬易受冻害，并影响到次年的生长和结果。

（一）光照的特点

设施葡萄，由于受设施建筑方位、设施结构、覆盖材料和雾气等很多因素的影响，显然与露地葡萄光照条件有很大的不同，其中光照强度、光照时间、光质和光分布等对葡萄的生长发育影响较大，其光能利用率只有露地葡萄的40%～60%。

1.光照强度　光照强度是单位面积上所接受可见光的光通量，用每小时每平方厘米叶面积所积累光合产物干物质毫克数来表示[毫克/（厘米^2·小时）]，但它不随光强的增大而增加，而是当光强达到一定值后，尽管光强再增大，光合产物也不再增高，这个“一定值”（此时的光强）称为光饱和点。叶片只有在光饱和点的光照下，才能发挥制造与积累干物质的最大能力，当光强超过光饱和点以上时叶片就停止光合作用功能。据吕忠恕

(1982)报道，葡萄叶片的光饱和点，在室内为3.2万勒克斯，在露地为5.4万勒克斯，室内仅是露地的59.3%。

叶片的另一功能是呼吸作用，它是植物体内循环不可缺的生理现象。呼吸作用依靠消耗光合产物取得能量，当光合作用制造的产物与呼吸作用消耗的产物相等时，此时的光强又称光补偿点。通常在晴朗白天，叶片光合作用旺盛呼吸作用缓慢，使光合产物迅速积累，只有阴雨天和夜间，叶片才能出现光补偿点。葡萄叶片的光补偿点，室内室外不一样，在室内为0.05万勒克斯，在露地为0.12万勒克斯。

葡萄的光饱和点和光补偿点，单叶和群体是不同的。由于栽培葡萄都设立依架，葡萄叶幕在架面上大多分层分布，在同一时间上下层叶片的光照强度是不等的，上层叶片光强虽已饱和，但下层叶片的光合作用仍随光强而增加（尤其散射光对下层叶片的光合作用潜能）。同样，下层叶片的光补偿点也相对延后出现。所以，葡萄栽培者必须认清光照强度在葡萄园表现的特性，尽一切可能捕捉投射到园区内的太阳有效辐射，千方百计利用好太阳光照，挖掘葡萄生产潜能永远是栽培技术的中心议题。

2.光照时间 光照时间是指某个地方日出至日落之间的小时数，随纬度和季节而变化。我国南北纬度相差近50°，冬夏季节每天光照时间相差很大，例如位于北纬4°的海南省南沙群岛南端，夏至（6月21日）的光照时间为12.8小时，冬至（12月23日）的光照时间为12.1小时；而位于北纬54°的黑龙江省漠河，夏至和冬至的光照时间分别为16.72小时和7.70小时。

设施葡萄光照时间的长短，除了受地理纬度影响外，还因设施类型而异。塑料大棚和大型连栋大棚因全面透光，无外覆盖，设施内的光照时间与露地相差不多。但单屋面日光温室，则受北墙和东西面侧墙的挡光影响，尤其在北方地区寒冷的冬季或早春，屋面上的保温帘日出揭日落盖，一般每天光照时间要短1～2小时，只有6～8小时。可见，在北方冬季或早春短日照条件下搞设施葡萄生产，对于美洲种和欧亚种葡萄来说，即使加温促早栽培，光照时间也是不能完全满足生育要求的，致使某些葡萄品种产生一些生理障碍不能正常发芽和生长。

3.光质 太阳辐射线随波长的分布称太阳光谱，不同波长的太阳光谱有质的区别，故太阳光谱又简称光质。它由紫外线、可见光和红外线三部分组成，紫外线的波长小于390纳米，可见光的波长为391～759纳米，红外线的波长大于760纳米。实际上紫外线在通过大气层后绝大部分已被臭氧吸收，太阳光投射到露地的辐射线，主要是可见光和红外线。红外线的能量约占太阳辐射总量的50%，其中15%被反射掉，12.50%透过叶片，只有22.50%被叶片吸收成为树体生理活动的能源被利用。而可见光亦占太阳辐射总量的50%左右，其中5%被反射掉，2.50%透过叶片，约42.50%被叶片吸收。被叶片吸收部分的约40%用于蒸腾蒸发，2%左右通过叶面辐射而损失，只有0.5%～1.0%的能量真正用于光合生产。光能利用率如此低下，说明葡萄提质增产空间很大，挖掘潜力无限。

4.光分布 葡萄群体叶片的光照包括两部分，一是照射到树冠上部和侧面的直射光，二是投射到树冠之间地面或树冠前后左右再反射到下层叶片的散射光。直射光固然是葡萄树冠吸收太阳光获得能源的主要部分，但是散射光由于更易被树冠吸收利用，而且树冠吸收散射光的面积（前后左右）比直射光（仅上部）要大得多。所以，只要葡萄栽培技术（栽培密度、架式、树形、修剪等）合理，可以使来自各个方向的光都得到充分利用。

设施葡萄的单屋面日光温室，东、西、北三面有墙和后屋面有建材挡光，受太阳光射角的影响，入室后分布是不均匀的，加之树冠之间挡光，就形成前（南）＞中＞后（北），上＞中＞下和东西两侧分布少的局面，致使不同部位葡萄植株生长和结果的不一致。

（二）光照调控

设施葡萄的光环境比露地葡萄的光环境要复杂很多，因而对葡萄的生育影响也较露地葡萄要大得多，其风险系数要高出好几倍。设施葡萄生产对光环境的主要要求：一是光照强度大，二是光照时间长，三是光照尽可能分布均匀，四是投射到设施内的光照利用率要高。所以，科学地人为调节与控制设施内各种光环境因素就成为葡萄优质、高产、高效的关键因素之一。

1. 改进设施结构提高透光率

①选好设施葡萄园址及建筑方位。应根据当地的地理纬度、海拔高度、主风方向和周边环境，选好园地范围、规划园区功能、确定建筑方位。

②科学选定设施类型，合理设计屋面形状和坡度。圆弧形屋面采光效果比倾斜形屋面好。倾斜形屋面的前坡角度（前屋面与地平面夹角）应确保在25°以上，延至距离屋面南界约50厘米时应呈80°以上并下垂至屋面底部，其透光率较为理想，而且防风，雨（雪）水排泄顺畅。

③选用质坚体轻材料做设施骨架和透光性好的材料做屋面覆盖物。现代设施大棚和单栋温室多选用薄壁镀锌钢管做骨架，选用质地轻柔、性能良好、坚固耐用、价格低廉的塑料薄膜做覆盖材料，既抗压耐用，又无立柱挡光。

连栋大棚和大型智能温室选用矩形或槽型镀锌钢材和铝合金型材做骨架与门窗，既坚固又省材，空间又大，少挡光，采光好。选用多功能塑料薄膜或PC板或玻璃做覆盖材料，透光率高，光照分布较为均匀。

2. 改进设施管理措施

①在园区营造防风消尘林带，减少风尘污染大棚和屋面。

②经常清扫洗刷棚顶和屋面，保持屋面干洁透明。

③尽可能早揭晚盖外保温覆盖物，增加光照时间。

④室内地面和东、西、北三面墙增设反光膜，提高光能利用率。

3. 改进栽培技术

①调整葡萄植株密度。通常葡萄园都实行先密后稀的栽植密度，始终保持田间通风透光良好。

②控制树冠“花花投影”。每年都要通过冬剪控“芽”（亩留5 000个左右饱满芽），夏剪控“梢”（亩留2 500 ～ 3 000个结果新梢，和1 000个左右营养新梢），达到架下地面太阳光线的“花花投影”。

4.进行人工补光　当设施内光照，日总量小于100瓦/（米^2·小时）或日照时数不足4小时，最好进行人工补光。人工补光采用电光源，各种自然色日光灯、荧光灯或其他钠灯、植物生长灯等均可，但对电光源需满足三个要求：一是具有太阳光的连续光谱，二是光照强度具有可调性，三是光照强度应控制在葡萄光补偿点以上和光饱和点以下的区间才能有效。

二、温度的特点与调控

温度是葡萄生存分布的界限，也是葡萄生长发育速度和质量最重要的硬性指标之一。任何果树生育进程都有“三基点”温度指标，即最低温度、最适温度和最高温度。在最适温度下，果树生长发育良好；在最低和最高温度下，果树开始或停止生长发育，但仍能维持生命，还没有达到严重伤害和致死的程度。葡萄生长发育“三基点”的温度指标是：最低温度10℃（开始生长），最适温度20 ~ 30℃，最高温度35℃（叶片气孔关闭，光合作用停止），死亡温度49.5℃。

葡萄在适宜温度下，可以不间断地生长和一年多次开花结果。设施葡萄由于可以人工调节和控制室温及地温，促使葡萄既能促成栽培，提早成熟上市，又能延晚栽培，减缓浆果衰老进程延迟采摘，甚至一年多次开花结果，做到葡萄鲜果周年供应市场。

（一）温度的特点

1.热量来源 一是太阳辐射，既是光源又是热源，而且是塑料大棚和日光温室白天的主要热量来源；二是人工加温，主要在阴雨、雪天或夜间，当太阳辐射热量不足时进行补充加温。我国北方冬天葡萄都有越冬休眠的习惯，每当促成栽培时需要设施内提前增温，仅仅依赖白天揭帘采光升温是不够的，有时夜间需要对室内空间和土壤进行人工补温，以提高气温和地温来满足葡萄生长发育的需求。

2.日温差 一天内最高温度与最低温度之差称为日温差。设施葡萄的日温差，因地理纬度、海拔高度、设施方向和设施类型、结构、覆盖物及管理不同而异。

①塑料棚内温度的日变化趋势与外界基本一致，最低温出现在日出前1 ~ 2小时，最高温出现在中午11 ~ 13点，日温差很大，北方地区可达20 ~ 40℃。日温差大，对设施葡萄生产来说，有利于树体养分积累，增加产量和提高品质；但管理调控不好，生长期浆果容易发生日灼，越冬期树体容易产生冻伤。

②各种温室由于增温和保温效果都比较好，日温差反而小。尤其不加温温室，在阴、雨、雪天情况下，因为缺乏太阳光照射，白天室内没有或很少得到热量的补充，夜间照样向外散热，室内温度始终处于较低的状态，日温差很小；有时在凌晨还会出现短时间的室内温度比室外还低的“逆温”现象。

3.温度年周期 我国除少数热带气候区外，大部分地区都是1月或2月气温最低，随后逐月升高，7月或8月气温达到最高，而后又逐月下降，呈上下爬坡式的轨迹。设施内温度年周期变化趋势基本与外界一致，但是相对应的温度值，由于受人为的调控远比露地要平缓很多。设施葡萄要特别注重的就是休眠障碍问题。

葡萄是落叶果树，冬季气温降低到一定值（小于7℃）后就要停止生长，开始休眠；当春季气温升到一定值后（大于10℃）重新萌芽抽梢长出嫩梢新叶，这段时间称休眠期。在休眠期内，必须达到一定气温（低于7.2℃）要求量（需冷量）时才能脱离休眠，恢复正常生理功能。如果需冷量得不到满足，葡萄树体就不能真正解除休眠。即使施用促进萌芽的药剂，也会出现不发芽或发芽不整齐、新梢生长细弱、叶小或无花序、花序很小等等“休眠障碍”现象。

4.温度分布 设施内气温的分布不论垂直方向还是水平方向都是不均匀的，尤其在严寒的冬季和早春，设施上部和下部气温垂直差异可达10℃以上，设施四周的边行地带气温比设施中部地带气温要低2 ～ 5℃，导致周边葡萄产量低、品质差。气温分布不均的原因，主要受太阳入射量不等，加温、通风系统气流的影响。

5.地温 设施内地温的日变化远比气温平缓很多，通常白天低于气温，夜间又高于气温。这表明白天太阳辐射热传导给土壤增温，夜间因空气中热量很快向外界散发而急速降温，蕴藏于土壤中热量流向空间补温。但由于热量在土壤中传导速度很慢，葡萄根系活动层（通常在60厘米以上）白天增温和夜间降温的幅度变化不大，短期内单纯依靠太阳辐射热来提高地温是不容易奏效的。在北方或高纬度地区的冬季或早春，进行葡萄促成栽培时往往由于地温上不来，不易发生新根，根系吸收功能脆弱，远远满足不了地上部旺盛生长对水分养分的需求，引起地下地上间营养供需脱节，出现枝叶黄化，花序少而小等问题。所以提高设施内早春地温就是当务之急，北方地区在日光温室葡萄栽植畦沟内安装地热管加热，能提高地温，科学地解决早春地温偏低的问题（详见第四章）。

6.积温 指基本满足果树其他生育条件情况下，当逐日温度累积到一定值时，果树才能完成其年发育周期，这个温度总值称为积温。

积温对多年生葡萄来说非常重要，当春季昼夜平均气温达到10℃开始萌芽生长，秋季气温降到10℃左右时营养生长停止。所以葡萄学中把10℃称为生物学零度（B），某个生育期内10℃以上的日平均温度累加值称为葡萄的活动积温（A），A减去0 ～ 10℃的日平均温度累加值成为葡萄的有效积温（F）。不同成熟期的葡萄品种从萌芽开始到浆果完全成熟，所需热量详情可参考本书第二章表2-1。

然而，设施内积温和外界积温显然是不同的，北方地区冬季日温差达30 ～ 40℃，加速葡萄生长和发育，促使各个生育期大大缩短，这就是同一个品种在促成和延后栽培对积温要求不同的外因。

（二）温度调控

设施葡萄对温度环境的要求比光环境高得多，调控项目也复杂很多，既要加温又要保温，有时还需要降温。

1. 加温

（1）室内空气加温：设施内热量来源，主要依靠太阳辐射热加温，这是无偿自然加温；只有在严寒地区的冬季或早春进行葡萄促成栽培时，为促使葡萄超前成熟上市，必须保持设施内昼夜一定温度水平，才进行人为补充加温。例如：沈阳地区日光温室葡萄促成栽培中，要求葡萄浆果在4–5月成熟上市的，必须于前一年11月中下旬开始盖帘升温。其间1月和2月夜间很冷，室温低于10℃时需要适时进行人工供热加温，通常在温室内增设“加热炉”。

（2）室内土壤加温：在北方或高海拔地区，冬季和早春气候寒冷给葡萄促成栽培带来难题：白天气温上升很快最高可达30℃左右，地上部生长发育旺盛，而地温上升较慢甚至低于10℃，地下部根系吸收功能很弱，出现地上地下营养供需脱节，产生各种生理障碍。解决的方法：一是在葡萄栽植沟内填入马粪、秸秆、厩肥等酿热有机物，利用自然发酵放热对土壤加温；二是在葡萄行间挖沟在40厘米深处铺设地热线通电加温；三是增设地热设备，在葡萄栽植畦下部深约30厘米处埋设地热管道，利用锅炉产生的60 ～ 70℃热水对土壤加温。

2.保温　设施内白天太阳辐射不间断地加温，而夜间日落后热源中断，热量只来源于土壤向空气的散热，供热非常有限，而空气向室外空间散热反而加剧，所以夜间室内温度下降很快。如何维持夜间设施内一定温度水平就显得非常重要，主要技术措施：

（1）采用优质覆盖材料：北方的温室和大棚到冬天夜间屋面顶部都需要采用隔热性能较好的保温覆盖材料，增加覆盖物厚度。温室和大棚的四周，如果再围上一层草帘或棉帘，则保温效果倍增。

（2）采用多层膜保温：采用大棚双层膜或三层膜，大棚内套中棚等多层覆盖的方法，可提高棚室内部温度4 ～ 8℃。

（3）增大保温比（β）：设施内的土壤面积（S）与覆盖设施外部总表面积（W）之比，即：$S/W=\beta$，最大值为1.0。当S值不变情况下，β越大，W越小，说明大棚或温室外表面积缩小了，与室外空气的热交换面积小，增强了保温能力。通常单栋日光温室的保温比为0.5 ～ 0.6，连栋日光温室的保温比为0.7 ～ 0.8。可通过适当降低设施高度，增加连栋面积等加大保温比来增强保温效率。

（4）增大地表热流量：通过增大设施屋面透光率，采取地面覆膜减少地面水分蒸发和蒸腾等来增加白天土壤贮存热量。

（5）设置防寒沟：在温室的南沿或大棚四周设置防寒沟，内填隔热防寒材料（如苯板、珍珠岩、谷糠等）来增加白天土壤存热，减少夜间土壤散热。

3.降温　设施内透光密闭情况下，白天最高温可能达到50℃以上，会发生葡萄枝叶烧伤，浆果灼伤，甚至出现死树毁园。设施内最直接和最简便的降温方法就是自然通风换气，但在空间过大，温度过高的室内，自然通风降温的效果往往不易达到目的，室内温度仍然超过葡萄生育所能忍受的“高温基点”，必须实施人工降温。具体方法有：屋顶设置遮阳降温，屋面喷水降温，屋内堆冰吸热降温，开启大型排风扇降温等。

表6-1　日光温室葡萄不同发育阶段温度参考值

物候期	温度（℃）				注意事项
	白天			夜间适温	
	低温	适温	高温		
萌芽期	>10	10 ～ 25	<28	10 ～ 15	防止升温过快
开花期	>15	20 ～ 28	<30	15 ～ 18	停止灌水保持室内湿度75%
果实膨大期	>20	25 ～ 30	<35	15 ～ 20	夜间外界最低温度稳定>10℃时可撤覆膜
成熟期	>20	28 ～ 32	<35	16 ～ 18	尽可能加大昼夜温差加速浆果着色增糖
采后恢复期	>10	15 ～ 28	<30	5 ～ 15	采收后立即沟施有机肥＋磷酸钙
休眠期	－15	0 ～ 7.2	<15	0 ～ －5	防止白天温度过高，夜间温度过低，同时要维持棚室内50%左右相对湿度

设施葡萄中人工降温采用的最多、最方便的是促进葡萄植株提前进入“自然休眠”，通常在我国北方11月上中旬，日光温室白天屋面保温材料（草帘或棉帘）全覆盖，并关闭通风口，夜间将覆盖物揭开，并打开门窗通风，使温室内温度降至7.2℃以下。这样既能加速葡萄植株对需冷量的需求，提前进入休眠期，又不致遭受冻害。

4.调温 设施葡萄经过萌芽抽梢、开花、幼果生长、浆果着色、果实成熟、采后管理、休眠期管理等年循环过程，都要求相对应的温度值与之匹配才能达到理想的优质、丰产、安全的生产效果。这就要求管理人员按物候技术要求进行室内温度科学调整（表6-1），其方法是在棚室合适位置摆放温度传感器，与温度控制仪连接，实行自动开闭通风降温和保温。

三、水分的特点与调控

生物进化论指出：地球上一切生物都是从水中发生的。葡萄植株各器官组织中水是最重要的组成部分，并直接参与有机物的合成和分解，以及各种生理生化过程。总之，葡萄生长和发育都离不开水分。

（一）水在葡萄生命活动中作用

①水分是葡萄植株各器官的重要组成成分，浆果含水量约占80%，叶片约占70%，枝蔓、根系约占50%。而且葡萄植株各器官新陈代谢只有水分相当饱和状态下才能协调进行，水多时细胞原生质呈溶胶状态，代谢活动旺盛；水少时原生质胶体分散程度低，代谢程度减弱；原生质失水过多，则可导致代谢紊乱而死亡。

②葡萄植株的每个生命活动，都在膨压促成细胞间水分连成一体的“水相系统”中才能维持正常态，否则就会出现萎蔫甚至死亡。

③水分是葡萄进行光合作用的重要原料，产生的碳水化合物是葡萄生长发育过程中新生器官所必需的营养物质。每生产1千克的干物质，需要500多千克的水分消耗。

④水分可以调节葡萄各器官的体温，这是由于在强光照下葡萄体温剧烈升高甚至高出气温，但是伴随着蒸腾作用产生汽化热，消耗掉空气中的热量从而降低了体温，不然在夏季晴天13时像浆果体表温度可以高出气温4 ～ 6℃，这就难免会发生日灼伤害。

（二）水分如何进入葡萄植株

葡萄的根从土壤吸收水分是遵循“渗透规律”进行的，当细根的吸取力（根压）超过土壤持水力时才能被吸收。通常土壤毛细管和孔隙的持水力不足1个大气压，而根的吸取力可达5 ～ 10个大气压，土壤水分很容易渗透进葡萄根中。

葡萄根毛带是吸收土壤水分最佳的部位，根的表皮也能吸收少量水分。当春天葡萄展叶后，随着叶幕发展产生的“蒸腾拉力”，代替根压而承担起吸水任务，被吸收到根系中的水分沿树干和枝蔓木质部导管较快地移动，并分散至各部位叶片，参与光合作用。

（三）设施葡萄水分的特点

1.空气湿度大 设施葡萄由于生活在密闭的环境中，生长势强，代谢旺盛，叶面积系数高，蒸腾作用强烈，水蒸气极易达到饱和，空气相对湿度比露地葡萄园高得多，经常维持在90%左右。高湿是设施葡萄最突出的特点，给葡萄管理带来了不少的麻烦，如夜间室内气温骤降，使叶片、浆果表面结露，易受到冷害或冻伤；夏秋白天室内气温暴热，加速土壤水分蒸发和葡萄树体蒸腾散水，使室内空气湿度骤增，影响光照，导致新梢徒长，不利于开花坐果，并诱发真菌繁殖，增加葡萄真菌病发生概率。

2.葡萄伤流与吐水现象 葡萄伤流一般发生在萌芽前1个月到新梢展叶的1个多月时间。当土壤过湿时，葡萄萌芽前吸水产生膨压，导致木质部导管内液体冲出伤口，叫**伤流**（图6-1）。伤流流出的液体大部分为水分，其中也有溶解于水中的极少碳水化合物和矿物元素，据测定：每千克葡萄“伤流液”中含干物质1～2克，其中约2/3是糖和含氮化合物，1/3是钾、钙、磷等矿物质。而一个葡萄枝条的新剪口，一昼夜约能流出600毫升的伤流液，所对葡萄的生长发育并无多大妨碍。同样由于土壤中水分较多和空气湿度饱和时，在早晨往往能看到葡萄嫩梢叶尖出现水珠下滴的现象，叫吐水（图6-2）。吐水流出的水，绝大部分是由于早晨室内温度较低，水蒸气在叶片凝结所致。

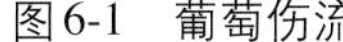

图6-1 葡萄伤流

图6-2 葡萄吐水

3.管道化灌水 设施葡萄在密室中生存没有雨水供给，由设置管道灌水系统来实施按需供水。管道化供水的优点是：

①根据葡萄品种、树龄、物候、树相、生长和结果的实际需要和土壤水分状况决定灌水量。

②从水源到葡萄根部都由连通的管道送水，并由控制阀计量给水，做到最大化节水。

③在灌水的同时可以把化肥或防治土壤害虫、葡萄根系病虫的农药，按需计量后放入贮水池溶合一起送入土壤，做到肥、水、药一体化，省工节本提效。

（四）水分调控

设施葡萄园地的土壤水分完全在人为控制下有计划地按需供给，供水时间和供水量都是根据葡萄生育所需而为之。已经实施肥水一体化的园地甚至可以通过电脑实行智能化水分调控。通常：①萌芽前充分灌一次透水，空气湿度保持在80%以上。②开花前灌一次小水（根域范围湿透即可），空气湿度控制在70%～80%。③开花坐果期停止灌水，空气湿度控制在50%～60%。④幼果生长期要小水勤灌，空气湿度控制在70%左右。⑤浆果着色成熟期要停止灌水，并及时排干土壤中过多水分，但空气湿度仍需保持70%～80%。

四、气体环境与调控

设施内气体成分和空气流动状况对葡萄生长发育的影响已经引起园艺工作者的重视。在密闭的室内，随着光合作用和呼吸作用的不断进行，氧气和二氧化碳的浓度都在变化；空气流动不仅对温湿度有调节作用，而且能即刻排出有害气体，对增强葡萄光合作用，促进葡萄生长发育有重要意义。

（一）设施内空气流动特点

①设施内空气流动受建筑物体、葡萄树体、葡萄行向、作业道等影响，气流方向和速度随时都在发生变化。所以，科学的规划和设计葡萄各项设施及其建园就显得十分重要。

②空气在密闭的室内流动规律是随冷风源而动，热气流上升或前进。因此，设施内主要依靠自然通风就能达到气体交换目的。

③空气中二氧化碳在0.5～1.0米/秒微风环境中，通过叶面边界层（空气通过气流到达叶面附近形成一个风速较低的气层）到达叶面，从气孔进入叶肉与叶绿素接触进行光合作用。因此，设施内平时维持微风环境对葡萄增产增效具有极为重要的实用价值。

（二）气体环境对葡萄生育的影响及调控

1.氧气 葡萄整个植株的生命活动处处离不开氧气，地上部枝、叶、果所需氧来自空气，取之不尽；地下部根系生长所需氧来自土壤空隙中的空气，常因土壤板结或被水分填满造成缺氧，引起根系衰败或死亡。因此，要选择排水良好、土层深厚的地块建立葡萄园，要营造具有团粒结构、富含有机质、通透性良好的园土。一旦出现土壤缺氧，立即进行深耕翻土，改良土壤通气条件。

图6-3　二氧化碳发生器

2.二氧化碳 二氧化碳是葡萄光合作用最重要

的原料，大气中二氧化碳含量约为0.03%，浓度太低，并不能满足光合生产所需，如果增加空气中二氧化碳的浓度，将会大大促进光合产物的生成，从而大幅度提高葡萄产量。设施内的二氧化碳更加严重亏缺，仅能达到葡萄生长所需求基本量的1/3，严重限制了葡萄的光合生产。因此，适时增施二氧化碳，可以提高光合利用率，增加葡萄产量。其方法：①通风换气。②增施有机肥。③设置二氧化碳发生器等（图6-3）。

3.有害气体 设施密室内进行农作物生产，容易产生有毒气体。如：氨气、二氧化硫、乙烯、臭氧等，这些有毒气体往往来自有机肥腐熟发酵过程中产生氨气，在高温下有毒薄膜和管道等塑料制品易挥发出乙烯和氮等。如果使用煤炭等不洁燃料加温时，还发生一氧化碳、二氧化硫的毒害，只要认真对待完全可以避免有毒气体对葡萄产生毒害。

五、土壤环境与调控

土壤是葡萄赖以生存的基础，是固定葡萄植株的基地，是葡萄生命活动的介质。葡萄生长发育所需的水分和养分，都需从土壤中取得，直接关系到葡萄产量和品质，所以土壤是十分重要的环境因素。

（一）土壤对葡萄生育的影响

1.葡萄的“根基” 葡萄植株分布于地上和地下两部分，地下土壤是葡萄“根基”，承担着固定植株和供应水分养分的任务。1株葡萄树从苗木定植到衰老退休，一直固定在同一位置生活十几年甚至几十年，要想取得连年丰产、优质、高效就得打好“根基”，为葡萄根系生长发育创造良好的“三相”体系。土壤“三相”即：固相（土壤质粒所占容积）、液相（土壤水分及矿质溶液所占容积）和气相（土壤空气所占容积），不同树种对“三相”要求比率不尽相同，葡萄要求较为适宜的固相为40%～50%，液相为20%～40%，气相为15%～35%。土壤质粒大小，影响土壤的结构和水、气、热状况。沙质土壤的通透性强，土壤温差大，葡萄含糖量较高，风味好，但土壤有机质缺乏，保水保肥力差。壤土的保水保湿能力较强，通透性好，有机质含量高，葡萄产量高。黏土的通透性差，易板结，葡萄根系浅、生长弱、功能差，结果差，品质也差。

2.土壤的理化性状 葡萄生产园的土壤理化性状是不同的，丰产园普遍表现土层深厚，结构良好，通气性和保水性良好，酸碱度适宜，“三相”比例适当。

（1）土壤通气性：土壤的通气性好与坏，则与土壤种类，粒子大小和孔隙有关。通常黏质土粒子小，全孔隙量大，且毛管孔隙多，保水性强而不利于空气通透，土壤中含氧量减少，二氧化碳增加，不利于葡萄根系正常呼吸，影响根系生长和吸收功能。沙质土粒大，全孔隙量小，但由于非毛管孔隙很多，则通气性好，但保水保肥性差，影响根系生长和吸收，水分和养分的总量少。较为理想的是壤土，粒子有大有小，土壤孔隙也有大有小，既能保水又利通气，根系生长正常、吸收功能良好。

（2）土壤酸碱度：土壤酸碱度就是土壤溶液的pH，以此把土壤分为酸性土（pH＜5)、碱性土（pH＞7）和中性土（pH5～7)。葡萄对土壤酸碱度的适应范围较广，在pH4～7区间葡萄根系生长基本正常，土壤酸性较强时，根系生长受阻，生长量只有

50%，新梢细弱，叶片很薄；土壤强碱性时，根系吸收减弱，地上部出现新梢节间短，叶片黄化，小叶簇生现象。

(3) 盐碱土壤　含有氯化钠、硫酸钠、碳酸钠和磷酸盐较多的土壤，称盐碱土。因土壤溶液中元素的不同，把含有多量碱类（如碳酸钠）的土壤叫碱土，pH都在7以上；把含有盐分（如氯化钠）的土壤叫盐土，pH一般在7或7以下，不呈碱性反应。盐碱土中含有有害成分，对葡萄致害，决定于盐类浓度，当土壤中有害盐类浓度大于植物的细胞液浓度时，迫使细胞液从内向外渗透，从而引起质壁分离，首先对根系侵蚀使其萎蔫枯死。葡萄是抵抗盐碱土能力最强的果树之一，因此常作为我国海滨地区改造低洼盐碱地的先锋经济树种之一。方法简单，先筑台田，抬高田面，引进淡水，洗盐排碱。然后种植抗盐碱作物或牧草，压青作绿肥，增加土壤有机质含量，提高土壤团粒结构，1～2年后在台田上筑高畦栽葡萄。

（二）设施内土壤环境的特点

葡萄设施如温室、大棚都有透光的塑料薄膜覆盖，温度高，空气湿度大，气体流动差，光照弱，而葡萄生长旺盛，生长期又长，土壤大多处于覆盖，失去雨水淋溶，又不便耕作等特点，使得土壤环境与露地农田土壤很不相同。

1.土壤有机质含量高　设施葡萄由于投资大、成本高，业主总想多施有机肥和化肥以提高产量来增加收入，所以设施内土壤有机质（包括腐殖质）含量普遍高，这对改良土壤团粒结构，提高土壤溶液养分浓度，对加速根系吸收，促进地上部各器官生长发育极为有利。

2.土壤主要矿质元素含量提高　设施葡萄使用氮、磷、钾总量如果与露地葡萄相同，由于失去雨水淋溶，又在实施精准水肥一体化的管理状态下，其化肥使用效力很高，但是，化肥的残留量也高，当氮肥用量大，表土层氮总残留量达到2～3克/千克时就要产生危害，并使磷、钾失衡，这些都不利于葡萄的生长发育，丰产优质。

3.土壤易产生次生盐渍化　设施葡萄在促成和延后栽培中，往往占用冬、春寒冷季进行生产，土壤温度较低，肥料分解慢，吸收也少，容易造成土壤内养分残留，养分积累快，极易发生土壤次生盐渍化（即反盐），土壤养分也不平衡，氮、磷浓度过高导致钾相对不足。这就影响了葡萄根系的生长和吸收，导致浆果产量低，品质差。

4.极易产生连作障碍　设施葡萄是多年生藤本果树，常年在同一地点生长结果，久而久之使土壤中的养分失去平衡，某些营养元素过剩而大量残留，也有一些营养元素却严重亏缺。而且葡萄根系每年分泌的相同物质或病株的残留也会引起土壤中生物条件的恶化，这些都会引起葡萄的连作障碍。

（三）设施内土壤环境的调节

设施内土壤环境与露地土壤环境最大的变化就是“自然降水”受到阻隔，土壤受自然降水自上而下的淋溶作用几乎被终止。其后果：一是土壤中积累的盐分不能被淋溶到地下水中；二是土壤自然蒸发和作物蒸腾加剧，根据“盐随水走”的规律加速盐分在土表的积聚；三是生产者对设施作物施肥量原本就有越多越好的盲目心理，施肥过量也加剧土壤盐分的积聚；四是实施生产“提早、延后”，冬春土温较低，土壤中肥料不易分解和被作物吸收，也造成养分的残留等。综上所述，设施内土壤由于失去淋溶作用而产生次生盐渍化的现象，必须排除！简易方法有：

①多施植物性有机肥，增加土壤腐殖质含量，以构建土壤团粒结构，改善土壤通气性，减少或防止产生次生盐渍化。

②实行“高畦限域栽培”（详见本书第十五章）。

③实施“配方施肥”，至少促使氮、磷、钾三大元素达到土壤养分和葡萄优质丰产所需之间的科学平衡，既避免次生盐渍化发生，又减少肥料浪费。

④实行葡萄株行间土壤地面“全覆盖”，并推行“膜下滴灌”，以避免或降低土壤水分蒸发，利于防止土壤表层盐分积聚。

第七章 设施葡萄建园技术

从当前我国葡萄产业发展的现状来看，应从各地区气候、海拔、土壤、地理区位、交通、经济、劳力等多因素考虑，按设施葡萄不同生产类型来建园。

设施葡萄生产模式分为常规型、促早型、延迟型、一年多次结果型；而设施结构分为日光温室、大棚、避雨棚。不同的生产类型对设施结构的要求是不同的，选择适宜的设施结构类型，充分利用设施所营造的内部环境来满足生产目标。同时还要考虑其他各种因素，包括当地的气候环境、区位条件、社会及经济条件等，以保障设施栽培获得优质、丰产果品并取得良好的经济效益。

一、建园前的效益分析和风险评估

在果品市场化、标准化快速发展的今天，想依靠种植葡萄获得可观的效益，建园之前的准备工作和建园技术显得尤为重要。近年来不少种植者因为认识不足，盲目建园，导致效益差以致亏损的情况多有发生，而且越是规模大的园区这种现象发生的越多，这就要求从业人员首先要进行建园前的效益分析和风险评估。效益分析要以市场和消费为导向，实地调研葡萄销售市场和销售渠道的现状与发展趋势，确定生产目标与方向，而不仅仅是听人说、看网络、看广告。在进行充分的分析和评估以后，选择适合的栽植园址和生产类型及栽培的品种。

（一）效益分析

我国葡萄产业已经进入转型升级期，果品由数量型向质量型转变，栽培技术规范化、标准化面积逐年扩大，以往的只要能种出葡萄就能获得效益的时代已经过去。这就要求种植者要具备一定的效益分析方法和风险评估意识，才能做到有的放矢地进行建园与生产。效益分析的简易公式：总效益=总销售额－总支出，其中总销售额=总产量×单价，总产量的影响因子包括面积、生产技术水平、栽培技术执行力、品种特性、树体状态、自然条件因素等。总体来说，生产面积增加，生产技术水平提高及栽培技术执行力提升会增加总产量和果品档次，但是这些因子间也相互影响，如面积扩大后对生产技术水平要求会有所提高，尤其是对栽培技术执行力要求更高。销售单价的影响因子包括葡萄品种市场平均价格指数、果品质量及果品附加值（可以通过查阅中国农产品市场价格指数获得）。我国已制定出国家、行业及企业的各种类型葡萄的质量分级标准。以阳光玫瑰为例，2019年“盒马生鲜”对优质果的收购标准为：每穗有浆果55 ~ 60粒，单粒重12 ~ 15克，无核率95%以上，每穗果重750 ~ 1 000克，可溶性固形物含量18%以上，果面光洁无果锈、无僵果、无中空，肉质脆，果香味浓郁。不同品种、不同质量的鲜食葡萄其收购价格是不一样的，这些都需要通过对市场的分析才能得出。另外通过品牌化运营、增加果品功能性附加值提高果品销售单价，最后结合其生产中能达到的质量和产量就能得出大致的总销售额。沈阳地区日光温室和大棚葡萄盛果期的质量和产量统计数据见表7-1。

表7-1 设施葡萄质量和产量调查

（沈阳地区，2019年）

设施	品种	质量					产量（千克/亩）
		级别	色泽	单粒重（克）	可溶性固形物含量（%）	风味	
日光温室	着色香	一级	全深红	>7	>16	浓郁	1 250 ~ 1 400
		二级	未全红	6 ~ 7	15 ~ 16	淡	1 600 ~ 1 750
大棚	藤稔	一级	黑	>25	>18	浓郁	1 250 ~ 1 400
		二级	红	20 ~ 25	16 ~ 18	淡	1 600 ~ 1 900
	着色香	一级	全深红	>6	>16	浓郁	1 500 ~ 1 750
		二级	未全红	5 ~ 6	15 ~ 16	淡	1 600 ~ 1 900

总支出=建园支出+生产支出。建园支出主要包括：土地租赁费用、基础设施建设费、生产使用设施建设费及维护费。生产支出主要包括：生产人工支出、生产农资支出、生产水电支出、果品包装支出、果品宣传支出。不同的设施类型其建设成本差异较大，详情请参考第四章和第五章。

（二）风险评估

种植设施葡萄的过程存在的风险有自然风险、栽培生产风险、市场价格风险、政策风险。自然风险包括风害、雪害、涝害、冻害、霜害等，近年来随着极端天气频发，很多地区受到自然灾害导致绝产绝收，需要引起广大种植者的重视，为了有效地规避自然风险要在选址、设施基础建设、防灾减灾工程上多下功夫。栽培生产风险包括栽培技术掌握不透彻导致的产量低、品质差，如水肥管理不当导致树势过旺或过弱进而影响坐果率和果实品质，病虫害防治不当导致落叶、烂果等，生产者需要制订合理的生产计划并通过不断学习增加有关知识和生产技术，积累生产经验对其进行优化，从而避免栽培生产的风险。市场价格风险，我国果品市场还没有形成系统的价格机制，葡萄鲜果大宗市场的价格变化较为剧烈，在建园前要充分考虑到这一点，要多渠道、全方位对市场进行调研，掌握什么时间、什么品种、什么品质能够销售什么价格，还要了解这个时间段市场需求多少葡萄、产地能够供应多少葡萄是否还有空间，填补市场的空白会提升效益。政策风险主要应注意当地的产业政策，不同的地区针对葡萄产业有不同的政策和补贴。近年来，国家对基本农田的管理更加严格，要充分考虑当地的法律、法规和土地政策，以免发生冲突。

最后根据效益分析与风险评估结合自身的资金、管理技术水平、员工管理能力、销售能力等情况来确定建园规模、生产方向及未来规划。

二、园地选择与规划设计

设施葡萄建园投入较大，一旦建成较难迁移，所以在园址的选择和规划设计上要科学合理，最大限度地满足目标生产所需的土壤、水源、光照、积温、通风等自然条件。也要考虑交通、劳动力等社会及经济外部条件以及机械化作业、高效作业、包装、贮藏等内部基础条件。

（一）环境条件

建园时要求远离化工厂、化肥厂、水泥厂、冶炼厂、砖瓦厂、垃圾站等污染环境的企业。这些企业排放的废气、废水往往对葡萄树体有直接或间接的危害。同时也要考虑温度、湿度、土壤、灌溉水源、病虫害及自然灾害等因素。随着现代农业科学技术的发展，以地理信息系统（GIS）和数据库、云平台技术为选址提供有效的方案。技术人员通过同一区域的地势地图、气象地图、冬季霜冻图、当地的疫情报告图等叠加起来进行综合分析，以找出适宜的葡萄园地址。

国家对葡萄园园址的环境条件制定了相关的标准，包括有《无公害食品　鲜食葡萄产地环境条件》（NY 5087–2019），《绿色食品 葡萄》（NY/T 428–2000）等，这些标准可以通过农业农村部相关网站进行查询。

1.温度及光照　葡萄是喜温植物，对热量的要求较高，温度影响着葡萄生长发育和产量品质。不同葡萄品种从萌芽到果实充分成熟所需≥10℃的有效积温都是不同的，按所需积温的不同分为极早熟、早熟、中熟、晚熟、极晚熟品种（详见第二章表2-1），葡萄需要的最低年积温在2 100℃以上。世界上露地种植葡萄往往都是通过有效积温来进行葡萄种植区划。设施栽培葡萄相较露地栽培，温度改变是非常大的，通过设施对积温的调控，既改变了葡萄成熟上市的时间，也改变了葡萄防寒等系列栽培措施，虽然设施对温度的调控范围较大，但仍要以当地的温度条件为基础以免出现问题。例如促早栽培中北方及中原地区保温能力一般的单层膜大棚过早升温，树体萌芽较早易受到晚霜或寒流的危害，促早栽培中原地区5–6月日光温室温度过高导致出现热伤害及上色障碍。设施栽培葡萄对温度环境的需求如表7-2，如果超过极限温度则容易出现徒长、冻害、花序退化等生理障碍。

表7-2　葡萄不同生长期对温度的要求

生长发育时期	适宜温度（℃）（露地生长）		极限温度（℃）（设施生长）		备注
	白天	夜晚	白天	夜晚	葡萄生长中达到极限最高、最低温度时间越长对树体的影响越大
休眠期	0 ~ 7.2		−15 ~ −5		不同品种的极限温度有较大差异，同时也与湿度有很大关系
萌芽期	20 ~ 28	10	10 ~ 30	5 ~ 20	设施中温度高萌芽快同时也要求湿度较高
新梢生长期	25 ~ 28	10 ~ 15	10 ~ 35	5 ~ 20	白天温度超过最高极限易出现烤伤，夜晚温度超过最低极限易出现冻害
开花期	20 ~ 25	约15	15 ~ 25	12 ~ 20	要求保持适温，过低过高都会影响开花和授粉受精
果实膨大期	25 ~ 28	15 ~ 20	15 ~ 35	12 ~ 20	白天棚室内出现极限高温时果实易烤伤
果实成熟期	25 ~ 30	15 ~ 20	15 ~ 35	15 ~ 20	白天温度超过最高极限出现日灼，夜间温度低于零下发生冻伤

葡萄属于喜光果树，“无光不结果”。葡萄园必须建立在每天日照时间4小时以上的开阔地段，避免山体、树林、建筑物遮挡阳光，以满足葡萄生育所需。

2.地形及土壤　地形选择上应充分考虑葡萄生长习性以及配套设施结构，平原地区选择不易积水、空气通畅的地块；在山地和丘陵坡地种植，坡度应小于25°，坡度过大的丘陵坡地则需要沿等高线修建梯田，在梯田上再修建葡萄设施。在山区还要考虑雾的问题，浓雾经常出现在山坡地的下部或沟谷，在此处建园，葡萄设施内容易湿度过大，导致灰霉病、白腐病等病害多发；浓雾线以上建园则会减轻病害发生，而且山腰处空气流通，阳光充足，利于葡萄生长。

表7-3　土壤质地的简易测定方法及葡萄栽培适用性

沙土	沙壤土	壤土	粉壤土	黏壤土	黏土
能见到或感觉到单个砂砾。干时抓在手中，稍松开后即散落；湿时可捏成团，但一碰即散	干时手握成团，但极易散落；湿时握成团后，用手小心拿不会散开	干时手握成团，用手小心拿不会散开；湿时手握成团后，一般触动不会散开	干时成块，但易弄碎；湿时手握成团，拇指与食指撮捻不成条，呈断裂状	湿土可用拇指与食指撮捻成条，但往往受不住自身重量	干时常为坚硬的土块，润时极可塑。通常有黏着性，手指尖撮捻成长的可塑土条
保水保肥差，有机质含量极低。不适宜栽培葡萄，需大量增加有机质和壤土改良	保水保肥差，有机质含量偏低，栽培葡萄，需增加有机质改良，适宜温室及冷棚促早栽培	保水保肥较好，有机质含量中等至较高，适宜栽培葡萄，并适宜促早和延后栽培	保水保肥较好，有机质含量中等至较高，适宜栽培葡萄，适宜促早和延后栽培	保水保肥好，有机质含量中等至较高，需加入沙性土壤或有机质提高土壤疏松性后才适宜栽植葡萄	保水保肥非常好，有机质含量中等，土壤黏重，需加入沙土或有机质改良土壤后才适宜栽植葡萄

葡萄对土壤的适应范围较广，几乎可以在各种类型的土壤中生长，其中最适宜葡萄生长的土壤条件是：pH为6.0 ~ 7.5、土层厚度在150厘米以上、有机质含量在5%以上、有较多砾石（直径2 ~ 20毫米）的沙壤土或轻壤土，这样的土壤团粒结构合理、保水保肥能力强、疏松通气、微生物活跃，有利于葡萄根系生长。含有大量砾石和粗沙的土壤

也适宜葡萄栽培，不仅通气、排水良好，同时地温升得较快，更加适宜温室、大棚促早栽培。黏重的土壤对葡萄栽培不利，透气性差、土壤易板结、雨季易积水，影响葡萄根系生长和果实品质。尽量回避在发生过葡萄根癌病、根腐病、根结线虫的地块上建立葡萄园。在选择葡萄园园址前，对土壤的分类及其特性有所了解是很有必要的。可参考表7-3土壤质地的简易测定方法及葡萄栽培适用性，同时可参考第三章“葡萄砧木主要性状”部分，通过采取不同砧木来提高葡萄根系对土壤的适应性。

3.降水量 葡萄喜欢生长季干旱、冬季湿度大的地中海式气候。我国降雨分布具有雨热同季的特点，雨季与葡萄成熟期重叠，常常出现光照不足、病害多发等问题，对生产优质葡萄带来很多不利，通过设施栽培很大程度解决了这些问题。在降雨较大的江南地区，要选择地下水位较低地块，同时做好排水基础设施建设，在品种选择上要尽量选择在“出梅”以后至台风来临之前就能成熟上市的品种，在设施建设上要能够抵御台风。在中原及西北、东北地区，在设施建设上要能够抵御暴雪的危害。园址的选择要避开洪水、泥石流、山体滑坡等自然灾害频发的地区和地块。

4.水、电、交通等条件 葡萄树体是较耐旱、耐涝的树种（不同砧木和品种也有一定的差异）。树体生长及浆果生长过程中有需水的关键节点，这就要求有充足的、清洁的水源来进行灌溉（灌溉水质量要求见表7-4）。

表7-4 灌溉水质量要求

项 目	浓度极限
pH	5.5 ~ 8.5
总汞（毫克/升）≤	0.001
总镉（毫克/升）≤	0.005
总砷（毫克/升）≤	0.1
总铅（毫克/升）≤	0.1
挥发酚（毫克/升）≤	1.0
氰化物（以CN^-计）（毫克/升）≤	0.5
石油类（毫克/升）≤	1.0

数据来源：无公害葡萄 鲜食葡萄产地环境（NY 5087—2002）。

如西北干旱地区，水分供应往往是制约当地葡萄产业发展的主要因素。设施的建造、园区建筑物、部分生产工具都需要电力，在选址时要尽量选择距离电网较近能够接电的地块，大型果园应具备动力电。无论是采摘还是批发生产，都需要便捷的交通条件，道路平整能够减少运输中浆果的损耗，宽敞的停车场能够满足游客驱车采摘的需要。

5.劳动力等外部条件 在园址选择时还应考虑劳动力及当地社会治安情况，周边土地开发建设情况和周边土地种植作物的情况是否对葡萄生长有影响。园区内公共基础设施情况如地下光缆、供水管道、电线、建筑物、墓地等，这些因素都会影响园区施工和土地整理，并且极易引起纠纷。

（二）规划与设计

建立大型葡萄园必须对园地进行科学的规划和设计，使之合理地利用土地，符合先进的管理模式，采用现代技术，减少投资，提早投产，提高浆果产量和质量，创造最理想的经济和社会效益。即使在当前乡、村土地由农户个体承包的情况下，也应由主管单位实行“统一规划，分片经营”，这样才利于各项现代化技术措施的实施，建立高起点、高标准、高效益的葡萄商品基地。大型果园一般按其功能分为生产区、办公区、仓储区、果品包装贮藏区，观光采摘园则需要增加游客休息区、农事体验区、娱乐区、就餐区等。

1.生产区的划分 生产区是葡萄栽培的区域。主要包括葡萄种植区、道路系统、水电系统、防护系统。

(1) 葡萄种植区规划：根据经营规模、地形坡向和坡度，在园地地形图上进行划分。面积要因地制宜，平地以20 ~ 50亩为一小区，4 ~ 6个小区为一个大区，小区的形状呈长方形，长边应与葡萄行向一致；山地以10 ~ 20亩为一个小区，以坡面大小和沟壑为界决定大区的面积，小区长边应与等高线平行，有利于排、灌和机械作业。

(2) 道路系统：根据园地总面积的大小和地形地势，决定道路等级。大型葡萄园由主道、支道和作业道组成道路系统。主道应贯穿葡萄园中心，与外界公路相连接，要求大型汽车能对开，一般宽6米以上；山地的主道可环山呈“之”字形而上，上升的坡度小于7°。支道设在作业区边界，一般与主道垂直，通常宽3 ~ 4米，可通行汽车。作业道为临时性道路，设在作业区内，可利用葡萄行间空地，作小型机器作业的通道。

(3) 水利系统：设施葡萄生产中阻断了自然降雨，葡萄所需的水分主要依靠灌溉来实现。根据不同园区的土壤保湿情况需要给水系统及时灌溉，保湿好的园区应满足10天内灌溉全园的需求，保湿差的园区应满足3天内灌溉全园的需求。采用漫灌方式的园区一般排灌水干渠、支渠系统合为一体，按照地形走势和生产区分布，一般干渠设置在主干道的两侧，支渠设置在支道的两侧，葡萄行设置灌水沟。降雨量大或地下水位较高的园区在设施之间、避雨棚漏雨位置需要设置排水沟。采用喷、滴灌方式的果园一般排灌水系统是分开的，灌水系统通常按照生产区的分布将主管道分布在不影响车辆行走的设施一侧或埋于地下，分管道由主管道分出到设施内部，在分管道上安装喷灌或滴灌管，排水系统与漫灌方式一样。

(4) 电力系统：既要满足生产又要满足办公的需求，主线路多沿主干道，根据生产用电情况再设置分线路。由于设施多采用钢材建设，尤其注意考虑生产安全问题，进入设施内的电线，要设置好保护开关并及时维护避免漏电对人身、设施的损害。线路的设置最好要请专业电工进行设计及施工。

(5) 防护系统：葡萄园防护系统主要是防护不利自然气候如风、沙等，防护野生动物如鸟、野兽等，以及防护人为破坏。防护不利自然气候主要采用设置防护林、防风网、防冰雹网等。防护林体系包括与主风方向垂直的主林带、与主林带相垂直的副林带和边界林。主林带由3 ~ 5行乔灌木组成，副林带由2 ~ 3行乔灌木组成。主林带之间间距为林木高度的20倍为300 ~ 500米，副林带间距为100 ~ 200米。边界林一般外层密栽带刺的灌木，修整成篱笆，可阻止行人、牲畜进园，起到护园保果作用，内层可设2 ~ 3行乔木组成防护林带。为节省土地费用可采用人工架设钢架铺设防风网来替代边界林，防风网的高度一般为设施高度的2 ~ 3倍，距离设施10 ~ 20米为防护野生动物应在园区周围设置防护网。防护人为破坏多采用透视墙、防风林、铁丝网等方式，同时设置监控装置能够起到很好震慑作用和便于取证。

2.办公区 办公区主要用于生产员工日常办公和往来人员接待；一般位于园区大门附近，紧邻园外交通道路。办公区的规划要考虑到来往车辆行驶、停靠及整体美观程度。

3.仓储区 主要用于农资的存放、农业机械的停放和维修。设置的位置要考虑保证大型机械作业。

4.果品包装贮藏区 主要用于葡萄鲜果的包装和贮藏，两者可合二为一。包装区可设置流水线作业，便于鲜果采收后分级、包装，同时要便于叉车等机械作业与运输。贮藏区多为冷库建筑，设置在地势较高、背风、交通便利的地块。

5.葡萄文化展示区 在大型果园或采摘观光休闲园中设立葡萄文化展示区，通过展板、视频或实物来展示葡萄栽培悠久的历史及企业文化，既能发挥休闲观光的功能又能起到引领消费的作用。

三、设施葡萄架式

架式的类型直接关系到栽植密度和管理方法、浆果产量、品质及经济效益。

（一）篱架

1.单臂篱架 特点是架面与地面垂直，或者略倾斜。架高1.8 ~ 1.9米，上4道铁线，如图7-1。架过高不合适，不仅不利于操作管理，还易导致互相遮光，影响葡萄品质。行距1.5 ~ 1.8米，株距0.6 ~ 1.0米（适合生长势强的品种和主蔓水平整形），亩栽植苗木400 ~ 600株。一般采用单蔓整枝，也可以双蔓整枝，单蔓或双蔓倾斜式整形，或低位（第一道横线）单向水平式，主蔓长1.0 ~ 1.4米，主蔓直接着生结果枝组。篱架整形，栽植后次年可结果，即每株产量2.0 ~ 2.5千克，亩产量1 200 ~ 1 750千克，第三年产量可达2 000千克左右。

特点：通风透光较好，管理方便。此架式目前在我国东北地区日光温室及冷棚应用较多。

2.双臂篱架 由双排单臂篱架组合而成，高度也是180 ~ 190厘米，上3 ~ 4道铁线；外观看似倒梯形，底部臂间距70 ~ 80厘米，上部臂间距100 ~ 120厘米，如图7-1；通常单行栽植，单蔓或双蔓整枝，篱架整形，行距2.0 ~ 2.5米，株距50 ~ 100厘米，双侧交叉引蔓，亩栽植270 ~ 660株，栽植后第二年可产葡萄1 500 ~ 2 000千克，极易早期丰产。

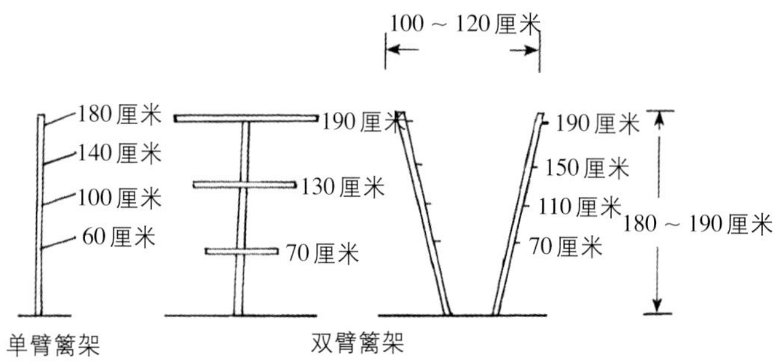

图7-1 葡萄篱架
左：单臂篱架 右：双臂篱架

特点：与单臂篱架相似，只是透光性略差，管理过程中应加强枝梢引缚与修剪，防止架面郁蔽，影响果实品质。此架式目前在我国东北地区日光温室及大棚应用较多。

单、双臂篱架，结果部位易上移，应加强管理。

3.V形架（Y形架、飞鸟形架） 由1立柱、3道梁、8道线组成，如图7-2。架材中的三道梁，可以是竹、木或角铁直接建成三脚架，即三脚架结构。通常单行栽植，栽植行距2.5米，株距1.2米，亩栽植222株。一般采用单臂或双臂水平整形，干高0.8 ~ 1.0米。栽植后第二年可产葡萄1 500千克左右，易早期丰产。

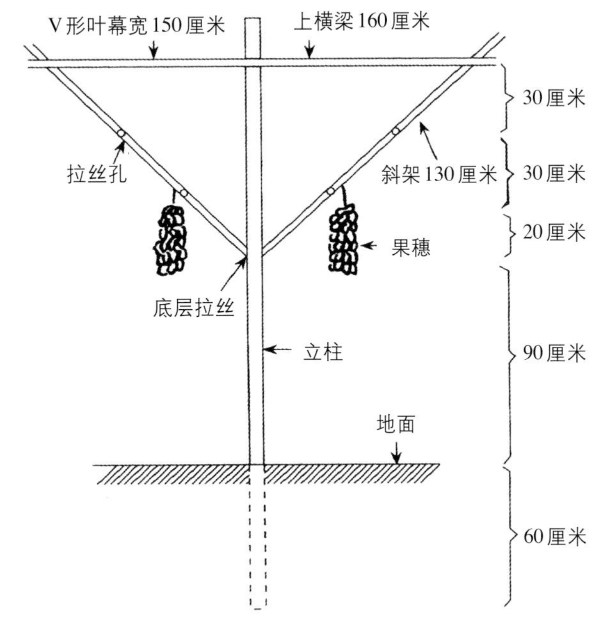

图7-2　葡萄V形架

特点是：结果部位不上移，而且果穗在一条水平线上，利于花果管理、省力省工，增强视觉舒适度，非常美观；架中下部空间大，利于通风和中耕除草及施肥等作业。V形架在我国黄河以南不埋土防寒地区的大棚及避雨棚广泛应用，同时也适合在寒冷地区日光温室及冷棚应用。

（二）棚架

1.水平棚架　架面水平，距离地面175 ~ 185厘米，树体主干高度165 ~ 185厘米，树体呈水平棚架设计架下空间大便于管理。水平棚架整枝可以开展大行距栽植、大树冠整形（图7-3）。单位面积栽植株数少，对于土壤改良和管理很有意义，对需要客土栽培的地块，减少了客土工作量。架下空间大，有利于机械化，地下复种和种养结合，立体发展。

水平棚架可以采用X形整枝、一形整枝、H形整枝等。

水平棚架整枝采取大树型管理，早期丰产性差，有条件的地区可以考虑多栽植临时植株的方法弥补早期产量不足，树体长到一定程度，再逐年适当间伐。此架式目前广泛应用于南方非埋土防寒地区冷棚及避雨棚，北方设施中有少量应用。

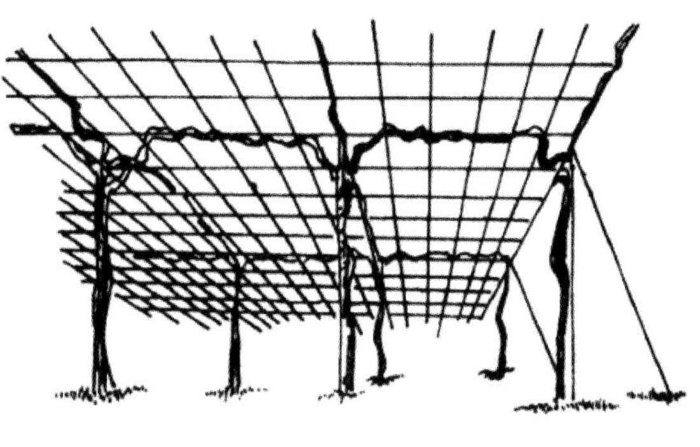
图7-3　大棚水平棚架

2.改良水平棚架　改良水平架，是近年来发展起来的一种新的架式。架面主体水平，距离地面175 ~ 185厘米，而植株主干高度145 ~ 155厘米，主蔓距离棚架棚面30厘米左右。主蔓呈一形、H型、王形或U形，主枝长6 ~ 12米，间距2 ~ 2.5米。新梢前段呈倾斜分布，枝蔓Y形整形，果穗着生在这个倾斜段，然后呈水平分布(图7-4)。

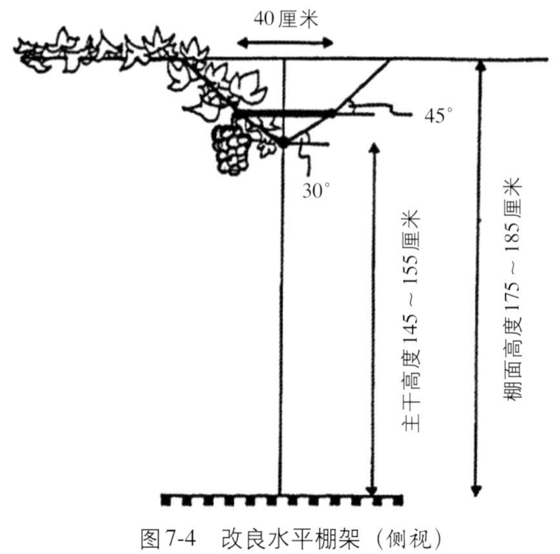

图7-4　改良水平棚架（侧视）

特点是：枝条角度开张利于叶片采光，果穗高度、位置基本一致，距离地面150 ~ 160厘米便于疏果、套袋等果实管理工作，有利于生产操作。

各树形主枝长度，栽植密度，树冠面积，亩栽植株数，有一定的差异，通常都是建园时先密，随着树龄增加、树冠扩大，密度逐渐稀疏，最后如表7-5。

表7-5　栽植密度设计表

树形（主枝数量）	主枝间距（米×米）	主枝长度（米）	株距（米）	栽植密度（米×米）	树冠面积（$米^2$）	栽植株数（1 000 $米^2$）
一形（2个主枝）	2.5	7	14	2.5×14	35	20
	2.5	8	16	2.5×16	40	17
	2.5	10	20	2.5×20	50	13
H形（4个主枝）	2.5	7	14	5×14	70	10
	2.5	8	16	5×16	80	8
6个主枝	2.5	7	14	7.5×14	105	6
	2.5	8	16	7.5×16	120	6
双H形（8个主枝）	2.5	7	14	10×14	140	5

四、葡萄架的建立

葡萄是藤本果树，以枝蔓附着在支架上才能承受庞大的树冠，组成科学的树形，从而生长、开花、结果。因此支架就成为葡萄园开展生产活动的中心。随着科技进步和生产发展，自古以来葡萄架式作为生产手段也在不断变化，由简单到复杂，由单用途到多功能，而且由于受设施类型、葡萄园址、地理位置、地形地貌、气候气象和葡萄品种与栽培技术等因素的影响，葡萄架式也要因地制宜，做到“因地适架”。

(一)葡萄架材

葡萄架材主要由立柱、横梁、顶柱、钢线、坠线和坠石等部件组成。建材是建园中最大投资之一，应本着节约精神，采取就地取材、代用材和分期建架的方法，以降低建园投资。

1.**立柱** 立柱是葡萄架的骨干，因材料不同可分为钢铁柱、水泥柱、竹木柱及石柱等。

(1)钢铁柱：一般为直径3.81 ~ 5.08厘米的圆形钢铁管，也可采用相应强度的方形钢铁管，长2.3 ~ 2.5米，下端入土部分30 ~ 50厘米，采用沙、石、水泥的柱基，既增强固地性，又可防腐。地上部分可采用镀锌或油漆防锈。

(2)水泥柱：水泥柱由钢筋骨架、沙、石、水泥浆制成。一般采用500号水泥，由4条纵线和6条腰线与 ϕ6毫米钢筋或8号(直径4.06毫米，下同)冷轧铁线做成内骨架(表7-6)。

表7-6　制作水泥柱用材料

名称	规格(厘米)	钢筋(千克)	水(千克)	水泥(千克)	沙(千克)	碎石(千克)
中柱	10×10×250	2.2	4.35	8.70	14.80	32.15
边柱	10×15×280	2.4	7.04	14.08	23.97	51.06
顶柱	12×12×280	2.3	7.00	13.00	22.00	48.00

制作时，根据立柱结构和规格(图7-5)。先把内骨架放入模板内，将水泥、沙、石浆灌满抹平。其中：边柱长2 800 毫米 × 宽120 毫米 × 厚120 毫米，顶柱长2 800 毫米 × 宽120 毫米 × 厚120 毫米，中柱长250 毫米 × 宽100 毫米 × 厚100 毫米。

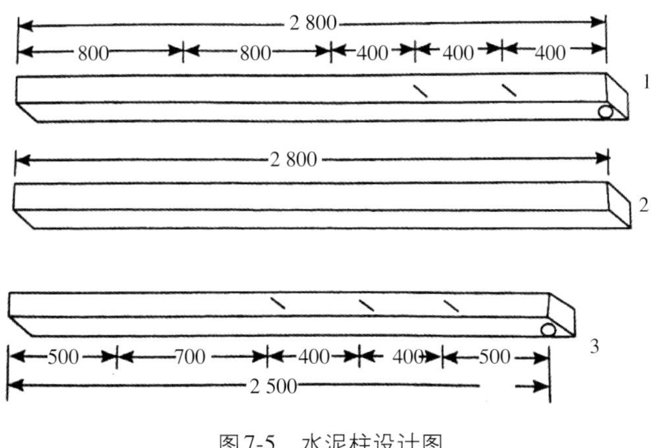

图7-5　水泥柱设计图

1.边柱　2.顶柱　3.中柱　(单位:毫米)

(3) 石柱：有花岗岩石的山区，可以就地取材，按立柱高度打成宽窄条(12厘米 × 15厘米或15厘米 × 20厘米)石柱。棚架用的石柱，在石柱顶部凿成一个凹槽，以便固定横线。石柱只能承负垂直压力，不能承负斜拉力。

(4) 竹、木立柱：我国南方生产毛竹，北方多有林木，可就地取材。一般立柱选用小头直径10厘米左右即可，埋入地下部分应涂沥青防腐。

2.钢丝 钢丝是组成架面承受葡萄枝蔓和浆果的基础材料，常用直径1.3 ~ 1.5毫米钢丝做架面纵线，每100米重量为1.2 ~ 1.3千克，每吨约83千米；用直径2.2 ~ 2.5毫米钢丝做架面横线，每100米重量3.3千克，每吨约30千米。目前还有一些新型材料如塑钢线来替代钢丝。

3.坠线和坠石 坠线一般用8号铁线。坠石可以用水泥、沙、石制作(规格：宽10厘米 × 厚10厘米 × 长50厘米)，也可用条石等。

(二) 建立葡萄架

葡萄架必须牢固，能经受葡萄枝蔓和果实的重负。尤其夏秋季节，枝叶满架、果实累累，在风雨交加的作用下，支架抗压力拉力达到顶峰时，一旦发生塌架，会给生产造成很大损失。所以，必须十分重视建架工作。

1.边柱的建立 架边柱承受整行架柱的最大负荷，棚架边柱不仅承担立架面的压力，而且往往还承受中间各架负荷的拉力。在选材上，边柱要比中间立柱大20%以上的规格、长20 ~ 30厘米。

边柱埋设有3种方法：

①边柱直立。每行两端的边柱直立埋入土中深70 ~ 80厘米，在边柱的中上部，内加顶柱支撑，外加坠线加固。

②边柱外斜。边柱向外倾斜30°角埋入，并使顶部垂直高度与同行中柱等高，在顶部向外设坠线加固(图7-6)。

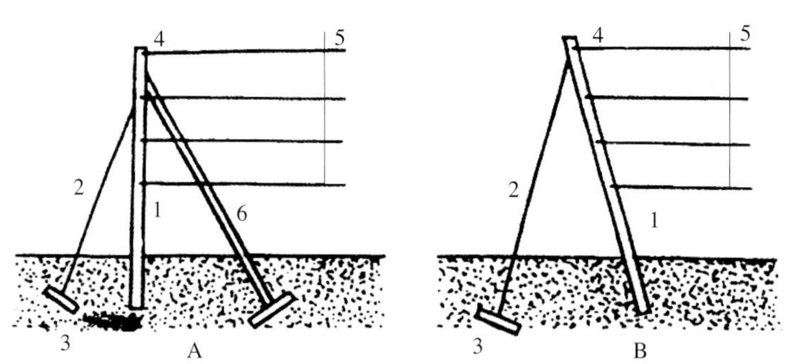

图7-6 单边柱的建立

A.直立边柱 B.外斜边柱

1.边柱 2.坠线 3.坠石 4.横线 5.纵向的吊线 6.顶柱

③双边柱。在边柱内侧1.5米处再加设一根边柱，均为直立埋设。外边柱的内侧设顶柱，内边柱的外侧拉坠线，两根边柱间从上至下拉3 ~ 4道平行的钢丝，使双边柱连成一个整体(图7-7)，以增强抗拉抗压强度。

水平连棚架是将一个作业区连成一体的，小区的四边都要建立边柱，因此有行两头的边柱和四周边行的边柱之分。行两头最好埋设双边柱，边行适合埋设直立或外斜边柱。

2.中柱的建立　中柱距葡萄行栽植点为50 ~ 60厘米直立埋入土中，深约50厘米，中柱与中柱间距4米。在行距4米的情况下，使作业区内的架柱纵、横、斜各个方向都呈直线，非常壮观。

3.横线或横梁的建立　中柱顶部采用直径2.2 ~ 2.5毫米钢丝横梁，将各行平行的中柱横向联结起来，并通过中柱顶部埋设的铁线扎紧固定，不得松动，以防受压或拉力后滑脱塌架。

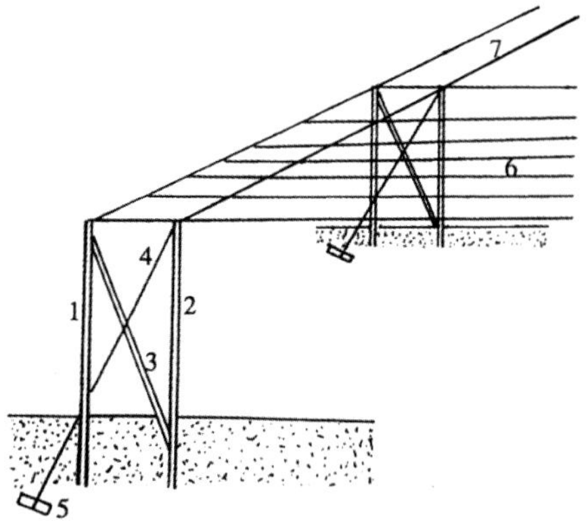

图7-7　双边柱的建立
1.外边柱　2.内边柱　3.顶柱　4.坠线
5.坠石　6.纵线　7.横线

4.边线或边梁的建立　行头边柱顶部采用直径3.2毫米钢丝 × 7股制成的钢丝绳做边梁，将各行平行的边柱连接起来，并绑紧固定在边柱顶部。

5.拉纵线水平连棚架　各架柱之间都按间距50厘米由直径1.3 ~ 1.5毫米钢丝纵向相连接，组成立架面和棚架面。钢丝先固定在外边柱和钢丝绳边梁上，顺行向拉越各中柱、横线，拉向另一头的外边柱或钢丝绳边梁上，用紧线器和双向螺丝扣拉紧并固定。

6.坠线和坠石的建立　水平连棚架的所有边柱都应拉坠线和埋坠石。坠线一般采用双股8号镀锌铁丝，绑在边柱顶部，与边柱呈40° ~ 50° 角拉向地下，伸入地下1 ~ 1.2米深处，与坠石相连。坠石长条形埋入地下的方向应与架柱行向相垂直，以增强拉力，加固边柱。

五、栽植技术

（一）挖栽植沟与回填

葡萄是多年生藤本植物，寿命较长，定植后要在固定位置上生长结果多年，需要有较大的地下营养体积。而葡萄根系幼嫩组织是肉质的，其生长点向下向外伸展遇到阻力就停止前进，需要相对疏松的土壤环境。根据露地葡萄园挖根调查，葡萄根系在栽植沟内的垂直分布以沟底为限，栽植沟挖的深，根系垂直分布也随之加深，但70%的根系集中分布在地表20 ~ 60厘米范围内；根系的水平分布也受栽植沟的约束，根系在沟的中、下位置大都分布在沟的宽度范围之内，顺栽植沟方向能伸展7 ~ 8米之远，只有在沟上部耕作层范围内根系才能向沟外伸展。可见，葡萄挖沟栽植，改良土壤有利于根系占据更大的营养空间。

棚室葡萄栽植沟的深度比露地葡萄要浅些，一般均为50 ~ 60厘米，宽度80 ~ 100厘米，而且大多实行高畦栽培。

挖沟前先按行距定线，再按沟的宽度挖沟，将表土放到一面，心土放另一面，一直按沟的规格挖成，然后进行回填土。回填土时，先在沟底填一层20厘米左右厚的粉碎有机物（玉米秆、杂草等），若地下水位较高或排水不良地块，可填30厘米左右厚度的城市垃圾或炉渣，以作滤水层，再往上填表土，回填土要拌粪肥，即一层粪肥一层土，或粪土混合填入（图7-8）。要求每亩施入5 000 ～ 7 000千克土粪、200千克左右磷肥（具体数量需要参考土壤检测结果）。

图7-8　挖栽植沟与回填
左：挖栽植沟　右：回填

栽植沟回填时因南北方的气候差异而选择不同的类型，即北方采用传统的平畦栽培，南方采用高畦栽培。伴随对葡萄研究的不断深入，北方非埋土防寒的设施也开始采用高畦栽培，因为高畦有利于土壤升温。通常高畦的修建规格为，上宽100 ～ 120厘米，下宽120 ～ 150厘米，畦高约30厘米，畦间小排水沟深20厘米，如图7-9。

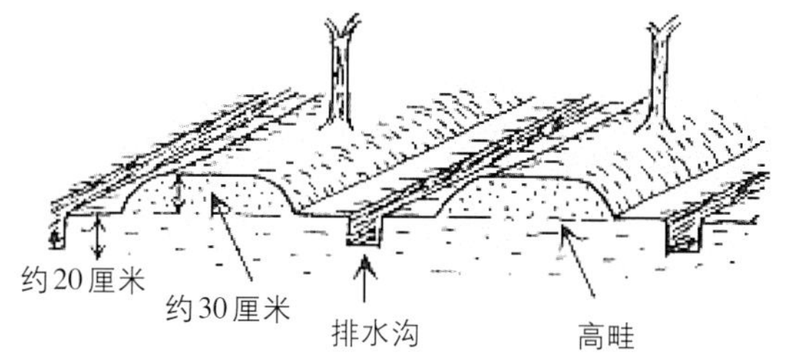

图7-9　葡萄高畦栽培

土壤贫瘠园地，一定要客土改良，用园田表土或从园外取山皮土回填入沟。

（二）苗木选择与处理

为了提高适应性，要选择嫁接苗。经越冬贮藏的苗木，根系不发霉（霉烂的苗木，根系用手一撸即脱皮，且变褐色），苗茎皮层不发皱（风干后皮层收缩发皱），芽眼和苗茎用刀削后断面鲜绿，即为好苗。合格的葡萄苗应具有5条以上直径2 ～ 3毫米的侧根和较多须根；苗茎直径6毫米以上而且完全木质化，其上有3个以上饱满芽；整株苗木应是无病虫危害、色泽新鲜、不风干等外部形态。嫁接苗的砧木类型应符合要求，嫁接口完全愈合无裂缝。

苗木栽植前要适当修整，剪去枯桩和过长的根系，根系剪留长度10 ～ 15厘米。其次将苗木置于1 200倍液的多菌灵药液中浸泡6 ～ 10小时杀菌消毒，同时使苗木吸足水分。然后可以直接栽植。

（三）栽植时期与密度

北方露地栽植葡萄苗以春季山桃花开为适期，最理想的时期是20厘米土温在10℃以上，沈阳地区一般在“五一”节前后，即4月20日至5月5日，过早栽植地温低，根系迟迟不活动，降低成活率。而设施葡萄栽植时期灵活性较大，以苗木顺利通过休眠期为起点，只要棚室自然温度在10℃以上就可栽苗，但栽后必须具有100天以上的生长期才能保证新梢木质化，以利安全越冬。

南方土壤不结冻，苗木可随时栽植，但栽后要有150天以上生长期，确保新梢木质化。

栽植密度要根据不同地理位置（冬季是否需要下架防寒等气候特点）、设施类型、土壤肥力状况、整形方式、架式特点、品种树势差别而设置。通常都设计先密后稀的变化性密度，行距大株距小，如（3～4）米×（0.5～1.0）米。

（四）栽植技术

1.栽植技术 在栽植畦中心轴线上按株距挖深、宽各30厘米栽植穴，穴底部施入几十克生物有机复合肥作口肥上覆细土做成半圆形小土堆，将苗木根系均匀散开四周，覆土踩实，使根系与土壤紧密结合。栽植深度以原苗木根颈与栽植畦面平齐为适宜，如图7-10，过深土温较低，氧气不足，不利新根生长，缓苗慢甚至出现死苗现象；过浅根系容易露出畦面或因表土风干，降低成活率。在冬季需要下架防寒的地区，苗木倾斜栽植以便下架，倾斜的方向同下架方向。栽后立即灌水，一次灌透，然后培土填平栽植沟。

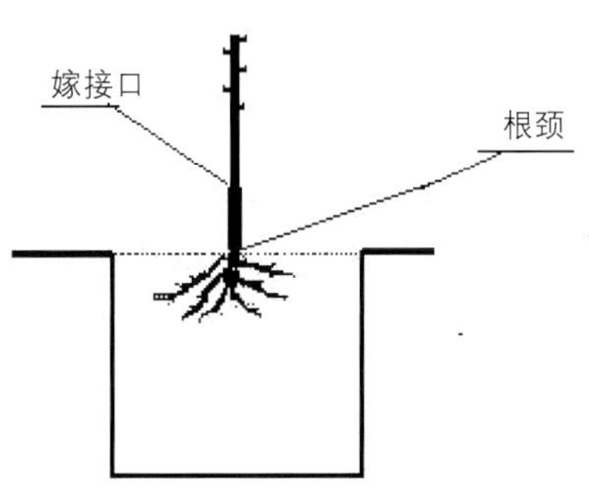

图7-10 葡萄嫁接苗栽植

2.覆膜 栽植后畦面覆盖黑色地膜，使苗木嫁接口以上部位露出畦面。黑色地膜具有对土壤保湿、增温、防杂草的作用，对提高成活率有良好效果。

3.培土堆 在避雨棚栽苗，遇上气候干旱时为防止苗木风干，采取苗茎培土堆或套塑料袋，保护苗木不失水，以提高苗木栽植成活率。待苗木芽眼开始膨大，即将萌芽时，选无风傍晚撤土或撤袋，以利苗木及时发芽抽梢。

（五）当年幼树管理

1.萌芽期管理 当年新栽葡萄苗木，要提高地温促发新根，强化根系吸收，加速萌芽抽梢，尽早选留1～2个方向合适、生长健壮的新梢作为主干或主蔓。当新梢长到4～5片叶的时候，将新梢绑缚在铁丝或立杆上以防倒伏，也可采用吊绳的方法绑缚新梢。

2.水肥管理 当新梢长到6～7片叶时开始第一次施肥，以后每半个月施一次薄肥。前期使用氨基酸类肥料，以后施用平衡型肥料，直到枝条木质化之前20～25天开始施用磷钾肥。颗粒型的肥料最好采取挖浅沟施用，水溶性肥料可直接滴灌或微灌施用，在叶面喷施农药时也可加入叶面肥料补充营养。每次施肥以后，随即灌水，既可加速肥料溶解，也可促进幼树根系吸收。

3.整形修剪

（1）不同的架型其留作主干或主蔓用的新梢摘心时间和高度是不一样的，一般篱架上新梢的摘心高度多为1.5～1.8米；棚架上新梢的摘心高度多为1.7～1.8米。当苗高超过棚架Y形第一道拉线10厘米时，在拉线下10厘米处摘心，摘心后留最顶端1～2个新梢继续延伸，下面所有萌发的夏芽副梢留1叶绝后摘心，同时除净树体发出的卷须。

（2）延长梢每长6～7片叶摘心一次，其上副梢采用4+3+2+2的方法反复摘心，但过旺顶梢上的副梢就应暂时保留，以防冬芽被“憋爆”，生长量大的地区还可以用作来年结果母枝，尤其是阳光玫瑰主蔓芽容易脱落，使用副梢芽作为结果枝效果更好。

（3）冬季修剪时篱架剪至1.8～2米，棚架剪至2～2.5米，保留的枝条必须成熟度好、冬芽饱满、健康新鲜。

4.病虫害防治　幼树刚发芽时要预防金龟子幼虫对芽眼的危害，及时采用人工捕杀和喷施药剂。展叶后间隔15～20天喷施苯醚甲环唑、戊唑醇、氟硅唑等杀菌药剂预防白腐病、溃疡病等；如发生绿盲蝽使用噻虫嗪进行防治。新梢生长至1.2米后多注意螨虫、蚜虫、蓟马等虫害，其中螨虫危害可使用螺螨酯，蚜虫和蓟马危害可使用吡虫啉、噻虫嗪防治。后期新梢叶片变厚变大后，每间隔15～20天，喷施波尔多液预防病害。

六、生态观光葡萄产业园的典范

（一）上海马陆葡萄公园建园实践

（单涛、龚雪花，上海马陆葡萄公园有限公司，上海嘉定）

1.观光葡萄园选址

①葡萄观光园应选择靠近城市及人口聚集地建园。葡萄观光园与一般葡萄园的区别在于：一般葡萄园的产品是批量销售，通过经销商或大客户采购或运到农产品批发市场销售，不需要大批客源；而葡萄观光园却以散客为主，一般以家庭、朋友为单位，入园采摘购买，交易量小，所以应建在城市周围及人口聚集地区，保证园区有充足的客源。马陆葡萄公园凭靠常住人口近2 500万人的上海，有充足的消费人群；更重要的是上海经济发达，是中国的经济中心，市场大，消费者购买力强。

②葡萄观光园周围应交通便利，观光园要让众多游客入园参观、采摘、购买，这就需要有便利的交通条件。马陆葡萄主题公园地处上海市嘉定区马陆镇，离市中心（人民广场）30千米，离虹桥机场、高铁站28千米；紧靠中国第一条高速公路（沪嘉高速）、上海外环G1501、浏翔公路等，从市区驾车至园区极其方便。另外，园区门口有公共交通马陆1路公交车，直接连接地铁11号线，从马陆地铁站到市区仅30分钟车程。

2.园区规划　根据园区规模和自身条件，葡萄观光园可以建成单纯的采摘园，也可建成集科研、培训、餐饮、采摘、休闲、娱乐于一体的大型农业公园。根据观光园的功能定位和土地位置、田块形状等做好停车场、销售中心、游客中心、景观、餐饮、道路、种植区、采摘区、休闲区等各功能区的规划。

（1）园区入口规划：入口处一般是停车场、产品销售中心、游客中心、办公室、餐饮、售票厅等功能聚集区。停车场可根据园区接待量和客流量情况决定场地大小和位置。马陆葡萄公园停车场位于园区入口处（图7-11），总面积超过6 000米^2，可容纳100余辆车同时停放。餐厅、葡萄销售中心、游客中心、办公室分别位于入口主干道两侧，方便游客咨询、用餐及购买葡萄。

图7-11　公园大门

（2）主干道、辅路规划：平均100亩地一条主干道，四条辅路。

（3）采摘区布局：靠近主干道，方便游客和电瓶车出入。另外，搭配种植相同熟期的不同品种，让游客可一次性采摘品尝不同风味的品种。

（4）休闲区规划：休闲区一般设置在葡萄观光园的中心，主要供游客游览采摘后休憩使用。马陆葡萄公园内设葡萄迎宾园，在葡萄架下纳凉休息，喝葡萄汁，品特色葡萄茶，使美景、美食融为一体，伴随着婉转动听的音乐，葡萄传递的不仅是美味，更是一个淡定而美丽的心情（图7-12）。

（5）灌溉及喷药设施规划：靠近水源地，平均50亩一套喷灌设备。

图7-12　迎宾园

3. 种植模式

（1）设施选择：

①日光型节能温室。这种温室多见于北方。上海马陆葡萄研究所在1994年开始建造试用，目前已更新至第三代，内覆双膜，外加保温被，采用加温机进行辅助性加温——即葡萄发芽后进行保温，可使成熟期提早40～50天。

②单栋塑料大棚。一般棚长30米，宽6米，肩高1.8米，顶高3米，门宽1.8米。棚内操作方便，有利于小型机械化作业。

③连栋塑料大棚。整体结构简单，安装方便，但一次性投资较大。每栋大棚跨度为6米，长度和栋数可根据土地大小任意选择，肩高2.3米，顶高4米，门宽2.4米。其主要特点是节省土地，观赏性强，便于机械化操作，通风方便，抗风压。

（2）架式：葡萄观光园为了好看和便于采摘，一般采用平棚架（图7-13）。平棚架式有以下几种树形：

①H形。由1根主干、4条主蔓组成。种植当年选留一条新梢作主干，生长到170 ~ 180 厘米时摘心，摘心口两个副梢向东西方向绑缚，待两个副梢生长到120 ~ 150厘米时再次摘心，形成4条主蔓，各主蔓在生长期反复摘心，促发副梢作为翌年结果母枝，当年成形。冬季以短梢修剪为主，夏季新梢平绑。

图7-13　马陆葡萄主题公园阳光玫瑰葡萄架式（休眠期）

②T形。按平棚架设置立柱，柱距4 ~ 5米，行距6 ~ 8米，钢丝拉田字格，纵横间距30 ~ 40厘米。树形培养：株距2 ~ 3米，行距6 ~ 8米，架高2 ~ 2.5米，种植当年选留一个新梢作主干，生长到170 ~ 180厘米时摘心，摘心口两个副梢向东西方向绑缚，任其延长生长，到60 ~ 70厘米时摘心一次，促发副梢，作为翌年结果母枝，当年成形。此种树形在株距大于2.5米 时，一般不用间伐。冬季以短梢修剪为主，夏季新梢平绑为主（图7-13）。

③平棚分组式。一根主干，两条主蔓。培养方式与T形架相似，但冬季修剪采取一长一短方式，每条主蔓培养3组结果母枝。

④其他架式。对于长势较弱的品种可以采用篱架、篱棚架、V形架等。篱棚架的特点是：无主干，主蔓2条或1条。离地面100 ~ 110 厘米处，培养第一道结果部位，为篱架结果部位。在转弯向棚架延伸的部位及棚架中部再各自培养一组结果部位，形成3组结果部位共6 ~ 12组结果枝组（单蔓6个，双蔓12个）。一般行株距为（4 ~ 5）米 ×2米，两行葡萄树相向生长，呈屋脊状。

（3）种植方法：由于劳动力的短缺和人力成本的不断提高，在栽培模式上一般采用省工省力栽培模式：如轻型基质栽培（限根栽培），每个小棚（6～8米）挖一条种植沟，宽1.5米，深40厘米，下设渗水管，表层高于地表20厘米，周围用水泥板、木板或砖石砌好。采用这种栽培模式，可以节约肥料1/3，节省劳动力1/4。

4.品种选择 葡萄观光园的核心是葡萄，有葡萄才有游客，有好葡萄才会成功。因此，观光园要尽量拉长葡萄的上市时间。不仅要种大众所熟知的中熟品种，还要搭配早熟和晚熟葡萄品种。可以根据具体情况，决定早、中、晚熟品种的比例。此外，还要注意各葡萄颜色的搭配，即同一时期要有红、绿、黄、黑等各种颜色的葡萄，并根据实际情况决定各品种种植面积。马陆葡萄公园现有葡萄种植面积258亩，按4∶5∶1比例定植早中晚熟葡萄品种共50余个。每年最早5月底至6月初葡萄上市，最晚在国庆后结束；冷藏销售到元旦前后，全年葡萄上市时间180多天。马陆葡萄公园目前早熟品种有：早黑宝、沈农金皇后、郑黑、早生内马斯、夏至红、京蜜、马陆3-1等；中熟品种有：巨峰、巨玫瑰、里扎马特、金手指、金田玫瑰、马陆7号、马陆8号等；晚熟品种有：摩尔多瓦、阳光玫瑰、意大利、红罗莎里奥、白罗莎里奥、圣诞玫瑰、金田0608等。

5.观光园产品定位及品牌建设 观光葡萄园要根据消费人群进行产品定位。园区所在的位置在很大程度上决定了产品的消费人群。周边有哪些人？人口基数多少？他们的消费能力如何？需要事先做好社会和市场调查分析，根据调查结果做好产品定位。农产品质量安全分4个等级，即普通食品、无公害食品、绿色食品及有机食品。不同产品等级生产成本差别较大，所产葡萄的产量、质量和定价都不一样；每个园子都要根据自身条件和消费群体选择适合自己的产品定位。就目前总的果品市场而言，好质量是立足之本。以量取胜的年代已经过去，以质取胜是必经之路，随着健康消费理念的普及，通过食品安全认证的产品更受大众欢迎。除了好的质量以外，产品还需要有品牌意识。品牌在一定程度上就是质量的保证，消费者在选择商品时更倾向于选择有一定知名度和信誉度的品牌产品。马陆葡萄公园目前有两个品牌，即“马陆”牌葡萄和“传伦”牌葡萄。“马陆”牌葡萄属绿色食品认证，多次被评为上海市名牌产品和上海市著名商标。2013年又获得农业部评选的“地理标志”产品，是上海市嘉定区和马陆镇政府多年来打造的一个金字招牌，在上海地区已是家喻户晓。“传伦”牌葡萄是马陆葡萄的代表，是马陆葡萄中的一个高端品牌，已连续8年通过中绿华夏有机食品认证，2015年荣获“中国十大葡萄品牌”和“中国果品百强品牌”。

6.文化定位 观光葡萄园种的是风景，卖的是创意！不仅要吸引游客到园内参观游览、采摘葡萄，更要以深厚的文化底蕴和科技创新留住客人（图7-14）。马陆葡萄公园集科研、示范、培训、休闲于一体；丰富的文化内涵是马陆葡萄公园建设内容；它以轻松、休闲、时尚的方式完美融合了古老的葡萄文化与最新的葡萄科技，将葡萄种植和观光采摘、休闲娱乐相结合，让美味的果品与美丽的风景融为一体，打造出一系列的葡萄景观；如烟波浩渺的“水上葡萄园”、一望无际的“葡萄长廊”、如情侣般缠绕在一起的“情侣葡萄园”、高贵典雅的“葡萄迎宾园”、丰富多彩的“葡萄科普园”等。马陆葡萄公园是依靠上海的特殊环境，经过了十余年的历程发展起来的，各地观光园建设应结合自身文化，立足当地民俗、风俗，打造各具特色的葡萄园。

图7-14 葡萄文化长廊

（二）河北昌黎葡萄沟石质山地建园技术

（赵胜建 河北省农林科学院昌黎果树研究所）

1.地形特点

①昌黎葡萄沟地处凤凰山深处，石质山地（图7-15），山高沟深，光照时间短，昼夜温差大，气流速度快，大风、霜冻天气时有发生。

②民居依山傍水而建，家家庭院栽种葡萄，枝蔓腾空占道，只占天少占地，架上结果架下行车。

③地势高低，凹凸不平，农民削凸填凹，去高填低，沿等高线修建梯田，建大棚（图7-16）栽葡萄，整条大山沟处处葡萄飘香，年久业广，成就了远近闻名的“葡萄沟”。

图7-15 昌黎葡萄沟石质山地

图7-16 昌黎葡萄沟山地大棚葡萄

2.建园特点

①要防护灾害性气候给葡萄造成损失，大棚必须牢固，结构合理、钢材质优、焊接到位，各种附属设备和覆盖材料要求科学有效。

②必须依据梯田的长度和宽度，规划大棚的走向和长、宽度，并因地制宜选定葡萄行向和株、行距。

③梯田内石头多，土层厚薄不匀，挖葡萄定植沟时要灵活多变，可以深浅不一，遇石头躲开。

④由于土壤多为沙壤、砾质土，含丰富的矿物质，质地疏松，通透性好，吸热能力强，昼夜温差大，有利于葡萄对养分的吸收、转运、积累和贮存，对葡萄植株的生长发育有很大的促进作用，有利于生产品质优良葡萄。

3. 山坡地灌溉系统设计

（1）灌溉水源选择：灌溉水源的选择通常有3种方案：

①地表水利用方案。修建山间塘坝拦蓄坡地径流，充分利用地表水。优点是：能够充分利用地面径流，同时能够拦蓄一定泥沙，减少水土流失危害；缺点是：单纯利用地表水所需的拦蓄库容较大，塘坝的建设规模大，一次性投资成本高。

②地下水利用方案。修建机电井抽取地下水作为灌溉水源。优点是：水源保证率能够得到保障，水质较优，含沙量小；缺点是：需要配置机电井的费用较大，长期抽取地下水，易造成地下水位下降，同时山坡地的机电井较深，抽取地下水的运行成本高。

③地表水与地下水综合利用方案。修建塘坝拦蓄地面径流，同时修建机电井抽取地下水，灌溉时优先利用地表水，不足部分用地下水补充。优点是：能够减小塘坝规模和机电井投入成本，水资源利用率较高；缺点是：地表水、地下水轮换使用运行难度高于单一水源方案。

（2）输水管线布置：受水源和地形条件限制，山坡地建葡萄园，田间供水主要采用管道供水方式，根据具体地形和落差，可选用一级或多级提水方式，将水从水源地引至山顶(或一定高度的)蓄水池，蓄水池外接干管，采用自压灌溉形式，由干管将压力水流输送到灌水管网。

根据不同地形，灌溉系统布置大致可分为3种方式：

①较规则的一面坡或两面坡地形，可采用梳子形管网或“丰”字形管网布置。梳子形管网布置时，干管平行等高线，支管垂直于等高线；“丰”字形管网布置时干管垂直于等高线布置，支管由干管两侧平行于等高线布置。

②起伏变化大的地形，干管主要沿山脊线布置，支管垂直于等高线，视具体地形，可采用梳子形或“丰”字形管道布置。

③馒头山状地形，可沿等高线平行绕圈，或沿山脊线布置干管，支管垂直于等高线布置。

4. 架材类型

（1）石柱：昌黎地区拥有丰富的石材资源，传统的习惯是就地取材，打造石柱。即：将石材凿成宽15 ~ 20厘米、高200 ~ 250 厘米的石柱。棚架在石柱顶端凿成1个槽，用于放横梁；篱架石柱底部留底座，埋入土中固牢。

（2）水泥柱：由钢筋加水泥制成，每根水泥柱由2 ~ 4条钢筋制成骨架，填充混合好的水泥、石子、沙等材料。选用水泥400号或500号、钢筋直径1 ~ 2厘米，制成宽15 ~ 20厘米、高200 ~ 250厘米的水泥柱。

（3）镀锌铁丝：用于连接立柱和横梁而组成的横架面。由于架式种类和高度不同，使用的铁丝型号也不相同，一般选用8号(直径4.06 毫米)，10号(直径3.25 毫米)和12号(直径2.64毫米）的钢丝或铅丝。

5. **棚架建立**　在葡萄栽植后当年完成。由于葡萄进入结果期以后，枝叶多载重量大，要求支架结实牢固，避免塌架，造成损失。

棚架建法：要求架高2米左右，先选4个角埋边柱（深入地下60～80厘米），然后埋中柱，每根立柱之间距离约5米。架面用钢管或石条固定四周加拉铁丝，即每隔40～50厘米拉1道铁丝，选用8号、10号和12号的钢丝或铅丝。

6. **葡萄定植**

（1）挖栽植沟：挖宽、深0.6～0.8米栽植沟，表土和下层心土各放一边，沟底放20厘米碎麦秸，中上部混施腐熟圈肥（猪、羊、马、牛、鸡粪），视肥料质量情况，每亩施足有机肥5 000千克左右，混施30～50千克过磷酸钙或钙铁磷肥，将肥和表土混合，填入定植沟内50厘米处，然后用表土填满定植沟。灌水沉实，准备定植苗木。

（2）苗木分级与处理：对苗木进行严格分级，使栽植的苗木粗度和根系状况大体一致，并留足10%的预备苗。选择品种纯正的一级苗木栽植，是实现葡萄早实丰产的基础。

定植前，对苗木进行修剪，保留2～3个饱满芽，和15厘米左右长度的根，将苗干上过多的芽和过长的侧根剪掉。然后将苗木全部浸泡在3波美度石硫合剂或0.3%多菌灵水溶液中4～8小时进行消毒，同时使苗木吸足水分以利发芽和生根，促进苗木成活和生长。

（3）苗木定植：定植时间春、秋两季均可进行，春季4月上旬、秋季11月中下旬为好。按设计的行、株距，在整理好的栽植畦上挖深、宽各30厘米栽苗穴栽植苗木。栽苗后立即浇水使根系与土壤密接，待土壤稍干后覆盖地膜。

7. **架式和整形**

（1）架式：倾斜式小棚架：行距一般4～6米，每行棚架设前后两排立柱，靠近葡萄栽植点的叫前柱或根柱，支撑葡萄梢部的叫后柱。一般前柱高1.0～1.4米，后柱高1.5～1.8米，整个倾斜式小棚架长3～5米，架面拉6～8道铁丝。

倾斜式大棚架：一般架长10～15米，前柱高1米，后柱高2～2.5米，整个架面每相间0.4～0.5米拉道铁线。这种架式适应各种复杂的地形，可充分利用空间，但成形慢、进入盛果期晚。

（2）葡萄整形：以龙干形为例：独龙干只留一个主蔓，不留侧蔓，一蔓到顶，逐年形成。双龙和多龙与独龙干基本相同，而双龙和多龙干有两个或三个以上的主蔓，也是不留侧蔓，直接在主蔓上着生结果枝组。

春季定植的苗木萌芽后，第一年只留1个新梢，当新梢长到60～100厘米时，进行摘心，以后每延长60厘米摘心，以提高枝蔓充实度。主梢距离地面50厘米的副梢全部抹除，50厘米以上副梢留1～3叶反复摘心，以多留叶片制造有机营养，加粗主蔓，并培养副梢结果母枝提高早期产量。

冬剪时在组织充分成熟，粗度0.8厘米处剪截。第二年仍留一个新梢，秋季在充分成熟、粗度适宜处剪截。第三年仍按上述方法剪截，形成一条主蔓。主蔓上每隔15～20厘米留一结果单位，进行短梢或极短梢修剪。龙干形可1～2年完成整形，成形快，修剪简单，架面、架下空间大，便于各项田间作业。

8. **肥水管理**

（1）浇水：一般栽植后连灌2～3次水，保持土壤湿度60%～80%，确保苗木成活，苗木发芽后，及时松土保墒情；以后根据土壤墒情，结合施肥及时浇水。防寒前浇封冻水。

(2) 科学施肥：新定植的葡萄苗，待新梢生长到30厘米时，每10 ~ 15天追施一次复合肥，前期以氮肥为主，中期以氮磷钾平衡肥为主，后期以高钾肥为主。同时，重视叶面喷肥。

秋施有机肥：一般在葡萄果穗采收后或落叶前进行，尽量避免在春季施用，以免烧根和影响肥效。

9.越冬防寒 当年露地葡萄应浇封冻水，冬季埋土防寒，挖深宽各40厘米的防寒沟，把枝蔓修剪后下架绑缚，放入防寒沟内，防寒土厚度30厘米。而设施葡萄无需枝蔓下架，可采用草帘或棉毛毡覆盖防寒越冬。

(三) 合肥市大圩“鲜来鲜得”大树稀植建园

(孟祥侦 合肥市农业科学研究院)

鲜来鲜得葡萄公司：生产基地坐落在合肥大圩国家4A级农业旅游景区内，2012年春建园，当时就遵循健康栽培理念，坚信大树好结果，采取2米 × 5.5米株行距。亩栽60株苗，选用水平大棚架高主干H形省力化整形，随着树体的长大，通过连续4年逐步间伐，到2017年每亩保留6株大树。葡萄树体健壮，6年树龄胸围达40厘米（胸径12.73厘米），单株产鲜果高达200千克，实现销售收入1万元（人民币），创造了亩产值6万元的年收入水平（图7-17），建园栽培特点：

1.优选葡萄品种 在当时全国掀起10多个日本葡萄新品种浪潮滚滚之际，“鲜来鲜得”公司力排众议，紧紧依靠市场为导向，选择栽培性状优良、市场售价高而稳的夏黑为主，醉金香、巨玫瑰、阳光玫瑰、黑色甜菜为辅。后来发现黑色甜菜市场滞销，秋后立即更换质优价高的阳光玫瑰，随时做到扩优去劣的品种优先原则。

图7-17 鲜来鲜得葡萄公司夏黑葡萄架式

2.因地制宜整地 大圩地势低地下水位高，通过深开沟(1米)、宽畦面（5.5米）、高起垄（栽植点高出畦面20 ~ 30厘米）的整地方式，硬把葡萄根系区位提高使地下水位相对降低。

3.大株行距稀植定植 当年采用2米 × 5.5米的株行距，4年后变成20米的株距（扩大10倍），采取“双H”树形，使主蔓长度每条达10米，每株占地面积112米^2，这种先密后稀大树稀植的建园方式具有很多优点：①架下空间很大，除了架柱、树干、滴喷水管等有规则地在地面布置外，园地面积的80%以上空间都可供进园游客采摘和参观。②先密植能早结果、早丰收、早收益，缩短建园投资资金回收期限。③顺应葡萄树体生长发育规律，随着每年根系面积扩大，地上部枝叶所占空间随之相应增加，树体营养生长与生殖生长协调发展，单株树不仅产量增长，而且浆果质量也相应有所提高，实现优质稳产。④由于枝蔓长放缓和了树势，枝叶分布更加均衡，空间利用率提高不少，基部枝条花芽成花率高。⑤平衡树势，新梢不旺长，副梢明显减少减弱，降低了夏季修剪用工；抗病抗逆性增强，减肥，减药，节水，省工省力，节省葡萄生产成本。

4.避雨覆盖并行　避雨设施隔绝了病原菌随雨水传播的途径，大大减少了病害发生和农药残留，既降低农药使用次数和使用量，又提高浆果上市档次和销售价格，节约成本和增加销售价双丰收。又可利用上一年废弃的避雨棚膜对行间小排水沟进行覆盖，阻隔沟水浸入畦面，再配合防草布和反光膜，可有效抑制杂草生长，达到降湿保墒的双重效果。

5.有机肥料当家　定植前结合整地，已经在葡萄栽植沟内施入腐熟农家有机粪肥3～4吨/亩。每年在整个生产环节坚持以有机肥为主，按照需肥规律适当搭配部分速效肥，进行肥水一体化补肥（约占总施肥量15%），其余都是秋施基肥时开沟施入土壤中。

6.水肥一体智能化　通过智能物联网设备采集土壤水分，空气温湿度，光照强度，枝干粗度，果实数量与大小等数据，进入专家系统进行科学诊断，提出针对性田间管理技术措施，利用智能全自动水肥一体化设备，精准施肥灌水，达到了省工、节肥、节水、节本降耗增效的目的。

第八章 设施葡萄树体枝蔓管理

一、葡萄枝芽特性

（一）葡萄枝蔓构成与生长特性

葡萄是蔓生植物，茎部及其上着生的枝、梢统称为枝蔓，包括主干、支干、主蔓、枝组（图8-1）、结果母枝、新梢（结果枝和营养枝）、副梢（夏芽副梢和冬芽副梢）、萌蘖等部分，构成葡萄植株的地上部分。

主干是指葡萄蔓由地面到首个分枝点的部分，只具单一的树干功能。葡萄在冬季不需下架区域主干直立，高达架面底部，主干与主蔓相连，如一形；或主干先与支干相连，然后支干与主蔓相连，如H形等。冬季需要下架埋土防寒的地区一般采用龙干形整枝，无明显主干，从地面到首个分枝（多龙干形）或第一个结果枝组以下（独龙干）的部分可视为主干，为方便下架，主干朝下架方向倾斜。

图8-1 葡萄枝蔓构成
1.主干 2.主蔓 3.结果枝组

主蔓上着生结果枝组，每个结果枝组含有两个结果母枝或一个结果母枝和一个预备枝。结果枝组健壮、分布合理，是植株丰产稳产的基础。结果母枝和预备枝都是上年成熟的新梢冬剪留下的一年生枝，第二年萌发出新梢。

新梢具有节和节间，节部稍膨大，其上着生叶片，叶为互生，对面按一定规律着生花序或卷须（图8-2）。节间的中心部位是髓，在节处常有横膈膜把髓隔开，具有贮藏养分和加强枝条牢固性的作用。着生花序的新梢叫结果枝，不带花序的或摘除花序的都叫营养枝（生长枝、发育枝）。新梢叶腋中的夏芽和冬芽当年萌发的新梢分别称为夏芽副梢和冬芽副梢，依副梢抽生的级次，分为1次副梢、2次副梢、3次副梢等。副梢上发出花序结的果依次称为2次果、3次果等。可见葡萄具有一年内结多次果的能力。

新梢秋季落叶后到次年萌芽之前称为一年生枝，次年春在一年生枝上抽生结果新梢或营养新梢的一年生枝统称为结果母枝。

图8-2　葡萄的新梢
1.梢尖　2.卷须　3.花序
4.叶片　5.节　6.结果母枝

（二）葡萄芽的构成与生长特性

葡萄的芽着生于新梢的叶腋内，分为冬芽和夏芽。冬芽（图8-3）比夏芽大，外被鳞片，一般需通过越冬休眠至次年春才能萌发。冬芽是一个复芽（芽眼），包括一个主芽和2～6副芽。经过冬季休眠后，春天冬芽中的主芽萌发长成新梢（主梢），一些品种的个别副芽通常也能萌发长成副芽新梢（如红地球葡萄），然而，大部分副芽因营养不足芽质差都潜伏在皮层不萌发，只有主芽受伤或受到重度修剪刺激后才被迫萌发抽梢。

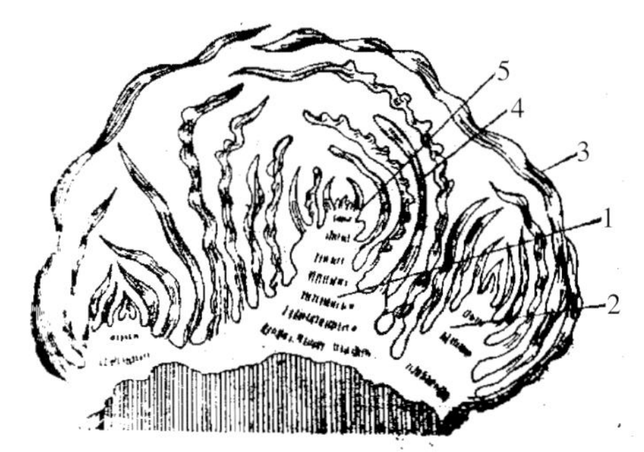

图8-3　葡萄冬芽结构解剖图
1.主芽　2.副芽　3.芽鳞片　4.叶原基　5.花序原基

冬芽越冬后，由于芽内贮藏养分不足，受低温冷害、干旱脱水等影响，不一定每个芽眼第二年春天都萌发。不萌发的主芽和副芽，呈休眠状态潜伏在枝条节部，成为潜伏芽（隐芽），随着枝条逐年增粗，隐芽也在发育，当枝蔓受伤、缩剪，或内部营养物质突然增长时，潜伏芽便能随之萌发，成为新梢。由于主干或主蔓上具有大量隐芽潜伏，当条件适宜时，隐芽可恢复发育，长成新梢。隐芽寿命很长，我国昌黎葡萄沟的‘百年白牛奶葡萄树’主干上有时还可冒出隐芽新梢。但是，由隐芽抽生出来的新梢往往带有徒长性，生产上一般需要抹除，当前部主蔓衰弱、光秃严重或有折损时可作葡萄枝蔓更新用。

夏芽（图8-4）在新梢叶腋中当年形成、当年萌发，夏芽基部仅有一鳞片，为副梢原基的第一片叶。夏芽萌发形成夏芽副梢（图8-5），副梢叶腋当年又形成夏芽，当年又萌发长成二次副梢，环境条件和树体营养水平较高时，二次副梢、三次副梢上的夏芽当年也都能萌发。所以，夏芽具有早熟性，不需休眠，一年具多次重复萌芽生长特性，为葡萄一年多次结果创造了条件。

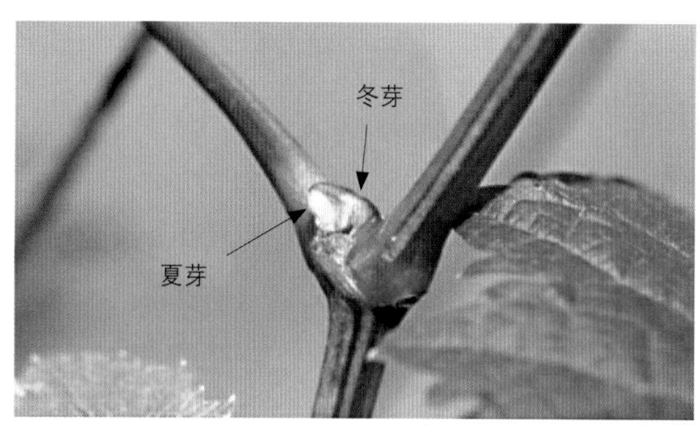

图8-4　冬芽与夏芽

图8-5　夏芽副梢

葡萄的芽为混合芽，即可抽梢，又可开花结果，在发育过程中，只要营养状况适宜，都能分化成花，某些品种在条件适宜时还可分化出2个以上的花序；而芽眼分化时条件不适宜，就只能分化成叶芽。葡萄的成花比例与品种、发育状况、环境条件等因素有关(详见第九章葡萄花芽分化部分)。

葡萄的芽具有异质性，即因品种、枝蔓强弱、芽在枝梢上位置和芽分化的时间等不同，造成结果母枝上各节位芽之间存在着质量差异。一般主梢枝条基部1 ~ 2节的芽质量差，中、上部芽的质量好，如长势较旺的巨峰品种，虽然成花能力较强，基部芽眼都能成花，但以中部5 ~ 10节的芽眼发育完全，大多为优质的花芽，下部和上部的芽眼质量较差，成花比例较少。红地球品种的花芽一般着生在4节以上。环境条件对芽眼发育有较大的影响，同样是红地球葡萄，在新疆、甘肃等干旱产区，基部芽眼都能形成很好的花芽。因此在冬剪时应根据品种、环境条件的差异，先找出优质芽的着生位置，再确定剪留枝条的长度。

副梢枝上的冬芽与主梢枝上的不同，以基部第一个花芽质量最好，越往上质量越差。因此，计划利用副梢结果时，冬剪应采用短梢修剪，这对早期丰产具有重要意义。

二、葡萄定植当年幼树树体管理

（一）抹芽、除萌（蘖）

葡萄栽培提倡使用抗性（抗寒、抗盐碱、抗根瘤蚜等）砧木嫁接苗，苗木栽植成活后，对砧木上发出的萌蘖应及时抹除，以节省苗木本身的营养，促进接穗品种萌芽生长。接穗萌芽后按整形设计选留1 ~ 2健壮新梢延长生长作主干或主蔓培养，其余萌芽抽梢后保留3 ~ 4片叶摘心作营养枝为根系提供光合产物，促发新根，冬剪时从基部剪除。

（二）搭架、绑梢、除卷须

当苗木新梢长到30厘米左右未倾倒之前完成搭架工作。苗木新梢发出后紧贴苗木立一根竹竿，或从架上引一根绳绑在苗木顶端节部下面，也可绑在苗木根部斜插到地下的木棍或竹竿上（图8-6）。以后每当苗木新梢又伸长30 ~ 40厘米时，用塑料条或绳“8”字形（图8-7）绑在搭好的拉线或架杆上，或用绑梢器（图8-8）绑缚新梢，保持新梢直立生长，一直将新梢引导上架。与此同时，见卷须就及时摘除，以免浪费树体营养。

图8-6　主蔓新梢上架引缚方法
左：立竹竿　中：苗顶拴绳　右：地面插橛

图8-7　新梢绑扎方法

图8-8　绑梢器绑梢

（三）整形

幼树整形主要是打基础，苗木新梢发出后，按照树形设计的要求，通过抹芽选定培养主干或主蔓的新梢，并在合适的长度时进行摘心，控制延长生长或增加分枝数。

（四）新梢摘心

葡萄的新梢在生长季连续生长，不会封顶，只要条件适宜，它将无限制地延长生长。摘心就是摘去新梢顶端生长点和数片幼叶（图8-9），终止其延长生长，减少梢尖生长对养分、水分的消耗，促进留下的叶片迅速增大并加强同化作用，使树体内的养分重新分配。通过摘心既可以控制无效生长，促进树体营养积累与枝蔓成熟，又可以增加分枝数，进行树体整形。摘心时期与位置因整形方式和季节而变化，一形、H形整枝等要在新梢生长接近主干分枝处时摘心，水平龙干篱架要让新梢达到满架长度时摘心，直立龙干篱架当新梢长至架顶时再摘心；而水平棚架上的新梢随整形长度所需进行摘心。进入秋季，特别是无霜期较短的地区，新梢虽然未长到整形长度要求也要适时进行摘心处理，以促使新梢在入冬之前充分成熟。

图8-9　新梢摘心
左：主梢摘心　中、右：副梢保留1片、2片叶摘心

（五）副梢处理与利用

在葡萄的年生长周期中，可发生多次夏芽副梢，处理得当可加速树体生长，增加分枝，培养结果母枝和快速整形（图8-10），实现早期丰产。副梢也可以增补主梢叶片的不足，增加光合产物。利用多次副梢结果，一年可结多次果，延迟果实成熟，调节葡萄产期。相反处理不当则会形成较多的生长点，影响架面通风透光，大量地消耗营养，不利于生长和结果，使果实品质下降。

幼树主梢摘心后，为促进枝蔓成熟，除顶部1～2个副梢保留3～5片叶反复摘心外，其余副梢可根据生产条件保留基部1片叶"绝后摘心"（即掐去梢尖的同时，将所保留叶叶腋下的芽眼也扣掉），或保留1～2片叶反复摘心。主梢为增加分枝而摘心时，顶端保留2个副梢，上部副梢代替主梢延长生长（图8-11），下部副梢留1叶"绝后摘心"，延长生长的副梢上再发生的副梢仍按上述方法处理，延长梢长满架面时摘心。利用副梢进行快速整形时，主梢每展开6片叶摘心一次，顶端副梢代替主梢延长生长，其余副梢培养成结果母枝，直至满架。

图8-10　葡萄快速整形

图8-11　利用副梢增加分枝

三、葡萄结果树树体管理

（一）枝蔓引缚

冬季葡萄枝蔓不需下架防寒地区，枝蔓引缚需按架式与整枝方式的要求进行，直接将枝蔓引缚于架上。冬季枝蔓需下架防寒的地区，每年在萌芽前将枝蔓上架并引缚于架面。

1.篱架 不需要下架防寒的设施内，主干直立，主蔓引缚有两种方法：一个是用绳子将主蔓引缚于篱架上，另一个是将主蔓缠绕在篱架相应的架线上。冬季需要下架防寒的，主干倾斜一定角度后向上引于篱架上，主蔓引缚方法相同。

2.棚架 棚架枝蔓的引缚与篱架的引缚方法大体相同。但因棚架的整枝类型较多，引缚时需按整枝方式进行。由于葡萄极性较强，新梢均向上生长，在棚架栽培中往往需要将新梢水平引缚。而首次引缚时，新梢比较嫩，若将直立新梢放平极易折损。如果将主蔓下移棚面15厘米左右，让新梢先倾斜向上再拉平于棚面上，就解决了这个问题。因此，搭架时就要按主蔓距离设置拉线，整形和上架时将主蔓引缚于此拉线上，引缚方法与篱架相同。

（二）抹芽、定枝

抹芽、定梢具有节约营养，调整新梢整齐度及其留梢量，促进架面通风透光的作用。在设施栽培时，抹芽定梢主要用来调节树势，控制新梢花前生长量。因此，抹芽定梢的具体操作，要根据树势情况而定。树势弱的要早抹早定，树势强旺的要适当晚定。

一般于新梢能明确分辨强弱时，进行第一次抹芽，并要结合留梢密度，抹去过强过弱梢，以及多余的发育枝、副芽枝和隐芽枝，使留下的新梢间距、强弱均匀一致。

当新梢长到30 ~ 40厘米时，进行第二次抹芽并按照留梢密度进行定梢，去强、弱，留中庸。在棚架栽培的情况下，每平方米架面一般可保留4 ~ 6个新梢，在篱架栽培情况下，新梢间隔距离，以20厘米为宜。对巨峰群落花重的品种此期抹芽量要少，适当多留枝；对坐果好的品种或较弱的树，抹芽可一次性达到留梢标准。

坐果后按留梢标准去掉过强、过弱、过密和坐果不好的新梢。

（三）新梢引缚

新梢引缚具有理顺枝梢、整理架面，使之通风透光，调节树势的作用。特别是在设施栽培条件下，引缚对调节树势，尤其是改变新梢伸展方位与角度，调节枝势具有很大作用。萌芽后，当新梢生长超过邻近主蔓的第一道线时对新梢进行引缚。具体方法有：

1.捆绑法 用麻绳、马莲、废旧塑料条等，捆扎时，先在拉线上缠一圈，然后交叉，再绑新梢，将拉线与新梢隔开，即“8”字形（见图8-7），以防止新梢在拉线上磨伤。提倡用环保材料，如马莲等，可在设施周边栽种，既美化环境，又有实用价值。

2.绑枝卡法 购买专用塑料绑枝卡，一端先卡在拉线上，然后将新梢含在绑枝卡内，再将另一端卡在拉线上。绑枝卡的大小应与新梢的粗度相匹配。此法用工时较少，规范，可循环使用。

3.绑枝器法 用绑枝器中的环保型绑带含住拉线与新梢，然后按下按钮即可。此法绑梢用工最少，既节省人工又环保。

（四）新梢摘心

摘心就是将新梢的梢尖剪掉，减少对树体营养的消耗，使贮存养分更多地转向花穗、果实，以保证花穗、果实生长发育对营养的需要。主梢摘心根据目的可有几种方法。

1.延长梢摘心 当新梢长到预计剪留长度以上30 ～ 40厘米时可以摘去梢尖，一般篱架栽培时温室葡萄南北行，主蔓高度为1 ～ 1.5米，南低北高；大棚葡萄主蔓高度为1.2 ～ 1.5米，东西两边低中间部分高。棚架栽培时，每年扩蔓长度1.5米左右。

2.结果枝摘心

（1）以提高坐果率为目的的摘心方法，是在花前2 ～ 3天摘心。对坐果较差的巨峰群品种来说，花上留的叶片量越少，坐果率越高，无核（小粒）果比例也随之增多。而坐果后果实生长又需要足够的叶面积，因此，摘心要适当。一般可根据树势与新梢长势于花上保留4 ～ 7片叶摘心。旺树、旺梢可少留叶；弱树、弱梢多留叶。

（2）对坐果较好的品种，如晚红等，摘心的主要作用是调整架面通风透光，在保证果枝上有足够的叶片量的前提下，有多种新梢摘心与副梢处理方法。下面介绍两种：一个是主梢保留7 ～ 10片叶摘心，顶端保留2 ～ 3个副梢，每个副梢留3 ～ 5个叶片，果穗下不留副梢，其他各部位副梢留1片叶绝后摘心。这种方法适于蔓距较近的棚架和篱架；另一个是主梢保留15片左右叶摘心，顶端2 ～ 3个副梢保留3 ～ 5个叶片摘心，果穗下不留副梢，其他各部位副梢保留1片叶反复摘心或留1片叶绝后摘心，此种方法适宜于蔓距较大的棚架。

3.营养枝摘心 一般可根据长势、位置和品种的结果习性而定。一般摘心长度为7片叶左右。长势旺的新梢要早摘，弱梢晚摘；有空间生长的新梢可长留，空间较小的短留；易成花的品种可短留，相反，难成花的品种可适当长留。

摘心时期可根据新梢类型与摘心目的灵活掌握。

（五）副梢处理

1.延长梢上副梢处理 主梢摘心后，顶部2 ～ 3个副梢保留3 ～ 5片叶摘心，保留叶片量视新梢长势而定，旺者多留，弱者少留。其余副梢保留1片叶绝后摘心或留1 ～ 2片叶反复摘心。

2.结果枝上副梢处理 结果枝上的副梢处理方法有多种，这里介绍两种。蔓距较小的，主梢摘心后，果穗以下的副梢从基部抹除，顶端1 ～ 3个副梢留3 ～ 4片叶摘心，其余副梢留1片叶绝后摘心或留1 ～ 2片叶反复摘心，使果枝上的叶片数最终达到15 ～ 25片；蔓距较大的，主梢摘心后，只保留顶端一个副梢延长生长，达到预定位置后摘心，其上发出的副梢和后部的副梢保留1片叶绝后摘心或留1 ～ 2片叶反复摘心。为了简化作业，节省后续副梢处理用工，也可只保留顶端1个副梢，其余副梢均从基部抹除。

3.营养枝上副梢处理 主梢随结果枝一起摘心，顶端副梢留2 ～ 3片叶摘心，其上再发出的副梢及其他部位的副梢保留1片叶绝后摘心或保留1片叶反复摘心。

四、设施葡萄树体整形

（一）葡萄树体整形的意义

葡萄是喜光树种，在自然生长状态下，葡萄植株为获得光照和争取空间而攀缘其他植物上赖以生长，没有固定的树形，随环境而变化。人工栽培条件下，可以将枝蔓引缚到搭建的架子上生长。如果不对其进行整形，枝蔓生长交错重叠，紊乱而郁蔽，通风透光不良，易受病虫危害，结果不稳定，质量也参差不齐，不能形成标准化的优质商品。

整形是通过修剪将树体调整为某一形状的过程，使葡萄枝蔓分布合理，新梢疏密适度，可以充分利用阳光与空间，改善通风透光条件，提高葡萄产量与质量。因此，整形是葡萄栽培的一项决定果实产量和质量的关键技术措施。

（二）整形方式及特点

葡萄整形方式与立地条件、栽培习惯、管理水平、架式等因素有关。选择架式应因地制宜，以能尽快布满架面，易早期丰产；可充分利用光照条件，实现优质、丰产；通透性好，利于防病；管理简单，便于数字化、机械化作业等为前提。适合我国葡萄生产的整形方式很多，目前普遍采用的有如下几种：

1.龙干形 龙干形是从植株基部直接培养主蔓，主蔓上不分生侧蔓，下部光秃，上架后着生结果枝组，每个结果枝组经过多年短梢修剪形成了龙爪，整个枝蔓呈龙形，因而得名。龙干整枝按每株保留蔓数分为1条蔓的独龙干，2个蔓的双龙干和3个蔓以上的多龙干（图8-12），但其基本结构大致相同。龙干长约4 ~ 10米或更长，视棚架行距大小而定。

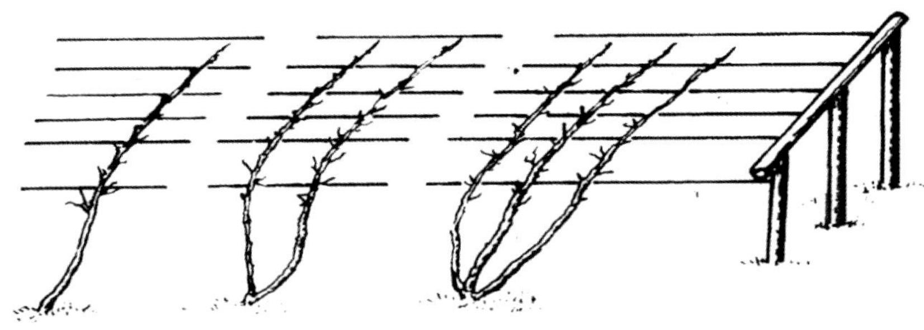

图8-12 龙干形

龙干形整枝方式既可用于棚架，也可用于篱架。整形与修剪技术简单，省工，龙干上结果母枝与预备枝均实施短梢修剪，枝蔓便于下架，适于冬季需要防寒的地区采用。但龙干不宜过长，过长满架慢，进入盛果期晚，加粗却较快，不方便下架。

2.一形 一形为主干形，适于篱架和棚架，主干高度视架式而定，篱架主干高0.6 ~ 1米；棚架主干高1.8 ~ 2.0米。主干上着生2条主蔓，篱架的2条主蔓顺行向朝相反方向延伸，棚架的2条主蔓垂直于行向朝相反方向延伸，呈一形（图8-13）。容易整形，修剪技术简单，省工，适合冬季不下架栽培。

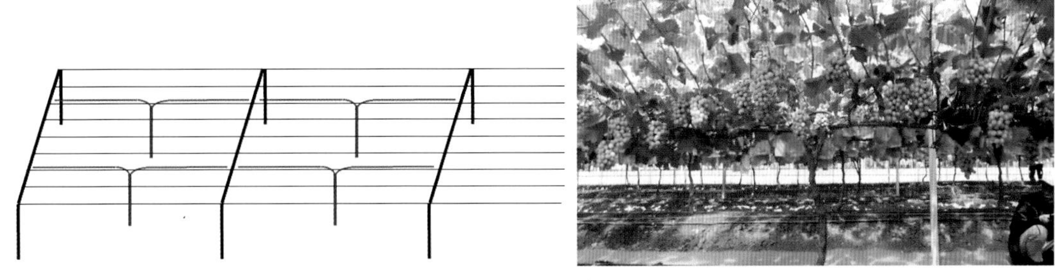

图8-13　一形

3. H形　亦为主干形，还有支干，主干高达架面后在主干顶部分出2条伸向相反方向的支干，每个支干在1 ~ 1.5米处各培养2条主蔓，呈一形，2个一形主蔓平行。架面上支干与两条主蔓构成字母H形（图8-14）。

图8-14　H形整枝

H形适于棚架栽培，双臂篱架也可采用。此种整枝方式较老式X形简单、规矩、充实、易行；行间宽、株距大、树势缓、结果稳；利用空间大、便于机械化、通风透光好，葡萄优质又丰产。但不适于冬季需要下架的设施内栽培。

4.Y形　Y形也是有主干的架形，可以是由主干向两侧倾斜向上分出两条主蔓构成Y形，即主干主蔓Y形；也可以指主蔓为水平龙干形，新梢由两侧倾斜向上引缚与主干构成Y形，这种Y形是由主干与主蔓上向两侧伸展的叶幕组合而成的，即主干叶幕Y形（图8-15），实际上它不是Y形整枝，准确地说它是水平龙干V形叶幕。

Y形适于篱架栽培。此树形中主干叶幕Y形叶片分布均匀，可充分接受阳光，提高光

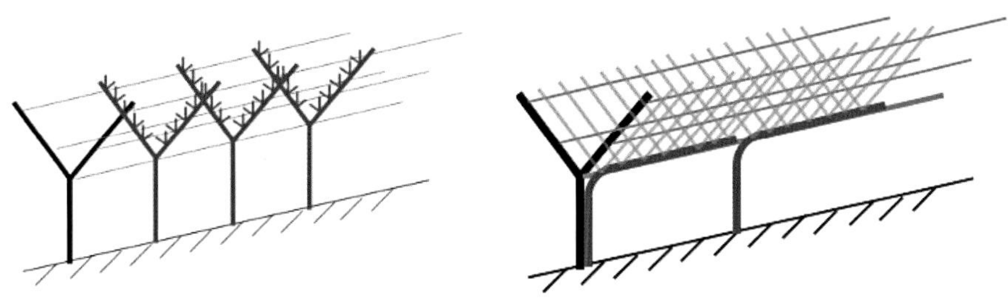

图8-15　Y形整形示意图
左：主干主蔓Y形　右：主干叶幕Y形

合效率，提质增产，修剪也较简单，省工，各种设施均可采用。主干叶幕Y形，除水平龙干主蔓上培养结果枝组连续多年结果外，还可每年在主蔓拐弯处培养1条直立生长的预备蔓（不让结果），待秋天V形叶幕层各新梢果实采收后，于预备蔓前剪断，并将预备蔓拉下扶正进行水平绑缚，代替原主蔓（一年生结果母枝）第二年又形成新的V形叶幕层结果。

（三）葡萄树体整形方法

1. 龙干形整枝

（1）单、双、多龙干形整枝：定植当年每株培养1个（独龙干）、2个（双龙干）或多个（多龙干）生长健壮的新梢做主蔓，为防止意外折损再保留1个备用新梢，让主蔓新梢直立生长并及时引缚到架杆上或绕在架绳上，主蔓新梢引缚后将备用新梢剪除。主蔓新梢长至架面后顺架面拉线向行间伸展，条件允许可以一直向前生长，到满架为止。为了促进枝蔓成熟，需在适宜的时间对主梢进行摘心。摘心时期主要看当地天气状况与设施条件，一般在葡萄落叶进入休眠前一个半月左右开始控制主梢延长生长。摘心后顶端2～3个副梢保留3～5个叶摘心，视长势调节，其他部位的副梢和以后再发出的2～3次副梢均保留1～2叶摘心。生长旺盛的品种可培养1次副梢做结果母枝进行快速整形。主蔓新梢生长较弱时，落叶前一个半月也要进行主梢摘心。落叶后冬剪，枝蔓成熟充分时，主蔓剪留预定长度，主蔓新梢成熟不佳时，一般剪留主蔓成熟部分的2/3，以保持翌年树体的健壮生长。

（2）单、双臂龙干形整枝：葡萄定植当年每株培养1个（单臂与双行栽植双臂篱架）、2个（单行栽植双臂篱架）生长健壮的新梢做主蔓，为防止意外折损可保留1个备用新梢。1个主蔓新梢的直立生长，2个主蔓新梢的分别倾斜伸向两臂，当主蔓新梢引缚到架杆上或绕在架绳上时，可将备用新梢剪除；保留的新梢向上延长生长，依据株距控制新梢生长高度，一般为株距+架底线高+10～20厘米，如株距1米，架底线高0.5米时，新梢高度控制在1.6～1.7米。新梢生长超过此高度0.5米时立即摘去梢尖，顶端2～3个副梢保留3～5片叶摘心，依新梢长势而定。其他部位的副梢和以后再发出的2～3次副梢均保留1～2片叶反复摘心。新梢生长较弱时，在8月中下旬也要摘心，促进枝条木质化。副梢处理参照本章三（五）节进行副梢处理。落叶后冬剪，枝蔓成熟充分时，主蔓剪留预定高度（图8-16）。主蔓新梢成熟不佳时，一般剪留主蔓成熟部分的2/3，以保持下年树体的健壮生长。

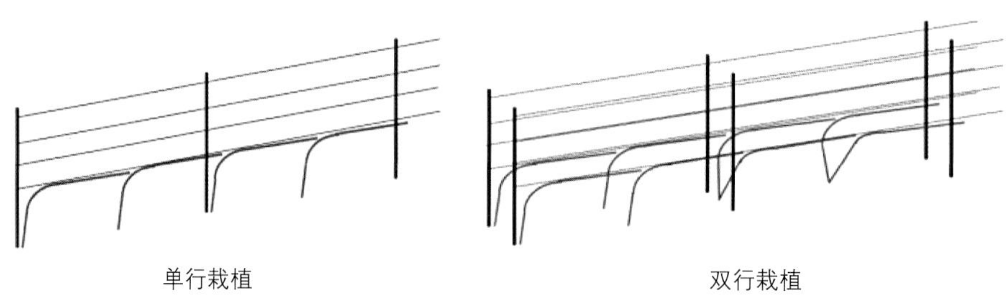

图8-16　单、双臂龙干整枝示意图
左：单臂龙干形整枝，右：双臂龙干形整枝

2. 一形整枝

（1）篱架一形整枝：葡萄定植当年每株培养1个（单臂或双臂双行栽植）或2个（双臂单行栽植）生长健壮的新梢做主干，为防止意外折损可多保留1个预备新梢。单臂（或双臂双行栽植）篱架的主干新梢直立生长，双臂（单行栽植）篱架的2个主干新梢分别倾斜伸向两臂，当健壮主干新梢引缚到架杆上或绕在架绳上时，可将多留的预备新梢剪除，主干新梢长到篱架底部拉线下20厘米时摘心，顶端保留2个副梢做主蔓，主蔓副梢倾斜向上生长，水平引缚于架线上，分别向相反方向伸展呈一形。当主蔓副梢长到1/2株距时与邻株主蔓副梢相遇时，可使主蔓副梢倾斜向上伸展约0.5米摘心，顶端2 ～ 3个2次副梢保留3 ～ 5片叶摘心，依副梢长势而定。其他部位的副梢和以后再发出的2 ～ 3次副梢均保留1 ～ 2片叶反复摘心。主蔓副梢生长较弱时，在8月中下旬也要摘心，副梢处理同上。落叶后冬剪，枝蔓成熟充分时，主蔓在预定部位剪截（图8-17），主蔓新梢成熟不佳时，一般剪留成熟部分的2/3，以保持下年树体的健壮生长。

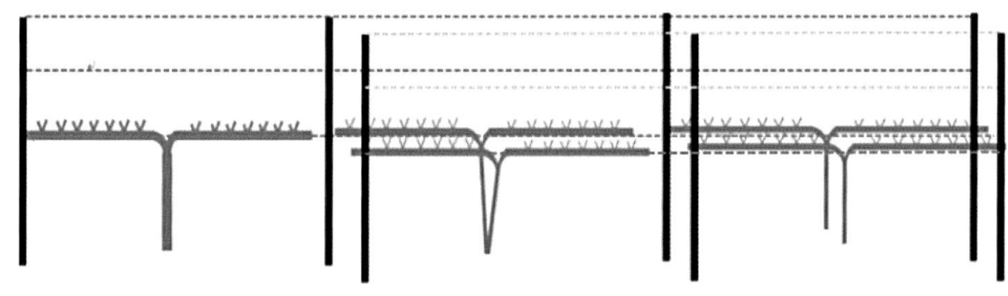

图8-17　一形整枝示意图

（2）棚架一形整枝：葡萄定植当年每株培养1个生长健壮新梢做主干，为防止意外折损可多保留1个预备梢，待主干新梢引缚到架杆上或绕在架绳上时，将预备梢剪除。主干新梢直立向上生长，定期引缚。当主干新梢长到架面下20厘米时摘心，顶端保留2个副梢做主蔓，主蔓副梢倾斜向上生长，垂直于行向水平引缚于架线上，分别向相反方向伸展呈一形。当主蔓副梢长到1/2株距的长度与邻株副梢相遇时，可将主蔓副梢错开10厘米左右的距离，于长度等于1/2株距+50厘米处摘心，顶端2 ～ 3个2次副梢保留3 ～ 5片叶摘心，留叶量依副梢长势而定。其上再发出的3次副梢及其他部位发出的2 ～ 3次副梢均保留1 ～ 2片叶反复摘心。主蔓副梢生长旺盛时，2次副梢可以培养成结果母枝。主蔓副梢生长较弱时，在8月中下旬也要摘心，各次副梢处理方法同上。落叶后冬剪，枝蔓成熟充分时，主蔓在预定部位剪截，2次副梢结果母枝保留2芽短截，其余各级副梢从基部剪截。主蔓新梢成熟不佳时，一般剪留成熟部分的2/3，以保持下年树体的健壮生长，副梢一律从基部剪除。

3. H形整枝　栽植当年，苗木萌芽后选留一个生长健壮的新梢作主干培养，为防止意外损伤可多保留1个预备新梢，当健壮新梢引缚到架杆上或绕在架绳上时，可将多留的预备新梢剪除，保留的新梢直立向上生长，每伸长30 ～ 40厘米引缚一次，副梢留1 ～ 2叶摘心。当新梢长到架面下20厘米处时摘心，顶端保留两个副梢做支干培养，支干副梢倾斜向上生长，超过架面后垂直于行向平绑于架面拉线上，向相反方向延伸。支干副梢长至1/4行距减去20厘米（如行距4米/4 － 20厘米＝0.8米）长时摘心，先端留2个2次副梢做主蔓新梢培养，2个副梢主蔓长至1/4行距后顺行向平绑于架面拉线上，并向相反方向延伸生长。主蔓副梢长到1/2株距时与相邻植株主蔓副梢相遇，将两梢错开10厘米左右距离再延长50厘米后摘心，顶端2 ～ 3个3次副梢保留3 ～ 5个叶摘心，其上再发出的副梢及其他部位的3次副梢均保留1 ～ 2叶摘心。生长旺盛的品种可用副梢培养成结果母枝。冬剪时主蔓副梢成熟充分，可剪至充分成熟处或满架部位；成熟较差时，剪留成熟长度的2/3，留做结果母枝的副梢保留1 ～ 2芽短截。因此，生长旺盛品种当年可形成H形，主蔓新梢生长缓慢或生长势弱的品种可第一年形成T形，第二年再培养成H形。

传统的H形整枝方式生产管理简单，易于标准化生产，对南方葡萄避雨栽培中起了很大作用。多年的生产实践中发现，春季主蔓上的新梢萌发后直立或倾斜向上伸展，当拉平引缚到水平架面上时，有一部分会折损。陶建敏的试验表明，使H形的四个主蔓从架面上下移15厘米，结果枝萌发后顺势均匀引绑在架面上（图8-18），解决了新梢不易平引与易折损的问题。一形与H形具有相同的问题，可用同样方法化解。

图8-18　改良H形整枝的叶幕形

4.Y形整枝　Y形可以是主干主蔓Y形，也可以指主干叶幕Y形。主干主蔓Y形整枝是在葡萄定植当年每株培养1个生长健壮的新梢做主干，为防止意外折损可多保留1个预备新梢。当主干新梢引缚到架杆上或绕在架绳上时，可将多留的预备新梢剪除。保留作主干的新梢长到篱架底部拉线下时摘心，顶端保留2个副梢做主蔓分别引缚于Y形两侧架线上向上生长，当新主蔓副梢伸长生长超过架顶50厘米时摘心，顶端2 ～ 3个副梢保留3 ～ 5片叶摘心，依新梢长势而定。其他部位的2次副梢和再发出的3次副梢均保留1 ～ 2片叶反复摘心。新梢生长较弱时，在8月中下旬也要摘心，副梢处理同上。落叶后冬剪，主蔓成熟充分时，主蔓在预定部位剪截即形成Y形，主蔓新梢成熟不佳时，适当缩剪。主干叶幕Y形整枝与龙干形整枝方法相同，即在葡萄定植当年每株培养1 ～ 2个生长健壮的新梢做主蔓，也可以每穴栽双株，每株保留1个新梢，为防止意外折损可多保留1个预备新梢，当新梢引缚到架杆上或绕在架绳上时，可将多留的预备新梢剪除。保留的新梢长到篱架底部拉线后水平引缚于拉线上延长生长，单蔓的向同一方向引缚，双蔓的向相反方向引缚。新梢先端与临株新梢相遇时错开引缚，超过预定部位10 ～ 20厘米时摘心，顶部2 ～ 3个副梢保留3 ～ 5片叶摘心，依新梢长势而定。其他部位的副梢和以后发出的

2次副梢均保留1 ~ 2片叶反复摘心。主蔓新梢生长较弱时，在8月中下旬也要摘心，副梢处理同上。这种主干叶幕Y形整枝法，可在主蔓拐弯处培养“预备蔓”，进行每年更新修剪。

五、设施葡萄树体修剪

（一）葡萄修剪基础知识

1.修剪目的　葡萄一般长势较旺，尽管我们为葡萄搭建了架，也对树体进行了整形，但在放任不管的情况下，新梢当年伸长生长可达几米到十几米，而且在营养条件适宜的情况下还可发出二次、三次或更多次夏芽副梢。因而，如果不对其生长加以控制，葡萄的架面新梢交错重叠，非常混乱，叶幕层薄厚不均，顶部新梢上的叶片可以得到充足的光照，其下部新梢上的叶片得到的光照就少，弱光下的叶片不仅不能制造营养，还可能成为寄生叶，消耗树体的营养，整体叶幕光合效率低，结果少，品质差，经济效益低。要实现高产、优质，必须对枝梢进行修剪。

2.修剪时间　葡萄的修剪时间依实施的季节可分为冬剪和夏剪。

冬剪是葡萄落叶后进行的修剪，需要下架防寒的在下架前修剪，不需下架防寒的可在落叶至翌年树液开始流动前1个月内进行均可。通过冬季修剪，调配主蔓上的枝芽留量，使主蔓上发出的新梢均匀分布，根据品种结果特性，采用长、短梢修剪或长、短梢混合修剪的方法调节果枝比例，实现丰产、稳产。在设施里，有时为了使葡萄早点渡过休眠期，在落叶前新梢成熟充分，花芽分化良好后就可实施冬剪，并提前覆盖休眠，以达到早期升温、催芽、提早果实成熟上市的目的。

夏剪是从葡萄萌芽到落叶期对新梢进行的修剪，可根据葡萄生长发育的需要随时进行修剪。主要包括抹芽、摘心及副梢处理等。通过夏季修剪，调控主梢与副梢上的叶片留量，为架面配备适量且分布均匀的叶片，使葡萄植株充分地利用光能和生长空间，实现单位面积的最大产出。通过摘心与剪梢还可以促发副梢进行多次果生产。

3. 冬剪的方法

(1) 短截：就是剪去一年生枝的一段，是葡萄冬剪的主要方法。根据剪截的轻重可分为极短梢修剪（留1芽或仅留隐芽）、短梢修剪（留2 ~ 3芽）、中梢修剪（留4 ~ 6芽）、长梢修剪（7 ~ 11芽）、和极长梢修剪（留12芽以上）等修剪方法。确定采用哪种修剪方法主要取决于基芽的成花能力，对基芽结实力差的品种需要采用中、长梢修剪，以获得较高的产量；而基芽结实力强的品种可根据需要选取其中1 ~ 2种修剪方法。这与品种特性、立地生态条件、树龄、整形方式、枝条发育状况等因素有关。

(2) 缩剪：是将二年生以上的枝蔓剪去一段的修剪方法。其主要作用有：更新，剪去前面一段衰弱枝或光秃带较长的枝蔓，留下后面的新枝延长生长；防止结果部位外移；疏除过密枝，改善架面通透性。

(3) 疏剪：是把整个枝蔓（包括一年生和多年生枝蔓）从基部剪除的方法（图8-19）。疏剪的主要作用是：疏去过密枝，改善光照和营养物质的分配；疏去老弱枝，留下新壮枝，以保持生长优势；疏去过强的徒长枝，留下中庸健壮枝，以均衡树势；疏除病虫枝，减少病虫来源，防止病虫害的蔓延。

（4）枝蔓更新修剪：

① 结果母枝的更新。随着结果母枝逐年外移，结果部位离主蔓越来越远，造成后部光秃。更新修剪方法：

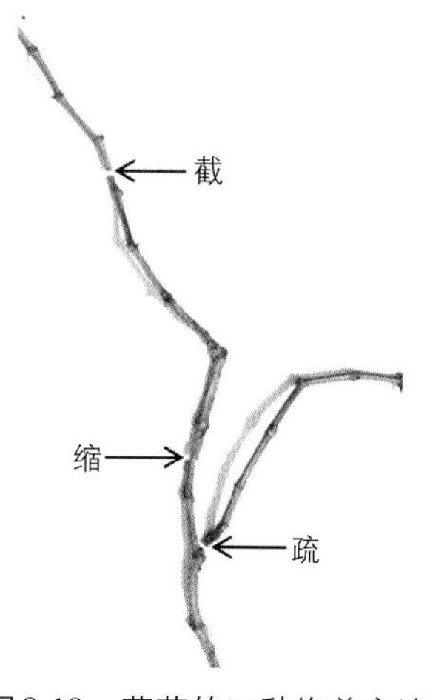

图8-19 葡萄的三种修剪方法

双枝更新：结果母枝按所需长度剪截，将其下面邻近的成熟新梢留2芽短截，作为预备枝。预备枝在翌年培养2个新梢，冬季修剪时，上一枝留作新的结果母枝，下一枝再行短梢修剪，使其形成新的预备枝，原结果母枝于当年冬剪时被疏剪掉（图8-20），如此循环往返。双枝更新需要注意的是预备枝和结果母枝的选留，结果母枝一定要选留那些发育健壮充实的枝条，而预备枝应处于结果母枝下部，以免结果部位外移。

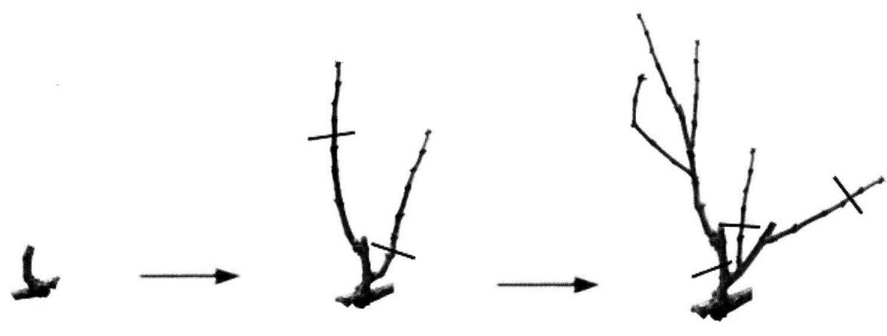
图8-20 双枝更新

单枝更新：冬季修剪时不留预备枝，只留结果母枝。次年萌芽后，选择下部发育良好的新梢培养成结果母枝，冬季修剪时下部的健壮枝条作为结果母枝修剪，对上部实施回缩修剪（图8-21）。单枝更新的结果母枝不宜剪留过长，一般应采取短梢修剪，以减缓结果部位外移速度。

图8-21 单枝更新

②多年生枝蔓的更新。经过多年的生长与修剪，主蔓上形成了多级‘鸡爪枝’，结果母枝离主蔓越来越远，下部出现光秃，结果部位外移，造成新梢细弱，果穗果粒变小，产量及品质下降，另外也成为病虫越冬栖息地。过分轻剪的葡萄园这种现象尤为严重。遇到这种情况就需对主蔓或较大部分的主蔓、侧枝进行更新。更新之前必须事先从下部选留一个新梢培养成新蔓，当新蔓足以代替老蔓时，即可剪除老蔓。

4.冬剪留芽量 冬剪有保持树体结构稳定和控制翌年萌芽量的作用。因此，冬剪留芽量是丰产稳产的基础。冬剪留芽量与品种成花特性相关，即基部芽眼成花率高（即成花节位低），冬剪留芽量可少，而基部芽眼成花率低（即成花节位高），冬剪留芽量需大。冬剪留芽量的多少主要取决于产量的控制指标。基部芽眼成花率高的品种，冬剪时保留果枝数的2倍芽量即可。以巨峰为例，每亩产量按1 500千克计算，每穗控制500克重，需要3 000个果枝，冬剪留芽量应为6 000个，相当于3 000个结果母枝。而基部芽眼成花率低的品种，冬剪留芽量就要增加，增加的幅度取决于品种成花的节位。这类品种冬剪留芽量应以成花节位以上的芽眼开始计算，每个结果母枝保留2个成花节位或芽眼，这样也可以用结果母枝留量来代替留芽量，即冬剪保留的结果母枝数与保留的果穗数相同即可。如红地球葡萄亩产量指标为1 750千克，每穗控制在750克，每亩留2 400穗果，冬剪时保留2 400个长梢结果母枝和相同数量的预备枝即可。

（二）日光温室葡萄修剪

1.夏季更新修剪 葡萄温室促成栽培时，果实采收后需要对树体进行更新修剪，以保证植株形成足够的花芽，达到丰产、稳产。根据葡萄品种的生长结果特性可进行平茬更新或疏剪、缩剪更新。

（1）夏季平茬更新：葡萄温室栽培多在北方，主要用于促成栽培，也可实施延迟栽培。在促成栽培情况下，尤其是超早期加温时，受前期日照时间短、光质弱以及地温低等不利于葡萄生长发育的环境条件的影响，大部分品种基部芽眼不能成花，上移到七八节以上部位才能成花，如果不进行更新修剪，由于结果部位迅速上移，冬剪时势必进行长梢或超长梢修剪以确保下年的产量。年年如此，会使枝蔓在基部堆积，管理很不方便，必须进行平茬更新修剪。

延迟栽培情况下的新梢没有花芽分化障碍，不需要平茬更新。但在树势衰弱或解决前部光秃带等情况下，需在事先培养好预备蔓，冬剪时利用预备蔓进行更新修剪。

夏季平茬更新修剪是在当年春夏季节葡萄成熟采收后，对树体进行更新修剪，一般在结果母枝基部保留1 ～ 2个节剪截（图8-22左），也可回缩到主干上（图8-22中）。为了保证芽眼萌发的一致性，最好事先（植株萌发的同时）在结果母枝基部选留一个预备梢（图8-22右），前期控制其生长，待果实采收后于预备梢上部进行缩剪，促进预备梢抽梢生长，在发出的新梢中选留1个健壮新梢延长生长，按照整形要求对其进行摘心、副梢

图8-22 平茬更新修剪

左：在结果母枝上平茬更新 中：在主干上平茬更新，右：保留预备枝平茬更新

处理等操作，将其培养成结果母枝。

夏季平茬更新修剪法适于篱架栽培。此法在北方无霜期较短地区严格受更新时间的限制，平茬更新时间与当地的无霜期高度相关，无霜期较长的地区可以适当晚些，无霜期短的地区必须早点平茬更新。辽宁营口地区在6月中下旬以前修剪（确保新梢至少有100天以上的生长时间），才能使更新培养的新梢充分成熟，形成足够的花芽，保证翌年的丰产。平茬更新时间与当地的无霜期高度相关，无霜期较长的地区可以适当晚些，无霜期短的地区必须早点平茬更新。

（2）夏季疏剪或缩剪更新：温室采用棚架栽培时，不能对树体进行平茬更新修剪，但可进行疏剪或缩剪更新。即在主蔓上每隔30 ～ 50厘米培养1个超长梢结果母枝与1个短梢预备枝组成的结果枝组，在结果母枝萌发结果枝结果的同时，预备枝萌发的新梢首先控制其生长，果实采收后，对结果母枝进行疏剪或缩剪，更新修剪后，从预备枝上选留1个健壮新梢延长生长，培养成长梢结果母枝，再选1个新梢培养成预备枝（图8-23）。果实成熟较晚的设施或区域，应提早从预备枝上培养下一年的长梢结果母枝与预备枝。其更新方法类似于双枝更新修剪法，区别在于一个是冬剪，另一个是夏剪。

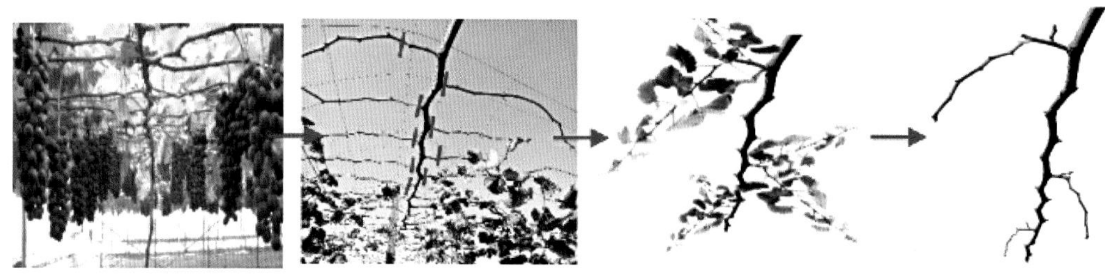

图8-23　平茬更新修剪

2.冬季修剪　温室葡萄冬剪需根据品种、整枝方式以及升温时间等因素区别对待。一般有以下几种情况：

（1）耐弱光品种：此类品种具有耐弱光的特性，如着色香、87-1等，在早期加温的情况下，仍能进行正常的花芽分化。冬剪时，按照整形要求进行相应的修剪。一般采用短梢修剪，未满架或补充光秃带时可进行中、长梢修剪。也可采用保留下部长梢结果母枝进行更新修剪。

（2）篱架：在夏季进行了平茬更新修剪的情况下，待落叶后或为了使其提前进入休眠期，可在新梢充分成熟后就按整形方式进行修剪。

（3）棚架：落叶后，在龙干上每个结果枝组中选择1个健壮枝条作结果母枝，进行超长梢修剪，剪留长度要达到或超过上1个结果枝组位置，使结果母枝覆盖整个龙干。对另1个新梢实施短梢修剪，作预备枝。

（三）大棚葡萄修剪

1.夏季修剪

（1）抹芽、定梢：葡萄芽眼萌发整齐后需对萌发过多的芽进行处理。根据品种特性确定抹芽、定梢方案。坚持旺树轻抹，弱树重抹；坐果好的品种重抹，坐果不好的品种轻抹的原则。

一般分2 ～ 3次进行，首次于新梢能明确分清强弱时进行，并结合留梢密度，抹去过强过弱梢、双生枝、畸形枝、多余的副芽枝、隐芽枝等，使留下花序好、整齐一致新梢。当新梢长到40厘米左右时，进行第二次抹芽、定梢，去强、弱，留中庸健壮、花序较好的新梢。在棚架栽培的情况下，每平方米架面一般可保留4 ～ 6个新梢，在篱架栽培情况下，新梢间隔距离以20厘米为宜。对坐果好的品种按留梢标准定梢，对巨峰群等落花重的品种可适当多留花序好的新梢，待坐果后，视坐果情况进行第三次定梢。

（2）引缚：延长梢每伸长30 ～ 40厘米要向架面引缚1次，其他新梢长到主蔓两侧第一道架线时对新梢进行引缚，新梢长到第二道、第三道架线时，将新梢引缚到相应的架线上。

（3）摘心：

①延长梢。当葡萄还未爬满架时，先端新梢需继续延长生长，延长梢长到预计剪留长度以上50厘米处摘去梢尖。

②结果枝。对坐果较差品种，如巨峰群品种，在花前2 ～ 3天根据树势与新梢长势在花上保留4 ～ 7片叶摘心，摘心后顶端副梢延长生长，到长满架面后进行第二次摘心，也可在新梢每延长3～4片叶摘心一次，到满架为止，促进基部花芽分化。对坐果较好的品种，如红地球、无核白鸡心等，可在新梢长至满架面时再摘心，也可按巨峰群品种摘心方法处理。

③ 营养枝。一般保留7片叶摘心，为了方便管理，可随结果枝一同处理。

（4）副梢处理：

①延长梢。主梢摘心后，顶部1 ～ 3个副梢保留3 ～ 5片叶摘心，其余副梢保留1 ～ 2片叶反复摘心或保留1片叶绝后摘心。

②结果枝。主要有两种方法：一种是主梢摘心后，果穗以下的副梢从基部抹除，顶端1～3个副梢留3～4片叶摘心，其余副梢留1～2片叶反复摘心或保留1片叶绝后摘心；另一种是主梢摘心后，只保留顶端一个副梢延长生长，其余副梢保留1 ～ 2片叶反复摘心或保留1片叶绝后摘心。

③营养枝。主梢摘心后，顶端副梢留2 ～ 3片叶反复摘心，余者留1片叶反复摘心或保留1片叶绝后摘心。

2.冬季修剪　未满架的大棚，延长枝每年保留成熟长度的2/3，到满架为止。在主蔓上每隔25 ～ 30厘米培养1个结果枝组。对基部芽眼成花率高的品种每个结果枝组保留1 ～ 2个结果母枝，每年对结果母枝保留2 ～ 3个芽短截。对基部成花率低的品种每个结果枝组保留1个中、长梢结果母枝，1个短梢预备枝，保持双枝更新修剪。

（四）避雨棚葡萄修剪

1.夏季修剪　[参照本章五、（三）、1.夏季修剪]。

2.冬季修剪

（1）延长梢：未满架时，延长梢保留成熟部分的2/3左右剪截，到满架为止。

（2）结果枝组：主蔓上每隔25 ～ 30厘米保留1个结果枝组。对基部芽眼成花率高的品种每个结果枝组保留1～2个结果母枝，每年对结果母保留2～3个芽短截。对基部成花率低的品种每个结果枝组保留1个中、长梢结果母枝，1个短梢预备枝，保持双枝更新修剪。

（3）更新与补位：对衰弱的老蔓可以在适当部位缩剪更新，下部选留1个健壮枝梢取替主蔓，每年剪留成熟长度的2/3，到满架为止。对于光秃带较长的，可在下部选留1个健壮的枝条进行长梢修剪，其长度以覆盖光秃带为准。

（五）设施葡萄二次果生产修剪

葡萄一年可结多次果，只要条件适宜，各次果都可发育成熟，这使葡萄果实的采收期大大延长，甚至可以进行周年生产。目前利用最多的是二次果，在北方温室和南方避雨条件下都可进行一年两熟栽培。二次果可与一次果同时挂在树上，叫做两代同堂；也可在一次果采收后再成花结果，叫做两代不同堂。葡萄二次果的生产对扩大葡萄鲜果的市场供应具有十分重要的意义（详见第十一章）。

1.两代同堂二次果生产修剪 春季主梢萌发后在花序上保留7～8片叶摘心，摘心后顶端保留一个副梢延长生长，其余副梢全部抹除，顶端副梢保留3～4片叶摘心，其上发出的二次副梢一律抹除，待主梢顶部芽眼发育饱满（主梢坐果后，约30天）后，剪除顶端副梢，也可将同节位主梢主芽一同剪除，促使主梢剪口下的冬芽萌发形成冬芽副梢，冬芽副梢大多带有较好的花序，保留顶端花序较好的副梢，其余的副梢抹除或保留1片叶绝后摘心。为了保证冬芽萌发，必要时可用破眠剂催芽。二次果花序的大小与品种的多次结实能力、树势、树体营养状况及修剪时间等因素有关。

2.两代不同堂二次果生产修剪 根据品种成花能力，有两种处理方法：

（1）结实能力强的品种：此类品种在一次果发育过程中，主梢上的芽眼即可成花。当一次果采收后，对成熟的主梢摘心后保留5～6片叶修剪，修剪后对顶端2个芽进行催芽处理，萌发后带有花序，随即进行新梢与二次花果的管理。

（2）结实能力差的品种：此类品种成花能力弱差，特别是北方温室促成栽培时，一次果采收后对主梢保留3～4片叶进行修剪，同时摘去叶片，随即用破眠剂对顶端2个冬芽进行催芽。萌发的副梢发出4～5片叶时摘心，其顶端的二次副梢保留3～4片叶摘心，其他副梢抹除。一次副梢基部第二、三个芽发育饱满（约需20～30天）后保留2～3个芽短截，促使一次副梢上保留的第二个或第三个冬芽萌发形成二次副梢。二次副梢一般带有较好的花序，可以生产二次果。

第九章 设施葡萄花果管理

葡萄花果管理是本书最核心的内容，是指葡萄从孕育到成熟的全过程，而不单纯是开花和结果。它包括开花前葡萄花芽分化的成花基因启动、花原基发生、花器官发育和过程中影响花芽分化的内外因子调控，以及开花后授粉、受精、坐果、果实的构成和浆果发育、成熟等各个阶段的调控技术。

一、葡萄花芽分化

花序数量的多少是能否形成产量的基础条件，而这主要取决于前个生长季花芽分化的质量。尤其在设施葡萄生产中，因为人为改变了环境条件，光照时间缩短、光照强度削弱了不少，相对露地生产更容易出现花芽分化不良导致产量不稳的情况，给生产带来不少的损失。

设施葡萄生产中有关花芽分化方面普遍存在的问题无外乎两种：一是萌芽后无花序或花序少，不能满足生产需要；二是花序数量能够满足生产需要，但质量差或发生退化，不能形成优质的商品果。针对两种情况，应从花芽形成的根源和发育寻求答案。

（一）葡萄花芽分化时期

在第一生长季，随着新梢的逐渐生长，在新梢叶腋处形成夏芽副梢和冬芽，冬芽是下一季生长枝条的一个缩小体，只要条件适宜，它就会接受成花诱导形成花序原基；经过越冬或强制打破休眠后，冬芽萌发，第二生长季开始，完成花序原基的进一步分化和发育，形成完整花序。

葡萄的花序形成（图9-1）包括花芽分化和花器官分化两个过程；花芽分化包括生理分化、形态分化。

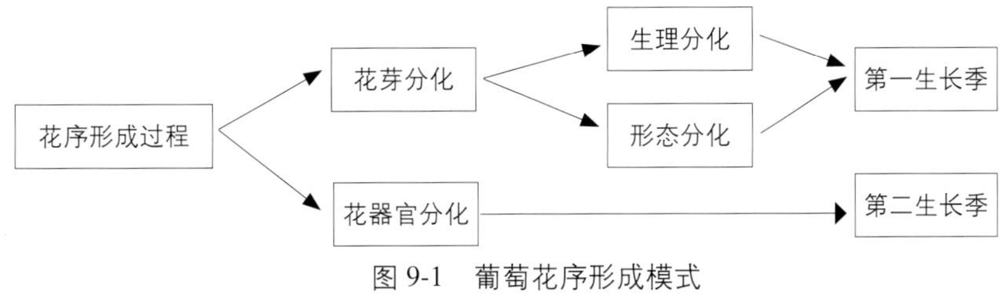

图 9-1　葡萄花序形成模式

1.生理分化期　开花前1～2周，当新梢长30～50厘米时，其下部芽开始生理分化，此时芽龄为10～20天，芽内发生一系列的生理反应：成花基因的启动、激素的平衡、营养物质的积累，为形态分化做好充分的准备，这阶段是决定第二年的花芽数量多少的关键时期。

2.形态分化期　该阶段是花序原基的形成过程，从开花前数天开始，一直持续到冬芽成熟和休眠，此时可在显微镜下观测到形态的变化，冬芽主芽内形成8～10个叶原基和1～3个花序原基，这阶段是决定第二年花序质量的关键时期。

3.花器官分化期　该阶段发生在第二生长季，春季萌芽前，花原基迅速分化出花萼、花冠、雄蕊和雌蕊原始体。萌芽后，花序露出时，各种花器官已经形成。以后，随着新梢生长，花序和花器官不断生长发育，至开花前，形成花粉粒和胚囊。开花前1～2天，胚囊开始成熟，开花当天完全成熟，葡萄的雌雄配子体同时成熟，具备授粉受精条件，花器官分化期是决定花器官质量的关键时期。

（二）影响葡萄花芽分化的因素

葡萄花芽形成受外部环境条件、内部因素、树体营养和激素等多方面的综合影响，只有充分了解葡萄的成花机理和影响因素，通过栽培措施改善葡萄成花条件，提高成花数量和质量，才能最终达到连续丰产的目的。

1.内源激素　植物从营养芽向花芽的发育需要植物激素瞬时变化从而进行调控，激素信号从果实的种子或营养生长旺盛器官传递到营养芽，在营养芽中被转导为影响花芽发育的效果，而GA_S（赤霉素）、CTK（细胞分裂素）、IAA（生长素）、ABA（脱落酸）等植物激素均是这一过程中的重要调控因子。

赤霉素促进了未分化原基的形成，而始原基是否能转向花序原基分化，完全取决于细胞分裂素的水平。硬枝扦插时，未生根的插条，萌芽后不久花序便很快萎缩，生根插条上的花序则可继续发育。这表明，根系合成的细胞分裂素对葡萄花序的发育起了至关重要的作用。但是多项研究表明，外施细胞分裂素并不起促进作用。

也就是说，赤霉素决定了原基的开端，细胞分裂素决定了分化的方向，因此赤霉素和细胞分裂素含量的比值最终决定了花芽分化的质量。

生长素、脱落酸、生长延缓剂对赤霉素和细胞分裂素的合成、运输和抵消有调控作用，研究认为，生长素和脱落酸是通过影响赤霉素和细胞分裂素的含量而间接影响到花芽分化的。

2.营养　葡萄花序的发育程度与枝梢粗度有很大相关性，枝条粗壮，生长充实，贮藏的碳水化合物就多，在花序初始形成至开花整个阶段，碳水化合物作为一种能量物质参与其中，是影响花芽分化和花器官发育的重要因素。

氮元素可促进葡萄的花芽形成，这可能与施氮肥促进根部合成细胞分裂素和促进核酸、蛋白质合成有关，但当植株本身氮水平较高时，增施氮肥会造成营养生长过旺、叶幕层郁闭造成光照不足等，从而导致葡萄花芽减少。因此，在设施葡萄栽培中“控氮”是精准施肥的技术难点。

磷是核酸、蛋白质、细胞膜、环状核苷酸（CAMP）、腺嘌呤核苷三磷酸（ATP）等重要组成部分，因此对花芽分化的促进作用是十分明确的。适宜的磷素促进花芽分化，而缺磷将不利于已分化的花序原基的维持。赵文东（2006）的试验也表明，葡萄在花芽分化过程中消耗了大量的磷素营养。

钾对葡萄的产量形成有重要的作用，对葡萄花芽分化有一定的促进作用。但是目前钾对葡萄花芽分化影响的相关研究较少，主要集中在对产量和品质的影响上。

钙除了作为结构成分之外，还是第二信使，能够调节花芽的分化，诱导赤霉素的表达，促进花的发育。

硼可促进雌雄蕊的发育，缺硼会抑制花粉发育，花蕾不能正常开放，开花后花冠不能正常脱落。

植株体中的幼嫩组织和分生组织对锌的需求非常大，比如根尖、茎尖，尤其是花粉管，缺锌出现花粉管不能正常发育，进而影响授粉受精，造成葡萄大小粒。

3.光照 光照是影响花芽分化的最重要因素之一，冬芽中花序原基的数目和大小随光照强度的增加而增加，通常花芽形成需要日均10小时的光照。在设施葡萄栽培中，花芽分化不及露天栽培，部分原因是设施材料对光线有一定的遮挡作用，同时促早栽培等措施使得生长期提前，而冬季日照时间短、光照不足现象更为明显。其次，由于棚膜对紫外线的过滤作用，导致设施内紫外线含量不足，显著抑制了葡萄的花芽分化（王海波等，2010）。赵君全（2014）研究发现：气温不是限制设施促早夏黑葡萄成花的真正环境因子，光照条件恶化（光照强度弱、光照时间短及紫外线强度低）是设施促早夏黑葡萄冬芽不能形成高比率良好花芽的根本原因。

4.温度 南方葡萄生产中，通过反复摘心等措施当年就可以进行二次果、三次果生产，可见冬季低温对于成花不是必需的；而早期的研究发现在葡萄花序形成过程中，一定时间段的高温对葡萄花序的正常形成和分化是必需的。研究表明20 ～ 30℃是大部分品种的花芽分化最适宜温度，当低于20℃时，将会导致未分化原基分化为卷须。Srinivasan和Mullins认为不需要持续高温，只需4 ～ 5小时的高温脉冲就足以诱导产生大量的花序原基。这个温度的要求在设施栽培中绝大多数情况可以满足。

5.水分 葡萄的成花过程对土壤水分敏感。土壤适当干旱，可削弱植株生长势，使营养生长减缓，同时使激素的比例得到更好的平衡，促进了花芽形成。但过度的干旱胁迫抑制成花。路瑶对幼龄和成龄红地球葡萄研究发现，葡萄的花芽数量与成花诱导期体内的水分状况显著相关，土壤相对含水量为50%～ 60%适合花芽的形成；40%左右时，花芽形成将开始受到抑制；20%～ 30%时，花芽几乎不能形成。

（三）调节花芽形成和分化质量的措施

设施葡萄生产中，尤其是以促成栽培为目的生产模式，改变了生长环境和葡萄自身的生长周期，花芽形成和分化质量差，花序败育现象普遍发生，导致大小年、减产甚至绝收，必须注重花芽分化关键时期的管理。绝大部分品种萌芽后15天，基部节位开始进入生理分化期，巨峰新梢生长至9片叶时，生理分化期基本结束，此时已注定了基部节位的花原基数量，因此，新梢9叶前是调节基部节位来年花量的关键时期，也是促进当年花器官发育的关键时期。应从以下几个方面加强管理：

1.改善光照 合理安排升温期，避开全年光照最差的时间段；选择透光率优良的聚烯烃（PO）膜，并及时冲洗或更换老旧棚膜；采用紫外灯补光；延长早晚揭盖帘时间；及时进行抹芽定枝及新梢引绑，使新梢见光面增加。

2.提高地温 设施葡萄促成栽培中，尤其北方日光温室，生长季提前，地温低，根系活力弱，根系合成的细胞分裂素少，不利于花芽形成，可以通过秸秆反应堆技术、高台栽培、地面覆膜等措施提高地温，保证地上地下部的协调，促进花芽分化。近年来北方的日光温室在葡萄促成栽培时采用地热装置（在葡萄栽植畦底部安装地热管道系统）调控地温，效果显著。

3.严控气温 气温对于当年的花器官发育影响更大，萌芽期至开花期的高温管理可以缩短发育周期，提前果实成熟期，但高温风险性也较大，容易导致花器官发育不全或退化为卷须，在欧美杂交种上退化现象更为明显。萌芽前设施内温度不应超过30℃，萌芽后至开花前温度不应超过25℃，合适的温度给花芽分化和花器官分化提供了更长的时间，有助于营养积累和激素的平衡。

4.及时摘心 第一花序以上2～4片叶摘心，可以减缓营养生长，保证营养的集中供给，使摘心口下叶片发育健硕，促进基部芽眼的养分积累，显著促进花序的发育和基部节位花芽分化。杨治元在浙江地区避雨栽培和设施促成栽培夏黑葡萄时，通过大量的实践证实了结果枝7叶剪梢可以提高基部节位的花芽率。

5.适度肥水 通过水肥管理控制旺长，调节树相为中庸状态是保证花芽分化的重要措施。花芽分化阶段适度控制氮肥的施用量，重视磷、钙、硼、锌的施用，对花芽形成和花器官的进一步分化有明显的促进作用。土壤含水量不宜过大，升温前浇大水一次即可，开花前应以滴灌浇小水为主，每隔10天滴灌一次，每次滴灌不应超过3小时，使土壤持水量保持在50%～60%为宜。

6.使用生长抑制剂 对于生长势旺盛的葡萄品种，如红地球、克瑞森无核等，可以在花前1周通过全株喷施250克/升甲哌鎓1 500～2 000倍液，可以显著缩短节间，抑制生长势，促进冬芽饱满，提高坐果率和花芽分化，此外果树促控剂（PBO）、多效唑、调环酸钙等生长抑制剂同样具有抑制营养生长，促进花芽分化的作用，但生长抑制剂同时也能抑制花序穗轴的伸长，导致穗型过于紧凑，生产中应根据不同品种酌情应用，并试验好浓度后再大面积应用。

7.加强营养积累 在设施葡萄萌芽前后，花序进行续分化，形成各级分支和花蕾，植株在这一时期的营养状况如何，对花序的质量有重要的影响。果实采收后，很多地区采取除膜的做法，容易引发病害的爆发，霜霉病、白粉病等病害容易导致早期落叶，致使树体营养积累不够，枝芽不充实，因此应高度重视秋叶的保护。另外，由于果实对养分的消耗，还需在采摘后补充肥料，以氮肥为主，配合其他元素肥料，并保证水分的适度供给，促进树体恢复健壮状态。

8.科学修剪 设施栽培中，花芽较难形成的品种多在第3节以上才能形成优良的花芽，通过短梢修剪，正好剪去花芽留下叶芽，翌年不能形成产量，因此可以通过中长梢修剪，选留第三节以上的节位作为结果母枝或采用预备枝更新、平茬更新等措施，保证第二年的产量（见第八章）。

二、葡萄开花与坐果

（一）葡萄花器官

葡萄的花分为两性花和单性花，两性花（图9-2之1）具有发育完全的雄蕊和雌蕊，花粉育性好，能自花授粉，又称为完全花，目前生产中绝大多数品种为两性花。单性花分为雌能花和雄花。雌能花（图9-2之2）有些是雌蕊正常，但雄蕊的花丝短且开花时向下弯曲，花粉无发芽能力，表现雄性不育，如山葡萄的雌株、黑鸡心、郑果8号、安吉文等葡萄，必须配置授粉树才能结果；有些是雄蕊花丝短或向外弯曲，花粉量小或授粉存在障碍，属于不完全雌能花，如着色香、罗耶尔玫瑰等葡萄，自然坐果率极低，大小粒严重。雄性花（图9-2之3）是雄蕊正常，能产生花粉，但是无雌蕊或雌蕊退化，不能形成果实，如山葡萄的雄株、SO4、110R、420A等葡萄砧木。

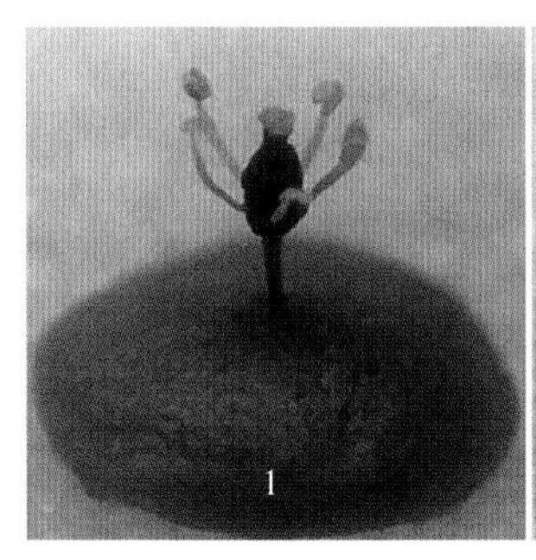

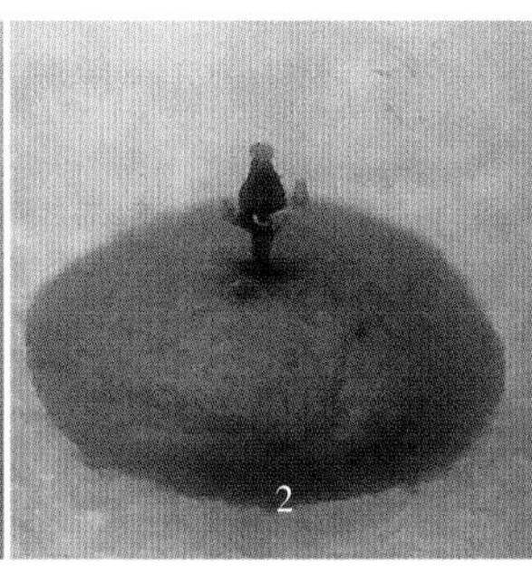

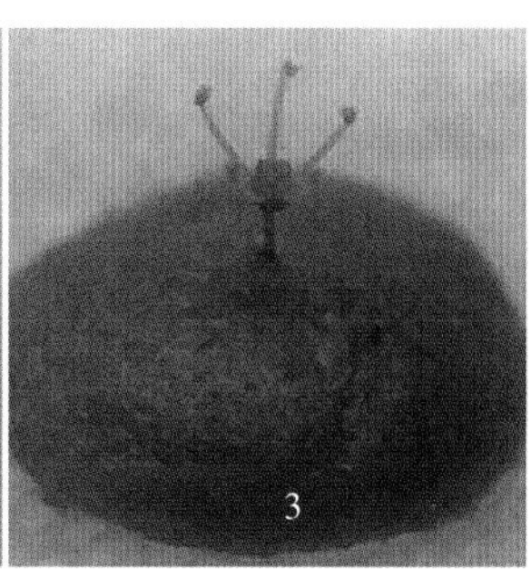

图9-2　葡萄单花类型及结构（引自张亚兵）
1.两性花（雌蕊和雄蕊发育都健康正常）　2.雌能花（雄蕊花粉不育或障碍）
3.雄性花（雌蕊退化）

葡萄的花序一般由200 ～ 1 500个单花组成，完全花包含花梗、花托、萼片、花冠（花帽）、雌蕊、雄蕊和蜜腺。5个萼片合生包围在花的基部，顶端有5个合生的花瓣，开花时花瓣先在基部分离，随着柱头和花丝的伸长向上外翻翘起呈帽状，所以又称葡萄的花冠为花帽，花帽随后会自然脱落。每朵花有雌蕊1个，雌蕊由子房、花柱、柱头组成，子房下部有5个圆形微凸的蜜腺与雄蕊的花丝间隔排列，随着开花也逐渐变大；雄蕊5 ～ 8个，包括花丝和花药（内有花粉），花丝细长，盛花期时与柱头的高度基本一致或略高于柱头。

葡萄单花开放的过程（图9-3）：①花蕾成熟；②花冠沿基部开裂；③萼片向外翻卷；④雄蕊伸长顶掉花冠；⑤雄蕊散开撒出花粉；⑥柱头分泌黏液接受花粉；⑦授粉受精后子房开始膨大形成果粒。

图9-3　葡萄开花过程（a→g）（图片引自邵长凯2016）
C：花冠　A：花药　F：花丝　K：萼片
G：子房　N：蜜腺　S：柱头

（二）葡萄开花

从形态上看，葡萄开花时结果枝适逢展叶15片为最合适，展叶少了视为衰弱，展叶多了视为旺长。从时间上看，萌芽到开花一般需要6 ～ 9周的时间，开花的速度、早晚主要受温度和湿度的影响，一般昼夜平均气温达到20℃时开始开花，气温过高（35℃以上）和过低（15℃以下）都不利于开花；相对湿度过低、水分供应不足会使花序枯萎、花期缩短；过高的相对湿度又会使植株的叶片气孔关闭，降低了花粉的流动性，植株更容易受到霉菌的感染。一般来讲，相对湿度在60%～ 80%之间，并且保证温度能在20 ～ 28℃，是葡萄开花的最适宜条件。生产中要十分重视葡萄开花时设施中的环境调控，尽量创造适宜葡萄开花的环境条件，缩短花期，以达到提高坐果率的目的。

由于设施环境的复杂性，导致处在不同部位的花序开花时间有差异，一般在较高温度、光照充足的中上部先开花。在疏花时可除去位置不良、开花滞后的花序，使留下的花序得到更多养分，达到优质、丰产、成熟一致的目的。

葡萄开花期长短与品种及环境有关，一般为6 ～ 10天，抗寒性好的品种，如着色香花期短，巨峰群等欧美杂交种次之，欧亚种花期相对较长。在设施提早栽培中，由于早期温度低，花期往往比露地要长，同一花序上不同部位开花时间差异大，先开花的部位已经开始果实膨大，后开花的还没有完成授粉，很容易造成大小粒，生产上，应通过及时的花序整形和环境调控尽量缩短开花进程。

（三）授粉与坐果

开花前1 ～ 2天，花药发育成熟，在适宜的温湿度环境下，花药裂开，散出花粉粒，花粉粒（图9-4）散落在雌蕊柱头上，完成授粉过程。花冠未张开就在花帽内授粉，称为闭花授粉，属于自花授粉；花冠张开，花帽脱落或分离，花粉借助风力、虫媒等途径在不同单花间传播完成授粉过程称为异花授粉。无论自花授粉还是异花授粉，都能形成正常发育的果实，所以，两性花葡萄建园时无需栽植授粉树，而单性花（雌能花）品种建园就必须配置一定数量的其他两性花品种苗木作授粉树。葡萄在开花前24小时和刚开花的时候柱头可授性较强，随着时间延长逐渐减弱，开花3 天后基本丧失可授性。

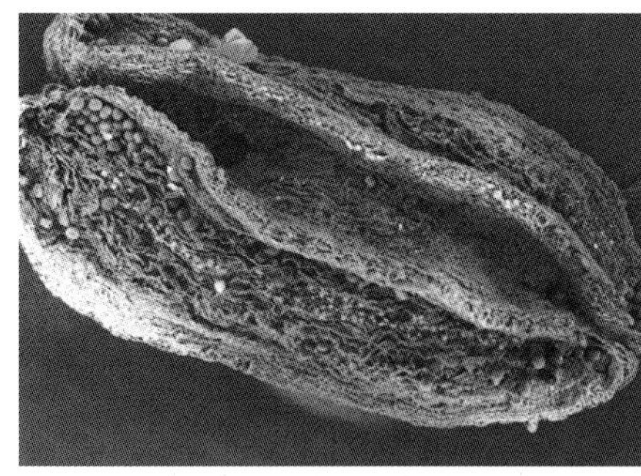
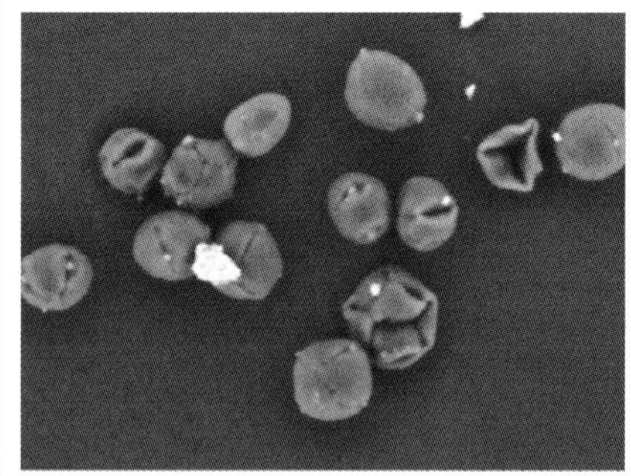

图9-4　葡萄花药和花粉粒电镜扫描
（引自邵长凯）

花粉粒着落柱头后，在适宜的条件下花粉萌发，花粉管迅速伸长进入花柱，雄配子通过花粉管进入子房，与雌配子结合完成受精过程。通常自花授粉过程约需24小时，而异花授粉过程约需72小时才能完成。授粉速度的快慢，主要受温度的影响，一般25 ～ 30℃最为适宜。一旦受精，子房开始迅速生长，但盛花后2 ～ 3天没有受精的子房一般在开花后1周左右就会脱落，不能形成果实。花后1 ～ 2周，如果受精后种子发育不好，幼果也会自行脱落，这种现象称为生理落果。生理落果是一种自我调节，使其保持适宜的坐果率。

在设施葡萄生产中，一般欧亚种的自然坐果率较高，能满足坐果率的要求，但是有些品种，如早霞玫瑰、黑巴拉多、京秀、瑞都香玉等，坐果率过高，疏果劳动强度大，则应以降低坐果率为目标，可以采取晚摘心、增施氮肥、增加土壤含水量、提高棚温等措施，造成植株徒长倾向，使坐果率降低，花序轴拉长，果粒相对密度降低。

而欧美杂交种的大部分品种，如巨峰、京亚、藤稔、辽峰、巨玫瑰、醉金香等葡萄坐果率低，容易出现坐果不足，穗型松散，商品价值低的问题，则应以提高坐果率为目标。可以采取早摘心、控制氮肥、增施硼锌肥、合理控水、控温、加强通风等措施，使树体生长中庸，减少营养生长和坐果的竞争，提高坐果率。

另外，目前设施生产中，绝大部分品种都采用植物生长调节剂处理的方法，根据不同品种自然坐果率高低的要求，配合花序整形，采用不同配方和处理时期，以增加或降低坐果率。

三、葡萄疏花序与花序整形

（一）葡萄疏花序

1.葡萄的花序　葡萄的花序属于复总状花序，呈圆锥形，个别的还有分支型，由花序梗、花序轴和花蕾（花朵）组成。花序轴包括主轴和各级分支轴（通常有3级分支），在末端分支的顶端着生3个花蕾（图9-5）。一个花序上可着生200 ~ 1 500个以上的花蕾，因品种不同、树势强弱、树体营养等条件差异，其花序大小各异。

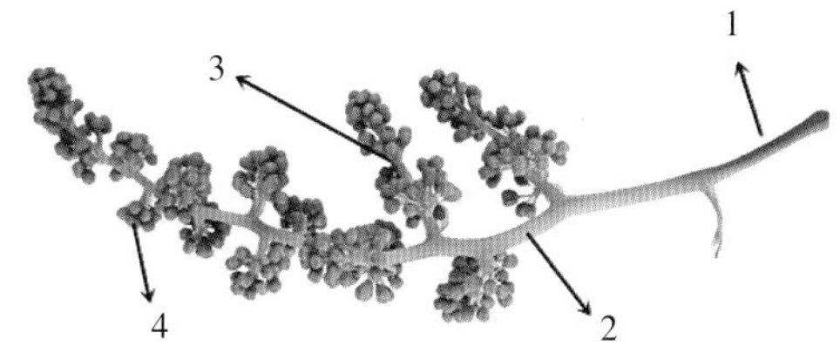

图9-5　葡萄的花序结构（千希聪 摄）
1.花序梗　2.花序轴　3.分支轴　4.花蕾

葡萄的花序形状多样，主要由圆锥形、圆柱形和分枝型等3种基本形状，前两种穗型在主穗形为主的基础上，如有歧肩，把歧肩记在主穗形之前（单歧肩、双歧肩、多歧肩）；如有副穗，将副穗记在主穗之后，这样就可以把花样繁多而复杂的花序性状归纳为九个主要自然类型，这有助于葡萄品种记载与品种间区别。开花坐果以后，由花序发育成果穗，因此葡萄的果穗自然形状也就有了类似花序一样的九大类型（图9-6）。然而，在生产实践中我们目前只能找到如图9-6所示，七大类型，尚缺双歧肩圆锥形和单歧肩圆柱形。

图9-6　葡萄花序的自然类型（千希聪　摄）
1.圆柱形　2.双歧肩圆柱形　3.圆柱形带副穗　4.圆锥形　5.单歧肩圆锥形　6.圆锥形带副穗　7.分枝形

如此复杂的花序形状，不符合现代化葡萄生产、商品包装和销售的要求，必须通过人工整形将其简化成圆柱形（夏黑葡萄）或圆锥形（巨峰葡萄）以及自然分枝型（红地球葡萄）。

2.疏花序的意义 品种的花芽分化特性和管理的差异，形成不同的花序量，一般来讲，每亩的自然花序量在2 000 ~ 5 000个，最多可达2万个以上。在生产中，如果将过多的花序都留下，产量可达上万斤，然而由于光热资源和葡萄叶片光合产能的限制，必将导致果实品质低劣，甚至失去商品价值，还会形成大小年甚至因结果过多营养消耗过度而导致树体死亡。尤其在设施葡萄促成栽培中，过高的产量，必将导致成熟期延迟，市场售价低，而通过合理负载，不但品质优良，还能提早上市，整体效益往往高于超产栽培。为了减少树体养分消耗，保证留下花序的健康发育，需要在开花前至初花期及时疏除多余花序，实现早期定产。

3.疏花序应考虑的因素

（1）地区差异：在南疆、云南建水等光照好、温差大、有效积温充足的地区，葡萄叶片制造的光合产物多，积累也多，应适当多留花序。而黑龙江、吉林等无霜期短、有效积温少的地区，则应适当少留花序。

（2）品种差异：不同品种的负载能力不同，在保证品种优良特性充分发挥的前提下，红地球葡萄亩产量可以达到2 000千克品质仍然优良，而巨玫瑰葡萄超过1 500千克则严重影响品质。因此要根据不同品种的负载能力综合考虑，丰产能力强的品种可多留花序，反之则少留花序。

（3）管理水平：树体健康，土壤有机质丰富，肥水充足，应适当多留花序；树体衰弱，土壤贫瘠，肥水不能保证的园地，则应少留花序。

（4）单穗大小：疏花前要充分了解品种的单穗重，生产中着色香葡萄的平均穗重只有250克左右，在每亩结果枝量为3 000条的情况下，则每条结果枝应留花序2个，才能保证1 500千克的产量目标；如果平均穗重能够达到500克，则每条结果枝只保留1个花序，就能满足生产需要。

4.疏花序的方法 欧亚种葡萄花序通常只着生在结果新梢的第3 ~ 5节，一般一个结果枝上只有1 ~ 3个花序，有时也可能出现4 ~ 5个或更多，而每个花序都与卷须相间而生。通常结果枝基部的花序由于分化较早，得到的营养多，花序相对较大，花器官发育较完善，花朵质量较好，通常优先保留。一般强旺的新梢留2个花序，通过生殖生长和营养生长的竞争，“以果压旺”，削弱旺枝的生长势；中庸枝留1个花序，中庸枝果实发育好，是结果的“主力军”；一般弱枝不留花序。靠近地面、处在内堂的果穗通风不良，得不到光照易感染病害且品质不良，应及时疏除；培养为下一年结果母枝的延长头、更新枝上的花序应及时疏除；畸形花序、过小花序、伤病花序应及时疏除。

（二）葡萄花序整形

葡萄花序整形一般在葡萄花序分离后至始花期，去掉花序上多余分枝，掐掉过长花序的一部分，以保证留下的花蕾、花器官发育良好，使果穗大小、穗形趋于一致。

1.葡萄花序整形的作用 主要包括以下几方面：

通过花序整形，调节穗重，是进一步精细调节负载量的有效措施，保证穗重的一致性，更容易判断产量，有利于科学定产。

根据品种和市场要求选留相应形状的果穗，并调节果穗大小，有利于果穗的标准化，便于精包装，减少贮运过程中无为的损耗。

花序整形有利于养分集中、保花保果，从而提高坐果率，减少大小粒。

整形后果穗变小、养分集中，花期一般缩短、相对一致，有利于集中进行生长调节剂处理和集中花果管理。

通过花序整形疏除无用的分支和花蕾，可以大大减轻后期疏果压力。

2.花序整形的方法 我国早在20世纪70年代，为提高坐果率，避免果穗尖端的“水罐子病”，使果穗紧凑，对巨峰、玫瑰香等品种采取的花序整形方式主要是掐去1/5 ～ 1/3的穗尖、去副穗。但是，这种整形方法的缺点是果穗大小不一、穗型为圆锥形，不便于规范包装。20世纪90年代后，上海、江苏、浙江等长三角地区引进了日本的花序整形技术，即去上部分枝，留穗尖的整形方法，这种方法曾在巨峰、夏黑等品种上快速推广，并取得了很好的效果，建立起来一套全新的花序整形体系。在生产中，需要综合考虑品种特点、劳动力、市场需求、产品定位等诸多因素，形成了多样化的花序整形方式，其中各有利弊，必须根据生产者的实际情况具体选择。

(1) 掐穗尖、去副穗、去分枝：葡萄花穗中部的花蕾一般发育好、成熟早，基部花蕾次之，普遍认为果穗尖端(穗尖)花蕾发育差，成熟晚。研究发现，不同部位花蕾的开花顺序也不相同。一般花穗中部花蕾先开花，其次为花穗基部，最后是穗尖，穗尖上的花蕾甚至不开放就脱落。因此，根据这种开花特性，“掐穗尖、去副穗、去上部多余分枝”的花穗整形方式被广泛应用于生产中，是我国葡萄最传统的做法之一。

对于巨峰、玫瑰香、维多利亚、粉红亚都蜜、美人指、摩尔多瓦等中型果穗品种，自然果穗形状接近圆锥形，坐果率适中，通过简单调整即可形成圆锥形果穗的，可以采取这种方法整形，去除副穗、花穗尖1/4，视花序的大小再去除0 ～ 6个上部分枝，将小穗数量控制在12 ～ 16个，果穗重量控制在0.6 ～ 0.75千克为宜（图9-7）。

(2) 留穗尖法：与我国传统的花序整形方法不同，日本葡萄栽培普遍采用留果穗穗尖的整形方法，该技术目前已被我国引用并普遍应用于一些新品种生产。研究表明，巨

图9-7 葡萄掐穗尖、去副穗、去分枝

峰、夏黑、先锋、京亚、京优、醉金香、巨玫瑰等绝大多数欧美杂交种葡萄可采用留穗尖3 ~ 5厘米的整穗方法。魏可、红高、白罗莎里奥等部分欧亚种葡萄也可进行留穗尖整形。留穗尖法有利于实现果穗的标准化，除了根据不同品种的特性制定留穗尖的长度外，还可以将留下小分枝数和花蕾数作为标准，如日本在巨峰葡萄花序整形（无核化）时，规定留穗尖的长度为3.5 ~ 4.5厘米，8 ~ 10个小分枝，50 ~ 60个花蕾。留穗尖法果穗整齐、美观、疏果容易，工作量小，套袋容易，病害少，品质好，穗重相对一致，有利于包装和运输。但日本的留穗尖整形法要求留下的穗尖太短，成型果穗重多在0.4 ~ 0.6千克，我国果农短期内难于接受。目前，我国市场容易接受0.6 ~ 1.0千克的大穗型，因此，在留穗尖法的基础上逐渐衍生出了“剪短分枝法”（图9-8）。

图9-8　葡萄花序整形留穗尖法

（3）剪短分枝法：与留穗尖法相同，于开花前1周至盛花期，去除花序上端分枝，保留穗尖的长度6 ~ 10厘米（若尖端发育不良或花序过大的也可以先剪掉尖端1 ~ 2厘米，再留向上的6 ~ 10厘米），相比“留穗尖法”，由于保留的花序较长，有部分花序中端被保留了下来，而往往中端花序分支轴存在二级以上分支，粒数较多且外移，因此需要将过长的分枝轴全部回缩，只保留基部1 ~ 1.5厘米长的分支轴（即保留分支轴最基部的花粒），主穗轴以外只保留单层果粒，花序尖端呈单层果粒的部位（短分支）不必修剪，把果穗整成圆柱形。剪短分枝法处理的果穗整齐、美观，果穗病害少，单穗重0.6 ~ 1.0千克（图9-9），市场认可度高，生产中夏黑、阳光玫瑰应用比较广泛，也有学者尝试在巨玫瑰、醉金香等品种上应用，也取得了比较好的效果。但有些品种花序中端分支轴上花蕾外移的品种容易形成果穗内堂空洞，果粒不紧凑，易掉粒，不适用这种方法，如分枝形花序的品种红地球、玫瑰香、里扎马特等。

图9-9　葡萄花序整形剪短分枝法

（4）“伞”状整形法：为了减少疏花、疏果用工和使果穗更加松散，国外曾有学者对红地球葡萄采取花序下端一次疏花法。即在使用赤霉素将红地球花序拉长到35 ~ 45厘米的基础上，在开花前去掉花序下端所有花序分枝，只保留花序上端的6 ~ 8个花序分枝，各分支向外拉开后花序呈“伞”

状（如图9-10）。相比以上方法，“伞”状整形法最省工，但果穗标准化程度低，套袋难度大，仅适用于坐果适中、无大小粒的品种。生产中，红地球、圣诞玫瑰等上部分枝较长，不易落粒的品种可以采取这种方法。

图9-10　葡萄花序“伞”状整形法（自主完善）

（5）去副穗法：一些具有美洲血统的品种，如着色香、玫瑰露、金星无核、希姆劳特、水晶、无核寒香蜜、康拜尔等，自然穗重仅有0.1 ~ 0.5千克，穗型小且多为标准的圆柱形，除了有一个多余的副穗外，整体穗型与人为的留穗尖型十分相近，因此生产中仅进行去副穗处理即可（如图9-11）。但这类品种大多粒小、穗小，需要通过植物生长调节剂膨大处理才具有更好的商品性。

图9-11　葡萄花序整形去副穗法

（三）植物生长调节剂在花序上的应用

植物生长调节剂是指从外部施用于植物，在较低浓度下，能够调节植物生长发育的非营养物质的一些天然或人工合成的有机化合物的通称。植物生长调节剂和植物激素这两个概念往往容易被混淆。植物激素，一般指植物内源激素，是植物体内特定部位在正常代谢过程中所产生的微量活性物质。而生长调节剂不仅包括人工合成的化合物，还包括一些天然的化合物以及植物激素，当它们被施于植物体上或施于土壤中被根系吸收进入植物体后，具有调节植物生长发育的生理活性作用，所以又可称为植物外源激素。目前，被广泛用于葡萄花序上的植物生长调节剂有赤霉素、细胞分裂素、生长素、乙烯利、生长延缓剂、生长抑制剂等（详见第十二章）。

1.拉长花序　于开花前5 ~ 10天，通过生长调节剂处理，加速花序轴的纵向生长，使层间距加大，花序各分支呈现相对稀疏的状态（图9-12），生产中俗称“拉花”。拉花有很多好处，能减少后期进行人工疏果用工；避免或减轻花穗过短、裂果、畸形果、大小粒的问题；由于加大了花穗分支间的空隙，为果粒膨大提供了更多的空间，减少病虫害的发生；而且对葡萄后期的着色、增糖都十分有利。

生产中普遍应用的拉花药剂是赤霉素类产品，常用的赤霉素有75%赤霉酸结晶，20%赤霉酸可溶性粉剂（美国奇宝）以及含赤霉素成分的植物天然提取物（如碧护）等。不同品种花前对赤霉素的敏感程度不同，应用的浓度也不同，大部分欧洲种和欧美杂交种葡萄对赤霉素较敏感，有效成分浓度应控制在5 ~ 10毫克/千克之内，如果浓度过大导致拉花过长，果穗松散不成串，果梗硬化掉粒严重。美洲种葡萄如着色香、玫瑰露等对赤霉素不敏感，拉花浓度可以加大到50 ~ 100毫克/千克，否则效果不明显。

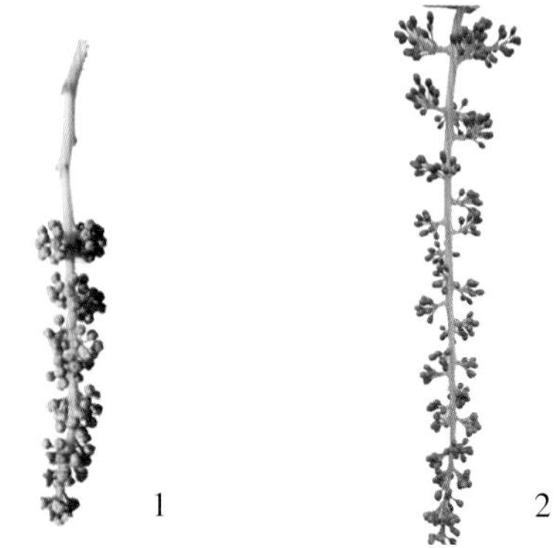

图9-12　葡萄拉长花序
1. 处理前　2. 处理后

值得注意的是，并非所有情况都可以进行拉花处理的，对于弱树、弱枝、花序不是很紧密的情况，以及坐果率差的品种如藤稔、巨峰、京亚和对赤霉素花前处理高度敏感的品种如阳光玫瑰、早霞玫瑰等都不适合拉花处理，拉花容易导致这类品种穗型松散，果粒不紧凑，影响了商品价值。

2.闭花膨果　于开花前5 ~ 10天，通过生长调节剂处理，加速花序轴的纵向生长的同时，使果粒接受外源激素刺激，不经开花过程而直接迅速膨大，最终膨大的果粒挤破没有分离的花帽（图9-13），俗称“爆炸果”技术，目前生产中着色香、夏黑葡萄上都有广泛应用。闭花膨果关键点在于赤霉素混用了细胞分裂素或生长素，使没有发育完全的雌配子（子房）直接发育，在花序轴纵向生长的同时启动了果实的生长，省去了开花、授粉的漫长过程，因此果实成熟期可提早5 ~ 10天，无核率95%以上，果皮厚度增加，果粒发育均匀一致，有效减轻了裂果和大小粒的发生。但是由于高浓度细胞分裂素的刺激，经常导致花萼生长健壮，最终包裹在果粒基部不脱落，后期容易招致灰霉病而导致花萼包裹的果粒外缘出现环裂，因此，生长调节剂浓度不易把握，还需要长期的实践和总结。

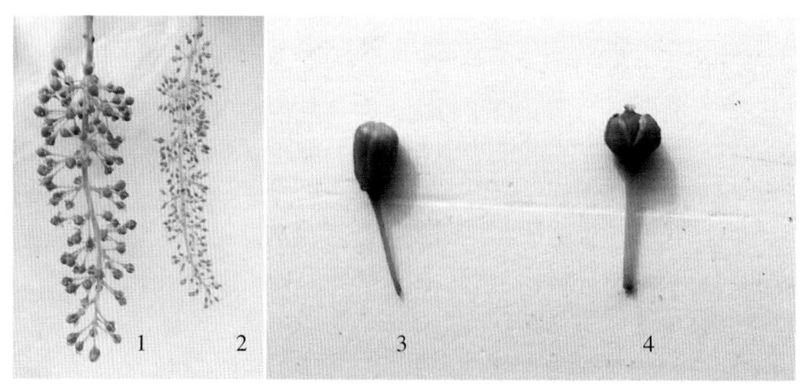

图9-13　葡萄闭花膨果
1、4. 爆炸果　2、3. 自然果

3.保花保果　植物生长调节剂用于保花保果主要分为两个方向，一是通过赤霉素、细胞分裂素、生长素类直接喷施或浸蘸花序，调控营养物质向花序和果实运输，提高坐果率；二是通过乙烯利、生长延缓剂、生长抑制剂类调节生殖生长和营养生长的矛盾，防止落花落果。

通常在盛花期至谢花后5天使用赤霉素浸蘸（图9-14）或喷湿花序（果穗），根据品种不同，使用浓度通常在5 ～ 100毫克/千克，单纯使用赤霉素处理花序（果穗）通常可以提早成熟5 ～ 10天，但容易导致果梗硬化及后期果粒膨大不良，生产中往往复配细胞分裂素，常用的细胞分裂素有0.1%氯吡脲、0.1%噻苯隆、2% 6-卞氨基嘌呤等，氯吡脲和噻苯隆的活性较强，通常使用浓度为2 ～ 5毫克/千克，6-卞氨基嘌呤的活性较弱，通常使用浓度为40 ～ 100毫克/千克。通过复配细胞分裂素类药剂，可以使果梗加粗，显著增加早期膨大速度，增加无核率，但必须严格控制使用浓度，否则容易导致晚熟、裂果、空心等不良后果。近年，生产中也有尝试复配生长素保花保果的研究，如对氯苯氧乙酸（PCPA）、三十烷醇等，但仅在个别品种上试用，可以起到软化果梗、促进果粒均匀一致的作用。

图9-14　使用生长调节剂保花保果

与生长促进剂不同，叶面施用或根施生长延缓剂或抑制剂，通过抑制营养生长，促进营养向生殖器官的调配，同样可以起到保花保果的作用。早期生产中普遍应用的有B9、矮壮素等，但由于安全性及土壤残留，逐渐衍生和开发出系列新型产品如果树促控剂（PBO）、缩节胺、调环酸钙等，通过花前叶面喷施，可以经叶片吸收传导到全株，降低植株体内赤霉素的活性，从而抑制细胞伸长，使植株节间缩短，叶色深绿，增强光合效率，不但能减轻落果，还能减少夏季修剪用工。

四、葡萄果实构成和影响果实品质的生态因子

（一）葡萄浆果构成

葡萄的果实属浆果，由子房发育而成，包括果梗、果蒂（果梗与果粒连接处彭大部分）和果粒。而果粒的构造从外向内是果皮～外层果肉～果刷（维管束）～内层果肉～种子（图9-15）。这种有种子的果粒称为有核葡萄，同一果穗中常因营养不足也可能出现由未经受精的子房发育而成的单性结实的没有种子的小果粒，如玫瑰香、巨峰就经常出现大粒（有籽）、小粒（无籽）同穗现象。而不经授粉和受精过程形成的无籽葡

图9-15　葡萄浆果的构造（于希聪　摄）
1.果蒂　2.维管束（果刷）3.种子
4.周缘维管束　5.果皮

萄称为无核葡萄有两种，一是因气候（低温、光照不足等因素）和营养不足产生的无核（实际有极细小瘪粒软核），是可逆的，当开花前条件满足，子房就能正常授粉授精发育成有籽果实；二是真无核，由于缺乏种子无法产生赤霉素，其果粒往往要小得多，如无核白葡萄单粒重只有1.5 ～ 2克。果粒的形状、大小、颜色因品种而异。常见的果粒形状有圆形、长圆形、扁圆形、椭圆形、鸡心形、卵形、倒卵形、长椭圆形、束腰形、弯形等，果皮的颜色由黄、绿、红、紫、蓝、黑及各种中间色。

（二）影响果实品质的生态因子

浆果的品质主要由外观品质（果形、大小、整齐度和色泽）和内在品质（含糖量、含酸量、香气、果肉质地、营养）构成。葡萄的整个生长发育过程无时无刻离不开周围环境条件的影响，这些环境条件的综合称之为生态因子。生态因子与品种特性、栽培管理措施共同决定了果实的品质。影响设施葡萄果实品质的主要生态因子有温度、光照、土壤和水分等。

1.温度 在各种生态因子中，温度是影响果实品质最重要的因子，温度能够影响葡萄果实的大小、色泽和含糖量，葡萄幼果发育的适宜昼温为20 ～ 28℃，夜温15 ～ 18℃，过高的昼温导致幼果成熟进度过快，果实膨大不良；日本学者研究结果显示，亚历山大葡萄25 ～ 30℃高夜温处理虽然开始果实膨大很快，但不久就势头衰减，到硬核期时，果实大小明显小于15℃低夜温处理。果实着色期适宜的昼温为28 ～ 35℃，夜温为15 ～ 20℃，对花色素合成影响较大的是昼夜温差，在一定温度范围内，白天温度越高，光合作用越强，碳水化合物积累越多，而夜间温度越低，呼吸作用越弱、消耗越少，相对碳水化合物积累越多，也为花色素的合成提供了必备的物质前提，进而影响到了果实的色泽和含糖量。我国吐鲁番地区葡萄果实糖含量最高能达30%，这与当地7–8月份昼夜温差大有一定关系。

2.光照 光照是叶片光合作用的能源，葡萄生长发育与产量形成都需要来自光合作用形成的有机物质，是影响果实品质的重要因子，在光照不足时，叶片光合产物减少，果实的光合产物积累也随之下降。果实接受光强是自然光强的70%以上时，着色良好，光照强度低于全光照70%时，花色素的含量随光照强度的增加而增加。光不仅作用于果皮中花色素合成的物质基础，在果实发育后期还是一种环境信号，提高果实库强，促进叶片光合产物向果实的输入和分配，增加果实糖的积累，对葡萄果实品质起到调控作用。

3.土壤 土壤是葡萄生长和结果的基础，它为葡萄的生长过程提供必要的水分和营养，土壤状况在很大程度上决定了葡萄果实产量和品质。葡萄对土壤的适应性强，但不同的土壤类型对葡萄果实品质影响很大。沙质土壤的透气透水强，有机质分解快，增温与降温快，昼夜温差大，葡萄的含糖量高，风味好，但保水保肥力差，应多施有机肥，肥水每次用量少，施用次数要多；黏质土壤的通透性差，易积水，易板结，葡萄根系浅，但有机质含量高，应经常中耕、增施有机肥和掺沙，改良理化性质；在砾质土壤中，土壤排水通气良好，导热性强，昼夜温差大，微量元素含量高，葡萄果实含糖量高，香味浓，新疆吐鲁番葡萄沟很多优质葡萄就是在砾质土壤中栽培的；壤质土松黏适度，通透性好，保水保肥力强，有机质分解快，也是栽培葡萄的理想土壤。

土壤有机质也是影响葡萄品质的重要因素。我国土壤类型多样，目前葡萄园土壤有机质普遍偏低（多数在1%左右），而葡萄生产强国日本却高出很多（大多在5%以上），有较大差距。近些年来，我们已经认识到土壤有机质对提高葡萄品质的重要性，在生产实践中，通过大量施用有机物改良土壤，取得了明显的效果，如我国著名的“吴小平葡萄园”，通过草炭、有机肥的大量投入，使土壤有机质达到5%～10%，土壤通气性好，质地松软，生产出了十分优质的葡萄。

4.水分 水分在葡萄生命活动中有着重要的作用，它不仅是维持葡萄正常生长的基础，同时还关乎浆果良好品质的形成，果实膨大过程中需要水分的参与，果实中含水量在75%～90%以上。处在不同发育阶段的果实对土壤水分的要求不同，这直接关系到果实膨大和品质形成，幼果膨大期要求有充足的土壤水分，一旦受到干旱胁迫，幼果发育减缓，即使到后期给予充足的水分也很难恢复，这是因为果肉细胞的分裂质量已经注定，最终影响到果实粒重和质量。巨峰葡萄幼果期如遇干燥气候，有果实膨大不良、成熟期裂果、收获后落粒严重等倾向，这些现象都是幼果期形成的细胞膜构造和质量有缺陷造成的结果。浆果着色期要适当控制土壤水分，干旱胁迫对葡萄果实品质的提高有很大帮助，能够增加果实成熟度，提高含糖量，色泽及硬度未受影响；浆果着色期土壤水分过多，容易造成含糖量降低，风味淡，同时还能引发病害和裂果。

五、葡萄浆果发育和成熟的过程及栽培管理措施

葡萄从开花到浆果成熟，属于浆果的生长发育期。早熟品种为50～70天，中熟品种为70～90天，晚熟品种为90～120天。一般在开花后1周，一些授粉受精不良的子房因为缺乏营养而出现生理落果。未脱落的果实一般要经历初始快速生长期、生长缓慢期（硬核期）和第二次快速生长期三个阶段，称为双S曲线式生长。

（一）初始快速生长期

胚珠经过受精或子房接受外源激素处理后，果实立即进入快速生长期，该期是果实纵径、横径、重量和体积增长的最快时期。这期间浆果绿色，果肉硬，含酸量最高，含糖量最低，此期大部分品种持续5～7周，巨峰品种持续35～40天。把握好第一膨大期的管理是果实管理的重点，促进果实充分膨大是核心内容。

1.疏果 疏果是进一步调整穗型，促进果粒无障碍膨大，生产优质果品的必要措施，果粒拥挤变形、内堂着色不良、裂果、品质低劣的葡萄越来越不能适应市场需求。果实快速生长期是疏果的最佳时间，一般在生理落果结束后就可进行，尤其是通过生长调节剂处理的果实，发育速度非常快，如夏黑品种，使用赤霉素和细胞分裂素保花保果后7天，果粒即可达到黄豆粒大小，由于生长调节剂处理大大提高了坐果率，如不进行及时疏果，果粒很快就会拥挤，严重影响膨大，果穗一旦拥挤，疏果剪无从下手，给操作带来很大难度，而且即使疏开，也会导致果实膨大力度减小，最终影响果实的大小。刘璐璐等（2012）对喜乐无核葡萄采取不同时间疏粒，结果表明，疏粒能够明显提高果粒可溶性固形物含量，在谢花期后3天进行早期疏粒能明显增加最终果粒的体积和重量，而在谢花期6天后再疏粒，对最终果粒的增重无明显影响。因此，疏果操作宜早不宜晚，要求必须在谢花后20天内，果穗拥挤前及时完成。

根据不同品种的整形要求，采用相适应的疏果方法。在疏粒前应仔细审视穗型，先调整果穗各分支的长度，如回缩上部过长分支，剪除部分萎缩穗尖，将穗型整体轮廓调整为预期的圆柱形或圆锥形，使穗重趋向均衡，穗型规范，然后再进行疏粒操作。生产中常见的疏粒方法有以下几种：

（1）“钻果龙”疏果法：紧密的圆柱形果穗可采用此法。“钻果龙”疏果法是从果穗尖端，沿穗轴从下至上“钻”上来（如农村以前用螺丝刀逐列钻玉米棒），一般“钻”2列，果穗已经松散，然后再简单剃掉有伤口或较密部位的个别果粒，这样既省工省时，也能维持良好的穗形（图9-16）。

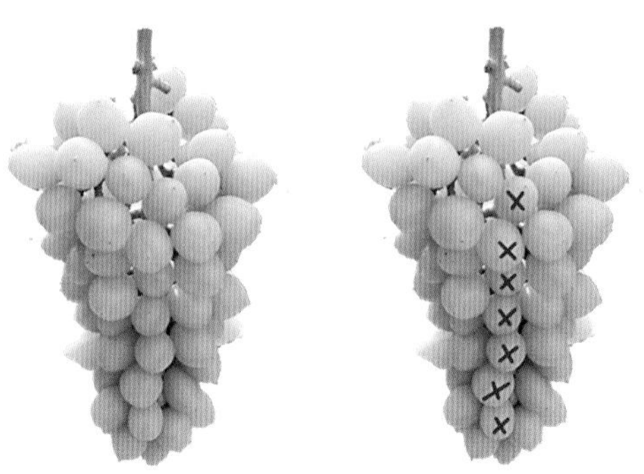

图9-16　葡萄“钻果龙”疏果法

（2）“数列”疏果法：圆柱形、圆锥形的果穗均可采取此方法。葡萄果穗上果粒着生一般都是上部粒数多，下部粒数少，上部分支上下间距大，下部间距小，由于这种着生特点，在疏果时，从上至下要使每个分支上的果粒逐渐减少，才能保证果粒均匀的着生密度，从而使果穗呈现出圆锥形或圆柱形。生产上常采用的留粒方式有6-5-4-3-2-1；5-4-3-2-1；4-3-2-1的方法，数字代表从上至下每个分支的留粒数，为了使果穗上部饱满，最上部2～3个分支（第一层）一般留的粒数最多，目的是上部果粒能够包裹住穗轴，使果穗上部饱满无空隙，有利于包装和运输，遇到上部分支有多层果粒，应短截分支，仅保留基部一层果粒；中部按数字递减的方式留粒，中部分支的个数根据品种特性确定，一般每级次分支个数为3～9个，最尖部1个粒的分支着生最为紧密，一般留6～10个（图9-17）。果粒较大的品种如藤稔、巨峰采用4-3-2-1的方法，例4443333333332222221111111111，总计为60粒，平均粒重为12克，则穗重720克。以此类推，果粒较小的品种如87-1，京秀采用6-5-4-3-2-1，例66655555444444333333222222111111 1，总计为110粒，平均粒重为6克，则穗重为660克。总之，应在“数列”递减的原则下，根据品种粒重和穗重目标灵活掌握。

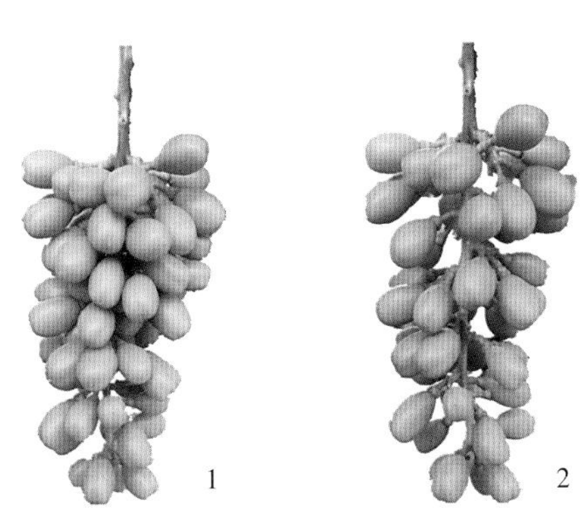

图9-17　葡萄“数列”疏果法
1.疏果前　2.疏果后

（3）隔层疏层法：对于坐果率极高，分枝数量多且层间紧密的品种，如京秀、87-1、早霞玫瑰等品种，疏果工作量极大，可以采用此方法。以着生在主穗轴上接近于同一平面的三个分支为一层，从上往下进行选留，留下一层去掉一层（即留下三个分支，就要往下去掉三个分支），再留一层，再去一层，以此类推，直至底层（图9-18）。隔层疏层法宜早不宜晚，自然坐果的果穗，要在果粒间出现大小分化之前完成，保证留下的果粒大小一致；无核化处理的果穗也要保证果粒大小均匀，以实现只疏分支不疏果粒为目标。该方法操作简单，工作效率高，每人1天可完成3 000～5 000穗疏果工作量。

（4）经验疏果法：我国葡萄生产目前大多处在粗放的果穗整形阶段，果农多凭借经

疏果前

疏果后

成熟后

图9-18 隔层疏层法

验进行疏粒，根据果粒的大小和果穗拥挤度，疏除小粒、畸形粒，内堂拥挤果粒，在原始穗型的基础上通过目测和判断的方法调整，对果粒的着生方式没有严格要求，不符合高标准生产模式的要求，但对疏果的技术性要求低，易于掌握。

（5）免疏果法：一些穗型相对标准的品种如着色香、玫瑰露等品种，通过生长调节剂处理后，拉长了花序纵轴，果穗松紧适中，无大小粒，无需进行疏果操作（图9-19）；另外夏黑、红地球、巨玫瑰、醉金香、无核白鸡心等多个品种也有成功的案例，拉花、保果处理得当，坐果适中，仅对穗型进一步调整即可，无需进行疏粒操作，节省了大量的人工和时间，是省力化栽培的重点研究课题之一。

2.果实膨大处理 浆果快速生长期是果实膨大的关键时期，也是开展植物生长调剂处理的重要时期，俗称“膨大处理”。研究认为，有核栽培的由于种子的形成，诱导产生了较多内源激素，通常可以满足自然果实膨大需要，随着市场对葡萄果品大粒化的需求，一般在盛花后10天（即生理落果之后）幼果进入快速膨大期，生产中为了打破内源激素的匮缺，往往人为施用外源激素，但由于种胚已经形成，不能消除种子，仅仅起到进一步膨大果粒的作用。但无核化栽培时，花前或花期施用的外源激素浓度较高，幼果进入快速生长期的时间比有核栽培要提早1周，而外源赤霉素的有效期只有7～15天，一旦外源赤霉素降解，果实的“强库”效应丧失，果实膨大速度将出现锐减。因此，需要在第一次处理的10～15天后及时进行第二次外源激素补给，延续幼果的快速膨大。为了节省多次处理的成本和时间，有人在有核葡萄盛开后5天，使用较高浓度外源激素一次性处理果穗，既能实现无核化，又能起到果实膨大的作用。

图9-19 葡萄免疏果法（着色香幼果～成熟果）

用于果实膨大的外源激素主要有赤霉素、细胞分裂素和生长素，用于果实膨大的浓度范围根据品种敏感度不同有所差异，赤霉素为5 ～ 100毫克/千克，氯吡脲为2 ～ 10毫克/千克，苄氨基嘌呤为40 ～ 200毫克/千克，对氯苯氧乙酸不应超过30毫克/千克，超出使用范围容易产生幼果僵化生长停滞、果梗粗硬，成熟后容易掉粒、延迟成熟或成熟不良以及裂果等副作用。如巨峰葡萄有核栽培，于生理落果中后期，采用5 ～ 10毫克/千克氯吡脲浸蘸果穗，可进一步膨大果粒，比不经膨大处理的果粒平均粒重增加20%以上；着色香葡萄花前3 ～ 5天以75毫克/千克赤霉素浸蘸花序实现无核化，10天后再用100毫克/千克赤霉素进行膨大处理；阳光玫瑰葡萄在满开日以12.5 ～ 25毫克/千克赤霉素+2 ～ 5毫克/千克氯吡脲浸蘸花序保花保果兼无核化，12天后再用25毫克/千克赤霉素+2毫克/千克氯吡脲进行膨大处理，也可于满开后5天，生理落果初期用25毫克/千克赤霉素+10毫克/千克氯吡脲一次性处理，同时起到无核化和膨大的作用；无核白鸡心葡萄于盛花期，采用25毫克/千克赤霉素一次性拉长和膨大果粒。

值得注意是，应用植物生长调节剂处理果穗，必须在强壮树体上使用才能取得良好效果，且处理前后应保持较高的田间持水量。处理时幼果较大（黄豆粒大小以上），应选择晴天通风良好的时候进行，并抖落掉附着在幼果上的药液，使药液尽快干燥，忌在傍晚时进行，否则因为药液长时间在果粒上停留，容易灼伤形成药疤。另外温度、空气湿度、土肥水状况都会对生长调节剂的效果产生显著的影响，必须经过小面积试验成功后才能推广应用，否则风险性极大。

3.环剥处理 环剥，又称环状剥皮，是果树基本修剪方法中的一种。它是用环剥器或锋利的刀片将枝干的表皮(韧皮部)剥去一圈，韧皮部是有机物质在葡萄植物体内上下运输的主要通道，环剥能有效阻止光合产物由环剥口上部向环剥口下部运输（图9-20），暂时增加环剥口以上部分碳水化合物（光合产物）的积累，抑制碳水化合物向根系的输送，造成根系短期“饥饿”，缓和树势。但环剥没有破坏木质部，不能阻止根系吸收的水分和无机盐向上运输。因此，环剥的实质是对叶片光合产物的分配和流向进行调节，使光合产物更多地输送到代谢较强的果实中去，从而促进果实的生长发育。减弱枝叶旺长，进

图9-20 葡萄环剥
1.环剥初期 2.开始愈合 3.完全愈合

而起到调节营养生长和生殖生长的矛盾。幼果期环剥处理可以促进花芽分化和坐果，多项研究表明，环剥对果实单果重、纵横经的增大效果显著，增大幅度在5%～20%，对于果实商品性的提升有巨大贡献。

葡萄环剥经常采用主干环剥和结果枝基部环剥两种方法。主干环剥，对根抑制作用大，调控效果明显，操作省工省力，但操作风险大，常出现伤口愈合不良死树的情况；结果母枝或结果枝环剥是在母枝基部或果枝花序（果穗）下的节间进行环剥，如果环剥处理失败，也不会对整个植株造成致命的伤害，但用工量大，生产中应用较少。

为增大果粒，宜在花后幼果迅速膨大期进行，此时正值果皮细胞迅速分裂、果实生长迅速之时。推迟环剥期，则增大果粒的效果减小，且环剥越晚，效果越差。张永福（2013）的 研究发现，在谢花期对玫瑰蜜葡萄进行主干环剥，可使果粒重和果粒纵、横径显著增大，但在果实开始转色时进行环剥则会使其显著降低。环剥的适宜宽度常视新梢和主干的粗度而定，一般宽3～5毫米，过窄起不到环剥的作用，过宽环剥口不易愈合，影响枝条成熟。环剥的深度以切至木质部为宜，过深严重抑制生长，甚至使环剥的结果枝死亡；过浅韧皮部有残留，效果不明显。环剥口一般在15～20天内可以正常愈合，愈合后地上地下的物质交换重新建立联系，开始进入根系的恢复期。

但应注意的是，环剥也会削弱光合作用。这是因为环剥后，叶片的水势和根系活性降低，矿质营养运输受阻，叶绿素的合成受到抑制，从而影响到叶片的光合作用。因此，在葡萄上应用环剥技术时必须结合树体的生长情况，尤其要重视和其他综合农业技术的配合，而不能过分夸大环剥的作用。由于环剥只是影响了光合产物的分配和流向，因此对于弱株不宜环剥，一定要选择在健壮树和健壮枝上进行，同时还要与良好的土、肥、水、植保等科学管理相结合，才能收到良好的效果。

4.预防裂果 葡萄裂果的方式主要有纵裂、环裂和脐裂等（图9-21），裂果时期主要集中在果实转色期或果实膨大期，但浆果快速生长期是果实和果皮细胞快速分裂的时期，此期果实的发育状况直接影响到后期裂果的发生情况，因此，要从幼果期就开始着手预防裂果。

果实内部的生理代谢是对外界环境的反映，同时又反向调节着果实的生长发育，如果实含水量、细胞紧密度、可溶性固化物均对果实裂果存在影响。果实裂果普遍集中在成熟期前后，此时果实体内的贮存物质、生理活性物质均会发生一系列的生理生化变化，往往诱导裂果发生。李建国等研究发现，果实在成熟过程中，果肉含糖量提高，渗透势下降，容易急速吸水而增大内部压力，而果皮组织的原果胶水解为可溶性果胶，果胶钙

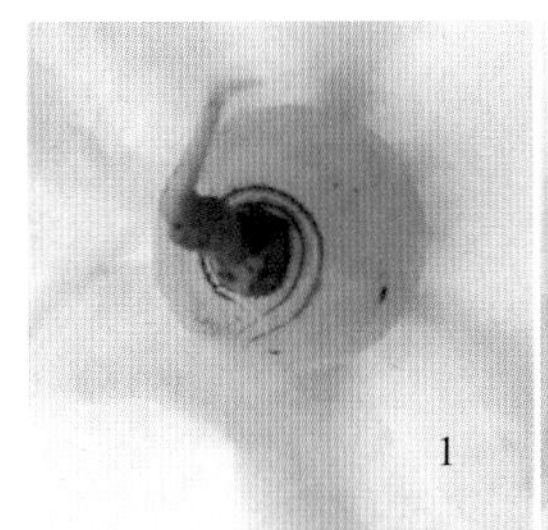
1

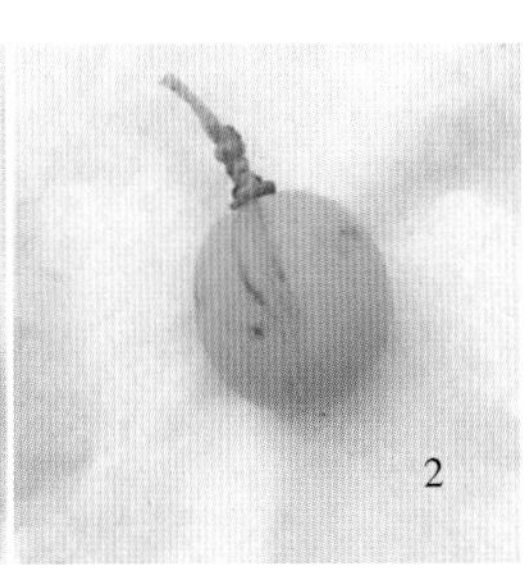
2

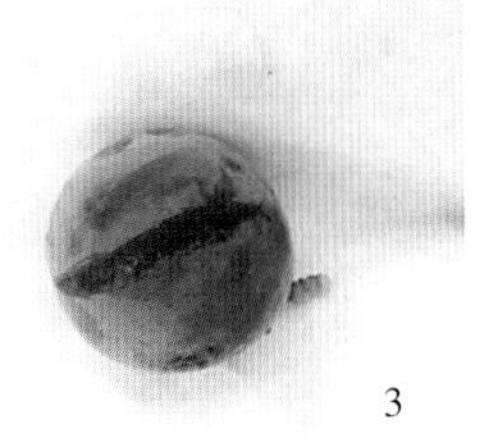
3

图9-21　葡萄开裂方式
1.环裂　2.纵裂　3.脐裂

减少，果皮应变力逐渐下降，无法适应果肉内部张力，致使裂果率增加。果实内部水分的变化与根系、果实和叶片吸水有关。根系主要受到灌溉的影响，果实和叶片与空气湿度有关，果树根部或果实表面吸收过多的水分均会导致裂果的发生。葡萄若前期缺水，着色期持续降雨或大量浇水，根系吸收水分猛增，加剧裂果。水分过多会导致裂果的发生，可能是由于水分进入果肉细胞后，果肉细胞迅速膨大，当膨压超过果皮能承受的最大压力时，造成裂果发生。因此，在果实生长发育前期，必须保持土壤湿润，水分供应充足，保持果肉细胞和果皮细胞同步生长，在果实生长后期要保持土壤水分适度而稳定，不使果皮细胞过早停止生长，减少裂果。

植物体内含有多种矿质元素，矿质元素缺失与过剩均对裂果产生影响。钙是细胞壁重要组成部分，能够改变果皮组织结构，增强细胞弹性和抗张强度，减少质膜渗透性，增强果皮的抗裂能力。近年来的研究表明，钙在葡萄生长发育中的重要性，甚至称之为超过氮和钾的第一大元素，特别是幼果需钙高峰期，应注重钙肥的施用，可以土壤冲施硝酸铵钙，每次每亩2 ~ 3千克，间隔5 ~ 10天一次，叶面可以结合病虫害防治喷施糖醇钙、氨基酸钙等螯合型速效钙肥。硼对细胞壁合成其重要作用，能够加速糖在体内的运转速度，改变氧化酶和过氧化物酶活性，硼还能有效促进钙的吸收。镁是叶绿素、肌醇六磷酸钙镁和果胶的成分，对蛋白质、脂肪、碳水化合物代谢起重要作用，使用并重视施用中微量元素肥，叶面喷施微肥可提高树体的抗逆性和果实抗裂性。

大量群众经验认为，果实第一次膨大期果粒生长幅度应达到最终粒重的70%，第二次膨大期只增长最终粒重的30%，则裂果轻；如果第一次膨大期果实生长幅度小，第二次膨大期果实膨大压力大，则极易发生裂果。可见，尽可能使浆果快速生长期的果实膨大更充分，是预防裂果的核心内容。因此除了快速生长期水分和肥料供应充足外，还应该重视营养生长和生殖生长的矛盾，要根据枝条势力的不同采取相应的“促进”或“控制”措施，通过修剪、疏果、化学调控等措施调节枝条和树体的势力，尽可能是有效养分向果实输送，使果实充分膨大。

（二）生长缓慢期（硬核期）

在快速生长期之后，浆果发育进入缓慢期，外观有停滞之感，但果实内的种胚在迅速发育和硬化。这一阶段早熟品种持续时间短，而晚熟品种持续时间较长。硬核期结束后浆果开始失绿变软，酸度下降，糖分开始增加。此期一般持续2 ~ 4周，巨峰品种需要15 ~ 20天。

1.定穗定产　葡萄硬核期经过了一系列的花果管理措施，果穗数量、形态已经较明确，果粒的发育质量和退化也充分显现出来，此时更利于科学定产（定穗），定穗后，受外界条件的影响产生二次损耗的风险小。日本对阳光玫瑰的推广资料显示，在果实软化前最终定穗均可进行，第一不会影响选留果实的发育，第二防止过早定穗后出现的果实退化、僵粒带来的损失。根据不同品种负载能力及树体、营养状况综合考虑，摘除果穗形状不好、果粒发育不良、滞后以及受病虫害危害的果穗，一般亩产控制在1 000 ~ 2 000千克以内。

2.果实套袋　葡萄套袋技术由日本兴起。20世纪初期，日本果农为防止桃小食心虫的为害，在梨、葡萄上进行套袋。目前日本葡萄套袋面积已达70%以上，韩国葡萄套袋已经历了30余年，现已较普遍用于葡萄生产上，套袋面积也达70%。我国葡萄套袋栽培技术的应用起步较晚，进入20世纪90年代，南北各地都重视套袋栽培技术研究，并在生产上逐步推广应用。套袋不仅能够改善葡萄果实的颜色，降低农药残留，防止日灼，也对果实内在品质产生影响。管雪强等（2002）在云南观察，森田尼无核葡萄果实套袋明显提高了果面光洁度，套袋因隔绝了阳光直射而使果皮薄而细腻；不套袋果穗由于高原地区光照强烈，导致正常状态下果皮粗糙。套袋可使果面光洁美观、果点细小、果锈轻。同时，果实套袋后，阻隔病、虫害侵入的机会，有效防止虫、病对果面的侵染。张华云等（1996）研究发现，套袋可抑制酚类物质合成的关键酶苯丙氨酸解氨酶、多酚氧化酶、过氧化物酶的活性，使表皮细胞分泌蜡质少而均匀，木质素合成减少，木栓形成层的发生及活动受到抑制，延缓和抑制了果点和锈斑的形成，果点覆盖值减小，果点变小、变浅，但不改变果点密度，锈斑面积明显减小，色泽变浅。据刘晓海报道（1998）巨峰葡萄套袋果可溶性固形物含量、可溶性糖高于对照，而总酸含量下降，套袋果风味明显优于不套袋。

随着套袋机理的不断深入研究及制袋企业的发展，果袋的种类和功能也逐渐呈现多样化趋势，如从白色袋发展出绿色袋、蓝色袋、黄色袋、黑色袋等，从自制报纸袋发展出木浆纸袋、牛皮纸袋、蜡质纸袋、无纺布袋、有孔塑膜袋、塑膜纸质双面袋等，以及专门用于防止果实日灼的伞形袋等（图9-22）。不同色泽、材质、样式的纸袋有不同的用途。如白色纸袋可以使有色品种色泽更加艳丽，袋内温度高，光线遮挡作用弱，有利于着色和早熟，适合于设施葡萄促成栽培；新疆地区为了防止红地球葡萄着色过深，采用报纸袋或白色木浆纸袋，使果皮颜色鲜红，效果显著。绿色品种易生果锈，严重影响商品性，日本在阳光玫瑰生产中，采用绿色或蓝色纸袋，通过遮蔽部分光质，延缓了果皮老化，从而降低了果锈症状的发生程度。有人在无核白鸡心上使用黑色不透光袋，进行早期套袋，营造了袋内全天黑夜环境，抑制了果皮花青素和叶绿色的合成，形成接近“珍珠白色”的果实，成为市场新奇特果品的亮点。近年新开发的无纺布袋具有透光率高，果际相对光照强度达到122.29%，显著增加可溶性固形物含量，降低果实可滴定酸含量（周思泓，2019），且防鸟效果优于普通纸袋，在生产中得到快速推广。另外，如美人指、红地球、甜蜜蓝宝石等一些品种极易发生日灼，早期采用封闭式果袋套袋，会形成袋内高温，加重日灼，因此生产中采用伞袋先行对果穗遮光，起到降低果际温度的作用，可以有效防止日灼，待日灼高发期度过后再改用封闭式果袋进行套袋。因此生产上建议根据不同葡萄品种特性选择不同材质和颜色的果袋，或与果伞结合使用，达到调整果际微气候，提升果实品质的目的。

图9-22　葡萄袋的类型
1.牛皮纸伞袋　2.报纸伞袋　3.塑膜纸质双面袋
4.蓝色袋　5.白色木浆纸袋　6.无纺布袋

葡萄果实套袋的时间应根据品种特性而定，一般在果实坐果稳定、整穗及疏粒结束后立即开始，赶在雨季来临前结束，以防止早期侵染的病害。容易发生日灼的品种则应在果实即将软化时进行，但最晚必须在转色期前套袋结束，套袋应在上午10点以前和下午4点以后，或阴天的全天都可套袋。套袋前根据当地病害情况喷一次杀菌剂复配杀虫剂和叶面肥，重点预防白腐病、白粉病、炭疽病、灰霉病、溃疡病、螨虫和蚜虫等，最好选用颗粒细微的悬浮剂或水剂，不要选用乳油，容易破坏果粉，并形成“水斑”，也不要选用稀释倍数较小的可湿性粉剂，容易造成果面污染。目前应用较广泛的套袋前药剂组合为苯醚甲环唑+醚菌酯+异菌脲+螺螨酯+高效氯氰菊酯+糖醇钙，喷药要求均匀细致，但不可过量，以防灼伤和果面污染，药液干燥后1天内完成套袋。

（三）第二次快速生长期（果实成熟期）

此期是浆果生长发育的第二个高峰期，但生长速度次于快速生长期。这期间浆果慢慢变软，酸度迅速下降，含糖量迅速上升，浆果开始着色直至成熟。此期一般持续5 ~ 8周。本期管理着重提升果实品质，促进着色成熟及预防病虫害，通过各项措施实现商品价值。

1.促进增糖着色　糖分的含量和构成对葡萄果实的风味、色泽及其他营养成分有着重要的影响，是葡萄果实中重要的营养物质，也是葡萄成熟与否的重要标志之一。在制约葡萄果实品质构成的因素当中，糖类物质积累和组成种类是决定葡萄果实品质的最重要因素，因为葡萄品质的主要指标如糖酸比、酚类物质（影响香气）含量的多少等无一不与果实中糖类物质的积累有关。郭绍杰（2012）对新疆赤霞珠葡萄的调查发现，果实从着色期到采收期糖分增量占总含糖量的31.5%，在此之前的累积糖分占糖分总量的68.5%，但此时果实品尝不出甜味，可见，浆果最后膨大期是葡萄形成可感知糖分的重要阶段。花色素主要存在于葡萄果实的表皮层内，葡萄果皮中花色素不但含量高，而且种类多，其种类和含量多少是影响葡萄果实着色效果的决定因素，直接影响果实的外观品质，影响商品性状和消费者的购买欲，进而影响商品售价。糖是合成花色素的原料，各种矿物质通过不同途径影响花色素的形成，因此，在果实最后膨大期应采取不同措施，促进树体及果实的养分积累，促进果实着色及成熟。

（1）温度控制：昼夜温差也是影响葡萄果实品质的重要因素之一。在昼夜温差大的环境下，由于夜间温度低，夜间呼吸作用的消耗也降低，而白天高温使叶片制造的大量有机物质和糖分增加，促进了果实中的糖分积累。因为糖分是合成花色素的基础物质，所以昼夜温差也间接影响到花色素的合成。在一年两熟的生产实践中，二次果往往比一次果着色好，不易着色的品种如红巴拉多、红富士、安艺皇后等也能着色为鲜艳的红色，甚至紫色。因此，在设施栽培环境下，可以采取白天“放小风”或只放“顶风”，夜间大放风的措施，人为提高昼夜温差，对增糖着色极为有利。

（2）肥水管理：果实转色期，相对干燥有利于葡萄上色，过湿阻碍葡萄上色，生产园应适当控水以促进着色。在葡萄成熟期，应以钾肥为主，适度磷肥。少用或不用氮肥，重视中微量元素的施用。葡萄是喜钾植物，施用钾肥可以增加浆果的含糖量，促进浆果着色和芳香物质的形成。研究发现钾肥不仅使葡萄果穗整齐，而且能提早成熟，成熟度一致，适宜一次集中采收。一些有经验的果农很重视这次追肥。通常是在葡萄进入转色期时，结合滴灌每亩每次冲施高钾肥 5 ～ 10 千克，间隔5 ～ 7天冲施一次，对增糖着色效果显著。生产上常用的钾肥有氯化钾和硫酸钾，也可结合叶面喷施磷酸二氢钾来补充钾元素。由于葡萄属忌氯作物，氯化钾尽量不用或少用。近年开发的腐殖酸钾类产品，具有水溶性好，使用方便等特点得到广泛应用，同时腐殖酸是一种生物活性制剂，能够减少钾的损失和固定，增加作物对钾的吸收和利用率，也具有改良土壤的作用。

（3）改善光照条件：葡萄生长后期，枝蔓基部叶片老化变黄，失去光合作用能力，由制造养分变成消耗养分，为使浆果着色良好，可适时去除枝蔓基部3 ～ 5片老叶，以减少郁闭，增加通风透光。与此同时在结果枝上保留1 ～ 2个具有2 ～ 3片叶的二次、三次副梢，可以弥补基部老叶的损耗，促进光合产物的形成，更利于浆果增糖着色。果实开始转色后，在保证足够叶面积的前提下及时剪梢，增加光照和通风，防止架面郁闭及病虫害滋生，促进果实良好着色。

有些产区的晚熟品种，成熟阶段光照、积温不够，着色差。对此，可在浆果成熟前30 ～ 40 天，在葡萄树冠下覆盖银灰色反光薄膜，以增加葡萄叶片和果实的受光面积，促进光合产物的积累；同时，增加土壤温度，增加地面太阳辐射，能显著提高浆果可溶性固形物含量和着色度。

（4）二次环剥：在葡萄生产中针对不同的目的，环剥的时期选择也有所不同。贾宗锴等报道葡萄在花期和落粒前环剥能促进坐果，坐果后环剥能增大果粒，转色期环剥能促进上色和成熟。杨治元（2004）报道，在硬核期结束进行环剥，各种品种均可采用，能提早成熟6 ～ 10天，对着色差的品种效果更显著。二次环剥应在有色品种刚刚着色或绿色品种刚刚软化时进行，环剥方法与第一次相同，生长季短的北方地区伤口愈合时间短，可以适当缩小环剥的宽度，以2 ～ 4毫米为宜。在二次环剥时，也可将第一次环剥时已经愈合的韧皮组织剥离，而不另行环剥刀口，同样可以起到二次环剥的作用。目前生产中环剥技术多应用于增大果粒、提早成熟和促进着色方面，不是栽培管理的必选项，应根据生产需求酌情采用。

（5）除袋（图9-23）：程存刚（2002年）研究表明，套袋果去袋后花青苷及其前体物质的合成积累迅速增加，果实迅速着红色。套袋果叶绿素合成相对缓慢，含量极显著低于未套袋果，降低了对花青苷的屏蔽效应，从而改善了花青苷的显色背景，使套袋果色泽鲜艳。一般红色品种可在采收前10天左右去袋，以促进良好着色，但如果袋内果穗着色很好，已经接近最佳商品色调，则不必去袋，否则会使颜色加深，着色过度。绿色品种一般可以不摘袋，带袋采收；也可以在采收前10天左右摘袋，这要根据品种、果穗着色和市场需求情况以及纸袋种类而定。如阳光玫瑰品种市场对绿色果实和黄色果实各有一定份额的需求，要根据市场需求决定是否提前摘袋；巨峰等品种一般不需摘袋，但也可通过分批摘袋的方法来达到分期采收的目的。摘袋时间宜在上午10时以前和下午4时以后，阴天可全天进行。

（6）植物生长调节剂的应用：乙烯能促进叶绿素的分解、色素的形成及有机酸的转化和果实芳香物的形成。乙烯可通过影响膜透性增加糖分流通和积累，能直接调节花色素合成的生理生化过程而促进花色素的合成，从而促使果实着色。脱落酸也是色素形成的关键诱因，在成熟阶段，葡萄果实内源脱落酸含量增多，有力地推动了果实内乙烯的合成，从而促进果实花色素合成和积累。在果实成熟后期，类胡萝卜素也会部分地转变

图9-23　葡萄除袋

为脱落酸。因此认为，脱落酸首先刺激了乙烯的生物合成，再间接地调节果实成熟。

陈锦永等报道，果实着色初期使用25毫克/升脱落酸水溶液浸蘸果穗一次，可显著促进巨峰葡萄果实成熟，提高果实可溶性固形物含量，对果实大小无显著影响。有些葡萄产区于果实着色初期，使用400～500毫克/升乙烯利、100～200毫克/升5%脱落酸或5%茉莉酸丙酯（PDJ）500～1 000倍水溶液并配合叶面肥的使用进行喷施或浸蘸果穗，以改善着色、促进成熟、提早上市。各种激素类产品虽然可以促进葡萄上色，但着色、增糖、降酸的过程往往不同步，且果实硬度等指标下降；乙烯利有促进离层形成的作用，所以单独过量使用乙烯利催熟时常常导致果粒脱落，商品性状降低，使葡萄果穗不耐贮藏和运输。过度使用植物生长调节剂会使叶片提前黄化，影响树体生长，抗性降低，使病虫害上树。因此，生产上应谨慎使用激素类产品催熟，但可根据市场需求和储运需求或在遭遇极端天气等特殊情况救急使用。

2.预防裂果　果实着色期是葡萄裂果的集中爆发期，葡萄在第一次膨大期时因为土壤缺水等原因导致葡萄不能正常膨大，在生长后期突然降雨或者是浇大水，就会导致土壤含水量突增，葡萄果肉细胞裂变加速，果皮承受不住细胞的裂变，就会出现裂果现象。除了应该注意第一次膨大期的具体措施使果实充分膨大和科学肥水供给外，着色至成熟阶段还应格外注意空气湿度的变化。有人曾做过试验，将充分成熟且未发生裂果的乍娜品种果穗置于清水中12小时，发现30%以上果粒发生纵裂，可见果皮外部空气湿度也是导致裂果的主要原因。日光温室促成栽培中，成熟期在5月20日之前的很少出现裂果现象，因为此时雨季尚未来临，外界空气湿度较小，但超过6月10日以后成熟的易裂果品种，即使有棚膜的遮雨作用，裂果率仍然明显增加，这可能都与果皮外部空气湿度有关。因此，易裂果的品种促成栽培中应合理安排产期，将成熟期控制在雨季之前。不能有效调控产期的设施，也可以采取地膜覆盖、果实套袋等积极措施，降低棚内相对湿度或改变果实微环境，避免或降低裂果的发生。另外，设施栽培的葡萄，遇降雨需要关闭风口阻止雨水进入棚内，雨后突晴，必须立即放风，否则出现棚内高温高湿的“桑拿”环境，极易引发爆发式裂果，高温高湿环境产生后再放风还容易引发大规模叶片失水凋敝，对生产影响极大。

3.病虫害防治 果实最后膨大期至采摘前，也是白腐病、炭疽病、白粉病、溃疡病和螨虫的高爆发期，绝大部分病虫害都是需要提前预防的，成熟期出现爆发式病虫害，往往无法控制，出现轻度病虫危害要及时将病果剪除，集中深埋，以防止大规模传播。同时应营造良好的通风透光环境，避免郁闭，培育健康的土壤环境和树体。具体病虫害防治见第十四章。

（四）阳光玫瑰葡萄精品果的培育

当前阳光玫瑰葡萄在我国果品市场一品独秀，其果实形美色艳、质优爽口、肉脆细嚼、香甜润喉，人人喜爱，深受欢迎！然而，若要将它培育成精品果，并非易事，至少凡事必须精准抓住“时、量、位”三个字。

1.花穗处理

（1）满开时，结果枝长度50 ～ 100厘米留1穗，小于50厘米不留穗。

（2）花前1周至初花，只留穗尖3 ～ 8厘米，其余剪去。其中初结果树穗轴拉长幅度小，果粒偏小，修花长度宜大不宜小（6 ～ 8厘米）；三年生以上结果树，花序拉长幅度大，花序分支外移严重，穗型易恶化，修花长度宜小不宜大（3 ～ 5厘米）。

2.无核处理 单穗花满开日至满开后3天内，采用25毫克/升赤霉酸+2 ～ 5毫克/升氯吡脲+200毫克/升医用链霉素浸蘸或喷布花序。

3.膨大处理 无核处理后第10 ～ 15天，采用25 毫克/升赤霉素+2 ～ 5毫克/升氯吡脲浸蘸或喷布果穗。

4.疏果处理

（1）疏果必须早：在无核处理5天后至果粒蚕豆粒大小时（仅有10天左右），必须完成第一次疏果。

（2）采用数列疏果法：以着生在主穗轴上接近于同一平面的三个分支为一层，从上到下进行分布6 ～ 8层果，每层果按照口诀留果粒。

二年生初结果树按照：666-555-444-333-333-222-222-6的方式从上到下依此留粒，第一层每个分支留6个粒，剪掉夹在里面和向下生长的果粒，留下向上生长和向外生长的果粒，容易完全包住主穗轴（图9-24），避免果穗顶端出现空洞（图9-25）。第二层每个分支留5个粒，剪掉向上、向下生长和突出果穗平面的果粒，只留向外生长的健康果粒。第

图9-24 阳光玫瑰精品果穗
修花长度小或上层留粒多，包住主穗轴

图9-25 阳光玫瑰果顶空洞
分支外移，上层留粒数不足，不能包住主穗轴

三层及以下各层类推。果穗尖端果粒居多时，已经不能明显分出层次，则以挑选6个饱满的大粒为目标，如果果穗尖端出现小果粒，则立即剪掉。

三年生以上结果树按照：555-444-333-333-222-222-6的方式分层留果粒；如果最上层分枝拉得过长，也可来取666-444-333-333-222-222-6的方法，以尽可能保证上层果粒包住主穗轴。

（3）要坚持“多次疏果”理念：更好的果穗穗型绝非一次疏果就能实现的，先进的葡萄园，至少还要进行2 ~ 3次的疏果，剪掉僵果、偏小的果粒、气灼果和日灼果、病果和虫果、拥挤果和夹生果以及各种生理缺陷和灾害性果粒等，一直坚持到套袋前。

5.水肥一体化　凡是有条件的葡萄园都应采取“水肥一体化”装备，按规定每年定期在葡萄果实采收后，每亩开沟施入腐熟有机肥10 ~ 15米^3+过磷酸钙30 ~ 50千克以外，还必须在葡萄生长关键期追肥。

萌芽至开花前期：硝酸铵钙1 ~ 2次，每次2.5 ~ 5千克/亩。

幼果膨大至硬核期：硝酸铵钙与平衡肥轮换施用，各施用3 ~ 4次，每次2.5 ~ 5千克/亩。

硬核期至果实成熟期：高钾肥与黄腐酸钾轮换施用，各施用3 ~ 4次，每次2.5 ~ 5千克/亩。

此外，还可结合防病打药时，在药液中追加0.3%磷酸二氢钾或糖醇钙及氨基酸叶面肥。

第十章 设施葡萄土肥水管理

一、设施葡萄土壤管理

（一）土壤是葡萄生存的基础

1.土壤对葡萄植株的固定作用　土壤是地球表面一层疏松的物质，由各种颗粒状矿物质、有机物质、水分、空气、微生物等组成。土壤的物理组成不仅起到固定葡萄植株的作用，而且土壤中这几类物质构成了一个矛盾的统一体。它们互相联系，互相制约，为葡萄提供必需的生活条件，是土壤肥力的物质基础。

2.土壤是葡萄生命活动的介质　葡萄的生长发育除本身的条件外受许多自然条件影响，如当地日照、降雨、积温等气候条件和土壤类型、土壤营养状况、pH等土壤条件。葡萄通过光合作用获得碳水化合物营养，其他大部分矿质营养都是通过根系从土壤中获得。土壤为葡萄的生长过程提供必要的物理环境、化学环境、养分环境以及良好的生物环境。

①土壤的物理环境包括土壤矿质和土壤有机质（固相）、土壤水分（液相）、土壤空气（气相）等四部分。矿质部分主要由土壤颗粒（其大小组成为土壤质地及其在土壤中团聚的形式构成土壤结构）组成；土壤有机质由动植物、微生物排泄物及其残体腐解产生的含碳有机化合物组成；土壤水分是土壤液相部分，包括自由水、束缚水和具有营养元素的溶液；土壤气体是土壤中的空气部分，空气和水分都存在于土壤空隙中。

②土壤的化学环境主要包括土壤交换性能和土壤酸碱度（pH表示）。土壤交换性能是土壤所带电荷性质及离子间化学力结合有关，它会影响葡萄对矿质营养的吸收。土壤的酸碱性对土壤养分的有效性有很大影响。一般来说，pH在中性范围内多数养分有效性最高。

③土壤养分环境是葡萄生命活动的核心，其重要性不言而喻，将在“土壤肥力”中详细论述。

④土壤生物环境主要包括土壤微生物和土壤动物。微生物环境包括嫌气菌、好气菌、益生菌和各种具有生命特征的真菌、细菌等，大部分对葡萄根系吸收、呼吸等生命活动具有辅助性，只有少部分属于破坏性。土壤动物主要为无脊椎动物，包括环节动物、节肢动物、软体动物、线形动物和原生动物。原生动物因个体很小，故也可视为土壤微生物的一个类群。

3.土壤“三相”组成 土壤的固相、液相和气相通常称为土壤的“三相”，其各自的容积占土体容积的百分率，分别称为固相率、液相率（水分率）和气相率，这三者之比就是土壤三相组成或三相比。土壤中各种形状的粗细土粒集合和排列成固相骨架，骨架内部有宽狭和形状不同的孔隙，构成复杂的孔隙系统，全部孔隙容积与土体容积的百分率，称为土壤孔隙度。水和空气共存并充满于土壤孔隙系统中。土壤孔隙度、水分率、气相率和三相比数值可反映土壤的松紧程度、充水和充气程度及水容量和气容量等，对葡萄生产很重要。因葡萄长年固定在同一地点生长，土壤“三相”组成直接关系到根系的分布和营养吸收，影响着葡萄的产量和质量。根据各地葡萄优质丰产经验认为，葡萄园土壤“三相”：固相率40%～55%、液相率20%～30%、气相率20%～40%较为理想。各地应根据品种、树龄、季节和生产要求进行调节，随时都应优化土壤“三相”组成。

（二）葡萄对土壤肥力的需求

1.构成土壤肥力的主要因素 土壤肥力是衡量土壤能够提供葡萄生长所需的各种养分的能力，按成因可分为自然肥力和人为肥力。前者指在五大成土因素（气候、生物、母质、地形和年龄）影响下形成的肥力，主要存在于未开垦的自然土壤；后者指长期在人为的耕作、施肥、灌溉和其他各种农事活动影响下表现出的肥力，主要存在于耕作（农田）土壤。

土壤肥力是土壤的本质特征，是指土壤能够供给和协调葡萄生长发育所需要的水、肥、气、热的能力，它们之间存在着相互矛盾、相互制约又相互促进的关系。土壤肥力的高低主要取决于水、肥、气、热之间在一定条件下的协调程度。代表土壤肥力标志性的指标是土壤有机质含量，世界上鲜食葡萄质量最好的生产国是日本，其葡萄园土壤有机质含量大多在5%以上。我国葡萄园土壤有机质含量极少有超过5%的，必须迎头赶上。

土壤水分是土壤的重要组成部分，也是最为活跃的一个肥力因素。作物的生长发育、土壤微生物的活动、土壤有机质的合成与分解必须有水分才能进行。土壤水分的变动，对土壤通气性、土壤温度状况和土壤有效养分的含量都起促进和抑制作用。因此，了解土壤水分的性质及其运动规律，采取措施调节土壤中有效水的含量，满足葡萄所需的水分条件是设施葡萄生产的重要环节。

土壤养分是由土壤提供葡萄生长所必需的营养元素，土壤中能直接或经转化后被葡萄根系吸收的矿质营养成分，包括氮、磷、钾、钙、镁、硫、铁、硼、钼、锌、锰、铜和氯等。在自然土壤中，主要来源于土壤矿物质和土壤有机质，其次是大气降水和地下水。在耕作土壤中，还来源于施肥和灌溉。土壤养分也会因葡萄吸收利用、淋失、气态化、侵蚀流失和人为活动造成损失。

土壤气体主要包括氧气和二氧化碳，含量主要与土壤的结构状况、孔隙度、水分等有关。气体含量也是土壤通透性表征，土壤含氧量对葡萄根系生长，养分吸收有很大的影响，据研究，葡萄根系在土壤含氧量15%以上才能旺盛生长。所以葡萄园最适宜的土类为通透性良好的沙壤土。土壤通气不良，会影响微生物活动，降低有机质的分解速度及养分的有效性。土壤中氧少，二氧化碳多时，会使土壤酸度提高，适宜致病霉菌的发育，易使葡萄发生根系病害，良好的通气性是葡萄根系健康生长、正常吸收水分和养分必不可少的条件。

土壤热量主要来源于太阳辐射能，它除去用来提高土壤温度外，主要耗散于土壤水分蒸发；近地面空气的流动，将热量带走或补给土壤。昼间土壤表层吸收太阳辐射后，温度上升，与下层土壤产生温度梯度，热量流向温度较低的下层；夜间表层土壤冷却，热量则由下层流向表层，这些过程对地表温度起调节作用。土壤热量的其他来源还有植物根系呼吸作用和土壤微生物的活动。

2.影响土壤肥力的主要因素 影响土壤肥力的主要因素有养分因素、物理因素、化学因素以及生物因素等。

①养分因素指土壤中的养分贮量、强度因素和容量因素，主要取决于土壤矿物质及有机质的数量和组成。决定养分有效性的高低，是该营养元素在土壤溶液中的浓度或活度。由于土壤溶液中各营养元素的浓度均较低，它们被葡萄吸收后，必须迅速得到补充，方能使其在土壤溶液中的浓度维持在一个必要的水平上。所以，土壤养分的有效性还取决于能进入土壤溶液中的固相养分元素的数量。最后，实际被葡萄吸收的养分数量，还受土壤养分到达葡萄根系表面的状况，包括根系对养分的截获、养分的质流和扩散三方面状况的影响。

②物理因素指土壤的质地、结构状况、孔隙度、水分和温度状况等。比如壤质土，其土壤固体和由孔隙状况所决定的空气和水分的比例较适宜，因而肥力较高；土壤颗粒物成分，比如含铁较多，可能会和某些化肥形成络合物，起到保持肥力的作用。它们影响土壤的含氧量、氧化还原性和通气状况，从而影响土壤中养分的转化速率和存在状态、土壤水分的性质和运行规律以及葡萄根系的生长力和生理活动。物理因素对土壤中水、肥、气、热各个方面的变化有明显的制约作用。

③化学因素指土壤的酸碱度、阳离子吸附及交换性能、土壤还原性物质、土壤含盐量，以及其他有毒物质的含量等。它们直接影响葡萄的生长和土壤养分的转化、释放及有效性。一般而言，在极端酸、碱环境、有大量可溶性盐类或大量还原性物质及其他有毒物质存在的情况下，葡萄都难以正常生长和获得高产。土壤阳离子吸附和交换性能的强弱，对于土壤保肥性能有很大影响。土壤酸度通常与土壤养分的有效性之间有一定相关（图10-1）。如土壤磷素在pH为6.5 ~ 7.5时有效性最高，当介质pH低于6时和高于7.5，其有效性明显下降；土壤中锌、铜、锰、铁、硼等营养元素的有效性一般随土壤pH的降低而增高，但钼则相反。土壤中某些离子过多和不足，对土壤肥力也会产生不利的影响。如钙离子不足会降低土壤团聚体的稳定性，使其结构被破坏，土壤的透水性因而降低；铝、氢离子过多，会使土壤呈酸性反应和产生铝离子毒害；钠离子过多，会使土壤呈碱性反应和产生钠离子毒害，都不利于葡萄生长。土壤中元素间互助和相克现象也较普遍，亦需多加注意，尽可能避害趋利。

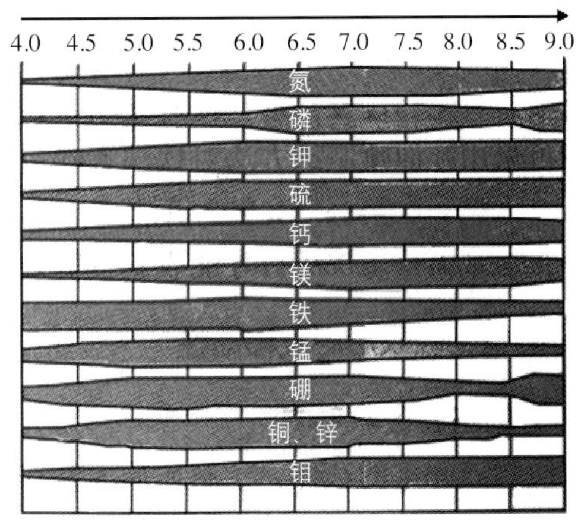

图10-1 不同pH下土壤养分有效供给趋势

④生物因素指土壤中的生物及其生理活性。主要表现在分解有机物质，直接参与碳、氮、硫、磷等元素的生物循环，使植物需要

的营养元素从有机质中释放出来，重新供植物利用；参与腐殖质的合成和分解作用；某些微生物具有固定空气中氮和溶解土壤中难溶性磷和分解含钾矿物等的能力，从而改善植物的氮、磷、钾的营养状况；土壤生物的生命活动产物如生长刺激素和维生素等能促进植物的生长；参与土壤中的氧化还原过程。所有这些作用和过程的发生均借助于土壤生物体内酶的化学行为，并通过矿化作用、腐殖化作用和生物固氮作用等改变土壤的理化性状。此外，菌根还能提高某些作物对营养物质的吸收能力。

合理使用土地、用地与养地相结合，防止肥力衰退与土壤治理相结合，是保持和提高土壤肥力水平的基本原则。具体措施包括：增施有机肥料、种植绿肥和合理施用化肥，不仅有利于葡萄的茁壮生长，而且有利于土壤肥力的恢复与提高。对于某些低产土壤（酸性土壤、碱土和盐土）要借助化学改良剂和灌溉等手段进行改良，消除障碍因素，以提高肥力水平。此外还要进行合理的耕作和施肥，以调节土壤中的养分和水分，防止某些养分亏缺和水汽失调；防止土壤受重金属、农药以及其他污染物的污染；因地制宜合理规划建园，安排土壤耕作，科学施肥补水，保持葡萄园的土壤肥力。

（三）设施内土壤利用特点

1.设施内土壤盐渍化现象 土壤盐渍化(soil salinization)是指土壤底层或地下水的盐分随毛管水上升到地表，水分蒸发后，使盐分积累在表层土壤中的过程，是易溶性盐分在土壤表层积累的现象或过程。盐碱土的可溶性盐主要包括钠、钾、钙、镁等的硫酸盐、氯化物、碳酸盐和重碳酸盐。硫酸盐和氯化物一般为中性盐，碳酸盐和重碳酸盐为碱性盐。

设施土壤盐渍化是在设施葡萄生产过程中，设施的半封闭和全封闭条件减弱了土壤水分的淋洗，导致土壤中过剩的盐分无法及时下渗散失，由于“盐随水走”的规律，则加速了盐分向土壤表层积聚。过量施肥又增加了土壤盐分含量，使盐分又不断累积。设施土壤的盐渍化不仅与土壤和地下水的盐分组成有关，氮肥用量大也是主要影响因素之一。土壤表层或亚表层中水溶性盐类累积量超过0.1%或0.2%，或土壤中碱化层的碱化度超过5%就会引起土壤盐渍化现象。

盐碱土易滞水，不易疏干，土地升温慢。较低的地温使得土壤中酶的活性受到抑制，有机质转化和微生物代谢活动减弱，导致土壤肥力差、养分利用率降低，土壤紧实易板结、透气性差，不利于葡萄生长。土壤中过量的盐离子可对葡萄造成直接的毒害作用。在盐碱土中，大量的可溶性盐使得溶液的渗透压升高，葡萄发生生理干旱，阻碍生长发育。在设施内，地表蒸发使得土壤溶液不断减少，迫使盐离子在植株内累积，发生离子拮抗，破坏其正常生理代谢，导致植株畸形或死亡。

总之，设施土壤的盐渍化已经成为我国设施葡萄栽培中普遍存在的问题，如果不加以妥善解决，将会严重影响设施葡萄的健康发展。对此，必须采取针对性措施：①尽量避免在盐碱土上建园发展设施葡萄生产。②实行平衡施肥，减少土壤中的盐分积累。③坚持多施有机肥，增加土壤中有机质含量，提高土壤团粒结构，增强微生物活力，提升土壤肥力。④合理灌溉，适当灌水排盐，并降低土壤水分蒸发，防止返盐。⑤设施土壤也要隔2～3年深翻一次，深度30～40厘米，增加有效活土层，增强土壤通气性和保水保肥能力。

2.设施内土壤耕作特点　土壤耕作是用机械的方法改变土壤的物理性质，以调节土壤肥力因素的状况，达到葡萄优质、丰产、高效的一系列耕作措施。设施栽培特殊的覆盖结构，为葡萄生长创造了一个温湿度较高的环境，设施土壤地表长期覆盖栽培和高度集约经营，改变了土壤自然条件下的水热平衡，其温度、光照、通气条件和水肥管理条件均不同于一般大田。再加上连作，北方设施葡萄园内不能引入大型机械设备进行深翻，较为理想的就是免耕法，这样使其内部的微生态环境具有显著特征，形成特殊的土壤生态环境。因而与露地土壤相比，设施土壤团粒结构被破坏，耕作层变薄，土壤盐渍化、酸化及连作障碍发生严重，影响设施葡萄的生长发育。

（四）设施内土壤科学管理方法

1.清耕　清耕法就是在果园里面全年都进行松土除草，使土壤保持没有杂草并且表层疏松的状态。具体的做法是让葡萄园全部地面休闲，在一年内多次除草，保证表层土壤的疏松状态。

萌芽前松土，地温增长得比较快，切断毛管之后有利于土壤水分的存储。如果此时进行全园浅翻15 ~ 20厘米，结合追施催芽肥，更有利于葡萄根系的生长和吸收。夏季松土可以避免雨水使表层土板结，有利于通气。常年松土除草不仅透气好，而且能够加快有机质的分解。清耕休闲不足对于土壤表层结构的破坏比较重，因为它的透气性可以使土壤的有机质和腐殖质矿化加强。长期使用清耕法，可以使土壤有机质迅速减少，最后会导致土壤结构变坏，肥力下降。

果园清耕能有效控制杂草丛生，减少土壤养分、水分的消耗，可提高早春的地温，减少旱季水分的蒸发，克服雨后土壤板结，有利于土壤通气和有机质的迅速分解，肥效发挥快，增加空气中的二氧化碳。

2.覆盖　葡萄设施栽培中为保湿或提高地温等目的多进行地表覆盖。按照覆盖材料不同可分为有机材料覆盖、无机材料覆盖。覆盖方式可全园覆盖也可行内或行间局部覆盖。

有机材料覆盖，采用的有机材料主要有干草、秸秆、各种粪肥、木屑及果壳等。秸秆因其来源广泛、资源丰富、可持续循环供应等优点，成为目前最常见的果园地面覆盖材料之一。有机材料覆盖不宜在萌芽期进行，因覆盖后会影响地温的提高。有机材料覆盖应在设施内温度高、光照强的时期采用，可减少土壤水分蒸发、防止地温过高，保证土壤水分含量相对稳定，对葡萄裂果和日烧有一定的缓解作用。

无机材料覆盖主要有砂石、塑料薄膜、反光膜、遮阳网、无纺布、园艺地布等。现在生产中广泛应用塑料薄膜。塑料薄膜分两种，一种是黑色的，一种是白色的。覆黑色地膜在行内，可有效提高地温和防治杂草。白色地膜对提高地温效果更加明显，但不能有效控制杂草的生长。在葡萄栽植畦上铺设地膜时，应用两幅地膜在栽植行植株两侧向中间无缝对接铺设，并用方便筷子或地布钉连在一起。

3.生草　设施葡萄园内生草在我国非埋土防寒地区已越来越多地被采纳为果园土壤的主要管理措施，在面积比较大的设施内，空间较大，利于散湿，如连栋温室或冷棚、避雨棚等。连续多年生草不仅可以提高土壤的肥力，还能够增强土壤的蓄水保墒能力。果园生草后不需要每年进行土壤翻耕和除草等工作，只需刈割几次，刈割后的草覆盖在行间或者行内，既可以节省用工，又有利于机械作业，在我国果园现代栽培模式中得到广泛的应用。果园生草后不需要耕作，管理比较省工，能够改善果园生态条件，减少水土流失，有效调节地温，使夏季地温降低5 ~ 7℃，冬季地温提高1 ~ 3℃。还能改良土壤结构，提高土壤肥力，增加有机质含量，促进土壤团粒形成。但是，生草制也有与葡萄争肥争水之弊，缺水地区不便采用。

葡萄园生草可分为人工种草和自然生草。人工种草常用的草种主要有：白三叶、紫花苜蓿、黑麦草、高羊茅、早熟禾、鼠茅草等。自然生草是指有选择地保留、培育果园内自然生长的浅根系草。常见的草种主要有：马唐、虱子草、虎尾草、狗尾巴草、车前草、蒲公英、荠菜、马齿苋、野苜蓿等。每年平均刈割2 ~ 3次，保持10 ~ 15厘米的草茬，割下的鲜草可作家畜家禽饲料或就地堆积腐烂沤肥。

图10-2　土壤覆盖
左：塑料膜覆盖　右：园地生草

二、设施葡萄施肥技术

（一）葡萄对营养元素的需求

葡萄生长和结果需要多种营养元素，其中需求量多的有碳、氢、氧气体元素，氮、磷、硫非金属元素，钾、钙、镁、铁金属元素；还需要硼、锰、锌、钼、铜、铝等微量元素。除此之外，葡萄在生长发育过程中产生的碳水化合物、生长素、酶类等有机化合物，亦是葡萄生命过程中不可或缺的营养物质。上述元素除碳、氢、氧来源于空气和水外，其余矿质元素都来自土壤。

1.氮（N） 氮是合成氨基酸、蛋白质、核酸、磷脂、叶绿素、酶、生物碱、多种苷和维生素等的成分之一。

植物每克干重通常需要大约1毫克分子的氮。氮素的主要作用是促进营养生长，在适量氮素供应下，葡萄萌芽整齐，授粉受精好，不仅保证当年丰产，而且浆果品质好。氮素过多，叶片薄大、新梢徒长、坐果率下降、浆果着色不良、品质下降。氮素不足，叶小色浅甚至出现全叶浅黄色，此外新梢生长量少、开花不整齐、果实产量低、糖低酸高、品质不佳。因此，供氮多少和何时供氮，一定要视土壤、植株、物候、生态环境而定。

2.磷（P） 磷是形成原生质、核酸、细胞核、磷脂、酶和维生素的主要成分之一。磷参与葡萄光合、氧化、代谢过程，并促进碳水化合物的运输和呼吸作用正常进行，但葡萄需磷量远较氮少，比钾、钙也少。

磷素的主要作用是促进细胞分裂、花芽分化、提高产量、增进果实品质，全面增强葡萄树体的生活力。葡萄缺磷，降低萌芽率，延迟展叶，叶缘发紫出现半月形坏死斑，果肉发绿，植株抗旱、抗寒能力显著降低。磷过多，抑制氮、锌、铁、铜的吸收。

3.钾（K） 钾不是植物的组成成分，但存在于幼嫩组织里，并在浆果成熟期大量进入果实中。在枝干和根的灰分中，钾的浓度相当高，占20%～40%，故葡萄为喜钾植物。钾能促进同化作用，碳水化合物的合成、运输和转化；钾对促进浆果成熟，改善浆果品质起到重要作用。缺钾，最典型的症状就是叶缘和叶脉间出现暗褐色，即所谓的“黑叶”；此外，浆果小、着色差、含糖低、香气不足，果实品质差。缺钾园可采用叶面喷施草木灰50倍液或磷酸二氢钾300倍液或硫酸钾500倍液。钾过剩，果皮厚、色泽差、果肉软，新梢不充实，抗寒能力降低。

4.钙（Ca） 钙是细胞壁和胞间层的组成成分，可促进碳水化合物和蛋白质的形成，调节树体内的酸碱度，平衡生理活性，促进根系吸收和细胞分裂。

适量钙，对叶绿素形成有重要作用，可提高果实硬度，增强耐贮运性能。缺钙，叶片小，花朵萎缩，新梢易枯死。钙过剩，铁离子难以进入树体，易出现缺铁失绿症。

5.镁（Mg） 镁是叶绿素的主要组成成分之一，与葡萄光合作用直接相关。树体中缺镁最突出的表现，就是叶片黄化失绿，叶缘首先变黄，逐渐往叶脉间延伸扩展，但很不规则，叶脉和靠近叶脉部分仍然保持绿色，呈典型“虎叶”状，沙土地镁易流失。发病园可采用50倍液硫酸镁喷施。

6.铁（Fe） 铁是多种氧化酶的组成成分，参与细胞内的氧化还原作用。它不是叶绿素的组分，但参与叶绿素的形成，缺它不行。缺铁，幼叶失绿黄化，最初从叶缘开始褪色，逐渐向脉间扩展，最后整叶黄化或白化（叶脉黄化稍浅，仍可见浅绿）。老叶不黄化，仍保持绿色。发病园可用叶绿宝（EDDHA-Fe）或2%硫酸亚铁+0.15%柠檬酸溶液叶面喷施或与农家肥混匀根施。

7.硼（B） 硼能促进花粉发芽和花粉管生长，提高葡萄坐果率，增加果实维生素和糖的含量，提高品质。缺硼，叶缘及叶脉间缺绿“白化”，新叶皱缩呈畸形，梢尖枯死；花期缺硼花冠也难脱落，即使坐果，也常常是无核小果；硬核期缺硼易引起维管束和果皮褐变，成为“石葡萄”，引起严重减产。发病园开花前用500倍硼砂或硼酸溶液喷布叶面，或于开花后10～15天用400倍硼酸液喷布叶面。

8.锌（Zn） 锌是多种酶的组分，与光合、呼吸中吸收和释放二氧化碳过程有关。缺锌，出现小叶、黄萎、缺绿等症状，葡萄果粒种子少，果粒小，大小粒现象严重，产量下降。发病园于花后15天采用1 000倍液硫酸锌溶液喷叶。

葡萄对各种营养元素的吸收能力是不同的，各种营养元素之间的关系十分复杂，有时是相互辅助的有时是相互克制的。因此肥料不宜单一施入，即使施入复合肥也要注意元素间的平衡关系，才有利根系吸收利用。为满足葡萄生长对各种营养元素的需要，生产过程中一定要注意合理施肥。基肥为主，追肥为辅，是施肥应遵循的基本原则。基肥施用以优质有机肥为主，此类肥料含有机质多，大量元素和微量元素比较齐全，属“完全肥料”。化肥多作追肥使用，要根据植株不同生育期和缺素症状适时使用，且注意平衡施肥。

（二）提倡多施有机肥

广义上的有机肥俗称农家肥，主要由各种动物、植物残体或代谢物如人畜便、秸秆、屠宰场废弃物等组成，另外还包括饼肥（菜籽饼、棉籽饼、豆饼、芝麻饼、蓖麻饼、茶籽饼等）、堆肥、沤肥、厩肥、沼肥、绿肥等。狭义上的有机肥专指以各种动物废弃物（包括动物粪便、动物加工废弃物）和植物残体（饼肥类、作物秸秆、落叶、枯枝、草炭等），未经深加工的称原始有机肥。采用物理、化学、生物或三者兼有的处理技术，经过一定的加工工艺（包括但不限于堆制、高温、厌氧等），消除其中的有害物质（病原菌、虫卵、杂草种子等）达到无害化标准而形成的、符合国家相关标准及法规的一类肥料称复合有机肥。为配合新农村建设，呈现家居清洁卫生，提倡农村农家肥，家家日清户洁，统一收购，集中送厂，通过堆积、发酵、烘干、磨粉，再掺进不同元素的矿粉，经黏合、压制成颗粒肥料。这种有机颗粒肥料，肥分丰富，卫生安全，便于包装运输，利于精准施肥。

原始有机肥的优点：①来源广、种类多、数量大，在广大农村中可就地取材，就地积制，就地施用。②有机肥营养全面，它不但含有植物生长发育所必需的大量元素和微量元素，而且还含有丰富的有机质，其中包括胡敏酸、维生素等物质，是一种完全肥料。③有机肥料含大量的腐殖质，对改土培肥有重要作用。④有机肥料中含有大量的微生物，使园地土壤成为微生物良好栖息地，对葡萄生长具有积极作用。⑤有机肥料中的营养元素多呈有机态，须经微生物转化才能被植物吸收利用，肥效缓慢而持久，是一种迟效性缓释肥料，具有缓冲作用。

原始有机肥的缺点：①因来源不同，不同有机肥元素成分、含量差异极大，不易做到标准化、数字化施肥。②有机肥中可能含有病菌、害虫、抗生素残留，如处理不好对环境、作物有逆向作用。③有机肥养分含量相对较低，施用量大，施用时需要较多的劳动力和较高的运输费用，必然要提高葡萄的生产成本。④有机肥肥效持续期长达5 ～ 7年，一旦施用不当，很难划清促进葡萄生长与抑制葡萄成花的肥效界面，对生产产生不利影响。

有机肥常作为基肥施用，施用时期以葡萄果实采收后施入为宜，或在设施栽培树体更新后施入。此时施入，地温较高，有机物分解快，便于根系吸收利用，有利于树体营养积累，使枝条成熟，花芽饱满。此时伤根容易愈合并促发新根。如春施基肥，因地温较低，有机物分解缓慢，伤根不易愈合，影响新梢生长和花芽的补充分化。

基肥的施用量因肥料的种类、质量、土壤、品种、负载量等因素的不同，有较大的差异。一般每亩施有机肥5 000 ～ 10 000千克，可加入适量的过磷酸钙（100千克左右）和硼肥（硼砂3千克）。施肥时先在葡萄定植沟两侧距定植点40 ～ 50厘米挖深40 ～ 60厘米、宽40厘米左右的沟，将肥料与土壤混合后填入沟内，然后盖土并适量灌水。

（三）科学施肥

凡经过化学反应生产的肥料统称化学肥料，分别含有一种或两种以上的植物必需营养元素，又分别称为单质化肥和复合化肥。有些肥料未经复杂的化学反应，只是机械加工而成，称为无机肥料。前面已提出葡萄对矿质营养元素的需求有氮、磷、钾大量元素，钙、镁、硫、铁、锰、锌、铜、钼、硼等中、微量元素，虽然葡萄对这些元素的需要量相差很大，但对葡萄的生长发育所起的作用同等重要，且不能相互替代。葡萄园常用的化肥主要有尿素、碳酸氢铵、磷酸氢二铵、磷酸二氢钾、硫酸钾、过磷酸钙、硼酸、硫酸镁、硫酸锰以及各种复合肥和专用肥等。

1.葡萄不同生育期需肥特点 葡萄年生长周期内，在不同物候期因生育特性的不同，对养分种类及数量的需求表现不同（图10-3）。

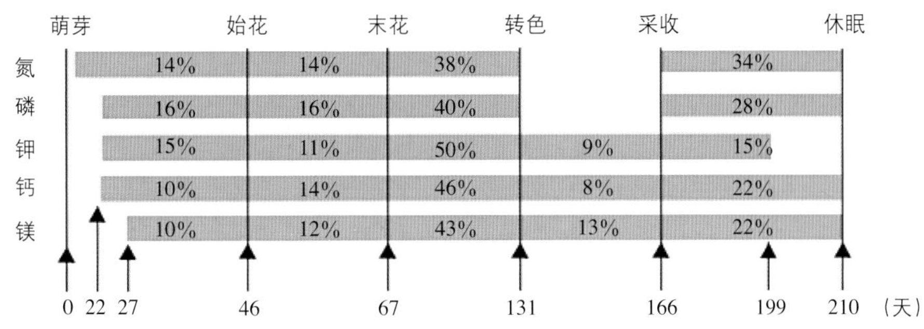

图10-3 葡萄主要矿质营养年吸收比例

从图10-3中可以看出，葡萄营养元素的吸收自萌芽后不久即开始，吸收量逐渐增加，分别在末花期至转色期和采收后至休眠前有两个吸收高峰，高峰期的出现和葡萄根系生长高峰期正好吻合，说明葡萄新根发生与生长和营养吸收密切相关。期中在末花期至转色期所吸收的营养元素主要用于当年枝叶生长、果实发育形态建成等，在采收期至休眠前吸收的营养主要用于贮藏养分的生成与积累。

2.养分元素的移动性和在植物体内的再利用 矿质营养元素在土壤中的移动性因元素种类不同而异（表10-1）。但对于大多数元素种类来说，元素在土壤中移动性较差，所以在施肥时应尽量施入根系主要分布区域。

表10-1 养分元素的移动性和葡萄吸收利用形态

元素	移动性		吸收形态	元素	移动性		吸收形态
	土壤中	植物中			土壤中	植物中	
氮	中至高	高	NH_4^+、NO_3^-	硼	高	低至中	$B(OH)_3$、H_2BO^{3-}
磷	低	高	HPO_4^{2-}、$H_2PO_4^-$	铜	低	低	Cu^{2+}
钾	低至中	高	K^+	铁	低	低	Fe^{2+}
钙	低	低	Ca^{2+}	锰	低	低	Mn^{2+}
镁	低	高	Mg^{2+}	钼	低至中	低至中	MoO_4^{2-}
硫	中	低至中	SO_4^{2-}	锌	低	低	Zn^{2+}、$Zn(OH)_2$

矿质营养元素在葡萄体内的再利用程度亦因种类而异（表10-1），一般氮、磷、钾、镁和氯表现较强的运转能力，在葡萄生长发育过程中或缺素情况下，可迅速地由老器官转向幼嫩器官，导致老叶中这些可移动元素的含量低于幼叶，缺素症常在老叶中表现出

来；而硫、硼和钼元素运转能力较弱，钙、锰、锌、铁和铜元素运转能力很差，不易从老器官中向幼嫩器官移动，在器官迅速生长发育期这类元素若发生供应亏缺，则表现为幼嫩器官元素含量低，影响芽、幼叶、果实的发育，缺素症常在幼嫩器官中表现。

3.施肥量的确定 施肥量因肥料的种类、质量、土壤条件、葡萄品种、负载量等因素的不同，有较大的差异。确定施肥量主要有两种方法：一种是经验施肥法，就是总结优质丰产葡萄园的施肥实例，指导类似生产园的一种传统施肥方法。基肥以畜禽人粪尿等农家肥和农田残废有机物为主，或食品厂、粮油加工厂、屠宰厂的废弃物，经沤制、发酵、腐熟调制而成的"土粪"，实际是生物有机肥。一般每亩施有机肥5 000 ~ 10 000千克，可加入适量的过磷酸钙（100千克左右）和硼肥（硼砂3千克）。追肥是在葡萄生长发育的不同阶段，对大量需要和缺少的元素进行适时补充。第一次在萌芽后每亩追施尿素20 ~ 30千克为宜，以促进新梢生长、花芽分化和花器官发育。对落花严重的葡萄品种，此期禁止施用速效性氮肥。第二次在幼果膨大期追施以氮、钾肥为主，磷肥为辅的复合肥料［也可以自配：氮、磷、钾的比例为1 ：0.5 ：（2 ~ 3)］每亩40千克左右，以促进枝叶、幼果和根系迅速生长。第三次在浆果转色前以磷、钾肥为主，氮肥为辅的复合肥料，每亩施氮、磷、钾比例1 ：1 ：（2 ~ 3）的专用复合肥40千克。第四次在浆果采收后继续上次专用复合肥每亩施40千克，以补充树体营养，恢复树势，为翌年葡萄植株早期生长和开花坐果奠定良好基础。

另一种是测土配方施肥法。所谓测土配方施肥，就是综合运用现代农业科技成果，根据葡萄需肥规律、土壤供肥性能与肥料效应，在合理施用有机肥料为基础的条件下，提出氮、磷、钾及中、微量元素等肥料的施用品种、数量的方法，是现代科学的施肥技术。

目前养分平衡配方施肥法是国内外配方施肥中最基本的和最重要的方法。此法根据葡萄需肥量与土壤供肥量之差来计算目标产量(或计划产量)的施肥量，由葡萄目标产量、葡萄需肥量、土壤供肥量、肥料利用率和肥料中有效养分含量等五个参数构成的养分平衡法计算施肥量公式，从中可告诉人们应该施多少肥料。

施肥量(千克）=目标产量所需养分总量－土壤供肥量肥料的有效养分含量 × 肥料利用率

目标产量是决定肥料需要量的原始依据。应以行业标准为基础，可根据生产管理水平的实际情况做适当调整。从目标产量按公式计算出所需养分总量。

目标产量所需养分总量(千克)=目标产量 × 单位产量养分吸收量

单位产量养分吸收量是指葡萄形成一个单位(一般用100千克)产量需要吸收多少养分量，但这些养分包括100千克产品及相应的茎叶所需养分在内，通常应用现代的科研成果作为计算参数。每生产100千克葡萄浆果约吸收0.5 ~ 1.2千克左右的氮素、0.3 ~ 0.6千克的磷素、0.6 ~ 1.4千克钾素。

土壤供肥量是以不施肥区(缺氮或缺磷或缺钾)葡萄产量所吸收的养分量来表示，反映土壤的供肥能力，这是按照最小养分率理论来补充土壤和葡萄所需的养分量。

土壤供肥量（千克）=无肥区葡萄产量/100 × 100千克产量所需养分量

肥料有效养分含量在养分平衡法配方施肥试验中，肥料中的有效养分含量是一个重要参数，各种化肥和有机肥料中的氮磷钾养分都有一定的含量标准范围（表10-2)。

表10-2　常用化肥和有机肥中三要素含量

化肥名称	有效养分名称	有效养分含量（%）	有机肥料名称	三要素含量（%）		
				N	P_2O_5	K_2O
硫酸铵	N	20 ~ 21	人粪尿	0.60	0.30	0.25
碳酸氢铵	N	16 ~ 17	猪粪尿	0.48	0.27	0.43
尿素	N	46	牛粪尿	0.29	0.17	0.10
过磷酸钙	P_2O_5	12 ~ 18	鸡粪	1.63	0.47	0.23
钙镁磷肥	P_2O_5	12 ~ 18	稻草堆肥	1.35	0.80	1.47
硫酸钾	K_2O	50	菜籽饼	4.98	2.65	0.97
磷酸氢二铵	N	18	大豆饼	6.30	0.92	0.12
	P_2O_5	46	芝麻饼	6.69	0.64	1.20

肥料利用率是肥料施入土壤后肥料中养分的利用效率。施用后肥料中养分由于土壤吸附、固定作用和淋失、挥发的影响，能被当季葡萄吸收利用的只是其中的一部分。肥料利用率是指当季葡萄从所施肥料中吸收的养分占施入肥料养分总量的百分数。肥料利用率因不同的肥料种类、品种而不同。据资料报道，氮肥中硫酸铵利用率为30%～42%，尿素利用率为30%～35%，碳酸氢铵利用率为24%～31%；磷肥的利用率为10%～25%；钾肥利用率为40%～60%；腐熟厩肥利用率为10%～30%；堆、沤肥利用率为10%～20%。在配方施肥中，肥料利用率是最易变动的参数，变幅较大，它受施肥量、土壤肥力、土壤水分和土壤质地的影响，施肥量和土壤供肥量大、土壤水分过少过多以及土壤沙性愈重，肥料利用率下降，反之，肥料利用率则升高。

施肥量估算实例：某农户巨峰葡萄园前3年平均亩产1 800千克，该园不施肥地块产量1 300千克。试估算每亩需施尿素多少千克？

①目标产量确定：1 800千克。

②实现目标产量的养分量确定：根据每生产100千克葡萄浆果吸收0.5 ～ 1.2千克的氮素。按生产100千克巨峰葡萄0.8千克纯氮计算，1 800千克/100千克 ×0.8千克=14.4千克。

③估算土壤供肥量：1 300千克/100千克 ×0.8千克=10.4千克。

④估算实现目标产量的施肥量：

尿素施用量=（14.4千克－10.4千克）/（46% ×30%）=28.98千克。该园在不施用其他肥料的情况下，要实现1 800千克的亩产量全年需施尿素为28.98千克。

4.施肥方法　追肥可用沟施，或水肥一体化技术进行施肥。沟施时，在定植点两侧30 ～ 40厘米开深15 ～ 20厘米、宽20厘米的小沟，将肥料撒在葡萄沟内，并立即灌水和盖土。从幼果膨大至果实成熟期间，为满足葡萄新梢和果实生长发育的需要，除土壤施肥，还应该适当地进行叶面喷肥。在幼果膨大期间，每隔10 ～ 15天叶面喷布一次0.3%的尿素或以氮素为主的叶面肥，果实着色后每15天左右喷布一次0.3%～0.5%的磷酸二氢钾。对土壤中易缺少的元素，应适时补充，可结合基肥一起施入，也可进行叶面喷布。

（四）国外兴起的新肥源

随着现代科学技术的发展，在农业上除了有机肥、生物肥和矿质化肥外，科学家们经过长期试验研究，发现电、声、气、光、磁等物理能量，用巧妙的方法作用于农作物上，可促进农作物生长、增产、提质。笔者想借此提高果树界同行的认识，也参与新肥源的利用。

1.电肥　植物和动物一样具有生物电。因为自然界是一个大电场，作物与大地紧密联结在一起，因而每时每刻都被充电。科学家们观察发现，作物体内的电位同大气间的电位差越大，作物光合作用就越强，光合产物就越多。他们将西瓜种子浸泡在75伏电的稀盐酸溶液里，用这些种子播种长成的西瓜含糖量增加4%，产量提高10%；在黄瓜长瓜期间，给它们施加90伏电压，黄瓜增产3倍；葡萄插条在220伏电压加热催根下，能提前10天发新根等。

2.声肥　不同频率的声音对植物有不同的刺激作用。轻柔、优美的旋律可以调节作物的新陈代谢，促进作物生长。科学家用给植物听音乐的办法，培育出了2.5千克重的萝卜、排球大的甘薯、小阳伞大的蘑菇；法国一位科学家给番茄戴上耳机，让它每天听3小时音乐，结果番茄猛长到2千克多重；我国昌黎朗格斯葡萄酒庄(奥地利独资)在葡萄园里安装音响设备系统，每天给葡萄播放轻音乐，据说听音乐长成的葡萄，能酿出高品位葡萄酒，每瓶售价高达数千元人民币。

3.气肥　在美国亚利桑那州中部平原地区，阳光充足，自然风力资源十分丰富，在农田四周安装了许多气泵为作物施“气肥”。因为气泵吹出的是含有高浓度二氧化碳的气体，作物通过光合作用加快吸收二氧化碳，生成更多的糖等碳水化合物和其他产物，使棉花增产五成、小麦增产一成、果树增产1倍等。我国日光温室葡萄使用二氧化碳发生器，进行二氧化碳施肥，提高葡萄产量、增加含糖量、加快着色、提早成熟等都已取得可喜的成果。

4.光肥　加强光照能使作物增产，这早已被人公认。但如何利用不同光谱的光线有针对性地使某些作物提质增产，还是新鲜事物。如用红光照射番茄、黄瓜，可使它们提前1个月成熟，增产2 ~ 3倍；用蓝光照射的谷物，其蛋白质含量会显著增加；用红、黄光照射胡萝卜，能加速生长，长得又长又大等。

5.磁肥　地球上的一切作物都生长在磁场中，一旦离开磁力的作用，作物就会枯死。科学家将灌溉用水经0.3特斯拉的磁场处理，使农作物获得高产；将炉渣磨细经磁场处理施于田间，以磁代肥，作物加快生长并增产；使用高磁处理的犁铧耕地，可使农作物增产几成等，都已出现大量科研成果，并用于农业生产。

三、设施葡萄水分管理

水在葡萄生命中的作用，已在第六章有过详细论述。在这里需要讨论的是灌水和排水的科学含义及其技术规则。

（一）设施葡萄灌水原则

1.田间持水量标准 田间持水量指在地下水较深和排水良好的土地上充分灌水或降水后，允许水分充分下渗，并防止其水分蒸发，经过一定时间，土壤剖面所能维持的较稳定的土壤水含量（土壤水势或土壤水吸力达到一定数值）。田间持水量是土壤所能稳定保持的最高土壤含水量，也是土壤中所能保持悬着水的最大量，是对葡萄有效的最高的土壤水含量，常用来作为灌溉上限和计算灌水定额的指标。在葡萄生产过程中，应坚持田间持水量标准，以园块田间持水量为参考，结合各时期水分管理特点指导灌水。

2.膜下滴灌和水肥一体化 滴灌是通过干管、支管和毛管上的滴头，在低压下向土壤经常缓慢地滴水；是直接向土壤供应已过滤的水分、肥料或其他化学制剂等的一种灌溉系统。它让水慢慢滴出，并在重力和毛细管的作用下进入土壤。省水省工，增产增收，这是一种先进的灌溉方法。滴灌技术适用于任何土壤、任何地形。膜下滴灌技术，顾名思义，是在膜下应用滴灌技术，是一种结合了滴灌技术和覆膜技术优点的新型节水技术。

水肥一体化（图10-4）是以微灌施肥系统为载体，根据葡萄目标产量、各生长发育时期需水需肥规律和土壤水分、养分状况，经过科学施肥量的精准计算，将可溶性固体肥料或液体肥料配比而成的肥液与灌溉水一起，适时、适量、准确输送到葡萄根部土壤，同时结合覆盖地膜进行膜下滴灌，可减少施肥灌水用工、减少肥料和用水的浪费，减少蒸发量，可节水60%左右。

图10-4 水肥一体化（杨志明 提供）

3.灌水量 葡萄的灌溉量主要是由土壤的结构和性质决定的。一般而言，适宜的灌溉量是使葡萄根系附近的土壤湿度达到其生长发育最合适的程度，既能满足根系对水分的要求，又不会使土壤产生板结和降低温度。一般成龄的葡萄根系集中分布在离地表20 ~ 60厘米的地方，因此在灌水的时候要浸润60 ~ 80厘米的土层。要求灌溉后土壤田间持水量达到65% ~ 85%。一般盐碱地灌水，灌溉的时候要注意地下水位的深度，避免灌水和地下水相连，防止返盐。沙地灌溉要注意保证肥料和水分在灌溉后能被葡萄根系充分吸收，因此要少量多次，避免营养流失。春季浇灌的时候，水量要适量，根系湿透即可，灌溉的次数要少，避免地温降低。夏季浇灌的时候要根据设施棚膜的开闭情况和天气，避免灌溉后遇雨和阴天，造成设施内湿度过高而引发病害。

（二）设施葡萄灌水技术

水在葡萄的整个生长发育过程中，都占有极其重要的地位。首先它是葡萄各器官的重要组成部分，葡萄枝蔓和根系中含水50%左右，嫩梢中含水60%以上，叶中含水约70%，浆果中含水最高，达80%。其次，水作为土壤中各种养分的溶媒，葡萄从土壤中吸收的养分，都是由水来传送的。同时，它又参与树体内的各种生理活动如有机物质的合成、分解与养分的运转以及调节体温等。葡萄年生长周期中，几个主要需水时期：

1.萌芽水 葡萄在发芽前，是生育期中需水量较大的时期，同时为避免多次灌水造成地温下降通常这次要灌透水。萌芽前不但要保证土壤中水分充足，还要保证空气中的湿度，满足葡萄萌芽期对水分的需求。萌芽期间若水分供给不足，容易发生萌芽期拖长，发芽率下降，发芽不整齐。北方促成栽培中，为保证土温不因灌水降低，需在根区增加保湿增温措施，如地膜覆盖等。同时应尽量避免因开关放风口造成设施内湿度降低，葡萄枝蔓失水影响萌芽。

2.新梢生长水 新梢长达20厘米以上时是新梢生长和花器进一步分化的时期，为防止新梢徒长，利于花器分化，应适当控水。在北方温室栽培中，多采用篱架栽培且采用平茬更新的方式，造成根系分布较浅，上层土壤因水分散失较快容易干燥，常会造成新梢长势衰弱和花期缺水影响坐果。因此，在花前根据不同土壤结构情况灌一次透水保证花期葡萄对水的需求，有利于开花坐果。

3.花期禁水 开花期间不宜灌水，否则会引起落花落果。但花期干旱也会造成落花落果，因此，要根据对不同土壤的保水性，通过花前灌水保证花期水分供应。

4.幼果膨大水 果实迅速膨大，枝叶旺盛生长，叶片蒸腾量大，是果实生长发育阶段中，需水量最大的一个时期。适时灌水，提高根系活力，促进养分的吸收，提高肥效，对促进幼果迅速膨大生长，都是十分有利的。这时要小水勤灌，一般以根群土壤浸透为目标的灌水量，每隔5 ～ 7天灌一次。

5.促进浆果着色水 为了保证果实的第二生长高峰对水分的需要，在浆果转色前必须灌次小水。浆果转色期为了促进果实糖分的积累，控制灌水量，保持土壤湿润即可。这段时间如果处在降雨季节，应该注意保证设施内土壤的湿润状态，不要出现过旱过程，避免降雨期间棚室内相对湿度大造成裂果。

6.浆果采前限水 浆果采收前，应适当地控制灌水，有利于浆果的着色和上糖，遇到气温高、风大、干旱气象时，为确保树体的基本需要，应灌一次小水，保持土壤湿润，避免因土壤干旱突遇降雨造成裂果。

7.树体恢复水 浆果采收以后，结合施基肥灌一次大水，有利于恢复树势，促进新梢发育和营养积累，以及花芽进一步分化与发育，为来年丰产打好基础。以后应视天气情况，适时灌水。

8.抗寒越冬水 在北方葡萄落叶冬剪后，要灌一次透水，然后薄膜温室即可覆盖薄膜和草帘子。葡萄进入休眠状态，为保证设施内越冬安全，塑料大棚葡萄可下架埋土防寒。

在南方，葡萄浆果采收以后到第二年春萌芽生长，还有几个月的空闲时间。除了进行二次果生产的葡萄园外，这段时间大多数葡萄园内都是休闲的，为了促进葡萄树体进入休眠状态，往往敞开棚室降温，其间不降雨情况下，每隔半个月左右灌一次小水，保持园地土壤持水量达60%左右，保证葡萄枝蔓不缺水、不风干。

（三）设施葡萄排水

葡萄植株是个活体，无时无刻离不开水，前面已经用了较大篇幅讲清了“缺水不行”的含义和怎样“供水”，但是“水多了也不行”。土壤中空隙，不是被水占据就是被空气填满，水多了，空气就少。葡萄根系要求土壤含氧量15%以上才能正常生长，当土壤含氧量为 5%时，根系的生长受到抑制，有些根开始死亡；当含氧量低于3% 时，根系因为窒息而死。当土壤的水分饱和时，土壤孔隙里面的氧气就被驱逐，根系不得不进行无氧呼吸，无氧呼吸积累的 酒精引起根系中毒死亡。并且在缺氧的情况下，土壤里面的好氧性细菌就会受到抑制，影响有机质的分解，引起土壤大量囤积一氧化碳、甲烷、硫化氢等还原物质，也会引起根系死亡。因此，做好排水工作也是设施葡萄生产中很重要的一个技术环节。

一般葡萄园排水系统可以分为明沟排水与暗沟排水两种。明沟排水就是在葡萄园的适当位置挖沟，平时降低地下水，下大雨时起到排水的作用。明沟由排水沟、干沟、支沟组成，逐级加深增宽。它的优点是投资小、见效快。缺点是占地面积比较大，容易生长杂草等。暗沟排水是在葡萄园的地下安装管道，将土壤里多余的水分通过管道排出的方法。暗沟排水系统主要由排水管、干管、支管组成，水管的直径逐级加大。它的优点是不占地、排水效果好、养护的负担不重，有利于机械化的管理。缺点是它的成本太高，投资大，管道容易被泥沙堵塞，植物的根系也容易深入管道里面，形成堵塞，影响排水效果。

在多雨的地区注意排涝的同时，也要注意特殊的建园地点的排水问题。

1.水稻田改建葡萄园 水稻田土壤的特点是：土地平整 ，活土层较浅，30 ～ 40厘米以下出现不透水的黏土板结层，保水性不错，渗透性很差，要切实做好园田排水：①每间隔（2行葡萄）6 ～ 8米设纵向（与行向一致）小排水沟，沟深、宽约40厘米；②园地四周设大排水沟，沟的深度和宽度根据当地历史上最大降雨量设计；③园外设总排水沟，将园地水引向河、湖等低地。

2.江、河、湖边滩地改建葡萄园 此类地带的特点是：地势低洼，地下水位较高，多数为冲积土壤，土壤沙性，保肥保水性差等。除了按上述设置纵向小排水沟和园地四周设置大排水沟外，还必须在距水源近处设置围堤，以防江、河、湖水倒灌，并在园地最低处建立泵站，必要时强行从园地向江、河、湖内排水。

3.海岸滩地改建葡萄园 我国东南沿海几千公里海岸线上有几十万亩滩地已经改建成葡萄生产园，此类地带园地特点是：土地平整，地下水位较高，土壤pH呈碱性，盐碱土。开发利用前，一般都要经过修筑台田、种植抗盐碱作物或牧草，降低土壤含盐量和pH。正式栽种葡萄时，一要选抗盐碱的砧木嫁接苗；二要采取高畦限根栽培；三是采用膜下滴灌等。整个栽培过程都要引淡水灌溉，而且趁雨季引雨水冲刷台田排水沟，冲洗盐碱，久而久之使园地土壤中“液相”发生根本性变化，使土壤溶液变为轻碱性，为葡萄正常生长创造良好的土壤环境。

第十一章 设施葡萄产期调节

一、设施葡萄产期调节的意义和原理

（一）设施葡萄产期调节的意义

栽培设施能为葡萄生长发育提供良好的生态环境，同时通过对葡萄园光、温、气、土、肥、水等葡萄生产要素实行全方位调控，能有效调节萌芽、生长、开花、结果乃至休眠等物候期，使葡萄提前或延缓成熟，根据市场需求调节葡萄产期，甚至促使一些品种一年之内多次结果，实现错峰上市，提高土地产能，实现葡萄优质、高产、安全、高效和常年供应，满足市场需要的目的。

在促早栽培中，设施葡萄的产期主要受需冷量（影响休眠解除早晚）、需热量（影响开花早晚）和果实发育期的长短（影响果实成熟早晚）等因素共同调节。在避雨栽培和延迟栽培中，设施葡萄的产期主要受开花的早晚和果实发育期的长短等因素调节。需冷量和需热量包含着葡萄萌芽展叶对温度不同要求的两个重要时期——休眠期和催芽期。葡萄进入深休眠后，只有休眠解除即满足品种的需冷量才能升温，否则过早升温会引起休眠障碍，出现不萌芽，或萌芽延迟且不整齐，而且新梢生长不一致，花序退化，浆果产量和品质下降等问题。需冷量满足后，一定的热量累积是葡萄萌芽展叶必不可少的。展叶后的温度决定葡萄果实生长发育各物候期的长短及通过某一物候期的速度，以积温因素对果实发育变化速率影响最为显著。在冷凉的气候条件下，热量累积缓慢，浆果糖分累积及成熟过程变慢，采收期将推迟。相反，在热的年份葡萄采收期将提早。为此，设施葡萄产期调节将涉及休眠与休眠解除的原理。

（二）设施葡萄产期调节的原理

1.休眠的概念 休眠是植物生长发育过程中的一种暂停现象，是一种有益的生物学特性，是植物经过长期演化而获得的一种对环境及季节性变化的生物学适应性。休眠是一种相对现象，是以生长活动暂时停止为表观的一系列积极发育过程。其实，葡萄进入休眠后，树体的生理生化活动并未停止，有些过程甚至被激活。植物的这种生物学适应性不仅对物种的生存繁衍具有特殊的生物学和生态学意义，而且对设施葡萄的产期调节也是一项重大的挑战。

葡萄进入自然休眠后，需要一定限度的低温量才能解除休眠，而后才能正常萌芽开花，否则即使给予适宜的环境条件，葡萄也不萌芽开花，有时即使萌芽但不整齐，并且生长结果不良，达不到促成栽培的目的。因此葡萄自然休眠的解除至关重要，成为设施葡萄栽培中限制扣棚时间的关键因素，进而影响设施葡萄的上市时间。

2. 休眠的解除

（1）需冷量及其需冷量估算模型：落叶果树解除自然休眠（生理休眠/内休眠）所需的有效低温时数称为果树的需冷量（chilling requirement）。落叶果树的需冷量具有遗传性，因而不同果树树种、品种的需冷量存在差异；即使同一树种、品种在年际间也存在差异，不同地区之间差异更大，这与植物本身的生态适应性有关。因此，目前还未找到一个适合各个树种、品种和地区的统一的有效的估算需冷量的休眠解除模型。

目前我国科技界主要采用低于7.2℃模型：由美国的Weinberger于1950年提出，此模型以秋季日平均温度稳定通过7.2℃的日期为有效低温累积的起点，以打破生理休眠所需7.2℃或以下的累积低温值作为品种的需冷量，单位为c · h 。不同模型通过实验获取的我国葡萄不同品种需冷量见表11-1。

表11-1　不同需冷量估算模型估算的我国葡萄不同品种需冷量

品种	0～7.2℃模型（小时）	≤7.2℃模型（小时）	犹他模型（C · U）	品种、品种群	0～7.2℃模型（小时）	≤7.2℃模型（小时）	犹他模型（C · U）
87–1	573	573	917	布朗无核	573	573	917
红香妃	573	573	917	莎巴珍珠	573	573	917
京秀	645	645	985	香妃	645	645	985
8612	717	717	1 046	奥古斯特	717	717	1 046
奥迪亚无核	717	717	1 046	藤稔	756	958	859
红地球	762	762	1 036	矢富萝莎	781	1 030	877
火焰无核	781	1 030	877	红旗特早玫瑰	804	1 102	926
巨玫瑰	804	1 102	926	巨峰	844	1 246	953
红双味	857	861	1 090	夏黑无核	857	861	1 090
凤凰51	971	1 005	1 090	优无核	971	1 005	1 090
火星无核	971	1 005	1 090	无核早红	971	1 005	1 090

（2）休眠解除与受控因素：

①树体因素。休眠解除时间的早晚即需冷量的高低受多基因控制，呈典型的数量性状，但只有几个主效基因起主要作用，因此休眠解除的时间因树种、品种而异，并且即使同一品种其休眠解除时间也因栽培地区和砧木而异。

②自然环境因素。植物解除休眠的迟早是它们长期适应其生存环境的结果，是个体发育史与其系统发育史的综合反映。有许多环境因子如温度、日长、水分、终霜日期等

可对落叶果树的芽休眠解除产生影响，其中温度是影响树木芽休眠解除的最主要因子，日长是启动植物休眠或生长的关键因子。

③激素类物质。果树芽自然休眠的解除多数由萌发抑制物质和生长促进物质间的平衡所决定的。在休眠解除过程中，生长促进物质的形成比起抑制物质的消失作用更大。

（3）促进休眠解除的技术措施：

①物理措施。

Ⅰ.预冷技术：利用夜间自然低温进行集中降温的预冷技术是目前生产上最常用的人工破眠措施，即当深秋初冬日平均气温稳定通过7 ～ 10℃时，进行扣棚并覆盖草苫。在传统人工集中预冷的基础上，中国农业科学院果树研究所创新性地提出三段式温度管理人工集中预冷技术，使休眠解除效率显著提高，休眠解除时间显著提前，具体操作如下：A.预冷前期（从覆盖草苫始到最低气温低于0℃止）：夜间揭开草苫并开启通风口，让冷空气进入，白天盖上草苫并关闭通风口，保持棚室内的低温；B.预冷中期（从最低气温低于0℃始至白天大多数时间低于0℃止）：昼夜覆盖草苫，防止夜间温度过低；C.预冷后期（从白天大多数时间低于0℃始至开始升温止）：夜晚覆盖草苫，白天适当开启草苫，让设施内气温略有回升，升至7 ～ 10℃后覆盖草苫。三段式温度管理人工集中预冷的调控标准：使设施内绝大部分时间气温维持在0 ～ 9℃之间，一方面使温室内温度保持在利于解除休眠的温度范围内，另一方面避免地温过低，以利于升温时气温与地温协调一致（图11-1）。

三段式温度管理人工集中预冷前期（白天覆盖保温材料，晚上揭开保温材料）

三段式温度管理人工集中预冷中期（白天、晚上均覆盖保温材料）

三段式温度管理人工集中预冷后期（白天揭开保温材料，晚上覆盖保温材料）

图11-1 三段式温度管理人工集中预冷技术

Ⅱ.带叶休眠技术：中国农业科学院果树研究所多年研究结果表明，在人工集中预冷过程中，与传统去叶休眠相比，采取带叶休眠的葡萄植株提前解除休眠，而且葡萄花芽质量显著改善。因此，在人工集中预冷过程中，一定要采取带叶休眠的措施，不应采取人工摘叶或化学去叶的方法，即在叶片未受霜冻伤害时扣棚，开始进行带叶休眠三段式温度管理人工集中预冷处理（图11-2）。

图11-2 带叶休眠技术

左：叶片被霜冻打坏，带叶休眠 中：霜冻之前扣棚预冷 右：叶片自然脱落后冬剪

②促进休眠解除的化学措施。

Ⅰ.常用破眠剂：A.石灰氮$Ca(CN)_2$：在使用时，一般是调成糊状进行涂芽或者经过清水浸泡后取高浓度的上清液进行喷施。石灰氮水溶液的配制：将粉末状药剂置于非铁容器中，加入4～10倍的温水（40℃左右），充分搅拌后静置4～6小时，然后取上清液备用。为提高石灰氮溶液的稳定性及其破眠效果，减少药害的发生，适当调整溶液的pH是一种简单可行的方法。在pH为8时，药剂表现出稳定的破眠效果，而且贮存时间也可以相应延长，调整石灰氮的pH可用无机酸（如硫酸、盐酸和硝酸等）或有机酸（如醋酸等）。石灰氮打破葡萄休眠的有效浓度因处理时期和品种而异，一般情况下是1份石灰氮兑4～10份水。B.单氰胺（H_2CN_2）：一般认为单氰胺对葡萄的破眠效果比石灰氮更好。目前在葡萄生产中，主要采用经特殊工艺处理后含有50%有效成分（H_2CN_2）的稳定单氰胺水溶液，在室温下贮藏有效期很短，如在1.5～5℃条件下冷藏，有效期至少可以保持一年以上。单氰胺打破葡萄休眠的有效浓度因处理时期和品种而异，一般情况下是

0.5%～3.0%。配制单氰胺水溶液时需要加入非离子型表面活性剂（一般按0.2%～0.4%的比例）。一般情况下，单氰胺不与其他农用药剂混用。

Ⅱ.专用破眠剂：在葡萄休眠解除机制研究的基础上，中国农业科学院果树研究所研制出破眠综合效果优于石灰氮和单氰胺的葡萄专用破眠剂-破眠剂1号并申请国家发明专利，破眠剂1号处理后葡萄的萌芽时间介于石灰氮和单氰胺处理之间，但萌发新梢健壮程度均优于石灰氮和单氰胺处理（图11-3）。

左：破眠剂的施用

中：抹药前在芽前刻伤

右：破眠剂1号

左：石灰氮　右：破眠剂1号
（巨峰）

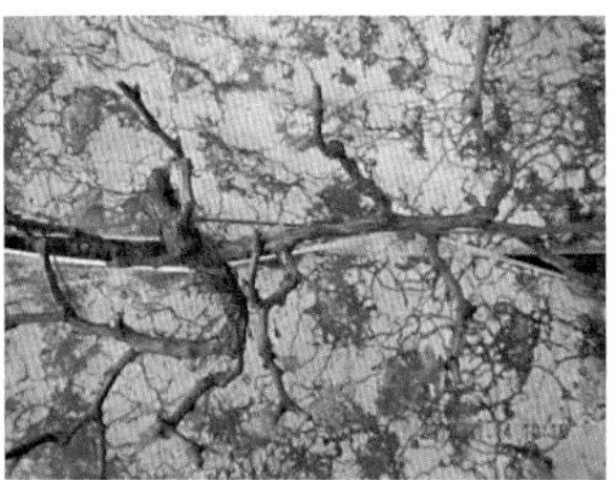

上：石灰氮　下：破眠剂1号
（维多利亚）

左：石灰氮　右：破眠剂1号
（夏黑）

图11-3　葡萄破眠剂及施用效果
葡萄专用破眠剂-破眠剂1号的施用效果

Ⅲ.药剂施用时期：温带地区葡萄的冬促早或春促早栽培使休眠提前解除，促芽提前萌发，需有效低温累积达到葡萄需冷量的2/3至3/4时使用1次。亚热带和热带地区葡萄的露地栽培，为使芽正常整齐萌发，需于萌芽前20～30天使用1次。施用时期过早，需要破眠剂浓度大而且效果不好；施用时期过晚，容易出现药害。

二、果实成熟调控

（一）影响果实成熟的因素

从某种意义上说，果实成熟的过程，乃是浆果物质发生一系列变化的过程，所受影响因素很多。

1.品种特性　不同品种浆果内各种物质的代谢变化速率不同，特别是早熟与晚熟品种之间差异更大，因此不同品种成熟期差异极大，如极早熟品种从开花到成熟只需有效积温2 100～2 500℃，而晚熟品种则需要有效积温3 300～3 700℃或更高。

2.气候条件 在气候条件中，积温因素对果实发育变化速率影响最为显著。在冷凉的气候条件下，热量累积缓慢，所以浆果糖分累积及成熟过程变慢，一般品种的采收期比其正常采收期将推迟。相反，在热的年份采收期将提早。

3.栽培管理措施 果实负载量是影响果实成熟的最重要因素之一，负载超过树体一般结果量时，将会使成熟期推迟，因而控制合理的果实负载量将是影响成熟的一项重要管理技术措施。

合适的留枝密度和夏季修剪，可增加光合生产所必需的有效叶面积。根据Kliewre在葡萄上摘叶试验，认为每生产1克葡萄浆果至少需要11 ～ 14 厘米^{2}的正常叶面积。而且，葡萄展叶后10天左右光合速率开始显著增强，30天左右光合速率达到高峰，40天左右开始下降，50 ～ 60天后叶片开始衰老，其老叶光合生产所得的碳素营养不如老叶本身呼吸消耗所需营养，成了入不敷出的“亏损户”，此时的老叶成为“寄生叶”。而此时副梢新叶制造营养的能力却比主梢叶片强3 ～ 7倍。所以，在浆果成熟阶段，一个主梢果枝上至少应保留1 ～ 2个具有2 ～ 3片叶的副梢，才能满足浆果增糖、着色、促熟对光合作用营养所需。

架式及整形方式对成熟的影响也很明显，合理的架式与整形，可使叶片光照改善，从而提高光合产物累积，加快果实成熟。砧木对果实成熟也有影响，如阳光玫瑰/贝达砧比阳光玫瑰/5BB砧要早熟。

叶面肥的喷施对果实成熟的影响也很明显，如中国农业科学院果树研究所研发的葡萄专用叶面肥可将果实成熟期提前5 ～ 10天。

4.病虫害 病害和虫害，为害叶片和枝，降低光合作用和阻止营养物质的有效传导，对成熟有抑制作用；另外特别指出的是，一些病毒病，对果实成熟影响极大，如葡萄感染扇叶病毒后，可延迟成熟1 ～ 4周，浆果含糖量及品质显著下降。

5.生长调节剂 葡萄属非呼吸跃变型果实，脱落酸（ABA）是葡萄成熟的主导因子，在果实开始着色期喷施脱落酸可显著促进果实成熟。目前生产中，通过喷施脱落酸代替乙烯利促进果实成熟正作为一项重要措施进行推广。

（二）调控果实成熟的技术

1.利用温度调控果实成熟 热量是植物生存的必要条件，葡萄是喜温植物，对热量要求高。温度是决定果树物候期进程的重要因素，温度高低不仅与开花早晚密切相关，而且与果实生长发育密切相关。在一定范围内，果实的生长和成熟与温度成正相关，低温抑制果实生长，延缓果实成熟；在一定温度值（35℃以下）内温度越高，果实生长越快，果实成熟也越早，但超出某一范围，高温则会使果实发育期延长，延缓果实成熟。浆果生长期不宜低于20℃，适宜温度为25 ～ 28℃，此期积温对浆果发育速率影响最为显著，在冷凉的气候条件下，热量累积缓慢，所以浆果糖分累积及成熟过程变慢，一般品种的采收期比其正常采收期将推迟。浆果成熟期不宜低于16 ～ 17℃，最适宜的温度为28 ～ 32℃，低于14℃时果实不能正常成熟。在果树栽培实践中，早春灌水或园地覆草可降低土壤温度延缓根系生长，从而使果树开花延迟5 ～ 8天；同样早春园地喷水或枝干涂白可降低树体温度和芽温，从而延缓果树开花；将盆栽果树置于冷凉处或将树体覆盖遮阴，延缓温度升高，也能达到延迟开花的目的；温室定植果树早春覆盖草帘遮阴，并且添加冰块或开启制冷设备降温可显著延缓果树花期，花期延缓时间与温室保持低温时间长短有关。植株冷藏延迟栽培技术在我国已在草莓、桃树、葡萄等果树上应用，其原理是将成花良好的植株进行冷库冷藏，按计划出库定植，从而自由地调整收获期，实现鲜果的周年供应。于秋季早霜来临之前覆盖棚膜进行葡萄的挂树活体贮藏也可显著延缓葡萄果实的收获期，一般可延缓50 ～ 90天。

2.利用光照调控果实成熟　光照与果实的生长发育和成熟密切相关，改变光照强度和光质可显著影响果实的生长发育和成熟。遮光降低光照强度可抑制葡萄果实发育，延迟成熟。Rojas和Morrison对4年生葡萄进行遮阴处理，研究表明对叶片进行遮阴可显著抑制浆果生长，延迟成熟，但同时也影响葡萄果实品质如降低总糖和酒石酸的含量，提高果汁的pH。日本岛根县以“赤芩”和“莫尔登”两葡萄品种为试材利用覆盖反射紫外线塑料薄膜改变光质的方法延迟葡萄收获期获得了成功，并申请了专利。具体做法是：从发芽期开始覆盖反射紫外线的塑料薄膜，大约收获前2个月改用普通塑料薄膜。在覆盖反射紫外线塑料薄膜期间，新梢生长发育旺盛，始终保持叶色浓绿，果实着色和成熟延迟，更换普通塑料薄膜后果实迅速着色，因此可以通过改变更换塑料薄膜，调节葡萄成熟时间，延长葡萄收获期。中国农业科学院果树研究所的王海波等通过人工补光技术措施实现了对果实成熟的有效调控，研究表明，人工补充蓝光和紫外线可促进葡萄果实发育和着色，提早成熟；而人工补充红光推迟果实成熟。

3.利用自然气候资源调控果实成熟　充分利用自然气候资源，并采取相应的栽培技术措施调控果实成熟上市时间，是创建资源高效利用型果树生产模式的要求，可有效节约能源、降低成本，从而获得良好收益。比如我国西南干热河谷地区和广西南宁地区，光照充足，日照时间长，冬季温暖，利用其特殊的气候条件通过采取一年二次结果技术，使葡萄夏季一次果成熟、秋季二次果开花结果，冬季成熟上市，已经获得成功，并在生产上大面积推广应用（详见本章五、设施葡萄一年多收栽培技术）；还可利用高海拔（如青藏高原）、高纬度（如北方地区）地区葡萄春季萌芽、开花晚，生长季热量累积慢，果实生长发育缓慢，冬季来得早的自然条件，推迟果实成熟上市时间，实行延迟栽培，目前已在辽宁省沈阳、营口、铁岭和甘肃省张掖、高台以及西藏的林芝、拉萨等地区已获得极大成功。

4.利用生长调节剂调控果实成熟　葡萄属非呼吸跃变型果实，在其“转熟”前有脱落酸的上升，而乙烯在此前水平极低。外用乙烯利反而有延迟成熟的作用。因此，脱落酸是葡萄成熟的主导因子。如Singh和Weaver在Tokay葡萄坐果后6周果实慢速生长期（第Ⅱ生长期）施用一种生长素类物质BTOA（Benzothiazole-2-oxyacetic acid）50毫克/升，使浆果延迟15天成熟。Hale对西拉葡萄的试验也得到相同结果。Davies等在葡萄上施用BTOA可推迟成熟启动与脱落酸上升2周，并且影响成熟基因的表达。Intrieri等研究表明在盛花后10天施用细胞分裂素类物质氯吡脲使Moscatual葡萄浆果成熟延迟。喷施适宜浓度的脱落酸可有效促进设施葡萄的果实成熟，一般可使葡萄果实成熟期提前10天左右。

5.利用其他措施调控果实成熟　适当过量的水分、氮肥偏多等都会延迟果实成熟期。Kingston和Epenhuijsen研究指出葡萄最佳叶果比通常是7 ～ 15厘米^2/克果，负载量过大会抑制浆果生长和延迟成熟。氮偏多、营养生长过旺会导致果实成熟期推迟。利用果实活体挂树贮藏技术可有效推迟果实的上市期间，在有足够绿叶的情况下，红地球、意大利、克瑞森无核和秋黑等品种果实成熟后，能够挂树活体贮藏而保证品质良好，一般可使果实采收时间推迟50～90天。利用果实套袋技术也可有效调控果实成熟时期，坐果后，将果穗套上绿色或黑色果袋，可显著推迟果实成熟。利用不同穗/砧组合也可调控果实成熟期。

三、设施葡萄促早栽培

（一）我国设施葡萄促早栽培概况

我国设施葡萄促早栽培起步较早，早在1978年，辽宁省果树研究所率先采用日光温室促早栽培巨峰获得成功，开创了设施促早栽培葡萄的先河，到如今的40余年时间里，促早栽培产区已遍布全国，模式不断翻新，设施类型不断增加与演变，品种日新月异，产期大大提早，栽培技术不断得到完善，已经形成我国特色的南北方设施葡萄促早栽培模式（南北方以黄河为界）。

1. 我国设施葡萄促早栽培主要产区

（1）南方促早栽培区：

①西南区。如云南元谋、建水、宾川等地，冬季光照资源足，热量充沛，降雨少，适宜葡萄促早栽培。当地主要采用改良封闭式避雨棚和大棚，栽培夏黑、红地球、阳光玫瑰等品种，鲜果3–5月上市，获得了很高的经济效益，吸引各地投资者（主要来自浙江），投资50亿元，通过仅仅近10年的发展，到2019年仅建水种植夏黑葡萄面积就达到10万亩，成为我国早熟葡萄的新兴产区（图11-4、图11-5）。

近年来我国广西、广东设施葡萄促早栽培也在蓬勃发展，设施以大棚为主，品种主要选择阳光玫瑰，由于面对港澳高端市场，连续几年创造亩效益10万元以上的国内记录，引领了我国各地阳光玫瑰葡萄产业的爆炸式发展，带来我国葡萄产业的一场巨大变革。

②东南区。如浙江台州、嘉兴等地，年积温较高，冬春季光照较充足，利用改良封闭式避雨棚和大棚，栽培维多利亚（温岭）、夏黑、藤稔、醉金香（嘉兴）、巨峰（台州）

图11-4　前期封闭式管理避雨棚（云南　宾川）

图11-5　连栋大棚（广东　深圳）

及阳光玫瑰等品种，葡萄浆果5–6月上市，必须在7月份台风来以前采收销售结束，是我国葡萄最早上市的地区之一，而且是改良封闭式避雨棚起源地区，并把葡萄种植技术辐射到西南边陲。

上述南方促早栽培区，冬季高温，葡萄生理休眠很难得到满足，为此需结合当地气候及品种实际，衍生出一系列栽培新技术，例如，何时修剪、破眠、上膜升温，如何促进萌芽、预防晚霜冻害等。

(2) 北方促早栽培区：华北、东北、西北平原是我国葡萄设施促早栽培的主要产区，如辽宁沈阳苏家屯区、瓦房店李官镇，河北饶阳县，约20年前（2000年前后）开始规模化设施葡萄促早生产，取得良好经济效益与社会效益。这里冬季及早春降雨（雪）少，空气干燥，光照资源充足，温差大，结合设施增温与保温，非常适于葡萄促早生产。主要采用日光温室及大棚多层膜促早模式，栽培着色香、维多利亚、无核白鸡心、紫甜(A17)、夏黑、藤稔、巨峰及辽峰等早中熟葡萄品种，发挥设施促早及避雨的双重作用，日光温室葡萄4–6月上市，大棚（含多层膜）葡萄6–7月上市，是我国设施葡萄重点产区。但这里冬季寒冷，设施投资大，回报慢，葡萄生产与南方相比优势逐渐失去，设施葡萄发展近10年来处于徘徊阶段。

我国北方冬季气温低，寒冷，葡萄正常休眠可得到满足，唯少量日光温室超早促成栽培除外（树体休眠不够，需引起注意）；冬季有时降雪较大，生产需注意防雪灾。东北地域广阔，土地平坦，地下水资源丰富，土壤疏松、肥力高，降水少，光照足，温差大，冷凉资源丰富，是葡萄产业发展的积极有利因子。

2.我国设施葡萄促早栽培应重视的问题 我国幅员辽阔，各地气候环境差异较大，葡萄通过设施调节可实现周年供应。目前，追求早上市，是南北葡萄生产的共同目标，也为葡萄生产带来一定隐患。为此应注意如下问题：

(1) 根据葡萄休眠需冷量确定浆果上市时间：葡萄正常的生长发育是需要休眠过程的，如果休眠不满足，葡萄树体极易出现休眠障碍而无法正常发育，无法正常结实。目前我国北方（辽宁）日光温室及南方（云南等）大棚超早栽培时都存在严重的休眠不足问题，整栋设施或全园绝产的情况频繁发生，大家应觉醒。

(2) 根据设施保温能力确定浆果上市时间：设施保温能力不够时，不宜盲目促早生产，否则易受到低温冻害的威胁，北方日光温室及大棚，南方大棚近年来都出现过严重的冻害。部分地区即使没有发生低温冻害，但设施温度长期低迷，影响萌芽及开花等进程，白白浪费资源。

(3) 根据市场需求确定浆果上市时间 目前决定我国市场葡萄价格的最主要因素还是供需平衡问题，早期（每年12月至翌年5月）葡萄供应量少，市场价格高，伴随着更多的种植者追寻这个目标市场，葡萄供应越来越多，使我国各阶段葡萄市场都将趋于饱和，到那时葡萄品质必将变成决定市场价格的主要因素。为此，要求葡萄生产者应在地理环境，设施条件充分满足的前提下生产最优质葡萄。葡萄生产最终走向区域化，即形成不同时间，不同产地葡萄主导不同阶段市场的稳定局面，如图11-6。

（二）设施葡萄促早栽培模式与管理特点

近20年来，我国设施葡萄促早栽培得到空前发展，葡萄产期得到较大调整，再

图11-6　不同产地葡萄
左：云南 夏黑　右：沈阳 光辉

结合我国南方广西、云南冬果生产及北方日光温室葡萄的二次果生产，一年四季都可有鲜食葡萄上市，伴随该产业的逐渐完善，将形成我国独特的鲜食葡萄栽培模式。

1. 南方葡萄促早栽培模式与管理特点

（1）设施类型与管理特点：

①改良封闭式避雨棚。改良封闭式避雨棚是在普通避雨棚的基础上改造完善的，是过渡阶段的产物。前期避雨棚四周需用农膜封闭，避雨棚间通风道改造成可开闭式，通过开闭通风道调节温度；后期气温回升，四周封闭用农膜撤去，棚间通风道一直开放，仅发挥设施避雨作用。选择农膜厚度0.03～0.04毫米，每年更换，通常12月上膜，葡萄销售结束（3–5月）撤膜。目前新的产区（如浙江台州）已经直接建设标准连栋大棚取而代之。

②标准连栋大棚。标准连栋大棚是封闭式的，顶部及侧面都可通过卷膜器通风，根据日间温度变化运用通风口开闭来调节温度，前期温度低时封闭管理，后期温度高后开放管理。选择农膜厚度0.10～0.15毫米，农膜连年一直不撤，可连续使用5～8年，节省人力物力。

表11-2　南方设施葡萄促早栽培产期调节

（2019年）

产地	设施类型	品种	上市时间（月）	价格（元/千克）
云南建水、宾川等	改良封闭式避雨棚或连栋大棚	夏黑	3–4	10～12
		红地球	4–5	16～22
		阳光玫瑰	4–5	60～80
浙江嘉兴	改良封闭式避雨棚	夏黑	5–6	10～12
浙江台州	连栋大棚	维多利亚	4–5	8～10
		巨峰	5–6	10～16

（2）主要栽培技术与产期：南方主要葡萄产区大多采用水平大棚架，浙江台州地区树形主体为X形，长梢修剪；而嘉兴、嘉善采用V形篱架居多，长梢修剪；广东广西为一形或H形棚架，短梢修剪；云南建水、宾川及元谋等地 多选用Y形篱架，短梢修剪。葡萄产期如表11-2。

2. 北方葡萄促早栽培模式与管理特点

（1）设施类型与管理特点：

① 日光温室。日光温室保温效果好，是我国北方实现葡萄产期调节的基础性设施，一般为钢架结构，保温被覆盖保温，投资大，一般每亩10万～15万元。主要应用（超）早促成、普通促成以及延后等方式。在我国华北及东北中南部等冷凉地区有优势，各地应充分利用当地的资源优势。

日光温室葡萄冬季生产，此时日照时间短，环境温度低，是葡萄生长发育的不利因素。为此，首先需特别强调农膜塑料的透光能力，通常每年更换新膜并对设施表面的灰尘及时进行打扫；北方冬季寒冷，对大棚膜强度要求较高，应选择厚度0.10～0.15毫米农膜为宜；其次，需强调设施的保温能力，葡萄生产整个季节需维持在10℃以上，否则葡萄生长会受到影响。第三，促成栽培还必须重视“休眠障碍”问题（后面有论述）。

② 大棚。大棚具有封闭性，也有一定的保温效果，能够起到调节葡萄产期的作用，特别是多层膜覆盖大棚的兴起，葡萄促早作用得到进一步发挥，一般可使浆果提早20～50天上市。

大棚促早生产，需特别注意早春晚霜危害，应根据地域气候、大棚保温能力，科学选择提前解除休眠和升温促早时间。

北方葡萄促早生产，有时面临降雪的危害，需提前设计合理预案。

（2）主要栽培技术与产期：为了提高抗击风雪的能力，北方的葡萄设施通常比较低矮，尤其日光温室最为突出，所以北方设施葡萄常以V形篱架为主（图11-7）。北方生育期短，当年栽植的葡萄幼树生长量小，为此过去密植栽培比较普遍，树形小，投产快（栽植次年产量2 000千克/亩），亩栽植株必须达到600～1 000株左右，以后逐年间伐，先密后稀，每亩降到100株左右；北方光照充足，葡萄花芽分化好，普遍采用短梢修剪。葡萄产期如表11-3。

图11-7　设施葡萄V形篱架
左：日光温室　右：大棚

表11-3　北方设施葡萄促早栽培产期表

（沈阳　2018–2019年）

设施类型		升温时间	成熟期		当年上市时间（月）							翌年（月）		
			4	5	6	7	8	9	10	11	12	1	2	3
日光温室	（超）早促成	上一年11–12月	●	●	●									
	普通促成	1–3月		●	●	●								
大棚	多层膜	2月初			●	●								
	单层膜	4月初				●	●							

备注：“●”代表葡萄上市。

北方冬季寒冷，葡萄需要人为防寒越冬，东北地区日光温室葡萄可通过设施表面覆盖保温材料越冬，大棚（单层膜）葡萄越冬还要下架覆盖防寒（图11-8）。简化防寒技术正在总结中，京津冀以南地区也能借助大棚设施安全越冬。

图11- 8　北方大棚葡萄覆盖保温材料防寒
（辽阳　辽峰葡萄核心庄园）

（三）设施葡萄促早栽培温度调控

1. 设施升温与浆果上市时间的合理确定

（1）根据地域及设施保温能力确定升温时间与浆果上市时间：日光温室葡萄生产需要在严寒的冬季进行，这阶段日照时间短、环境温度低，是葡萄生长发育的不利因素；在设施保温能力方面，如土堆式、多层覆盖等日光温室，保温效果好，可适时早升温；而砖混墙体，单层覆盖等日光温室，保温效果差，需晚升温。

不同地域早春日照长短及环境温度差异非常大，纬度越高，冬季温度越低，越寒冷，升温与浆果上市时间应越晚，以勿违背该规律为宜（表11-4）。

①超早促成栽培。

设施要求：土堆式墙体、多层覆盖，有升温设备，保温良好，设施内1月份最低温度大于10℃。

升温时间：11月末至12月末。

休眠方法：前期（10初至11月中旬）开展预休眠引导处理，即每天白天覆盖保温物，晚上揭开通风降温，尽量使树体处于低温及黑暗的环境，后期（11月中旬开始至升温止）设施一直覆盖降温进入预休眠引导处理阶段，为了加速满足葡萄需冷量，其间也可采用空调辅助降温，效果很好。

表11-4　日光温室促早栽培模式

（辽宁中部　供参考）

设施	模式	休眠期	升温时间	上市时间	休眠障碍
Ⅰ	A	10月中旬至11月末	11月末至12月末	4月初至5月初	有
Ⅱ	B	10月中旬至12月末	12月末至翌年1月末	4月中旬至5月中旬	无
Ⅲ	C	10月中旬至翌年2月中旬	2月初至3月末	5月中旬至6月中旬	无

备注：1.设施类型

Ⅰ：土堆式墙体、多层覆盖，有升温设备。

Ⅱ：土堆式墙体或三七以上砖混墙体、多层覆盖，无升温设备。

Ⅲ：三七以下砖混墙体，单层覆盖，无升温设备。

2.栽培模式

A：超早促成；B：早促成；C：普通促成。

设施葡萄超早栽培休眠时间较短，休眠往往不充分，升温阶段必须使用石灰氮、单氰胺等破眠剂打破休眠（其实单氰胺的作用只能代替20%的低温值），但有一定的休眠障碍现象。为了克服休眠障碍，浆果采收后每年应采取更新修剪，恢复树势。

品种选择：休眠期短的品种如着色香等，休眠基本得到满足，对藤稔等休眠期长的品种，休眠远没有满足，升温期还需顺延，否则将产生严重的休眠障碍。

②早促成栽培。

设施要求：土堆式墙体或三七以上砖混墙体、多层覆盖，无升温设备。 设施内1月份最低温度大于10℃。

升温时间：12月末至翌年1月末。

休眠方法：从10月中旬至11月初始开展预休眠处理（同上），升温后还需石灰氮等破眠剂破眠。

如果有休眠障碍或花芽续分化差等问题，也需更新修剪，或长梢修剪。

③普通促成栽培。

设施要求：三七以下砖混墙体，单层覆盖，无升温设备。设施内 2月最低温度大于10℃。

升温时间：1月末至2月末。具体升温时间应根据设施保温能力及地域寒冷程度而定。

休眠方法：从10月中旬开始休眠，一直到升温。该休眠方法彻底，无休眠障碍。升温后不需石灰氮等破眠剂破眠。通常花芽续分化良好，不需更新修剪，只有少数品种花芽续分化有问题时，还需更新修剪，或长梢修剪。

目前，北方日光温室葡萄往往升温过早，前期达不到葡萄萌芽生长所要求的温度，常常在恶劣环境下生产，导致树体发育不健康，浆果品质不高；同时各产区升温时间集中，导致浆果集中上市，对此，栽培者需有足够的认识，勿盲目跟风。

（2）品种的休眠期与升温时间：各葡萄产区应根据品种休眠期设定升温时间，如沈阳地区休眠期短的品种，如着色香、维多利亚、87-1、无核白鸡心、香妃等，可略早升温，即11月末至12月末；而休眠期长的品种，如京亚、夏黑、藤稔等，可略晚升温，即12月末以后。

2. 过早升温的副作用

（1）日光温室葡萄在没有解除休眠时就升温，容易产生休眠障碍（另叙），严重影响浆果产量与品质。目前，我国辽宁中南部地区，日光温室葡萄生产普遍升温过早，休眠障碍现象频发，经济效益不高，需引起重视。

（2）葡萄已经解除休眠，但设施保温差，升温后设施温度过低（晚间常出现低于10℃的低温），葡萄生育期要明显延后，如萌芽推迟，开花推迟，浆果成熟推迟，没有达到预期的促早效果等，相当于早升温没有发挥作用，浪费了资源；实际上这种早升温对树体发育还很不利，此时温度低、光照不足，易导致当年花芽续分化差，花序变小，质量差等，严重的可导致次年无花序或花序小。

3.升温阶段的温度管理　萌芽期升温，目标是提高地温、控制气温，保证树体地上地下协调发育，达到萌芽整齐、树体发育健壮的目的。辽宁日光温室实行阶段式缓慢升温，（图11-9），往往用揭盖草帘来调控温度，前5天揭1/3，后5天揭2/3，10天后可以全揭开；同时通过设施顶部放风口调节温度，白天控制在15 ～ 20℃，夜间保持8 ～ 10℃，10天以后逐渐提高温度，到15天以后白天控制在20 ～ 25℃，夜间保持在10 ～ 15℃为宜。

图11-9　阶段式升温
左：温室外景　右：温室内景

（四）设施葡萄休眠障碍

葡萄植株如果休眠没有得到有效满足，而后在生长发育过程中所产生的一系列非正常现象称休眠障碍。休眠障碍的出现，从正面告诫生产者，通过设施促早生产不可盲目追求过早，应尊重自然规律，应在树体休眠需求得到充分满足的前提下开始生产。葡萄休眠障碍问题在我国北方日光温室超早促成栽培表现突出，据作者长期在北方从事日光温室葡萄生产与研究，为此，本文主要以沈阳日光温室葡萄休眠障碍现象为对象予以阐述，各地可参鉴。

1.休眠障碍的发生规律 调查发现：在沈阳9月初至11月中下旬升温，常表现严重的休眠障碍，有时甚至绝产；而且升温时间越早休眠障碍越严重，说明9–10月份葡萄至少有部分树体已经进入深休眠状态，休眠已经不可逆转，该阶段不宜开始生产。如2014年，辽宁盘锦一农户以日光温室促早栽培葡萄品种红巴拉蒂，9月初带叶修剪后开始升温，浆果2015年元月成熟，表现出极其严重的休眠障碍，基本没有经济产量，损失严重。

在同一个地区，升温时间相同，休眠障碍表现随设施保温能力不同；设施内树体位置、品种及树体发育特点等对休眠障碍也表现出较大的差异。作者通过十余年在沈阳周边地区观察，得到如下结论，供参考。

（1）设施保温差异：设施升温时间相同，引导休眠方法一致，设施保温能力有差异，同样在没有满足休眠阶段开展升温，白天温度保持一致，设施保温能力越好，夜间温度越高，设施葡萄需冷量越不够，休眠障碍越严重；而保温差的设施，夜间温度较低，葡萄需冷量能进一步得到满足，休眠障碍轻或无休眠障碍现象。

在沈阳地区，土堆式墙体日光温室，比砖混24墙体日光温室保温效果好，同时在11月中下旬树体休眠没有满足阶段升温，前者休眠障碍表现严重，如尽管成熟早，但产量低，浆果品质差，商品价值低等；而后者休眠障碍较轻，有时甚至不表现休眠障碍，如虽然成熟晚，但产量高，浆果品质好，商品价值高等。因此，在生产中有时表现悖论，即保温好的设施没有保温差的设施产值高。由此提醒大家，设施葡萄早促成生产满足休眠是非常必要的。

（2）设施内位置差异：日光温室内不同位置环境温度略有差异，葡萄接受低温休眠程度不同，休眠障碍症状表现有差别。

例如，日光温室内南侧地脚附近环境温度较低，中间位置环境温度较高，后部贴近北墙温度最高（晚间墙体继续释放热量）；一旦产生休眠障碍，南侧地脚附近树体症状最轻，表现树势最壮，果穗最大，产量最高，成熟最早，品质最好；而中间部位树体次之，后部贴近北墙的树体最差。

（3）品种差异：葡萄品种不同，休眠需冷量也不同，休眠障碍表现也存在很大的差异。通过近几年日光温室栽培发现，着色香、维多利亚、京玉、粉红亚都蜜、87-1、香妃及早霞玫瑰等品种休眠需冷量较少，而京亚、藤稔及光辉等品种休眠需冷量较多。

（4）树体差异：

①树体发育阶段差异。在树体发育进程中，芽眼进入休眠的时间不同，休眠程度不同，休眠障碍表现有差别。早期阶段发育形成的芽，进入休眠时间早，休眠深，休眠障碍表现重，升温后不易萌芽；后阶段发育形成的芽，进入休眠时间晚，休眠浅，休眠障碍表现轻，升温后易萌芽，如图11-10。因此，休眠障碍表现重的设施，只能依赖晚期发育的副梢或顶部枝芽结果，产量及质量大大受到影响。

图11-10　休眠障碍发生后主芽不萌芽而副芽萌芽现象
（品种：维多利亚　辽宁辽阳）

②树龄差异。幼树进入休眠迟，休眠浅，休眠易打破，休眠障碍表现轻；超早促成栽培，幼树比多年生树易萌芽；基于此，生产上应提倡平茬更新，每年培养新枝条结果，积极主动应对休眠障碍。

2.休眠障碍对树体生长发育的危害　休眠障碍主要表现为：萌芽推迟，萌芽不整齐，萌芽率降低，成枝率低；花芽续分化差，花器官分化差，表现花序少，小；坐果不良，浆果发育差，果粒变小，浆果大小粒，不易着色，不能连续丰产；叶片早期黄化、脱落；树势衰弱，提前老化，树体寿命短等。

（1）萌芽异常：萌芽期推迟，萌芽期长，萌芽率降低，萌芽不整齐等。具体表现为：萌芽期推迟20 ～ 40天，萌芽早晚相差10 ～ 30天，萌芽期长达30 ～ 40天，萌芽率比正常低30%～ 50%。而树体一旦发生休眠障碍，枝梢各级副梢萌芽率也显著降低。最终结果是萌芽数量不够，枝条数量不足，产量较低，如图11-11。

图11-11　萌芽异常现象
左：维多利亚　右：京玉　辽宁

（2）花芽（续）分化差：休眠障碍发生后，树体营养供给不足，导致当年花芽续分化异常，花序分化不完整等。具体表现为：花序早期发育停止，花序小，花序上着生花蕾少，稀疏异常，花序梗长，花序副穗退化成卷须等，如图11-12。

翌年花芽分化差，具体表现为：花序着生节位提高，花序少，小，质量差。

图11-12 花芽续分化差现象
左：花序早期发育停止 右：花蕾稀少

(3) 花期延长：正常情况下，葡萄花期3 ~ 5 天，而在日光温室促早栽培休眠不足时，花期需要10 ~ 15 天，有时甚至持续20 天，花期延长严重降低坐果率并给管理带来不便。

(4) 叶片早期黄化：从外观上看，树体休眠不足，叶缘下卷，黄化。伴随树体发育过程，花前开始出现叶缘下卷现象，花后开始在叶脉间出现系列黄色斑块，并逐渐变大连接成片，最终叶片从枝条基部开始逐渐枯黄，严重时导致脱落，如图11-13、图11-14。

观察发现，树体休眠越差，叶片黄化越早，脱落越早，休眠严重不足时，叶片在花期前后开始黄化，果实成熟前叶片已脱落过半，甚至全部黄化脱落。

叶片黄化症状与缺镁症状一致，实际树体是缺镁，但诱因不同，施镁肥不解决本质问题。

图11-13 休眠障碍叶片
品种：红地球（辽宁朝阳）

图11-14　着色香葡萄休眠障碍叶片不同阶段状态
左：前期；中：中期　右：后期（辽宁沈阳）

（5）结实特点改变：主要表现坐果差，大小粒现象明显，果穗松散不整齐等。浆果膨大后劲不足，果粒比正常小；浆果着色不整齐，着色慢，成熟期推迟；成熟前落粒；口感差，品质低劣，固有的优良品质不能得到体现，如图11-15，商品价值低或无等。

图11-15　休眠障碍浆果着色难现象
左：藤稔；右：着色香（辽宁沈阳）

（6）树势衰弱生育期延长：表现根系发育受阻，无新根系产生，即无吸收根；新梢大部分没有生长点，少部分有生长点长势也差；副梢萌发率低，叶片不足，树势衰弱，提前老化；浆果迟迟不熟，生育期延长，如图11-16。树体寿命缩短。

图11-16　休眠障碍的综合表现
（树势、叶片及果穗等；品种：着色香）

3.休眠障碍的规避　休眠障碍一旦发生，当年通过任何方法是无法克服的，只能承担其恶果。当年果实采收后，通过对树体平茬更新等方法，树势可得到恢复。次年在休眠得到满足后适时升温，不再表现休眠障碍症状；以后休眠不足升温，还会重复表现休眠障碍症状。休眠障碍出现后，当年如果不采取平茬更新等措施，以后树体将严重衰弱。作者2016年12月到云南元谋考察葡萄，发现很多葡萄园都存在严重的休眠障碍现象，如图11-17，值得大家注意。

图11-17　休眠障碍葡萄园（品种：着色香　云南元谋）
左：树势弱　右：叶片早变色

避免休眠障碍的方法：

（1）满足休眠需求：当年升温前做足预休眠降温，尽量满足树体休眠对需冷量需求，在合理时间段升温，满足休眠后再升温。

（2）解除休眠障碍：树体一旦表现休眠障碍，解除休眠障碍现象的最有效方法是修剪更新，恢复树势；或重新栽植建园。

（五）设施葡萄促早栽培更新修剪技术

首先，日光温室等设施葡萄（超）早促成栽培往往升温早，树体休眠不足或不彻底，当年生长发育表现出一系列不正常的休眠障碍现象；其次，日光温室等设施葡萄促成栽培，花芽分化往往在光照时间短、温度低的环境进行，导致次年花芽分化节位提高（即超节位分化现象），或花芽分化差等。

为此，必须开展更新修剪，恢复树势，诱导花芽重新分化。对早升温，当年即使没有表现出休眠障碍现象，也有必要采取夏季更新修剪或秋季长梢修剪，克服当年花芽分化不良的问题，确保次年正常结果。

克服休眠障碍更新修剪包括植株平茬更新，枝梢超短梢修剪更新及长梢修剪更新等，这里重点介绍植株平茬更新修剪技术。

1. 植株平茬更新

（1）植株平茬更新的要求：

①对整枝方式的要求。更新方法适合于篱架、单蔓（单臂）或双蔓（双臂）等短枝蔓整枝方式，而棚架等长枝蔓整枝方式可采用超短梢更新修剪。

②对平茬时间的要求。沈阳地区不得迟于6月15–20日，确保更新后发出的新梢在7–8月份高温、长日照时期生长成新植株，确保花芽分化良好。

为了促进葡萄根系营养积累，要求栽培品种浆果于6月上旬前采收完，给平茬前留出恢复树势的足够时间（至少10 ～ 20天），否则平茬更新后，萌芽不整齐，发出的新梢长势强弱不均，甚至花芽分化不良，影响平茬更新效果。

（2）平茬更新的方法：

①迫使枝蔓基部的潜伏芽萌发。在沈阳地区，对于单蔓（单臂）嫁接植株在枝蔓距离嫁接口上部10 ～ 20厘米处平茬，如图11-18 ，迫使枝蔓上的潜伏芽萌发，然后选留1 ～ 2个健壮新梢，培养成新植株（次年的结果母枝）表现良好。

图11-18　平茬处理
左：诱导潜伏芽萌发　右：夏季萌发部位（沈阳 ）

该方法优点是：新植株长势旺，整齐；缺点是：平茬后萌芽略晚，一般需要10 ～ 15天；同时新植株偶尔表现出徒长现象，应控制肥水，或多留新梢分流营养，多出的新梢（新植株），可以直接用于结果，也可在修剪时疏掉。

在云南等地区，对于篱架双臂（T形）植株，在每个单臂距离分支点10 厘米左右平茬更新，亦能获得良好效果。

②诱导基部当年绿枝芽萌发。在沈阳地区，在生产季前期位于植株嫁接口上部10 ～ 20厘米处选留1个新梢，每延伸1 ～ 2片叶不断摘心，延缓其生长，推迟该枝梢木质化进程，同时使该新梢下垂于地面避荫，保持该枝梢基部尚未木质化（芽没有休眠，受刺激后易萌芽）。平茬修剪时，将所留枝条上部植株剪掉，并对所选留的尚未木质化枝梢进行短梢修剪，诱导没有休眠的芽萌发，培养成新植株，如图11-19。

图11- 19　平茬处理部位
左：诱导基部没有休眠的绿枝芽萌发　右：萌发部位（沈阳）

该方法优点是：萌芽快，一般需要1周左右，对采收较晚的品种更新有利。

（3）平茬更新前后树体综合管理：浆果采收后，平茬前，主梢叶片已经处于老化状态，甚至有时叶片已经黄化或脱落，为此，应诱导副梢生长，多留叶片，促进根系发育与营养积累。

平茬后，萌芽后尽早选定1 ～ 2个健壮新梢，待新植株长到30厘米左右应及时绑缚，待新植株长到1.0 ～ 1.2 米时摘心，对部分花芽分化难的品种(如京玉等)也可分2 ～ 3次摘心，促进花芽分化。并加强副梢管理，预防冬芽萌发。如表11-5和图11-20。

秋季应预防早霜危害，可带叶越冬休眠，升温后再修剪。

表11-5　葡萄不同品种平茬更新长势对比表

（沈阳地区）

品种	树体粗度（地径 厘米）	
	当年栽植幼树	平茬更新
京玉	0.4 ～ 0.5	0.6 ～ 0.8
着色香	0.4 ～ 0.5	0.6 ～ 0.7

图11-20　平茬后新植株树体管理　（沈阳）

日光温室葡萄与露地葡萄一个重要的不同点是生育期延长约4 ～ 5个月，除了需加强枝梢管理外，还应加强肥水管理。需增加施肥次数与施肥量，变施基肥一年1次为一年2次，通常浆果采收后平茬前，需要立即开沟施有机肥，开沟施肥能有效断根，促发新根，恢复树势；平茬后，应灌大水，增加设施内湿度，促进萌芽。

2.超短梢修剪更新　除了树体平茬更新修剪外，对枝梢超短修剪也是一种更新方式，不仅适合短枝蔓整枝方式也适合长枝蔓整枝方式。操作也在6月20日前后进行，方法是保留树体主蔓，对结果枝及营养枝采取超短梢修剪（仅留基芽），对发出的新梢留4 ～ 6片叶常规摘心管理，促进其花芽再分化，如图11-21。

图11-21　超短梢修剪更新
左：超短梢修剪后萌芽　右：超短梢更新修剪枝条培育（河北饶阳）

超短梢修剪更新，树体一直保留完整的主干，贮藏营养丰富，更新后萌芽快，长势好。可见，超短梢修剪是一种很理想的更新手段。北方日光温室葡萄越冬已经不必下架防寒，也可采用大树形，每年枝梢通过超短修剪更新可实现连续丰产。

3.长梢修剪更新　有时因管理不善，或采用中晚熟品种，或设施保温能力有限，葡萄采收较迟，如在沈阳地区生产藤稔葡萄，有时进入7月才采收，再采用常规的平茬或超短梢修剪更新为时已晚，为了保障下一年正常结果，需采用长梢修剪再培养新枝条更新。目前这种做法在沈阳日光温室及云南封闭式避雨棚栽培中都有应用，效果也较好。

做法是：具体时间在沈阳地区7月中旬前进行。根据枝条数量，疏除多余的弱枝，对壮枝条留4个芽中长梢修剪，掰掉叶片，同时对顶芽采用破眠剂处理，诱导顶芽萌发，培养成新枝条重新进行花芽分化。秋冬季对新枝条进行短梢修剪（1 ~ 2个芽），培养成新结果母枝，次年利用新结果母枝结果。如图11-22 。这种更新方法属于长梢修剪范畴，枝梢其他管理参见长梢修剪相关部分。

图11-22　长梢修剪更新（云南开远）

四、设施葡萄一年多收栽培技术

（一）葡萄一年两收栽培模式

葡萄的一年两收栽培是指一年生产两茬葡萄的栽培模式，按照两茬葡萄果实生育期是否重叠，可分为两种栽培类型；一是从萌芽到果实成熟两茬葡萄的果实生育期不重叠的，叫两代不同堂栽培模式；二是指两茬葡萄的果实生育期是重叠的，叫两代同堂栽培模式，这种模式可以实现多茬果实生育期的重叠，实现一年内多收。在没有保温设施种植的条件下，葡萄两代不同堂模式只能在生长期长、热资源丰富的南方热带与亚热带地区可以实现。在有保温的设施栽培条件下，葡萄的一年两收栽培的各种模式都可以尝试实施。

1. 两代不同堂栽培模式

（1）完全去叶两代不同堂栽培模式：

①长梢去叶模式。在南亚热带地区进行简易避雨设施栽培时，选择在1月修剪，1月下旬至2月中旬气温稳定在10℃以上时催芽，3月下旬至4月中旬开花，6月至7月上旬收第一茬夏果。夏果收获后施肥，恢复树势1～2个月后于8月修剪，同时人工去除全部叶片（图11-23）并催芽，5～8天后萌芽，开启当年第2个生育周期，12月中下旬收获第二茬冬果（图11-24）。设施栽培条件下，要根据当地气候条件，测算好葡萄品种需要的积温，留出2～4周以上采收后修剪前的树势恢复时间。

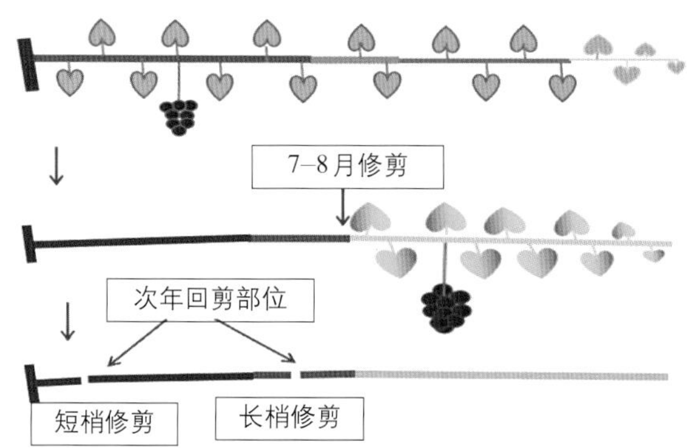

图11-23　两代不同堂长梢去叶修剪模式示意图

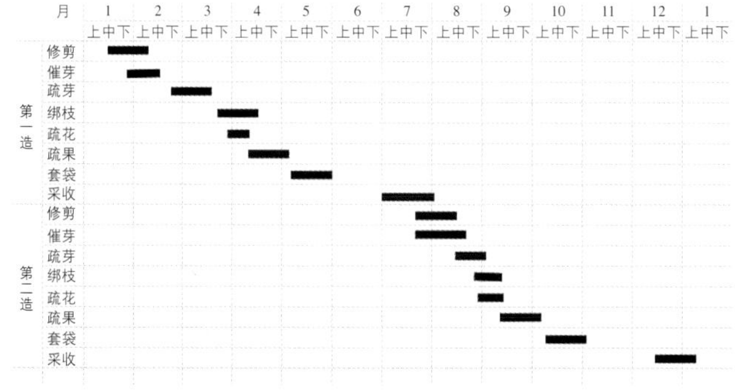

图11-24　长梢去叶两代不同堂模式作业动态示意图

②短梢去叶模式。

第一种方法是：第一茬夏收果（3–5月）收获后立即短梢修剪，新梢不留果，生长8叶摘心促花结果，在国庆节前后第二茬秋冬果成熟。当年11月进行6 ~ 8芽去叶修剪用结果枝作结果母枝，进行第二年早收栽培（图11-25）。

第二种方法是：第一茬夏收果（3–5月）收获后立即短梢修剪，新梢结果，当年9–10月成熟采收。11月进行6 ~ 8芽修剪并去叶，用结果枝作结果母枝，进行第二年早收栽培（图11-26）。

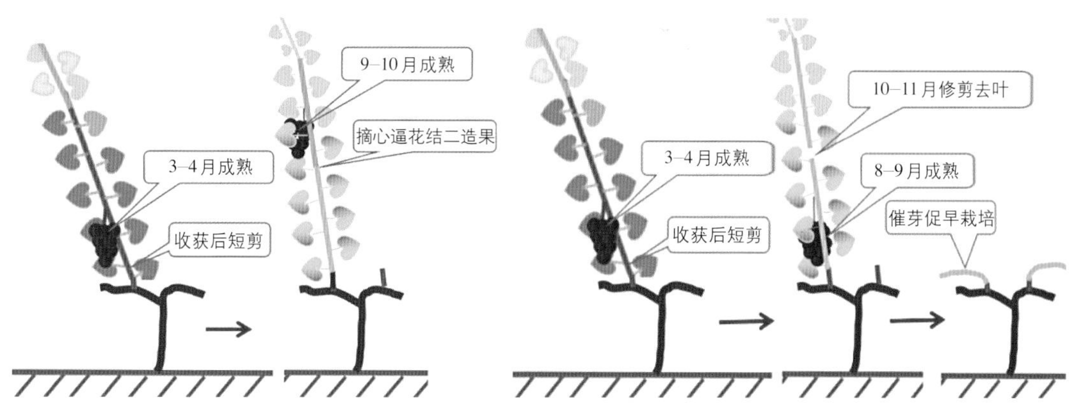

图11-25　两代不同堂短梢去叶修剪模式　　图11-26　两代不同堂短梢去叶修剪新梢留果模式

（2）留叶两代不同堂栽培模式：收获第一茬夏果后，留顶端副梢继续生长，摘心促进花芽分化，逼冬芽萌发结二茬果的方法（图11-27）。

2. 两代同堂栽培模式

（1）两代同堂通常结果模式：第一茬果坐稳后，通过摘心促进花芽分化，逼迫顶端冬芽萌发再次结果，两茬果同时挂在树上（图11-28），在积温不足地区适用。该模式推迟了第一茬果成熟期，错开第二茬果上市时间，对调节产期满足葡萄淡季市场起到积极作用。

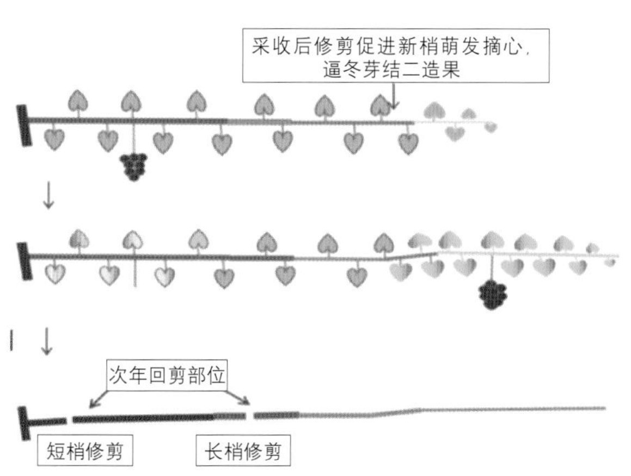

图11-27　两代不同堂长梢留叶修剪模式示意图

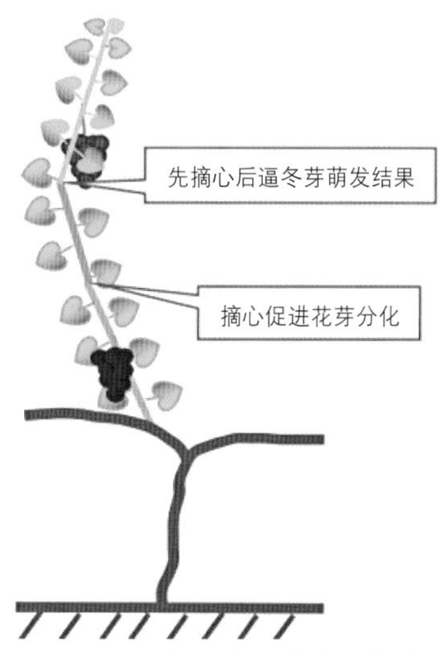

图11-28　两代同堂通常结果模式

（2）两代同堂延后结果模式：冬季重修剪，开春萌芽后去花，6～8叶摘心促进花芽分化，逼冬芽萌发结第一茬果；在结果枝上再次摘心促花，逼冬芽萌发结二茬果（图11-29）。两次果均推迟成熟，错开该品种成熟高峰，调节产期，补充市场淡季，提高果品售价，增产增收。

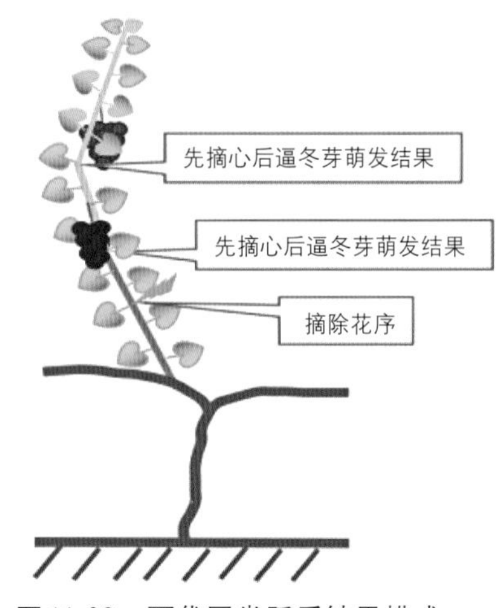

图11-29　两代同堂延后结果模式

（二）葡萄一年两收栽培品种

采用葡萄一年多收栽培模式时，最好选用成熟期特早、早和中熟的、成花容易、品质好的品种，如早巨峰、春光、蜜光、光辉、长青玫瑰、着色香、晨香、火焰无核、无核白鸡心、维多利亚、醉金香、巨峰、夏黑、瑞都红玉、瑞都香玉、京亚、春光等。这些品种具有成熟早，花芽分化容易，可确保二茬果有足够的花芽。应该在当地的环境条件下先进行试验，摸清规律成功后再进行规模生产。

（三）葡萄一年多收栽培管理技术

1. 夏果、秋冬果一年两收（两代不同堂）管理技术

（1）休眠期管理：

①冬季修剪。

修剪时期：1–2月进行，伤流期到来前15 天完成。选留优质结果母枝的条件是：枝蔓充分成熟，枝体曲折延伸，节间较短，节部凸出粗大，芽眼高耸饱满，鳞片紧；枝条横断面较圆，木质部发达，髓部小，组织致密，无病虫害。

冬季修剪方法：采用H形和一形树形，实行短梢修剪，剪留1～2个芽，新梢长势强壮（图11-30、图11-31、图11-32、图11-33），采用Y形双篱架栽培，可选留生长充实的预备枝或上年结果枝作结果母枝，每株选留4条中长梢作结果母枝，2条短梢作预备枝（也可以不留），视株距和植株长势而定，长梢留芽6～12个，短梢留芽1～2个。

图11-30　H形冬季短梢修剪

图11-31　一形冬季短梢修剪

图11-32　Y形双篱架促早栽培修剪方式

图11-33　抹芽定枝后的新梢

②枝蔓绑缚。修剪完成以后将结果母枝均匀绑缚在架面上，不能有空当，注意避免和防止断蔓、枝条过粗易折，可以等萌芽初期枝条充水变软时绑缚。

③施足基肥。秋冬季落叶后施好基肥，最好果实采收后马上施入，沿行向开沟每亩施用腐熟的有机肥1～2吨，然后回沟盖土。施肥后对全园实行旋耕，深度20～25厘米。有机质不足的果园，可以增用稻草、秸秆、甘蔗渣、木薯渣2～3吨覆盖树盘。有条件的果园也可以实施土壤免耕，根据生草生长情况，及时安排割草机在生草还未老化前割除。要求保持土壤有机质3%以上为好。

④病虫防控（详见第十三章）。以保健栽培为基础，改善葡萄园生态环境，提高葡萄园通风透光度，增强树体抗病虫能力。

按照预防为主，综合防治的方针，采取冬季清园，将葡萄园中修剪下来的枝蔓、残枝、枯叶、残果等及时清理干净。在春季芽鳞萌动至刚刚见绿未展叶时喷一次3～5波美度石硫合剂，消灭越冬病原和害虫。新梢生长前期重点喷药预防，坐果后及时套袋等主要防治措施。

（2）生长期管理：

①夏果生长期管理。

Ⅰ.催芽：当来春日均温度稳定在10℃以上时，用葡萄破眠剂（50%单氰胺15～20倍）液催芽（每10千克破眠剂液加胭脂红100克使药液变红以便标记），采用海绵块捆在木棍前端并用纱布捆成圆球形，吸取破眠剂液后人工点湿芽眼，（顶端1～2芽不点，以免顶芽先发，影响同一母枝其他部位冬芽的萌发）。

注意事项：在施药催芽过程中要戴胶手套，随时注意不要让皮肤与破眠剂液直接接触；催芽后8小时内遇大雨要及时补涂；遇天旱时，催芽处理前后1天都要充分灌水，在萌芽前应保持果园土壤湿润，最好连续3～5天每天傍晚对葡萄枝蔓喷水一次；作业时禁止吃东西、喝饮料和抽烟；操作前后24小时内严禁饮酒或饮用含有酒精的饮料。

Ⅱ.疏芽整梢：冬芽萌发后，最先抹除根蘖和主干的萌芽；紧接着抹除结果母枝上的双芽、三芽中的边芽，只留一个饱满的芽；遇上芽萌发较少新梢稀疏的架面，可以保留双芽。新梢上显现花序，能区别结果枝和营养枝时开始抹梢，棚架H形、X形每平方米定梢6～8条；一形、双篱架的每米蔓上留梢10～12条，其中营养梢约占总留梢量的10%。在靠近主干、主蔓等骨干枝邻近留生长势中等、无花新梢作营养枝和预备枝。

整个生长季都要及时绑梢和摘除卷须，尤其要防止新梢旺长。遇到旺盛生长的新梢，可在开花前扭梢，并于花序前留2叶摘心，促进花序分化；棚架上的旺梢可将它引到架面下垂生长，以削弱长势；旺梢还可以连续喷施2 ~ 3次0.3%磷酸二氢钾+0.05 ~ 0.1%硼砂，每次间隔5 ~ 7天，或助壮素、稀效唑、矮壮素等，抑制新梢旺长，促进花芽分化。

Ⅲ.摘心和副梢处理：结果新梢于开花前4 ~ 5天留10 ~ 12片叶摘心，顶端保留1条副梢，并留1 ~ 2片叶反复摘心，花序以下副梢全部抹除，花序以上各节位副梢可留1 ~ 2片叶反复摘心或留1叶绝后摘心。营养枝生长到够预定长度或预定足够木质化的日期才摘去梢尖，其上副梢除保留顶端1 ~ 2个留1 ~ 2叶反复摘心外，其余副梢一律贴根抹除。

Ⅳ.产量调控：研究结果表明，单茬产量控制在每亩1 000 ~ 1 200千克之间能保证生产两茬优质果，当单茬产量大于每亩1 900千克时，对当茬果的品质和下一茬果的花芽分化、产量质量都会造成较大的影响。

花芽分化和结果量的多少密切相关，葡萄萌芽后两个月，新梢光合产物急速增加，这段时间的碳水化合物一部分供应幼果膨大，一部分供给花芽分化。如果结果过多，叶片制造的养分优先供应果实的发育，花芽分化受阻，下茬冬果产量便受到影响。所以，进行葡萄一年多收生产要特别重视在开花期和幼果期及早进行疏花疏果，引导树体养分向芽内输送，促进下茬果花芽顺利分化。

Ⅴ.花果管理：巨峰葡萄一般采用自然有核果优质栽培，在开花前2 ~ 3天掐掉花序上的副穗和1 ~ 4个花序大分枝和1小段花序尖端，保留由下往上数16 ~ 18个花序小分枝，使果穗形状成为圆柱形（图11-34）。坐果后至硬核前能分辨大小果时疏去小粒无核果、畸形果、病斑、伤痕和过密的果粒。

图11-34　巨峰葡萄花序整形后满花

巨峰葡萄也适合无核化栽培，在开花前2 ~ 3天掐掉花序上中部大量分枝，只保留花序最前端3.5 ~ 4厘米即可（图11-35）。巨峰葡萄无核化处理时间是盛开末至坐果后5天内采用赤霉素（GA_3）25毫克/千克（浓度）溶液或每升药液再加10 ~ 20毫升0.1%农用吡效隆（CPPU）浸湿花（或果）穗。

（1）

（2）

图11-35　巨峰葡萄整形与效果

为了培养品质高外观美的产品，每穗葡萄果重应控制在350 ~ 450克之间，巨峰等大粒品种每穗粒数控制在40 ~ 50粒。每1个结果枝只保留1穗果，而且应具有12片叶以上才能留果，这样才能保证每穗葡萄应得到树体营养供给，以满足浆果增糖上色的养分需求。在完成疏果定产以后，全园喷施一次保护杀菌剂，待药液风干后立即进行全园果穗套袋（图11-36）。

图11-36　葡萄套袋

Ⅵ.肥水管理：葡萄一年两收栽培，既要保证葡萄营养生长及果实发育需要，又要保障尽早开始花芽分化以保证二茬果足够花量，还要确保第二茬新梢生长及果实发育，因此，肥水管理必须均衡、及时到位，以满足葡萄两茬果实生长需要。

基肥：每年施有机基肥两次，第一次于上年冬果采收后，立即亩施1 ~ 2吨有机肥，在地温还没有下降前提前形成强大根系，促进丰富树体营养，储存来春使用。第二次在本年夏果采收后进行，亩施1 ~ 2吨有机肥。

追肥：第一次追肥在果实坐稳后开始，以氮肥为主，根据基肥肥效和树体生长势强弱每亩施复合肥（N：P_2O_5：K_2O_5）10 ~ 15千克+硝酸铵钙或其他氮肥5 ~ 10千克（新梢旺长的不单独加氮肥）；第二次追肥在开花后25 ~ 30天每亩再施用复合肥10千克；第三次追肥在果实开始着色时进行，每亩施钾肥10千克加硫酸镁和硝酸铵钙5千克。缺镁严重地区，要在果实膨大开始至着色前1个月施镁肥1 ~ 2次，同时适当减少钾肥使用量。每次追肥都要根据树势增减肥料种类和施肥量，树势过旺的要减少氮肥用量。

夏果生产追肥特殊性：

A.沙地葡萄园保水保肥能力差，要采用少量多次追肥方法，以减少肥分流失。

B.土壤缺硼地区要在开花前5 ~ 6叶期，每隔7 ~ 8 天连续喷氨基酸硼或0.1% ~ 0.2%硼砂2 ~ 3次，以提高坐果率。

C.春季如巨峰等坐果率较低的品种在开花坐果前不能施用氮肥，待坐果稳定后喷施葡萄专用叶面肥补充营养。

D.春季开花前结果新梢有徒长情况时，可采用喷施磷酸二氢钾或氨基酸钾抑制徒长。

E.采果后新梢不继续生长的可每亩撒施复合肥5 ~ 10千克，新梢旺长的要摘心控制或喷施烯效唑抑制剂1 ~ 2次控制。

灌溉：早春葡萄萌芽前干旱特别是催芽后遇天旱，要及时灌水并连续对枝干喷水3 ~ 5天，促进萌芽。坐果后至浆果硬核期，是葡萄果实生长发育、果粒增大的关键节点，必须间隔几天就要灌水，保持土壤湿度65% ~ 75%。浆果上色至成熟期控制灌水，要特别注意建立良好的果园排水系统，做到果园内不积水，防止葡萄根系受损，造成叶片枯焦，影响下茬果花芽分化。

设施栽培的葡萄园最好采用滴灌或者微喷进行灌溉，省水省肥。在滴灌系统中加入肥料元素，融入水中，随水流进入园地土壤，实施水肥一体化，葡萄根系发育好，生产效率高。一般根据葡萄物候和生长势调节灌溉时间、次数和加入肥料的种类与数量。温度高的季节、葡萄果实迅速膨大期增加灌溉量，如冬果生长前期和限根栽培地段，在高温季节每天要灌溉2～3次，每次20分钟；生长后期，温度下降，要适当减少灌溉次数及时间。

Ⅶ.病虫防控（请参考本书第十三章）。

②冬果生长期管理。

Ⅰ.夏剪：

修剪时间：这次修剪可以根据产期安排从早熟果采收后的4—5月、正常成熟果采收后的6～7月持续到当年9月；二茬果（秋果）采收后可以在10—12月修剪生产翌年的早春果。

修剪方法：用当年结果枝或营养枝作结果母枝，修剪至芽眼饱满处，一般留芽5～11个，人工摘除全部叶片。

10月以后修剪主要目的是生产次年早熟葡萄，一般在3—5月采收，是目前我国葡萄市场价格最高时期，主要分布在云南建水葡萄产区。台湾地区冬季气候温和，葡萄能安全越冬，现已实现大面积春果生产。

简易避雨栽培的两收葡萄要根据具体地点纬度、海拔、设施状况、品种成熟期等来安排修剪催芽时间，经过测试成功后大面积推广。

Ⅱ.催芽：用葡萄破眠剂（50%单氰胺20倍液）涂抹剪口芽催芽（每枝只点剪口一个芽，与第一茬果不同），催芽后天旱时要灌水，催芽第二天开始在傍晚对枝干喷水，连续3～5天。这时正是高温时期，植株由有叶子状态突然被修剪去叶，枝干暴露在阳光下，如遇干旱，发芽困难，因此喷水促芽很重要（空气湿度过低地区如元谋，最好扣棚保湿）。

Ⅲ.拉长花序：第二茬冬果的生产期与第一茬夏果的生长期所遇到的环境条件是相反的。第一茬葡萄萌芽至开花结果期是春天，气温由低温到高温；而第二茬冬果生产，葡萄萌芽至开花结果期是夏秋，气温是从高温到低温的，发芽至开花温度高，花序发育期很短，仅需2～3周（而第一茬夏果需6～7周），因此，有些品种果梗较短，果粒间距较小，如果不拉长花序，果粒生长将受限制，成熟时果粒甚至互挤开裂，影响商品价值。所以，必须于开花前10天左右施药拉长花序（因品种而异）。

巨峰葡萄可以在萌芽后5～6叶期用1～2毫克/千克的赤霉素全株喷雾1～2次，以促进花序伸长，小果梗展开。

Ⅳ.花果管理：参考夏果花果管理，如图11-37、图11-38。

图11-37　北京延庆温室的二茬葡萄（2019年11月13日）

图11-38　云南建水避雨棚二茬葡萄（2019年10月26日）

Ⅳ. 肥、水管理：第二茬秋果在高温季节发芽，从萌发到开花仅20天左右，第一茬夏果比春天低温下快一倍速度形成了最大有效叶面积并开花结果，短期内需要供给大量养分。因此这次肥水管理对第二茬果非常重要，必须保证土壤中有足够的水分、养分，促进新根生长快速形成强大根系，为第二茬果生产打下基础。

基肥：必须在收获夏果后及时亩施优质有机肥1吨，最好采用滴灌均衡供给，促进根系生长，短期内积累足够养分，保证新梢萌发后迅速生长期的吸肥能力，满足形成足够量的叶面积的需要。

追肥：点芽后每亩加施尿素5 ～ 10千克，（肥水条件很好的果园也可以不施氮肥）。（N：P：K_2O）复合肥10千克。追肥数量基本与第一茬夏果相同，促进形成足够叶幕供应冬果生长。

叶面肥：注意开花前叶面补充硼肥，新梢生长期喷施氨基酸钙2 ～ 3次，中后期喷施含综合性微量元素的叶面肥。

在有可能出现低于7℃的寒潮来临之前做好设施的保温工作，还可以喷抗寒抗冻剂，预防叶片受冻黄化。

排灌：经常注意园地积水随时排除，果实膨大期必须保持土壤含水率65% ～ 75%，否则果实偏小，影响产量和外观。

Ⅴ. 病虫害防控：修剪后至萌芽前：进行夏季清园，将葡萄园中修剪下来的枝蔓、残枝、残果、果柄等及时清理干净。催芽后芽鳞萌动未见绿期喷一次2 ～ 3波美度石硫合剂，消灭病原和害虫。

新梢生长期至开花前：葡萄二收果发芽时温度高、湿度大特别适合霜霉病和蓟马的发生发展，特别是小避雨棚设施的果园，雨后叶片会有露水。周边若有蓟马的寄主，一不留神就会造成冬果颗粒不收，是冬果最危险的病虫害。

发芽前期要特别重点预防霜霉病：在2 ～ 3叶期开始用药，头茬发生霜霉病可任选用如下一个杀菌剂：50%安克（烯酰吗啉）、69%安克·锰锌1 500 ～ 2 000倍液、72%霜脲氰（克露）500 ～ 600倍液或52.5%抑快净2 500倍液。

防治霜霉病和蓟马这两个病虫关键点是早期预防，花期前后及幼果发育期是防控关键点，建议参考下面葡萄发育及病虫发生期进行防控（图11-39）。

预防花期灰霉病可用50%速克灵800 ～ 1 000倍液。为了防控多种病害，花前花后最好选用25%阿米西达悬浮剂1 500倍液或者阿米妙收（苯醚甲环唑12.5% +嘧菌酯20%）1 500 ～ 2 000倍液各喷一次。

还要特别注意蓟马的发生情况，如高温干旱时蓟马危害会趋重，间隔4 ～ 5天用25%阿克泰水分散颗粒剂

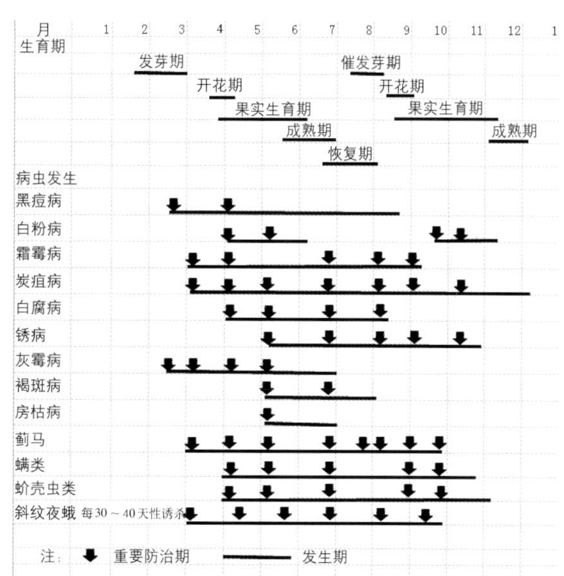

图11-39 广西地区设施葡萄虫害防控参考图

3 000 ～ 4 000倍液与10%吡虫啉2 000倍液轮换扑杀2 ～ 3次。

开花坐果至转色：这段时间是葡萄白粉病、炭疽病及螨虫等逐步发生入侵时期，要密切注意观察，重点预防。可选用50%翠贝（醚菌酯）3 000 ～ 4 000倍；40%施加乐（嘧霉胺）500 ～ 600倍；45%施保克（咪鲜胺）乳剂2 000倍；套袋后可选用40%信生粉剂4 000 ～ 6 000倍；80%大生-45粉剂700 ～ 800倍等广谱保护性杀菌剂及不同类型杀螨剂交替使用或其他对口农药预防。有斜纹夜蛾可以采用性引诱剂。

果实着色后至采收前：冬果后期温度下降，重点关注白粉病防控即可。

2．夏果、秋冬果一年两收（两代同堂）管理技术

（1）摘心、控梢、促花：一年两收夏果、秋冬果（两代同堂）栽培的葡萄新梢，在5–6月开花前后留10片叶左右第一次摘心，顶芽以外的副芽抹除，留顶端副梢4 ～ 5叶再摘心；其上只留顶端一个夏芽，留2 ～ 3叶摘心，在摘心控制和坐果后的肥水配合下（看生长势情况可每亩追施复合肥10 ～ 15千克1 ～ 2次，再增加一些腐熟的麸饼液肥更好），顶端新梢花芽迅速分化（图11-40）。

摘心促花　　摘心促花

图11-40　逼二次副梢冬芽萌发结果

待主梢顶端第一副梢的基部冬芽充实饱满后且没有达到半木质化时，全园统一对主梢顶端第一副梢保留2片叶进行短截（短截时最好在5 ～ 7个晴天后，花芽质量较好），逼二次梢冬芽萌发结果；同时灌水并每亩追施复合肥10 ～ 15千克，促使顶端的冬芽萌发，诱发二次果。一般冬芽萌出后就会有花，如无花则如前所述继续留2 ～ 3叶摘心，而后剪梢促花（图11-41）。

（2）注意事项：

①特别注意要及时摘心，促进花芽分化，不能等新梢长放后用剪刀短截代替摘心。

②特别注意短截时间，剪口下副梢必须是生长旺盛时期，以保证其冬季萌发率和新梢生长势，否则副梢在修剪时已木质化或半木质化的，葡萄冬芽已进入休眠或半休眠状态，剪后萌芽困难，萌芽不整齐。

③特别注意剪梢时间要准确计算出二茬开花和浆果成熟上市的时间节点上，以确保优质丰富、枝芽老熟木质化，继续下一年安全生产。具体剪梢促花时间应根据品种生长

期长短、枝梢老熟、芽眼充实饱满程度及设施栽培条件，当地气候情况及品种需要的积温来确定，如：简易避雨夏黑葡萄在桂林最迟不超过7月10日，以保证二茬果能在11月中旬前成熟，江浙一带要适当提前。

(1)

(2)

图11-41　逼冬芽

3.一年多收栽培管理技术　我国南、北方都有许多设施葡萄两收栽培成功案例，尤为突出的是云南建水早熟两收栽培，形成了我国最早熟葡萄规模产地。建水设施促早栽培的葡萄，通常都提前到上年10–12月冬剪，没有足够的休眠期，需要进行强迫休眠处理。一般在冬剪前20 ~ 30天开始控水，修剪前7 ~ 10天喷40%乙烯300 ~ 600倍液（品种不同使用浓度不同）促使叶片黄化，强迫养分回流，提高树体贮藏营养水平，为剪口下冬芽充实、分化、萌发创造条件。修剪后再用单氰胺破眠（用药的时间由一茬葡萄成熟期或预产期来决定），以确保萌芽整齐。

（1）重修剪更新两代不同堂结果技术（图11-42）。

（2）重修剪更新绿枝结果两代不同堂技术（图11-43）。

（3）重修剪更新结二茬果及三茬果技术（图11-44）。

图11-42　云南建水夏黑葡萄早果
（采收后重剪结的二茬果2018年9月11日）

图11-43　云南建水夏黑早果
（采收后重剪绿枝逼花结的二茬果 2018年9月11日）

图11-44　云南建水夏黑葡萄结的二、三茬果

五、设施葡萄延后栽培技术

（一）设施葡萄延后栽培概况

葡萄延后栽培是设施葡萄产期调节的重要组成部分，其核心技术是“延后”。在我国地处什么环境下？采取哪些技术能使葡萄果实“延后”到春节（1–2月）前后采收。

历经40年的试验研究，终于明了：东北寒冷区，由于冬季气温太低，尤其地温低于4℃葡萄根系吸收极端困难，导致早期落叶、果实开始软化，其“延后”效果大打折扣，迫使在元旦前必须采收上市。唯有西北高海拔冷凉干旱区日光温室内晚熟葡萄做得最好，一年栽苗、二年丰产、三年进入盛果期，亩产浆果2吨，品质优，售价高，农民实现一次性脱贫，社会、经济意义非凡。其葡萄延后栽培技术已载入我国史册成为典型，现阐述如下：

1.延后栽培特点 西北高海拔冷凉干旱区设施葡萄延后栽培，利用冷凉气候和阳光资源，以日光温室为载体，针对冬季寒冷、夏季积温不足和夜温低等，采用抗逆栽培技术和日光温室内光、热、水、肥、气等综合调控技术，延长葡萄的生长发育，使设施内葡萄的一次果延长60 ~ 100天成熟。如红地球葡萄在适温地区正常情况下从萌芽到成熟需160天以上，而在西北高海拔冷凉区，延迟栽培可使红地球葡萄的一次果，从萌芽到成熟的生育期长达220天（图11-45）。在科学调控管理下，在冬季日照较充足的高寒冷凉半干旱区日光温室葡萄无须人工辅助加热，鲜果可延后到12月至翌年2月采收。

图11-45 天祝藏族自治县（海拔2 600米）日光温室延后栽培红地球葡萄

2.适宜区域 海拔1 000 ~ 2 800米，年平均温度0 ~ 8℃，年日照时数在2 500小时以上（西藏日光温室葡萄栽植在海拔3 650 ~ 3 900米，年日照时数3 005.3小时）；冬季阳光充足，12月至翌年1月没有连续三天降雪，有灌水或雨水积蓄条件；土壤以土质疏松、pH为7 ~ 8的沙壤土或轻壤土为宜。在土地较少的地区，也可利用非耕地（沙漠、戈壁、荒滩等）修建日光温室进行葡萄根域限制栽培或客土栽培。

在露地晚熟葡萄可自然成熟的高积温区，也可选择果实成熟后在树上挂果期长的晚熟品种，通过设施环境调控和成熟后挂树保鲜的方法，进行延后采收栽培，也可使成熟果穗再延迟30 ~ 50天采收。

（二）冷凉干旱区日光温室的建造

1.选址定位 西北高海拔冷凉干旱区，选地形开阔的平地、山台地、坡地、山谷地规模化建园，规模化建园选址要选择交通方便，具有水源和用电配套条件的地块建园。方位尽量选择坐北向南，东西向为长边。①夜温低的地区日光温室方位偏西3°～8°，需要提高晨温的日光温室以偏东3°～8°为宜。②山地建日光温室要因地制宜，根据当地主风向定位（背风向阳）；尽量选择北高南低的阳坡和二阴坡（东南向或西南向），但最大坡向也不应偏出15度，温室长边依地形而定。③在山谷地建日光温室，两侧山体应相距在600米以上，过窄冬季白天光照时间短、储热不足、夜温过低，易造成叶片黄化，缩短延后期。④非耕地建日光温室依当地条件，就地取材，修建实用型日光温室（图11-46、图11-47）。

图11-46 甘肃永登县干旱山区（海拔2 200米）650栋连片日光温室延后栽培红地球葡萄

图11-47 甘肃高台县冷凉区（海拔2 400米）500栋连片日光温室延后栽培红地球葡萄

2.日光温室类型与特点 高海拔冷凉干旱区冬季寒冷、夏季积温不足、夜温低，灌水易降低地温，形成葡萄生理障碍。因而，此区日光温室有其特殊性。

（1）半地下式日光温室：是西北冬季寒冷，年降水量200毫米以下干旱、半干旱区葡萄延迟栽培的主要温室类型（图11-48、图11-49）。

图11-48 宁夏孙家滩12米跨度、栽培床面低1米的半地下日光温室新栽葡萄

图11-49 甘肃戈壁滩半地下式日光温室延后栽培葡萄

①栽培床面。根据当地冬季温度高低和温室跨度，栽培床面比棚外地面低40～80厘米。栽培床面低，一是土壤储热保温能力强；二是少受棚外水平传导低温影响；三是地

面以上墙体较矮，建造成本较低，而且，有利抗风保温；不利因素是夏秋季雨多地区需做好排水。

②温室长宽。半地下式日光温室的长度一般60米左右为宜，最长不超过80米，最短不少于50米。日光温室长度适宜，有利缩小棚内中部与两侧的温差和提高土地利用率。半地下式日光温室跨度一般在8.5米左右，最大12米。跨度8.5米左右的日光温室可采用无支柱或后屋面下有一排支柱的结构；10米以上大跨度的日光温室一般根据框架镀锌管强度可采用无支柱或多排支柱类型，即在中间设1～2排与后屋面下平行的支柱。

③墙体厚度。冷凉干旱区对日光温室墙体储热保温能力要求高，墙体材料土墙或砖混结构均可。土墙日光温室储热保温好，墙体厚度一般以超过当地最大冻土层厚度50厘米为宜。一般就地起土打墙，施工时先推开熟土，挖出下部的生土筑墙，得墙体建好后熟土还原，形成半地下栽培床面。冬季寒冷区日光温室后墙外从地面向上覆土或其他材料，使墙体下部厚度达到4～5米，进一步提高墙体的保温性。

砖混结构的墙体一般采用里外两个24砖墙，中空80～100厘米，墙内每隔150厘米左右用砖砌一道单墙与里外墙体相连增加强度，然后在墙体内填入沙土或其他能蓄热保温材料，夯实与砖墙粘合不留任何缝隙，以坚固墙体（图11-50、图11-51）。

图11-50　甘肃临泽县戈壁200栋连片日光温室后墙外堆砂石保温

图11-51　甘肃临泽县沙漠日光温室墙体灌沙保温

④中脊高与仰角。从地面到中脊最高处一般3.8～4.2米，后墙高2.5～2.8米，后屋面仰角为38°～41°，后屋面坡长2.2米左右。前后排温室之间的距离以中脊高度和冬至日10～14时不遮阴为准，半地下日光温室由于地面以上墙体较低，一般间距4～6米。

⑤后屋面及骨架材料。后屋面不仅起着保温的作用，其骨架还支撑覆盖物和工作时重力以及抗风压、雪压等，其骨架要坚固耐用，所以多数采用钢管。后屋面钢骨架由东西向三根钢管与南北向每隔1.5米的一根长2.2米钢管焊接而成，然后在其框架上每隔15厘米东西向拉一道8号铁丝，铁丝两头固定在侧墙外坠石上。后屋面骨架上部与前屋面钢管焊为一体，下部固定在后墙的承重部位，形成日光温室的整体钢框架结构。后屋面覆盖物可用塑料膜或棚板等在铁丝上面铺平，然后其上加玉米秆捆或炉渣等保温材料。一般后屋面中部厚度达到60～70厘米，分层填充封固，最后草泥或水泥封面。

⑥采光面及框架。前屋面是温室的采光部，采光面大小与屋面角和弧形框架跨度结构有关。弧形坡面承载能力强，塑膜易于绷平固定，透光较匀，便于室内外操作。以跨度8.0米的土温室为例，在设计的前屋面处，地面东西向打一道40厘米×40厘米水泥梁，

每隔1米留一个铁预埋件（如砖结构温室在墙体地面打一圈水泥梁）。用直径2.54厘米镀锌管，南北向1米一根，做好钢管拱形弧度（参照日光温室设计）。安装时下部焊接在预埋件上，上部与后屋面钢管框架焊接在一起。根据棚的宽度在钢框架上焊接3 ～ 4道东西向钢管，增加棚的强度。

贫困地区为了降低日光温室建造成本也做琴弦式前屋面，用直径5.08厘米钢管隔3米一根做好拱形弧度后下部焊接在水泥砼座预埋件上，上部焊接在后屋面钢管框架上。前屋面采光区钢管上每隔40厘米东西向拉一道8号铁丝，两头固定在侧墙外的坠石上。两根钢管间东西向铁丝上每隔40 ～ 50厘米南北向绑一根2.5 ～ 3厘米粗的撑膜竹竿，既可使棚膜面平整，又能增加棚体的强度。

⑦棚膜及保温覆盖。棚膜以醋酸乙烯无滴膜为好，一般可使用2年。棚面覆盖的保温材料，以棉被、毛毡等混加防雨布材料为好。使用草帘厚度要达到4厘米以上，间隙紧密，覆盖后从棚内看不到光斑。严冬季节、雨雪天，保温层最上部加盖一层旧塑料膜，可提高保温性。

⑧通道及缓冲间。通道宽度80厘米左右。如跨度8.5米左右的半地下日光温室，栽培床面比棚外地面低60厘米以内，通道可设在后墙下以降低造价。跨度10米以上的半地下日光温室或栽培床面比棚外地面低70厘米以下，一般可将通道设在前屋面下（以减少遮阴床面）。

缓冲间（管理房）通常在半地下日光温室的东或西侧连接处修建（也可在后墙中部修建），南开门，在房间的内侧墙上挖拱形门洞通向日光温室。缓冲间大小和形状以地形和需要而定。墙体洞口外侧和管理房门口，在冬季分别挂棉门帘，避免恶劣天气造成门口大棚内温度过低，使葡萄早衰或遭受冻害。一些面积较小、栽培床面较低的山地日光温室，也可不建缓冲间直接在墙体门洞内外，各挂一道门帘保温（图11-52）。

⑨通风口与蓄水池。通风口是为了换气、排湿和控温。半地下日光温室设上、下风口。上风口宽90厘米左右，先将一条宽约120厘米左右棚膜，一边用竹竿卷膜固定在后屋面上，另一边与大棚膜重叠压住20 ～ 30厘米，也可将风口膜下边卷在一根钢管上，用拉膜绳调控风口大小。

蓄水池修在靠近温室门的山墙旁，有利于提高冬季水温。蓄水池全部用混凝土浇筑，蓄水量一般为12 ～ 16米^3。水池根据条件可设置为半地下式或地上式。半地下式水池地下深1米，地上高1.5米，池宽2米，长3米左右，用小型水泵抽水灌溉。地上式池底高出栽培床面，池高2 米，池宽2米，长3米左右，水池底部安装出水管，可自压灌溉。水池上部均需盖上安全盖板。

图11-52　甘肃高台县高寒冷凉山区（海拔2 650米）无缓冲间简易日光温室

（2）非耕地日光温室：西北地区有广袤的戈壁、沙漠、荒滩和冷凉山地，利用丰富的光照资源发展日光温室高效园艺产业是我国西部开发中农业战略调整的重要方向。

①戈壁滩日光温室。戈壁环境一是温差大，夏天地面温度可达50 ~ 60℃，夜间的温度又降到10℃左右；冬季日光温室内外温差达40℃以上。二是干旱少雨，春夏季空气极度干燥，棚外空气湿度在10%以下。三是光照强烈，葡萄光合午休时间长。四是风大、气旋多，易造成棚膜损坏（图11-53）。

针对戈壁滩逆境条件，日光温室建造一般以方便调控的中小型为好。标准温室长度50米左右，宽度7.5米，中脊高3.8米，后屋面仰角36° ~ 38°，以空心水泥砖或石头做墙体。采取就地取材，选大卵石砌墙，内墙用水泥勾缝。小卵石及沙土在后墙外贴墙堆起保温，下部厚度一般保持在4 ~ 5米。框架及其他附属设施参照半地下日光温室建造设计。

②沙漠地带建日光温室。沙地无土一般拉砖修建日光温室或就地取材，用装水泥的多层牛皮纸袋装沙码墙，内墙由下而上逐渐向外倾斜，并用长麦草泥裹面；后屋面框架在后墙体承重处用水泥板覆盖，框架安装在水泥板上，其后再向上码放后墙体。整体墙体厚度在3米左右；外墙堆沙保温，下部厚度一般保持在5 ~ 6米。框架及其他附属设施参照半地下式日光温室建造设计。非耕地日光温室葡萄延后栽培影响最大的逆境因素是春季风害、夏季高温、秋冬季地温低、漏肥漏水及易出现缺素症等（图11-54）。

图11-53　甘肃临泽县干旱冷凉区坡地日光温室群

图11-54　甘肃临泽县沙漠区牛皮纸袋装沙墙体日光温室

（三）定植技术

1.挖定植沟

(1)定植沟规格：立架为南北行向，行距2米，沟深、宽0.80米×0.80米；棚架为东西行向有单行和双行，行距依架型而异。棚架沟深、宽1米×1米，沟长依棚而定。开挖时，熟土与生土分开堆放，沟壁做到上下一致。

（2）开好定植沟后高温闷棚3天，使室内温度达到40℃以上，以提高沟底地温，灭杀温室内残留病菌。

（3）开沟、改土、施肥是丰产优质的基础，特别是黏重或沙性漏水漏肥的土壤，以及利用戈壁、沙漠等非耕地种植葡萄，必须做好土壤改良的基础工作。

（4）回填改土：先在沟底填10 ~ 15厘米的碎秸秆、麦草、玉米秆等，其上覆10厘米熟土。然后用熟土、腐熟有机肥、细沙各三分之一拌匀回填到地面平，在其上撒一层过磷酸钙（每亩150千克），然后用熟土、细沙各1/2掺匀后回填到高出地面30～40厘米；顺沟灌一次透水，使沟内土壤沉实。沉实后修成80厘米宽（棚架1米宽），30厘米高的垄，打点放线，垄上栽苗。

2.栽植方法 以春栽为宜，葡萄品种选择、苗木质量和科学栽植对树体快速生长和早期结果关系密切。

（1）品种选择：延后栽培必须选择果实成熟晚的品种，越晚越好；而且要求穗大、粒大、色艳、糖酸比适度、肉质硬脆，具有香气的优良品种；成熟后能在树上长时间挂贮的品种；如红地球、秋黑、克瑞森无核、浪漫红颜、阳光玫瑰、玉波2号、意大利、美人指等。

（2）苗木准备和栽植：①选择芽眼饱满、无检疫对象的一级嫁接苗木。②经根系修剪（保留根系长度12厘米）、清水浸泡6～8小时后栽植。③栽植时，忌栽苗过深，浇小水，然后覆膜，放帘覆盖遮阴五天，提高棚内湿度和保持地温是使新栽苗木提高成活率的关键技术。

3.定植后温度管理 栽植后第二天开始，不开风口，分四个阶段用拉帘进行温度管理。在葡萄苗栽植后第一个5天全部放帘，白天温度控制在10～12℃，夜间5～7℃；第二个5天隔3～5帘拉开一帘（卷帘机卷帘，可卷不同高度进行温度调控），白天将温度控制在13～15℃，夜间7～9℃；第三个5天拉开1帘放2～3帘，白天将温度控制在16～20℃，夜间10℃；第四个5天拉1帘放1帘，白天将温度控制在21～25℃，夜间10～12℃；此时正常情况下应全部发芽，3～5天就会展叶。展叶后必须充分见光，白天全部拉开帘，温度控制在25～28℃，如温度超过28℃拉开上风口通风降温。在夜间棚外温度连续1周稳定在15℃以上时，夜间可不关闭上、下风口。在积温较高的地区，适应一段时间后既可在阴天或下午揭去棚膜改为露地生长。

（四）枝蔓管理

1.架式选择 凡是适合设施葡萄的架式都可采纳使用，其中有干Y形篱架（图11-55）、倾斜小棚架、倾斜大棚架（图11-56）和一形水平棚架（图11-57、图11-58）在西北半地下式日光温室中使用较多（详见第八章）。

图11-55 甘肃古浪县高寒冷凉区有干Y形立架延后栽培到1月的红地球

图11-56 双行倾斜小棚架延后栽培的红地球和秋黑

图11-57　内蒙古乌海红宝石一形单行小棚架

图11-58　甘肃武威冷凉山区新栽双行阳光玫瑰一形棚架

2.夏季修剪　抹芽、定梢、摘心、副梢处理等技术，第八章已有详细阐述。但是红地球葡萄有其特殊性，它的副芽容易萌发，有的一个芽眼能同时见到三个以上新梢，抹芽时尽量保留中心的主芽新梢、去掉边上副芽新梢；它的副梢不能贴根抹除，需保留一叶"绝后摘心"以免冬芽爆发。

（五）花果管理

花果管理是葡萄优质稳产最重要的环节之一。通过疏花整形和疏果，对于提高坐果率、果穗松紧适度、穗形美观，提升果品的外观质量和内在品质起着十分重要的作用。

1.疏花序　原则上每个结果枝只留一个花序，长势旺和中庸的结果枝留一个花序，长势弱的结果枝或副梢均不留花序。

2.花序整形　不同品种的花序整形差异较大。以阳光玫瑰葡萄为代表的一些精细管理品种，不掐穗尖，疏除上、中部花序分支，保留穗尖5 ～ 7厘米花序，以红地球葡萄为代表的一些较耐粗放管理的大果大穗型品种，在花序伸展后掐去1/4 ～ 1/5的穗尖，除去上部3 ～ 4个大侧穗，保留的花序采用螺旋形隔二除一的方法修整花序，使果穗大小适中、松紧适度、果粒整齐、穗形美观。

3.疏果　一般在花后10 ～ 15天生理落果后进行，第一次，在果粒直径0.5厘米时疏掉果穗中的未受精小果、畸形果、病虫果及过密果等，使全穗果粒分布均匀；第二次疏果+定果，在果粒0.8 ～ 1厘米时进行，疏掉果穗中少量偏小果和密挤果，大果品种每穗留60粒左右为宜。中小果型品种保持果穗大小适中、果粒分布均匀，具有该品种果穗的典型性即可。葡萄蔬果非常重要，是进一步调整穗形、加大果粒生长空间、生产优质果（大粒、色艳、味甜）的必要措施（详见第九章）。

4.膨大处理　一般处理时设施内空气相对湿度在70%～ 75%，温度在25 ～ 28℃为宜。红地球和克瑞森无核一般花后膨大处理一次，在落花后8 ～ 10天用20 ～ 25毫克/千克赤霉素+1.5毫克/千克吡效隆（CPPU）+7 000倍果美灵浸穗或喷施果穗。阳光玫瑰在盛花期用25毫克/千克赤霉素+1.5 ～ 3毫克/千克吡效隆（CPPU）+200毫克/千克链霉素混合液，喷布花序进行无核化处理。其后7 ～ 10天用20毫克/千克赤霉素+4毫克/千克吡效隆（CPPU）+3 000倍果实美+100倍苞果混合液进行膨果处理，果粒膨大和提高品质效果显著。

5.套袋　套袋时间在不同立地条件下差异很大，一般在果实着色前套袋。如海拔3 650 ～ 3 850米的西藏拉萨市和山南地区日光温室延后栽培的红地球，由于海拔高紫外线强，成熟时果面成为深紫色或紫黑色。在这些地区就要早套袋并且套袋后在袋外再打纸伞遮光，降低袋内光照强度防止果穗气灼或日烧。果袋颜色选择，一般绿色品种可选择绿色、蓝色或白色袋（白袋果实成熟绿黄色）。红色品种可选择套红色或白色袋。套袋前全棚喷一次广谱性杀菌剂，1 ～ 2天后即可套袋。冬季光照时间较短或着色不良的日光温室葡萄，一般在采前15 ～ 20天除袋，先取开袋下部成灯罩状3 ～ 5天后全部取除。在冬季光照充足，果穗能在袋内良好着色的地区，果穗不去袋，保持果面良好的果粉，带袋采收。

（六）土肥水管理

土肥水是葡萄延后采收的核心技术，只有树体保持丰富营养，浆果才能按计划进入成熟阶段和增糖提色，并长期保持健康状态挂树鲜贮。这方面我们已在本书第十章充分论述，在这里紧紧围绕实现“延后”为目标的土肥水特殊管理。

1.土壤 葡萄园土壤管理制度应因品种、地区、季节的不同采取行之有效的方法。红地球、克瑞森无核、美人指等红色品种葡萄，地面清耕有利于果实着色；阳光玫瑰、意大利等浅色或接近无色的品种葡萄，地面生草栽培有利夏季降低地温和气温，防止日烧、日灼等。

2.施肥 基肥每年采果后以每亩腐熟有机粪肥6米^3+过磷酸钙150千克与熟土拌匀开沟（深60厘米，宽40厘米）施入。追肥量和次数因品种间生长势不同差异很大，克瑞森无核葡萄长势极强，要减少肥水供给，特别是控制少施氮肥，防止氮多旺长不易成花；阳光玫瑰、红地球葡萄喜欢肥水，肥多湿度大表现优良。以红地球葡萄为例，全年土壤追肥5 ～ 6次，①萌芽前亩施尿素10千克；②开花前5 ～ 7天亩施氮磷钾平衡复合肥15千克；③落花后8 ～ 10天亩施高氮中磷中钾复合肥15千克，加钙镁锰锌复合肥10千克；④疏果定产后继续重复第3次的追肥；⑤果实开始有5%着色时，以高钾低磷低氮复合肥为主，亩施20千克，同时追施腐殖酸或氨基酸生物菌肥；⑥葡萄采收后立即追施氮磷钾平衡复合肥亩施20千克。

此外，还要进行1 ～ 3次的叶面喷肥：①开花前3 ～ 4天喷0.3%硼+12 000倍液的碧护；②坐果后10天喷碧护12 000倍+有机微肥+广谱性杀菌剂；③着色期喷0.3%磷酸二氢钾+微量元素；④着色后（果实基本上满色）喷1%有机氮+铁镁锰锌钼微肥+沼液（稀释6 ～ 10倍），延缓叶片衰老，以达“延后”效果。

3.浇水 冷凉地区葡萄浇水不当容易造成降低地温，造成叶片黄化和树体早衰，不宜大水漫灌，只宜滴、灌和小水浇灌。浇水的基本原则和方法：

①生长期每次土壤施肥必须配合浇水，沙土地两次施肥浇水中间要补浇1 ～ 2次小水，以防土壤过分干旱而影响根系吸收。

②开花前5 ～ 7天必须浇一次透水，为开花坐果创造良好的水肥条件，开花期要禁止浇水，以防落花落果，降低坐果率。

③果实着色期和采前40天尽量不浇水或少浇水，以促进葡萄上色，提高含糖量，防止裂果，全面提高浆果品质。

④果实采收后，除随施肥浇透水外，树体进入休眠期在防寒越冬前还要浇一次透水，以防抽条。

⑤每次浇水后都要打开温室大棚上下通风口除湿，以减少病害或气灼发生。

（七）环境的调控

设施葡萄生活在密闭的环境中，设施内的光、温、湿度及气体，对葡萄生长发育开花结果均有很大的作用和深刻的影响，这方面已在第六章有了论述，在这里着重补充对鲜食葡萄“延后采收”的影响。

1.光照 西北冷凉干旱区日光温室葡萄延后栽培适栽区域，基本都是地处高海拔，紫外线强，光质优良，光照时间长，既有利于葡萄生长，也有碍葡萄生长。可通过棚室膜上覆盖白色防雹网，阻挡或降低紫外线和强光照，夏季还能降温并防止冰雹危害，秋、冬季通过拉放帘时间来调控光照时间长短和光照强弱。

2.温度 日光温室内温度的季节变化和每日早、午、晚的日变化均很大，对于葡萄来说，既是好事也是坏事。好处在于葡萄也是随气温变化而呈现春萌、夏长、秋实，冬眠有规律的变化；而白天温度高夜间低的昼夜差大，恰好有利于葡萄树体养分的积累，有利于果实膨大糖度提高，色艳透香，尤其是延长了秋季，利于葡萄“延后”采收，当然也利于枝蔓成熟，花芽分化和形成。缺点在于晴朗的白天棚室内经常出现40℃以上高温，极易发生日烧和气灼，可通过果穗旁多留副梢叶片遮阴和果穗带伞降温，必要时可撤去棚膜通风降温等措施。

3.地温 高海拔地区昼夜温差大，土壤散热快，地温上升慢。早期升温后，气温高、地温低，葡萄萌芽发梢慢，而根系新根尚未生长或吸收能力很弱，满足不了枝叶生长所需养分和水分，地上地下极不平衡，极易发生所谓“休眠障碍”。冬季室内地温分布出现中间到边缘的降温梯度，大型温室里降温梯度为0.5℃/米，小型温室为3℃/米，半地下温室地温变化则较小。

4.湿度 高海拔地区日光温室内由于放帘时间早，揭帘时间晚，盖帘时间长，夜间湿度大，白天要及时通风换气，降低空间湿度，葡萄生长期空气相对湿度应控制在60%～70%为宜，土壤水分通过地膜覆盖保湿（图11-59）和排水管道消水也应控制在50%～60%为宜。

图11-59 甘肃凉州区干旱日光温室地面覆盖水分调控延后栽培到1月的红宝石。

5. 气体

①二氧化碳施肥：对日光温室葡萄来说，满足二氧化碳需求，可大大提高光合生产力，是优质、丰产、高效益的目标要求。大气中二氧化碳含量为0.03%，而温室内二氧化碳浓度早上高、中午低，严重影响葡萄叶片光合速率，极需进行人工增施二氧化碳补充二氧化碳浓度。生产上常采用容积40升钢瓶装液态二氧化碳25千克，将装有液态二氧化碳的钢瓶放在温室中心位置，在减压阀的出口装上内径8毫米的聚氯乙烯塑料管（每间隔1～1.5米钻1毫米放气孔）吊挂在温室拱架上（距棚顶10～20厘米为宜），晴天每天12～15时打开阀门放出二氧化碳气体施肥，每亩地温室1个月内大致有两罐即可。

②有害气体排除：施入园土中的有机肥料没有充分腐熟，在分解时会产生大量氨气，使土壤碱化，影响有益微生物菌类的活动；追肥中的尿素分解时也产生氨气，浓度超过5厘米^3/米^{3}时使葡萄幼叶和花序尖端发黑，变褐后枯死，当室内空气中检测有氨气时，应随时打开通风口及时排除。如果施氮肥超过15天出现叶片除叶脉绿色外，其余叶肉部分或全部变白并逐渐枯死现象，则为亚硝酸气所致，应及时放风通气，将其排出。

（八）产期调节

冷凉区日光温室葡萄产期延后调控是利用外界冷气候资源，人工对设施内光、热、水、气小环境调控技术，给葡萄创造一个适宜的生态环境，以满足葡萄不同生长发育阶段对生态因子的要求。如我们在海拔2 600米的甘肃天祝藏族自治县松山镇半地下日光温室栽培的4年生红地球葡萄，亩产2吨，延后到1–2月采收。果穗大小适中、穗形美观、色泽艳丽、果粒大而整齐，可溶性固形物含量在20%以上，品质极优。

1. 延后栽培关键技术点

（1）定期定向控温：高积温和中积温区日光温室延后栽培葡萄的升温，随着地温上升葡萄在自然发芽后，开始卷帘见光逐步升温。甘肃、青海等海拔2 600 米以上的高寒冷凉区日光温室越冬葡萄，经我们多年研究，日光温室在覆盖条件下地温上升慢、热量不足，不升温葡萄就不发芽。因此，该区域日光温室越冬葡萄在5月中旬必须人工控制升温不发芽就不升温，生长季白天控制在25～28℃、夜间控制在10℃以上；中后期避免降低地温，全年在日光温室覆盖条件下栽培，葡萄在1月左右成熟。甘肃不同积温区的升温与产期关系详见表11-6。

表11-6　甘肃不同积温区设施葡萄延后栽培产期调控

年均温度（℃）	升温	花期	采收	降温	休眠
9.5～8.4	5月上	6月中下	12月中	12月下	1月至4月中
8.4～7.0	5月上	6月下	12月下	1月上	1月至4月底
7.0～4.5	5月中	7月中	1月上	1月下	2月至5月中
4.5～2.0	5月中	7月中	1月中下	2月上	2月至5月上
≥－1.0	5月中	7月中下	2月上中	2月中	2月至5月上

栽培品种：红地球、克瑞森无核、红宝石、秋黑。

（2）解决红色葡萄着色：设施较露地光照时间短、光照弱。设施栽培如综合管理水平低、光热水肥调控差、产量过高等往往造成红色葡萄着色差，品质下降。解决红色品种着色不良是设施栽培的一项重要技术。

①科学负载。根据植株长势和总体控制产量疏花疏果。增加叶果比，大穗大粒品种每穗保有28 ～ 32片叶（副梢叶2片计1），中小果穗品种每穗保留20 ～ 22片叶，生育后期在树体上保有一定数量的副梢叶片非常关键。

②平衡施肥。根据葡萄需肥规律，一般萌芽至开花期需氮素较多，此时施氮促进形成花芽，提高坐果。在浆果生长中、后期，随着新梢生长和果粒增大，需磷、钾肥增多。二次膨大和转色期叶面喷施磷酸二氢钾、硫酸镁、钼肥、色酸胺等平衡微量元素，提高光合效能，可促进果实着色。

③合理灌水。设施葡萄以小水灌溉为主（最好采用滴灌或膜下渗灌）。葡萄在转色期和成熟前控水，有利于葡萄着色。同时起到防止裂果、果肉变软的作用。

④调控室内温湿度。浇水后及时通风换气排湿，着色期白天控温在20 ～ 25℃，并适当拉大昼夜温差，易形成花青素，有利着色。

⑤增加光照度。春季要做好抹芽和定梢；夏季要做好摘心和整穗；秋季做好疏梢和副梢叶片培养；入冬疏除果穗上、下老叶；地面铺设银灰色反光膜等改善光照条件，有利果穗着色。

⑥环割。对于一些生长旺盛在设施内不易着色的品种，如克瑞森无核葡萄浆果着色期，在主蔓或结果母枝基部进行环割，可促进果实着色。

⑦防控病虫害。及时准确识别病、虫害，进行科学防控（详见第十三章），保持健康树势，提高叶片光合能力，有利于葡萄着色。

2.葡萄采收

（1）采收时期：延后栽培采收时间，取决于叶片保绿期的长短。在综合调控下叶片自然黄化到1/3 ～ 1/2时进行采收（不同海拔高度的日光温室充分成熟在12月至翌年2月）。在积温较高的地区，选用成熟后挂果期长的品种，利用设施环境，采用延缓叶片衰老技术，调控光、温、水、气条件，延长葡萄成熟后挂树保鲜时间，延迟到11月至12月采收。

（2）质量标准：延后栽培由于生育期长，果实发育充分，品质优。在特定环境下，标准化栽培和适宜的调控技术可使日光温室延后生产的葡萄品质高于露地生产的产品。一般都能达到穗形美观、色泽艳丽、果穗大小适中、果粒大而整齐，可溶性固形物含量在20%以上。

（九）冬季修剪与越冬

（1）冬剪：棚架主蔓延长头在棚边80厘米左右，充分木质化的饱满芽处修剪。其上每隔15厘米左右留一个结果母枝，结果母枝按粗度修剪，直径0.8厘米以上的新梢留2个饱满芽修剪；直径0.5 ～ 0.7厘米的新梢留1个饱满芽修剪。立架水平主蔓上每隔10厘米左右留一个结果母枝。结果母枝直径0.8 ～ 1厘米留2 ～ 3个饱满芽修剪；直径0.5 ～ 0.7厘米的留1 ～ 2个饱满芽修剪，多余新梢全部疏除。

（2）越冬：冬剪后施基肥，喷5 ～ 6波美度的石硫合剂。灌一次较大的冬水，将温度控制在0 ～ 3℃间进行越冬，到翌年春自然发芽。

第十二章 植物生长调节剂在设施葡萄中的应用

一、植物生长调节剂的概念

（一）植物生长调节剂

首先来了解某些植物的生长特性，如向日葵为什么随太阳东升西落方向旋转？包虫草怎么能捕捉侵犯它的害虫？所有植物的茎尖都向上或斜上生长，而根尖却始终向地或朝下生长？科学家对上述植物生长特性开始仅仅提出一些由光线、触动和重力作用等的假说，直到20世纪40年代人们从植物组织中分离出各种生长素，并在农业上进行一些目标试验，随后又成功人工合成这些化合物及其类似物，才肯定了植物体内确实存在有刺激或抑制植物生长的激素物质。但植物体内的激素含量极少，一般只有百万分之几的浓度（毫克/千克）其作用巨大，效应很广。

所以植物激素是指植物体内天然存在的对植物生长、发育有显著作用的生理活性物质，又称为植物天然激素或植物内源激素。植物生长调节剂是人工合成的与植物激素具有类似生理活性和生物学效应的化学物质（化合物）和从生物中提取的天然植物激素的总称。

（二）植物生长调节剂的主要作用

由于植物生长调节剂种类众多，归纳起来对果树植物的主要作用有如下几个方面：

(1) 促进插条和幼苗生根。用于果树扦插繁殖和苗木栽植或大树移栽。

(2) 调控果树的营养生长。包括促进幼树的营养生长和控制结果树的营养生长两个方面。

(3) 调控果树的花芽形成。包括促进或抑制花芽的形成两个方面。

(4) 调控果树的坐果。包括增加坐果和化学疏果两个方面。

(5) 调控果实品质。包括果实无核化、促进果实（粒）增大、果形的调控、提高果实营养物质（氨基酸含量、蛋白质含量、含糖量）等。

(6) 调控果实着色及成熟期。包括促进果实成熟和延迟果实成熟两个方面。

（7）提高抗逆性。应用脱落酸，多效唑，矮壮素等可促进枝条成熟和充实，提高树体越冬能力。

（8）调控果树休眠。包括促进果树休眠和提早解除休眠两个方面，从而调控产期。

（三）植物生长调节剂的安全性

近年来在植物激素使用及安全性方面一直存在着争议，焦点集中在两个方面：一是食用催熟水果是否有损于人体健康？二是食用激素（生长调节剂）处理过的水果是否会引起儿童性早熟？

对于食用催熟水果是否有损于人体健康问题，一些专家认为，目前还没有证据显示广泛用于瓜果蔬菜生产的植物激素——“催熟剂”有害于人体健康。实际上，近20年来，在国内外农业生产中，为使农作物高产或提前成熟，满足市场供给，人们一直在广泛使用植物激素。这类“催熟剂”按有关规定一般浓度都非常低，自身很容易分解、代谢。对环境及果品的营养成分影响不大，仅发现它们对果实的品质、风味有所影响。对瓜果蔬菜越来越没有原来的口味，主要是因为环境条件和栽培技术发生了变化，如土壤、水、空气等日趋污染，日照减少，化肥、农药大量使用，有机肥料渐被冷落等都可导致瓜果蔬菜口味的变化。

对于食用激素（生长调节剂）处理过的水果是否会引起儿童性早熟问题，多数从事激素研究的专家认为植物激素不会引起儿童性早熟。因为大部分植物激素都是植物体本身就已经具有、能调节植物生长的激素——“内源激素”。人们便将它们科学地提取出来，分析其结构，利用微生物发酵工业生产或化学合成，推广应用于保花保果、疏花疏果、延缓或促进果实成熟等。专家还认为植物激素大多是小分子，而动物激素主要是大分子的蛋白质和多肽，两者的化学结构不同，作用机理也完全不一样，植物激素只作用于植物体，动物激素只作用于动物体。因此，植物激素对动物体不起作用，而动物激素对植物体也不起作用。

根据国家《农药管理条例》规定，植物生长调节剂属农药管理的范畴，依法施行农药登记管理制度，凡在中国境内生产、销售和使用的植物生长调节剂，必须进行农药登记。在申办农药登记时，必须进行药效、毒理、残留和环境影响等多项使用效果和安全性试验，特别在毒理试验中要对所申请登记产品的急性、慢性、亚慢性以及致畸、致突变等毒理进行全面测试，经国家农药登记评审委员会评审通过后，才允许农药登记。

目前，我国已取得农药登记的植物生长调节剂有近40种，在葡萄栽培中广泛使用的如国光公司的氯吡脲，成禾佳信公司的碧护，中国果树研究所的破眠剂1号等。

举例来说：

氯吡脲的毒性（LD_{50}）*6810比葡萄糖毒性（LD_{50}）5000还低，比食盐毒性（LD_{50}）3750几乎低近两倍。

碧护是以植物种子为原料生产加工的一种植物生长强壮剂（粉剂），其主要成分为芸苔素内脂、吲哚乙酸、赤霉素等天然植物激素，由于含量甚微，几乎不具有对动物的毒性。

因此，使用国家批准的植物生长调节剂，并按说明规范使用，是保证用药安全和果品安全的前提。

*：致死中量LD_{50}数值越小，毒性越大。——编者注

二、植物生长调节剂的种类、性质和作用

（一）生长素类

生产上应用的生长素类主要有吲哚乙酸(IAA)、吲哚丁酸（IBA)、萘乙酸（NAA）和2，4–二氯苯氧乙酸（2，4–D)。其中，吲哚乙酸虽然可以人工合成，但使用后容易被植物体内的吲哚乙酸氧化酶分解，故而在生产上应用较少。吲哚丁酸的生理活性最强，比较稳定且不易降解，因此，在葡萄生产上应用较多。吲哚丁酸原药一般为白色至浅黄色结晶粉剂，在水中难溶解，但易溶于乙醇（酒精)、丙酮等有机溶剂。萘乙酸由于生产容易、价格低廉，生物活性强，是目前农业上应用最为广泛的生长素类物质。萘乙酸纯品为白色无味晶体粉剂，常温下不溶于水，易溶于乙醇、丙酮、氯仿等有机溶剂。2,4-二氯苯氧乙酸生物活性强，是吲哚乙酸的100倍，但是不能在葡萄生产上应用，否则会带来引起严重的副作用（药害)。

生长素类对果树作用的共同特点：引起茎、叶、果细胞的伸长；促进形成层细胞分裂，促进愈伤组织的发育并诱导生根；促进维管束的发育，延缓衰老，抑制枝、叶、果的脱落等。

（二）赤霉素类

赤霉素（GA）是一类广谱且高效的植物生长调节剂，目前已经鉴定出的赤霉素异构物有136种，不同的赤霉素的生物活性有差别。但生产上作为商品应用的主要有GA_3（商品名称为奇宝或920）和GA_{4+7}两种。赤霉素难溶于水，只溶于乙醇、丙酮等有机溶剂，但奇宝为纯GA_3高质量产品可直接溶于水。

赤霉素对果树的共同作用特点：刺激细胞分裂或伸长；促进坐果和果实膨大，诱导单性结实和无核化；诱导种子或芽体内α-淀粉酶和其他水解酶的合成，打破其休眠，促进萌发生长等。

（三）细胞分裂素类

细胞分裂素（CTK）类物质种类较多，但生产上普遍应用的有6–苄氨基嘌呤（又称苄基腺嘌呤、BA、6-BA、BAP)，6-（苄基氨基）-9-（2-4羟基吡喃基）9-H嘌呤苯并咪唑（简称PBA)，N-（2-氯-4吡啶基）-N-苯基脲（商品名CPPU）和乙酸二乙胺基乙醇酯（DA-6，商品名为真多安）四种。其中，BAP的生物活性高于BA；CPPU是日本学者于1978年率先合成，它的生物活性显著高于BA。由于CPPU具有较高的生理活性且成本较低，近年来在葡萄、猕猴桃等果树上应用广泛且效果良好，在细胞有丝分裂期施用能增加果实细胞数量促使果实体积膨大。DA-6是一种新型活性高、低毒无污染的植物生长促进剂，一般商品为浅黄色油状液体，可溶于水，也易溶于乙醇、丙酮等有机溶剂，施用后能提高植物叶片叶绿素含量和净光合效率，延缓叶片衰老，从而起到提高果品品质的作用。

细胞分裂素对果实共同作用特点：诱导细胞分裂并调节其分化；保持树体组织持久

的合成蛋白质和核酸，延缓组织和器官的衰老；加强光合生产防治生理落果等。

（四）乙烯类（乙烯发生剂）

乙烯发生剂是指一些能在代谢过程中释放出乙烯的人工合成化合物。乙烯有多方面的作用，包括促进果实成熟（催熟）、促进器官脱落、抑制植株和新梢生长、诱导花芽分化等。目前，生产上应用最普遍的是乙烯利，即2-氯乙基膦酸（又称乙基膦，CEPA）。商品乙烯利化合物为结晶状，易溶于水。施用后其分解速度及乙烯的释放量主要与pH、温度、植株器官差异等有关。乙烯利一般pH在4.1以上即可分解产生乙烯，随着pH升高分解速度加快。20 ～ 30℃温度条件下最适于乙烯的释放，低温条件下乙烯利释放乙烯的量很少，高温条件下分解速度加快，影响使用效果。除乙烯利外，我国近年来开始推广使用5-氯-H-吲哚唑-3-醋酸乙酯（IZAA，商品名果宝素），也是一种乙烯释放剂，使用效果较好。

乙烯类对果实共同作用特点：促成与果实成熟的有关酶的合成，从而诱导呼吸高峰的出现，使果皮退绿着色；果肉软化增糖变香，趋于成熟；提高水解酶的活性，刺激他们的移动，从而加速叶片、花果等器官的衰老和脱落；抑制枝条伸长，使枝梢短粗；诱导提前开花等。

（五）生长抑制剂和生长延缓剂

1.生长抑制剂 生长抑制剂是指那些能够抑制新梢顶端分生组织活动，甚至能损伤和杀死幼嫩茎尖，对植物生长起到抑制作用的一类化合物。多数生长抑制剂（三碘苯甲酸、整形素等）是通过阻断生长素（IAA）极性运输来削弱顶端优势，从而抑制植株的伸长生长，促进侧芽的萌发。这类生长抑制剂的抑制效果不能被赤霉素来缓解或解除。

目前，生产上常用的生长抑制剂主要有脱落酸（ABA）、整形素（CFN）、三碘苯甲酸（TIBA，又名梯巴）和青鲜素（MH，又称马来酰肼、抑芽丹）等。其中，脱落酸作为植物五大内源激素之一，是重要的植物生长抑制剂。它除了具有抑制生长的作用外，还与植物的抗逆性有关。由于脱落酸生产和应用成本较高，目前在果树上应用较少。但将来随着生产成本的降低，会有广阔的应用前景；整形素是一类人工合成的生长抑制剂，为9-羟基-9-羧酸芴的衍生物。目前生产上应用的主要是整形素烷酯，包括正丁酯整形素、2-氯代整形素甲酯、2，7-二氯代整形素甲酯等，其中前两种的生物活性较强。整形素无毒、无环境污染，对紫外光光解敏感，热稳定性差，不属于长效生长调节剂；三碘苯甲酸是一种生长素的竞争性抑制剂，施用后可促进低位芽及侧芽的萌发，增加分枝，使树体矮化；青鲜素作为生长抑制剂，施用后主要向生长旺盛的器官和组织集中，能抑制顶端分生组织的细胞分裂和细胞伸长，从而起到抑制生长的作用。

2.生长延缓剂 生长延缓剂是指那些吸收到植物体内后，能降低顶端分生组织的活力和新梢生长速度，对植株生长具有暂时性（有些药剂如PP_{333}可持续若干年）抑制作用的人工合成的化合物。生长延缓剂主要是通过抑制植物体内赤霉素的生物合成来抑制地上部的伸长生长。因此与生长抑制剂不同的是，多数生长抑制剂的效应可以被赤霉素缓解或解除。

目前，生产上常用的生长延缓剂种类繁多，主要有B_9、矮壮素、三唑类（多效唑、烯效唑等）、调环酸钙等。B_9（比久、阿拉、丁酰肼）为琥珀酸类化合物，主要作用有控制新梢生长，调节养分分配，提高树体耐寒、耐旱能力，防止落花落果，促进花芽形成和提高产量等。B_9是20世纪60年代初研制成功并广泛应用的植物生长延缓剂，但80年代末期的一些试验结果表明 B_9对人类有毒副作用（致癌的可能），经过多年的争议，从1990年起，美国农业部已明令禁止使用B_9；矮壮素（商品名CCC）是目前世界范围内广泛使用的植物生长延缓剂之一，其化学名称为2-氯乙基三甲基氯化铵，属于赤霉素生物合成抑制剂。主要作用有抑制茎的伸长，使枝条节间变短，树体矮化并粗壮。矮壮素易溶于水，既可以叶面喷施，也可土施，但不能与强碱性药剂（农药）混合施用。三唑类是20世纪70年代末期开发筛选出的一系列生长延缓剂，主要作用是抑制植物体内赤霉素的生物合成，延缓营养生长。由于三唑类与赤霉素间有拮抗作用，用赤霉素处理三唑类处理过的植株可以消除其延缓生长作用。目前生产上使用的三唑类生长延缓剂有多效唑（PP_{333}，又名控长灵）、烯效唑、伏康唑（S-3307或XE-1019）和粉锈宁（唑菌酮）等，其中以多效唑对植物生长发育的影响研究最为深入，20世纪80年代末期开始在各国应用最为广泛。它可降低营养生长，促进花芽形成，增加坐果，提高产量。与B_9不同的是，多效唑使用方便，可以采用叶面喷施、土施、树干涂抹和枝干注射四种施用方式。其中土施有效期及残留期较长，一次施用有效期可以维持2～3年。

生长抑制剂对果树的作用：干扰、抑制细胞分裂，抑制生长素的合成和转运，使枝条的顶端生长受阻，顶端优势丧失，植物矮化；从而诱导细胞分化、促进枝条成熟、提高抗寒性、调节果实成熟等。

延缓剂对果树的作用：抑制枝条近顶端赤霉素的合成，促进脱落酸的合成，从而使枝条节间缩短、生长延缓、植株矮化、果实发育受阻等。

（六）其他生长调节剂

近年来油菜素甾醇类生长调节剂开始在生产上应用。油菜素内酯是科学家最早鉴定分离出的油菜素甾醇类物质，目前已鉴定出的与油菜素内酯结构相近的油菜素甾醇类物质达50种以上，其中生产中应用较多的芸苔素内脂。油菜素甾醇类物质生理活性强，具有促进细胞生长及分裂（加速生长）、促进光合作用、提高产量及果实品质、减轻自然落果、打破休眠、增强植株抗性等作用。

另外，近年来随着设施葡萄促成栽培的发展，打破休眠类生长调节剂应用越来越广泛。目前应用较多的破眠剂主要有石灰氮（氰胺化钙氮，$CaCN_2$）、单氰胺（$H_2C\ N_2$，商品名多美滋、有效成分为50%单氰胺）和一些专用破眠剂（破眠剂1号等）。其中，单氰胺对葡萄的破眠效果比石灰氮更好。石灰氮和单氰胺均易溶于水，但配制药剂时禁用铁制容器，使用时可直接全面均匀喷施休眠枝条或直接涂抹休眠芽。需要注意的是：石灰氮或单氰胺均具有一定毒性，因此在处理或贮藏时应做好安全防护，避免药液与皮肤直接接触；同时，由于其具有较强的醇溶性，所以操作人员应注意在使用前后一天内不可饮酒；药剂应放在儿童接触不到的地方，保存于避光干燥处，不能与酸或碱放在一起。

三、植物生长调节剂在设施葡萄生产中的应用

通过施用植物生长调节剂对葡萄植株的生长发育进行调节，可以达到某些特定栽培目标。葡萄是我国应用植物生长调节剂最普遍、最成功的果树之一，已有多种生长调节物质在生产中常规应用，如赤霉酸（GA_3）、吡效隆（CPPU）、萘乙酸（NAA）等。在葡萄生产中采用植物生长调节物质可以实现诸多栽培目标，具体归纳为以下几方面：

（一）促进葡萄插条生根

1.萘乙酸（NAA） 葡萄上常用50～100毫克/升(毫克/千克)萘乙酸（NAA）浸泡插条基部3～4厘米22～24小时，可提高生根率和扦插成活率且效果较好、价格便宜。绿枝扦插使用浓度5～25毫克/升浸泡插条基部12～24小时。

2.吲哚丁酸（IBA）或吲哚乙酸（IAA） 葡萄插条用20～50毫克/升吲哚丁酸（IBA）或吲哚乙酸（IAA）浸泡插条基部3～4厘米12～24小时，或2 000～4 000毫克/升速蘸插条基部3～5秒。

3.ABT生根粉 中国林业科学院研制，能促进多种树木插条生根。葡萄硬枝扦插时常用ABT生根粉2号，使用浓度50～100毫克/升浸蘸插条基部，浸泡6～12小时。不易发根树种、品种用生根粉1号，生根粉3号用于苗木移栽。

使用上述催根药剂注意问题：①要先用少量75%酒精或60度白酒溶解，然后加水到需要量。插条应立放，顶芽不能沾上药，只浸基部；②浓度毫克/升 即毫克/千克，为百万分之一浓度，1克原药兑水10千克为100毫克/升，1克原药兑水20千克为50毫克/升，1克原药兑水40千克为25毫克/升。

插条用上述催根药剂浸泡后，可直接扦插。如能与加温催根处理相结合效果更好。

（二）打破葡萄植株休眠

葡萄植株的休眠一般可划分为自然休眠期和被迫休眠期两个阶段。虽然习惯上将落叶作为自然休眠期开始的标志，到翌年1–2月间才可结束自然休眠。如此时温度适宜，植株即可萌芽生长，否则就处于被迫休眠状态。打破自然休眠要求一定时间的低温积累。自然休眠不完全时（低温量积累不够），植株表现出萌芽期延迟且萌芽不整齐。利用设施促早栽培葡萄，打破休眠已成为一项重要措施。如打算提前在12月或翌年1月间加温催芽，必须采取打破自然休眠措施，才能使休眠芽迅速和整齐萌发。目前常用的打破休眠药剂主要有：

1.石灰氮（氰氨基化钙，$CaCN_2$） 是应用较广、效果良好、成本较低的一种化学破眠剂。石灰氮打破葡萄休眠的有效浓度因处理时期和品种而异，一般提前20～30天用10%～20%的石灰氮浸出液（石灰氮加水充分搅拌后静置4～6小时的上清液）涂抹或喷布芽眼，即可打破自然休眠，能使萌芽迅速和萌发整齐。一般处理后15天左右植株即可萌芽。

2.单氰胺（H_2CN_2） 一般认为单氰胺打破葡萄休眠的效果好于石灰氮，单氰胺打破

葡萄休眠的有效浓度因处理时期和品种而异。目前在葡萄生产中，主要使用的是经特殊工艺处理后含有50%有效成分的稳定单氰胺水溶液，一般使用浓度为0.5%～3.0%。配制水溶液时需要按0.2%～0.4%的比例加入非离子型表面活性剂，不能与其他农药混配。

（三）拉长葡萄花序

拉长葡萄花序有利花序整形，能减少后期疏果用工；由于加大了花穗分支空间隙度，为果粒膨大提供了空间，防止拥挤出现畸形果、大小粒和裂果；尤其减少病虫害的潜伏和萌发，对后期葡萄增糖增色十分有利。

1.适合“拉花”的品种 大部分坐果率较高的欧亚种葡萄品种，如红地球、克瑞森无核可通过“拉花”改善品质；而坐果率差的品种如巨峰、京亚、藤稔、巨玫瑰和对赤霉素花前处理特别敏感的品种；阳光玫瑰、早霞玫瑰等不适合“拉花”处理，“拉花”容易导致穗型松散，影响商品价值。

2.“拉花”技术 当花序长度达到7～10厘米时的晴天，使用赤霉酸（GA_3）5～10毫克/千克，或商品名为奇宝的粉剂（GA_3含量20%）+净水40千克，浸花序5秒即可。

在红地球葡萄上使用碧护2 500～3 000倍液全树喷施，在花后14天调查喷施的花序平均长度为29.2厘米，花序宽度为18.2厘米，对照（喷清水）的平均花序长度为18.0厘米，花序宽度为12.1厘米，分别增长6.7%和增宽50.4%。

（四）控制葡萄新梢生长

对于生长势旺的品种或长势旺的新梢，可采用一些生长延缓剂喷施处理来调控长势，从而达到控制旺长、促进花芽分化、提高坐果率的目的。设施葡萄生产上常用的控制新梢生长的生长调节剂主要有：

1.矮壮素（CCC） 巨峰葡萄等用500毫克/升的矮壮素在新梢出现12～13片叶时喷二次，能抑制主梢和副梢的延长生长，促进加粗生长，并能抑制卷须的发生和生长。玫瑰香在开花前5～10天喷布浓度为100～200毫克/升矮壮素可以提高坐果，减少大小粒，大约增产10%～30%；新疆的哈什哈尔葡萄在花前1周喷布400～700毫克/升矮壮素，以后每隔15天喷一次，共喷3次，可抑制新梢生长，缩短节间长度，主梢长度为对照的70.5%～76.3%，且新梢加粗，叶片增厚，促进花芽的形成，达到减少夏剪次数和提高产量的目的；据报道巨峰葡萄上矮壮素与GA_3联用效果良好，花前先用浓度为600～900毫克/升的矮壮素树体喷布，盛花期再用GA_3 25毫克/升喷布花序，可增加坐果，增大果粒，提高品质。此外，CCC能明显促进副梢花芽形成和增加二次果，在旺树上施用效果大于中庸树。

值得注意的是：矮壮素虽然具有抑制生长的效果，但施用效果也因地区、年份、品种而异，有时会对浆果的发育存在不好作用，如出现浆果变小、成熟延迟、品质下降等现象，需要慎重施用。

2.多效唑（PP_{333}） 国内在葡萄上试验报道甚多，施用后对新梢生长的抑制可减轻夏剪工作量，提高坐果率和产量。李嘉瑞报道：对当年生盆栽巨峰葡萄，按PP_{333}有效成分计算，土壤施用量为1克/米^2，15天后对营养生长即表现出极明显的抑制作用；山东省酿酒葡萄科学研究所在玫瑰香葡萄幼果期土施15%多效唑0.5～1.5克/株，或花前叶上表面喷施（浓度100 ~ 500毫克/升）有较好效果，表现为抑制副梢生长，光合作用增强，穗重与粒重增加，产量提高等。

一些试验指出，多效唑的施用效果受施药量、品种及树势等因子的影响，极易发生副作用，如形成小粒果、着色差、品质下降等，因而在葡萄生产上应慎重应用。

3.助壮素（简称DPC，通称PIX，缩节胺） 据报道，在葡萄浆果膨大后期喷500 ~ 1 000毫克/升，能显著抑制副梢节间伸长，提高浆果含糖量和产量、降低酸度。

（五）提高葡萄坐果率

合理有效的坐果率是保证设施葡萄产量的前提和基础。设施葡萄因光照不足容易出现新梢徒长导致坐果不良，影响产量和效益的问题，可以采用一些植物生长调节剂处理来保证或提高坐果率。常用的药剂有：

1. GA_3（920） 对促进无核葡萄坐果的效果十分显著，超过了过去常用的对氯苯氧乙酸（4-CPA）。GA_3一般在盛花末期处理，施用浓度一般为10 ~ 50毫克/升。三倍体葡萄大多有不稳现象，必须用GA_3及时处理才能正常坐果，处理时间以盛花至终花期为宜。GA_3也能提高有核葡萄的坐果，处理适期在终花期。处理浓度，玫瑰香可用50毫克/升，巨峰系葡萄一般为25毫克/升。几乎所有葡萄于盛花期和盛花后10 ~ 20天用50毫克/升的GA_3喷布或浸沾花序均可提高坐果率。

2. CPPU CPPU为细胞分裂素类生长调节剂，有提高坐果的效果。CPPU处理的时期因品种而异，无核品种中，无核白在花后10天处理，希姆劳德在花后14天处理，使用浓度为5 ~ 20毫克/升，除能提高坐果率外，亦有增大果粒的效果；三倍体葡萄在终花期前后处理；巨峰葡萄也应在花期处理，浓度以5 ~ 10毫克/升即可。

3. 矮壮素（CCC） 玫瑰香等葡萄品种于花前5天至始花期用60毫克/升的矮壮素浸沾花序，可明显提高坐果率。

4. 萘乙酸（NAA） 在葡萄幼果长到1 ~ 2毫米时（落花后）用300毫克/升的NAA浸果穗，可提高坐果率，并能增进品质。

5. 6-BA 葡萄在盛花前11 ~ 14天及盛花后10天分别用100 ~ 150毫克/升的6-BA处理花序和果穗，可防止落花、提高坐果率。

6. 6-BA与GA_3混用 葡萄在盛花前11 ~ 14天以及盛花后10天分别用100 ~ 150毫克/升6-BA +100毫克/升GA_3和GA_3 100毫克/升两次浸沾花序和果穗，对防止落花落果、提高坐果率效果良好。

7. 碧护 据甘肃农业大学对山葡萄试验结果（2010年），开花初期喷施碧护5 000倍液比对照提高了生理功能（抗旱、抗低温）和坐果能力，在成熟收获果穗数相比对照增加42%。

（六）促进葡萄无核化

葡萄无核化栽培就是通过良好的栽培技术和无核剂处理相结合，使原来有籽（种子）葡萄果实内种子软化或败育，达到无籽、大粒、早熟、丰产、优质、高效的目的。无核化栽培是目前葡萄生产上的一项重要新技术，其应用越来越普遍。无核化的药剂主要有：

1.赤霉素（GA_3、奇宝、920）单用 使用赤霉素诱导葡萄形成无核果，已在世界上许多国家葡萄生产上普遍应用。如日本从1959年就开始在玫瑰露（底拉洼）品种上应用，到目前应用面积达上万公顷，技术成熟，效果良好。一般处理二次：第一次处理是在玫瑰露葡萄盛花前12 ～ 14天用100毫克/升的赤霉素溶液喷布或浸蘸花序，破坏胚（种子）的形成，达到无核的目的。由于有核品种处理无核后往往果粒变小，需进行第二次处理，即在盛花后10天左右用50毫克/升赤霉素溶液喷布或浸蘸果穗，使果粒增大。这种处理模式后来在蓓蕾玫瑰上应用也获得成功。

近年来，我国葡萄生产上用赤霉素处理无核化的工作也取得了一些进展和成功的经验，在巨峰、理查马特、先锋、玫瑰香、马奶子、醉金香、藤稔、巨玫瑰、着色香、阳光玫瑰和三倍体品种夏黑等品种上已开始进入实际应用。如沈阳郊区果农对玫瑰香葡萄在花前和花后各10天分别用50毫克/升的赤霉素二次处理花序和果穗，能使果穗重增大50%，并且100%无核，生产效益提高近一倍；对巨峰系葡萄，沈阳农业大学试验在盛花期用25 ～ 50毫克/升、盛花后10 ～ 15天用50毫克/升的赤霉素溶液浸蘸或喷果穗，可以达到95%以上的无核效果，并且能使浆果提早7 ～ 10天成熟；对里查马特品种，第一次在盛花期用10 毫克/升，第二次在花后半个月用30毫克/升赤霉素溶液浸蘸或喷果穗，能达到理想的无核化效果，含糖量提高，成熟期提前；李世诚等报道在先锋葡萄上，于末花期用赤霉素25毫克/升浸蘸花序，隔10天再浸渍1次，可获得90.3% ～ 94.2%的无核果，坐果增加，果穗整齐，果粒平均重11.3克，成熟提早10天；杨承时等报道，对马奶子葡萄采用赤霉素100毫克/升，在花前7 ～ 10天处理，花后用赤霉素100毫克/升喷果穗，获得的无核果，有利于制罐与制干，具有实用前景。

2.葡萄无核剂或消籽灵 其主要成分也是赤霉素，但混入了其他调节剂或微量元素。比单用赤霉素处理效果要好，副作用小，使用方法详见产品说明书。

3.促生灵（PCPA，对氯苯氧乙酸） 由于赤霉素处理葡萄无核技术还存在上述一些副作用，可用促生灵来纠正。处理方法：花前20天至花前均可，以花前10天至始花前为最适时期。最适浓度为15毫克/千克。缺点是促生灵处理后无核果较有核果易裂果，并因树势有所影响，以处理旺树、旺枝效果好，副作用小。

4.赤霉素与吡效隆混用 无核剂的第二次处理主要是为了膨大果粒，使其达到正常大小，可以添加吡效隆达到上述目的， 般吡效隆添加的浓度为1 ～ 5毫克/升。如先锋葡萄在盛花末期第一次用25毫克/升的赤霉素处理花序，第二次在首次处理后间隔10天单用25毫克/升的赤霉素处理或用吡效隆1 ～ 5毫克/升+赤霉素25毫克/升处理，均能达到无核和膨大果粒的良好效果。

5.链霉素（SM）和赤霉素混用 孙淑芹曾报道巨峰葡萄在花前2 ～ 3天用赤霉素50毫克/升+链霉素200毫克/升处理可获得良好无核果，并提早成熟15天。链霉素可减轻穗梗的硬化与木栓化，从而减弱赤霉素的副作用，因品种而异一般添加的链霉素浓度为100 ～ 400毫克/升。

6.促生灵和赤霉素混用 据报道，巨峰葡萄盛花前5 ～ 10天用吡效隆15 毫克/升 +赤霉素 20 毫克/升混合浸蘸花序，可使无核率达到92.2% ～ 95.5%，并能增加坐果和穗重，副作用小，并可使浆果提前10天成熟。

7.无核化栽培应注意的问题 使用赤霉素或无核剂进行无核化处理的效果与品种、树势、栽培管理、药剂含量与浓度、使用时期等都有密切关系，稍有不慎就会产生较严重的副作用，如使穗轴过分拉长，穗梗和果梗膨大硬化，容易脱粒、裂果等，造成不应有的损失。因此，无核剂应提倡在壮树壮枝上使用，弱树和弱枝上禁止使用。使用无核剂必须以良好的地下管理和树体管理为基础，尽量减少或消除不良副作用。品种选择与无核化栽培能否成功的密切相关，根据专家和生产者多年的经验，适合无核化栽培的品种同时应满足以下几个条件：①药剂处理后无核率应达到90%以上；②赤霉素对穗轴无副作用或副作用较小。如有穗轴扭曲，木栓化，果梗增粗、硬化，引起浆果脱落等副作用的品种不宜无核化栽培；③无核化后果粒大小应与原品种的有核果粒大小相似；④无核化效果稳定，受环境、年份、栽培条件等影响较小。目前来看，玫瑰露、先锋、玫瑰香、巨峰等品种较适于无核化栽培，但巨峰葡萄无核化栽培的效果的稳定性相对差些。任何品种在大面积推广无核化栽培前，必须经过1～2年的小型试验，成功后再推广，以免造成不可挽回的损失。

此外，赤霉素不溶于水，需先用70%酒精或60度左右的白酒溶解再兑水稀释；应选在晴朗无风天气用药，为了便于吸收和使浓度稳这，最好在清晨8～10点或傍晚3～4时喷、蘸药。使用后4小时内遇雨，雨后应补施一次。

（七）增大葡萄果粒

葡萄坐果后用100 毫克/升赤霉素浸果穗均可增大果个。特别是对无核品种用赤霉素处理增大果粒的效果更好。一般是在盛花期和盛花后20天各喷20～30 毫克/升，可使果粒增大一倍以上。

1.赤霉素类 GA_3、GA_4和GA_7均可以促进浆果增大，其中应用最普遍的是赤霉素。在无核葡萄上使用赤霉素，一般采取花后一次处理的办法，浓度通常为50～200毫克/升。使用适期在盛花后10～18天。使用方法以浸蘸果穗为主，或以果穗为重点进行喷布。无核白葡萄的使用时间为盛花后9～12天，当30%幼果横径达2～3毫米时开始，1周内完成。赤霉素的使用浓度为100～200毫克/升，用药后果粒显著增大，产量增加50%～100%。无核白鸡心、喜乐等无核品种在花后12～14天左右处理1次，浓度以100毫克/升为宜，处理后的果粒可增大1倍以上，如无核白鸡心的浆果粒重可从4克增至7～8克。品种之间对赤霉素的敏感程度有一定差异，一般种胚残迹较大、胚珠属大败育型的无核品种，其增大效果不及胚珠为小败育型的品种。

赤霉素处理的无核葡萄，肉质的硬脆程度略有增加，有利制罐加工，但浆果的糖度略有下降。如果赤霉素浓度偏高，还会发生成熟延迟、果皮增厚、果梗木栓化等副作用。赤霉素处理还会使果穗变得十分紧密，不利浆果膨大。

赤霉素处理是三倍体葡萄果粒增大的一项关键技术。花期的首次处理是为了促进坐果，隔10～15天必需再次处理，以促进浆果的膨大，处理浓度一般为50～100毫克/升。

有核葡萄也可用赤霉素增大果粒，尤其在巨峰系品种藤稔、甜峰、巨峰上使用较多。处理时间为花后10～15天，浓度通常为25毫克/升。在南方湿热地区，巨峰果穗大小粒现象严重，小粒是因受精不良而形成的无核果，在生长势过旺、花期天气异常的年份，尤其容易发生这一现象，及时用赤霉素处理可使无核果粒增大为商品果。此项技术已成为南方巨峰葡萄产区常用的生产措施。

2.吡效隆 吡效隆对葡萄浆果膨大有显著的促进作用，且使用浓度极低和不易产生脱粒。藤稔使用10毫克/升吡效隆处理，果粒平均达16.6g，而用25毫克/升赤霉素处理的果粒均重仅13.5g；无核白用10毫克/升吡效隆处理的粒重平均2.64g，单用100毫克/升赤霉素仅1.58g。处理时间一般在花后7 ～ 15天，无核白葡萄在花后15天处理比花后10天能更有效地增大果粒。

吡效隆使用浓度不宜过高，否则易产生成熟延迟、着色不良、糖度下降等副作用。与赤霉素混配应用可提高效果，降低吡效隆使用浓度，减少副作用。在藤稔葡萄上，以5毫克/升的吡效隆混加25毫克/升赤霉素为宜。

3.葡萄膨大剂 葡萄膨大剂是一种新型高效的细胞分裂素类植物生长调节剂，它的有效成分为KT–30。具有强力促进坐果和果实膨大的高活性物质，其生理活性为玉米素的几十倍，居各种细胞分裂素之首。经辽宁省果树“438”工程项目连续3年在10多个市县的几百个葡萄园大面积试验，取得了显著的经济效益，增产幅度20%～30%。沈阳农业大学1996年在一个无核品种和二个有核品种上应用，也取得了良好的效果。

无核品种金星无核经膨大剂处理后，单粒重增加1倍，在无核白鸡心等品种上单粒重也可增加0.5 ～ 1倍。在巨峰群品种上单粒重可提高2 ～ 3克，使这些品种的商品性大大提高。经过几年应用调查，葡萄膨大剂使用效果稳定，几乎没有发现任何副作用，不像用“九二〇”“无核剂”等药剂那样易出现脱粒、裂果等现象。另外还发现，葡萄膨大剂对落花落果严重、开花期气候条件敏感的巨峰等品种提高坐果率的效果非常明显，可使产量大大提高。在使用膨大剂时，由于它能使坐果率提高、果粒明显膨大，必须较严格控制产量，必要时配合疏粒。否则由于产量过大会造成着色和成熟期推迟。而在正常产量负担条件下，对着色和成熟期无明显影响，且有提高浆果含糖量的效果。

葡萄膨大剂是塑料瓶装，液体产品，使用时每支兑水1 ～ 1.5千克。使用时期为落花后5 ～ 7天和15 ～ 20天各喷（浸）果穗一次。

4.果盼施特优 主要成分为氯吡脲，具有保果、膨果、无核化、增加果粉和增色等多种生理功能。第一次在葡萄谢花后1 ～ 5天内10 ～ 30毫升“果盼”加1克“施奇”兑水6 ～ 12千克，第二次谢花后5 ～ 15天内40毫升“果盼”加1克“施奇”兑水4 ～ 6千克。不同品种应通过试验取得最有效药剂配方后再在生产中推广使用。“果盼”和“施奇”均为四川国光公司自主研发的产品，已在国内很多葡萄产区推广使用，增产提质显著，很受果农欢迎。

5.应用大果灵或增大灵 对有核葡萄品种（如巨峰、藤稔等）于花后10 ～ 12天浸或喷果穗，可使果粒增大30%～ 40%。详细的使用方法参照产品说明书。

（八）调节葡萄成熟期

总的要求是促进果粒着色、改善品质。

（1）外源乙烯有促进葡萄降酸成熟，增加花色素，促进着色的作用，同时还可促进离层产生，引起叶果等器官脱落。乙烯利作为乙烯释放剂是生产上较常使用的葡萄着色剂，巨峰葡萄上使用乙烯利的合适浓度为100 ～ 200毫克/升，使用适期在果实软化、刚开始着色的转色期，过早使用没有效果。使用浓度过高，植株吸入药量过多，易产生脱粒等副作用。在乙烯利药剂中适量添加赤霉素或生长素类物质可减小副作用，市售药剂多是以乙烯利为主的配合制剂。

葡萄在采前1 ～ 2周用250 ～ 500 毫克/升乙烯利喷布可提前着色7 ～ 10天，但容易造成落果，加入6-苄氨基嘌呤（6-BA）30 ～ 50 毫克/升则可减轻落果和贮运期脱落。

（2）脱落酸（ABA）在葡萄浆果转色期应用有促进成熟的显著作用，但价格昂贵而不能实用。近年发现茉莉酸内酯（PDJ）具有与脱落酸相似的生理功能，且成本较低。试验证明，吡效隆与250毫克/升茉莉酸内酯联用，在藤稔葡萄上有提早着色和显著增加浆果糖度的作用。

四、植物生长调节剂使用中应注意的问题

各种植物激素和生长调节剂的应用效果因树种、品种、树势、气候条件、药剂浓度、施用方法、施用时期等的不同而有差异，所以使用生长调节剂时应注意以下问题：

1.药剂种类选择 要根据葡萄品种特点及使用目的正确选择生长调节剂，应用前应参考说明书及前人的试验结果，然后结合实际情况使用。如果没有把握，在大面积使用前必须进行小型试验，以减少失误和损失。

2.药剂配制 大部分生长调节剂或激素都不溶于水而溶于酒精、丙酮等有机溶剂，一般须先用少量有机溶剂溶解配成原液后，再用水稀释到要求的浓度，而6-苄氨基嘌呤（6-BA）类最好用0.1摩尔/升稀盐酸溶解。为了使药剂在叶片上展着良好，可加入少量中性洗衣粉、肥皂水等。

3.生长调节剂和农药之间的关系 如乙烯利不能与碱性药剂混用，因乙烯利遇碱易分解为乙烯气体而降低药效。

4.药剂混用 植物生长调节剂一般混用比单用效果好，但不是所有的激素和生长调节剂都能混用，除酸碱性不同的不能混用外，相互拮抗的生长调节剂也不能混用，如矮壮素和赤霉素等。

5.准确选定药剂使用时间、浓度、剂量、次数 一般要求严格掌握药剂的使用浓度，但不同品种最适浓度范围不同，还会因地区、年份而有变化，所以必须结合具体情况灵活掌握。在考虑浓度时，也要考虑剂量和次数。通常植物生长调节剂在关键时期使用一次即有效，但如需较长期保持药效，有时需要多次使用，但每次使用的次剂量不可太大，以免发生药害。

6.药剂应用的局限性 有些生长调节剂只可应用于局部器官，而对其他器官或部位有害（如生根剂只适用于根部等），使用时应特别注意。

7.药效与安全 生长调节剂不是植物营养物质，只能起调控生长发育的作用，不能代替肥料使用，更不能代替常规栽培管理措施必须与栽培技术科学配合，必须在良好的栽培管理、良好的树势条件下才能达到良好的使用效果。如果在综合栽培管理技术不良、弱树和弱枝上使用植物生长调节剂，造成副作用加大，甚至会造成树势衰弱乃至死树。严格按照说明书使用，做好防护措施，防止对人、畜及饮用水安全造成影响，施药者要佩戴手套和口罩；为便于吸收和使浓度稳定，保证使用效果，喷布生长调节剂应选在晴朗无风天气进行，最好在清晨或傍晚喷，喷时要均匀。

第十三章 设施葡萄病虫害与防控技术

设施葡萄病虫害防控，由于在设施环境条件的保护下，比露地开放性葡萄栽培的病虫害防控具有许多优势，存在着一定的人为可控性，如调温、调湿、调光、防护网等，而且这些因子恰恰与病虫害的发生与流行密切相关，因此设施葡萄栽培为病虫害的防控创造了许多方便，能准确地调控温、湿、气和附加必要的防护措施，可有效地降低绝大多数病虫害的发生与为害，同时也大幅度减少化学农药的使用次数和施用量，实现葡萄病虫害的生态控制，保证葡萄果实的稳产、优质和卫生、安全。然而，如果不注意了解病虫害的发生规律，且不能准确地实行生态调控，设施栽培便存在一定的劣势，因为设施葡萄由于特殊的小环境如局部高温、高湿、光照不足、气雾、露滴、水滴、空气流动差、闷热郁闭等，有些病虫害更容易发生。尤其设施葡萄大多谋求浆果提早成熟上市，采收时期多在5–7月或更早，采收后由于温度较高，大多揭掉薄膜，变成开放性的露地葡萄生产模式，许多露地葡萄的病虫害也相继发生，典型的病害如霜霉病等，造成树势衰弱，并严重影响翌年果实的产量和品质，所以采收后的葡萄病虫害防控同样应该引起高度重视。

一、设施葡萄病虫害防控的基本思路

（一）注重生态防控的理念

从广义概念上讲，葡萄病虫害生态防控就是结合现阶段植物保护的现实需要和可采用的技术措施，形成的一个技术性概念。其内涵就是按照“绿色植保”的理念，依据“病虫—寄主—环境”三者之间的密切关系，采用环境调控、农业措施、物理方法、生物防治以及科学、合理、安全使用化学农药的技术，达到有效控制病虫害，确保葡萄生产安全、产品质量安全和生态环境安全，促进设施葡萄稳产、优质、增效的目的，实现产业的健康持续发展。

这里所谈及的生态调控重点是除农业、物理、生物及化学等方法以外的环境因素调控控制病虫害问题。即在设施葡萄栽培条件下，根据主要病虫害发生与流行的规律，从病原物或害虫的生物学特性、侵染或为害机理、发生规律与葡萄植株及设施内影响病虫害发生发展的环境因子（温、湿、光、气、雾、露等）三者之间的关系入手，通过人为对设施内主要环境因素的调控，使病原菌或害虫的群体数量减到最少，侵染或危害程度降至最低，实现葡萄病虫害有效控制的目的。同时，尽量减少化学农药的使用次数和使用量，降低化学农药对产品和环境的污染，达到葡萄产品优质、稳产、高效、卫生、安全的目标。

1.湿度调控 湿度是许多病害发生与流行的关键因素，在设施内如果湿度高、温差大，很容易在葡萄冠层形成雾、露、水滴等，这些恰恰为病害的发生发展创造了优越条件，如大多数真菌、细菌性病害的病原菌都是在高湿或较高湿条件下萌发、生长、繁殖、传播和侵染发病。所以可通过人为控制设施内湿度的措施，便可以有效地防控这些病虫害的发生与为害。目前，经常采用的办法是：通风驱湿、膜下滴灌和地膜覆盖（阻挡土壤水分蒸发），以降低棚室内湿度，始终保持在60%～70%左右。

2.温度调控 对病虫害防控而言，温度调控主要有四个方面的作用：一是针对冬季加温温室如何增加温度，创造葡萄植株能够健康生长发育的环境，增强植株的抗病能力；二是通过温度调控，降低棚膜与葡萄冠层间的雾、露和水滴的产生；三是对于不耐高温的病菌在晴天中午采取高温闷棚措施闷棚2小时，温度控制在33～36℃左右，每10天闷一次，连续3次，可有效控制病害发展；四是对于高温条件下易发生的病虫害（如白粉病、短须螨、二斑叶螨等）可以采取降温的措施加以控制。

3.光照调控 光照不仅是葡萄进行光合作用的必要条件，也是降湿和抑制病原菌萌发与繁殖的重要因子之一，因此在设施内应尽量增加透光度和葡萄冠层的受光面积。经常采用的办法有：①可选用采光性能优秀的棚室结构；②选用高透光度的棚膜；③悬挂反光幕；④合理使用补光灯。

（二）坚持“预防为主，综合防治”的原则

葡萄病虫害防治的关键是“防”或“控”，而不是“治”，也就是中医提及的“治未病”理念。综合防控的具体思路就是着眼于与病虫害发生流行密切相关的主要因素，采取一系列综合措施，创造一个有利于葡萄植株健壮生长发育，增强抗逆性，而不利于病虫害发生发展与为害的条件，达到病虫害不发生或极少发生为害的目标。

1.检疫检测措施 对于设施内新定植葡萄苗木或长距离引进的砧木、插条、接穗等繁殖材料，最好了解其来源地是否存在检疫性病虫害，如葡萄根瘤蚜、皮尔斯病、病毒病、各类病原线虫（根结线虫、剑线虫、长针线虫）、葡萄瘿螨等，应对这些苗木和繁殖材料进行严格检测，避免外来病原和害虫带入棚内，必要时对其进行热疗（温汤等）和药剂处理。

2.清洁卫生措施 设施葡萄栽培过程中，实施棚室内清洁卫生，对降低设施内病原菌和害虫的群体基数，减少病虫害发生，是一项基本措施。如在葡萄休眠期进行清洁卫生，刮掉老树皮，清扫枯枝落叶及杂物，喷洒铲除性药剂，在葡萄营养生长阶段使用保护性杀菌剂或杀虫剂等。

3.农业及栽培措施 ①选择适宜本地区设施内栽培的优质抗病虫葡萄品种的苗木，尤其是无病毒或无病菌苗木；②科学施肥、浇水保持葡萄植株健康、增强抗逆性，提高抗病虫能力。

4.实时准确诊断 实时准确诊断是设施葡萄病虫害有效防控的前提。实时即体现一个“早”字，依据设施病虫害“治早治少”的原则，需要及早观察病虫害的发生情况，为制定防控措施提供依据。准确诊断就是根据病虫害危害症状的识别、病原菌的分离、害虫的诱捕鉴定等可准确地明晰病原物和害虫的种类及发生量，在此基础上，进一步了解其

生物学特性、侵染循环（害虫生活史、习性）、越冬方式、传播途径、侵染机制和流行因素等，再根据病虫害发生发展的规律，制订防控方案并实施。

5.理化诱控措施 理化诱控技术是指利用害虫的趋光、趋化性等特性，通过布设灯光、彩色粘板、昆虫信息素、气味剂等将害虫引诱来并杀灭；如温室白粉虱、葡萄小叶蝉、茶黄硬蓟马的成虫对黄色具有趋光性，西花蓟马对蓝色具有趋性，可在架面上10 ~ 20cm左右设置黄色或蓝色粘板诱杀；白星花金龟对糖醋液极具诱引作用，则多设“糖醋罐”杀灭；在葡萄休眠期设施内温室白粉虱更趋向在绿色植物聚集，在葡萄展叶前设置少量绿色植物即可集中诱杀；绿盲蝽、金龟子类成虫等具有趋光性，可用频振式杀虫灯；为了避免在诱杀害虫的同时，误杀害虫天敌，此时可设置生态诱虫灯，也可根据某些害虫的趋化性，采用信息素和气味剂诱杀。

6.阻隔病虫措施 设施葡萄栽培，特别重要的一项措施是尽可能地避免将设施以外的病虫及其休眠体带入室内，这项措施如果实施得好，可以有效地减少或延缓病虫害的发生。因此，需要在门窗、放风口设置防虫网；设施内温湿度高需要放风降温降湿时，最好是放顶风，如此可以防止病菌和害虫传入；施用的农家肥必须进行高温发酵处理，杀灭残留的病菌和虫卵；农用工具最好要清洗干净，必要时进行高温或药剂消毒处理后带入棚室使用。

7.生物防治措施 设施葡萄病虫害的生物防治应该大力提倡，通过“以菌治菌”“以虫治虫”“以菌治虫”“以毒治虫”或某些微生物分泌的代谢产物等防治方法既卫生又安全。

8.绿色化防措施 化学农药仍然是必要的应急措施，尤其是在病虫害发生较多且较重的情况下，采用化学农药防治是非常必要的。在这里我们必须了解，并不是所有的化学农药都十分可怕，目前至少有百种以上的化学农药的毒性比食盐和阿司匹林还要低，有些种类的有机农药虽然有较高毒性，但使用科学（使用时期、使用剂量、使用方式方法得当），完全可以避免对葡萄植株、果实、动物和环境的毒害、残留与污染。何况设施葡萄已经在“设施阻隔”保护下，只要正确执行“预防为主，综合防治”的原则措施，已经尽可能地把化学农药排除在外了，而且即是使用，使用最多的还是石硫合剂和波尔多液等无毒或低毒的无机农药。

施用化学农药时需要注意的事项：①葡萄休眠期施药。在葡萄休眠期施用铲除药剂至关重要，如施用波尔多液、石硫合剂等无机农药；②对症施药。在准确诊断基础上施药；③关键时期施药。找准病虫侵染循环（害虫生活史）中最薄弱环节施药；④关键部位施药。在病虫集中越冬和侵害寄主的主要部位施药；⑤药液中加助剂。可增加药液在葡萄植株和花果上的附着、扩散、渗透等，提高药效，减少用药量；⑥轮换用药。可减少病菌和害虫抗药性的产生，保持农药的有效性；⑦严禁高毒、高残留农药施用。

二、设施葡萄主要病虫害及其防控

（一）葡萄真菌病害

1.葡萄白粉病（Grape powdery mildew） 葡萄白粉病是一种可侵染果实、叶片、穗梗、枝蔓等部位的真菌性病害，有些地区已上升为主要病害之一。

（1）症状诊断：葡萄白粉病可为害葡萄叶片、叶柄、新梢、卷须、花穗、穗轴、果梗和果实等幼嫩器官（图13-1）。白粉病菌具有表面寄生的特点，只靠吸器侵入表皮细胞吸取营养，不侵入组织深处。叶片发病时，初在叶片表面形成白粉状病斑，以后病斑变为灰白色，上面布满一层白粉，即病菌的菌丝和子实体，这是该病诊断的最主要特征，此病与霜霉病的最大区别是肉眼不见较长的绒毛状菌丝体。白粉病病斑轮廓不清，大小不等，形状各异，叶背面的病斑处组织褪绿，呈暗黄色；一个叶片常同时发生多个病斑，后期相互联合成不规则形大斑，甚至布满整个叶片，严重时叶片卷曲变形、干枯脱落。果粒发病时，首先看到的是在果面上分布一层稀薄的灰白色粉状物，病斑圆形或椭圆形，严重时可布满大半个果粒甚至整个果粒，用手轻轻擦拭即可擦掉表面白粉层，可见果皮组织呈暗褐色星芒状或网状、花纹状坏死，病果生长受阻，着色不良，容易裂果，酸性较高，不能正常成熟，幼果得病后易枯萎脱落。新梢、卷须、穗轴和叶柄发病后，均在组织表面长出灰白色或暗褐色粉状物，病组织暗色、变脆、畸形。花穗在开花前后也可受白粉病菌侵染，严重时整个花穗布满白粉，造成坐果不良和落花。在许多葡萄栽培地区，寄生在葡萄各器官上的白粉病菌后期于病组织上形成肉眼可见的微小的、黑色、分散的球状小粒点，即病菌有性阶段的闭囊壳。

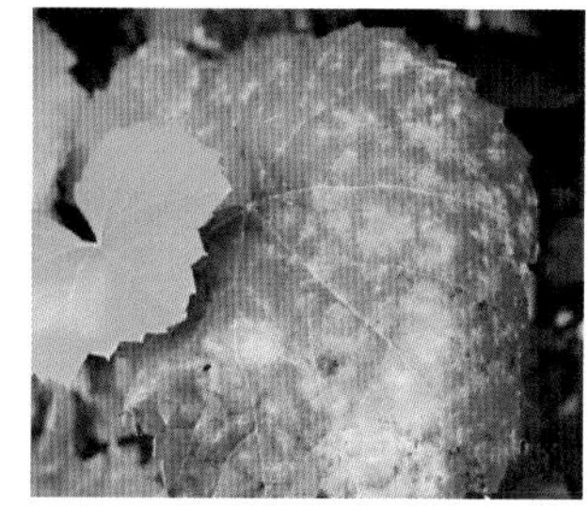

图13-1　葡萄白粉病症状

（2）发病规律：葡萄白粉病菌以菌丝体和闭囊壳在受害组织、芽鳞、植株残体上越冬，成为下季病害的初侵染来源。当设施内温度升高后，葡萄芽眼绽开不久，在其芽鳞内越冬的病菌即开始活动，侵染新梢，形成大量分生孢子，借气流、昆虫或农事操作等传播到其他幼嫩器官上，侵入表皮，产生吸器，吸收营养，潜育期14 ~ 15天后出现发病症状。越冬的闭囊壳遇水后开裂，弹射出子囊孢子，进行初侵染。病菌在病组织上形成菌落，产生分生孢子进行再次侵染。温度、湿度和光照影响病菌分生孢子存活、萌发及菌丝的生长发育。病菌侵染和病斑扩展最适宜温度是24 ~ 32℃，葡萄白粉病菌较耐干旱，大雨、高湿不利于菌丝的生长发育，孢子在水滴中萌发不好，容易破裂，也不利于病斑扩展，分生孢子萌发和侵染的最适宜相对湿度为40% ~ 60%。较强的光照可抑制孢子萌发，散射光有利于病害发展。因此，当温湿度适宜时，遇到干旱、多云、闷热天气和温室、大棚、避雨等设施内的小气候条件特别有利于白粉病发生，且流行速度很快。设施内葡萄栽植过密、氮肥过多、透光不好、架面郁闷易造成病害发生。

（3）防控技术：①选用抗病品种。②清除菌源。设施葡萄进入休眠前，结合修剪尽可能剪除病梢、病芽、病果穗及其他病残体，彻底清扫设施内枯枝落叶及落果，剥掉树干老皮，拿出棚室外集中深埋或烧毁。在葡萄生长季节，及时剪除发病的花穗、枝叶和病果粒等残体集中深埋或堆置高温发酵处理。③栽培管理。设施内应尽量保持葡萄冠层透光量，因此应及时整枝、绑蔓、摘心，剪除多余副梢、叶片及卷须等，合理控制结果量，避免植株徒长，使架面通风透光良好。科学施肥灌水，避免偏施氮肥。④药剂防治。葡萄白粉病药剂防治是不可缺少的重要措施，需特别注重前期药剂预防，即在葡萄发芽前，可于葡萄枝蔓上喷洒3 ~ 5度石硫合剂或五氯酚钠300倍液的混合液以杀灭表面病菌。在葡萄白粉病的防治中，硫黄可湿性粉剂150 ~ 250倍液和50%硫黄悬浮剂200 ~ 300倍液是最常用高效杀菌剂，但是硫黄发挥作用的最适宜温度为25 ~ 30℃，低于18℃时几乎不起作用，而高于30℃时则较易发生药害。在葡萄生长期间较常用的杀菌剂有1% BO－10（农抗武夷霉素）水剂200倍液、2%农抗120水剂150倍液、25%嘧菌酯悬浮剂1 500倍液、50%嘧菌酯·福美双可湿性粉剂1 500倍液、12.5%腈菌唑乳油2 000 ~ 2 500倍液、25%粉锈宁1 000 ~ 1 500倍液、75%百菌清600 ~ 800倍液、70%甲基硫菌灵500倍液、1.8%辛菌胺醋酸盐水剂600倍液、37%苯醚甲环唑水分散剂3 000 ~ 5 000倍液。考虑到葡萄白粉病菌容易对杀菌剂产生抗药性，需在实际应用时要注意药剂的轮换使用。另外，据日本资料介绍，在葡萄幼果期用波尔多液预防葡萄白粉病也具有非常好的效果。

2.葡萄灰霉病（Grape gray mold） 葡萄灰霉病是一种主要危害葡萄花冠、果实的真菌性病害，也是葡萄运输、贮藏期烂果的重要因素之一（图13-2）。该病的病原菌与设施蔬菜、花卉的灰霉病原相同，属于高湿、低温型病害。

（1）症状诊断：葡萄灰霉病主要为害葡萄的花冠、花蕊、幼果、穗轴、果梗和成熟的果实。在花期为害花冠和花蕊是此病的重要环节，虽然也为害新梢和叶片等，但很少造成重大灾害。花穗受害时，首先花冠出现似热水烫过的水渍症状，很快变为淡褐色、暗褐或红色，软腐；湿度大时，受害的花序上长出灰色霉层，即病菌的菌丝和子实体，棚室内空气干燥时，受害花序萎蔫干枯，易脱落或部分残留在花穗上。穗轴和果梗被害，最初形成褐色小斑块，后变为褐色病斑，逐渐环绕穗轴和果梗一圈，引起果穗和幼果枯萎脱落；成熟的果实得病往往是果实开裂或有创伤部位，果梗、穗轴可同时被侵染，初产生褐色凹陷斑，以后果实腐烂，并波及周边的果粒，最后引起果穗腐烂，上面布满灰色霉层，并可形成黑色菌核。叶片得病，多从边缘和受伤部位开始，湿度大时，病斑扩展迅速，很快形成轮纹状、不规则大斑，其上生有灰色霉状物，病组织干枯，易破裂。此病诊断的最重要特征是在受害器官上产生肉眼易见的灰色霉层，即病原菌的菌丝和子实体。

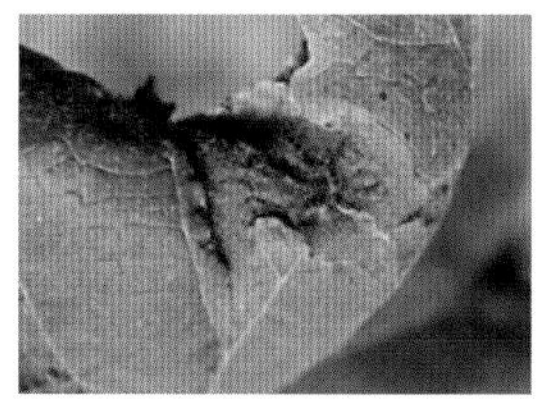

图13-2 葡萄灰霉病症状

（2）发病规律：葡萄灰霉病菌属于一种弱寄生菌，寄主植物较多，许多果树、蔬菜、花卉及杂草等植物都有此病发生，故葡萄灰霉病的初侵染来源十分广泛。该病菌以菌丝体、菌核和分生孢子在病残体、树皮、枝条、芽眼处越冬，其中以菌核较为重要。当设施内温度升高后，越冬的菌丝体或菌核产生分生孢子，借气流和农事操作等传播，对花穗和幼叶等进行初次侵染，条件适宜时，病菌的生长发育较快，在侵染后的病组织上迅速形成新的分生孢子，继而进行重复侵染。灰霉病菌的菌丝生长发育温度范围为2 ～ 31℃，最适发育温度为20 ～ 24℃，菌核在3 ～ 27℃条件下可以萌发，当温度达到15℃，相对湿度达到85%以上时即可侵染发病；当温度达到20℃，相对湿度达90%以上时病害发展迅速。低温、高湿、伤口是病害流行的主要因子。葡萄开花和坐果期如遇气温偏低、多雨、潮湿环境和农事操作、昆虫等造成伤口的，容易引起病害发生和流行。葡萄开花期的花冠和花粉粒是病菌良好的营养物质，得病或萎蔫的花粉粒或花冠掉落到叶片上时会引至叶片病斑。葡萄落花后至成熟前果穗发病很少，着色至成熟期，紧穗型葡萄果实膨大，相互挤压破裂或因久旱后突然大量灌水造成普遍裂果也易导致病害发生。棚室湿度大、氮肥施用过多、枝叶徒长、茂密、架面郁闭、通风透光条件不好时易发病。土壤黏重、偏碱时易发病。葡萄灰霉病大致有两次发病高峰，第一次是在花期，一般持续7 ～ 10天左右，主要为害花穗，较为严重，落花后发病较轻；第二次是在果实着色至成熟期，主要为害果实。不同葡萄品种对灰霉病的感病程度有一定差异。

（3）防控技术：①减少菌源。此方法与葡萄白粉病相同；②栽培管理。一是及时绑蔓、摘心、剪除过密的副梢、卷须、花穗、叶片等，增加冠层通风透光，并将修剪下来的枝梢叶片等拿出棚室外深埋处理。二是减少氮肥施用，增施钾肥，防止植株徒长、架面郁闭。三是葡萄开花期尽量控制灌水，最好实施膜下滴灌，注意放风降湿，控制相对湿度在80%以下，避免棚膜滴水。四是为了防止裂果，可尽早疏果、摘粒和套袋。五是温室葡萄灰霉病严重时，可进行高温闷棚，即在晴天中午闷棚2小时，温度控制在33 ～ 36℃左右，每10天闷一次，连续3次可有效控制病害发展。③选用抗病品种。④药剂防治。花穗抽出后，可喷洒木霉菌剂（16×108孢子/克）300 ～ 500倍液、10%多抗霉素可湿性粉剂600倍液、50%多菌灵800倍液、70%或50%多霉灵500 ～ 1 000倍液、80%福美双可湿性粉剂800 ～ 1 000倍液、50%扑海因1 000倍液、40%克霉灵500倍液、25%灰克1 500倍液、25%斯克600倍液、68.75%易保1 000 ～ 1 500倍液等杀菌剂。采收前喷洒60%特克多1 000倍液。注意轮换用药。

3. 葡萄煤污病（Grape Sooty mold） 葡萄煤污病又称煤烟病，常与霉点病伴随发生，是侵染果穗、果粒及枝叶表面的真菌性病害（图13-3）。

（1）症状诊断：葡萄煤污病可在葡萄所有器官上发生。初期呈暗褐色小斑点，病斑不断扩大后连成一片，在枝蔓、穗轴、果梗及叶柄部位有时病菌积聚成堆，严重时可将整个果梗、果面、叶片覆盖，病部表面密生一层暗黑色煤烟状物，即病菌的菌丝体及子实体。病斑边缘不清晰，病部霉层用手擦后易脱落，受害组织稍有变色，在煤烟病发生的部位常常见到粉蚧类昆虫卵等。

（2）发病规律：葡萄煤污病菌的寄主范围较宽，日本报道，此病与粉蚧和叶蝉类昆虫密切相关，病菌在此类昆虫分泌物上生存与繁殖。煤污病多在葡萄开花后发生，一直延续到葡萄收获。病菌多以菌丝和分生孢子器等在寄主上越冬，当设施内温度适宜时，病菌的分生孢子可借气流、灌水、昆虫和农事操作等进行传播，在葡萄植株表面寄生或腐生，产生分生孢子器和分生孢子进行重复侵染，不断发病。设施内高湿条件是病害发生与流行的重要因素。一些昆虫的分泌物可诱发病害的发生，因此病害的发生与昆虫的多少呈正相关。

图13-3　葡萄煤污病症状

（3）防控技术：①减少菌源。设施内清洁卫生是防控葡萄煤点病和煤污病的重要措施，结合修剪，尽量清除病枝、果、叶片等病残体，刮除葡萄老皮，清扫地面的枯枝落叶，拿出棚室外集中深埋。尽量清除棚室内各种杂物，保持设施内良好的卫生环境。②栽培管理。降低设施内湿度是防控病害的有效措施，葡萄开花期尽量控制灌水，控制相对湿度在70%以下。及时绑蔓、摘心、剪除过密的副梢、卷须、花穗、叶片等，增加冠层通风透光，防止架面枝叶过密、郁闭。③药剂防治。在煤污病的化学防控中，凡是防控霜霉病的药剂对此病均有效。果实采收后，若揭掉棚膜，恰是葡萄霜霉病发生时期，此时结合葡萄霜霉病的防治即可，一般不进行特殊的药剂防治。必要时，可施用70%代森锰锌600倍液、77%可杀得600 ～ 1 000倍液等，均有较好效果，其他药剂可参照霜霉病的防控。当设施内叶蝉等害虫发生较多时，需要进行药剂防控（参照叶蝉防控办法），可减少此病发生。

4.葡萄褐斑病（Grape leaf spot）　葡萄褐斑病是一种主要危害葡萄叶片的真菌病害，又称叶斑病或角斑病。根据病斑的大小和病原菌的不同将其分为大褐斑病和小褐斑病2种，是葡萄生产中重要的病害之一（图13-4）。

（1）症状诊断：大褐斑病的病斑大小为3 ～ 10毫米，多为害植株的下部叶片，病斑圆形或不规则形，病斑边缘褐色或红褐色，有黄绿色晕圈，中央黑褐色，有时出现黑褐色同心环纹，发病后期叶片正、反面病斑上产生深褐色霉层，此即病菌的菌丝体、分生孢子梗和分生孢子，严重时多个病斑融合成不规则形大斑、病斑的枯死组织易开裂、破碎。小褐斑病的病斑大小为2 ～ 3毫米，病斑角形或不规则形，深褐色，严重时多个小病斑融合成不规则形大斑，叶片焦枯，似火烧状，后期叶背面的病斑处产生灰黑色霉层，此即病菌的菌丝体、分生孢子梗和分生孢子。有关病斑的大小常常因发病时期不同而异，一般葡萄生育前期发病时病斑较小，而到初秋之后发病则病斑就较大，另外因葡萄品种不同病斑大小也有差异。因此，仅依据病斑的大小来区分大褐斑病和小褐斑病仍缺乏科学性。葡萄叶片上常与褐斑病混发的还有环纹叶枯病、轮斑病和轮纹病等，注意识别诊断。

（2）发生规律：葡萄褐斑病菌以菌丝体或分生孢子在病叶组织内或附着在结果母枝

   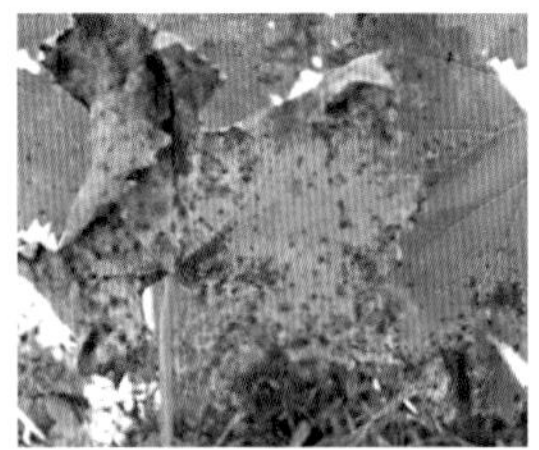

图13-4 葡萄褐斑病症状

的粗皮缝中越冬。当温度上升到10 ～ 15℃以上时，病菌的分生孢子和菌丝开始萌动，当葡萄开花后，病菌产生分生孢子梗和分生孢子，随气流、雨水和农事操作等传播到葡萄叶片上，从叶片背面的气孔侵入，不断破坏细胞，吸取营养，潜育期15 ～ 20天，致使叶片组织坏死，出现发病症状，形成坏死斑。病菌在病组织内继续生长发育又产生新的分生孢子梗和分生孢子，进行再侵染，在葡萄的一个生长季内可实现多次侵染。病菌菌丝生长发育的温度范围15 ～ 37℃，最适温度25 ～ 30℃；分生孢子萌发的温度范围10 ～ 37℃，最适温度25 ～ 33℃，相对湿度范围35% ～ 100%，湿度越大萌发率越高，在100%和水滴中萌发最好。设施内的高温、高湿、多露、多雾是病害流行的主要因素。棚室葡萄管理不善、植株过密、通风透光不良、冠层郁闭、闷热、果实负载量过大、树势衰弱等环境易发病。

（3）防控技术：葡萄褐斑病的发生与流行和葡萄品种抗性、菌源数量、设施葡萄的管理水平密切相关，应采取综合防控措施。①选栽抗病品种。此病是一个特例，一般情况下，美洲种易得病，欧亚种反而发病少。②清除菌源。 葡萄落叶休眠后，将设施内枯枝落叶清扫干净，刮除老蔓上的粗皮，将其集中深埋，清除初侵染来源。③栽培管理。葡萄旺盛生长期，要及时绑蔓、摘心、去除过密副梢、叶片和卷须等，尽量保持冠层通风透光；实施膜下滴灌或微润灌，有效降低棚内湿度；适当增施腐熟的农家肥和钾肥，控制氮肥用量，控制果实负载量；④药剂防治。设施葡萄褐斑病防控的关键环节是葡萄发芽前使用保护性杀菌剂在葡萄的枝干喷洒并喷布周到，常用的药剂有2波美度石硫合剂；葡萄生长前期可适当喷洒1 ∶ 0.7 ∶ 200波尔多液。其他常用的杀菌剂有10%多抗霉素可湿性粉剂800倍液、80%代森锰锌可湿性粉剂600倍液、68.75%噁酮锰锌水分散剂1 000倍液等。注意药剂的轮换使用，避免产生抗药性，同时尽量避开开花期使用杀菌剂。

（二）葡萄细菌病害

1.葡萄根癌病（Grape crown gall） 葡萄根癌病是由根癌土壤杆菌侵染引起的一种细菌性病害，也叫冠瘿病、根头癌肿病或葡萄细菌性癌肿病。最早于19世纪中叶法国就报道了此病的发生，直到19世纪末意大利的Carvara首次明确了是细菌引起的葡萄病害（图13-5）。

（1）症状诊断：葡萄根癌病的典型症状是在葡萄的根部、根颈、老龄树干、幼龄枝蔓、新梢、叶柄、穗轴果粒等器官上长出一至数个大小不等、形状各异的瘿瘤（或称癌肿）状组织，罹病树初期形成的瘿瘤较小，呈圆形突起，乳白色，较光滑，幼瘤质地柔软，具弹性，可单生或群集，聚集在一起的小瘤可以融合成大瘤，呈不规则形。随着树体的生长，瘤体也不断增大，颜色变成褐色或深褐色，表面粗糙，龟裂，内部组织木栓化，空气潮湿时瘤体腐烂，具有腥臭味。瘤体大小不等，一般0.5 ～ 10厘米，瘿瘤约生长1 ～ 2年后干枯死亡，存留在树上形成“僵瘤”，较硬。葡萄根癌病属于系统侵染性病害，由于病菌引起葡萄初生及次生韧皮组织增生，受害植株皮层及输导组织遭到破坏，造成营养输送障碍，植株生长衰弱，节间缩短，叶片小而黄，果穗少而小，果粒大小不齐，春天萌芽延迟，严重者全株枯死。葡萄根癌病的瘤状增生在葡萄整个生长期内均可发生，从症状诊断上，一般于根茎嫁接部位瘤体发生较多，容易与嫁接口愈合时的正常愈伤组织相混淆，需要仔细观察辨认。

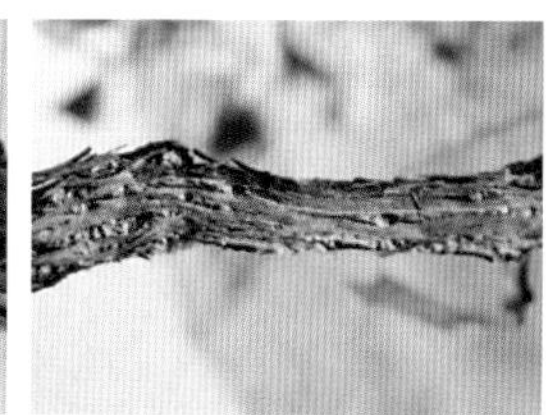
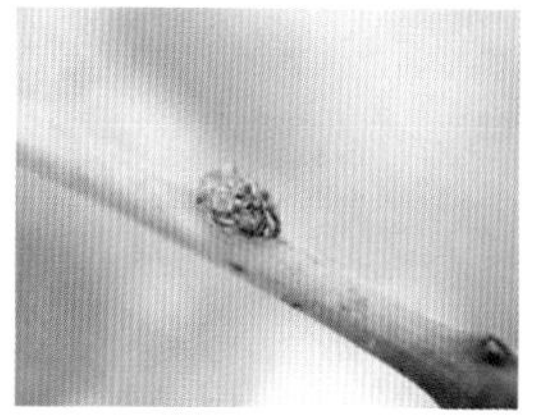

图13-5　葡萄根癌病症状

（2）发病规律：葡萄根癌病菌主要在土壤中或病株及瘿瘤组织内越冬，成为病害的初侵染来源。病菌在土壤中未分解的病残体内可存活2 ～ 3年。当气温升高后，病菌开始繁殖生长。在葡萄园内，病菌的近距离传播主要靠灌溉水、地下害虫、线虫、病残组织、根的接触或与固定蔓的铁线接触摩擦、修剪工具以及带菌的肥料等进行，远距离传播主要靠带菌的苗木、接穗、插条和砧木等繁殖材料。病原细菌主要通过嫁接、修剪、摩擦、昆虫、农事作业及冻害等所造成的伤口侵入，也能从气孔侵入。病菌侵染健康植株的表皮组织后，诱导伤口周围的薄壁细胞不断分裂，使组织增生而形成瘿瘤。该病菌具有系统侵染和潜伏侵染特性，一般罹病株根部及其根围土壤带菌较多，在葡萄营养生长期间，侵染的病菌通过输导组织随着树液从根部传导到地上部的侧蔓等各个部位，而砍除地上部病蔓后，存留在根际土壤中的细菌仍可成为接种体来源。病菌生长的最适宜温度为25 ～ 30℃，致死温度51℃下10分钟，最适宜pH7.3，当旬平均气温低于17℃时，瘿瘤不发生，当旬平均气温达到20 ～ 23.5℃时，且遇到伤口，瘿瘤易大量出现；降雨多、湿度大时瘿瘤发生多；冻害是发病的重要因素，凡遭受霜冻或冬季低温冻害的葡萄，翌年病害发生严重；氮肥施用偏多、修剪过重、果实负载量大、树体成熟度不良，易受冻害，有利于病害发生；葡萄不同品种的感病性差异明显，一般欧亚品种发生多，美洲品种发生少；瘿瘤一般在露地发生多，设施内发生少；树的嫁接部位附近和地上的主干、主枝瘿瘤多，而近地面的根际和根系瘿瘤发生少；常用的野生抗寒性砧木品种发生少。

（3）防控技术：①选栽无病苗木。利用抗病砧木、无菌接穗和插条培育无毒、无菌苗木，可适当提高嫁接部位；严格控制从重病区调运葡萄繁殖材料和苗木，用于苗木繁殖的母树应进行检测确认。②苗木消毒。在定植前，将苗木或插条用硫酸铜100倍液浸泡5分钟，再放入50倍液石灰水中浸泡1分钟或用3%的次氯酸钠溶液浸泡3分钟进行消毒处理；③栽培管理。避免过量施用氮肥而造成植株徒长，避免土壤和架面湿度过大；农事操作时应尽量避免制造过多伤口；严格按要求防寒，免遭冻害；葡萄生长期，若发现病株需及早拔除烧毁，挖净残根并将根际土壤用1%硫酸铜溶液进行局部消毒处理。④药剂防治。必要时，可刮除病瘤，然后用波美3°～5°石硫合剂或80%的抗菌剂402乳油200倍液以及可杀得1 500～2 000倍液涂抹伤口；另外有些生防菌剂如HLB-2、E26、M115等，对缓解病害有一定作用。

2.葡萄皮尔斯病 (Grape Pierce's disease)　葡萄皮尔斯病是一种主要为害葡萄叶片和新梢造成枯死的细菌性病害，由于在干热环境下易于表现症状，故也叫热斑病(Hot spots)，最早在美国加利福尼亚发现。在我国设施和露地葡萄上常见有类似的症状发生，但尚缺乏明确的鉴定（图13-6）。

（1）症状诊断：在高温干旱环境下，皮尔斯病症状在葡萄叶片上表现明显，最初叶片边缘出现褪绿或水渍状坏死斑，逐渐向叶内扩展，速度较快，由叶缘向内呈同心圆状发展，后期叶片周围的坏死部呈现焦枯，似火烧状，脱落。症状表现因不同葡萄品种和发病程度而异，有的从叶缘开始均衡向内干枯，几乎扩展大半或整个叶片，有的只在叶片的局部干枯，有的在叶脉间向内扩展、坏死。枯死部位的颜色有枯黄、变红和灰绿等，发病严重时全株枯萎，最后干枯死亡，呈一片火烧状。此病一个重要的诊断特征是叶片脱落时，叶柄仍留存在枝蔓上。此病症状有时易与葡萄热伤害、肥害、盐害和根腐病类的一些表现相混淆。枝蔓得病往往比叶片发病延后，新梢生长缓慢，发育不良，节间缩短，新梢顶部易坏死，其上的叶片较小，沿主脉的组织呈暗绿色，周围退绿，枝蔓成熟度甚差或不能正常成熟。枝蔓受侵染得病的一个重要诊断特征是后期在枝蔓上形成“绿岛”，即枝条大多成熟后正常转变为褐色时，而得病枝条则在蔓上保留绿色斑块组织，一直延续到休眠期，呈绿色岛状。得病植株果实着色不正常，往往提前着色，但果实质量较差。幼树得病后，重者会造成当年死亡，多年生大树得病后虽不枯死，但树势衰弱加快，抗寒能力减弱，早春萌芽及枝条生长延迟，果实少而小，产量明显降低，这种表现又类似于冻害症状。有文献描述，此病可引起葡萄树流胶。

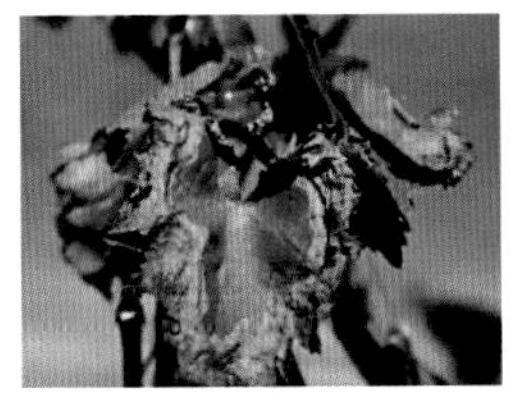

图13-6　葡萄皮尔斯病症状

（2）发病规律：葡萄皮尔斯病的病原体可在葡萄和许多果树、灌木、乔木、野生杂草等寄主内越冬，成为葡萄下一个生长季节的初侵染来源。该病菌的寄主范围较为广泛，除了侵染葡萄属植物外，还能侵染许多木本和草本植物，如苜蓿、百合、杏、栗、莎草及禾本科杂草等。此病可由葡萄的繁殖材料如砧木、插条、接穗、苗木等传播，也可通过叶蝉科和沫蝉科的一些昆虫如牧草沫蝉（*Philaenus spumarius*）等进行传播。这些昆虫通过在病株和其他寄主上不断取食汁液或菌体随昆虫粪便排出体外，使病菌在病、健树之间或健树与其他病植物之间实现相互传染，若介体昆虫发生较多，容易造成病害流行。有研究表明，病菌的致病机理是当病株内病原体群体数量大、浓度高时，菌体集聚，使葡萄树产生侵填体和树胶堵塞了树干的维管束组织，限制了水分的输导而引起组织死亡，该病菌也可产生毒素破坏寄主细胞器造成组织坏死。不同葡萄品种对此病害的感病程度存在明显差异。

（3）防控技术：①严格检疫。对从疫区调入的葡萄苗木和其他繁殖材料进行严格检测，避免病菌带入。②温汤杀菌。对成熟的苗木、插条等葡萄休眠繁殖材料进行温汤杀菌，方法是把苗木放在45℃热水中浸泡3小时，可杀死病原细菌。③防治媒介昆虫。在设施内，于叶蝉科和沫蝉科的一些昆虫等集中活动期用80%敌敌畏乳油2 000倍液喷雾或用敌敌畏烟剂等进行防治，具体参照叶蝉的防治方法。④药剂防治。必要时，施用四环素、青霉素（40万单位）5 000倍液和农用链霉素等抗生素类药剂对缓解和减轻病害具有一定的作用。

（三）葡萄病毒病害

1.葡萄扇叶病（Grape fan leaf） 葡萄扇叶病是由葡萄扇叶病毒（GFLV）引起的一种病毒病害。也叫扇叶退化症（Fan leaf degeneration）或称传染性退化症（Infectious degeberation）。最早于19世纪初在欧洲首先发现（图13-7）。

（1）症状诊断：由于病毒的株系不同、葡萄品种不同和环境条件的差异，葡萄扇叶病的症状变化较大，复杂多样，综合各种症状表现，大致将其分为三种类型。

Ⅰ型：扇叶形或称叶畸形。典型表现是叶片严重变形，叶片基部平展，其角度与正常叶相比，扩大至180°，呈扇状；叶缘锯齿增多、尖锐，长短不齐；叶片变小，叶身不对称，叶裂变深；新梢不正常分枝，双节，节间缩短，茎扁化，簇生；多数情况下，罹病叶片常伴随褪绿斑驳。注意不要与2，4-D丁酯等氯代苯氧类除草剂造成的药害相混淆，药害症状是叶脉紧凑，透明、畸形。

Ⅱ型：花叶形。叶片上分布许多边缘不清晰、形状不规则的黄色斑点或斑块，颜色浓淡不一，透光更显而易见；黄色网纹或称环状线纹、褪绿环斑，圆形或不规则形；叶片黄化，包括叶片局部黄化和新梢上部叶片全部黄化。

Ⅲ型：脉带形或称镶脉形。叶脉呈现黄色、白色褪绿斑纹，逐渐向脉间扩展，使叶脉呈褪绿宽带形，透光可见半透明状，有时伴随轻微畸形。这种褪绿现象一般在夏季中后期出现，通常是少数叶片表现症状。

除上述三种主要症状类型外，罹病植株还表现植株矮化，营养不良，枝蔓上双芽，拐节，节间缩短，节间距不等；果穗小而散，果粒大小不齐，坐果差，果实成熟不良，幼果表皮下暗色坏死，经常出现无核小粒果，严重时植株萎缩不长等。葡萄扇叶病的症状一般在春季或初夏表现明显。在症状诊断上，一个很有价值的植株内部特征是葡萄受病毒侵染后，葡萄树基部木质化新梢节间横切断面出现横越表皮细胞、薄壁细胞、韧皮部及木质部细胞腔的放射状横线。

（2）发病规律：葡萄扇叶病毒可随带毒葡萄植株、苗木、接穗、砧木等活体病株越冬，也可随带毒线虫（标准剑线虫*Xiphinema index*和意大利剑线虫*X. italiae*）越冬，这些带毒介体材料也成为此病的主要初侵染来源。病毒可通过汁液、嫁接和线虫传播。葡萄扇叶病毒的近距离传播主要是靠修剪工具、植株间的接触摩擦和土壤线虫等，远距离传播主要是通过带毒苗木、砧木、插条、接穗等繁殖材料和附着在苗木中的带毒线虫。

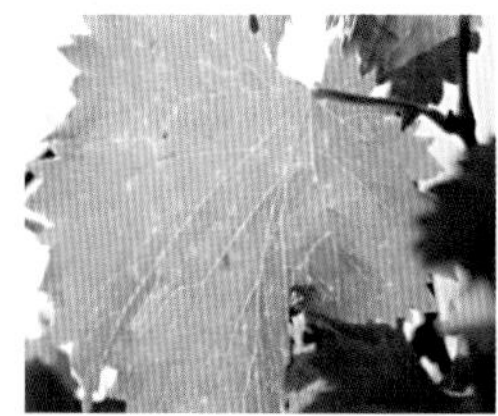

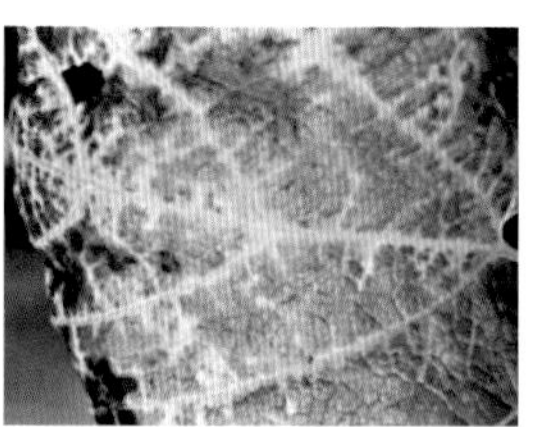
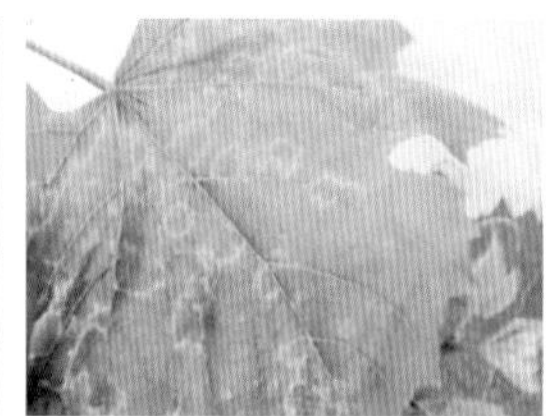

图13-7 葡萄扇叶病症状

（3）防控技术：①繁育和栽培无病毒苗木。②实行检疫措施。不在病区、病园购苗；发现病株及时拔除、销毁，防止继续蔓延和传播。有条件的可对土壤线虫进行检测，如发现有剑线虫类可对土壤进行局部消毒处理。

2.葡萄卷叶病（Grape leaf roll） 葡萄卷叶病是由葡萄卷叶相关病毒（Grape Leaf Roll—associated Viruses, GLRaVs）引起的一种病毒病。最早于19世纪，欧洲就有关于此病的描述，真正确认此病为一种可以通过嫁接传染的病毒病是在1936年，由于在红色葡萄品种上发生症状表现出叶片变红，所以也叫葡萄红色病或红叶病（图13-8）。

（1）症状诊断：葡萄卷叶病的症状主要表现在叶片和果实上，其中以叶片表现最为典型，病株叶片反卷和变色。叶片症状，因葡萄品种不同而有明显差异。一般欧亚种葡萄对卷叶病毒敏感，症状表现明显；美洲种葡萄对病毒反应迟钝，几乎无症状；而欧美杂交种葡萄症状表现较轻，介于二者之间；果实红色葡萄品种，发病初期于叶脉间出现很小的红色斑点，以后红色斑点不断扩大，逐渐联合成片，呈现红叶状，后期叶片上除第一和第二叶脉仍保持绿色外，其余部分均变为红色，注意这一点与秋后的正常红叶相区别；非红色果实品种的葡萄得病后，叶片表现为黄化褪绿，轻重不一；葡萄植株得病后叶片颜色变化的差异，可能与葡萄品种所含的花色苷有关。两类变色症状的叶片均反卷，变厚，变脆，轻重程度差异明显。症状的出现，从植株的分布上看，一般先从枝蔓基部的叶片开始，以后依此向枝梢方向发展，到秋天，几乎波及全株的大部分叶片，严重时叶片坏死。果实症状，主要是果穗变小，果粒发育不整齐，成熟晚，着色不良，糖度下降；果实成熟与着色也因品种不同而存在差异，敏感的欧洲种果实成熟晚，直到秋天果实仍保持绿色；黑色葡萄品种往往呈现"红熟"现象，白色品种则出现带有黄色的非正常成熟颜色。罹病植株枝蔓和根系发育不良，嫁接成活率低，插条生根能力差；病株抗逆能力减弱，易遭受不良环境及病菌的危害。由于葡萄卷叶病毒具有半潜隐性特性，所以有时带毒株并不表现明显症状。

图13-8 葡萄卷叶病症状

（2）发病规律：葡萄卷叶相关病毒主要在罹病的活体植株内越冬。因此，带毒株是该病害的主要初侵染来源。病毒大多是靠带毒的葡萄繁殖材料（砧木、插条、接穗等）进行传播，通过嫁接传染和葡萄星粉蚧等媒介传播。在葡萄园内，此病毒病害的自然传播速度很慢，一般每年只扩展18厘米左右。至今尚未见到葡萄种子带有病毒的报道。

（3）防控技术：①繁育和栽培无病毒苗木；②防治葡萄粉蚧；③其他方面防控措施参见葡萄扇叶病防治。

（四）葡萄生理病害

1.葡萄缺钾 (Grape Potassium deficiency)　葡萄缺钾也叫葡萄钾素缺乏症或黑叶症、葡萄钾素失衡症，是一种由于土壤中钾素营养失调造成葡萄缺钾的生理障碍（图13-9）。

（1）分布与为害：葡萄树对钾的需要量很大，钾是一系列酶的催化剂，催化多种代谢反应，促进叶绿体的光合作用和光合产物的流动，促进植物体内糖、氨基酸、蛋白质和脂肪代谢，具有调节抗逆性等功能，因此葡萄一旦缺钾，会引发一系列生理障碍。钾对葡萄果实的含糖量、风味、色泽、成熟度、果实的贮运性能、根系的生长以及葡萄枝条组织的充实度等均有非常重要的作用，所以葡萄缺钾会对葡萄的产量，浆果品质以及植株的正常生长发育造成一定影响。

（2）症状诊断：葡萄缺钾的症状主要表现在叶片上，在葡萄生长季前期缺钾，植株基部叶片叶缘褪绿发黄，继而在叶缘产生褐色坏死斑，不断扩大并向叶脉间组织发展，叶缘卷曲下垂，叶片畸形或皱缩，严重时叶缘组织焦枯，甚至整叶枯死。葡萄生育阶段的中后期，缺钾枝梢基部的老叶片表面直接受到阳光照射而呈现紫褐色至暗褐色，即表现出所谓“黑叶”。黑叶症状先在叶脉间开始，若继续发展可扩展到整个叶片。植株受害后，叶片小，枝蔓发育不良，果实小，含糖量降低，整个植株易受冻害及其他病害的为害。

图13-9　葡萄缺钾症状

（3）发生规律：葡萄缺钾症多在葡萄生长旺盛时期出现。正常葡萄园内土壤速效钾含量在150毫克/千克左右，若大幅度低于此数量时，便可出现不同程度的缺钾。土壤速效钾含量在40毫克/千克以下时发病严重。一般，在土壤酸性较强、有机质含量低时，容易发生葡萄缺钾症。氮素和钾素存在竞争关系，若氮肥施用量过大时容易引起葡萄缺钾。当果实近成熟时，果粒号称是一个“吸钾库”，因此当果实负载量大时，也容易造成叶片缺钾现象发生。土壤干旱时缺钾症更为普遍。

（4）防控技术：①增施有机肥。多施有机肥是防止葡萄缺钾的根本性措施。②根部和根外追肥。病害初发后，可于每株葡萄根际施用0.5 ～ 1.0千克草木灰或氯化钾100 ～ 150克，或叶面喷洒草木灰50倍液、硫酸钾500倍液或磷酸二氢钾300倍液。③改良土壤。对酸性较大的土壤需要适当施用石灰或碱性肥料，使土壤呈偏酸性或中性。

2.葡萄缺镁(Grape Magnesium deficiency)　葡萄缺镁也叫葡萄镁素缺乏症或称虎叶症、葡萄镁素失衡症，是葡萄在生长发育过程中因镁素失调而造成的一种生理性病害（图13-10）。

（1）分布与为害：葡萄缺镁是葡萄生产地区普遍发生的病害之一。镁是叶绿素的中心离子，具有合成叶绿素、促进光合作用、催化多种酶促反应、参与能量代谢、蛋白质合成以及稳定基因表达等重要功能。有研究表明镁具有消除钙过剩（毒害）的生理作用。因此，葡萄在生长发育过程中，若镁素缺乏，植株光合作用受阻，叶片褐化，营养积累不足，生长发育减弱，重症时果实着色不良，果实膨大受阻，含糖量降低，尤其对植株幼嫩组织的发育和种子成熟影响更大。

（2）症状诊断：葡萄缺镁时，最明显的症状表现在叶片上。最初从植株的基部叶片开始（顶部叶片无症状），叶脉间组织发亮，叶缘首先变黄，随着镁素缺乏的加重，黄化在脉间逐渐往叶柄方向延伸，叶脉仍保持绿色，呈现叶脉与脉间楔形黄色条带相间，故一般称之为虎叶（即虎皮状）。严重时叶脉间黄化条纹、条带部位褐变枯死。缺镁症状一般在葡萄开花后出现，开花前少见。缺镁的葡萄易发生叶皱缩，使枝条中部叶片脱落，枝条呈光秃状。

图13-10　葡萄缺镁症状

（3）发生规律：一般情况下，葡萄叶片中的镁素含量在0.1%～0.15%以下时就会发生缺镁症状。葡萄缺镁现象经常在酸性土壤或镁素易流失的沙质土壤上发生，新植葡萄的土壤也因镁素不足而容易发生缺镁症。在葡萄园内过量施用钾肥时易引起缺镁症，钾和镁存在拮抗作用，土壤变酸易引起缺镁症。葡萄根系浅时病重，根系深时则较轻。葡萄缺镁时，常常会伴随缺锌和缺锰症状发生。不同葡萄品种镁缺乏症存在明显差异，如新玫瑰香、蓓蕾玫瑰-A、巨峰、甲斐路等较容易发生缺镁症。

（4）防控技术：①科学施肥。实行土壤诊断施肥是防治葡萄缺镁的根本性措施。一般考虑壤土保持交换性镁含量在30毫克/100克以上（沙质土20毫克/100克以上），交换性钾含量在50毫克/100克以下（沙质土30毫克/100克以下），按此进行平衡施肥，注意不要过量偏施速效钾肥；适当增施充分腐熟有机肥或生物有机肥作为基肥，在酸性土壤中可适当施用镁石灰或碳酸镁，在中性土壤中可施用溶解性好的硫酸镁，一般每株沟施300克；当葡萄叶片中的镁素含量在0.1%～0.15%以下发生葡萄缺镁症状时，可采用50倍液硫酸镁叶面喷洒2～3次。②栽培措施。设施葡萄可采取高畦式限根栽培或台田式栽培，适当增加地温，可有效控制此病发生。

3.葡萄缺硼(Grape Boron deficiency)　葡萄缺硼也叫葡萄硼素缺乏症或葡萄硼素失衡

症，是在葡萄生长发育过程中因缺乏硼素而导致的一种生理性病害（图13-11）。

（1）分布与为害：在葡萄植株体内，硼与糖形成“硼—糖络合物”，能促进植株体内糖的运输，也能促进植株对其他阳离子如钾、钙和镁的吸收；硼能抑制组织中酚类化合物的合成，保证植物分生组织细胞正常分化，缺硼时植株分生组织细胞分裂受阻，引起生长缓慢、植株瘦弱矮小、节间缩短、叶片变小、成熟度不良等。硼在花粉的形成和花粉管的伸长中起重要作用，因此在葡萄开花期缺硼时会使花器官发育不健全，严重时会引起受精不良、花蕾死亡、花序枯萎、子房脱落、果实变小皱缩等。因此，葡萄严重缺硼可造成较大损失。

（2）症状诊断：葡萄缺硼时，可在植株的叶片、新梢、花穗和幼果上表现出症状，在叶片上，葡萄生长早期幼叶（展开2周左右）先端出现油浸状淡黄色斑点，随着叶片生长而逐渐明显，叶缘及叶脉间褪绿、白化，新叶弱小、皱缩、畸形；新梢发病时，常从新梢尖端开始，节间缩短，枝蔓上出现褐色斑，成熟不良，严重时新梢枯死，在枝梢快速生长期间，缺硼会使节间于一处或几处略膨大、肿胀，髓部坏死；花期受害时，一般花冠不脱落（此症状有别于低温、其他病害或新梢徒长等因素引起的落花，在诊断上注意），呈茶褐色、筒状，严重时花序枯萎、干缩，形成所谓“赤花”状，受精不良，有时也会引起严重落花。在果实上，缺硼植株结实不良，即使结实，也常常是圆核或无核小粒果，果梗细，果穗弯曲，称为“虾形”果穗，在果实膨大期缺硼可引起果肉组织褐变坏死，在葡萄硬核期缺硼易引起果粒维管束和果皮褐枯，果粒不长、变硬，成为“呆果”或“石葡萄”。

图13-11　葡萄缺硼症状

（3）发生规律：葡萄叶片中硼素含量在15毫克/千克以下，或在土壤中可溶性硼含量0.1毫克/千克以下时，就会出现树体硼素缺乏症状。在葡萄生长发育的不同时期（阶段）症状可发生于不同的部位或器官上。葡萄叶片缺硼症状一般在开花前7～15天发生，严重时在7月中、下旬即行落叶；开花期受害易形成“赤花”症状，幼果期发病易形成“虾形”果穗，果实膨大期之后发生易形成“呆果”或“石葡萄”。然而，很多情况下，土壤中并不缺乏硼素，而是由于某些环境因素引起葡萄的吸收障碍造成植株缺硼。一般有如下几种情况：①在葡萄生长期内如遇干旱，致使葡萄根系吸收硼素受阻，往往引起缺硼，尤其是沙质土壤硼素易被水淋溶，更容易发生。②在酸性较强的土壤（pH3.5～4.5）或石灰质较多的碱性土壤中硼易被钙固定，容易引起吸收障碍，造成缺硼症状的发生。③自根苗土传病虫为害重，新植的葡萄剪根较重和农事操作等造成大量伤根，易引起吸收障碍，致使缺硼。

（4）防控技术：①肥水管理措施。在深耕基础上，需要增施充分腐熟有机肥或生物有机肥作为基肥。适时灌水，避免葡萄根区干旱，可实行覆草栽培，增加保水能力。②对症施治。对酸性土壤，结合施基肥，加施硼肥2千克/公顷，或每株大树施硼砂10克左右，施后立即灌水，如此施用3年有效。③叶片诊断施肥。当叶片中硼素含量在15毫克/千克以下时，于开花前1 ~ 2周，用500倍的硼砂（或硼酸）或21%多聚硼酸钠2 000倍液喷布叶面，或于开花后10 ~ 15天，叶面喷洒400倍的硼酸液1 ~ 2次。

4.葡萄缺锌 (Grape Zine deficiency)　葡萄缺锌也叫葡萄锌素缺乏症或称小叶症，是在葡萄生长发育过程中因缺乏锌素而导致的一种生理性病害（图13-12）。

（1）分布与为害：葡萄缺锌在葡萄生产区发生较为普遍，尤其是偏碱性土壤和砂质土壤上更为常见。锌是植物体内多种酶的组成成分，在物质分解、氧化还原、蛋白质合成及光合作用等方面具有重要的生理功能。葡萄缺锌时会使植株叶绿素含量降低，植株生长受阻，减少种子的形成，果实发育不良，果粒变小，产量降低，品质变劣，还能降低植株对一些真菌病害的抵抗能力。

（2）症状诊断：葡萄缺锌时最典型的症状表现在叶片上。常表现出两种症状，一是新梢叶片变小，常称“小叶病”，叶片基部开张角度大，叶片边缘锯齿变尖，叶片不对称（即主叶脉的一边比另一边大）；另一种症状为花叶，叶脉间失绿变黄（红色和黑色果实的葡萄品种有时脉间变红），叶脉清晰，具绿色窄边，褪色较重的病斑最后坏死。有些葡萄品种缺锌时易使种子形成少、果粒变小、果穗上果实大小粒不整齐。在症状诊断上，此病容易与葡萄扇叶退化症（病毒病）相混淆，注意仔细甄别。

图13-12　葡萄缺锌症状

（3）发生规律：一般情况下，只有在含锌水平低的土壤中，葡萄才更容易表现缺锌症状。葡萄缺锌症通常是在葡萄的生长发育的中后期（初夏）开始发生，葡萄的主、副枝蔓的前端的叶片首先受害，表现小叶、花叶、叶畸形等症状。在pH较高的碱性土壤中，锌盐常易转化为难溶解状态，不易被葡萄吸收，常造成缺锌症。土壤内锌含量低或沙质土内由于灌水冲刷流失，易引起葡萄缺锌。土壤中磷含量高也可影响锌的有效性，因为磷可使锌沉淀，变成不溶性的磷酸锌。无核葡萄品种的正常植株中锌含量为25 ~ 50毫克/千克，若低于15毫克/千克时葡萄即表现缺锌。锌在树体中更容易向植株下部和根部转移，所以旺盛生长的新梢因锌供应不足而呈现缺锌症状。

(4) 防控技术：①增施有机肥。是防治葡萄缺锌的根本性措施。②当发现葡萄叶片发生缺锌症状时，可在发生症状的葡萄叶面上喷洒1 000倍的硫酸锌溶液。③在葡萄缺锌时，于新梢修剪的剪口处涂抹硫酸锌，可使病树恢复正常，产量也有所增加。

5. 葡萄缺锰 (Grape Manganese deficiency)　葡萄缺锰也叫葡萄锰素缺乏症，是在葡萄生长发育过程中因缺乏锰素而导致的一种生理性病害（图13-13）。

(1) 分布与为害：葡萄缺锰在碱性或缺锰的石灰质土壤中发生较多。锰是植物体内一些酶的组成成分，在三羧酸循环和硝酸还原中起重要作用，具有影响葡萄植株的呼吸和细胞内各种物质转化过程的调节功能。锰以结合态直接参与光合作用中水的光解反应，促进光合作用。树体内锰和铁存在密切关系，锰通过二价阳离子和四价阳离子的变换来影响三价铁离子和二价铁离子的转化，调节植物体内有效铁的含量，因此，葡萄缺锰时树体内低铁离子浓度增高，能引起铁过量，当锰过多时，低铁离子过少，易发生缺铁症。锰缺乏的主要影响是抑制葡萄枝梢和叶片的正常生长，果粒膨大受阻，延迟果实成熟。

(2) 症状诊断：葡萄缺锰时，枝梢基部叶片开始发白，很快在脉间组织出现黄色小斑点，斑点镶嵌状排列，后期许多黄色小斑相互连接，使叶片主脉与侧脉之间呈现淡绿色至黄白色，黄白色面积扩大时，大部分叶片在主脉之间失绿。朝阳方向的叶片比朝阴方向的叶片症状表现严重。过度缺锰时，葡萄枝梢、叶片和果粒生长受制，果实成熟缓慢。

图13-13　葡萄缺锰症状

(3) 发生规律：葡萄缺锰主要在碱性或缺锰的石灰质土壤中发生。当土壤为碱性时，锰成为不溶解状态，葡萄易出现缺锰症。但是在较酸（$pH < 4.5$）的土壤中锰过量容易诱发葡萄酸害。一般情况下，葡萄叶柄内锰含量为3 ~ 20毫克/千克时即可出现缺锰症状。

(4) 防治技术：①增施有机肥。②葡萄叶片生长期喷洒500 ~ 1 000倍的硫酸锰水溶液或0.3%的硫酸锰加0.15%的石灰水溶液，喷洒次数依病情发展而定。

6. 葡萄缺铁 (Grape Iron deficiency)　葡萄缺铁也叫葡萄铁素缺乏症或称“黄叶病”“缺铁性退绿”“石灰性退绿”“石灰诱导性退绿”等。是在葡萄生长发育过程中因铁素缺乏而导致的一种生理性病害（图13-14）。

(1) 分布与为害：葡萄缺铁现象在土壤石灰含量高的碱性或盐碱重的地区普遍发生。铁在植物体内具有重要的生理功能。铁是叶绿素合成、吡咯合成的催化剂，参与光合电子传递和氧化还原反应，促进光合作用。铁也是细胞色素氧化酶、过氧化氢酶及琥珀酸脱氢酶等许多氧化酶的组成成分，参与植物的呼吸代谢。葡萄一旦缺铁，植株的叶绿素合成受阻，引起叶片黄化褪绿的“黄叶病”。严重缺铁时可造成葡萄植株新梢生长不良，坐果量降低，新梢和叶片黄化坏死，影响葡萄的产量和品质。

(2) 症状诊断：葡萄缺铁症状首先表现在植株的新梢上，幼叶的脉间先发生叶绿素破坏，呈现典型的“黄叶病”。小叶褪绿从叶缘开始由脉间逐渐向内扩展，最后整叶黄化或白化。病害严重时，叶片由上而下逐渐变褐坏死、干枯脱落。葡萄缺铁还可以造成新梢生长衰弱，花蕾黄化、脱落，坐果减少。

图13-14　葡萄缺铁症状

(3) 发生规律：葡萄缺铁现象主要在碱性或盐碱重的土壤中的葡萄上发生，这类土壤能将可溶性的二价铁被转化为不溶性的三价铁盐，不能被植物吸收，因此盐碱地和钙质较多的石灰质土壤，葡萄易表现黄叶病。持续干旱时，由于地下水不断蒸发，表土含盐量逐渐积累，此时若恰逢葡萄生长旺盛时期，黄叶病容易发生。有时土壤若出现冷凉潮湿，葡萄会表现铁吸收障碍，容易发生暂时性缺铁症。铁和锰存在相互作用关系，锰过量时易引起缺铁症。铁在植株体内以高分子化合物形态存在，在树体内不易转移，老熟组织中的铁不能转移到幼嫩组织中去，所以缺铁症状首先表现在植株幼嫩的部位。

(4) 防治技术：①肥水措施。对盐碱重的土壤应增施有机肥或生物有机肥作为基肥；土壤干旱时，应及时灌水压盐，以减少表土含盐量。灌溉用水应采取蓄水池等提前晒水，避免直接用冷凉的井水，建议在温室内采用“蓄热式”滴灌系统。②叶面喷施铁肥。初发生葡萄缺铁现象时，可用柠檬酸铁或黄腐酸铁等喷施，也可喷洒0.5%硫酸亚铁加0.15%柠檬酸溶液或螯合铁2 000倍液，施用次数视病情而定。③土壤施铁。葡萄缺铁发生严重时，可用叶绿宝（EDDHA-Fe）或硫酸亚铁每株200克与农家肥混匀根施。

(五) 葡萄害虫

1.蓟马（Thrips）　蓟马泛指缨翅目（Thysanoptera）的一类昆虫，有数千种。目前，已报道可为害葡萄的主要有烟蓟马(*Thrips tabaci* Lindeman)、茶黄蓟马（*Scirtothrips dorsalis* Hood）和西花蓟马（*Frankliniella occidentalis* Pergande）。这里只重点描述烟蓟马。

(1) 分布与为害：烟蓟马（英名：Onion thrips）别名葱蓟马、棉蓟马。在葡萄产区普遍发生，在设施葡萄中发生较重。因为食性杂，寄主范围较为广泛，除为害葡萄外，还为害苹果、李、杏、柑橘等果树及许多草本和木本植物。烟蓟马可为害葡萄枝蔓、嫩叶、果穗、花蕾、幼果等各个幼嫩器官，造成叶片退绿、枝条生长不良、果实发育受阻并留下斑痕，使树势减弱，产量降低，果实品质变劣。

（2）为害症状：烟蓟马的一、二龄若虫和成虫均能以锉吸式口器取食汁液的方式为害葡萄。一般主要为害葡萄的幼嫩器官和组织，如花蕾、穗轴、幼果、嫩叶和新生枝蔓等（图13-15）。果穗和幼果被害后，穗轴出现褐色、粗皮状不规则条斑，果皮出现黑色或黄色小点或斑块，以后被害部位随着果粒的不断膨大，逐渐扩展成黄褐色或暗褐色不定型或云雾状木栓化斑痕，粗糙，严重时变成裂果，成熟期易霉烂、脱落。新蔓上的嫩叶被害是叶正面沿叶脉部位略呈水渍状黄点或黄斑，以后变成不规则斑点或斑块，幼叶卷曲、畸形，受害部位易穿孔或破碎，有时害虫沿叶脉吸食，最后造成叶脉呈黑色坏死。

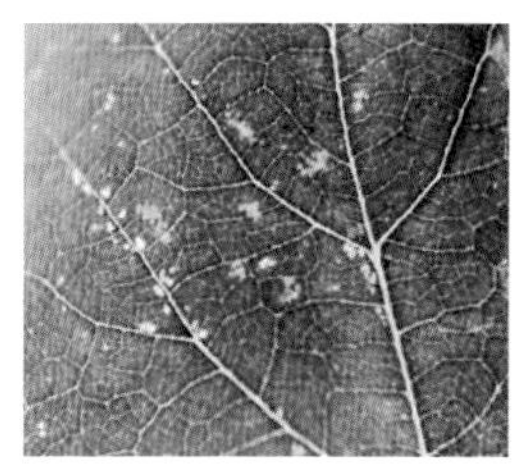

图13-15　葡萄烟蓟马及其危害状

（3）形态特征：烟蓟马有成虫—卵—若虫三种虫态。成虫：虫体长1.2 ～ 1.8毫米，体深褐色或黑褐色；头方形，锉吸式口器；触角7节，鞭节连珠状；两只复眼间有三个红色单眼，呈正三角形排列；后胸背板前上方着生两对淡褐色翅脉，每条翅脉上着生两排脉鬃，前排脉鬃短，后排较长。雄虫无翅。卵：圆形，乳白色至黄白色，长约0．3毫米。若虫：体长0.6 ～ 1毫米，黄色或褐色；1 ～ 2龄若虫无翅，3 ～ 4龄若虫具翅芽。

（4）生活习性：烟蓟马以蛹、若虫或成虫在葡萄枯枝落叶、杂草及土缝中越冬。当气温达到10℃以上时开始活动，葡萄初花期，烟蓟马即开始取食葡萄的花序，之后不断为害小幼果、穗轴、幼叶等。雌成虫行孤雌生殖，将卵产在叶背面的表皮组织内，一般每头雌成虫产卵50粒左右，卵期5 ～ 7天即可孵化出若虫，烟蓟马完成一个世代需20 ～ 25天。葡萄即将落叶后，烟蓟马大多转移到附近绿色的大葱、萝卜、白菜等蔬菜作物、花卉及杂草上。

（5）发生规律：烟蓟马一年可发生多代，在温室内发生代数更多，最多达20代，每代历期9 ～ 23天，在生育的后期各世代的虫态常相互重叠，混合发生。该虫比较怕光，所以多在早、晚和阴雨天取食，若在晴朗的白天，成虫和幼虫多在新梢的幼叶背面叶脉附近取食。烟蓟马成虫比较活跃，善于飞翔，对于蓝色和白色具有较强的趋性。

（6）防控技术：①消灭越冬虫源。当葡萄完全落叶后，越冬前结合修剪彻底清除设施内枯枝落叶、蔬菜作物、花卉及杂草等，集中拿出室外销毁。②生态防控。设施内为了杜绝外来虫源进入，可在窗口或防风口设置防虫网阻隔。当发现有少量害虫时，可利用其对蓝色和白色的趋性，设置普通蓝色粘板、篮板+诱芯、白板+诱芯等措施诱杀。大量发生时，可采用高温高湿闷棚办法，保持温度35℃，相对湿度90%闷2 ～ 3天。注意尽量保护天敌，如东亚小花蝽、华野姬蜡蝽等。③药剂防治。 在烟蓟马发生严重时，首先考虑使用生物源杀虫剂，如0.3%印楝素乳油、60亿/升乙基多杀菌素悬浮剂、5%天然除虫菊乳油、2.5%多杀菌素乳油等；也可用1.8%阿维菌素乳油3 000 ～ 4 000倍液，喷药时期应在开花前1 ～ 2天或初花期进行。也可选用3%啶虫脒1 500倍液、10%吡虫啉1 500倍液，以及虫螨腈、功夫菊酯等药剂，注意轮换用药。

2.绿盲蝽（Green mired bug） 绿盲蝽（*Lygus lucorum* Meyer-Dur），属半翅目，盲蝽科（Capsidae或Miridae）。是为害葡萄的重要害虫之一。

（1）分布与为害：绿盲蝽在世界主要葡萄产区均有分布，在我国葡萄栽培区也普遍发生，尤其在设施葡萄上发生的早而且严重，有些葡萄生产集中的地区，其受害株率轻者10%左右，重者达30%以上，并有逐年加重趋势。绿盲蝽食性较杂，寄主范围较为广泛，除为害葡萄外，还可为害苹果、桃、梨等果树和许多木本及草本绿化植物。绿盲蝽的成虫和若虫以刺吸方式吸取葡萄体内营养，并分泌毒素，造成幼叶、花穗、幼果等器官生长不良、畸形、皱缩、干枯等，严重影响葡萄浆果的产量和品质。

（2）为害症状：绿盲蝽主要以若虫和成虫为害葡萄植株的幼嫩器官，刺吸葡萄未展开的嫩芽或刚刚展开的嫩叶和花序等，从中吸取汁液，同时分泌一些毒素或酶类。嫩芽受害后，最初可见褐枯状小点，之后随着叶片长出和展开，出现多处对称的刺吸斑或孔洞，严重时幼叶扭曲、畸形、皱缩（图13-16）。幼叶受害后，最初形成针头大小的红褐色斑点，随着叶片的生长，以小点为中心形成不规则的孔洞，大小不等，严重时叶片上聚集许多刺伤孔，致使叶片皱缩、畸形甚至碎裂，生长受阻。花蕾、花梗受害后干枯、脱落。

图13-16 葡萄绿盲蝽及其危害状

（3）形态特征：绿盲蝽有成虫—卵—若虫三种虫态。成虫：体扁平，绿色，有翅2对，体长5毫米左右，体宽2.5毫米；头部三角形，黄褐色，复眼红褐色，无单眼，触角4节，喙4节；前胸背板深绿色，前翅革质，绿色，后翅膜质，灰色。卵：长口袋形，1毫米左右，略弯曲，黄绿色，卵盖乳黄色，中央凹陷，卵块无覆盖物。若虫：体鲜绿色，洋梨形，1 ～ 5龄若虫体长1 ～ 3.5毫米，表面生有黑点状细毛，触角浅黄色，足绿色，翅芽尾部黑色。

（4）生活习性：绿盲蝽主要以卵在苹果、桃等果树芽眼或树皮缝内、杂草上以及土表内越冬。温度升高后，越冬卵孵化成若虫，开始为害葡萄，若虫较活泼、敏捷，白天潜伏，夜间取食葡萄嫩芽和幼叶的汁液，随着芽的生长，为害逐渐加重，植株的下部新梢比上部更容易受害。绿盲蝽成虫寿命一般30 ～ 40天，这期间可行多次交配产卵，大多在晚上喜产于幼芽、嫩叶、花蕾等幼嫩组织内，卵期10天左右，孵化成若虫，若虫共有5龄，到3龄后便出现翅芽，羽化后1周左右开始产卵，秋后成虫在果树芽鳞、茎皮、枯枝、杂草等场所产越冬卵。

（5）发生规律：绿盲蝽的成虫和若虫不喜高温干旱，喜潮湿环境，为害的适宜温度为20～30℃，相对湿度为80%～90%。当老龄若虫发育为成虫后，经常从葡萄树上迁飞到杂草、其他果树、花卉、棉花等植物上为害，多种寄主的转移为害是其明显特性。绿盲蝽在北方一年发生4～5代，南方代数更多，因此在其生育期内存在世代重叠现象。成虫善于飞翔，喜潮湿，具有趋光性，对绿色和黄色有趋性。

（6）防控技术：①消灭越冬虫卵。当葡萄完全落叶后，越冬前结合修剪彻底清除设施内枯枝落叶、植株老皮、蔬菜作物、花卉及杂草等，集中拿出室外销毁，保持设施内外清洁。②生态防控。设施内为了杜绝外来虫源进入，可在窗口或防风口设置防虫网阻隔。当发现有少量害虫时，根据害虫种类在棚室内挂置不同颜色粘板诱杀，也可设置黄色诱捕灯，或频振式杀虫灯。避免在葡萄行间种植其他果树、蔬菜、花卉等作物，清除周边杂草。适当控湿，避免出现过度潮湿环境。③药剂防治。在绿盲蝽为害严重时，在葡萄萌芽前，喷洒3波美度石硫合剂一次。于葡萄萌芽初期和新梢刚抽生时或在绿忙蝽越冬卵孵化为若虫期间及时喷洒新烟碱或苦参碱类药剂。应急措施可考虑采用化学农药，常用的有3%啶虫脒1 500倍液、10%吡虫啉1 500倍液及高效氯氰菊酯、联苯菊酯等，连续喷2次。

3.葡萄叶蝉（Grape leafhopper） 葡萄叶蝉属于同翅目，叶蝉科。为害葡萄的有2种：一是葡萄二星斑叶蝉 (*Erythroneura apicalis* Nawa)。二是葡萄二黄斑叶蝉（*Erythroneura* sp. Nawa)。两种叶蝉在葡萄上常常混合发生，这里重点描述二星斑叶蝉。

（1）分布与为害：葡萄二星斑叶蝉在全国各地的葡萄产区均有发生，目前葡萄叶蝉已成为设施葡萄上常发性害虫，并有不断加重趋势。有些年份，一些地区和棚室内虫口密度很大，为害严重。葡萄叶蝉的寄主范围较广，可为害葡萄、苹果、梨、桃、山楂等果树及多种园林植物。葡萄叶蝉吸食葡萄汁液，造成植株生长不良、早期落叶、树势衰弱，影响葡萄浆果的产量和品质。同时，叶蝉的粪便等分泌物还可诱发煤污病发生，还能传染病毒病（如新梢萎缩病）等。

（2）为害症状：葡萄二星斑叶蝉的成虫、若虫主要以刺吸方式吸食葡萄汁液，常群集在叶片背面取食（图13-17）。被害叶片最初出现小白点，严重时斑点连片成大白斑，使整叶失绿、白化，甚至焦枯，引起早期落叶，当年枝条成熟不良，果实着色不好，糖度下降，翌年花芽分化不整齐。葡萄叶蝉发生较多时，因虫粪等分泌物污染叶片、果实、穗梗等，易诱发葡萄煤污病大发生，致使叶片、果实、穗梗等变成污黑状。

（3）形态特征：葡萄二星斑叶蝉有成虫—卵—若虫三种虫态。成虫：体长2～2.6毫

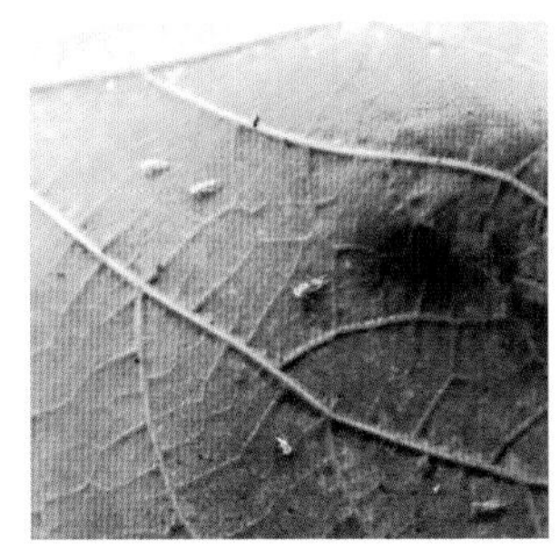

图13-17 葡萄叶蝉及其危害状

米，展翅2.9 ～ 3.5毫米，全体淡黄白色，头向前突出呈钝三角形，复眼淡褐色，头冠中前部有两个明显的圆形黑斑。小盾片与前胸相接处有两个大的三角形黑斑。前翅略呈长方形，淡黄白色、半透明，一般散生淡褐色或红褐色斑纹，后翅透明。卵：长约0.6毫米，长椭圆形，稍弯曲，乳白色。若虫：老熟若虫体长约2毫米，头部大，钝三角形，前端前翅生两对刺毛，复眼红色或暗褐色，老熟时黄白色，两侧可见明显的黑翅芽。

（4）生活习性：葡萄二星斑叶蝉以成虫在葡萄枝蔓的老皮裂缝、枯枝落叶、土石缝、杂草和设施架材缝隙、屋檐下等场所越冬。当气候转暖后，越冬成虫开始活动，先在梨、苹果、山楂、樱桃及其他发芽展叶早的植物上活动，待葡萄大量展叶后，迁移到葡萄叶上为害。葡萄二星斑叶蝉一年发生世代因地区不同而有差别，一般2 ～ 4代，在设施内可发生4代。在适宜条件下，一般卵期10 ～ 18天，若虫期19 ～ 29天，产卵前的成虫期为9 ～ 14天。越冬成虫在葡萄展叶后即开始于叶片上产卵，多产在葡萄植株下部老叶的叶脉两侧或绒毛中。据日本报道，一个雌成虫一年可产卵170 ～ 180粒。秋后，末代成虫随着气温下降，进入越冬状态。

（5）发生规律：二星斑叶蝉发生的适宜温度为20 ～ 28℃，在葡萄生长期可连续为害，多群集在葡萄冠层的中上部活动取食。设施内害虫的几次盛发期，可根据越冬成虫基数、卵期、若虫期的天数等进行预测。一般以初秋时节虫口密度最大。成虫较活泼，横向爬行敏捷，受惊即飞，具有趋光性，更趋于黄色。一般情况下，设施内通风不良，杂草丛生或其他植物较多的环境下害虫发生较多。葡萄品种不同受害程度有差异，野生品种或叶片多毛者受害相对较轻。

（6）防治技术：①消灭越冬成虫。参见蓟马的防控措施。②生态防控。在窗口或防风口设置防虫网阻隔；设置普通黄色粘板诱杀，也可设置黄色诱捕灯，或频振式杀虫灯；避免在葡萄行间种植其他作物，清除周边杂草。葡萄生长期间注意及时抹芽、摘副梢、整枝打杈、绑蔓，及时通风等。③药剂防治。葡萄叶蝉对药剂比较敏感，用于防治蓟马的药剂对叶蝉大都有效。在叶蝉发生严重时，于葡萄新梢抽生展叶后首先考虑使用生物源杀虫剂，如0.3%印楝素乳油、60亿/升乙基多杀菌素悬浮剂、5%天然除虫菊乳油、2.5%多杀菌素乳油等。也可用1.8%阿维菌素乳油3 000 ～ 4 000倍液。应急措施可考虑采用化学农药，常用的有高效氯氰菊酯、啶虫脒、联苯菊酯、吡虫啉等，连续喷2次。

4.葡萄瘿螨（Grape erineum mite） 葡萄瘿螨 [*Colomerus vitis* (Pagenstecher)]，或 [*Eriophyes vitis* (Pagenstecher)]，又称锈壁虱、葡萄潜叶壁虱或葡萄缺节瘿螨。属于蜘蛛纲，真螨目，瘿螨科。以往将其为害称为毛毯病或毛毡病。

（1）分布与为害：葡萄瘿螨在国内外葡萄栽培地区均有分布，现已成为我国葡萄生产中常发性的重要害螨之一。葡萄瘿螨通过吸食葡萄汁液，消耗葡萄营养，并分泌一些酶类等刺激组织细胞增生，造成植株生长不良，一旦发生便很难根除，每年造成不同程度的为害，发生严重时，可减产20%以上，果实品质下降。

（2）为害症状：葡萄瘿螨主要以吸食方式为害葡萄幼嫩叶片，其最典型症状是引起葡萄叶片正面鼓包状突起，叶背面洼陷坑内布满毡状绒毛，故也称毛毡病或毛毯病。发生严重时，除为害叶片外，也能为害葡萄嫩梢、卷须、幼果和花穗等（图13-18）。叶片受害后，最初于叶背面产生许多圆形或不规则形苍白色斑块，随后叶正面受害部位肿胀隆起呈鼓包状，此时叶背面受害部（因分泌物刺激）密生一层很厚的毛毡状纯白色绒毛，后期此白色绒毛变为锈褐色或红褐色。严重时，许多斑块连成一片，叶表凸凹不平，叶片皱缩、畸形、变硬，叶正面有时也出现绒毛，最后在叶正面病部出现圆形或不规则形褐色坏死斑，更严重时褐斑干枯破裂，叶片脱落，新梢萎缩不长。

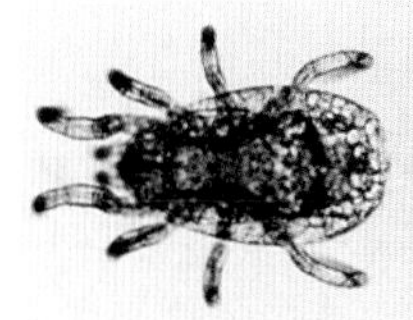

图13-18　葡萄瘿螨及其危害状

(3) 形态特征：葡萄瘿螨有成螨—卵—若螨三种形态。成螨：雌成螨，圆锥形，似胡萝卜状，体长0.1 ~ 0.3毫米，宽约0.05毫米，身体白色或黄白色。近头部有两对软足，背板有网状花纹。腹部有74 ~ 76个暗色环纹。尾部两侧各有一根细长刚毛。雄成螨体略小。卵：椭圆形，长约30微米，淡黄色，近透明。若螨：体小，形态类似成螨。

(4) 生活习性：葡萄瘿螨只为害葡萄。秋后，主要以成螨群集在葡萄的一年生枝条芽鳞片绒毛内潜伏越冬，也可在结果母枝的皮缝下和受害的叶片上越冬。第二年春天，葡萄萌芽（芽膨大）时，越冬成螨从芽磷、枝蔓老皮下和受害枯叶上爬出，潜伏在新生幼叶背面的绒毛间，刺吸叶细胞内汁液。雌成螨行孤雌生殖，在被害部的毛毡内产卵，散产，产卵量40粒，卵期一般10天左右，在叶背面锈褐色绒毛内多见群集的白色螨。一般，新梢先端幼叶被害部成螨发生较多，老叶被害部则较少。

(5) 发生规律：葡萄瘿螨可随葡萄苗木、插条、接穗等繁殖材料远距离传播。一年发生几代尚不清楚。葡萄瘿螨在干旱时发生较重，高湿环境对瘿螨发育不利，螨的群体密度下降，适宜温度为22 ~ 25℃，适宜相对湿度为40%。不同葡萄品种受害程度有明显差异，一般认为，叶背面白色棉毛多的葡萄品种发生多，如玫瑰露、无核白鸡心等。葡萄园内一旦发生葡萄瘿螨为害，每年均可见到，如不注意防控，会逐年增多。

(6) 防控技术：①苗木处理。最简单有效的办法是温汤杀螨，先把苗木放在30 ~ 40℃温水中浸5 ~ 7分钟，然后再移到50℃热水中浸泡5 ~ 7分钟，即可杀死潜伏在芽鳞和皮缝内的成螨。②清除越冬螨。在已经发生葡萄瘿螨的设施内，应注意在防寒前刮除枝蔓上的老皮，连同枯枝落叶一起集中烧毁或深埋。冬季防寒前和春季葡萄萌发前各喷洒一次5波美度的石硫合剂。③消灭发生中心。一旦发现受害叶片应立即摘除销毁，降低害螨群体基数，可以减少害螨不断繁殖与扩散。④药剂防治。葡萄展叶后如发现瘿螨为害且较严重时，作为应急措施，优先选用矿物源杀螨剂，可喷洒99%矿物油200倍液加1.8%阿维菌素2 000倍液；或99%矿物油200倍液加噻螨酮乳油1 500倍液；或99%矿物油200倍液加联苯肼酯悬浮剂2 000倍液。还有10%浏阳霉素乳油、20%哒螨灵等药剂等。需要注意矿物油对葡萄易造成药害，尤其在葡萄开花期、生理落果期和着色期或遇高温干旱，需谨慎使用或复配其他药剂。

5. 短须螨(Citrus flat mite)　短须螨 (*Brevipalpus lewisi* McGregor)，又称葡萄短须螨、刘氏短须螨、橘短须螨。属于真螨目，短须螨科。

（1）分布与为害：短须螨在全世界主要葡萄产区均有分布，已成为害葡萄的一种重要害螨。短须螨食性较杂，寄主范围非常宽泛，为害葡萄的叶片、果穗、枝蔓、新梢等，造成叶片焦枯、树势衰弱、果实着色不良，糖度降低等，严重影响葡萄的产量和品质。

（2）为害症状：短须螨主要以成虫和幼虫刺吸葡萄的叶片、叶柄、嫩梢、果穗梗和果粒上的汁液。枝蔓受害后，树皮表面布满黑色污斑，枝蔓变脆易折，生长衰弱，先端不易成熟，严重时枯死（图13-19）。叶片和叶柄受害后，叶面和叶柄上出现许多褐色斑块，叶片反卷、多皱褶、枯黄，严重时焦枯脱落。果穗轴和果梗受害后，出现连片的黑色污斑，变脆、易折断。果粒受害后，表面呈现铁锈色污迹、粗糙、易龟裂，发育受阻，着色不良。

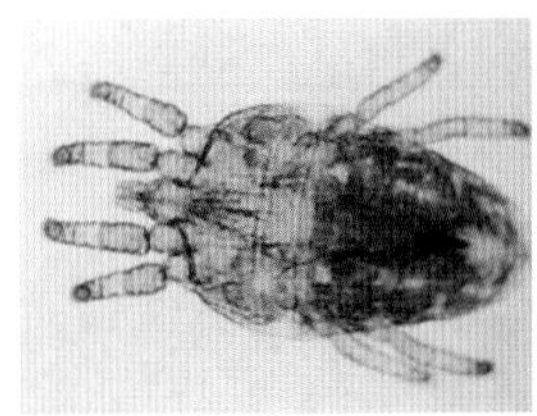

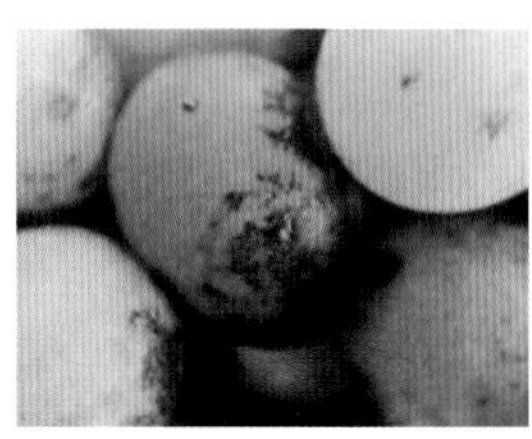

图13-19　葡萄短须螨及其危害状

（3）形态特征：短须螨有成螨—卵—幼螨—若螨等四种形态。雌成螨：体扁卵圆形，长约0.32毫米×0.11毫米，紫褐色，眼点和腹背中央红色，体背中央纵向隆起，体末端扁平，体壁背面有网状花纹。足四对，多皱，刚毛少，跗节Ⅱ生有小棍状毛1根。卵：近圆形，鲜红色，半透明，有光泽，大小为0.04毫米×0.03毫米。幼螨：体鲜红色，大小为（0.13～0.15）毫米×（0.06～0.08）毫米；有足3对，白色；体侧前后各有2根叶片状刚毛，腹部末端周缘共8根刚毛，其中第3对为长针状，其余为叶片状。若螨：体淡红色或灰白色，后部扁平，大小为（0.24～0.30）毫米×（0.10～0.11）毫米；有足4对；体末端周缘生有8根叶片状刚毛。

（4）生活习性：短须螨主要以雌成螨在结果母枝基部附近、老皮缝、芽鳞绒毛内和叶腋处越冬。翌年，棚室内温度升高后，在葡萄萌芽的同时，雌成虫就开始出蛰活动，为害刚刚展开的嫩梢和幼叶，15天之后即开始产卵，孵化后发育的幼虫、若虫及成虫均可取食葡萄的幼嫩器官。短须螨在北方露地葡萄上一年发生6代，在温室内一年可发生10代。秋季，随着温度逐渐降低，害螨即向叶柄基部和叶腋处转移为害，之后进入越冬。

（5）发生规律：短须螨发生与为害的适宜温度为29℃，相对湿度为80%～85%，在高温、高湿条件下容易爆发为害。不同葡萄品种的受害程度差异明显，这主要与葡萄叶片的形态结构关系密切，一般叶片表面绒毛短的品种受害重（如玫瑰香、玫瑰露等），绒毛密而长或绒毛少而光滑的品种受害轻（如龙眼、红富士等）。

（6）防控技术：①苗木处理。方法与葡萄瘿螨的"温汤杀螨"相同。②清除越冬螨。方法与葡萄瘿螨相同。③消灭发生中心。 方法参见葡萄瘿螨。④控温控湿。短须螨的生长发育喜高温高湿，因此尽量将设施内温度控制在29℃以下，相对湿度控制在80%以下，可以有效减轻短须螨的发生与为害。⑤药剂防治。对螨害历年发生严重的设施葡萄，抓住早期，可于若螨孵化期，在高温来临以前进行控制，效果较好。常用药剂有99%矿物油乳油200倍液、1.8%阿维菌素乳油2 000倍液、20%哒螨灵可湿性粉剂4 000倍液、5%

噻螨酮乳油1 500倍液、0.3%齐螨素2 000倍液等喷雾防治。严格按说明书操作，交替使用药剂。

6.二斑叶螨（Two-spotted spider mite） 二斑叶螨（*Tetranychus telarius* Linnaeus或*T. urticae* Koch=*T.bimaculatus* Harvey）也叫棉红叶螨、棉红蜘蛛、二点叶螨、普通叶螨。属蜱螨目，叶螨科。是世界上较重要的害螨，设施栽培和避雨栽培的葡萄上发生较多，为害更重。

（1）分布与为害：二斑叶螨在世界葡萄主要生产地区均有分布，我国发生普遍，北方尤其严重。此螨的寄主范围十分广泛，可为害各种果树、蔬菜、瓜类、棉花、花卉及禾本科大田作物等50余科200余种植物，常于夏季高温期，在植物的叶背面大量发生，影响光合作用，引起叶片枯萎，早期落叶，树势衰弱，果实膨大受阻，着色不良，糖度下降，品质变劣；同时，枝条成熟度差，造成翌年发芽、开花不正常，产量降低。

（2）为害症状：二斑叶螨以成虫、幼虫和若虫群集为害，主要吸食葡萄的叶片和果实。受害叶片最初失绿，呈黄白色小斑点，后出现连片的白、红或黄色斑块，致使叶片大部呈红色或黄白色，影响光合作用，叶皱缩、畸形，严重时吐丝结网，叶片干枯死亡（图13-20）。

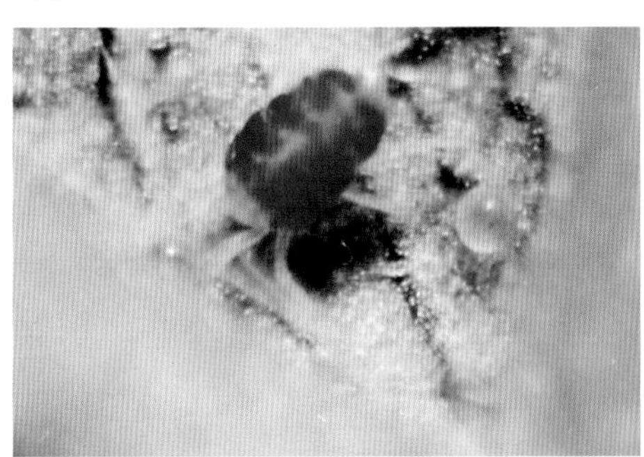

图13-20 葡萄叶螨及其危害状

（3）形态特征：二斑叶螨有成虫—卵—幼虫—若虫四种形态。成螨：体形椭圆，锈红色、深红色或红色；雌螨体长0.42 ~ 0.59毫米，雄螨体长0.26毫米；体背两侧各有1个深色的斑，体背有22根刚毛，呈6行排列。卵：球形，0.3毫米，光滑，初透明，后橙红色。幼螨：体近圆形，长0.15毫米，红色。若螨：卵圆形，体长0.21 ~ 0.36毫米，体色与成螨相似。

（4）生活习性：二斑叶螨以雌成螨在树皮缝、枯枝落叶、杂草和土缝中吐丝结网越冬，在设施内也可在棚室的墙体和檐角等处越冬。当气温达7℃以上时，越冬螨开始活动，并取食产卵。此螨的适宜发育温度24 ~ 30℃，适宜湿度为35% ~ 55%，在适宜条件下，卵期4 ~ 5天，若螨期9 ~ 10天，产卵前期2天左右，完成一个世代约16天。二斑叶螨每年发生代数随地区和气候而不同，北方地区一年约12 ~ 15代，长江流域约18 ~ 20代，华南地区约20代以上。雌螨一般为两性生殖，也可营孤雌生殖，每头雌螨产卵50 ~ 110粒。

（5）发生规律：二斑叶螨喜群集，有吐丝结网习性。雌螨寿命可长达5 ~ 7个月。因为二斑叶螨一年发生代数较多，全年各形态螨可同时存在，世代重叠。高温、低湿、干燥是其发育和为害的适宜条件。该螨一般在露地葡萄上发生少，在设施和避雨栽培的葡萄上发生多，在棚室内越冬的成螨首先于越冬场所（墙体、檐角等）附近的葡萄上为害，害螨可通过气流、昆虫、农事操作等传播。在日光温室内二斑叶螨发生较早，一般在6月即可大量发生，且发生发展迅速。

（6）防控技术：①苗木处理。方法与葡萄瘿螨的“温汤杀螨”相同。②清除越冬螨。方法与葡萄瘿螨相同。③消灭发生中心。在葡萄二斑叶螨发生较少的设施葡萄内，应随时注意观察，尤其是靠墙体、棚角等附近的葡萄，一旦发现受害叶片应立即摘除销毁，降低害螨群体基数，可以减少害螨不断繁殖与扩散。④阻隔措施。二斑叶螨最初多从棚室外随气流、昆虫、农事操作、工具等传入，尤其设施门窗、通风口和棚膜缝隙等，为了杜绝外来虫源进入，可在窗口或放风口设置防虫网阻隔，并注意清洁卫生。⑤减少害螨寄主。设施葡萄栽培的棚室内最好不要同时种植豆科、葫芦科和茄科等二斑叶螨比较喜欢的寄主作物，以减少二斑叶螨的生长发育场所，降低害螨基数。⑥药剂防治。抓住早期，在高温来临以前进行控制，效果较好。可用0.5%藜芦碱溶液400 ～ 600倍液、1%苦参碱可溶性液剂1 000 ～ 1 500倍液，另有99%矿物油乳油200倍液、1.8%阿维菌素乳油2 000倍液、20%哒螨灵可湿性粉剂4 000倍液等。严格按说明书操作。

7.温室白粉虱（Greenhouse white fly） 温室白粉虱（*Trialeurodes vaporariorum* Westwood），异名*Aleurodes vaporariorum*，也叫白粉虱、俗称小白蛾子。属同翅目，粉虱科，是设施内常发的重要害虫之一。

（1）发生与为害：温室白粉虱是一种世界性害虫，在欧洲、亚洲、非洲、美洲及大洋洲等数十个国家与地区都有分布。我国主要开展设施栽培的省市发生普遍，以北方设施内发生较重，随着全国设施园艺作物栽培的快速发展，尤其是冬季加温温室的增多，为白粉虱的越冬创造了有利条件，温室白粉虱发生逐年加重，已成为频繁、多发性害虫，个别地区泛滥成灾。由于白粉虱食性较杂，寄主范围十分广泛，可为害包括果树、蔬菜、花卉、牧草等121科898种植物。白粉虱繁殖能力强，繁殖速度快，群体数量庞大，通过刺吸葡萄叶片汁液，消耗葡萄营养，造成植株营养不良，生长衰弱，严重影响葡萄果实产量和品质。

（2）为害症状：温室白粉虱主要以成虫和若虫群集在葡萄叶片背面连续吸取葡萄汁液，并分泌毒素类物质，使叶片褪绿、变黄或变白、萎蔫，甚至枯死，从而使植株营养不良，生长受阻、树势衰弱（图13-21）。由于群集为害，成虫排泄出大量的蜜露等物质，堆积在叶面及果实上，不仅影响葡萄的呼吸同化作用，严重污染叶片及果实，同时又能诱发霉污病等病害的发生及一些腐生霉菌的大量繁殖。

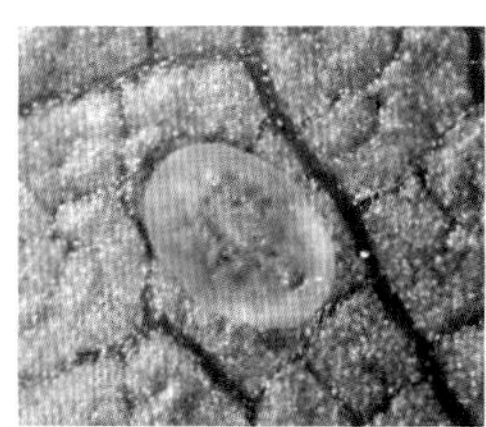

图13-21 温室白粉虱及其危害状

（3）形态特征：温室白粉虱有成虫—卵—若虫—伪蛹4种虫态。成虫：体长约0.95 ～ 1.4毫米，淡黄白色至白色，雌雄虫均有翅，整个身体覆有白色蜡粉。复眼肾形，红色。雌成虫停息时翅合拢平坦，雄成虫则稍呈屋脊状，翅端半圆状遮住整个腹部，翅脉简单。卵：长椭圆形，长径为0.2 ~ 0.25毫米。初产时淡黄色，覆有蜡粉，以后渐变为黑褐色，卵基部有柄，卵柄插于幼叶背面气孔组织内。若虫：长卵圆形，淡黄色，半透明，共3个龄期，体长约0.3 ~ 0.5 毫米，体表有长短不齐的蜡质丝，体侧有刺，足和触角退化。伪蛹：长0.8 ~ 0.9毫米，椭圆形，黄褐色，扁平，体背通常有58对长短不齐的蜡质丝。

（4）生活习性：在北方，白粉虱在温室内越冬，冬季在室外不能成活。在温室内一年发生10余代，在叶背面，雌雄成虫成对排在一起，交配后，雌成虫卵散产于叶背，成虫除两性生殖外还可进行孤雌生殖。幼虫孵化后在叶背爬行数小时，找到适当取食场所便固定，刺吸为害，完成其3个龄期后即成伪蛹。白粉虱发育历期与温度密切相关。繁殖适温18 ~ 25℃，在24℃条件下，成虫期15 ~ 57天。卵期7天，幼虫期8天，蛹期6天。

（5）发生规律：成虫具有趋嫩性，喜群集于植株上部幼嫩叶背取食并产卵。随着植株生长，成虫也不断向上部叶片转移，以致在植株上各虫态的垂直分布就形成了一定规律，即最上部的嫩叶上为成虫和初生卵，稍下部为黑色卵，再下为初龄、中、老龄若虫，最下部为伪蛹。成虫羽化时，蛹壳呈T形裂开，羽化常在清晨进行。温室白粉虱周年发生世代重叠严重。对黄色具有较强的趋性。各虫态的发育受温度影响较大，抗寒力弱，春季温度升高后，白粉虱可由温室向外扩散。

（6）防控技术：①清除越冬虫源。其方法与蓟马相同。②生态、物理防控。设施内为了杜绝外来虫源进入，可在窗口或防风口设置40 ~ 60目防虫网阻隔。当发现有少量害虫时，可利用其对黄色的趋性，设置普通黄色粘板等措施诱杀，也可设置黄色诱捕灯，或频振式杀虫灯。避免在葡萄行间种植其他果树、蔬菜、花卉等作物，清除周边杂草。葡萄生长期间注意及时抹芽、摘副梢、整枝打杈、绑蔓，及时通风。③生物防治。 在设施内可释放人工饲养的丽蚜小蜂（*Encarsia formosa*）防治温室白粉虱，效果较好。一般释放成蜂“黑蛹”，一般每隔2周连续3次释放10 ~ 15头/株，具体情况可根据白粉虱的发生程度确定。④化学防治。 当白粉虱发生严重时，可喷洒1%绿浪乳油800 ~ 1 000倍液、0.36%苦参碱可溶性液剂800 ~ 1 200倍液、0.5%藜芦碱溶液500 ~ 1 000倍液。也可用22%敌敌畏烟剂3 750 ~ 4 500克/公顷或20%异丙威烟剂3 750克/公顷熏烟处理。还可喷洒0.1%阿维菌素1 000倍液、10%吡虫啉2 000倍液、2.5%联苯菊酯（天王星）乳油2 000倍液、25%噻嗪酮（扑虱灵）可湿性粉剂1 000 ~ 1 500倍液喷雾同时防治卵、若虫及蛹。其他药剂还有2.5%溴氰菊酯（敌杀死）乳油2 000倍液、20%氰戊菊酯（速灭杀丁）乳油2 000倍液、2.5%三氟氯氰菊酯（功夫）乳油3 000倍液等。因为白粉虱的发生世代重叠，故应连续几次用药才能达到较理想效果。

三、设施葡萄科学施用化学农药

前面已经提到设施葡萄病虫害的“生态防控”理念，通过对设施内湿度、温度、光照等生态因子的调控，创造葡萄植株健康生长的环境，增强植株的抗病虫能力；也可选择抗病虫的葡萄品种，实施果穗套袋等农业措施进行人工预防；或选择释放天敌等生物防治措施等控制病虫害的发生、发展与为害。但是，化学药剂防治技术，目前仍然是设施葡萄病虫害防控的有效技术手段之一。因此，了解化学农药的防治原理，掌握常用药剂的功能，科学施用化学农药，对于设施葡萄园病虫害的有效防控具有重要意义。

（一）化学农药的毒力与药效

1.化学农药的毒力 农药是一种功能性产品，又是一种毒剂，其含义是使用很小剂量就能致使有害生物有机体死亡或抑制其生长发育，或干扰其生命代谢各个系统的正常功能，使其不能为害葡萄，达到保护葡萄植株健康生长、正常结果、优质丰产的目的。

农药之所以能防治植物病和虫为害，是药剂对病虫具有毒杀能力，称为毒力。当衡量某种药剂的毒力大小时，通常选择一种常用药剂作为标准（100），来衡量和计算该药剂的相对毒力指数。

相对毒力指数（%）=（标准药剂的等效剂量*÷其他药剂的等效剂量）×100

注*：等效剂量通常采用致死中量（LD_{50}）来表示（微克/克）。

2.化学农药的药效 农药的药效，除毒力起作用外，还受施药方法、作物生长状况、防治对象生育情况及当地当时天气条件等对药剂毒力的发挥都会有影响。常以调查施药前后有害生物（葡萄病或虫）种群数量变化，为害程度、作物（葡萄）长势及产量等来评价药效好坏。杀菌剂药效常用发病率、病情指数、防治效果等表示；杀虫剂药效常用种群减退率、被害率、防治效果等表示。

（二）化学农药的作用方式

1.杀菌剂的作用方式 杀菌剂对植物（葡萄）病害的有效防治主要表现为杀菌和抑菌两种作用方式。

杀菌作用主要是破坏菌体的细胞结构，把病原菌杀死，使孢子不萌发，菌体无法侵入植物体内；抑菌作用是抑制病原菌生命活动的某一环节（如抑制菌丝生长、抑制细胞壁形成、抑制有丝分裂等），使病菌不能生长发育，失去致病能力。设施葡萄病虫害防控所常见杀菌剂的作用效果有三大类：

（1）保护作用：在病原菌尚未侵染葡萄植株各器官之前，喷洒如石硫合剂、波尔多液等具有保护作用的杀菌剂，能在植株器官表面形成药膜，病菌一旦接触药膜，农药就发挥出毒力作用致病菌死亡或孢子不萌发，或抑制其发展，保护葡萄植株不受其害。

（2）治疗作用：病菌已侵入植株并已发病后施药，杀死病菌或抑制病菌，使植株恢复健康。这类杀菌剂一般具有渗透性或内吸性功能，精准施药后很快渗入植株体内发挥治疗作用。

（3）铲除作用：病菌已存在于植株的某个部位（如枝干表皮等）或地表土壤、或架材表面，施药（如石硫合剂）后能将病菌立即杀死，免除植株受害。

2.杀虫剂的作用方式 常规杀虫剂必须侵入虫（卵）体靶标部位才能起毒杀或抑制作用，其作用方法有畏毒、触杀和熏蒸；有机合成杀虫剂还有内吸作用；特异性杀虫剂还具有引诱、拒食、不育等多种作用。

（1）胃毒作用：药剂通过害虫口器摄入体内，经消化道中毒死亡。胃毒剂只能对具有咀嚼式口器的害虫（如鳞翅目幼虫）起胃毒作用。

（2）触杀作用：药剂通过害虫表皮接触渗入体内，使害虫中毒死亡，为使害虫接触药剂，一是在害虫集中出现时喷雾、喷粉或放烟，使药雾或微粒直接沉积到害虫体表；二是在害虫容易爬行出现的区域靶标表面施药，使药剂从害虫的表皮、足、触角、气门等部位进入虫体中毒死亡。

（3）内吸中毒作用：药剂被保护作物（葡萄）吸收后传导到植株体内，再输送到各部位和各器官发挥毒力作用，如乐果、吡虫啉等内吸杀虫剂毒杀能力很强，主要用于防治刺吸式口器的害虫，如介壳虫、钻蛀虫、蚜虫、螨类等。

（4）熏蒸作用：药剂具有很强的气化性，以气态形式进入害虫体内中毒死亡。因此，施药时要求有适宜的环境条件配合才能取得良好药效。一是必须密闭使用，防止药剂遗失外流；二是要有较高的温度利于药剂在密室内扩散。

（三）常用的化学农药剂型与制剂

由农药生产厂经化学合成或微生物发酵等方法获得有效成分及其制剂，称为农药剂型（Formulations）。其实就是厂家最初取得的原药与一种或多种农药辅助剂（非药物）配合，初加工成的某种特定的农药形式，就是农药剂型。如将92%阿维菌素原药加工成1.8%阿维菌素乳油，此时农药制剂已成具体农药品种（商品），称为农药制剂（Preparations）。

1.常用的农药剂型 农药剂型根据国际代码系统统计已有近百种了，目前我国设施葡萄病虫害防控中常用的只有5 ～ 6种。

（1）可湿性粉剂：属固体农药剂型，有效成分在50%以上，加工时要求气流粉碎，粉粒直径大多在5微米以下，使用过程容易产生粉尘漂移。可湿性粉剂加水稀释能较好润湿、分散、不断搅拌能形成相对稳定的悬浮液。

（2）悬浮剂：也是固体剂型，有效成分含量、分散性、悬浮率、药效等都比可湿性粉剂高、又没有粉尘漂移问题。

（3）乳油：由农药原药、乳化剂、溶剂等配制而成的液态农药剂型。乳油的主要优点是加工成本低，使用时配制方便，稍有搅拌即可，而且不受稀释倍数的限制。其缺点是加工时使用了大量有机溶剂，施药时对环境有害，特别是芳烃有机溶剂（如甲苯、二甲苯等）。

（4）烟剂：由农药原药、氧化剂、助燃剂等加工而成的固态剂型，使用时用明火点燃，依靠氧化剂和助燃剂燃烧放热，使农药升华或气化到大气中冷凝成烟或雾，在空气中悬浮，从而起到杀灭病虫的目的。

（5）粉剂：由农药原药、填料（如滑石粉、高龄土等）及少量助剂等一起混合粉碎而成。由于易加工、包装与贮运简单，通常直接用（喷洒或拌种），工效高，成本低；尤其在设施密室内施药，操作简便，粉尘不扩散漂移，药剂穿透性又好，受到广泛欢迎。

（6）超低容量喷雾（油）剂：是以高沸点的油质溶解为农药有效成分分散介质，添加适合助剂配制而成，是一种油剂，一般不用兑水，既可用机械进行弥雾，也可进行超低容量喷雾。亩用药量少，药效高。

（7）水分散粒剂：水分散粒剂又称干悬浮剂或粒型可湿性粉剂，一旦放入水中，能较快地崩解、分散，形成高悬浮的固液分散体系的粒状制剂。它是在可湿性粉剂和悬浮剂的基础上发展起来的新剂型，它具有分散性好，悬浮率高、稳定性好、使用方便等特点，避开了可湿性粉剂产生粉尘，悬浮剂包装运输不便，贮藏易产生沉淀、结块、流动性差、黏壁等缺点。

2. 常用的两个化学农药制剂

（1）波尔多液（Bordeaux mixture）：由硫酸铜、生石灰和水三者配制而成，因硫酸铜、生石灰、水的配比及配制方法不同，其产生的药性和作用有所不同。如硫酸铜：生石灰：水=1：1：200为等量式波尔多液；硫酸铜：生石灰：水=1：2：200，为倍量式波尔多液；硫酸铜：生石灰：水=1：0.5：200，称为半量式波尔多液。

配制波尔多液的原料要求质量上等，硫酸铜应是蓝色块状结晶（黄色就不可用），生石灰要求白色块状（粉末状不能用），水质纯净（尽可能选用自来水、河塘水，尽量不用井水、硬水）。

①波尔多液配制方法——三桶式最佳配制法。1桶：用4/5的水溶解硫酸铜，称硫酸铜溶液；2桶：用1/5的水溶化生石灰、称石灰乳；3桶：空桶。待1桶内硫酸铜完全溶解于水（需用棒搅拌）、2桶内生石灰（也需充分搅拌）呈石灰乳时，且两者温度都下降到当时室温时，即可进行波尔多液配制：1桶内硫酸铜溶液（甲操作手）和2桶石灰乳（乙操作手），同时细流式往3桶（空桶）中倒（丙操作手持棍棒不断搅拌），边倒边搅，呈现蓝色水溶液，此时用手捞，手掌心可见到硫酸铜蓝色粉点，即为优质波尔多液配制成功。

波尔多液应现配现用，不能久贮，易沉淀变质，也不能再加水稀释。葡萄适用1%半量式、0.5%半量式和0.5%倍量式的波尔多液。

波尔多液的持效期，雨季为10～14天，旱季为20天左右。所以，在葡萄上使用两次间隔期多为15天左右，最好与其他杀菌剂交替使用。

②波尔多液制剂使用时的注意事项。A.配制时，只能将硫酸铜溶液倒入石灰乳中，决不能反置。若将石灰乳倒入硫酸铜溶液中，则易发生大颗粒沉淀，失去药性和药效。B.阴雨天、雾天或露水未干时喷药，会增加铜离子的释放及对叶、果部位的渗透，易发生药害。C.波尔多液既不能与石硫合剂混合使用，也不许连接使用（至少要间隔20天）。

（2）石硫合剂（Lime sulfur）：石硫合剂是以硫黄粉、生石灰为原料，加水熬制而成，深褐色、具有强烈臭鸡蛋味的液体。呈碱性，遇酸和二氧化碳易分解，在空气中易氧化，可溶于水。低毒，对人的眼睛和皮肤有强烈的腐蚀性。

石硫合剂施于植物表面后，受空气中氧气、二氧化碳、水等影响，发生一系列化学变化，形成极细微的硫黄微粒附着体表，并释放出硫化氢，产生杀菌、杀螨作用，同时药液的碱性能侵蚀虫体表面的蜡质层，对介壳虫和虫卵有防治效果。

①石硫合剂熬制方法。原料配比为2份硫黄粉、一份生石灰、10～20份水，先盛少量水在容器中将硫黄粉调成糊状的硫黄浆，再在铁锅中用余下的水把生石灰化开调成石灰乳，燃煮近沸时调好的硫黄浆沿锅壁缓慢倒入石灰乳中，边倒边搅拌并记好锅壁水位线。大火煮沸50～60分钟后，适量添加热水至原水位线，继续不断搅拌，待药液熬成红褐色、渣滓呈黄绿色时停火。放凉后滤去渣滓即为红褐色透明的石硫合剂原液（一般浓度都在波美度20°以上），放入陶瓷容器中妥善贮存待用。

②石硫合剂制剂使用时的注意事项。A.石硫合剂不宜在气温过高（＞30℃）时施用。

B.不能与波尔多液等碱性药剂、机油乳制剂、松脂合剂、铜制剂混合施用，否则易发生药害。C.葡萄休眠期使用浓度为波美度3°～5°，旺盛生长期为波美度0.1°～0.2°为宜。D.其他药剂连用的安全间隔期为：喷波尔多液后20天以上，喷松脂合剂后20天，喷矿物乳油后30天等。

（四）农药浓度表示与稀释方法

1.药剂浓度的表示方法

①百分比浓度：表示100份药剂中含有效成分的份数，符号为%，容量百分比为%(*V*/*V*)，质量百分比为%(*m*/*m*)。如50%退菌特可湿性粉剂，表示药剂中含有50份退菌特的有效成分。

②百万分浓度：表示100万份药液中含有有效成分的份数，符号为毫克/千克，单位是毫克/千克或微升/升。如50毫克/千克赤霉素溶液，表示100万份溶液中含有50份赤霉素有效成分。1克原药兑水10千克为100毫克/升，兑水20千克为50毫克/升，兑水40千克为25毫克/升。

③倍数法。表示稀释剂(水)的量为被稀释药剂的倍数，如制备1 ∶ 0.5 ∶ 200的半量式波尔多液，指的是1份硫酸铜、0.5份生石灰、200份水。

2.农药稀释的计算方法

①内比法。稀释倍数较低(低于100倍时)，计算稀释剂(水)用量时扣除原药剂所占份数。

浓度法公式：稀释剂(水)用量=原药重量×(原药浓度－配药浓度)／配药浓度

倍数法公式：稀释剂(水)用量=原药份数×(稀释倍数－1)

②外比法。稀释倍数较高(高于100倍)时，计算稀释剂(水)用量时不扣除原药剂所占份数。

浓度法公式：稀释剂(水)用量=原药重量×原药浓度／配药浓度

倍数法公式：稀释剂(水)用量=原药剂用量×稀释倍数

3.不同浓度表示法之间的换算

①百分浓度与百万分浓度之间换算公式：(注：1ppm=1毫克/千克)

百万分浓度(毫克／千克)=百分浓度(不带%)×10 000

②百分浓度与倍数之间的换算公式：百分浓度(%)=原药浓度(%)／稀释倍数×100

4.两种浓度不同药剂混用的药量计算

高浓度药剂量=[配药重量×(配药浓度－低浓度药剂浓度)]／(高浓度药剂浓度－低浓度药剂浓度)

低浓度药剂量=配药重量－高浓度药剂重量

（五）设施葡萄农药的安全使用

1.葡萄常用农药残留量标准 如表13-1所示。

2.科学使用农药

(1) 科学选用农药：农药的种类很多，性能各不相同，防治对象、范围、持效期和作用方式都有很大差异。要根据葡萄需要防治的病虫害种类，选择有针对性的适合的农药品种和剂型。优先选用高效、低毒、低残留农药。防治害虫时，尽量不使用广谱农药，以保护天敌和非靶标生物。

表13-1　我国葡萄常用农药最大残留限量（MRLS）标准

单位：毫克/千克

农药名称	MRLS	农药名称	MRLS
敌百虫	0.1	溴氰菊酯	0.1
杀螟硫磷	0.5	辛硫磷	0.05
敌敌畏	0.2	二嗪磷	0.5
亚胺硫磷	0.5	百菌清	1
多菌灵	0.5	甲萘威	2.5
克菌丹	15	甲霜灵	1
乐果	1	代森锰锌	5
马拉硫磷	不得捡出	四螨嗪	1

（2）适时用药：防治病害，要在病原菌尚未上树或尚未进入树体各部位及器官之前，施以保护性杀菌剂；当病害已经发生时需要使用内吸性杀菌剂。防治害虫，在卵、孵盛期或低龄幼虫时期施药最有效，才能“治早、治小、治了”。

（3）适宜的施药方法：农药的使用方法很多，根据防治对象的发生规律以及药剂的性质，剂型特点等，可分为喷雾、喷粉、熏蒸、浸种、毒土、毒饵等10余种。农药剂量要按药袋（瓶）上说明配制。用药要喷洒均匀周到，要尽量选择低容量或超低容量喷雾技术。

（4）合理混用，交替用药：合理混用农药，科学复配农药，可提高防治效果，扩大防治对象，延缓病虫抗性，延长农药品种使用年限，降低防治成本，充分发挥现有农药制剂的作用。

3.安全防护　凡是化学农药都有毒性，只不过不同剂型、剂量和制剂的农药其毒力大小有差异，农药在使用过程中必须确保人畜安全，避免中毒。所以，在管理制度上一定按“毒品”贮存、运输、使用，做好安全防护：施药器械一定要良好无损；施药者应避免农药与皮肤接触；施药时不能吸烟、喝水、饮食；施药后要设立明显的警示牌；即将成熟的葡萄不能施药；施药24小时后才能进葡萄园作业；接触农药的人作业后要用肥皂洗脸洗手换衣服；药具用后要清洗并避开人畜水源；农药应封闭储存于背光、阴凉、干燥处；农药要远离食品、粮食、饮料、饲料；孕妇、哺乳期妇女、体弱、病者不宜参加施药；接触过农药者一旦发现头痛、头昏、恶心、呕吐等中毒症状时应立即送医院抢救治疗。

（六）农药配制、稀释速查表

农药配制、稀释速查方法如表13-2、表13-3、表13-4、表13-5。

表13-2 配置不同浓度、数量的农药所需原药用量速查表

所需原药量（克） 稀释倍数 ＼ 配药量（千克）	5	10	15	20	25	30	35	40	45	50
50	100	200	300	400	500	600	700	800	900	1 001
100	50	100	150	200	250	300	350	400	450	500
150	33.3	66.6	100	133	166	200	233	266.6	300	333
200	25	50	75	100	125	150	175	200	225	250
250	20	40	60	80	100	120	140	160	180	200
300	16.6	33.3	50	66.6	83.3	102	116.6	133.3	150	166.6
350	14.2	28.5	42.8	57	71.4	85.7	100	114	128	142.8
400	12.5	25	37.5	50	62.5	75	87.5	100	112.5	125
500	10	20	30	40	50	60	70	80	90	100
600	8.3	16.6	25.0	33.3	41..6	50.0	58.3	66.6	75.0	83.3
700	7.1	14.2	21.4	28.5	35.7	42.8	50.0	57.1	64.2	71.2
800	6.3	12.5	18.7	25	31.2	37.5	43.7	50.0	56.2	62.5
900	5.6	11.1	16.7	22.2	27.7	33.3	38.4	44.4	50.0	55.5
1 000	5.0	10	15	20	25	30	35	40	45	50
1 500	3.3	6.6	10.0	13.3	16.6	20.0	23.3	26.6	30.0	33.3
2 000	2.5	5.0	7.5	10	12.5	15.0	17.5	20	22.5	25
2 500	2.0	4.0	6.0	8.0	10	12	14	16	18	20
3 000	1.7	3.3	5.0	6.7	8.3	10.0	11.6	13.3	15.0	16.6
3 500	1.4	2.8	4.2	5.7	7.1	8.5	10.0	11.4	15.0	14.2
4 000	1.25	2.5	3.75	5.0	6.25	7.5	8.75	10.0	11.25	12.5
4 500	1.11	2.22	3.33	4.44	5.55	6.66	7.77	8.88	9.99	11.1
5 000	1.0	2.0	3.0	4.0	5.0	6.0	7.0	8.0	9.0	10.0

表13-3 农药稀释倍数与有效成分浓度换算表

稀释浓度 稀释倍数 ＼ 浓度	100%	80%	50%	40%	30%	10%	5%	1%
100	10 000	8 000	5 000	4 000	3 000	1 000	500	100.0
200	5 000	4 000	2 500	2 000	1 500	500	250	50.0
300	3 333	2 666	1 666	1 333	1 000	333	166	33.3
400	2 500	2 000	1 250	1 000	750	250	125	25.0
500	2 000	1 600	1 000	800	600	200	100	20.0
600	1 666	1 333	833	666	500	166	83	16.6
700	1 423	1 142	714	571	428	142	71	14.2
800	1 250	1 000	625	500	375	125	62	12.5
900	1 111	888	555	444	333	111	55	11.1
1 000	1 000	800	500	400	300	100	50	10.0
1 500	666	533	333	266	200	66	33	6.6
2 000	500	400	250	200	150	60	25	5.0

（续）

稀释浓度 浓度 稀释倍数	100%	80%	50%	40%	30%	10%	5%	1%
3 000	333	266	166	133	100	50	16	3.3
4 000	250	200	125	100	75	33	12	2.5
5 000	200	160	100	80	60	25	10	2.0
10 000	100	80	50	40	30	20	5	1.0
20 000	50.3	40.0	25.0	20.0	15.0	10	2.5	0.5
30 000	33.3	26.6	16.6	13.3	10.0	5.0	1.6	0.3
40 000	25.0	20.0	12.5	10.0	7.5	3.3	1.2	0.25
50 000	20.0	16.0	10.0	8.0	6.0	2.0	1.0	0.2

13-4　石硫合剂质量稀释加水倍数表（波美度）

加水千克数 稀释倍数 原液浓度	0.1	0.2	0.3	0.4	0.5	1	2	3	4	5
15	74.5	37.0	24.5	18.3	14.5	7.0	3.3	2.0	1.4	1.0
16	79.5	39.5	26.6	19.5	15.5	7.5	3.5	2.2	1.5	1.1
17	84.5	42.0	27.6	20.8	16.5	8.0	3.8	2.4	1.6	1.2
18	89.5	44.8	29.8	21.9	17.5	8.5	4.0	2.5	1.7	1.3
19	94.5	47.0	31.7	23.5	18.5	9.0	4.3	2.7	1.8	1.4
20	99.5	49.5	32.9	24.6	19.5	9.5	4.5	2.9	2.0	1.5
21	104.5	52.5	35.0	25.7	20.5	10.0	4.8	3.0	2.1	1.6
22	109.5	54.5	36.2	27.0	21.5	10.5	5.0	3.2	2.3	1.7
23	114.5	55.0	38.2	28.1	22.3	11.0	5.3	3.3	2.4	1.8
24	119.5	59.5	40.0	29.6	23.4	11.5	5.6	3.5	2.5	1.9
25	124.5	62.0	41.2	30.6	24.4	12.0	5.8	3.7	2.6	2.0
26	129.5	64.5	43.5	32.0	25.4	12.5	6.0	3.8	2.8	2.1
27	134.5	67.2	44.7	33.4	26.4	13.0	6.3	4.0	2.9	2.2
28	139.5	69.4	46.4	34.7	27.4	13.5	6.6	4.2	3.0	2.3
29	144.5	72.0	48.0	35.6	28.4	14.0	6.8	4.3	3.1	2.4
30	149.5	74.5	49.9	36.8	29.4	14.5	7.0	4.5	3.3	2.5

表13-5　液体农药稀释倍数查对表

药量（毫升） 加水量（千克） 稀释倍数	5	8	10	20	30	40	50
200	25.0	40.0	50.0	100.0	150.0	200.0	250.0
250	20.0	32.0	40.0	80.0	120.0	160.0	200.0
300	16.7	26.7	33.3	66.7	100.0	133.2	166.5

（续）

药量（毫升）＼加水量（千克）＼稀释倍数	5	8	10	20	30	40	50
500	10.0	16.0	20.0	40.0	60.0	80.0	100.0
800	6.3	10.0	12.5	25.0	37.5	50.0	62.5
1 000	5.0	8.0	10.0	20.0	30.0	40.0	50.0
1 500	3.3	5.3	6.7	13.4	20.0	26.8	33.5
2 000	2.5	4.0	5.0	10.0	15.0	20.0	25.0
3 000	1.7	2.7	3.3	6.6	10.0	13.2	16.5
4 000	1.3	2.0	2.5	5.0	7.5	10.0	12.5
5 000	1.0	1.6	2.0	4.0	6.0	8.0	10.0

第十四章 设施葡萄灾害防控技术

我国地域辽阔，地理气候类型多样，环境条件复杂多变，自然灾害频发，如：干旱、洪涝、冰雹、暴雪、霜冻、寒潮、雾霾、扬尘、沙尘暴、台风、高温……以及鸟兽害等等，或多或少的危及设施葡萄产业的发展与安全。轻者，损坏树体，影响生长；重则，破坏设施，危及生存。此外，由于葡萄生产者知识和技术水平的差异，在农事操作过程中也经常出现一些误判，人为造成药害、肥害，同样会损伤树体，影响葡萄生长发育，降低产量和质量。

所有自然灾害，都有它形成、发生、发展的规律，人们只要认真对待，施以预防、控制、抢救，不能说绝对能杜绝、免灾，但是可以减缓灾情，少受损害。中国人对待灾情自古以来都把“天灾人祸”联系到一起，这里确有哲理。科学发展到今天，自然界天象、地象、气象、水象大多已被破解，我们有理由说自然灾害的成因，大多是人犯的错误。所以，自然灾害并不可怕，只要认真对待，预先设计战略对策，人们是可以做到防灾、减灾、灭灾的。

一、设施葡萄防灾减灾战略对策

在全球气候变暖的背景下，极端天气气候事件呈增加趋势，各种气象灾害频发，对农业生产构成严重威胁。对我国设施农业来说，尚存在科技含量低、机械化程度低及管理水平有待提高等问题，我国自然灾害频频发生，轻者，损坏树体，影响生长；重则，破坏设施，危机生存。为有效地防灾减灾和保障葡萄产业可持续发展，应加强农业生态、农业气象、果树产业等多学科和产、学、研多部门的交叉联动和协作攻关。

1.适地适栽，高标准建园 现代果品生产，要求生态优良、设施完善、技术先进、经营配套，进行高标准建园。首先，选择光、温、水、土等协调一致、交通方便的地段建园。其次，要搞好果园规划设计，因地制宜，适地适栽，选择适应本地生态条件的优良品种、抗性砧木、砧穗组合。第三，完善果园水、电、路、渠等配套设施及防灾装备，特别要建好果园水利排灌系统，以及果园防护网系统，为防灾减灾提供生态和设施保障。

2.优化布局，强化果园管理 按照不同区域的生态特点，优化葡萄产业布局，建设优势产业区（带）。做到产、学、研多部门交叉联动，产、供、销一体化经营，真正把葡萄产业做实放大，成为地区或省、县或全国的样板。在技术上要做细、做精，首先在地下下力量，“土”上做“文章”，改良土壤、增施有机肥、提升肥力，控制氮素、平衡营养、增强树体抗性；其次在树上动脑筋，“果”上下“金蛋”，疏花疏果，合理负载，科学限产，塑造穗形美、果粒大、皮色艳、肉质脆、糖分高、香味浓、口感爽的高档果品。

3.健全防控体制，加强环境监测 建立市县、乡镇、产区、园地“四级”农业防灾领导联动体制，制定“果园防灾规划”及其“实施细则”，加强短期、中长期等天气预测、预报能力建设，进一步完善灾害预警发布机制，充分利用大数据处理技术，整合信息资源，完善预警平台，做到科学监测，及时预报、主动预警，有效防范。

4.设施（设备）先进，实施科学防控 在葡萄设施栽培中，人为创造了适宜可控的葡萄生长环境。为此，设施结构的科学性、内部环境调控的便利性，在葡萄设施栽培中起着举足轻重的作用。因此，需加强研发适合我国国情的设施结构、覆盖材料及生产装备，具备小型化，功能强，易操作、成本低、抗性强等特点。

我国设施葡萄经历40年的发展，伴随农业机械化、自动化程度的提高，智能化温室、大棚和环境控制系统开始普及，技术先进的现代化设施正成为葡萄生产的重要方式。如安装自动操作的智能温控器、电动卷帘机、电动卷膜机和水肥一体化的滴灌、微喷系统等，不仅可以实现人力物力成本的有效控制，而且对建立葡萄生产全方位环境信息无线监测、监控系统，对设施葡萄实现全天候的实时监测，做到灾前预控、灾中急救、灾后补救的科学防灾抗灾。

二、冻害

（一）我国葡萄栽培可能发生冻害的地区及其气候特点

葡萄冻害，狭义概念是冬季低温对葡萄枝干、芽体或植株根系产生伤害的现象，广义概念还包括冬、春季大风造成葡萄枝条抽干的现象。

我国北纬40°以上、年平均气温在6～7℃等温线以北的大部分地区冬季都比较寒冷，露地葡萄都有可能发生冻害。这些地区月平均温度在0℃以下的时间达5个多月，极端最低温度都在－30℃以下。这种冬季温度很低、低温持续时间又长的地区，葡萄植株不仅得到的热量少，而且生育期也短，枝芽木质化成熟度也差，根系也极易冻伤。

这些冬季寒冷地区，大体包括黑龙江省、吉林省、内蒙古自治区、辽宁省北部、河北省坝上、宁夏回族自治区、甘肃省的西北部和新疆维吾尔自治区大部，以及青藏高原等，约占国土总面积的1/5。这些地区，除上述冬季寒冷、生长期短等不利葡萄生长外，它恰有土地多、光照强、湿度小、雨水少、温差大等多项有利于葡萄优质丰产栽培的别具一格条件。设施葡萄正是为了提高冬季葡萄生存温度和延长葡萄生长期，充分发挥如此不可多得的优越自然条件，焕发了全国各地葡萄业界人士，向西北进军，日光温室葡萄、塑料大棚葡萄如雨后春笋般出现。如今的宁夏贺兰山下、甘肃河西走廊、新疆吐鲁番和天山南北等300多万亩葡萄园正为国家创造财富，为当地农村脱贫攻坚立新功。

（二）葡萄冻害

1.植物冻害的概念 冻害是温度下降到冰点以下，植物体内水分发生结冰，细胞因原生质严重脱水而凝固，从而使细胞死亡。如果温度下降不大、低温延续时间较短，植物体内细胞结冰很少，温度回升后结冰溶化，其冰水又被细胞重新吸收，没有受到伤害的原生质体重新获得生机，细胞仍能恢复原状。如果温度下降很低、低温延续时间又长，植物体内各组织细胞大多数都已结冰，而且原生质严重失水，成为不可逆凝固，升温解冻后也不可能恢复生机，则植物因严重冻伤而局部组织坏死或整株死亡。

2.葡萄冻害的表现 葡萄冻害主要表现在根系，欧亚种葡萄的幼根在－5 ～－4℃时即受冻，美洲种葡萄如贝达（Beta）根系在－13 ～－12℃受冻，我国山葡萄（*V. amurensis* Rupr.）最抗寒，其根系能抗－16℃低温，欧美杂交种葡萄根系忍受低温的能力，大多数品种居欧亚种和美洲种之间。葡萄根系受冻害表现为形成层变黑，皮层与木质部分离。如果形成层还是绿色的，受冻根系仍能恢复生长。

葡萄越冬的枝芽，虽能抗－20 ～－18℃低温，但如果枝条木质化成熟度较差，遇上低温持续时间又长时，则在－15 ～－10℃时冬芽即可受冻。受冻严重的枝条变褐变黑，冬芽脱落，枝条枯死。受冻较轻的枝条，只要形成层呈现绿色，表示仍有生机，加强田间管理就有缓解的可能，即使冬芽不萌发，其副芽还能抽梢、开花结果。

葡萄在生长期抵抗低温能力显著下降。春季，嫩梢和幼叶在－1℃时受冻害，枯萎、脱落；花序在0℃时受冻害，开花期1℃时雌蕊受冻害，不能坐果。秋季，叶片和浆果在－5 ～－3℃时受冻害，叶片很快枯萎，浆果结冰但不脱落。

（三）葡萄冻害的类型

1.霜冻 霜冻是指温暖时期（日平均气温在0℃以上），空气温度在短时间内下降到足以使作物遭到伤害或死亡的灾害性天气，通常使植物体内水分发生结冰后，植物细胞所受的水分、机械、渗透胁迫作用超越了植物细胞本身的承受能力，并当气温回升后依然不能恢复而造成伤害或死亡。

根据发生的时间，可以把霜冻分成早霜和晚霜。在秋季果实成熟前发生的霜冻称为早霜；在春季树体萌芽后至幼果期发生的霜冻称为晚霜。霜冻程度一般高海拔地域重于低海拔地域，平缓地重于丘陵地，平流霜冻重于辐射霜冻。发生在春季的晚霜，常常造成植物的嫩芽、嫩梢、花朵（柱头、子房等）、幼果受冻，影响当年授粉和结果；发生在秋季的早霜，常常导致果实和叶片受害，果实不能正常成熟，叶片不能正常落叶。霜冻直接关系到葡萄能否正常生长和发育，造成减产或绝收，严重时可导致树体死亡。葡萄枝条霜冻的危害程度，通常采用“生长和组织变褐法”进行分级评定。

葡萄枝条冻害分级标准：

一级：截面呈鲜绿色，无冻害。

二级：髓部、木质部和形成层均呈绿色或浅绿色，皮层呈淡黄色，轻微冻害。

三级：髓部、木质部呈淡黄色，皮层呈淡褐色，形成层绿色，中度冻害。

四级：髓部、木质部呈褐色，皮层呈褐色，形成层黄绿色，严重冻害。

五级：髓部、木质部和皮层均呈褐色或黑色，形成层也变褐色或黑色，死亡。

2.根系冻害 葡萄根系对低温的抵抗能力较弱，在我国北方寒冷地区，葡萄根系冻害是一种常见的现象。葡萄根系冻害主要原因为冬季低温所致，另外还与土层厚度和葡萄品种有关。欧亚群葡萄根系在－5 ～－4℃时发生轻度冻害，－6℃时经2天左右即被冻死。当外界气温低于－15℃、地温降到－6℃时，葡萄根系就要发生不同程度的冻害，地温降到－8℃时就会全部冻坏。葡萄根系冻害的危害程度，通常采用“田间观察调查法”进行分级评定。

葡萄根系冻害分级标准：

一级：髓和木质部呈乳白色，皮层和形成层呈鲜绿色，无冻害。

二级：髓和木质部呈乳白色，皮层呈绿褐色，形成层呈鲜绿色，轻微冻害。

三级：髓和木质部呈淡黄色，皮层呈绿褐色，形成层呈鲜绿色，中等冻害，有恢复生长的可能。

四级：髓和木质部呈黄褐色，皮层呈黄褐色，形成层呈绿褐色，严重冻害，恢复生长的可能性较小。

五级：髓、木质部和皮层均呈褐色或黑色，形成层变褐，皮层与木质部分离，用手一撸皮层即脱出，根系死亡。

（四）防止葡萄冻害的技术措施

1.选育葡萄抗寒新品种 从引、选、育多方面入手，培育适合各地自然气候条件下的葡萄新品种，是从根本上防止葡萄冻害发生的顶级保险技术。一般来说，葡萄植株抗寒性能的强弱，不仅取决于品种抗低温能力的遗传特性，而且还在于品种生长势强弱和适应环境的能力。

2.科学规划葡萄适栽区 为避免葡萄植株发生冻害，就必须为葡萄创造最安全的生产和生活环境，要求在建园前做好适栽区的科学规划，其中温度、光照和水分最为重要。

（1）温度：温度是葡萄生活和生存的重要因子，在其整个生命过程中有三个基点温度（即最低温度、最合适温度和最高温度）和两个伤亡温度（即受害、致死温度）。葡萄开始生长的最低温度为10℃，生长发育最适温度为20～28℃，停止生长的最高温度为35℃（叶片气孔关闭，光合作用停止）。在生长季中，温度降到0℃时，葡萄植株就有可能发生冷害或霜冻；在休眠期，葡萄不同种类抗低温能力相差很大，欧亚种葡萄根系在－5℃即受冻，其成熟枝蔓也只抗－20～－18℃；美洲种葡萄根系在－12℃受冻，成熟枝蔓有的品种可抗－40℃以下低温；欧美杂交种抗冻性介于前二者之间。

在我国露地葡萄生产实践中，提出多年极端低温平均值－15℃等温线为葡萄植株安全越冬的北界，－15℃等温线以南地区葡萄可露地越冬，－15℃等温线以北地区的葡萄植株冬季需下架埋土防寒。而设施葡萄休眠期能否安全越冬，要由设施保温能力来决定。我国北方冬季寒冷地区（最低温度－28℃以下），日光温室葡萄通常保温好不需下架防寒，而普通大棚葡萄枝蔓也要下架，采取合理覆盖保温保护，才能安全越冬。

影响葡萄生育的温度因素中，还有一个极为重要的“有效积温”这个因子。葡萄不同品种对有效积温的要求差异较大。所谓“有效积温”指的是葡萄在全年生育期中≥10℃日平均温度的总和。因为不同葡萄品种从萌芽到果实成熟所经历的时间（天数）和积温是不相同的（详见第二章表2-1）。

（2）光照：葡萄植株和果实的生长，都要依赖太阳能通过叶片叶绿素吸收空气中的二氧化碳和土壤水分，将它们合成碳水化合物供葡萄植株建造各个器官组织。其中以光照时间和光照强度最为重要，如果每天能满足4万～5万勒光斯光强6小时以上光照葡萄就能正常生长，形成花芽和开花结果。光照时间少、光照强度弱，葡萄光合产物少，树体营养不足，能量贮藏贫乏，无抗低温能力；光照强度过大，超过葡萄田间光饱和点（5.4万勒光斯）后的光强，对光合作用不再起作用，因而光合量也不再增高，反而果实易得“日灼病”或着色加深。

（3）水分：水是葡萄生命活动必需的物质，它不仅是叶片光合同化和根系吸收化合过程的重要原料，而且还是建造躯体细胞和组织、维持细胞膨压、促进细胞分裂、增长果实、加速蒸腾、调节树温等重要因素。当然，水分亦是真菌繁殖的必备条件，降水多的地区，葡萄真菌病也多，给葡萄安全生产和优质丰产造成极大的威胁。

3.采用抗寒砧木嫁接栽培 解决葡萄根系冻害最为可靠和最为节省的办法，就是选用抗寒砧木，实行嫁接栽培。我国目前生产上采用的葡萄抗寒砧木，主要是贝达葡萄、山河系葡萄和河岸葡萄等。贝达根系能抗－12.5℃低温，成熟枝蔓能耐－30℃，并且嫁接亲和力很强。山葡萄根系能抗－16℃低温，成熟枝蔓能耐－40℃，与多数葡萄栽培品种嫁接可以亲和。河岸葡萄和山河系葡萄的根系抗低温性能都比贝达强，分别能抗－13℃和－14.8℃，[详见第三章（三）我国常用葡萄砧木品种及特性]。

4.加强田间管理，促进葡萄抗寒锻炼 自从Maximov提出“保护物质”学说，认为植物冻害结冰初期，其组织并未遭受破坏，如能及时解冻，植物仍然是活的。他主张通过栽培技术改变植物组织中糖、脂肪以及各种盐类的水溶液浓度来降低冰点，锻炼和提高原生质的抗性，从而起到保护作用。这一学说为锻炼和提高植物抗寒性奠定了理论基础，以后植物的抗寒锻炼研究风起云涌，在人工控制低温锻炼条件下，已经成功地使白桦树抗－253℃、安托诺夫卡苹果树抗－195℃等超低温下，仍能活着继续生长。

葡萄起源于地中海沿岸温带地区，在寒冷地区栽培需通过低温锻炼才能安全越冬。葡萄的低温抗寒锻炼过程分为三个阶段：第一阶段是由短日照和停止生长引起，由于短日照使叶片产生多种抑制生长的激素，迫使停止生长，并改变生理代谢，促使淀粉水解、还原糖和可溶蛋白质的积累，成为低温保护物质，保护了细胞类囊体膜，导致抗寒力增加。第二阶段是由0℃以下低温引起的膜结构和性质发生变化，使细胞内的水分有节奏的排出结冰，在一定程度上控制过度失水，这对葡萄的抗寒锻炼十分有利。第三阶段是由长时间低温引起疏水分子在原生质周围形成水膜，增加结合水的韧性，增强其脱水性能，从而有效地保护了原生质，大大提高抗低温能力。

5.葡萄下架覆盖越冬 详见第十八章葡萄防寒技术。

6.采取应急措施

（1）葡萄园安装喷水设施：在气象部门发布低温霜冻预警后，在后半夜迅速降温开始时，将果园内喷水设施开启，喷出的水温度大大高于零度，释放出热量，能够阻止霜冻的发生。

（2）及时覆膜和覆盖：在园地最低温降至15℃时，大棚、温室等保温设施，必须及时覆盖农膜；如果棚室温度进一步降低至零下，就要对农膜进行保温覆盖。

（3）喷生长调节剂：在强冷空气来临前，对葡萄树体喷布1 000倍液天达2116或0.3%～0.6%磷酸二氢钾溶液、芸苔素481，均能有效预防霜冻。

（4）喷施防冻剂：在霜冻预警的前几天，葡萄树体喷施防冻液加果树促控剂（PBO）液各50～100倍液混合喷施，防冻效果良好。

（5）设施人工增温：采用锅炉、热风机、简易加热炉等提高设施内温度以避免霜冻。

(6) 烟雾防霜冻：在后半夜迅速降温之前，设施内点燃玉米秸秆、牛粪等有机物释放出烟雾来防止霜冻，在第二天太阳出来前将烟雾及时排放避免对树体造成危害。

(五) 葡萄遭受冻害后的抢救措施

1.强化防寒 葡萄越冬期间，一旦发生冻害要立即进行冻害评估，认为还有恢复生机的可能，就应强化防寒，制止冻害深化，为受冻植体创造恢复生机的机会。如增加防寒覆盖物，加宽加厚防寒土堆规格，灌防冻水等。

2.挖除死株 及时进行冻害调查，对于葡萄枝条和根系的横截面已呈褐色或黑色的严重冻害植株和死亡植株，应整株挖出，填平栽植沟，重新栽植。

3.平茬更新 当葡萄枝蔓遭受严重冻害，而砧木仍然完好时，可以剪去地上部枝蔓，待砧木发出新梢后进行绿枝嫁接品种接穗，重新培养树体。

4.压蔓待根 当葡萄枝蔓完好，而砧木根系轻度和中度受冻时，可以在葡萄架下顺着主蔓爬行方向开30厘米深的小沟，把主蔓暂时放入沟内先培半沟土，灌水（其作用是让枝蔓吸水并降低土温），待水渗透后将小沟填平。所谓压蔓待根，就是让枝蔓在土中缓慢发芽，等待半死根的根系恢复新根生长。为了延缓枝蔓萌芽速度，可在沟的上方覆盖草帘遮阴，避免阳光直晒。一般压蔓时间不可太久，15天后应出土上架，轻拿轻放，防止碰掉已萌发的芽眼。

5.地下催根 为提高“压蔓待根”的效果和加速半死根恢复新根生长，把主蔓压埋在小沟后，立即把根颈周围2米处的土撤出，撤土深度40 ～ 50厘米，死根剪掉，半死根和活根留下，然后铺上腐殖土约10厘米厚，灌水，并在上部扣塑料小拱棚，以利于提高地温，既促使半死根群恢复新根，又使下层活根充分发挥供应地上部水分和养分的作用，促进枝蔓萌芽和新梢生长。

(六) 预防葡萄晚霜冻害实例

1.云南建水大棚葡萄早春晚霜冻害 按常规建水地区葡萄冬季不可能发生冻害，何况大棚葡萄还有棚膜保温维护呢。可是，这些年元旦前后或多或少地出现过大棚葡萄冻害的现象，冻害严重的葡萄园甚至绝产，为什么会出现这种反常现象呢？并非气候原因，而是葡萄促早栽培过程中防冻技术不到位，引起的后果。

(1) 冻害的发生：近年来，随着浙江等地大量外商涌入建水投资建园，葡萄发展迅速，建园规模越来越大，大棚设施标准越来越高，葡萄促早栽培时间也越来越早，现在每年11月中旬，葡萄就开始带叶修剪，冬芽尚未完全休眠就被抹上促萌剂强迫其于11月底以前萌芽。每年12月20日至翌年1月20日是建水地区寒冬季节，气温越来越低，每天早晨太阳出来前一个多小时，大棚气温都低于0 ～ 3℃，刚萌发的葡萄嫩芽嫩梢及其花序，在零下的低温胁迫下，其器官组织未经任何抗寒锻炼，细胞内存在的自由水来不及排出而结冰，产生的膨胀压力损坏了原生质和细胞壁破裂而死亡。而到了白天，棚温很快上升。在下午3 ～ 4时，高达27 ～ 30℃，如此大的日温差给葡萄管理造成很大难度，稍有不慎就会导致产量和质量双重损失的后果。

(2) 预防冻害的方法：预防冻害的方法涉及方方面面，如选择抗冻性能强的葡萄品种；增设多层棚膜，园区内设置高架电驱霜风扇等基础性设施；当低温冻害天气出现时，在棚内烧炭、烧油等临时升温吹热风防冻等都是行之有效的防冻措施。

Ⅰ.人工加温法

①燃蜡烛法（图14-1）。制作直径20厘米、高10厘米圆柱形中间有麻绳制作引燃材料的蜡块，每亩放8块，可燃烧时间4 ～ 5小时，增温1 ～ 2℃。点燃次数以寒流持续时间而定。

②燃木炭法（图14-2）。使用铁盆或者油桶制作的容器，每亩每次用木炭25 ～ 30千克，根据棚的密封程度安排铁盆的用量，每亩排放6～8个容器在棚内，每桶放木炭4～5千克，利用固体酒精引燃，每次燃烧时间4 ～ 5小时，增温1 ～ 2℃。因点燃时易出现一氧化碳，所以原则上需要两个人依上来引燃。

图14-1　燃蜡烛升温

图14-2　燃木炭法

图14-3　机械升温

③机械升温（图14-3）。机械增温设备虽然投入成本高，但使用方便，防寒效果好，一次投入多年使用。一台增温机可控制5亩地，每小时燃烧柴油16千克，自动调控棚内温度12 ～ 15℃，使用时间依霜冻时间而定。

Ⅱ.喷水升温法　建水葡萄投资专业户许家中采用微喷预防冻害的方法既科学又实用，2019年1月上旬连续几天的低温，棚外－3℃，棚内3℃时开始启动微喷。大约5 ～ 10分钟，棚温就升至5 ～ 6℃，因为当棚外气温－3℃时，棚内蓄水池里的水温是15 ～ 17℃，很快带动棚温上升，他总共经营有300亩连片葡萄园，配置三个大功率水泵同时启动可进行。有效面积120亩地微喷，当棚温达到5 ～ 6℃时再换其他地块继续微喷，一个小时内可轮换6 ～ 8次微喷，反复几次天就亮了，太阳升起，棚温很快稳定上升，葡萄就步入正常的生育过程，使用这种微喷升温防冻已有数年，效果很好，既经济又方便。

2.东南沿海设施葡萄冻害预防（金联宇 浙江省乐清市联宇葡萄研究所） 我国东南沿海葡萄产区一般年份冬季最低温度在－8 ～ 0℃，因此对树体和一年生成熟枝不会产生冻害。但是对促早栽培的葡萄，如果在12月下旬或翌年1月就发芽，其嫩芽和新梢在2℃的环境中2小时以上就会发生轻度冻伤，如果在零度以下4小时以上枝芽形成层一旦变棕黑色就不能恢复生机而枯死，当然采取双膜或多膜覆盖保温的大棚，每增加一层内膜就提高2℃棚内温度，这很重要。真正发生严重冻害的，往往是每年的“倒春寒”。

（1）早春冻害：东南沿海地区2月下旬正式进入春季，气温开始回升，但很不稳定，常有“倒春寒”发生，出现晚霜、冰冻甚至降雪天气，气温可能降至零下，此时，多层棚膜覆盖的葡萄正处于新梢旺盛生长期，而单层保温的大棚葡萄也已萌芽抽梢。若管理不当，便遭受严重冻害，造成重大损失，甚至绝收。

（2）防冻措施：根据多年生产实践，当“倒春寒”强冷空气来临前，就应制定防冻方案。

①密切关注天气预报，早了解、早安排，要打有准备之仗。

②检查大棚密闭程度，对棚膜裙边的破损漏风降温档口及时修补完整；连栋大棚交接处不留缝隙，要严密封闭。

③已铺地膜的大棚葡萄，要及时揭掉地膜，增加夜间土壤向棚室放热升温。

④调控大棚土壤湿度至60%～70%，防止土壤过干或过湿，以免从空气中吸热降温。

⑤叶面提前喷施碧护、海藻素等生长调节剂，以增强植株抗冻能力。

⑥必要时采取人工增温措施，如使用大棚"增温快"，其燃烧可使棚室内立即增温3～7℃，有效防止"倒春寒"发生。

（3）补救措施：东南沿海地区大棚葡萄发生冻害，通常是萌发的芽和新梢受冻，极少有死树现象，受冻以后不要放弃，应加强肥水管理，让尚未萌发的冬芽抽梢结果，当年仍然能形成一定的产量，如果是长梢结果母枝，可把已萌发，并受冻的结果枝全部枝段剪除，回缩到尚未萌发的冬芽部位，促使这部分冬芽萌发抽梢，仍然是较为理想的结果枝。

三、冰雹与雪灾

（一）冰雹

冰雹，是夏季或春夏之交最为常见的固态降水物，也是一种局地性强、季节明显、来势急、持续时间短，以砸伤为主的破坏性很强的自然灾害。我国除广东、湖南、湖北、福建、江西等省冰雹较少外，各地每年都会遭受不同程度的雹灾。尤其是北方的山区及丘陵地区，地形复杂，天气多变，冰雹多，受害重，对农业危害大，猛烈的冰雹打毁庄稼、林果，损坏房屋，人被砸伤、牲畜被打死的情况也常有发生。因此，冰雹是我国严重灾害之一。但是，冰雹在避雨棚、大棚、温室等设施保护下（除非颗粒大，风速大，穿透力强的冰雹），一般破坏性不大；可是对棚膜有时被强风刮破掀翻。

1.冰雹的气象特征 冰雹是一种降水过程，常伴有强烈的风、雨、雷电等天气现象。一般来说，强雹伴随的阵性大风都在10米/秒以上。所谓"冰雹助风势，风助冰雹行"，强降雹时常先降大雨滴、大冰雹，后转为大雨。其特点如下：

（1）突发性：常常是晴空万里，突然间阴云密布电闪雷鸣，顷刻间大风暴雨夹带冰雹从天而降，让人措手不及，防不胜防。

（2）局域性：冰雹作为一种降水过程，来得快，去得也快，总是在局部发生，每次冰雹的行迹范围一般宽约几十米到上千米，长约数百米到上千米，民间有"雹打一条线"的说法。

（3）历时短：一次降雹时间一般只有2～10分钟，少数在30分钟以上。

（4）难预测：由于冰雹发展规律复杂，较高精度的预报还不能准确地被人类掌握。

（5）灾情重、损失大：冰雹是从1 200米以上高空中落下的大小、密度不同的冰球，小者如豆类，大者如鸡蛋，严重的可造成人畜受伤或死亡，一场大的冰雹可造成局部农作物绝收，是毁灭性的自然灾害，损失十分惨重。

2.冰雹分类 根据降雹过程中多数冰雹直径、降雹累计时间和积雹厚度，将冰雹分为3级：①轻雹，多数冰雹直径不超过0.5厘米，累计降雹时间不超过10分钟，地面积雹厚度不超过2厘米；②中雹，多数冰雹直径0.5 ～ 2.0厘米，累计降雹时间10 ～ 30分钟，地面积雹厚度2 ～ 5厘米；③重雹，多数冰雹直径2.0厘米以上，累计降雹时间30分钟以上，地面积雹厚度5厘米以上。

3.冰雹的发生规律 张家口市是我国葡萄生产的优质产区，同时也是冰雹发生最多的地区之一，其发生规律具有很强的代表性：

从季节变化看，降雹的季节变化十分明显，夏季多，春秋少，冬季无雹。始于3月、4月，终于11月，5–9月为盛行期，尤以6月发生机会最多。

从地理分布看，冰雹地理分布的特点是：坝上多于邻坝，邻坝多于坝下，山区多于平川。

从冰雹发生时间看，降雹过程大多发生于午后，以14 ～ 18时最多，占总数的56%；上午、中午（8 ～ 12时）较少发生，仅占18.39%；夜间极少发生，仅占3.12%。此规律源于夜晚没有太阳照射，形成强对流天气的概率小；而午后由于太阳强烈照射，温度较高，在热力的作用下冷热空气交锋，形成强对流天气的概率提高。

从冰雹危害程度看，冰雹危害程度取决于降雹的持续时间和雹粒大小。根据降雹持续时间，不超过5分钟者占36.67%；多数降雹持续时间5 ～ 15分钟，占比56.79%；持续时间超过15分钟者降雹占6.53%。说明降雹时间不是很长，但降雹突然，难以防御。根据雹粒大小，若把雹径大于0.5厘米的冰雹视为大冰雹，小于0.5厘米的视为小冰雹，则张家口地区大冰雹多发生于夏季和初秋，6月份虽然降雹频率较大，但大冰雹仅占14.95%，7月以后大冰雹所占比重显著增加，占69.26%。此时秋粮作物已近成熟，抗雹力显著降低。因此，在夏季和初秋冰雹对生产的危害远较春季和初夏大，这和群众“春弹收、秋弹丢”的说法是一致的，可见对大冰雹的防治更为重要。

从冰雹路径看，以张家口市为例，有雹线28条，其中危害严重的有6条，雹线走向呈西北向东南，这与大气气流、山脉、河谷走向密切相关。域内葡萄主产区怀来县有雹线6条，现有和规划的葡萄园均在雹线经过的路径内，所以怀来葡萄园防雹意义极为重要。

4.防雹技术

（1）高炮、火箭防雹技术：防雹高炮采用37毫米双管高射炮，火箭炮采用移动式多管火箭炮车，炮弹填装药剂为碘化银。

高炮、火箭防雹是以积雨云为主要作业对象，通过改变云和降水及冰雹的微物理结构，改变冰雹生长形成的物理过程，降低成雹条件，抑制冰雹的增长或化为雨滴。通过爆炸破坏积雨云形成冰雹的自然气流结构，促使大量冰雹微粒在增大之前提前下落，融化为雨滴。

高炮、火箭防雹增雨作业应充分运用雷达、卫星云图等手段，结合本地气象资料，随实况演变跟踪滚动订正，提前判断，早期作业。作业指令包括作业时段、空域等。防雹作业需按中国气象局科技教育司所发布“高炮人工防雹增雨业务规范”进行。

（2）防雹网防雹技术：葡萄园防雹网（图14-4）防雹技术研究始于20世纪80年代末，成形于90年代，完善于21世纪初。架设主要材料有3种，即立柱、网架、雹网，辅助材料有架垫、铁丝、压网线等。

图14-4 葡萄园防雹网

①立柱。立柱是支撑网架和雹网的骨架，它必须坚固，耐用性15年以上。老葡萄园的防雹网立柱，是在葡萄架柱基础上捆绑1根木杆改造而成。木杆用硬杂木制作，粗8 ~ 10厘米、长80厘米，下部30厘米绑缚面削成平面，利于与原架柱牢固结合。绑缚时，将木杆高出架柱50厘米，下端30厘米平面紧贴架柱，采用10号至12号铁丝绑紧，形成新的防雹网支架，如图14-5。新建葡萄园，直接制作水泥柱或其他材料立柱，其长度比原葡萄架柱增加60厘米，支架立柱间距按2.5米×6米设立，比原葡萄架柱地下多埋10厘米深度，地上高出50厘米。

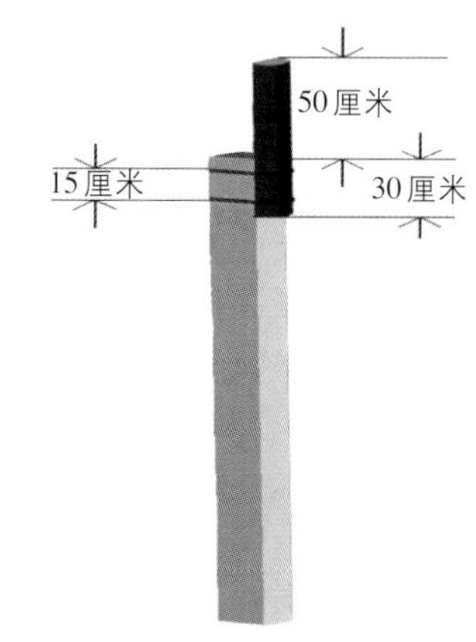

图14-5 老园架柱改为防雹网支架 （示意图）

②网架。网架是铺设防雹网、承受网材的空间架线，要求轻便耐用，通常采用12号钢丝或8号至10号铁丝架设。

③防雹网。目前国内市场出售多种材料、多种颜色、多种网眼规格的防雹网（表14-1）。

表14-1 不同材质防雹网的特点

网质种类	编制方法规格	特点
尼龙网	多股 (0.6 ~ 0.8厘米)	弹性好、价格高、冬季需收网，可用7年以上
铁丝网	粗22号	网不易变形、一次架设、不用拆收、易生锈、价格高，可用10年以上
聚乙烯网	3股、6股、9股 (0.6 ~ 0.8厘米)	弹性好、使用年限较短、价格较低、冬季需收网，可用5 ~ 8年

A.雹网颜色。颜色越浅，对光照影响越小。一般选用白色或浅绿色雹网，禁用深色材料做雹网材料。

B.网眼规格。网眼越小防雹效果越好，网眼规格小于1.0厘米时会对光照产生不利影响，大于1.5厘米时防雹效果较差。经多年试验研究，选择网眼规格在1.2 ~ 1.5厘米之间较为理想，再结合当地经常降雹大小，确定具体网眼规格。

④架垫及压网线。架垫要求耐磨、耐老化，可用旧轮胎制作，规格15厘米×10厘米。压网线选用尼龙线，绑线用24号带胶皮铁丝线。

（二）雪灾

1.雪的形成及等级划分 雪是指从混合云中降落到地面的雪花形态的固体水，由大量白色不透明的冰晶（雪晶）和其聚合物（雪团）组成的降水。在混合云中，由于冰水共存使冰晶不断凝华增大，成为雪花。当云下气温低于0℃时，雪花持续落到地面而形成降雪。如果云下气温高于0℃时，则可能出现雨夹雪。雪只会在很冷的温度及温带气旋的影响下才会出现，因此亚热带地区和热带地区下雪的机会较微小。因此，中国东北、内蒙古东部、新疆北部、青藏高原东部和南部边缘、秦岭、山东半岛北部为常年多雪带；南疆大部、青藏高原中西部、西北东部、华北大部、秦岭—淮河地区为常年降雪带；塔里木盆地大部、阿拉善地区、黄河下游一带、南方山地丘陵地区为偶尔降雪带；滇中南、四川盆地、长江以南的小型盆地和谷地、江浙闽沿海等地区为永久无雪带。

以雪融化后的水来度量，降雪量可以分为四个等级，即小雪：0.1～2.4毫米/天；中雪：2.5～4.9毫米/天；大雪：5.0～9.9毫米/天；暴雪：大于等于10毫米/天。又根据积雪稳定程度，将我国积雪分为五种类型，①永久积雪：在雪平衡线以上降雪积累量大于当年消融量，积雪终年不化；②稳定积雪（连续积雪）：空间分布和积雪时间（60天以上）都比较连续的季节性积雪；③不稳定积雪（不连续积雪）：虽然每年都有降雪，而且气温较低，但在空间上积雪不连续，多呈斑状分布，在时间上积雪日数10～60天，且时断时续；④瞬间积雪：主要发生在华南、西南地区，这些地区平均气温较高，但在季风特别强盛的年份，因寒潮或强冷空气侵袭，发生大范围降雪，但很快消融，使地表出现短时（一般不超过10天）积雪；⑤无积雪：除个别海拔高的山岭外，多年无降雪。雪灾主要发生在稳定积雪地区和不稳定积雪山区，偶尔出现在瞬时积雪地区。

2.雪灾的形成 雪灾是由于长时间大规模降雪造成大范围积雪成灾的自然现象。作为我国主要自然灾害之一，雪灾每年都有发生，严重威胁人民的生命财产和正常生活秩序，对于农业所产生的危害即致使作物、家畜和林果生产以及农业设施等遭受损害。

形成大范围的雨雪天气过程，最主要的原因是大气环流的异常，尤其在欧亚地区的大气流发生异常。在青藏高原西南侧有一个低值系统，在西伯利亚地区维持一个高值系统，也就是气象上说的低压系统和高压系统。这两个系统在这两个地区长期存在，低压系统给我国的南方地区，主要是南部海区和印度洋地区，带来比较丰沛的降水。而来自西伯利亚的冷高压，向南推进的是寒冷的空气。正常情况下，冬季控制我国的主要是来自西伯利亚的冷空气，使得中国大部地区干燥寒冷。冬季，一旦同一地点出现低、高压气流碰撞，就极易生成暴雪，发生雪灾。

3.雪灾的种类及指标 根据形成条件、分布范围和表现形式，我国的雪灾分为4种类型：雪崩、雪压、风吹雪灾害（风雪流）和牧区雪灾。雪崩是雪山地区易发的灾害。雪压是设施农业棚室顶部积雪太厚，其雪重超负荷而压塌棚架成灾。风吹雪则会阻断公路交通的正常通行。牧区雪灾是由于积雪过厚，维持时间长，掩埋牧草，使牲畜无法正常采食，导致牧区大量畜牧掉膘和死亡的自然灾害。

人们通常用草场的积雪深度作为雪灾的首要标志。轻雪灾，冬春降雪量相当于常年同期降雪量的120%以上；中雪灾，冬春降雪量相当于常年同期降雪量的140%以上；重雪灾，冬春降雪量相当于常年同期降雪量的160%以上。

4.雪灾对葡萄生产影响 雪灾主要对葡萄栽培设施造成危害，表现为大棚或者温室等设施被直接压塌，并促使设施内葡萄产生冻害或者寒害。对于入冬后已经埋土防寒的露地葡萄来说，降雪反而增加地面覆盖厚度和宽度，只能起到保护作用，不会受到不良影响。

5.雪灾预防措施

①建造温室大棚应该选择比较牢固的结构、材料。

②及时清扫积雪。凡全部倒塌或部分倒塌的薄膜温室大棚，大多是未及时清扫积雪，温度低冻结后，棚上雪越积越多，导致坍塌。只要是下雪，哪怕是深更半夜，也必须随时清扫棚膜上的积雪。大棚葡萄遇上暴雪人工清雪有困难时，必须及时用刀划破棚膜让积雪从棚顶倾盆而下，从而减负保护棚架。

③做好沟渠排水工作，降低地下水位，防止因沟渠淤塞、冰冻，而造成雪化后排水不畅，影响棚内葡萄生长。

④要注意收听收看天气预报，遇有大雪大风天气来临时，抓紧时间修复棚膜，加固温室和大棚的骨架，加固棚中支柱，大棚四周底膜要用泥土压严，膜漏洞要修补好，以减少冷空气的侵袭。

⑤在大棚里面设置一些二层膜，在遇到风雪天气时，要及时把草帘拉起来，还可以在草帘的外面缝制一些旧的塑料膜，使雪比较容易滑落下去，减轻了棚室屋面的负重，避免将大棚压垮，保证大棚的安全是首要。

⑥在温室里面采取一些临时加温的措施，比如用烟熏、煤炉、暖气、临时可燃物等适当地进行取暖保温，同时温室里的热量还可以使塑料膜上的雪融化得更快一些，使塑料膜上不至于积雪太多而将大棚压垮。

⑦假如温室大棚已经被压塌或者变形，可以从内部慢慢把它支撑起来，再从内部进行加固。同时用地膜或者旧塑料薄膜把植株覆盖起来，或先盖小拱棚保温，防止植株冻害。

四、风害

（一）大风危害

风是一种自然现象，适度的风速对改善农田环境条件起着重要的促进作用，增加空气流动，减小空气湿度、降低病害的发生。大风和由它引起的沙尘暴、狂风暴雨、冰雹等都会对葡萄生产造成不利影响。大风使叶片机械擦伤、枝蔓折断、落花落果，进而影响葡萄产量和品质。近年来由于全球气候变暖，灾害性气候频率增加，大风危害有不断加重的趋势，我国地形复杂，山地、荒漠较多，经常发生大风、沙尘暴气象。掌握大风发生发展规律，对我们科学防控风害意义重大。

1.大风发生规律 作为我国葡萄主产区之一，怀来盆地受蒙古冷高压控制，属东亚大陆性季风气候中温带亚干旱区。由于地形为自西向东的河谷地带，与主要风向平行，加上狭管效应，气流经过这里，风速明显加大，经常对葡萄产业造成危害。

（1）大风的定义：风速≥17.0米/秒或风力≥7级的风为大风，表现为树的细枝被折断，人迎风行走阻力甚大。一般果树生产中每秒10米（相当于6级）以上风力就造成不同程度的危害。

（2）大风的强度：怀来盆地每年平均大风次数45.6次，最多年份67次，最少15次。

（3）季节变化规律：就季节而言，冬季（12月至翌年2月）大风次数最多，平均18.1次，占全年大风次数的39.8%，最多年份34次；春季（3–5月）次之，平均14.4次，占全年大风次数的31.5%，最多年份24次；秋季（9–11月）较少，平均7.9次，占全年大风次数的17.4%，最多年份达17次；夏季（6–8月）最少，平均5.2次，占全年大风次数的11.3%，最多达14次。

（4）月变化规律：从各月来看，以1月大风次数最多，平均为7.1次，12月稍次，平均为6.8次。8月、9月最低，平均1.2次，6月次之，平均1.6次。历年月最多大风次数达20次。

大风多发于冬、春季节，春末夏初的4月下旬到5月上旬，仍是大风多发季节，此时正是葡萄萌芽、新梢生长时期，多发的大风和携带的沙尘，很容易对幼嫩的葡萄芽、梢、花序造成伤害。此时，进行科学的防风是非常必要的。

（5）日变化规律：风速日变化主要由温度的周期性日变化所致，低层大气中通常夜间较小，白日较大，午后最大。怀来风速日变化存在两个峰值，分别为凌晨2：00和下午14：00左右，但凌晨2：00的小高峰风速较低，不会对葡萄器官造成伤害，而下午的风速高峰是值得我们要重点防控的时间段。

（6）不同地形变化规律：怀来盆地大风主要受南北两山夹一川的特殊地形影响，以桑洋河谷、官厅水库为中心的河谷地带，大风日数多，平均风速大。特别是官厅湖东南沿岸南马场一带，是风速最大，大风日数最多的地带。延河谷向南、向北丘陵、山地，由于有山峦的屏障作用，风速有所减小。

2. 大风对葡萄生产的危害

（1）机械损伤：强风使叶片机械擦伤、枝蔓折断、落花落果严重进而影响产量和品质。风害程度与大风强度、葡萄的物候期密切关系。在4月底到6月上旬的生长前期，正值葡萄萌动、生长、开花季节，是葡萄最不耐风吹沙打期，此时若发生沙尘暴，轻则叶片蒙尘，损坏嫩枝、嫩叶和花序，降低葡萄产量；后期强风损坏树体结构，破坏果穗，吹落果粒，减产降质，甚至颗粒无收，造成重大损失。尤其葡萄设施的温室屋面、大棚薄膜、葡萄架面等都有可能被掀翻。

（2）生理危害：干燥的大风能加速葡萄叶片蒸腾失水，造成叶片气孔关闭，光合强度降低，导致生长不良，严重影响产量和品质。此外，干燥的大风天气还会加重日灼病的发生。

（3）风蚀土壤：在常年多风的干旱、半干旱地区，大风是土壤发生沙漠化的自然动力。我国露地葡萄产区大多分布在干旱、半干旱、多风沙地区，而这些地区又是寒冷区，均需冬季埋土防寒。一方面，冬埋春扒两次翻耕，使覆盖土壤变得疏松，风沙很容易刮走土壤中细小的黏土和有机质，而且还把带来的沙子沉积在园地中，使土壤沙化、肥力降低。另一方面，在强烈风蚀作用下，沙丘迁移，在背风凹洼等风速较小的地形下，更易发生沙埋危害，严重影响葡萄的生产。

3. 防风沙技术措施　在我国西北、华北和东北地区，由于春季寒冷干燥而发生旱风，导致葡萄植株出现生理干旱现象，影响器官发育及早期生长。在设计建造葡萄园时，必须采取防风措施，才能使葡萄生长发育正常，获得优质丰产。

（1）建设防风林带：防风林是利用林木的防护、绿化、净化、防风固沙、水土保持、涵养水源等功能，以防御自然灾害、维护基础设施、保护生产、改善环境和维持生态平衡等为主要目标的森林群落。在干旱多风的地区，防风林带主要作用是降低风速、阻挡风沙、改善气候条件、涵养水源、保持水土，还可以调节空气的湿度、温度、减少冻害和其他灾害的发生。

根据一般经验，结构合理的林带防风距离可达树高的25 ~ 30倍，在15 ~ 20倍的距离内效果最佳。若按树高20米计算，每条防护林带的最有效防护距离达300 ~ 400米。试验证明，在林带背风面15倍于林高的地方，其平均风速均比旷野降低40% ~ 50%，在林高20倍的地方，风速可降低20%。

葡萄园的防风林带（图14-6）通常呈网格状配置。主林带应由3 ~ 4行高大乔木，1 ~ 2行中等乔木和1 ~ 2行灌木穿插组成的紧密型不透风结构林带，主林带与当地主风向垂直（偏角不超过30°），主林带间距控制在250 ~ 300米；副林带应由2行乔木和1行灌木组成，应与主林带垂直，副林带间距可＜1 000米左右。林带的位置尽可能与道路、水渠相匹配，设置在路、渠两旁或坡上、荒地上。

图14-6　葡萄园防风林带

（2）建设风障：自然风障是利用各种高秆植物的茎秆设置的篱笆式障碍物。它可加大地面的粗糙度、干扰风的流场，达到降低风速、截留风沙流中的沙物质、减缓风力侵蚀的目的。相对于防风林网而言，防风障是一种控制风蚀的有效方法。风障的防风效果非常显著，可使风障前的近地层气流相对稳定，而且风速越大，防风效果越好，通常五、六级的大风在通过风障后降为一、二级风。

此外，风障能充分利用太阳的辐射能，提高风障保护区的地温和气温。因为，风障增加了被保护地太阳的辐射面积，使太阳辐射热扩散于风障前。由于气流比较稳定，风障前的温度也容易保持。据测定，一般风障前夜温较露地高2 ~ 3℃，白天高5 ~ 6℃。风障的增温效果，以有风晴天最为显著，无风晴天次之，阴天不显著。保护地距风障愈近，温度愈高。

风障可以减少垂直方向上对流散热，加强风障的保温性能。因此，风障延长方向与当地主风方向垂直，防风效果才最好。风障越长、风障排数越多，防风效果越好，而且每排风障有效防风距离为风障高度的2.5 ～ 3.5倍。所以，现代化葡萄园都采用钢架防风网制风障，在高大钢架上铺设双层规格为1.0厘米 ×1.0厘米网眼的聚乙烯防风网即可达到有效防风目标（图14-7）。

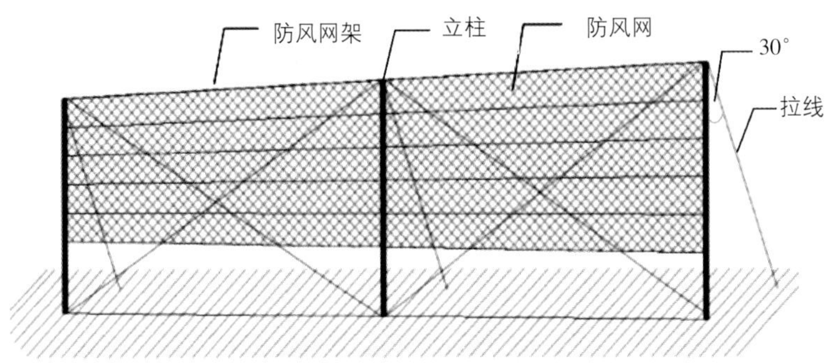

图14-7　钢架防风网示意图

（二）台风灾害

台风是产生于热带海洋上的一种强烈热带气旋。中国南海北部、台湾海峡、台湾省及其东部沿海、东海西部和黄海均为台风通过的高频区。中国各省、市、自治区除新疆外，均直接或间接受台风影响而产生暴雨。靠近我国的西北太平洋年均生成台风约28个，平均每年登陆我国的台风有7个，最多的年份达12个，最少的年份也有3个。

台风灾害是我国主要的自然灾害之一，近年来，全国每年损失均在百亿元以上。采取科学的栽培管理技术，可有效降低台风对葡萄产业的危害，减轻损失，以促进南方葡萄产业的健康可持续性发展，具有十分重要的经济和社会意义。

1.台风对葡萄危害　台风对葡萄的危害主要由狂风和暴雨构成，并且二者相互叠加进而引发更大的灾害，不仅危害到葡萄树当年的生长发育，还会影响下一年的花芽分化。严重时，直接掀翻葡萄架、棚膜、棚架等设施，毁灭园地终止葡萄生产。通常台风对葡萄危害的主要表现：①刮烂果穗、刮落叶片、刮断枝蔓。②根系的吸收能力、叶片的光合能力明显下降。③暴雨引发的洪涝淹没果园，根系因积水窒息而致死树。④洪水冲毁田地，水土流失严重，肥料大量流失。⑤创造了病害流行的条件，病原菌易从受损部位入侵。

2.抗台风技术措施

（1）选址建园：沿海地区葡萄园址应选择避风的山脚或小盆地，以减小风速、降低台风骚扰。南方葡萄园最好采用“限域栽培”或“高畦栽培”模式，畦高30 ～ 40 厘米，宽1 米左右为宜，以防止葡萄根系长时间被水浸泡，无法进行有氧呼吸，造成叶片发黄，落花落果，甚至植株死亡。

（2）建造防风林带：详见本章四（一）3.（1）建设防风林带。

（3）设计和建造全园连体加固钢架大棚：与普通大棚不同之处在于，①由水泥柱为承力支点。水泥柱下部入土50 ～ 60厘米，行内间距3 ～ 4米，纵向、横向均有三角铁固定。②四周地锚进一步固定水泥柱。③棚与棚之间架设水槽，不仅承接相邻两棚雨天的排水，同时也是两棚的连体连接点之一。这种加固连体钢架大棚，在台风登陆时可以抗12级大风。

3. 灾后葡萄管理技术

（1）树体扶正，修固设施：台风过后，很多葡萄树体被刮倒、枝叶果被刮落，大棚设施和葡萄架倒地，必须及时扶正树体，清除病株、枯枝与烂果，修缮加固大棚设施。

（2）排涝松土，叶面追肥：台风带来大量降水，葡萄园受淹长期积水会导致植株死亡，要及时疏通沟渠，排除积水，翻耕松土，增加土壤通气性，以利于葡萄根系呼吸和正常呼吸。加强叶面喷肥（切忌地面急施肥料），喷布0.3%～0.5%尿素，利于树体疗养和促进新梢萌发；秋季多次喷施0.2%～0.3%磷酸二氢钾促进枝条成熟。

（3）清理修剪，防病治虫：台风过后，很多葡萄叶片刮落、新梢折断，应及时清理修剪。把光秃的、断裂的枝条剪掉，千万不能过急缩剪过多，以防新梢下部冬芽爆发，造成翌年减产。风后，树体造成的很多伤口，在高温多湿的环境条件下，极易大规模爆发病虫害，必须及时清园（枯枝落叶落果拿出园外深埋），对全园进行全面消毒，喷布50%福美双600～800倍液+10%苯醚甲环唑1 500～2 000倍液防治病虫害，每周1次，连续用药2～3次。进入秋季，还要喷施80%必备400倍液、霉多克600～800倍液、50%烯酰吗啉锰锌800倍液等，促进光合生产积累树体营养。

五、水灾和火灾

（一）水灾

葡萄既好水，又憎水。当葡萄园水分过多时，空气湿度大，易引起真菌病害大发生，土壤水分过饱和，土壤空隙中的空气被挤出又被水分填满，葡萄植株因缺氧停滞呼吸，造成叶片黄化，果实凋萎，根系腐烂，植株死亡。

我国水灾的预防，从广义概念来说已由各级政府承担起主要责任了，大江大湖有河长湖长，小河小塘也有主管，各项水利工程都由政府主管部门设计预算，国家投入，全面参与。从狭义上说，葡萄园发生水灾就是园主的事了，如何预防才能控制灾害或少受损失？

1. 合理选址 葡萄园地理位置，要选择土质疏松、透水透气性好的沙壤土、砾石壤土，且要有良好排灌条件的地方。山地坡度要小于15°，平原地下水位在0.8米以下，选择相对地势高、排灌方便的地块。排水时，园地内必须沟沟相通，达到雨后畦面干燥快，畦沟不积水的要求。在冬季要整修排水沟渠，夏秋季清理沟内杂草和泥块，保持沟渠畅通。

2. 搭建避雨棚 葡萄避雨集雨栽培技术，是我国南北方夏秋降雨量超过600毫米地区发展优质露地葡萄必须采用的模式（图14-8，图14-9）。而北方普遍采用避雨、集水、保温等三种功能集于一身的塑料大棚，冬春保温促早，夏秋避雨集水，与南方的避雨棚既有相似，又有区别。南方的避雨棚只盖塑料顶棚；而北方的大棚是塑料全覆盖的，大棚间的退水槽是可移动式的，即旱时把退水槽反扣或取下，可浇灌；涝时把退水槽安上，可排水。可通过涝时收集，旱时灌溉，实现雨水的循环利用，变害为利。

3. 灾后抢救措施 葡萄园如遇暴雨、洪水，过后应及时采取有效措施促进树势恢复。

（1）及时开新沟、清老沟排水：在行间开长条沟使水渗入沟内，或疏通园内已有沟渠，排出积水。及时清除淤积在枝叶上的泥浆及悬挂在树上的杂物，扶正被洪水冲倒的树，对受损的支架重新支撑、固定。

（2）中耕松土：葡萄树受淹后，根部长时间处于水浸状态，往往因为通气不良引起葡萄树根系缺氧造成烂根，同时土壤板结。排水后，扒开树盘周围的土壤晾晒，促进水分蒸发，待经历3～5个晴天后再覆土，将外露树根重新埋入土中。当土壤稍干后应抓紧时间中耕松土，中耕时要适当增加深度，将土壤混匀、土块捣碎。

（3）合理追肥：受淹后引起土壤养分的严重损失，削弱树势，应及时补肥壮树。结合翻地，可增施磷、钾肥和有机肥（磷钾肥或复合肥用量为0.5～1.0千克/株，发酵有机肥可以加大用量）。

叶面追肥，葡萄树受涝后，根系受到损伤，吸收肥水能力变弱，不宜立即进行根部施肥，可用0.1%～0.2%磷酸二氢钾等进行叶面喷肥，对有缺素症的树体，要及时喷施微肥。待树势恢复后，再开沟施有机肥或尿素，促发新根。

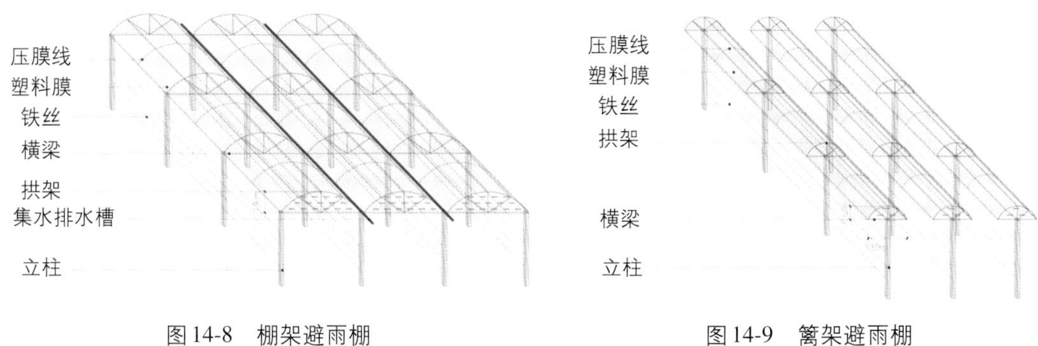

图14-8　棚架避雨棚　　　　图14-9　篱架避雨棚

（二）火灾

露地葡萄园通常不应发生火灾，而设施葡萄园由于很多设施本身就是易燃物，如塑料薄膜、草帘、棉被、竹竿等；如果是竹木结构的大棚、温室，加温用的燃烧炉及其燃料，再加上电气设备、电线等，极易发生火灾，必须提高警惕；一旦发生火灾，轻者树体炙烤烧伤，当年没有产量，还有可能部分死树；重者大棚、温室烧坏，植株全部死亡，彻底毁园。

1.火灾预防　①葡萄园业主要制定防灾规划、防火规章制度，学习防火知识，有条件时要组织员工消防演习。②购置消防器材。③时刻清洁葡萄园，减少火灾隐患。④易燃设施，不是生产急需的应远离果园，是生产上正在使用的要设专人看管，发现疑问要及时处置。

2.火灾抢救　①发现火情，第一时间打“119”火警电话，并迅速通告全体员工持消防器材进入现场灭火。②灭火后，要立即全园灌水降温。③全园清理修剪，剪除枯枝、死树，伤口涂愈合剂保护。④24小时后树体枝叶喷赤霉素（1克兑水30千克）加0.1%尿素等疗伤。

六、高温伤害（葡萄日灼病）

我国南北方（北纬40° 以下）大部分地区葡萄园，夏秋季因强日照，田间气温往往超过35℃，而果面温度有可能接近40℃或更高温，极易引起葡萄浆果生理失调，发生果皮灼伤，出现高温伤害。

葡萄日灼是指葡萄在果实膨大期，果实表面发生灼伤症状，之后受伤果粒干缩失去商品价值的现象。葡萄日灼病是一种非侵染性生理病害，与温度、光照有密切关系。果面高温与太阳辐射是导致日灼病发生的直接原因。气温、空气湿度、风速等外界环境条件通过影响果面温度而与日灼病的发生有密切关系。葡萄日灼病发生严重时，果实表面会出现大小不等的坏死斑块，使果实失去食用价值，极大地降低果实的外观品质。由于受伤害部位生理功能的降低，常导致果实发育后期及贮藏期间更易感病或出现裂果、冷伤、冻伤等生理病害。

（一）葡萄日灼病的种类

1.日光伤害型—日烧病 日光伤害型日灼，又称为“日烧病”，是在较高气温的基础上，由强光照射所诱发。发生部位主要在阳光直射面。葡萄果穗基部果粒发生较为严重，中下部果粒发生较轻。起初是果实的下表皮及果肉组织开始变白，而后变褐，一般出现在果粒中部，严重时向果梗部位蔓延，随后并出现凹陷、皱缩症状，最后果肉组织坏死。皱缩症状多见于发病严重的果穗，随着病情加重，症状越来越明显，多日后发展为褐色干枯果。

2.热伤害型—气灼病 热伤害型日灼，又称为“气灼病”，多现于套袋葡萄。主要由地面高温热辐射所产生的较高气温而诱发，往往越靠近地面的果实气灼病越严重。葡萄气灼病与日烧病机理基本相近，危害的症状也相似，但在发生部位和病情等方面有着显著的区别。发病初期果实表皮无明显症状，果肉先变成褐色坏死状，然后果皮变成浅褐色，中期（3 ~ 5天后）果肉干缩、凹陷。发病较轻者病粒多出现在果穗外围，呈散生状不规则分布，在果穗外围不同部位均有症状产生，而果穗内部很少见到。发病后期果实局部或全果干缩，呈黑褐色，不易脱落。

（二）葡萄日灼病的发病规律

葡萄日灼病发生规律与光照、温度、湿度以及风速有直接关系，而果实套袋技术也间接影响到该病的发生。

1.与果实发育时期的关系 葡萄日灼病的发生严重程度与果实的发育期有关。果实膨大期发生重，而果实着色期发病轻。一方面在果实膨大期，地面干燥、气温较高，尤其是北方地区天气干热，十分有利于日灼病的发生；另一方面果实着色期发生日灼病的临界果面温度高于果实膨大期。

2.与品种的关系 从成熟期来看，以中晚熟品种发病较重，而早熟品种发病较轻。多数学者认为早熟品种发病轻的原因，是早熟品种果实的快速生长期出现较早，外界气温较低。从果皮厚度来看，厚皮品种发病明显低于薄皮品种。从果粒大小来看，大粒品种发病较早而重，而小粒品种发病较晚而轻。

3.与光照的关系 光照是影响日灼病发生的重要因素，果穗周围叶片的多少决定着果面接受光照强度的不同而影响到果面温度的高低。高温使葡萄果实呼吸异常，破坏了生理平衡，加之这个时期，果粒皮薄，组织幼嫩，缺乏果粉保护，易受高温灼伤，而日气温低于30℃，极少发生日灼。在晴朗无风的中午，若果面温度超过临界温度值并维持一定的时间，果实即可产生日灼。当日灼症状产生后，果面即使遮阴，其症状在一定时间内仍继续发展。突发性的高温与强光，如连阴雨后的天气突然转晴、气温突然升高更容易引起日灼。

发生日灼的规律为：晴朗天气易，阴雨天几乎不发生；裸露果穗易，有叶片遮挡的果穗几乎不发生；果粒向阳面重，果粒背阴面轻或不发生。

4.与地表状况的关系 地表状况与日灼病的发生有密切关系。一般来说，无植被地块日灼病高于有植被地块，沙质土壤高于黏质土壤，地表干燥的地块高于含水量充足的地块。无植被的、干燥的沙质土壤最利于日灼病发生。在白天，太阳光照射到地表后，尤其是照射到无植被的、干燥的沙质地表时，地表温度迅速上升，中午地表温度可高达60～70℃，高温地面以热辐射的方式致使气温升高，在近地面一定的范围内，离地越近气温越高，常造成近地果穗日灼病严重发生。

5.与果穗着生部位的关系 由田间小气候决定着果穗着生部位越低日灼病越严重。采用篱架式栽培的葡萄，其近地果穗周围的气温更高，加之下部叶片稀少，所接收到的光照时间更长，所以果面温度较上部果实更高，日灼病就更严重。在篱架栽培中，同一高度的果穗，西面发生日灼病较重，而东部则相对较轻。

6.与风速的关系 风对果面温度的影响非常显著，是日灼病发生的主要限制性因子之一。日灼病大多发生在无风或微风的天气，风速高时，果面达不到日灼发生所需要的临界温度。一方面风可以加强大气中较低气温的空气与近地面较高气温的空气之间进行交换，另一方面风可以直接与高温果面进行热量交换而降低果面温度。

7.与果穗套袋的关系 葡萄果穗套袋后，虽接收到光照强度明显降低，但袋内空气相对静止，有利于葡萄果实的升温，同时升温后的果袋也对内部有一定的热辐射。葡萄套袋时机对日灼病的发生也有一定影响，中午时段或高温天气套袋日灼病重，早晨与傍晚时段套袋发病轻，果粒快速增大期套袋发病重。套袋时，若果袋没有完全撑开、袋内空间变小、底部通气孔未开、果粒紧贴果袋等，均会造成果面温度急剧升高而诱发日灼病。

（三）葡萄日灼病的预防与治疗

1.预防措施

（1）培养合理的树形及叶幕结构：要保持葡萄枝条的均匀分布，及时进行摘心、整枝、缚蔓等操作。生产中可采用除顶部1～2个副梢适当长留外，其余副梢留1片叶绝后摘心，既不会发生郁蔽，又能保证有理想的叶幕层来遮挡阳光直射，避免果实暴露在强光之下。

要选择合理的种植密度，尽量采用棚架式，使葡萄果穗处在阴凉的地方。对篱架式栽培的葡萄，要注意选留部位较高的果穗，保持果穗上部一定数量的叶片，降低果穗裸露、防止下部果穗接受长时间的太阳光照，以降低日灼病的发生。

（2）科学搭建遮蔽设施：建造避雨栽培设施，既减少其他真菌病害，也减少强光对果实的直射，从而降低果面温度。采用遮阳网，可减少太阳强光对果实的灼伤，同时提高果实品质。

（3）科学套袋栽培：合理选择果袋的种类，对易发生日灼病的葡萄品种建议选用透光率低的深色袋、双层袋等，可有效降低日灼病的发生。尽量采用尺寸较大的果袋，套袋前应加强对果穗的整理，可适当疏除基部分穗，套袋时，将果袋完全撑开，尽量使果实悬挂于果袋中央，避免果穗紧贴果袋，同时保持下部透气口张开。果实套袋应避免在中午高温时间，尽量选择早、晚气温较低时进行。在气温变化剧烈的天气不要套袋，如阴雨后突然转晴后的天气。除袋最好选择早晨气温较低时进行。

（4）行内合理覆盖：在葡萄行间合理种植草本绿肥作物，行内进行秸秆覆盖，以降低地表裸露，既可减少阳光对地面的直接照射而引起地表温度的过度升高，改善不利于该病发生的田间小气候，又可减少地面水分蒸发，保持土壤合适的水分，利于根系对土壤养分的正常吸收，可显著降低日灼病的发生。在干旱地区、沙质土壤上更应注意增加地表植被、地面覆盖。

（5）加强水肥管理：灌水要及时，应选择在地温较低的早晨和傍晚进行，要小水勤灌，避免大水漫灌，采取滴灌、渗灌或微喷是较为科学的灌水方法。改善土壤结构，深翻土壤结合施用有机质，以提高土壤的保水保肥能力。合理施肥，氮肥、磷肥、钾肥要科学搭配，要控制氮肥的过量使用，重视钾肥的施用，以避免植株过于郁闭，改善田间通风条件，可有效降低日灼病的发生。

2.灾后补救 不论是葡萄日烧还是气灼，都会对葡萄果穗造成直接影响，但要避免造成二次危害，需要进行科学处理。①天气持续高温干旱情况下，不建议快速进行受伤果粒修剪，新的创伤很可能造成新的果粒受损。②高温过后，天气阴凉多雨情况下，需要及时的修去受伤果粒及果柄，并及时用药剂进行伤口处理，避免病菌感染。③加强果实的中后期补钙，钙素能显著提高果肉硬度及果皮韧性，膨大果粒，增加果实重量，防止葡萄裂果。④葡萄套袋后也会由于高温在袋内造成日烧、气灼的发生，最重要的工作不是解袋修穗，而是一定确保袋内相对干燥和无菌的环境，即使发生偶尔的日烧、气灼甚至裂果，也不会造成整穗果实的毁坏。

七、鸟害

近年来，由于人们对生态环境保护意识的增强，捕鸟行为的减少，导致鸟的种类、种群数目急剧增加。常年在我国南北方果园中活动的鸟类有山雀、麻雀、啄木鸟等20余种。近年来我国葡萄生产上关于鸟类危害的报道越来越多，不仅露地栽培的鲜食品种、酿酒品种遭受鸟害，而且温室、大棚葡萄和葡萄晾干房也常受鸟的侵袭。研究鸟害的发生规律，推广经济实用有效防御方法已成为当前葡萄生产上一个十分紧迫的问题。

1.鸟害的定义 葡萄园鸟害主要是在葡萄生长期，鸟类对葡萄嫩叶、嫩枝、花序和成熟的果粒进行啄食的现象。葡萄园鸟害极易造成葡萄商品率下降，并诱发蜂、蝇、葡萄酸腐病等次生病虫害的发生，严重地影响着葡萄生产的健康发展。

2.鸟害发生的特点 葡萄园鸟害发生状况与栽培品种、栽培方式、栽培地区的自然条件密切相关，综合分析，鸟害的发生有以下几个特点。

（1）与葡萄品种有关：鲜食葡萄品种鸟害比酿酒品种严重，在鲜食品种中，以早熟和晚熟品种中红色、大粒、皮薄的品种受害明显较重。晁无疾等在北京周边地区调查凤凰51、京秀、乍娜早熟品种果实受害率65%～75%，晚熟品种红地球果实受害率为35%，原因是在当地葡萄成熟时，农作物晚熟种尚未成熟或早熟种已经收获，这时葡萄就成为鸟类主要的觅食目标。

（2）与栽培方式有关：葡萄栽培方式对鸟害有较大的影响，其中采用篱架栽培的鸟害明显重于棚架，这主要是由于棚架栽培对葡萄果穗有一定的遮蔽作用。而在棚架上，外露的果穗受害程度又较内部果穗重。套袋栽培葡萄园的鸟害程度明显较轻，但应注意选用质量好的果袋，若果袋质量较差容易被鸟啄破，同样导致果实受害。

（3）与周边环境有关：树林旁、河水旁和以土木建筑为主的村舍旁，鸟害较为严重。在气候干旱的新疆吐鲁番、哈密地区戈壁滩上的葡萄园和葡萄干晾房中，鸟害就不突出，但在靠近绿洲附近的葡萄园和晾房中葡萄鸟害就相对较重。

3. 鸟害发生的规律

（1）危害鸟类种类：据多年的调查和不完全检索，危害葡萄园的鸟类种类繁多。常年在我国葡萄园中活动的鸟类有20余种，主要有：山雀、麻雀、山麻雀、画眉、乌鸦、大嘴乌鸦、喜鹊、灰喜鹊、灰树鹊、云雀、啄木鸟、戴胜、斑鸠、野鸽、雉鸡、八哥，相思鸟、白头翁、小太平鸟、黄莺、灰掠鸟、水老鸹等。随地区和季节的变化，我国各地葡萄园中鸟种类的地域性差异十分明显，在南方，山雀、白头翁等是对葡萄危害较多的鸟类，在北方，麻雀、灰喜鹊则是危害葡萄最为主要的鸟类。

（2）鸟类危害规律：在葡萄园观察中发现，一年中，鸟类危害最多的时期是在果实上色到成熟期，其次是发芽初期到开花期，而在幼果发育期到上色以前，鸟类危害较少。在一天之中，黎明和傍晚前后有两个明显的鸟类危害高峰，麻雀、山雀等以早晨危害较多，而灰喜鹊、白头翁等则在傍晚前危害较为猖獗。鸟害严重地区，常常有成群鸟类侵害葡萄园的情况。有些鸟类如灰喜鹊有明显的“报复”行为，当群体中一只遭捕杀时，会招致成群的灰喜鹊危害果园。

4. 鸟害的防控

（1）人工驱鸟：在清晨、中午、黄昏3个鸟类危害果实较严重时段，看护人员手持木杆不停走动，也可达到驱鸟目的。但总是赶着鸟跑，效果不很理想，成本也较高。

（2）扎假人：在葡萄园周边扎假人或草人，手握布条，随风飘动，可起到驱赶鸟的作用。

（3）声音驱鸟：利用声音驱鸟设备播放超声波、鸟类受惊吓时的惨叫声、猛禽的鸣叫或响闹声等，可达到驱鸟、防鸟的效果。系统可内置数百种声音，以应对不同的鸟类。

（4）改进栽培方式：在鸟害常发区，采取管理好棚室门、通风口或避雨棚间隙，不给鸟类留有孔隙。

（5）果穗套袋：果穗套袋作为常规栽培技术已在葡萄主产区广泛使用，对防病防虫和减少农药、尘埃对果穗的污染具有很好的效果，同时对体型较小的鸟类具有很好防护作用，但像灰喜鹊、乌鸦等体型较大的鸟类，常能啄破纸袋危害葡萄。因此一定要用质量好，坚韧性强的纸袋，或应另选其他方法。

（6）架设防鸟网：防鸟网既适于大面积的葡萄园，也适于面积小的葡萄园或庭院葡萄，其架设技术如下。

①防鸟网材料选择。尽量使用耐磨、抗压、防晒、防腐蚀、结实、弹性好、质轻、成本低的材料，如白色聚乙烯网。

②防鸟网网眼规格。根据主要危害鸟类的体型大小（表14-2），经试验2厘米×2厘米至3厘米×3厘米网眼规格较为合理。过小，会使成本增加并影响光照，过大，一些体型较小的鸟类会钻进网内继续危害，起不到防鸟效果。

表14-2　鸟类体形大小一览表

鸟类名称	灰喜鹊	喜鹊	麻雀	鸠鸽	乌鸦	啄木鸟
长×宽（厘米×厘米）	37×4	43×4	14×2.5	41×4.5	45×4	42×4

③防鸟网的架设。非雹区防鸟网的架设：在原架杆上捆绑60～70厘米木杆，用10号至12号铁丝或钢丝按3米×5米距离纵横搭成支持网架，网架上铺设用2厘米×2厘米～3厘米×3厘米聚乙烯专用防鸟网，网架的周边下垂至地面，用8号铁丝弯成倒U形钩，钩住网插入地下，每2米钉一钩即可有效防止鸟从侧面飞入葡萄园进行危害。

雹区防鸟网的架设：在冰雹频发的地区，葡萄防雹网已得到较大面积的应用，鸟类不能从正面进入，多从侧面飞入架下危害，可直接将防雹网下垂至地面，用它兼顾防鸟，一物两用。

八、药害与肥害

葡萄设施栽培是在相对密闭的小空间内进行的生产活动，设施内生态环境的变化受人为控制，生产中对肥料、农药、生长调节剂等使用不当，或仍旧按照在露地葡萄生产作业时的经验施用，很容易导致肥害或者药害的发生。

（一）葡萄药害

1.葡萄药害识别　葡萄药害表现主要发生在叶片和果实上，有时嫩梢上也可发生。具体药害症状因药剂种类不同而差异很大。灼伤型药剂的药害主要表现为局部药害斑或死亡；激素型药剂的药害主要表现为抑制或刺激局部生长，甚至造成落叶及落果，穗轴粗大僵硬，穗轴纵裂。从生产中常见表现来看，有变色、枯死斑、焦枯斑、畸形、衰老、脱落等多种类型。

2.葡萄药害发生机理　葡萄药害主要由于药剂使用不当造成，如使用浓度过高、混用不合理、喷药不安全、防护不周到等。多雨潮湿、高温干旱均可诱发产生药害，树势衰弱常加重药害表现。

（1）由药剂成分产生的药害：我国目前很多地方都还在用石硫合剂清园，要在萌芽透绿之前清园使用，展叶后禁止叶喷，可以喷地面。除了清园，葡萄园里禁止使用有机磷类杀虫剂，如毒死蜱等。

三唑类对葡萄的抑制性由强到弱依次为氟硅唑、丙环唑、烯唑醇、三唑酮、戊唑醇、苯醚甲环唑、腈菌唑。苯醚甲环唑和腈菌唑是三唑类中极少数对植物生长调节能力极弱的成分，可在葡萄生长各个时期放心使用。其他三唑类产品可在清园时使用，不产生抑制生长的作用。在葡萄幼叶期尤其在2～5叶期，如果使用丙环唑、氟硅唑、戊唑醇等则容易出现节间短、叶片小、生长缓慢等症状，有利有弊。代森锰锌是葡萄上比较好的保护剂，但如果前期使用非络合态代森锰锌则很容易出现药害。代森锰锌在红地球等果皮较薄的欧亚种中存在较大的药害风险，不建议使用。

百菌清为小分子团粒类杀菌剂，与乳油类农药混用容易对葡萄幼果造成灼伤，特别是欧亚种。嘧霉胺：在超过30℃时使用有药害风险，使用时请注意。

(2) 由药剂剂型产生的药害：一般乳油制剂中含有甲苯和二甲苯等成分，在葡萄幼果期至套袋前使用会增加药害风险，并且破坏果粉。坐果之后不要使用粉剂，会污染果面可选用悬浮剂、水分散粒剂。

(3) 调节剂药害：调节剂在葡萄上是一个绕不开的话题，其使用有很大的技术要求，使用不当会造成很多意想不到的后果。所以，使用调节剂之前一定要明确药剂名称、使用方法，尤其是使用时期、药剂浓度、喷药次数。最好是先试验后推广。

(4) 由药剂混配产生的药害：生产用药一般都是几种药剂加入叶面肥一起打，药剂质量不过关、混配种类过多、浓度过大都容易出现药害。大部分药剂都是偏酸性的，不能和工艺不好的波尔多液、硫酸铜混用，否则会降低药效，也会增加药害风险。嘧菌酯的渗透性太强，不能和乳油、有机磷、有机硅或含有渗透剂成分的叶面肥混用。

药剂混配时原则上不易溶解的先加入，一般加药先后顺序为叶面肥、可湿性粉剂、悬浮剂、水乳剂、乳油。多种药剂混用的时候，因成分杂，所以用二次稀释的方法进行混配，先分别稀释再混到一起，一般现混现用。

(5) 由打药时间不当产生的药害：打药一般选择上午8–10点或下午3点以后，尽量避免中午用药。中午温度高，施药以后水分急速蒸发，药液浓度突然变大很容易灼伤幼果和叶片。中午温度合适也可以用药。

3.葡萄药害防治 葡萄药害的预防，首先是科学、合理地选择和使用农药，如正确选用农药种类、农药浓度、施药器械、混配药剂、用药时间等。其次，加强栽培管理，培育壮树，提高树体耐药能力。第三，发生药害后及时补救，尽量减轻药剂危害程度。

(1) 浇水喷水：缓解药害的第一手段就是喷错药后要尽快用清水喷撒被害植株，通过降低药物浓度来减少药害的产生。对于地上喷洒过量的农药、除草剂等，应灌水冲洗，洗去土壤中农药残留。如因石硫合剂产生的药害，在清水清洗的基础上，喷400～500倍液食醋。使用乐果不当产生的药害，也可喷200倍食醋溶液1～2次。因过量使用有机磷、聚酯类产生的药害可喷200倍硼溶液1～2次或0.5%～1%石灰水或肥皂水等溶液。

(2) 及时施肥：遭受药害后必须及时追肥（喷施或结合浇水追施），以提高植株自身抵抗药害的能力，促使尽快恢复树势。喷施生长调节剂如芸苔素、叶面肥结合田间管理浇足水，促使根系大量吸收水分，降低树体体内的药剂浓度，缓解药害。如药害为酸性农药造成的可撒施一些草木灰、生石灰，药害重者可用1%的漂白粉液进行叶面喷施。对碱性农药引起的药害，可追施硫酸铵等酸性化肥。

(3) 中耕松土：要多次除草松土可以改善土壤透气度，促进根系发育增强树体恢复能力和提高树体本身抗药性。

(4) 及时修剪：剪除枯枝、枯叶，防止枯死部分蔓延或受病菌侵染加重病害的发展，如主干产生药害采取清水冲洗。

（二）葡萄肥害

1.葡萄肥害识别 葡萄肥害主要表现在葡萄叶面上，有时也表现在新梢上和根系上。叶面喷肥引起肥害时，在叶面上产生火烧状紫褐色的坏死斑块，在果实上出现黑褐色坏死斑点，使病果发育受阻，并易受病虫危害而致腐烂。土壤追肥引起肥害时，地下根系烧伤坏死并变褐腐烂，树上新梢生长不良，幼叶失绿呈浅黄色，严重时叶缘出现坏死斑块，最终整个叶片甚至新梢枯焦死亡（与病害不同的是，枯斑不会无限扩展），在高温、干旱条件下病情展开非常急速，叶缘枯焦。

2.葡萄肥害发生机理 葡萄肥害是指由于肥料的施用不当或过量施用，导致树体营养失衡、肥料中有毒有害物质超过树体忍受能力，土壤产生盐渍化或酸化，从而对葡萄植株产生多种危害。轻者造成减产，重者全株死亡。叶面喷肥造成的肥害，是由于肥料浓度大，或肥料与农药混配不合理造成的。土壤追肥造成的肥害，是由于施肥量过大，或施肥位置离根过近或肥料质量不合格，以及有机肥未经充分发酵而施入造成的。由于根系生长的向肥性，诱导大量新根扎入肥堆烧伤致死，轻者个别枝条叶片萎蔫，生理功能紊乱；重者全树枝叶枯萎，3 ～ 5天内植株死亡。

（1）外伤性肥害：

①气体毒害。主要指单一铵态氮过多，铵态氮分解成氨气。在通风不良情况下，当其浓度大到5毫升/升以上时，叶片便出现水渍状斑；当氨气的浓度达到40毫升/升时，叶片发生急性伤害，造成地上部的疏导组织坏死，叶脉间出现点、块状褐色伤斑。不仅在使用碳酸氢铵、氨水时容易发生氨气毒害。在土壤较干时，氨气极易逸散于空气中，达到一定的浓度便可使叶片受害。此外，使用未腐熟的有机肥也可发生氨害。

②浓度伤害。生产中主要有化肥干施、“生”肥伤害和用量超标等三种情况易发生浓度伤害。化肥干施：直接将化肥集中施于植株基部土壤，误认为施肥位置离植株愈近就愈容易被根系吸收。其实，根系吸收能力最强的部分是在根系外围的幼根及其根毛，植株基部的根系大多是多年生输导根，并无吸收功能，集中干施化肥，极有可能浓度过大而烧伤输导根。“生”肥伤害：主要是新鲜的畜、禽粪便未经腐熟而直接施入土壤，在分解过程中产生有机酸及热量，使根系受害。用量超标：常常超标准过多地施用化肥或人畜粪，有效氮含量超负荷，形成土壤浓度障碍，发生烧根，严重的还造成死株。

（2）内伤性肥害：这是指由于施肥不当，使植株体内离子平衡被破坏而引起的生理性伤害。常见的有下列几种情况。

①氨气中毒。土壤中铵态氮过多时，植株会吸收过多的氨，产生氨中毒，影响光合作用的正常进行。

②氮肥过多。使用过多的氮肥，在硝化过程中，常会产生亚硝酸盐积累，发生亚硝酸毒害，表现为根部变褐、叶片变黄；当氮过剩时，还会使葡萄产生缺钙症。

③拮抗作用。如果施入过多的磷肥，在碱性土壤中会影响钙和微量元素的吸收，葡萄的日灼病就是因为树体缺钙造成的；而钾肥施过多就会妨碍钙和镁的吸收，同时也会妨碍对硼的吸收，从而引起葡萄的一系列生理性病害。

3.葡萄肥害防治 葡萄园一旦遭受肥害后，必须及时采取有效措施以缓解害情，促使植株尽快恢复长势。

①足量浇水，灌水排毒，灌水洗土，同时让葡萄根系大量吸水，增加细胞水分，从而降低土壤、植株体内肥料元素的浓度，起到缓解肥害的作用。

②叶面连续喷施清水冲洗，以清除或减少葡萄叶片上的肥料残留量。

③中耕松土，增加土壤通透性，有利于根系呼吸，促进根系生长，加速植株迅速恢复吸水吸肥的能力。

④花穗、果粒或叶片局部受害，可局部摘除；如主茎（主干）产生药害应清水冲洗消毒。

⑤追施黄腐酸肥料，提高植株抗药害能力，促进根系生长。

（三）除草剂危害

葡萄园化学除草不失为一种省工、高效的除草方式。但是如果施用不当，或经由大田漂移都会对葡萄产生危害。

除草剂的药害程度一般分为6级，即0级对作物无影响；1 ～ 2级药害轻，一般不影响产量；3级药害中等，对作物有损害，影响产量，尚可恢复；4级药害严重，严重影响产量；5级药害极重，作物死亡绝产。

1.除草剂危害葡萄的特征　不同类型、不同作用机理的除草剂会对作物产生特异的药害症状。除草剂对葡萄的危害与病毒病的症状相似，也与主要营养和微量元素过量或缺乏产生的症状相似。2，4-D（2，4-二氯苯氧乙酸）对葡萄的危害与葡萄扇叶病毒的症状相似；葡萄吸收百草枯后的危害与花叶病毒、轻度霜霉病等症状比较相似；往葡萄上直接喷洒除草剂的危害与氮素过多、灰霉病、轻度日灼等对叶片的危害相近。除草剂危害主要发生在幼嫩部位，发生时间往往比较突然，轻度危害在翌年可以恢复正常，而且危害常常是连片发生。受害株叶片似开水烫过一样，后期干枯脱落，果穗也出现不同程度的萎蔫，严重者果粒脱落，造成大幅度减产。

除草剂2，4-D丁酯和草甘膦药剂，可以从3 000米以外喷药现场漂移到邻近葡萄园造成危害，引起葡萄叶片发生畸形，叶部呈带状纹，其新梢先端叶片的叶边缘呈鸡爪抽缩状，叶柄洼极度开张，呈扇形。对枝条的危害主要表现为嫩梢扭曲生长，节间距拉长。对果实的为害主要表现为果实停止生长，失绿黄化。

2.葡萄除草剂危害的防治

（1）隔离：目前露地葡萄园除草剂的使用还无法进行限制，葡萄种植者所能采取最有效的措施就是隔离。4年生以下的树不要用除草剂，根系上浮的不要用，弱树不要用，没有恶性杂草可以不用。设施葡萄栽培尽量不用除草剂，如果不得不用，建议使用安全性好的草甘膦。不要用接触过除草剂的药桶、输液管、喷药枪等器材打药。

（2）及时排毒：在除草剂药害已经发生时，尽早进行排毒。及时连续进行灌水，以降低除草剂在土壤中的含量从而缓解药害。因除草剂大多为酸性，可施用石灰或草木灰50 ～ 100千克/亩；对于一些遇碱性物质易分解失效的除草剂可用低浓度0.2%的生石灰或0.2%的碳酸钠稀释液喷洗作物。

（3）加强综合管理：加强肥水管理，补偿部分叶片损失，一般短时间内可以恢复，施肥时注意多施有机肥，有机质对除草剂有一定吸收作用，不仅使除草剂失去部分活性，同时也给作物恢复生长提供一定的养分。及时中耕松土，适当增施磷钾肥，可促进根系发育，有利于增强植株的抵抗能力。及时摘除褪绿、变形的枝叶，可减少药剂在植株内的渗透、传导。补充叶面肥，增强光合作用，恢复叶片生长；也可追施适量速效氮肥，促进葡萄发叶，使植株尽快恢复正常生长发育。

（4）化学调控：在药害后有针对性地喷洒植物生长调节剂进行逆向调节。植物生长调节剂对葡萄的生长发育有很好的刺激作用，同时还可利用锌、铁、钼等微肥及叶面肥促进植株生长，有效减轻药害。常用植物生长调节剂主要有赤霉素、助壮素、云大120、芸苔素等。

第十五章 葡萄根域限制栽培技术

根域限制就是利用物理或生态的方式将葡萄根系生长限制在一定的容积范围内，通过调控根系的生长环境因子、养分与水分供给状态来调节地上部枝叶生长、结实和果实品质形成的技术。

根域限制是上海交通大学历时十余年开发完善的一项突破‘根深叶茂’传统栽培理论、应用前景广阔的前瞻性葡萄栽培新技术，具有肥水高效利用、果实品质显著提高、树体生长调控便利省力及低环境负荷等显著优点，在优质栽培、节水节肥栽培、有机栽培、盐碱滩涂利用、矿山迹地复垦、观光园建设等诸多方面有广阔的应用前景。特别在多雨和高地下水位地域的葡萄优质安全、种养结合、花园式观光栽培应用更加有效，能够建成景观优美、种（葡萄）养（禽畜鱼）兼顾、生产观光结合、多种作物复合种植（葡萄草莓套种、葡萄菌菇套种、葡萄小麦套种）的花园式葡萄园，并显著提高品质、经营效益和果农收入。

一、葡萄根域限制栽培的生物学基础

（一）葡萄根系与根域限制栽培

设施栽培葡萄的根系属茎源根系，无论是自根苗或嫁接苗的砧木部分都是采用扦插繁育的苗木根系，其根系来源于母体茎上的不定根。通常是在插条基部产生愈伤组织的断面处或基部节上产生第一批根，而后在上部节和节间生根，节位上发根多、节间少。

茎源根系最大特点就是无明显主根，由多级侧根和幼根组成(图15-1、图15-2)。葡萄一年生扦插苗木可形成七级或更多级侧根，以后随树龄增大，直接从主干地下部(根干)发出侧根，1级侧根数逐渐减少，5年后侧根的数目将不再增加，但幼根部分的吸收根反而随地上部树冠的扩展而增多。所以，葡萄根域限制栽培其根系在有限空间内，只要园地土壤人为的按需供应肥水，就能供给葡萄充足的养分和水分，并输送至地上部进行光合生产，尽可能满足葡萄生长结果所需。

（二）葡萄园土与根域限制栽培

无论采用哪种根域限制栽培形式，葡萄根系在土壤中的分布空间都会受到限制，就是说根系与土壤容积之比都会大大缩小，这就要求土壤养分和水分容量要大幅度提高，否则满足不了葡萄正常生长和结果的需求。

提高土壤养分供应的方法很多，凡是能提高土壤有机质含量的(至少要求达到5%以上的)、实施“测土施肥”指标的、将土壤改良成为国家级“良田”的一切农业技术和方法都是有效的。至于满足水分的供给，对设施葡萄来说并不重要，一是设施葡萄本身就是一项节水农业（在我国西北干旱农区的棚室葡萄比露地葡萄节水70%）；二是土壤改良好，蓄水能力自然就提高了；三是设施葡萄园一般都实施水肥一体化，其装备基本现代化。

图15-1　葡萄扦插苗根系
1.表层根　2.基层根

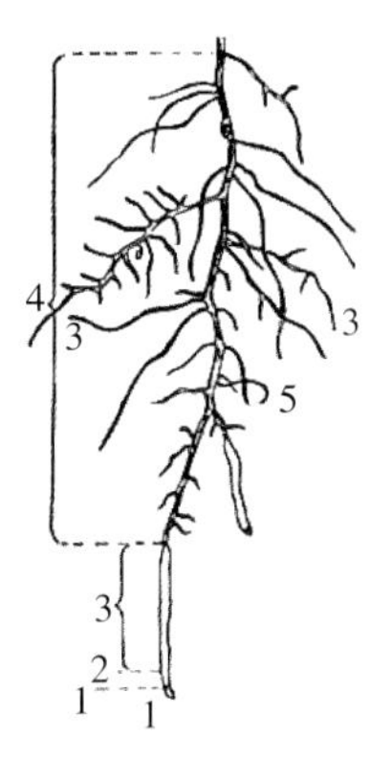

图15-2　葡萄幼根
1.根尖　2.生长区　3.吸收区
4.疏导区　5.小毛根

二、根域限制的形式

葡萄的根域限制模式有垄式、沟槽式、箱框式和控根器等4种，具体特点如下。

（一）垄式

按照设计行距，用营养土在葡萄栽植行位置上堆积高度30 ~ 40厘米、上部宽度80 ~ 100厘米、下部宽度120 ~ 150厘米的垄，在垄上按照设定的株、行距种植葡萄苗，垄面布设3 ~ 5条（间距20 ~ 25厘米）滴管带供给营养液（图15-3）。也可以堆积一定容积的土堆种植葡萄苗（图15-4）。

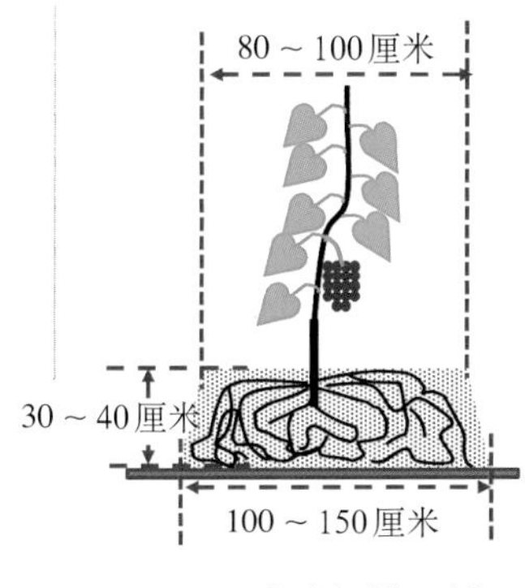

图15-3　垄式根域限制

图15-4　土堆式根域限制（段长青　摄）

（二）沟槽式

按照设计行距，在行距中心点向两侧开挖宽度100 ～ 150厘米、深50厘米的沟槽，沟底中间开深宽均为10 ～ 15厘米的小沟，两沟壁和沟底覆盖0.08 ～ 0.15毫米厚度（8 ～ 15丝）的整幅塑料膜，在塑料膜内铺设排水管，然后将营养土填充到沟内，并高出地面20 ～ 30厘米（图15-5、图15-6），最后按照设计株距定植葡萄苗后，铺设4 ～ 5根滴管带（间距20 ～ 25厘米）即可（图15-7）。由于采用较厚塑料膜铺垫定植沟，隔绝根域与域外土壤的联系，根域土壤水分变化相对较小，很少出现过度胁迫的情况，葡萄新梢和叶片生长中庸健壮，光合作用生产能力强，树体营养丰富，花芽容易形成，开花坐果顺利，为葡萄优质、丰产奠定基础。

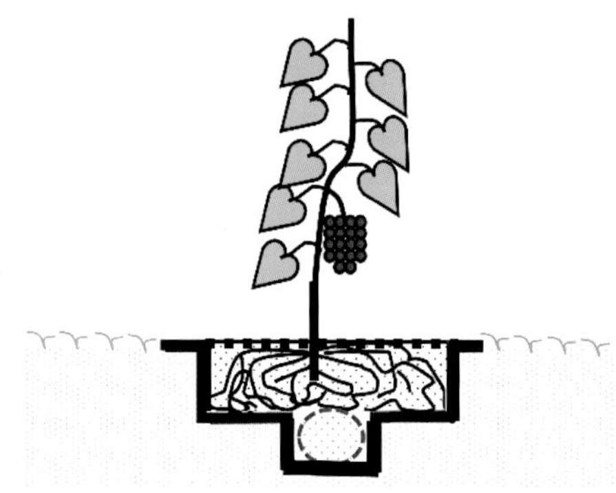

图15-5　沟槽式根域限制模式

图15-6　沟槽式根域限制栽培葡萄树

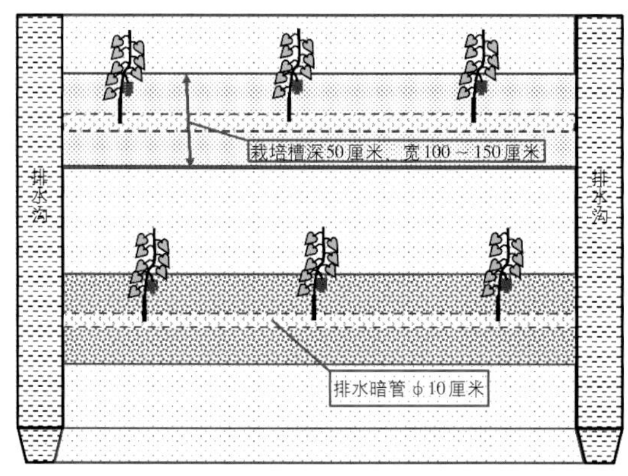

图15-7　沟槽式根域限制栽培模式

（三）箱框式

利用木板钉制或砖头砌成高度70 ～ 80厘米，具有一定容积的栽培箱框，内填40 ～ 50厘米高度的营养土后种植葡萄苗，即边框要高出营养土面20 ～ 30厘米，并配置微喷头2 ～ 4个供给营养液和水（图15-8、图15-9）。箱框高、宽、长度可根据园区需要设定，外表面还可刨光、雕刻、绘画、书写、贴字，四周顶部可加宽设座，是城乡葡萄采摘园、葡萄果园、文化公园、农业博览馆等一张亮丽的名片，特别适合各类学校、机关、部队、企事业单位的文化广场，庭院绿化采用。但在北方冬季寒冷(年极端低温在－15℃以下)因葡萄需要下架覆盖防寒越冬地区，不宜采用；而日光温室葡萄和多层棚膜大棚，冬季严寒季节其棚室顶部都可以覆盖（大棚侧面围暖）保温，也可采用。

图15-8　箱框式根域限制阳光玫瑰葡萄树（单株40米²）

图15-9　砖池根域限制夏黑葡萄树（单株64米²）

（四）控根器模式

用具有凸凹形状，并在凸凹顶部有透气孔眼的硬质塑料膜围成圆形或椭圆形栽培空间，填充营养土后种植葡萄苗（图15-10）。新建园时，通常都是先进行园地整理，清除杂草灌木，深耕（30～40厘米）栽植行，平整土地，然后按照设计的行株距放置控根器（图15-11）。控根器高度70～80厘米，填营养土高度40～50厘米，即边框要高出营养土面20～30厘米。控根器的直径因树冠大小而异，树冠大，需要的控根器直径也大（表15-1）。此类控根器与箱框式相似，也可粘贴书画文字美化园区环境，宣传葡萄文化，推介产业发展和适用范围，但控根器材质轻便、制造容易、能大批量生产，运输和安装省事，还能拆除收回利用；成本低廉、用途广泛是葡萄根域限制栽培的生力军，除冬季葡萄树体需要下架防寒以外园区都可采用。

图15-10　控根器模式根域限制栽培阳光玫瑰
左：广州二年生　右：南宁三年生

表15-1 控根器模式根域限制的株行距与控根器的直径、供水微喷头数量

行距(米)	株距(米)	亩株数	控根器直径（米）		0.8米宽控根器长度②（米）		喷头数③	大棚和设施类型及树形
			夏黑等①	阳光玫瑰等①	夏黑等	阳光玫瑰等		
2.50	2.0	133.2	0.87	1.07	3.14	3.76	1 ~ 2	
2.50	4.0	66.6	1.24	1.51	4.28	5.16	2	
2.50	8.0	33.3	1.75	2.14	5.89	7.13	3 ~ 4	大棚和设施、1主蔓T形
2.50	10.0	26.6	1.95	2.39	6.54	7.92	3 ~ 4	
2.50	20.0	13.3	2.76	3.39	9.08	11.03	6 ~ 8	
2.66	2.0	125.2	0.90	1.10	3.23	3.87	1 ~ 2	
2.66	4.0	62.6	1.28	1.56	4.40	5.31	2	
2.66	8.0	31.3	1.80	2.21	6.06	7.34	3 ~ 4	8米跨度棚、1主蔓T形
2.66	10.0	25.0	2.02	2.47	6.73	8.16	4 ~ 5	
2.66	20.0	12.5	2.85	3.49	9.35	11.37	6 ~ 8	
5.00	4.0	33.3	1.75	2.14	5.89	7.13	3 ~ 4	
5.00	6.0	22.2	2.14	2.62	7.12	8.64	4 ~ 5	大棚和设施、2主蔓H形
5.00	8.0	16.7	2.47	3.03	8.16	9.91	6 ~ 7	
5.00	10.0	13.3	2.76	3.39	9.08	11.03	7 ~ 8	
8.00	2.0	41.6	1.56	1.91	5.31	6.42	2 ~ 3	8米跨度棚、3主蔓王字形或1主蔓T形
8.00	4.0	20.8	2.21	2.71	7.34	8.91	4 ~ 5	
8.00	6.0	13.9	2.71	3.32	8.90	10.82	6 ~ 8	8米跨度棚、3主蔓王字形
8.00	8.0	10.4	3.13	3.83	10.22	12.43	7 ~ 9	

备注：①夏黑等是指生长势强旺的品种、阳光玫瑰等是指肥水需求旺盛的品种。②控根器围制时端面重叠20厘米。③喷头数量应依据水压和喷头类型调整。

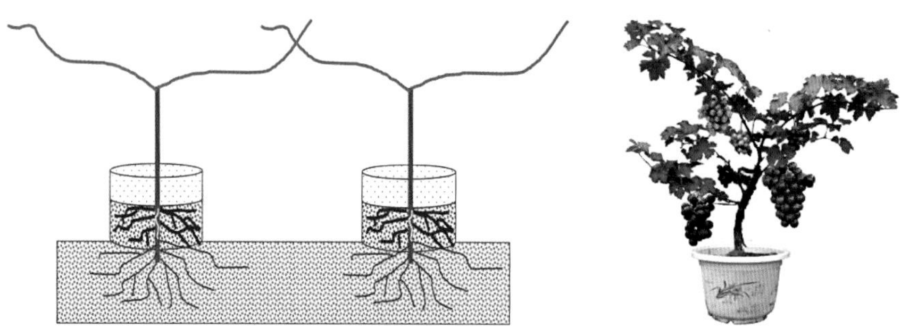

图15-11 控根器模式根域限制示意图
（可以使部分根系深入土壤，灌水管理要容易些）

图15-12 盆栽葡萄

（五）盆栽式

采用瓦盆、泥盆、陶瓷盆、木盆(箱)、金属盆(钵)等容器，将葡萄苗置于盆体中心，再把营养土或其他介质填入盆中，直至离盆顶部4 ~ 6厘米，使苗根和苗茎下半部完全被覆盖，按设计要求，在盆内插入架材或在排列有序的与盆葡萄之间安装架材，搭架引蔓，

并设置滴灌系统供给水和营养液（图15-12）。盆栽葡萄是根域限制栽培的特殊模式，一是葡萄根系被限制在一个很小的盆容器中，根/冠比在0.1～0.3左右，但仍可获得优质、高产葡萄浆果(直径40厘米，深度40厘米的瓦盆，可产5～10千克/盆浆果)；二是可以利用一切平坦土地(包括滩涂、盐碱地、沙漠)，集百、千、万盆于一地，按照设计要求将不同葡萄品种布设成行、成方，也能建成像样的商品基地，既售葡萄浆果，又卖盆景(辽宁抚顺市郊区就有一户父子两辈人，依靠房前小溪旁1亩多滩地，每年栽种近2 000盆葡萄，售苗卖果营生，小康日子很盈实)；三是可以陈设在公园、街心、庭院、楼台、窗口，组成图案，搭架造型，青枝绿叶，红果蓝天，别开生面。

盆栽葡萄的最大特点：一是营养面积受到严格限制，葡萄根系生长空间狭小，从盆土中吸收养分和转运到地上部枝叶花果的养分有限，从而影响到树体生长，促使矮化，利于早结果，早丰产；二是葡萄植株局限在盆栽较小容器内，便于移动，可以人为改变其生境条件，创造较园田更为有利的温、光、气、水等环境，避免灾害，提早或延后物候期，实现葡萄优质、丰产、省工、节本、安全生产目标；三是休眠期进行倒盘换土修根，将葡萄植株拔出，对绕盘一圈的根系进行更新修剪，捣碎盘土，参入新营养土后重新栽植，年复一年，利用价值极高。

三、不同生态条件下的应用模式

我国疆域辽阔，地形复杂，气候多态，土类繁多；不同地区的生态环境千差万别，同一地区生态条件也因地形差别导致气候和土壤的微变。因此，想找出几个恰当“生态因子”指标为“葡萄根域限制栽培”作出全国区划，是很困难的，也是不现实的；我们只能根据近二十多年的探究和现实，提出如下几个方面的规划设想，供各地参考。

（一）防寒区和非防寒区

栽培葡萄原产地的地中海沿岸各国气候比较暖和，抗寒能力较差，超出一定低温范围就要冻死。我国露地葡萄栽培区以冬季极端低温－15℃线为界规定：－15℃线以北的葡萄需要下架覆盖防寒，为防寒栽培区；－15℃以南的葡萄无须下架防寒，为非防寒栽培区。

防寒区，冬季葡萄经修剪、清园后，将枝蔓下架、捆绑、覆膜、埋土(或其他覆盖物)，只适合垄式、沟槽式、垄槽结合和盆栽式等应用模式；不适合箱框和控根器等突出地面的根域限制模式，因为它们无法覆盖防寒。当然，日光温室和多层膜大棚葡萄，都能覆盖保温，前述5种根域限制形式均适用。

非防寒区，冬季葡萄无须下架防寒，并不改变原园区面貌，前述5种根域限制模式统统适用。可根据就地取材、方便操作、有利水土保持、有利根系生长和吸收等诸多因素，综合考量、科学选定其中一项即可。

（二）多雨湿地生态区

年降水量800毫米以上，湖泊河网周边湿地，共同特点是土壤水分长期处于半饱和状态，露地葡萄根系呼吸困难，影响新根生长，进而减慢树体营养积累，削弱果实成熟期增糖上色，又因吸水过量极易诱发裂果，直接影响到葡萄产量和品质。采用垄式、沟槽式、垄槽结合式根域限制栽培模式，将葡萄根系吸水范围被严格限在一个较小的范围中，通过叶片的蒸腾可以及时使土壤水分含量降低，是提高浆果品质和克服裂果的有效措施。长江以南和沿江两岸地区多为本生态区，现在葡萄基本已进入棚室栽培，避雨、排水都不成问题，建设新园可采用沟槽式、控根器等应用模式。

（三）少雨地下水位较低生态区

年降水量500～800毫米非防寒区、地下水位1米以下地区，是我国优质农耕区。通常地势平坦，土层深厚，地下水储量丰富，取水易，排水也不难，宜采用沟槽式、控根器等根域限制栽培模式。山东胶济铁路沿线、京津冀地区、中原地区和辽宁南部等地区属本生态区。

（四）西北半干旱山地生态区

甘肃天水等西北半干旱山区，年降水量300～500毫米远远低于地面蒸发量，而且有限的降水又会顺坡流失，不仅浪费了珍贵的降水，还带来了水土和养分营养的流失。通过根域限制，集中有限的降水引导葡萄根域，是半干旱山地葡萄高产优质的重要途径，半干旱山地的根域限制栽培主要是集中雨水到根域范围内，并在根域内填入储水、保水能力强的材料，使一次降水可以长时间供给植株。适宜的模式是：在坡地沿等高线开宽120厘米、深80厘米的栽植沟，在沟的两侧壁和底部覆以地膜，防止雨水渗入根域以外的土壤。但底部要留出宽度30～50厘米的部位不覆膜，使部分根系能伸入地下，遇到大旱灾年时吸收深层土壤水分，保证不致干枯死亡。填入土肥混合物50厘米深度后栽植葡萄苗，留出30厘米深的沟用于蓄积雨水和冬季埋土防寒。为了蓄积更多雨水，在定植沟的外侧筑起一道高度30厘米的土(石)拦蓄洪水，并在内侧坡面覆盖一定宽度的地膜，可以蓄积更多雨水，等于增加了自然降水量。模式如图15-13。

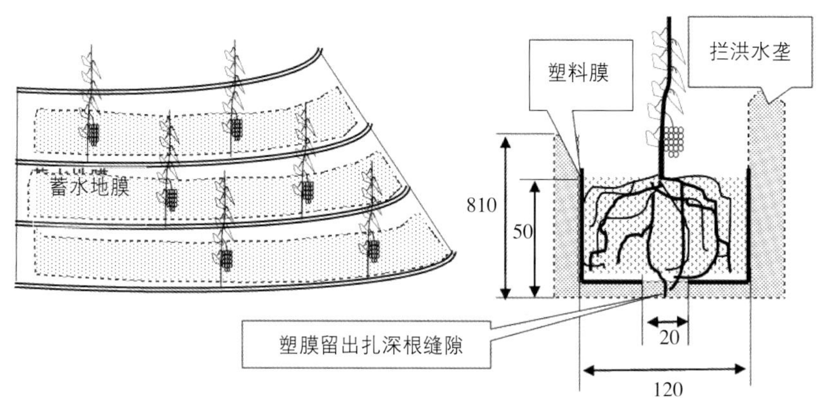

图15-13　西北半干旱山地的根域限制模式（单位：厘米）

（五）北方干旱寒冷、沙漠戈壁生态区

北方特别是西北干旱沙漠、戈壁地区年降水量少于300毫米，如银川205.4毫米、玉

门63.0毫米、乌鲁木齐276.3毫米、石河子179.0毫米、吐鲁番16.6毫米等，而地面的蒸发量却高达千余毫米以上，可见干旱、冬季严寒是本生态区的显著特点之一，该生态区域很大，地形地貌、地质土壤类型多样天壤之别。但是，作为可以栽培葡萄的园区，大多是接近沙漠戈壁边缘或就在其中，土壤漏水漏肥严重，采用根域限制不仅可以优质高产，而且可以减少肥水渗漏，节肥节水效果极其显著。但冬季不能露地越冬，需埋土防寒，同时冻土层厚，根系容易遭受冻害，故根域限制栽培时，必须采用贝达等抗寒砧木，采用不封底的沟槽式根域限制模式（图15-14、图15-15）。不建议扦插苗建园。吐鲁番及类似地区的具体做法是：在地面开挖宽120～150厘米、深80～120厘米的沟，填土50～70厘米，其上的30～50厘米只掩埋沟壁塑料膜，留出深度30～50厘米的U型沟(图15-16)，冬初修剪后树体下架掩埋越冬，并使根系处于地表以下30～50厘米的土层中。

随着全国乡村建设高潮一浪高过一浪的向前发展，该生态区的农业改造已步入现代化发展陈列，不少戈壁滩沙漠上出现了日光温室和塑料大棚，棚室里特别适合上述5种根域限制模式种植葡萄，其经济效益要比露地葡萄高出数倍。

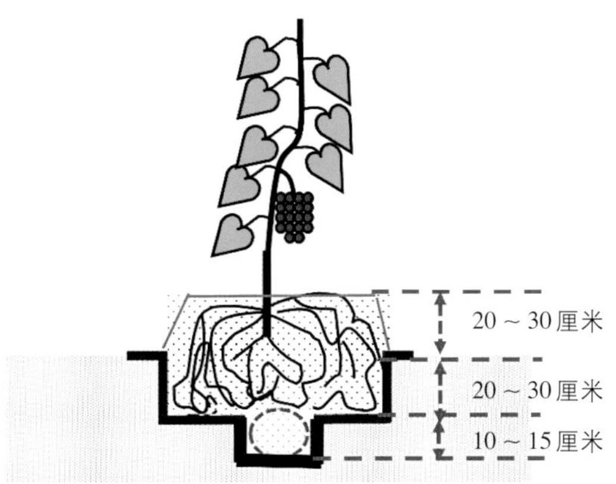

图15-14　垄槽式根域限制

图15-15　干旱少雨区域根域限制模式

图15-16　吐鲁番等埋土越冬区的深沟根域限制模式
（塑料膜全埋入土，形成U型沟，冬季掩埋树体越冬）
左：种植前状况　右：种植成园后状况

（六）盐碱滩涂地栽培区

我国海岸线连绵数千公里，江河湖泊星罗棋布，其沿岸滩涂又是一个庞大的难以估量的区域，盐碱滩涂的利用是一个非常困难的课题。传统的方式是漫灌洗盐等工程措施，或栽培耐盐植物。工程措施投入极大，而耐盐植物的耐盐能力也是有限的，对于葡萄来说，种和品种间耐盐能力的差异是有限的，特别是优质品种，耐盐能力都较弱。但是采用根域限制方式既可避免耗资巨大的洗盐工程，又不受作物耐盐性的限制，是一项非常有效的技术。适宜应用模式如下：在盐碱地铺塑料膜，在其上围绕控根器模式，用客土拌有机质制作的营养土填充控根器（图15-17），将葡萄栽培在客土土壤的根域中，应用滴灌技术供给营养肥水，则可以完全保证葡萄树的生长和结果不受盐碱地的影响，实现高产优质栽培。

图15-17　盐碱滩涂根域限制模式

（七）少土石质山坡地栽培区

在20世纪70年代，我国河北省砂石峪曾经创造了“千里万担一亩田”的奇迹，但在目前的生产和经济条件下，这样改造山河的工程是不现实的，而且利用方式也是不科学的。假设一亩地上面覆盖50厘米的土壤，每亩需要333米^{3}客土。如果运用根域限制的技术进行葡萄栽培，每亩只需要40 ～ 50米^{3}的客土、在15%～ 20%的地面上放置控根器或用乱石堆砌根域栽培即可，而且只要有少许平坦的地面堆砌根域，让树冠延伸分布到地形不适宜耕作的陡坡或凸凹不平的区域，使葡萄达到“占天不占地或少占地”的目标，可以大大提高荒山、陡坡的利用率，而且由于坡地通风透光好，可以生产出比平地品质更好的果实来。对土壤很少的石质山地可应用如下模式：在坡地的小面积平坦处，在下侧沿堆砌石块围成坑穴，内填客土和有机材料成根域（图15-18）栽植葡萄即可。在没有灌溉条件的石质山坡地，根域内应多填充吸水能力强的有机质材料（如秸秆等），提高根域保水能力。

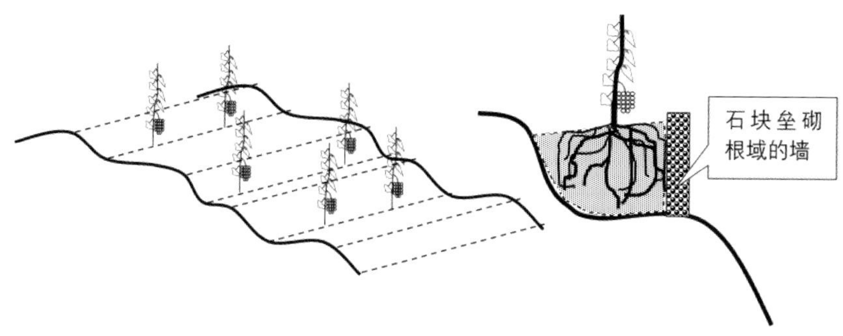

图15-18　石质少土山地葡萄根域限制模式
左：坡地种植示意图　右：根域围砌示意图

四、根域限制栽培模式下合理根域容积及土壤基质调配

（一）根域容积选择

葡萄每平方米树冠投影面积的根域容积是0.06 ～ 0.08米^3，根域厚度40 ～ 50厘米。假设以株距2.5米、行距8米的间距（T形整枝）或株距4米、行距5米间距（H形整枝）栽植葡萄时，树冠投影面积是20米^2，根域容积应为1.2 ～ 1.6米^3，采用沟槽式模式根域限制种植时（图15-19、图15-20），作深50厘米、宽100 ～ 130厘米槽，就可以满足葡萄树体生长和结实的要求了（相当于葡萄树占地面积的12% ～ 16%）。垄式栽培时，做垄底宽1.4 ～ 1.9米、顶宽1.0 ～ 1.9米、高0.4米（有效容积1.2 ～ 1.6米^3）的垄，也可以满足葡萄树体生长和结实的要求了（相当于葡萄树占地面积的17.5% ～ 23.8%）。砌方砖池或木板钉制栽培池时，砌内径1.7 ～ 2.0米见方、高0.6米（填土厚度0.4米），也可以满足葡萄树体生长和结实的要求了（相当于葡萄树占地面积的15.0% ～ 20.0%）。采用控根器模式，围成直径1.75 ～ 2.02米、高0.7 ～ 0.8米（填土厚度0.5米），也可以满足葡萄树体生长和结实的要求了，为了便于管理，也可以围制成椭圆形根域栽植（图15-21）。

图15-19　交大金山基地葡萄园

图15-20　天津茶淀观光葡萄园
（葡萄树下架压在膜下）

（二）土壤基质调配

根域限制栽培主要通过大量的有机质投入，改善土壤结构，提高土壤通透性能。根据多年的实践，优质有机肥和土的混合比例为1 ：3 ~ 8。有机质含氮高时，混土比例可达8份，有机质含氮量低时，混土比例可降至3份。例如：（稻壳、菇渣、秸秆、禽畜粪）：土（30% ~ 50%沙）= 1 ：3 ~ 8（秸秆 = 3、禽畜粪 = 5 ~ 8）。有机质一定要和土完全混匀，切忌分层混肥（图15-22）。

图15-21　椭圆形控根器根域限制模式

图15-22　根域土壤有机质要混匀

五、根域土壤的肥水管理

（一）肥水供给指标

1.新植幼树　定植后充分滴灌一次，保证根域内土壤能够被土壤水分润湿，一般滴灌2.0 ~ 3.0米³/亩。发芽后至气温在30℃以前，视气温高低每2 ~ 4天滴灌一次，每次滴灌1.5 ~ 2.0米³/亩。气温超过35℃以上时，1 ~ 2天滴灌一次，每次滴灌1.5 ~ 2.0米³/亩。7–8月份，不仅气温高，而且叶幕也达到了成龄园50%以上，灌溉频率可加大到1天2次。施肥按照每周2 ~ 3次的频率供给，施肥量每亩1.5 ~ 2.0吨，营养液浓度配制为含氮80 ~ 100毫克/千克的全元素复合肥。

2.结果树　萌芽后每5天一次，每次每亩2 ~ 3千克冲施肥（氮磷钾比例为20：20：20），外加1千克黄腐酸，将肥料溶入灌溉水滴入。随着树体营养面的扩大，补施速效肥的量可以渐次加大，但每亩每次最大冲施肥量不能超过3千克，黄腐酸1千克。配备施肥机的设施可以将肥料溶解到灌溉水中施入。具体指标为：硬核期前浇灌含氮N：60 ~ 80毫克/千克的全价液肥，每周2次，每次浇灌的营养液量为每亩地约2.0 ~ 2.5米³。硬核期后营养液浓度降低至20 ~ 30毫克/千克，施用量和施用次数不变（图15-23）。营养液施用不方便时，可以采用腐熟豆饼等长效的高含氮有机肥，每亩约100 ~ 150千克即可，于萌芽前（被雨栽培在3月20日前后）和采收后分2次施入。

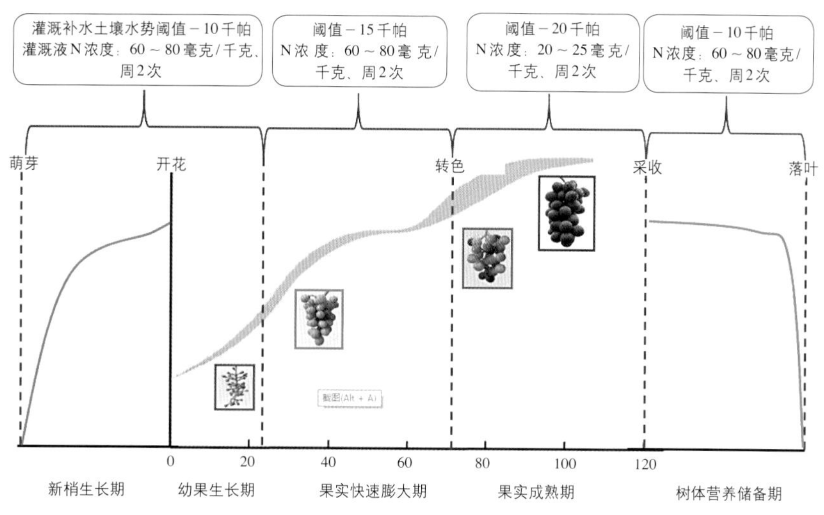

图15-23　设施栽培葡萄树肥水供给指标管理

（二）肥水供给的原则和方法

因为根系只能从狭小的根域内吸收营养和水分，土壤水分下降快，一旦水分供给不及时，很容易缺水影响生长甚至焦叶。因此，根域限制栽培的葡萄树对肥水供给要求高，必须适时、足量、均匀供给肥水。供水不足或不均匀几乎是所有应用效果不好或失败的唯一原因。

1. 水肥供给基本原则

（1）准时、足量供给：为了保证适时供给肥水，必须在水源安装控制水泵电源的定时器，能够准时开启或关闭水泵电源，通过水泵开启时间长短控制供给水量，保证足量供给。

（2）均匀供给：根域范围内供水尽量均匀，因此，需要增加滴灌管条数或喷头数量或改变喷水方式来保证灌溉水的均匀度。

2. 水肥供给方法

（1）沟槽式根域限制：根据沟面宽度布设滴灌带，滴灌带间距30厘米左右，大体上100～150厘米的沟宽，布设4条滴灌带（图15-24）。

（2）垄式根域限制：同沟槽式根域限制，但滴灌带间距25厘米左右。

（3）箱框式或砖池式根域限制：可以多个微喷头供水（图15-25）或喷洒式喷头供水（图15-26）。

（4）控根器模式根域限制：控根器为硬质塑料压制而成的，具有凹凸表面，凸面开有透气孔（ϕ3毫米左右），这种透气孔的存在，可以避免根系沿塑料膜壁绕圈生长，不能延长的根系会不断分生更多细根，提高根系吸收能力。由于靠近控根器的根域外围透气性好，根系会沿着控根器的外围分布，而由于控根器壁的透气孔眼的存在，根域外围更容易失水，根域外围也容易缺水。因此，控根器模式的根域限制模式的肥水供给适宜喷灌的方式，喷头喷出的水分，除了湿润根域土壤外，部分水分会飞溅到控根器壁，流下湿润控根器壁侧的土壤，确保根器全体被湿润、特别是根域外侧不缺水

(图15-26、图15-27)。依据根域直径的不同，可以增加喷头水量，根域直径越大数量越多。

图15-24　沟槽式根域限制的灌溉方式

图15-25　箱框式根域限制的灌溉方式

图15-26　控根器模式根域限制的灌溉方式

图15-27　大直径控根器可装2～4个微喷头

六、其他综合管理

(略，请参考相关章节)。

第十六章
设施葡萄无土栽培

一、无土栽培的概念与历史

无土栽培（soilless culture）是近代发展起来的一种作物栽培新技术，作物不是栽培在土壤中，而是栽培在溶解有矿物质的水溶液中；或栽培在某种基质(珍珠岩、蛭石、草炭等)中，以营养液灌溉提供作物养分需求的栽培方法。由于不使用天然土壤，而用营养液浇灌来栽培作物，故被称为无土栽培。

由于无土栽培可人工创造良好的根际环境以取代土壤环境，有效防止土壤连作病害及土壤盐分积累造成的生理障碍，而且可实现非耕地（如戈壁、沙漠、盐碱地等）的高效利用和满足阳台、楼顶等都市农业的需求；同时，根据作物不同生育阶段对各矿质养分需求来更换不同营养液配方，使营养供给充分满足作物对矿质营养、水分、气体等环境条件的需要，栽培用的基本材料又可以循环利用，因此具有节水、省肥、环保、高效、优质等特点（图16-1）。

(1) (2) (3) (4)

图 16-1　葡萄无土栽培应用实例
（地点：辽宁兴城，中国农业科学院果树研究所葡萄核心技术试验示范园）

19世纪中叶，德国科学家李比希建立了矿质营养理论的雏形，奠定了现代无土栽培技术的理论基础。Sachs和Knop在1860年前后成功地在营养液中种植植物，建立了沿用至今的用矿质营养液培养植物的方法，并逐步演变成现代的无土栽培技术。1929年，美国的Gericke进行了大规模的无土栽培研究，用营养液种出了高达7.5米的番茄，单株收果实14千克。20世纪40年代，无土栽培作为一种新的栽培方法，陆续用于农业生产。不少国家都先后建立起了无土栽培基地，有的还建起了温室。在第二次世界大战期间，英国空军在伊拉克沙漠、美国在太平洋的威克岛曾先后用无土栽培的方法生产蔬菜，供应战时的需要。后来，不少国家开始应用无土栽培技术，在园艺作物上取得可喜的成功，并获得较大的发展。1955年，在荷兰举行的第14届国际园艺会议期间，一些无土栽培研究者发起成立了国际无土栽培组织（简称IWOSC），1980年改称为无土栽培学会（简称ISOSC）。进入21世纪，世界上已有100多个国家将无土栽培用于设施内重要的植物栽培模式。

我国无土栽培的研究和生产应用始于20世纪70年代，主要是水稻无土育秧和蔬菜作物无土育苗。1980年全国成立了蔬菜工厂化育苗协作组，除研究无土育苗外，还进行了保护地无土栽培技术研究。

2010年，中国农业科学院果树研究所在国内首先开展了葡萄无土栽培技术的研究，于2016年获得成功（图16-2、图16-3）。经过多年科研攻关，在对葡萄矿质营养年吸收运

（1）

（2）

图16-2　葡萄无土栽培生长状
（地点：新疆生产建设兵团第八师，细沙作为栽培基质，2016年5月中旬定植，9月16日拍摄）

图16-3　葡萄无土栽培结果状
（地点：辽宁兴城，中国农业科学院果树研究所砬山试验示范基地）

转需求规律研究的基础上，研发出配套无土栽培设备，筛选出设施无土栽培适宜品种（87-1和京蜜葡萄最佳，其次是夏黑和金手指葡萄）和砧木（以华葡1号效果最佳），研制出无土栽培营养液，制定出葡萄无土栽培技术规程，于2016年新建无土栽培（基质栽培）葡萄展示园，现已连续结果多年，使中国成为世界上第一个葡萄无土栽培取得成功的国家（图16-4）。

图 16-4　家庭用葡萄无土栽培在北京世园会齐鲁园展出
（全国政协副主席、香港原特首梁振英先生考察）

二、设施葡萄无土栽培的原理

葡萄的生长和发育与植株占据的土壤营养条件、温度、水分、光照、空气成分等有着不可分割的关系，无土栽培就是以人工创造的根际环境来取代自然土壤环境。这种人工创造的无土壤根际环境不仅可以满足葡萄对矿质营养、水分和空气调节的需求，而且能人为的控制和调整，以利于葡萄的生长和发育，发挥它最大的生产能力。

（一）葡萄不同生育阶段对各种元素的吸收分配比例

以贝达嫁接87-1葡萄为例，各元素在不同生育阶段的吸收分配比例不同，具有明显的季节特异性。氮在各个生育阶段的吸收比例较为均衡，分配比例在13%～19%之间，其中萌芽期—始花期、转色期—成熟期、成熟期—落叶期分配比例较高约为19%，始花期—末花期分配比例最小为13.0%；磷同样是在成熟期—落叶期吸收分配比例最高为33.8%，其次为转色期—成熟期为24.6%，在始花期—末花期吸收分配比例最小为8.3%；钾在末花期—种子发育期的吸收分配比例最大，其次为萌芽期—始花期，吸收比例分别为25.0%、21.1%，在种子发育期—转色期吸收比例最小为10.0%。钙在成熟期—落叶期吸收最多，吸收分配比例为37.5%，其次为转色期—成熟期，吸收分配比例为21.9%，种子发育期—转色期吸收量最少，吸收分配比例仅为6.70%；镁在成熟期—落叶期的吸收分配比例最大为42.6%，其次为转色期—成熟期，分配比例为15.5%，在萌芽期—始花期分配比例最小为7.6%。

硼在末花期—种子发育期的吸收分配比例最大为19.9%，其余各时期的吸收分配比例大小依次为萌芽期—始花期＞成熟期—落叶期＞转色期—成熟期＞种子发育期—转色期＞

始花期—末花期，其中始花期—末花期吸收分配比例最小为10.4%。铜在成熟期—落叶期的吸收分配比例最大为41.1%，始花期—末花期的吸收分配比例最小为8.1%。铁在成熟期—落叶期吸收最多，其次为转色期—成熟期，吸收分配比例分别为33.9%、17.2%，在始花期—末花期的吸收分配比例最小为10.2%。锰的吸收分配比例在成熟期—落叶期最高为35.0%，在种子发育期—转色期吸收分配比例最小，为11.0%。钼在成熟期—落叶期吸收最多，其次为转色期—成熟期，吸收分配比例分别为33.8%、25.5%，在始花期—末花期吸收比例最小，仅为4.3%。锌在成熟期—落叶期吸收最多，占全年吸收量的38.7%，在种子发育期—转色期吸收最少，吸收分配比例为9.2%，其他各生育阶段的吸收分配比例大小依次为，转色期—成熟期>末花期—种子发育期>始花期—末花期>萌芽期—始花期>种子发育期—转色期（图16-5）。

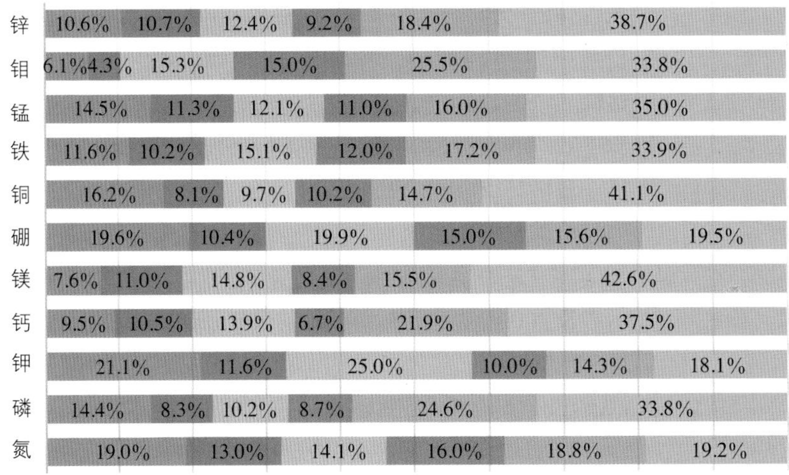

图16-5　各元素需求量在不同生育阶段的吸收分配比例

注：图中百分值为某阶段元素需求量占全年元素需求量的比例。

（二）葡萄不同生育阶段对大量元素与微量元素的吸收比例

以贝达嫁接87-1葡萄为例，各生育阶段，不同矿质元素的吸收比例不同，具有明显的元素特异性。①萌芽期—始花期，氮、磷、钾、钙、镁的吸收总量为6.321克/株，其中钾吸收最多为2.225克/株，镁的吸收量最小为0.179克/株，氮、磷、钾、钙、镁吸收比例约为10 ∶ 3 ∶ 11 ∶ 7 ∶ 1。硼、铜、铁、锰、钼、锌在此阶段的吸收总量为81.424毫克/株，其中铁吸收最多为51.342毫克/株，钼的吸收最少为0.098毫克/株，各元素的吸收比例约为10 ∶ 8 ∶ 140 ∶ 48 ∶ 0.3 ∶ 16。②始花期—末花期，氮、磷、钾、钙、镁的吸收总量为4.658克/株，其中钙吸收最多为1.475克/株，占总吸收量的31.66%，镁吸收最少为0.260克/株，占吸收总量的5.59%。硼、铜、铁、锰、钼、锌在此阶段的吸收总量为68.056毫克/株，各元素吸收比例约为10 ∶ 8 ∶ 232 ∶ 70 ∶ 0.3 ∶ 20。③末花期—种子发育期，氮、磷、钾、钙、镁的吸收总量为6.825g/株，其中钾吸收最多为

2.626克/株，为氮吸收量的1.33倍，镁吸收最少为0.350g/株，为氮吸收量的0.2倍。硼、铜、铁、锰、钼、锌在此阶段的吸收总量为93.583毫克/株，各元素的吸收比例约为10 ： 5 ： 178 ： 39 ： 07 ： 18。④种子发育期—转色期，氮、磷、钾、钙、镁的吸收总量为4.22g/株，其中氮的吸收最多为1.655克/株，镁吸收最少为0.198克/株。氮、磷、钾、钙、镁的吸收比例约为10 ： 2 ： 6 ： 6 ： 1。硼、铜、铁、锰、钼、锌在此阶段的吸收总量为76.152毫克/株，各元素的吸收比例约为10 ： 7 ： 189 ： 48 ： 0.9 ： 18。⑤转色期—成熟期，氮、磷、钾、钙、镁的吸收总量为7.939g/株，其中钙吸收最多为3.078克/株，是氮吸收量的1.58倍，镁吸收最少为0.365g/株。各元素的吸收比例为10 ： 5 ： 8 ： 16 ： 2。硼、铜、铁、锰、钼、锌在此阶段的吸收总量为111.2毫克/株，各元素的吸收比例为10 ： 9 ： 260 ： 66 ： 1.4 ： 34。⑥成熟期—落叶期，氮、磷、钾、钙、镁的吸收总量为11.614g/株，其中钙吸收最多为5.277g/株，镁吸收最少为1.003g/株；各元素的吸收比例为10 ： 7 ： 10 ： 27 ： 5。硼、铜、铁、锰、钼、锌在此阶段的吸收总量为224.612毫克/株，各元素的吸收比例为10 ： 21 ： 410 ： 116 ： 1.5 ： 58。

整个生育期中，氮、磷、钾、钙、镁的吸收比例为10 ： 4 ： 10 ： 14 ： 2，吸收总量为41.575g/株，各元素的吸收量大小依次为钙＞钾＞氮＞磷＞镁。硼、铜、铁、锰、钼、锌的吸收比例为10 ： 10 ： 236 ： 65 ： 1 ： 29，吸收总量为655毫克/株。各元素的吸收量大小依次为铁＞锰＞锌＞铜、硼＞钼。

表 16-1　不同生育阶段各矿质元素吸收比例

生育阶段	各元素比例	
	氮：磷：钾：钙：镁	硼：铜：铁：锰：钼：锌
萌芽期—始花期	10 ： 3 ： 11 ： 7 ： 1	10 ： 8 ： 140 ： 48 ： 0.3 ： 16
始花期—末花期	10 ： 3 ： 9 ： 11 ： 2	10 ： 8 ： 232 ： 70 ： 0.3 ： 20
末花期—种子发育期	10 ： 3 ： 18 ： 13 ： 2	10 ： 5 ： 178 ： 39 ： 0.7 ： 18
种子发育期—转色期	10 ： 2 ： 6 ： 6 ： 1	10 ： 7 ： 189 ： 48 ： 0.9 ： 18
转色期—成熟期	10 ： 5 ： 8 ： 16 ： 2	10 ： 9 ： 260 ： 66 ： 1.4 ： 34
成熟期—落叶期	10 ： 7 ： 10 ： 27 ： 5	10 ： 21 ： 410 ： 116 ： 1.5 ： 58
全年	10 ： 4 ： 10 ： 14 ： 2	10 ： 10 ： 236 ： 65 ： 1 ： 29

（三）葡萄不同生育阶段对大量元素的吸收速率

以贝达嫁接87-1葡萄为例，氮、磷、钾、钙和镁等各元素吸收速率在不同生育阶段不同，具有明显的季节特异性。氮在成熟期—落叶期阶段，吸收速率最低仅为15毫克/天，其他各生育期的吸收速率在47毫克/天到76毫克/天之间。钙在始花期—末花期阶段、末花期—种子发育期、转色期—成熟期阶段的吸收速率较高，在78 ~ 102毫克/天，在其他生育期的吸收速率介于31 ~ 40毫克/天。钾在末花期—种子发育期的吸收速率为154毫克/天，明显高于其他生育时期，在成熟期—落叶期阶段最小为16毫克/天。镁、磷各阶段的吸收速率较其他元素较低，在4 ~ 34毫克/天（图16-6）。

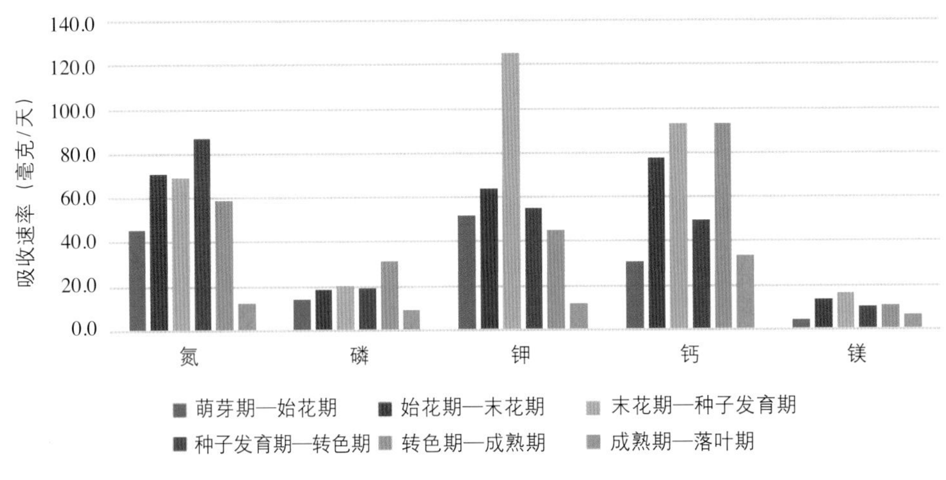

图16-6　氮、磷、钾、钙、镁吸收速率

（四）葡萄不同生育阶段对微量元素的吸收速率

以贝达嫁接87-1葡萄为例，铁、锰、锌、硼、铜和钼等各元素吸收速率在不同生育阶段不同，具有明显的季节特异性。铁在末花期—种子发育期吸收速率最高为3.162毫克/天，在成熟期—转色期吸收速率最低为0.958毫克/天，各生育阶段的吸收速率差别较大。锰在始花期—末花期吸收速率最高为0.718毫克/天，在成熟期吸收速率最小为0.271毫克/天。锌吸收速率在末花期—种子发育期最高为0.322毫克/天，在萌芽期—始花期最低为0.134毫克/天。硼吸收速率在末花期—种子发育期最高为0.178毫克/天，在成熟期—落叶期最低为0.023毫克/天，铜吸收速率在种子发育期—转色期最高为0.099毫克/天，在成熟期—落叶期最低，钼的吸收速率在整个生育期变化不大，且吸收速率在所有元素中最小（图16-7）。

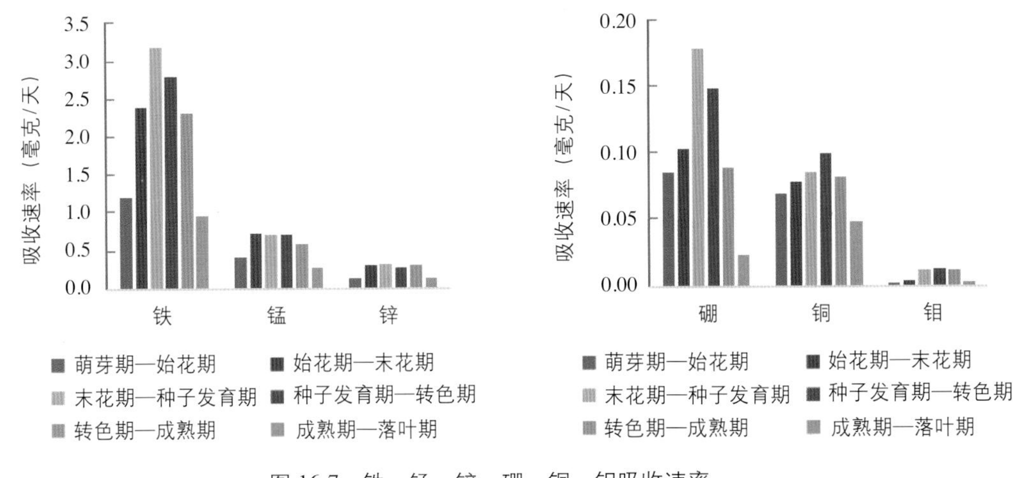

图16-7　铁、锰、锌、硼、铜、钼吸收速率

（五）葡萄各生育阶段及周年对矿质元素的需求量

以贝达嫁接87-1葡萄为例，根据单株各元素需求量及实际产量，换算出设施葡萄87-1葡萄每生产1 000千克果实对各元素的阶段需求量及周年需求量如表16-2。生产1 000千克果实全年需求氮5.71千克、磷2.35千克、钾5.79千克、钙7.74千克、镁1.30千克、硼10.31克、铜10.13克、铁242.84克、锰66.48克、钼0.88克、锌29.66克。

综上所述，中国农业科学院果树研究所历经6年的实验，得到大量的实验数据，已找到葡萄各生育阶段及年周期对矿质元素的需求量，依此制备的营养液完全可以取代土壤肥料，满足葡萄生长发育和成花结果的需求，实现无土栽培。

表 16-2　生产1 000千克果实各矿质元素需求量

矿质元素	萌芽期—始花期	始花期—末花期	末花期—种子发育期	种子发育期—转色期	转色期—成熟期	成熟期—落叶期	全年
氮（千克）	1.08	0.74	0.81	0.91	1.07	1.09	5.71
磷（千克）	0.34	0.19	0.24	0.20	0.58	0.79	2.35
钾（千克）	1.23	0.67	1.45	0.58	0.83	1.05	5.79
钙（千克）	0.74	0.81	1.07	0.52	1.69	2.91	7.74
镁（千克）	0.10	0.14	0.19	0.11	0.20	0.55	1.30
硼（克）	2.02	1.07	2.05	1.54	1.61	2.01	10.31
铜（克）	1.64	0.82	0.98	1.04	1.49	4.16	10.13
铁（克）	28.27	24.83	36.56	29.11	41.78	82.30	242.84
锰（克）	9.66	7.51	8.07	7.33	10.61	23.30	66.48
钼（克）	0.05	0.04	0.13	0.13	0.22	0.30	0.88
锌（克）	3.18	3.20	3.72	2.76	5.53	11.59	29.66

三、设施葡萄无土栽培的类型

（一）无基质栽培

栽培作物没有固定根系的基质，根系直接与营养液接触，又分为水培和雾培两种。由于葡萄植株巨大，无基质栽培在设施葡萄无土栽培中极少应用。

1.水培　水培是指不借助基质固定根系，使植物根系直接与营养液接触的栽培方法。主要包括深液流栽培、营养液膜栽培和浮板毛管栽培。

（1）深液流栽培：营养液层较深，根系伸展在较深的液层中，每株占有的液量较多，因此营养液浓度、溶解氧、酸碱度、温度以及水分存量都不易发生急剧变动，为根系提供了一个较稳定的生长环境。

(2) 营养液膜栽培：是一种将植物种植在浅层流动的营养液中的水培方法。该技术因液层浅，作物根系一部分浸在浅层流动的营养液中，另一部分则暴露于种植槽内的湿气中，可较好地解决根系需氧问题，但由于液量少，易受环境温度影响，要求精细管理。

(3) 浮板毛管栽培：采用栽培床内设浮板湿毡，解决水气矛盾；采用较长的水平栽培床贮存大量的营养液，有效地克服了营养液膜栽培的缺点，作物根际环境条件稳定，液温变化小，不怕因临时停电而影响营养液的供给。

2.雾培 雾培又称气培或气雾培，是利用过滤处理后的营养液在压力作用下通过雾化喷雾装置，将营养液雾化为细小液滴，直接喷射到植物根系以提供植物生长所需的水分和养分的一种无土栽培技术。气雾培是所有无土栽培技术中根系的水气矛盾解决得最好的一种形式，能使作物产量成倍增长，也易于自动化控制和进行立体栽培，提高温室空间的利用率。但它对装置的要求极高，大大限制了它的推广利用。

(二) 基质栽培

基质培养的特点是栽培作物的根系有基质固定。它是将作物的根系固定在基质中，通过滴灌或细流灌溉的方法，供给作物营养液。基质栽培具有水、肥、气三者协调，设备投资较低，生产性能优良而稳定的优点；缺点是栽培基质体积较大，填充、消毒及重复利用时的残根处理，费时费工，困难较大。基质栽培是设施葡萄无土栽培的主要类型。

1.基质的作用

(1) 固定作用：支持和固定作物是基质的最基本作用，使作物保持直立而不倾倒，同时有利于植物根系的附着和发生，为植物根系提供良好的生长环境。

(2) 保持水分和空气：基质要有较强的保持水分和吸附足量空气的能力，满足作物生长发育的需要。

(3) 缓冲作用：基质要有为根系提供稳定环境的能力，可以减轻或化解外来物质或根系分泌物等有害物质的危害。

2.基质的种类

(1) 按基质来源：分为天然基质和人工合成基质。其中天然基质主要有砂、石砾、河沙等，成本低，在我国广泛使用；人工合成基质主要有岩棉、泡沫塑料和多孔陶粒等，一般成本要高于天然基质。

(2) 按基质成分组成：分为无机基质与有机基质。其中无机基质以无机物组成，不易被微生物分解，使用年限较长，但有些无机基质大量积累易造成环境污染，主要有砂、石砾、岩棉、珍珠岩和蛭石等；有机基质以有机残体组成，易被微生物分解，不易对环境造成污染，主要有树皮、蔗渣和稻壳等。

(3) 按基质性质：分为惰性基质和活性基质两类，其中惰性基质本身无养分供应或不具有阳离子代换量，主要有砂，石砾和岩棉等；活性基质具阳离子代换量，本身能供给植物养分，主要有泥炭和蛭石等。

(4) 按使用时组分不同分类：分为单一基质和复合基质。以一种基质作为生长介质的，如沙培，砾培，岩棉培等，都属于单一基质；复合基质是由两种或两种以上的基质按一定比例混合制成的基质，复合基质可以克服单一基质过轻、过重或通气不良缺点。

3.理想基质的要求 评价基质性能优劣的理化指标主要有容重、孔隙度、大小孔隙比、粒径大小、pH、电导率（EC值）、阳离子交换量（CEC）、C/N比、化学组成及稳定性、缓冲能力等，理想的基质应具备如下条件：具有一定弹性，既能固定作物又不妨碍根系伸展；结构稳定，不易变形变质，便于重复使用时消毒处理；本身不携带病虫草害；本身是一种良好的土壤改良剂，不会污染土壤；绝热性能好；日常管理方便；不受地区性资源限制，便于工厂化批量化生产；经济性好，成本低。

4.常用基质

（1）岩棉：是60%辉绿石、20%的石灰石和20%的焦炭混合物在1 600℃下熔融，然后高速离心成的0.005毫米的硬质纤维，具有良好的水气比例，一般为2 ∶ 1左右，持水力和通气性均较好，总孔隙度可达96%左右，是一种性能优越的无土栽培基质。岩棉经高温制成而无菌，且属惰性，不易被分解，不含有机物。岩棉容重小，搬运方便，但由于加工成本高，价格较贵，难以全面推广应用。加之岩棉不易被分解、腐烂，大量积聚的废岩棉会造成环境污染，因而岩棉的再利用是值得进一步研究的课题。

（2）泥炭：又称草炭、草煤、泥煤，由植物在水淹、缺氧、低温、泥沙掺入等条件下未能充分分解而堆积形成，是煤化程度最浅的煤，由未完全分解的植物残体、矿物质和腐殖质等组成。具有吸水量大、养分保存和缓冲能力强、通气性差、强酸性等特点，根据形成条件、植物种类及分解程度分为高位泥炭、中位泥炭和低位泥炭三大类，是无土栽培常用的基质。泥炭不太适宜直单独于无土栽培用基质，多与一些通气性能良好的栽培基质混合或分层使用，常与珍珠岩、蛭石、沙等配合使用。泥炭和蛭石特别适宜于无土栽培经验不足的使用者，其稳定的环境条件会使栽培者获得很好的使用效果。

（3）蛭石：蛭石是很好的无土栽培基质，由云母类无机物加热至800 ～ 1 000℃形成的一种片状、多孔、海绵状物质，容重很小，运输方便，含较多的钙、镁、钾、铁，可被作物吸收利用。具有吸水性强、保水保肥能力强、透气性良好等特点。但在运输、种植过程中不能受重压且不宜长期使用，否则，孔隙度减少，排水、透气能力降低。一般使用1～2次后，可以作为肥料施用到大田中。

（4）珍珠岩：是由灰色火山岩（铝硅酸盐）颗粒1 000℃下膨胀而成。珍珠岩具有透气性好、含水量适中、化学性质稳定、质轻等特点，可以单独用作无土栽培基质，也可以和泥炭、蛭石等混合使用。浇水过猛，淋水较多时易漂浮，不利于固定根系。

（5）炉渣：煤燃烧后的残渣，几乎有锅炉的地方均可见到，取材方便，成本低、来源广、透气性好，用作无土栽培基质是合适的。炉渣含有一定的营养物质，含有多种微量元素，呈偏酸性。

（6）沙：是最早和最常用的无土栽培基质，尤以河沙为好，取材方便，成本低，但运输成本高。沙作无土栽培基质的特点：含水量衡定，透气性好，很少传染病虫害，能提供一定量钾肥，生产上使用粒径在0.5 ～ 3毫米的沙子作基质可取得较好的栽培效果，如果沙的厚度在30厘米以上，粒径1毫米以下的比重应尽量少，以避免影响根系的通气性。缺点是不保水不保肥。沙的pH一般近中性，受地下水pH的影响亦可偏酸或偏碱性。

（7）砾石：直径较大，持水力很差，但其通气性很好，适宜放在栽培基质的最底层，以便于作物根系通气和过剩营养液的排出。一般砾石不单独使用，多放在底层，并进行纱网隔离，上层放较细的其他基质。

（8）椰糠：理化性状适宜，我国海南等地资源丰富，是理想的合成有机栽培基质材料。

（9）锯末：是一种便宜的无土栽培基质，具有轻便、吸水透气等特点。但在北方干燥地区，由于锯末的通透性过强，根系容易风干，造成植株死亡，因此最好掺入一些泥炭配成混合基质。以阔叶树锯末为好，注意有些树种的化学成分有害。

（10）陶粒：在约800℃下烧制而成，赤色或粉红色。陶粒内部结构松，孔隙多，类似蜂窝状，质地轻，具有保水透气性能良好、保肥能力适中、化学性质稳定、安全卫生等特点，是一种良好的无土栽培基质。

（11）复合基质：由两种或几种基质按一定比例混合而成，应用效果较好的基质配方主要有：

①无机复合基质：陶粒：珍珠岩=2 ∶ 1；蛭石：珍珠岩=1 ∶ 1；炉渣：沙=1 ∶ 1；

②有机无机复合基质：草炭：蛭石=1 ∶ 1；草炭：珍珠岩=1 ∶ 1；草炭：炉渣=1 ∶ 1；椰糠：珍珠岩=1 ∶ 1；草炭：锯末=1 ∶ 1；草炭：蛭石：锯末=1 ∶ 1 ∶ 1；草炭：蛭石：珍珠岩=1～2 ∶ 1 ∶ 1；草炭：沙：珍珠岩=1 ∶ 1 ∶ 1。

此外，树皮、甘蔗渣、稻壳、秸秆和生物炭等均可用作无土栽培基质。值得注意的是，不同粒径、不同厚度的同一种基质的理化性状会有明显差异，作物根系环境也会不同，栽培管理上应根据基质的实际特性进行相应的管理，机械照搬某项技术可能导致作物生长不良。不同基质按不同的比例混合后会产生差异很大的混合基质，生产上应根据当地资源合理搭配混合基质，以获得最佳的栽培效果。没有差的基质，只有不配套的管理技术。任何一种基质只要充分认识到它的理化特性，并采用合理的配套管理技术，特别是养分和水分管理技术，均会取得满意的结果。

四、设施葡萄无土栽培的常用设备

（一）简易槽式无土栽培装置

1. 制作安装

（1）营养液配制系统的制作安装：按图16-8所示将吸水管1（13）及阀门（14）、吸水管2（15）及阀门（16）、三通2（19）、自吸泵（17）和进水管（18）安装到一起即可，所用管材均为外径40毫米、壁厚3.7毫米的PPR或PE热熔管。

（2）营养液供给与回流系统的制作安装：

①营养液供给系统的制作安装。按图16-8所示将时控开关（2）、潜水泵（1）、营养液过滤器（3）、营养液供给管（5）、三通1（20）、营养液供给阀门（4）和营养液滴灌管（6）等安装到一起即可，潜水泵放入长宽深4米×1.5米×2米的贮液池（12）内，贮液池

(12) 必须做好防水处理防止营养液渗漏，并且在潜水泵的正下方需开挖直径30厘米、深20厘米的沉淀坑，用于沉淀杂质；其中营养液供给管所用管材为外径40毫米、壁厚3.7毫米的PPR或PE热熔管；营养液滴灌管用外径25毫米、壁厚2.8毫米的PPR或PE热熔管自制或选用商品滴灌管，自制时在热熔管上每隔20厘米用手钻打孔径为1毫米的出水孔即可。

②营养液回流系统的制作安装。营养液回流管（9）用外径160毫米、壁厚4.0毫米的PVC排水管自制即可，首先在PVC排水管上顺排水管方向用无齿锯切开宽80毫米、长200毫米的营养液回流口（10），营养液回流口（10）位于栽培槽（8）前端的正中间位置，营养液回流口（10）的间距根据栽培槽的间距确定；然后将开好营养液回流口的PVC排水管暨营养液回流管（9）埋入地下，埋设深度以营养液回流口下缘高出地面10毫米为宜，营养液回流管的一端封闭，一端于贮液池（12）内开口，以便营养液回流入贮液池（12）内。

（3）栽培系统的安装：

①栽培槽的制作安装。首先将80毫米 ×200毫米 ×6.0毫米的部分方钢管切割成80厘米和40厘米备用，如图16-8所示将备好的方钢管焊接到一起即成栽培槽（8），栽培槽宽80厘米、深40厘米、长度根据栽培需要确定；然后将制作好的栽培槽（8）按照适宜间距放置，栽培槽（8）前端放置到营养液回流管（9）的上方，使营养液回流口（10）正好位于栽培槽（8）前端的正中间位置；栽培槽放置时其前端比后端低30厘米，方便营养液回流。

②防水系统的制作安装。首先，将一层园艺地布铺到栽培槽（8）内，防止EVA塑料薄膜被栽培基质撑破；同时将两层EVA塑料薄膜铺到园艺地布上，防止营养液渗漏；其次，将园艺地布和EVA塑料薄膜用塑料卡子固定，防止移动或滑落；再次，在营养液回流口（10）的正上方位置将园艺地布和EVA塑料薄膜剪出宽40毫米、长160毫米的开口，开口四周用钢卡将园艺地布和EVA塑料薄膜固定到营养液回流管的回流口，防止营养液渗漏；随后，在开口位置铺设两层宽120毫米、长200毫米的300目的钢丝网，防止栽培基质流失；最后，将钢管卡（24）按照120厘米的间距卡到栽培槽的上方，防止栽培槽被栽培基质挤压变形。

③注意事项。所有管材均用黑色塑料或园艺地布包裹，栽培槽定植作物后均用厚的黑色地膜包裹，一方面减轻管材、园艺地布及EVA塑料薄膜的老化，另一方面防止营养液滋生绿藻堵塞营养液滴灌管。

2. 操作过程

（1）营养液的配制：首先将水溶肥料按比例和先后顺序投入贮液池（12）内，同时开启自吸泵（17）向贮液池（12）内加水；最后，待水加到需要量后，通过阀门（14）和阀门（16）的开闭利用自吸泵（17）将配制的营养液混匀。

（2）营养液的供给与回流：根据作物需要通过时控开关设定营养液供应的起始时间和工作时间，潜水泵开启后营养液依次通过营养液过滤器（3）、营养液供给管（4）和营养液滴灌管（5）到达作物根部，在自身重力作用下多余营养液由栽培槽通过营养液回流口（10）进入营养液回流管（9）最终通过营养液回流管口（11）流回贮液池（12）内，完成营养液的供给与回流。

果树用简易槽式无土栽培装置实物图16-9。

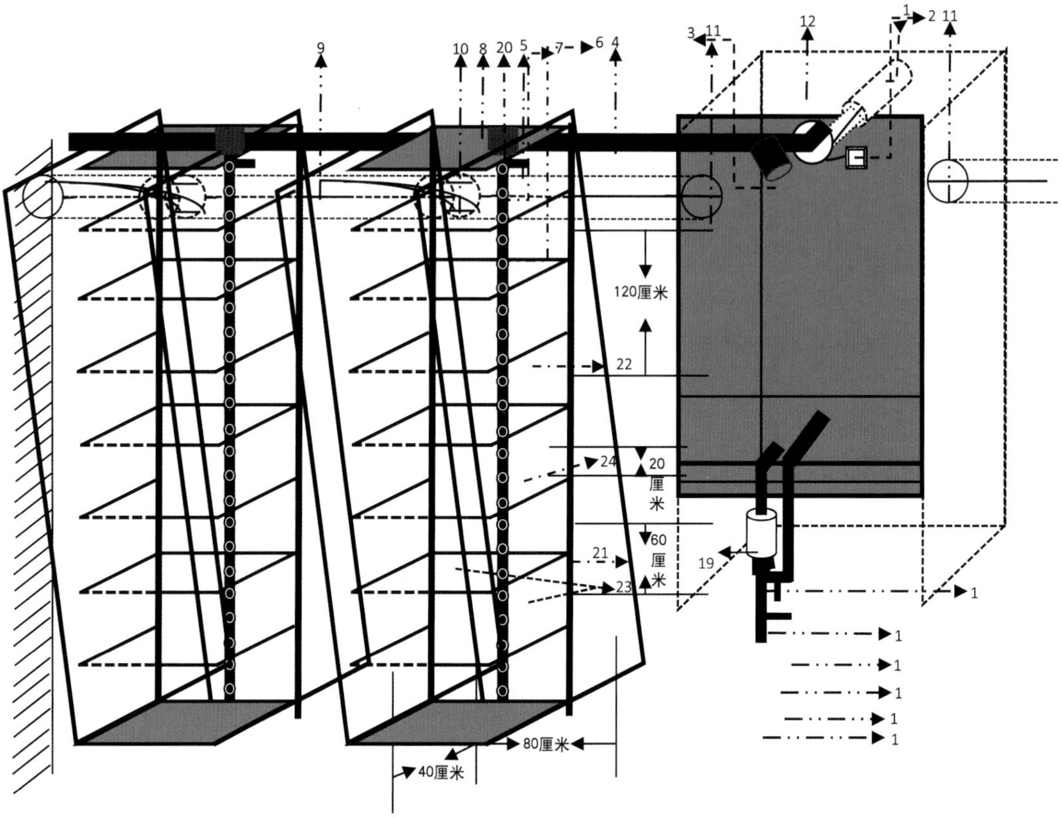

图16-8　果树用简易槽式无土栽培装置结构示意图

1.潜水泵　2.时控开关　3.营养液过滤器　4.营养液供给管　5.营养液供给阀门　6.营养液滴灌管　7.滴灌管出水孔　8.栽培槽　9.营养液回流管　10.营养液回流口　11.营养液回流管口　12.贮液池　13.吸水管1　14.吸水管1阀门　15.吸水管2　16.吸水管2阀门　17.自吸泵　18.进水管　19.三通2　20.三通1　21.横撑1　22.竖撑　23.横撑2　24钢管卡

图16-9　果树用简易槽式无土栽培装置实物图

（二）盆式无土栽培装置

1. 制作安装

（1）营养液配制系统的制作安装：按图16-10所示将吸水管1（1）及阀门（2）、吸水管2（3）及阀门（4）、三通1（5）、自吸泵（6）和出水管（7）安装到一起即可，所用管材均为PPR或PE热熔管。其中吸水管1（1）与水井或自来水管相连；吸水管2（3）和出水管（7）放入贮液池的两头，在自吸泵作用下，使营养液在贮液池内循环混匀。

（2）营养液供给与回流系统的制作安装：

①营养液供给系统的制作安装　按图16-10所示将时控开关（8）、潜水泵（9）、营养液过滤器（10）、营养液供给管（11）、三通2（12）、营养液供给阀门（13）和营养液滴灌管（14）等安装到一起即可，潜水泵放入贮液池（15）内，贮液池（15）需做防水处理，并且在潜水泵的正下方开挖沉淀坑，用于沉淀杂质；其中营养液供给管所用管材为PPR或PE热熔管；营养液滴灌管可用PPR或PE热熔管自制或选用商品滴灌管。

②营养液回流系统的制作安装　营养液回流主管（16）和营养液回流支管（17）用变径三通（18）连接。营养液回流主管（16）的一端封闭，一端于贮液池（15）内开口，以便营养液回流入贮液池（15）内。营养液回流支管（17）的一端封闭，一端通过变径三通（18）与营养液回流主管（16）联通，以便营养液回流入营养液回流主管（16）。营养液回流支管（17）的间距根据定植果树的行距而定，一般为1.0～3.0米；在营养液回流支管（17）上打孔安装营养液回流毛管（19），营养液回流毛管（19）的间距根据盆式栽植容器（20）的间距而定，盆式栽植容器（20）的间距根据定植果树的株距而定，一般为0.5～1.0米。

（3）栽培系统的安装：将营养液回流毛管（19）安装到盆式栽植容器（20）的底部与盆式栽植容器（20）成为一个整体，然后将其安装到营养液回流支管（17）上。安装完毕后，首先在盆式栽植容器（20）的底部铺设钢丝网和纱网，然后装填1/4的石子，以便营养液顺利回流，最后装填3/4的珍珠岩备用。

（4）注意事项：所有管材和栽培容器均用黑色塑料或园艺地布包裹，一方面减轻管材老化，另一方面防止营养液滋生绿藻堵塞营养液滴灌管。

2. 操作过程

（1）营养液的配制：首先将水溶肥料按比例和先后顺序投入贮液池（15）内，同时开启自吸泵（6）向贮液池（15）内加水；最后，待水加到需要量后，通过阀门（2）和阀门（4）的开闭利用自吸泵（6）将配制的营养液混匀。

（2）营养液的供给与回流：根据果树需要通过时控开关设定营养液供应的起始时间和工作时间，潜水泵开启后营养液依次通过营养液过滤器（10）、营养液供给管（11）和营养液滴灌管（14）到达果树根部，在自身重力作用下多余营养液由盆式栽植容器（20）通过营养液回流毛管（19）进入营养液回流支管（17），然后进入营养液回流主管（16），最终通过营养液回流主管（16）流回贮液池（15）内，完成营养液的供给与回流。

果树用盆式无土栽培装置如图16-11。

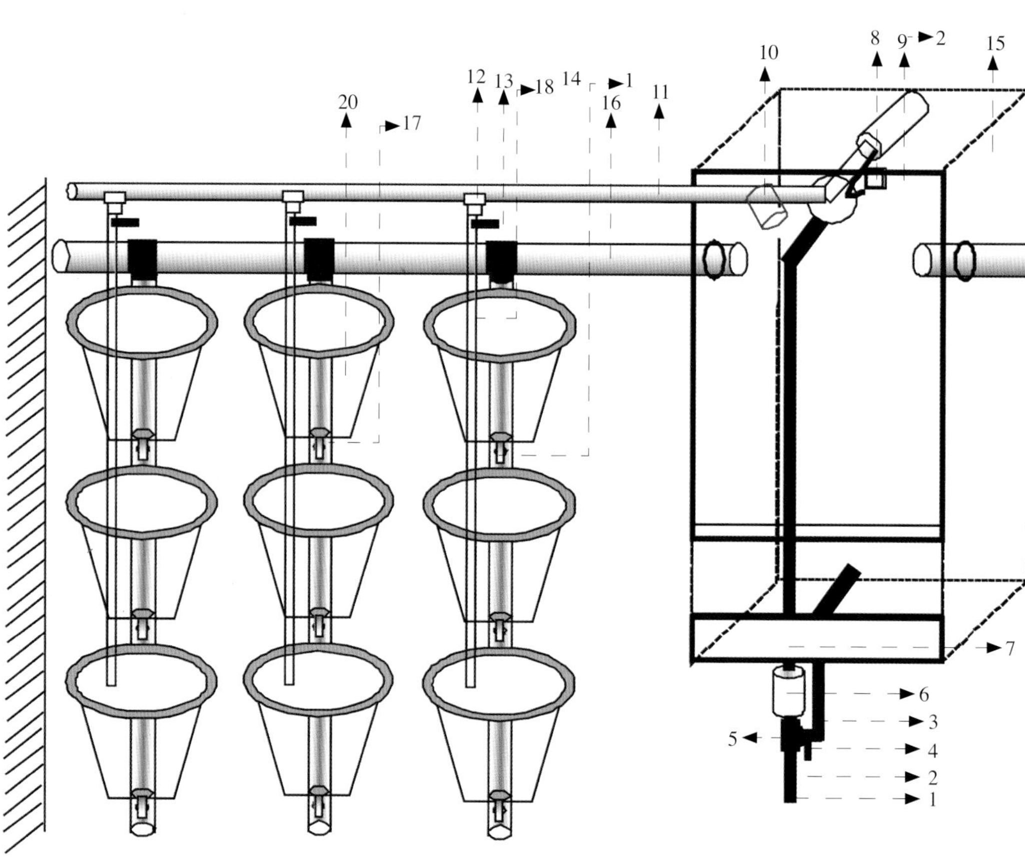

图 16-10 果树用盆式无土栽培装置结构示意图

1.吸水管1 2.吸水管1阀门 3.吸水管2 4.吸水管2阀门 5.三通1 6.自吸泵
7.出水管 8.时控开关 9.潜水泵 10.营养液过滤器 11.营养液供给管
12.三通2 13.营养液供给阀门 14.营养液滴灌管 15.贮液池 16.营养液回流主管
17.营养液回流支管 18.变径三通 19.营养液回流毛管 20.盆式栽植容器

图 16-11 果树用盆式无土栽培装置

五、设施葡萄无土栽培的营养液

无土栽培的核心是用营养液代替土壤提供植物生长所需的矿物营养元素和水分，因此在无土栽培技术中，能否为植物提供一种比例协调，浓度适宜的营养液，是栽培成功的关键。营养液作为无土栽培中植物根系营养的唯一来源，其中应包含作物生长必需的所有矿物营养元素，即氮(N)、磷(P)、钾(K)、钙(Ca)、镁(Mg)、硫(S)等大中量元素和铁(Fe)、锰(Mn)、硼(B)、锌(Zn)、铜(Cu)、钼(Mo)等微量元素。不同的作物和品种，同一作物不同的生育阶段，对各种营养元素的实际需要有很大的差异。所以，在选配营养液时要先了解不同品种、各个生育阶段对各类必需元素的需要量，并以此为依据来确定营养液的组成成分和比例。配制营养液要根据当地水源和水质情况合理配制，所有化合物应溶于水且能长时间保持较高的有效性。

（一）经典营养液

1.霍格兰氏（Hoagland’s）水培营养液 霍格兰氏水培营养液是1933年Hoagland与他的研究伙伴经过大量的对比试验后发表的，这是最原始但到现在依然还在沿用的一种经典配方。

2.斯泰纳（Steiner）营养液 斯泰纳营养液通过营养元素之间的化学平衡性来最终确定配方中各种营养元素的比例和浓度，在国际上使用较多，适合于一般作物的无土栽培。

3.日本园试通用营养液 日本园试通用营养液由日本兴津园艺试验场开发提出，适用于多种蔬菜作物，故称之为通用配方。

4.日本山崎营养液 日本山崎营养液配方为1966–1976年间山崎肯哉在测定各种蔬菜作物的营养元素吸收浓度的基础上配成适合多种不同作物的营养液配方。

现在人们在这些经典配方的基础上，利用更先进更科学的技术手段，优化出许多更适合不同植物生长的营养液配方，并大规模应用于生产，取得了更好的经济效益。例如，中国农业科学院果树研究所在对葡萄矿质营养年吸收运转需求规律研究的基础上，综合考虑化合物的水溶性和有效性，研制出设施葡萄无土栽培营养液，经多年验证，取得了良好效果并在辽宁、新疆、山东、北京等全国各地进行了示范推广。

（二）营养液的配制（中国农业科学院果树研究所研发）

无土栽培营养液分为幼树和结果树两种，幼树包括1号和2号，结果树包括1号～5号，每种均分为A、B、C 3个组分。营养液配制方法，A、B、C均需单独溶解，充分溶解后混匀，切记不能直接混合溶解，会出现沉淀，影响肥效。具体配置方法如下：先将A溶解后加入贮液池或桶，将A与水充分混匀；然后将B溶解后加入贮液池或桶，将B与A溶液充分混匀；最后将C溶解加入贮液池或桶，将C与AB溶液混匀备用。不同品种的浓度需求不同，每份营养液87-1和京蜜葡萄需用水150升溶解，夏黑和金手指葡萄用水75升溶解。在配制营养液时，首先用HNO_3或NaOH将水的pH调至6.5～7.0为宜。

（三）营养液的使用

1. 幼树—槽式无土栽培

（1）育壮期：定植后开始，前期育壮，用幼树1号营养液：萌芽前及初期30天更换一次营养液，新梢开始生长每20天更换一次营养液，一般更换5次营养液。萌芽前3 ～ 5天循环一次营养液，萌芽后1 ～ 3天循环一次营养液。

（2）促花期：促花期开始用幼树2号营养液，每20天更换一次营养液，一般更换4次营养液，每3 ～ 5天循环一次营养液；落叶期开始营养液不再更换，每5 ～ 7天循环一次营养液，切忌设施内营养液温度低于0℃结冰。

2. 结果树—槽式无土栽培

（1）一年一收栽培模式：①萌芽前至花前：结果树1号营养液一般更换2次，萌芽前及萌芽初期每3天循环一次营养液，新梢开始生长至花前每3 ～ 5天循环一次营养液。②花期：结果树2号营养液一般配制1次，每3～5天循环一次营养液。③幼果发育期：结果树3号营养液一般更换3次，每1 ～ 3天循环一次营养液。④果实转色至成熟采收：结果树4号营养液一般配制1次，如此期超过20天需再更换一次4号营养液，一般每3～5天循环一次营养液，但对于易裂果品种如京蜜葡萄需1 ～ 2天循环一次营养液，采收前5天停止循环营养液。⑤果实采收后至落叶：结果树5号营养液一般更换4次，每5 ～ 7天循环一次。

（2）一年两收栽培模式：前期（升温至果实采收结束）同一年一收栽培模式的使用；后期二次果生产：果实采收后1周留6个饱满冬芽修剪（剪口芽叶片和所有节位副梢去除，剪口芽涂抹4倍中国农业科学院果树研究所研发的破眠剂1号），开始二次果生产。①萌芽前至花前：结果树1号营养液一般配制1次，萌芽前及萌芽初期每3天循环一次营养液，新梢开始生长至花前每3 ～ 5天循环一次营养液。②花期：结果树2号营养液一般配制1次，每3 ～ 5天循环一次营养液。③幼果发育期：结果树3号营养液一般更换3次，每1 ～ 3天循环一次营养液。④果实转色至成熟采收：结果树4号营养液一般配制1次，如此期超过20天需再更换一次4号营养液，每3 ～ 5天循环一次营养液，但对于易裂果品种如京蜜需1 ～ 2天循环一次营养液，采收前5天停止循环营养液。⑤果实采收后至落叶：结果树5号营养液一般更换1 ～ 2次，每5 ～ 7天循环一次。

3.盆栽无土栽培 营养液配制与上述幼树和结果树营养液使用相同，只是营养液循环次数改为1天1 ～ 3次。

4.注意事项 温度高水分蒸腾快时酌情缩短营养液循环间隔时间，在营养液使用期内若发现水分损失过快，需适当添加水分，防止营养液浓度过高出现肥害。

第十七章 设施葡萄采收和产后处理

葡萄采收及采后处理、分级和包装是葡萄收获的重要工作，对保证葡萄质量，方便贮运，促进销售，便于食用和提高产品的竞争力具有重要意义。因此，发达国家特别重视这些新技术的研究和开发，现在已基本做到机械化、自动化，并已在商业上大量应用，取得了显著的经济效益。目前国内对葡萄采后商品化处理也日益重视，并逐步与国际接轨。葡萄是一种易腐难贮藏果品，市场销售时间短，很难满足人们的周年需要，采后病害是葡萄腐烂的主要原因，由此造成的损失非常巨大。目前控制采后病害的主要手段是使用食品级化学杀菌剂，但它们在葡萄中的残留毒性对人类健康存在潜在危险，已成为全社会关心的问题。因此，现在逐步引入新型、物理、无毒、高效保鲜技术，以减轻或减少化学杀菌剂在采后葡萄上的应用，未来还要引入生物控制技术。

一、鲜食葡萄品质指标

（一）葡萄外观品质指标

葡萄外观品质指标涉及葡萄果穗、果粒、果梗等部分，包括大小、形状、颜色、光泽和缺陷等以及新鲜度、成熟度和耐拉力等指标（表17-1）。

1.穗粒大小和形状 葡萄以克为单位来衡量果穗重和果粒重，与葡萄品种和栽培技术相关性很大。可通过品种选择和栽培技术调控达到整个葡萄园果穗和果粒大小的均匀一致性。

葡萄果穗穗形与紧实度，并涉及果梗新鲜度（不能干缩和发脆）。葡萄种植园要注重不同穗形和不同粒形品种的选择，并通过栽培技术的调控整修穗形使其均匀一致性。要注重果穗的直径/长度比和葡萄粒在整穗排列的光滑、坚实、均匀。果穗大小和形状与果粒大小和形状及其均匀一致性具有遗传的多样性，像克瑞森无核和皇家秋天葡萄的果穗是理想的松紧度合适的果穗。浆果排列的松散与紧实程度与采前和采后的病害发生密切相关，果穗形状和大小还直接影响着葡萄采后商品化包装。理想的穗型是：短圆柱形偏松散、不太紧、有良好的果柄，大粒型每穗30 ~ 50粒350 ~ 600克，小粒型每穗80 ~ 120粒并达到400 ~ 600克。

2.浆果颜色、光泽、果粉 葡萄的色泽是人们最直接的感官印象之一，正常新鲜葡萄的颜色、光泽和果粉，能引起人们的食欲和好感。相反，浆果变色或表面失去光泽是品质下降的表现。葡萄颜色的主色调有白色（绿色）、红色、黑色和蓝色四种，种植时要注重不同颜色品种的选择，并通过栽培技术的实施调控整穗葡萄的色调强度并使其达到均匀一致性。

葡萄的果粉与光泽是葡萄表面蜡质的特性显现，栽培过程要使葡萄表面蜡质成分达到充分发育，在采收、包装和流通过程要使蜡质成分得到充分保护或保持，保持商品卖相和耐贮运性。

3.穗粒的各种缺陷 果粒缺陷能影响葡萄的外观质量，包括形态缺陷、物理缺陷、生理缺陷 、病理缺陷，它们由生长发育、机械物理、生理与化学或微生物原因造成。

（1）形态缺陷：葡萄果实内的种子发芽；同果穗上大小果粒严重产生；各类畸形果粒、果梗和果穗的产生。

（2）物理缺陷：包括葡萄的皱缩和萎蔫；葡萄果实内部空心化或有些内部变干；机械伤害，如刺伤、割伤和压伤、表皮擦伤和碰撞脱粒；果实生长开裂（裂果）；由昆虫、鸟类和冰雹引起的损伤等。

（3）生理缺陷：包括温度伤害、水分伤害、衰老伤害、化学伤害、气体伤害造成的缺陷。与温度有关的失调（冻害、冷害、日灼和气灼等）。如贮藏温度过低，但未达到冰点，引起生理代谢失调，发生果皮、果梗及果穗褐变，属于冷害；贮藏温度过高，湿度过大，引起大量脱粒；与失水有关造成的果梗和果肉褐变和干缩；与生产有关的化学伤害和伤疤，斑点病和污点（如褐色伤斑和表皮玷污等）；与贮运有关的二氧化硫保鲜剂伤害造成的漂白和斑点及果肉变质和变味以及采前过度使用催熟剂造成脱粒；气调贮藏中，过低的氧气（2%以下），过高的二氧化碳（10%以上），产生的低氧气和高二氧化碳等气体伤害使果实产生变色和变味；各种原因造成的软果出现。

（4）病理缺陷：包括由霉菌或细菌引起的腐烂与病毒病有关的斑点，不规则的完熟和其他失调，主要包括采前侵染或果实生长期已潜伏灰霉病、霜霉病、白腐病、炭疽病、房枯病害，入贮后易出现果实腐烂、干梗、皱皮等现象。

4.新鲜度、成熟度、耐拉力 各种葡萄都应以新鲜优质的商品提供销售，新鲜的产品应具有该品种特有的良好品质，无任何变质、变色、变味和变形的象征。新鲜葡萄更应饱满健壮，外观无萎蔫皱缩或内部无老化变质。

提供市场销售的葡萄应具有良好的食用成熟度。成熟度不够，不仅色、香、味、营养欠佳，质地坚硬，而且容易萎蔫变质；但若成熟过度，组织易枯软解体甚至腐败变质，不堪食用。葡萄成熟度由整穗可溶性固形物含量或其糖酸比来确定。

能使果实在应力作用下果粒脱落所需要的力，称为耐拉力。一般采用弹簧秤测定方法测定，单位为牛顿（N）。葡萄果粒耐拉力的大小，直接影响贮运性能、包装和货架期。

（二）葡萄内在品质指标

葡萄内在品质指标包括质地（果粒硬度和无籽化等）、滋味（糖/酸等）和香气等风味、营养和卫生安全性等指标。

1.质地 新鲜优质的葡萄应具有自身特有的良好质地如硬度、脆度、多汁等口感，无核（无籽）化也属于质地的重要组成部分，如品质变劣则常表现为组织解体或软化，不利食用和消化吸收。葡萄的质地质量不仅影响其食用和加工质量，而且也影响其耐贮运性能。为了避免物理伤害造成的大量损失，一般软弱果实不能进行远距离运输。有许多情况为了运输，果实必须在不太成熟、风味不太好，但硬度比较高的时候采收。

2.滋味 各种葡萄都有各自特有的滋味，如甜、酸、甜酸、酸甜、清凉爽口，鲜美可口等，能增进食欲，有助消化。若产品变质，品质下降，则表现出变色，产生异味，食用品质降低等现象。

3.香味（气） 葡萄别具特色的芳香气味也是令人喜爱、引起食欲的重要因素，果实天然正常的芳香气味由多种化合物组成。葡萄果实分为麝香型（玫瑰香型）、草莓香型、花果香型、青椒香型，各有其特征香气成分及其分子机制，各种香型性状或重要组分的遗传特点正在或已被解析。

表17-1 新鲜葡萄的质量要素

主要因子	要素
A 外观	1.大小：规格、重量、体积 2.形状：直径/长度比、光滑、坚实、均匀 3.颜色：均匀、强度 4.光泽：表面蜡质的特性 5.缺陷：外部、内部 a.形态 b.物理和机械 c.生理 d.病害 e.昆虫
B 质地	1.硬度、坚实度、软度 2.脆度 3.多汁性、汁液性 4.粉状性、沙性 5.韧性、纤维性
C 风味	1.甜味 2.酸味 3.收敛性 4.苦味 5.香气（挥发性成分） 6.异味
D 营养成分	1.碳水化合物（包括膳食纤维） 2.蛋白质 3.脂肪 4.维生素 5.矿物质
E 安全性	1.天然产生的毒素 2.污染（化学物质残留、重金属等） 3.真菌毒素 4.微生物污染

4.营养 新鲜葡萄在给人类提供营养方面起着很重要的作用，除了提供糖分和水分外，尤其在提供矿物质、有机酸、酚类物质、含氮化合物等方面作用更大，也可提供一定的维生素（维生素C等）（葡萄浆果的营养成分详见第一章1-1页）。采后的营养质量损失，尤其是维生素C含量的损失可能很大，物理损伤、超期贮藏、高温、相对湿度低和冷害和冻害都可增加这些损失（表17-1）。

5.卫生安全性 我国政府对食品安全性工作非常重视，新鲜葡萄上的污染物，如化学残留和重金属，同样有各种机构管理监测，要求生产单位必须确保低于已确立的最高容忍水平或最大残留限量。在整个采收和采后处理过程中，实施的卫生措施对把微生物的污染减少到最低程度非常重要。必须采用适当的采前和采后处理措施，以降低产毒霉菌的生长和发育能力。

（三）葡萄商品价值指标

提供销售的葡萄商品价值高低主要取决于以下因素。

1.葡萄外观

（1）无缺陷或少缺陷：无或少萎蔫果、落果、日灼果、水浸果、小果、干果、腐烂果。

（2）色泽：代表本品种果实的颜色和光泽，不表现产品变色和表面失去光泽。果梗颜色至少要达到黄绿色，不出现褐变、干缩、无饱满度和发脆。

（3）大小和形状：代表本品种的穗形、穗的大小与紧实度，同批同等级果穗大小和均匀一致性，同果穗葡萄上果粒大小和均匀一致性，不出现大小果现象。

（4）成熟度、脆嫩度和鲜度：提供市场销售的葡萄应具有良好的食用成熟度，一般由色泽和口感判定。新鲜优质的葡萄应具有自身特有的良好硬度、脆度、多汁等口感。新鲜葡萄更应饱满健壮，外观无皱缩和萎蔫。

2.食用价值 提供市场销售的葡萄应具有良好的食用成熟度，食用价值高。成熟度不够，不仅色、香、味、营养欠佳，质地坚硬，而且容易萎蔫变质；成熟过度，组织易枯软解体甚至腐败变质，不堪食用。葡萄成熟度由整穗可溶性固形物含量和其糖酸比来确定。各种葡萄都应以新鲜优质的商品提供销售，应具有该品种良好品质，无任何变质、变色、变味和变形的象征，外观无萎蔫皱缩。

3.商品化处理水平 新鲜葡萄收获后商品化处理水平的高低是决定其商品价值的重要因素。即使收获时品质优良的产品，若未经科学的商品化处理，则容易在贮藏运销中发生腐烂变质，丧失商品价值。如包装不良的葡萄在贮藏运销中易遭受机械伤害而导致腐烂。未经选拣、分级的葡萄则形状不正，大小不一，混等混级而造成良莠不齐甚至好坏掺杂，难以体现优质优价，商品价值也随之降低。

4.抗病性和耐贮性 食用品质优良的葡萄，还必须具有良好的抗病性和耐贮性能，才能在贮藏运销中抵抗病虫害侵染和机械损伤能力，故能减少变质腐烂，并能较长期地保持良好的品质状态，在销售中其商品价值必然比较高。

5.货架寿命 鲜食葡萄在市场销售中仍能保持其良好食用品质的期限称为货架期或货架寿命，这是鲜食葡萄商品价值高低的重要标志。有些品种在贮运期或货架期中易发生腐烂，褐变、失水、脱粒、变味，并失去清脆的口感和良好的外观，品质严重劣变，难以在货架上进行较长时间销售，这样的品种商品价值就低劣。所以，货架期或货架寿命短的鲜食葡萄，在销售过程更需要进行良好的环境控制。

（四）葡萄耐贮运特性指标

设施葡萄品种类型繁多，其耐贮运特性和抗病特性差异很大。为此掌握各品种类型葡萄的耐贮运特性和抗病特性十分重要。主要包括：果实腐烂特性、果梗保绿特性、果穗脱粒特性、果肉褐变特性、果实硬度变化特性以及果实SO_2伤害与口感风味劣变特性。

1.果实腐烂特性与腐烂率 不同葡萄品种对灰霉病感病的敏感性以及抗病性是不同的，这使得在贮运过程中果实腐烂程度出现很大差异，也决定着流通供应的难易程度。葡萄灰霉病既是生产病害，也是产后的贮运病害之一。根据实验观察，灰霉在葡萄表面角质层内形成附着孢，潜伏侵染，静止到浆果完全成熟后才萌发，是葡萄低温贮藏中的主要病原。即使在－2℃左右的温度下贮藏，仍然能引起葡萄缓慢发病，随着温度升高，病害发生加快，田间病菌多，贮藏中结露加重发病。随着贮藏后期葡萄果实的衰老和出库进入商品流通，加速病害症状表现；葡萄离开低温贮藏环境进入高温货架时，加快病害症状表现；适宜的二氧化硫保鲜剂用量、适宜的释放速度或气固双效处理可减轻或抑制灰霉病的发生。

2.果梗保绿和干枯褐变特性与保鲜指数 葡萄在流通过程果梗易于失绿、干枯褐变、皱缩并失去饱满度。不同葡萄品种果梗自身保绿和防止干枯褐变的能力是不同的，一般果梗粗的品种比果梗细的品种更易保绿；同一穗葡萄不同部位的果梗发生干枯褐变也是不一样的，一般粒梗最易褐变，侧梗次之，穗轴梗最不易褐变；生长发育过程产生的松散扭曲变形和不整齐的果梗易于褐变；成熟度高的果梗保绿防皱缩效果好；果梗粗度高时保绿防皱缩效果好。此外，葡萄采收后及时进入低温贮藏过程并采用保湿包装，果梗不易失绿；保鲜剂对果梗防腐和果梗保鲜保绿意义重大，结合适宜的保鲜剂处理，可使果梗保绿变得更容易。

3.果穗脱粒特性与脱粒率 果实脱粒包括果刷从果肉拔出脱粒或断入果肉脱粒和断梗脱粒。葡萄品种间脱粒程度差别很大，果刷的长度和粗度与葡萄果粒的重量比例、离层的难易形成和果肉的质地及果刷与果肉的维管束结合程度是影响葡萄落粒的主要内在因素。硬肉型品种比软肉型品种不易脱粒；有核品种比无核品种不易脱粒；粗果梗品种比细果梗品种不易脱粒；紧密型果穗比松散型果穗不易脱粒；采收后快速入冷库包装可降低脱粒；合理并采用减震缓冲包装可降低脱粒；采用防振动运输可降低脱粒。此外，失水易加快脱粒；机械作用易加速脱粒。

4.果肉褐变特性与褐变指数 葡萄果肉褐变在不同品种上表现不同，红色品种褐变表现为果实色泽发暗；一些无色品种更易显现多种类型褐变，如白牛奶、无核白、意大利、无核白鸡心等欧洲种的脆肉型品种易发生果肉褐变，衰老更易引起一些无色品种果肉显现褐变；灰霉侵染发病可引起几乎所有葡萄品种果肉褐变；机械伤害、失水、冻害和气体伤害也易引起多数品种葡萄果肉的褐变。

5.果实质地变化特性与硬度 果实硬度及其变化与葡萄耐贮性的关系很大。同一品种，通过栽培技术培育出硬质果肉，有利于提高葡萄的耐贮运性。通过对乍娜、巨峰、玫瑰香、红地球和克瑞森无核等葡萄品种的硬度分析看，硬度高的品种，耐贮运性好，相对货架期较长。通过温度、气体、保鲜膜和保鲜剂处理，越能保持葡萄果实硬度，腐烂率就越低，贮藏效果就越好。

6.果实二氧化硫伤害与伤害指数 除了葡萄自身的耐贮运性和抗病性外，通过科学使用葡萄保鲜剂直接抑制微生物的生长繁殖或辅助诱导葡萄对病害的抵抗，也可显著降低葡萄的霉烂，延长其贮藏期。虽然二氧化硫处理可以有效控制灰霉引起的腐烂，但不当处理会造成二氧化硫伤害与口感风味劣变。不同品种葡萄对二氧化硫的敏感性不同，敏感性越高的品种，二氧化硫使果实漂白指数越高，处理时间越长伤害越重，处理浓度越高伤害越重；同等温度下，处理环境的温度越高二氧化硫伤害发生越早越重。同一品种不同产地二氧化硫伤害发生的伤害程度有明显差异，不同可溶性固形物含量二氧化硫伤害发生的伤害程度也有明显差异。

（五）鲜食葡萄的标准化

1.鲜食葡萄贮运系列标准制订 目前，世界上一些商品经济发达的国家，为了搞好鲜食葡萄供应，十分重视对标准化工作的智力和财力投资，充分发挥标准的作用。在鲜食葡萄产销的各个环节都有相应的标准和技术规格，严格控制鲜食葡萄的商品质量，使整个鲜食葡萄商品流通在各项标准控制之下有序地进行，鲜食葡萄生产者和经营者能获得较好的收益，消费者也能购买到优质鲜食葡萄。我国已制订了绿色葡萄、无公害葡萄和有机葡萄生产标准、葡萄生产规程与质量标准、葡萄贮运技术规程与标准和葡萄质量与安全检测规程与标准，以指导鲜食葡萄的生产、流通和保鲜。

鲜食葡萄等级标准涉及的质量要素有：成熟度（可溶性固形物含量）、颜色、均匀一致性、硬度、果粒大小；无萎蔫、落果、日灼、水浸果、小果、干果，其他缺陷和腐烂。葡萄果穗要充实，不能过紧。果梗不能干缩和发脆，颜色至少是黄绿色。

2.鲜食葡萄标准化生产与贮运保鲜基地建设 一个鲜食葡萄标准化生产与贮运保鲜基地建设要抓好三项工作：抓好采前培育质量工作、抓好采后保持质量工作、抓好分级分选及检测等质量区别工作。只有这三方面要素紧密结合，才能达到静态保鲜与动态保鲜的国际国内大流通的要求。

（1）采前培育质量是根本：了解影响质量的采前因素并做好提高质量的调控技术非常重要。采前因素常常影响鲜食葡萄的色、香、味、质、形、营养和卫生安全等鲜食葡萄质量标准，重视采前因素与调控技术可直接提高鲜食葡萄的食用价值、商品性及商品化处理水平、抗病性和耐贮运性以及货架寿命。主要涉及品种、成熟度、田间病害管理与限产、激素处理、灌水和下雨、整形与修剪、果实套袋和肥料使用等因素及调控技术。为培育高质量葡萄，鲜食葡萄的标准化生产备受国内外研究人员和生产者的重视。

（2）采后保持质量是关键：了解影响质量保持的采后因素并做好保持质量的控制技术也极其重要。采后因素对耐贮运性和抗病性也有很大影响。维持葡萄鲜果缓慢的生命活动，从而延缓耐贮运性和抗病性的衰变，并保持葡萄的质量，才有可能延长流通期限。葡萄流通也要通过控制环境条件来控制耐贮运性、抗病性的变化并保持质量，其中包括：控制适宜的低温、湿度、气体成分，防止机械伤害和合理使用防腐保鲜剂以及合理包装等，这些都被国内外研究者和生产人员在建设产地和销地的鲜食葡萄物流保鲜基地给予了高度重视，在生产中得到了很好的应用。

（3）分级分选及检测等质量区别是核心：分级与检测技术具有选择产品，区分质量，为市场提供均匀一致性的产品。分级技术的好坏，直接决定能否进行科学的区分质量。要进行内在质量和感官质量与卫生质量的分级技术研究，为市场提供可安全流通的优质优价与按质论价的产品。

3. 生产与运销主要商品指标检测技术

（1）可溶性固形物含量：可溶性固形物含量采用手持测糖仪测定，整穗果穗打浆后测定。

（2）含酸量：可滴定酸含量采用NaOH滴定法测定，整穗果穗打浆后测定。

（3）单穗重量：采用电子秤称重法测定。

（4）单粒大小与重量：采用直径对比方法测定或采用电子秤称重法测定。

（5）色泽：采用比色卡方法测定。

（6）耐拉力：采用弹簧秤方法测定。

二、设施葡萄采收

（一）设施葡萄的成熟度和采收特点

1. 适期采收的时限要求 我国设施葡萄生产栽培类型有促早栽培、延晚栽培和一次果生产栽培、多次果生产栽培，相应的栽培设施有避雨棚、大棚（冷棚）和日光温室。在北方一般促早栽培5–7月葡萄就可收获上市，在南方云南促早栽培可以提早到3–4月收获上市，一次果生产可以在5–11月上市，西北地区延晚栽培最晚采收可以延迟到来年的1–2月上市，多次果生产可以计划全年不同月份采取上市。过早采收上市的葡萄，成熟度不够，可溶性固形物含量较低；过晚采收的葡萄，果实变软、养分倒流从而影响果实质量，有时遇霜冻还会影响贮藏效果。

总之，适期采收的葡萄，可溶性固形物含量至少达到15%～17%，可溶性固形物含量增多有利于贮藏，但不能降低果实硬度，一定要严防设施葡萄过晚采收使果实营养物质向树体回流而导致果实变软。

2. 适期采收指标要求 依据测定整穗葡萄的可溶性固形物含量、可滴定酸（或pH）及其糖/酸比来确定葡萄的采收成熟度；一般可溶性固形物含量在14%～19%，可滴定酸含量(以酒石酸计)在0.55%～0.7%，固酸比20～30为适宜采收期。还可以根据各品种葡萄的生育期、生长积温和有色品种的着色深浅来确定其采收成熟度。但后者不太可靠。更多的内容请参阅本章“三、设施葡萄分级”。

部分品种葡萄具体采收成熟度理化指标如表17-2。

3. 采收标准要求 根据适期采收的指标要求可制订更详细的采收标准。葡萄的采收标准以葡萄的采收成熟度确定，以果实的糖酸比特别是可溶性固形物含量、色泽（果皮和果肉）、芳香和硬度综合确定，生产中应该根据这些标准进行适时采收。几个品种的采收标准见表17-3。

表17-2　部分品种葡萄采收成熟度理化指标

品种＼项目	可溶性固形物含量（%）① 不低于	总酸量（酒石酸，%）② 不高于	固酸比
里扎马特	15	0.62	24.2
巨峰	14	0.58	24.1
玫瑰香	17	0.65	26.2
保尔加尔	17	0.60	28.3
红大粒	17	0.68	25.0
牛奶	17	0.60	28.3
意大利	17	0.65	26.2
红地球	16	0.55	29.1
红鸡心	18	0.65	27.7
龙眼	16	0.57	28.1
黄金钟	16	0.55	29.0
泽香	18	0.70	25.7
吐鲁番红葡萄	19	0.65	29.2

注：①取样方法：随机取10穗葡萄，按每果穗上、中、下、左、右取5粒，共取50粒，压成汁。用玻璃棒搅匀，取1～2滴，按GB12295-90中3.4测定。

②按GB 12293方法测定。

表17-3　几个品种的采收标准

品种	可溶性固形物含量（%）	色泽	硬度	芳香
克瑞森无核	≥17	果皮宝石红，果肉白色	硬	甜脆
玫瑰香	≥18	果皮紫红—黑紫，果肉白色	中软	芳香
红地球	≥16	果皮鲜红、果肉白色	中硬	甜脆

（二）采收前的准备

1.采收和检测工具　详细如表17-4和图17-1。

表17-4　采收用具一览表

名称	规格
帽子	线制或布制的
手套	白色的
周转筐（箱）	塑料制，一般装量不超过25千克
短途运输车辆	机动小三轮或小四轮车（能在葡萄园中作业的）
采果剪	专用圆头剪刀
便携式数显测糖仪	ATAGO Brix%（0～53%）
托盘天平	100克
游标卡尺	1/50分度
电子秤	15千克
系列塑料套圈	系列直径规格
工作台	高度0.8～1米（长宽根据葡萄行距而定）

2.工作棚（台）的搭建位置

（1）果园旁：在果园交通便利、遮阴、通风处搭建工作棚和高度在0.8 ～ 1米的工作台，所有的操作在工作台上进行，同时要保持工作环节的清洁。

（2）贮藏场所内：也可在贮藏库间内搭建高度在0.8 ～ 1米的工作台，所有的操作在工作台上进行，同时要保持工作环节的清洁。

3.果穗预修整 选定符合采收条件的葡萄园后，在采收前1周或采收时进行果穗预修整，将不符合标准的果粒疏掉。不符合要求的果粒包括：青果（有色品种）、软果、小果、病果、裂果和畸形果等。

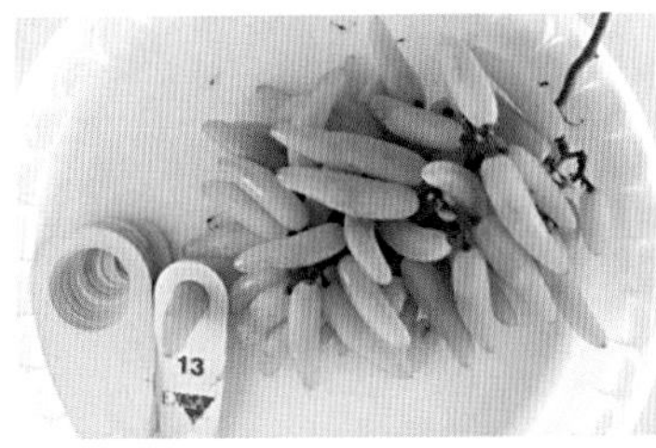

图17-1 品质检测工具及检测（塑料直径尺、游标卡尺、电子秤、数显测糖仪）

（三）采收技术

1.采收时间 无需中长期贮藏的葡萄，只要符合鲜食葡萄成熟度和商品价值标准，即可在市场需要的时候随时采收。

对于需要中长期贮藏的葡萄来说，采收时葡萄所处的状态非常重要，要求在晴天无风或早晨露水干后进行采收，忌在雨天、雨后、灌水或炎热日照下采收。一般大规模生产和贮藏很难完全按上述要求进行，解决的办法：一是要记录好采收的天气条件，二是适当延长预冷时间，三是适当缩短贮期。雨淋和灌水后都应延期采收，推迟时间（天）为：采前遇大雨或暴雨，推迟7天采收；采前中雨，推迟5天；采前遇小雨，推迟2天；采前灌水，推迟7天。

2.采收方法 同一果园的葡萄应多次采收。应选择成熟度合适、果穗紧凑、穗形适宜、果粒均匀、且无病虫害的果实采收。采收工测糖仪、比色卡随身带，随时测，不符合要求的果穗坚决不采收，做到采收的葡萄穗穗高品质。人工采收应用圆头剪刀，一手握采果剪，一手提起主梗，贴近母枝处剪下，尽量带较长的果梗。轻采轻放，尽量避免机械伤害。采收同时，对果穗上的伤粒、病粒、虫粒、裂粒、日烧粒等进行剪除，并对果穗进行修整和挑选。落地果、残次果、腐烂果、沾泥果不能用于贮存。对田间经修整和挑选的葡萄，可直接放入贮藏容器或运输容器中，对未经修整和挑选的葡萄可放入采收容器中，运到包装间，进行修整和挑选处理。采收后，果实应放到阴凉处，或尽快运到包装车间，避免日晒。

整个采收过程中要求突出“快、准、轻、稳”四个字，“快”就是采收、分选、装箱、包装等环节要迅速，保持葡萄的新鲜度；“准”就是下剪的果穗部位要准确，确实剪掉影响贮运和商品性的果穗上不合格部位；“轻”就是轻拿轻放，尽量不擦去果粉，不碰伤果皮，不碰掉果粒，保持果穗完整无损；“稳”就是采收时果穗要拿稳，运输、贮藏时果箱要摞稳。

采后果实应轻装、轻运、轻卸，避免机械伤损。果实随采、随运，采后田间停留不应超过2 ~ 4小时，应在6小时内进入预冷过程或冷藏环境，最好先冷却后分选包装。

三、设施葡萄分级

（一）葡萄分级标准制定要素

要根据以下11个方面对葡萄果实进行分级，关系到果穗的外观、风味和成熟度，也决定着果实的色、香、味、质、形，最终决定其高品质和一致性，如图17-2。

1.可溶性固形物含量（糖度） 果实细胞汁液中所含水可溶物质含量，主要为可溶性糖，以百分比（%）表示，一般取其汁液用手持糖量计（普通或数显）测定。

2.果粒的大小或重量 一般用套圈（精度低）或游标卡尺或千分尺（精度高）测定果实直径，以毫米表示；或用电子秤称重，以克表示。

3.果穗的果粒数和重量 果粒用计数方法统计，用粒表示；重量用电子秤称重，以克表示。

4.色泽 不同品种成熟时有固定的颜色和深度（有色品种）。实践上用果实比色卡进行目视法对比测定；理论上可用色差计测定。如：鲜红色、艳红色、宝石红色、紫黑色、蓝黑色、黑色、浅黄色、绿白色、白绿色等。

5.果粉（果灰） 成熟时果实表面形成的白色粉状（颗粒状或片状）蜡质成分。实践上用目视法对比测定。

6.香气 成熟时果实内部形成的挥发性芳香物质，用气相色谱法分析。实践上用嗅觉感知香气的浓郁程度（香味品种）比较：无香、微香、中香、浓香等，共香味类型有：麝香型、玫瑰香型、草莓香型、花果香型、青椒香型。

7.果穗整齐度 包括果穗完整性（不缺粒）、果穗形状一致（圆柱形—穗长和穗宽、圆锥形等）、果穗均匀性（果穗大小一致及果粒大小一致）。

8.果穗松紧度 果粒在果穗上着生的紧密程度（紧穗、中等紧密、分散），果梗的柔软性及颜色。

9.质地 脆肉型果实质地内容：果肉脆度，可切片性，果皮薄厚及剥离特性和无涩味等。软肉型果实质地内容：无肉囊，果肉软。

10.缺陷果（次果） 葡萄果粒呈现的各种缺陷，包括：日灼、刺伤、碰伤、压伤、病虫害、药害（二氧化硫伤害）、小青粒、裂果、雹伤、破损及泥土污染。分级时不能超过规定所占最大百分比（%）。

11.其他 空心果、未成熟果等不容许出现。

图17-2 红、白、黑着色和整齐度好的果穗典型代表

（二）葡萄分级标准

1.国际、国家和行业标准 目前，发布的与葡萄质量和保鲜有关的技术国际标准、国家标准和行业标准如下，可查阅作为工作参考或指导。

（1）发布的国际葡萄质量和保鲜技术标准：鲜食葡萄冷藏指南（第一版—1974-07-01）；Table grape-Guide to cold storage（First edition—1974-07-01）。

（2）发布的国家葡萄质量和保鲜技术标准：

①国家标准《鲜食葡萄冷藏技术》（GB/T16862—2008 ）。

②国家标准《无核白葡萄》（GB/T19970—2005）。

③国家标准《地理标志产品　吐鲁番葡萄》（GB/T19585—2008）。

（3）发布的行业葡萄质量和保鲜技术标准：

①农业行业标准《绿色食品　葡萄》（NY/T428—2000）。

②农业行业标准《鲜食葡萄》（NY/T470—2001）。

③农业行业标准《无公害食品　鲜食葡萄》（NY/T5086—2002）。

④农业行业标准《无核白葡萄》（NY/T704—2003）。

⑤农业行业标准《葡萄保鲜技术规范》（NY/T1199—2006）。

⑥农业行业标准《冷藏葡萄》（NY/T1986—2011）。

⑦供销合作行业标准《鲜葡萄》(GH/T1022—2000)。

⑧国内贸易行业标准《预包装鲜食葡萄流通规范》(SB/T10849—2012)。

2.国家保鲜工程中心为企业制订的标准 根据果穗形状、大小、紧实度、果粒大小、着色度、整齐度及缺陷进行分级，具体按表17-5、表17-6、表17-7、表17-8等级标准执行。

表17-5 标准化葡萄感官要求

项目	指　标
果穗	典型且完整
果粒	大小均匀、发育良好
成熟度	充分成熟果粒≥98%
色泽	具有本品种特有的色泽
风味	具有本品种固有的风味
缺陷度	≤5%

表17-6 红地球葡萄理化指标

项目名称		等级	
		一级果	二级果
果穗基本要求		果穗完整、光洁、无异味；无病果、干缩果；果梗、果蒂发育良好并健壮、新鲜、无伤害。	
果粒基本要求		发育成熟，果形端正，具有本品种固有特征	
果穗要求	大小（克）	800～1000	500～800
	松紧度	中度松散	紧或松散
果粒要求	大小（克）	≥12.0	10.0～11.9
	色泽	全面鲜红	红至紫红
	果粉	完整	
	粒径（毫米）	≥26.0	23.0～25.9
	整齐度（≥%）	85	
	可溶性固形物含量（%）	≥17	≥16
	果面缺陷	无	果粒缺陷≤2%
果粒要求	二氧化硫伤害	无	受伤果粒≤2%
	风味	品种固有风味	

表17-7 玫瑰香葡萄理化指标

项目名称		等级	
		一级果	二级果
果穗基本要求		果穗完整、光洁、无异味；无病果、干缩果；果梗、果蒂发育良好并健壮、新鲜、无伤害	
果粒基本要求		发育成熟，果形端正，具有本品种固有特征	
果穗要求	大小（克）	350 ~ 500	250 ~ 350
	松紧度	果粒着生紧密	中等紧密
果粒要求	大小（克）	≥ 5.0	≥ 4.0
	色泽	黑紫色	紫红色
	果粉	完整	
	粒径（毫米）	≥ 10.0	8.0 ~ 10.0
	整齐度（%）	≥ 80	
	可溶性固形物含量（≥%）	≥ 19.0	≥ 17.0
	果面缺陷	无	果粒缺陷≤ 2%
	二氧化硫伤害	无	受伤果粒≤ 2%
	风味	品种固有风味	

表17-8 巨峰葡萄理化指标

项目名称		等级	
		一级果	二级果
果穗基本要求		果穗完整、光洁、无异味；无病果、干缩果；果梗、果蒂发育良好并健壮、新鲜、无伤害	
果粒基本要求		发育成熟，果形端正，具有本品种固有特征	
果穗要求	大小（克）	400 ~ 500	300 ~ 400
	松紧度	果粒着生紧密	中等紧密
果粒要求	大小（克）	≥ 12.0	9.0 ~ 12.0
	色泽	黑或蓝黑	红紫～紫黑
	果粉	完整	
	粒径（毫米）	≥ 26	22.0 ~ 26
	整齐度（%）	≥ 85	
	可溶性固形物含量（%）	≥ 17	≥ 16
	果面缺陷	无	果粒缺陷≤ 2%
	二氧化硫伤害	无	受伤果粒≤ 2%
	风味	品种固有风味	

（三）企业的分级标准

根据查阅的国际、国家和行业标准或国内某些企业标准或国外某些企业标准执行，也可根据实际情况制订本企业执行标准。

四、设施葡萄包装

产品的包装可分为内包装（零售包装）和外包装（贮运包装），或再进一步分为产地包装、中间地包装和消费地包装。产地包装最有利于保持葡萄的鲜度，中间地包装可提高包装机械的利用率，消费地包装能很好利用售货员的闲暇时间。目前，结合低温流通的包装，包装材料的安全性和节省资源包装越来越被人们所注意。

（一）包装的作用

葡萄产品包装要能满足被包装产品的要求。包装对多数产品来说可起到保护产品、保鲜产品、方便贮运、促进销售的作用。

1.防止机械伤害 良好的包装能够起到防止葡萄流通过程中的机械伤害，但包装不适当，同样也会在包装过程中造成机械伤害。

要特别注意碰伤、压伤和擦伤。在自动装箱和装卸过程中，由于产品和包装件的掉落都可造成碰伤，所以在落点处要认真对待衬垫，掉落部位减速，降低落差，容器底部放缓冲垫等认真管理都可减少碰伤。不适当的包装可引起压伤，如容器装得过满后用劲封盖；装入产品的容器在垛内受压都是造成产品压伤的主要原因。所以做好定数包装中产品大小的选择，包装容器与装入产品量相吻合以及足够的容器强度和合理码垛都可减少压伤。运输期间产品在容器内振动可导致擦伤，为此，产品在容器内保持固定，选择大小适合的容器，适当调节装填密度，选择大小一致的产品，在包装内衬垫并添加袋、盘、杯、垫片、衬里和垫物等，即通过适当装填、固定、垫衬和封盖，可使这一问题得到解决。

2.利于温度管理 葡萄产品包装要能满足产品特定的温度管理要求，良好的温度管理取决于产品与外界环境的接触。对某些产品来说，气流在容器表面经过就足够了。但为了快速除去热量，通常要使气流易于从容器内部通过。在一定范围内，增加通风可加快热交换。瓦楞纸箱表面有5%的开孔就足以使产品快速冷却而不致使容器的强度减弱太多。开几个大孔比开许多小孔起的作用大。

包装容器开孔处一般不应受内部包装材料的遮堵。应该把包装内的衬里、袋、盘、薄垫片或衬垫对气流通过包装内部影响降到最低。如果这些材料对气流成功通过包装有很大限制，那么应该进一步加强气流来补偿它们的不良影响。

3.防止失水 在贮藏期间，要使葡萄产品处于高湿环境，把失水降到最低的程度。一般，在运输和销售期间，通常没有或几乎没有对环境湿度的控制措施；因此，包装可提供部分屏障以防止产品水蒸气的外移。

一般包装内湿度屏障不应妨碍必要的气流通过。表面涂被的容器可正常开孔，这种湿度屏障不会影响气流的通过。在多数情况下，容器开孔仅在一定程度上增加产品的失水。

4.便于特殊处理 在包装的选择和设计中，也应考虑某些产品需要的特殊处理，例如，二氧化硫熏蒸葡萄控制病害。这些处理需要容器良好的开孔，熏蒸剂通过这些开孔才易于进入容器内部。通常，能满足快速冷却的开孔也能满足二氧化硫熏蒸，这对保鲜葡萄极为有利。

5.便于流通 包装能为葡萄生产、流通、消费等环节提供诸多方便性。从广义上讲，葡萄没有包装就不能实现贮运和销售。包装可使生产厂家方便生产，使运输部门方便调运，使仓储部门方便保管，使零售部门方便销售，也使消费者方便购买携带。

包装通过简明的文字和美丽的图案、色彩、造型来介绍商品和提高商品的外观吸引力、在心理上征服购买者、并能增加人们的购买欲望。简明的文字说明能使消费者了解商品的用途、用法、品级、规格、净重、有效期、注意事项等。

6.有利于提高商品价值 葡萄一旦进入流通领域就叫商品，商品在流通过程中如果不用合理的包装加以保护，就会受到各种损害而失去价值或降低价值。良好的包装还能给商品葡萄销售增加价值。

（二）包装的要求

包装是葡萄运输和投放市场的重要条件。我国高端葡萄商场要求所有的鲜食葡萄都要包装后才能投放市场。

1.果穗标准化是包装标准化的前提 我国多数鲜食葡萄生产基地已进入果穗标准化生产程序，要求选用大穗型品种，花前至坐果后，要进行严格的疏花疏果和花序整形，无论是何种品种都要求整成短圆柱形，穗重一般300 ~ 500克；大多数圆锥形果穗的品种在开花前疏除花序上部3 ~ 8个大分枝，促成果穗为短圆柱形，以利包装。

2.不同档次葡萄采取不同包装 世界鲜食葡萄市场化水平最高、包装做得最好的要数日本为先，我国葡萄产业界正向先进学习。日本葡萄包装的第一个特点就是单层摆放，果穗梗朝上稍倾斜于箱内或平放于箱内，箱高多数为10厘米左右。第二个特点是箱体趋向小型化，档次愈高，箱体愈小。在三个主产县所见到的8种葡萄箱中，最大的统货（日本称共选）葡萄箱装净果约7 ~ 8千克，这种包装的产品一般在产地销售。进入城市零售市场，常用硬泡沫塑料盒分装，每盒一穗果（300 ~ 400克左右）。如巨峰和甲斐路的特级优质果，直接在产地用1千克包装盒包装，盒底部衬垫6毫米的软塑泡沫，再垫衬一张软纸，盒上部用透明极好的聚丙烯硬塑盖盖上，再用印刷精美的薄纸板包住已装好葡萄的包装盒，进入零售市场时，则拿掉这层包装纸板，消费者可通过透明的聚丙烯硬塑盖看到里面的鲜美葡萄。

不同档次的葡萄，箱内内衬也有很大差异，统货葡萄直接用生长期葡萄套的纸袋为衬垫。高档果均用软泡沫及软纸，有的单穗用透明聚丙烯软塑料膜与软纸黏合的袋子单穗包裹，然后再放入垫有软泡沫的箱里。

3.田间包装或包装房包装 美国加州葡萄包装有两种形式，田间包装和包装房包装。田间包装又包括树下包装和过道包装。树下包装包括葡萄选择、树上修整、采收、树下修整和分级，然后把果实直接放入运输包装和贮藏包装内。这种方式简化果实处理程序，但使质量监测和管理变得困难。过道包装是采收人员对树上葡萄进行一定程度的修整，然后把采收的葡萄放在采收盛果容器里，手工搬运或用小车运输转移到葡萄园的过道或空地。那里设有包装台，所有重要的包装材料都放在包装台侧，再由包装人员在包装台上按规程进行修整、分级和包装，并装入运输包装或贮藏包装内。

包装房包装的处理是，采收人员采收葡萄不修整，直接放入采收容器内。装有葡萄的采收容器在树荫下集中，然后用中小型车辆运输到包装房内。在包装房内由包装人员进行选择、修整、分级和包装，可装入运输包装或贮藏包装内，也可装入零售包装内。通常每个包装人员可同时包装两个不同等级的葡萄，因此更易进行质量选择。一般现代化包装车间内安装有传送带式的流水线包装作业台。

（三）现代包装场所与设施

1.商品包装车间　根据葡萄包装的1天最大处理量和增长预期设计商品包装车间的车间数和每间车间的规格。一般中小型车间推荐设计规格为：长 × 宽 × 高=20米 × 14米 ×4米，一天最大处理量为10吨葡萄。

2.商品包装车间配备设施

（1）车间监控系统：中小型车间可配备车间加工和冷藏运输管理监控系统1套，16个摄像头、1个屏幕（20英寸*）、1套主机（16路收录机）、接线。用于安全监控车间内各项作业的（进货、卸货、分选、包装、托盘化、冷凉、预冷、冷藏、出货、装车）。有网时也可用手机监看。

（2）电动叉车：中小型车间可配备电动叉车1辆，载重1.5吨，升高4米。可大幅度、较快速、高高度的机动搬运和码放。

（3）手动（地牛）或电瓶叉车：中小型车间可配备手动（地牛）或电瓶叉车各1辆，载重1.5吨，电瓶叉车可升高3米。可小范围、低高度的搬运和码放。

3.商品包装车间分选、修整、包装线　如图17-3所示。

（1）程序式电子秤：配备16台程序式电子秤，称重上限15千克，可统计已称重的各种类型果实总重量（千克）。可用商用称重收银一体机改造而成。

（2）原料葡萄周转箱输送装置：配备2条长12.5米 × 宽0.4米 × 高0.6米的由橡胶帘子布、橡胶辊轮、镀锌C型钢、电动机和其他材料构成的原料葡萄周转箱延墙输送装置。其功能是为分选、修整、包装葡萄从冷凉室提供货源。

（3）修整分选台：配备修整分选台（双层）16个，每个长1.1米（含0.4米放箱处）× 宽0.6米 × 高0.75米，由5厘米的角钢架、冷轧或热轧钢板、不锈钢板制成的漏槽修整分选台（双层），其功能具有放置原料葡萄周转箱、修整后的废弃葡萄箱、挑选出的低等级葡萄、承接修整好的葡萄的作用。

（4）装盒和称量台：配备称量台16个，每个长0.65米 × 宽0.6米 × 高0.7米，由4厘米 ×4厘米的角钢架、冷轧钢板、镀锌热轧钢板或不锈钢板制成的平台（双层），其功能具有放置程序式电子秤称重，放置小包装容器，放置有外包装的整箱小包装容器。

（5）三层输送装置：15米长三层输送装置，0.6米宽，包括上层输送带、中层输送带、下层输送带。上层输送包装膜袋的外包装；中层输送小包装盒或整箱产品；下层输送已称重的小包装盒葡萄或整箱产品（1 ～ 3层）。

（6）不干胶平面贴标机：为小包装盒贴标，根据包装数量大小，需要2台全自动或半自动不干胶平面贴标机。

（7）保鲜箱内装小包装盒包装台：一般需建造8个包装台，每个小包装盒保鲜箱装入台的规格为长 × 宽 × 高=1.2米 ×0.55米 ×0.75米。其框架由4厘米 ×4厘米角铁构成，

*英寸为非法定计量单位，1英寸=0.0254米。——编者注

底层用冷轧钢板，表层由不锈钢板制成。

（8）保鲜箱封箱台：一般需建造8个封箱台，每台的规格为长 × 宽 × 高 =1.2米 ×0.55米 ×0.75米。其框架由5厘米 ×5厘米角铁构成，底层用冷轧钢板，表层由不锈钢板制成。

（9）托盘化设备：需要配置3台无扣气动热熔打包机（配空压机）或手提电动打包机，具有拉紧、热合和切断功能。

图17-3　自动和半自动商品化分选和气调包装线及其监控

（四）包装容器与填充材料

1.外包装容器　外包装容器也叫贮运包装，用于装卸与贮运和批发包装。目的是保护商品，便于装卸和运输。外包装的发展历程是：从散装（捆或不捆）到普通容器（箱、袋）、托盘化、托盘箱，最后发展到集装箱。鲜食葡萄包装材料及规格如表17-9。

（1）硬包装容器：常用的普通容器主要有瓦楞纸箱、塑料箱、木箱和泡沫塑料箱等，如图17-4。瓦楞纸箱最为理想，几乎能满足外包装的各种要求：便宜，结实，不损伤内容物，保鲜性能好，易于获得，包装和拆解作业简单，规格统一，便于搬运，排列在商店时有装饰性，用后易于处理。瓦楞纸箱的规格、容量可根据产品需要进行设计、生产。

总之，作长期贮藏或长途运输的外包装容器则以每件10 ～ 25千克为宜，箱盒上留有手洞或提手的便携式，设计精巧美观的礼品式包装往往备受欢迎。柔嫩多汁的葡萄可设计为少装层的扁形箱、盒。总之，要便于机械化装卸、远程运输、长期贮存、批发和零售。

表17-9 鲜食葡萄包装材料及规格

材料类型	材料名称	规格	重量(千克)/箱
硬质包装箱	塑料箱 泡沫塑料箱 纸箱	按实际情况定	按实际情况定
软质包装材料	塑料保鲜袋（PVC） 塑料保鲜袋（PE） 无纺布袋（折口） 无纺布袋（拉绳折口） 平泡沫网	按实际情况定	按实际情况定
保鲜剂	调湿纸 自动两段释放剂 自动释放片剂 保鲜纸	按说明书用	按说明书用
商标及功能标签纸	光面铜版纸 品牌商标纸 检验合格证 等级追溯码纸	按实际要求设计	按实际要求设计

图17-4 硬包装容器（瓦楞纸箱、塑料箱、木箱和泡沫塑料箱）

（2）软包装容器：由高分子材料保鲜袋和食品添加剂亚硫酸盐保鲜剂两部分构成，具有保持高湿和调节氧气和二氧化碳的作用，并能杀灭灰霉等主要病原微生物，配合适宜的冷藏，能有效防止霉烂，保持果梗鲜绿。气调膜保鲜包装研发生产的高透明防雾贮运保鲜膜，既能确保其满足贮运过程中的品质保持要求，又能达到用户要求，具有良好的市场应用前景。

①运输专用保鲜袋。一般收获量小或有足够的预冷库容量，并在运输过程能保持较稳定的温度，通常采用0.02 ~ 0.03毫米厚有孔或无孔塑料膜（袋）。新疆兵团葡萄大面积生产大都采用多孔袋包装后才进行预冷，这样可有效防止结露和保鲜纸二氧化硫造成的伤害。

②贮藏专用保鲜袋：长期贮藏的葡萄专用0.02 ~ 0.03毫米厚无孔塑料膜（袋），决不能采用有孔保鲜袋，否则会造成严重失水萎蔫和由于保鲜剂释放的二氧化硫气体在袋内保有量不足而造成的严重腐烂变质。

（3）混合型包装容器：葡萄多数包装采用混合型包装容器，在塑料箱、瓦楞纸箱、泡沫塑料箱和木板箱等硬包装容器内衬有运输专用保鲜袋或贮藏专用保鲜袋等软包装容器，这样可发挥前者的刚性码放防机械损伤的作用和后者的柔性保湿保鲜的作用。

2.内包装容器 内包装也称销售包装，要与消费者直接见面，所以除要求保护商品外，还要注意造型与装潢美观，并且具有宣传功能，起到促进销售的作用。膜材料一般多作为内包装容器的用材，对内包装塑料膜的要求是：便宜；不易破裂，作业性能好；具有适宜的透湿性和透气性；接近透明，不易形成水雾，内容物看得见；容易密封；在低温下不硬化，强度不下降；化学性稳定；容易获得；在卫生方面不含有害的添加剂。

葡萄销售包装总的要求是以牢固、经济、适用、美观为原则。包装容器的形状、大小、规格，甚至装潢、图案、色彩等都应根据使用目的和对象来确定，即必须根据葡萄种类、品种、市场需要、贮运条件和流通环节、销售对象等诸多因素设计适宜的包装。如为便于零售，以小包装0.5 ~ 2.5千克为宜，一般不超过5千克。因此，葡萄销售包装有其特殊性。

（1）硬包装容器：

①盒或浅盘：由塑料或泡沫塑料，纸板和胶合板制成。

②小篮子：有长方、圆或扁形，由木条或塑料制成。

③蜂窝小盘：由塑料或纸制成。

（2）软包装容器：

①单穗包装。单穗包装包括用软绵纸单穗包裹、用纸袋或果实袋单穗包装、用开孔塑料或塑料与纸或与无纺布做成的T形袋、圆底袋或方形袋单穗包装。葡萄单穗包装具有提高葡萄的商品外观和品牌特性，减轻机械伤害、掉粒和散穗，降低葡萄表面结露和提高葡萄保鲜程度，减轻葡萄药害发生，方便贮运和销售的特点。而整箱包装容易造成上层的葡萄对下层的葡萄的挤压，造成最底层的葡萄往往被挤压破损变质。

②软质小包装。小袋或网袋，由纸、薄膜、棉纱和塑料丝制成。

（3）混合型包装容器：每穗葡萄以300 ~ 500克装入塑料盒、塑料盘、纸盘和泡沫塑料盘，再用自黏膜或收缩膜进行裹包；也有用真空包装的（该方法不能长贮）；还有用网袋加盒或浅盘的。通过包装达到降低预冷失水萎蔫，避免机械伤害、掉粒、散穗，方便贮运和销售。

3.减震缓冲包裹、衬垫和填充材料 包裹材料要求质地柔软、坚韧，不易破碎，有一定的透气防水性。我国出口外销的葡萄有采用单穗包纸或包泡沫网后装箱。包裹可减少产品间或与包装箱间的摩擦和机械损伤；减少水分蒸发，保持新鲜度；还可隔离病菌，防止其传播感染，有利于延长贮运期和货架寿命。

包裹材料除纸外，塑料薄膜也是良好的包裹材料，近年来普遍应用于葡萄的包装。试验证明，用塑料膜单穗包装贮藏运销葡萄的效果非常显著。

衬垫与填充材料要求柔软、质轻、清洁卫生。过去多用纸、草等材料，近年来已逐步推广使用各种工业合成的泡沫塑料板垫、网套等。它们可根据需要压模成型，尤其是对柔嫩易腐的葡萄，可压制成单穗包装的网套式凹形定位格板或其他隔板，填充衬垫后可确保贮运中的安全，避免损伤。大批量的填充衬垫材料仍可就地取材选用廉价易得、轻软适用的材料，如细刨花、稻壳、草屑等（图17-5）。

图17-5　多种类型的小包装或缓冲包装

（包内散装、穴盘装、纸裹装、泡沫垫裹装、侧开果袋装、侧开薄纸板袋装、侧开布袋装、泡沫网套装、带盖塑料盒装、压膜塑料盒装、外套袋塑料盒盘装、自黏膜外裹塑料盒盘装）

4.杀菌、抑菌保鲜材料 杀菌、抑菌保鲜材料也属包装材料的组成部分，主要有可释放SO_2的缓释保鲜剂与保鲜垫，它们既可起到杀菌和抑菌作用，又可部分起到调湿和承接露水的作用。葡萄病害与生理双控运输保鲜纸，要做好结构设计、配方设计、纸的优选、葡萄保鲜纸缓释性和保鲜效果的提升工作。研究出的双控保鲜纸既可用于长途运输又可用于长期保鲜，由过去的静态保鲜为主转向动态保鲜与静态保鲜并重，既可保证葡萄果梗绿色，又可防止霉变。简化应用食品添加剂级保鲜剂要做好结构设计、配方设计、纸的选择、生产机械的改型、保鲜剂效果的提升工作。其特点是低成本、高效率、贮运方便化，并具有两段释放功能，发挥前期快速抑杀灰霉，后期缓慢抑制灰霉。

5.蓄冷材料 电商物流销售常在葡萄包装箱内放蓄冷剂，以保证无制冷情况下保持一定时间葡萄包装箱内的低温。所用蓄冷材料主要有纯水、水加少量可吸水高分子材料等，包装形式有塑料袋、塑料瓶、塑料扁盒等。

6.商标及功能性标签纸 商标及功能性标签纸主要包括光面铜版纸、品牌商标纸、检验合格证、等级追溯码纸等，用于宣传品牌和进行商品追溯。

7.包装标识 包装容器要求：具有保护性，在装卸、运输和堆码过程中有足够的机械强度；具有一定的通透性，利于产品散热及气体交换；具有一定的防潮性，防止吸水变形，降低机械强度及引起产品腐烂；整洁、无污染、无异味、无有害化学物质、内壁光滑、卫生、美观；重量轻、成本低、便于取材、易于回收及处理；注明商标、品名、等级、重量、产地、特定标志及包装日期。

（五）葡萄大宗贮运销保鲜基本包装方式

1.基本包装方式

（1）预包装：用软绵纸单穗包裹；用纸袋或用果实套袋单穗包装；用开孔塑料或塑料与纸或与无纺布做成T-形袋、圆底袋或方形袋单穗包装。一般以300 ~ 500克装入塑料盒、塑料盘、纸盘和泡沫塑料盘，再用自黏膜或收缩膜进行裹包。

（2）短期冷藏及运输包装：一般装入5 ~ 10千克。不衬塑料膜（袋）箱装：把无预包装或经预包装的葡萄单层放入瓦楞纸箱、塑料箱（筐）、泡沫塑料箱或木箱；塑料膜（袋）衬里箱装：用0.02 ~ 0.03毫米厚有孔或无孔塑料膜（袋）展开，衬放瓦楞纸箱、塑料箱（筐）、泡沫塑料箱或木箱后，再把无预包装或经预包装的葡萄单层放入；托盘装箱：将葡萄包装箱摆放在托盘上，用拉伸（收缩）塑料膜或塑料网缠绕裹包或用加固角与打包带封垛。

（3）长期冷藏包装：不衬塑料膜（袋）箱装：把无预包装的葡萄，单层直接放入瓦楞纸箱、塑料箱（筐）、泡沫塑料箱或木箱；塑料膜（袋）衬里箱装：用0.02 ~ 0.03毫米厚塑料膜（袋）展开，衬放瓦楞纸箱、塑料箱（筐）、泡沫塑料箱或木箱，再把无预包装的葡萄单层放入。

2.基本包装程序

（1）装箱前内衬塑料袋：备好果箱——→内衬塑料袋——→放置塑料泡沫平网——→放置修整好的葡萄——→电子秤称重——→塑料袋折入果箱四周边——→入贮预冷——→放置塑料泡沫平网——→放置调湿纸——→放置保鲜剂——→封袋口——→码垛入贮。

（2）预冷后外套塑料袋：备好果箱 ——→内层衬无纺布袋——→放置塑料泡沫平网 ——→放置修整的葡萄 ——→电子秤称重——→放置塑料泡沫平网 ——→ 放置调湿纸——→ 放置保鲜剂 ——→ 封无纺布袋口——→ 封箱盖——→ 托盘化气态处理——→入库预冷 ——→库的走廊套塑料袋 ——→码垛入贮。

（六）商品化销售包装技术

1. 自动化程度较低的包装场所保鲜包装工艺技术

（1）修整：挑选出等级内的果穗进行修整，用修果剪刀剪掉烂粒、软粒、青粒（有色果）、小粒及缺陷粒。

（2）分级：分级按实际制订的标准或规范执行。

（3）装箱：单层装箱，松紧度适中，不紧不松。

（4）放入保鲜剂：根据每箱的葡萄装量和使用的葡萄保鲜剂类型按说明书要求足量不多量的放入葡萄保鲜剂。最好使用简便易用、使用效果好的保鲜剂。

（5）塑料袋封口：根据葡萄保鲜剂的种类和用量可选用绳（麻绳、塑料撕裂膜、橡胶松紧带）扎口、塑料袋口卷封、塑料袋口折封和塑料胶带纸黏封。

（6）功能性标签的投放和粘贴：为了做好商品宣传和质量追溯，可投放光面铜版纸和粘贴品牌商标纸、检验合格证和等级追溯码标签纸。

2. 自动化程度较高的包装场所商品小包装工艺技术

（1）采收与装入周转箱：在田间选择适宜的葡萄果穗进行采收，直接放入周转箱。周转箱为多孔塑料箱，一般规格为长 × 宽 × 高=52.5厘米 × 35厘米 × 21厘米。每箱装多半箱高，接近单层装箱，约装10 ~ 15千克。

（2）运输到冷凉库外：把装了葡萄的周转箱，码在中小型机动车上，运输到冷凉库外。

（3）卸车码放托盘上：把运输到冷凉库外的葡萄周转箱卸车码放在托盘上，每层5箱，竖着放3箱横着放2箱，码放8层高，每托40箱，每箱约装10 ~ 15千克，每托约400 ~ 600千克。

（4）移入冷凉库：用地牛或手动叉车拖入冷凉库内，库内温度控制在10℃左右，相对湿度在85% ~ 90%。

（5）输入包装间：当产品温度降到10 ~ 15℃左右时，由人工把葡萄周转箱搬放到输送带上，由3条输送带通过冷凉库通入包装间的3个墙壁通道，不断向包装间输送葡萄周转箱。

（6）包装间内输送：包装间内通过橡胶输送带或辊轴输送自动输送或由人工推移，实现包装间葡萄周转箱的前行输送。

（7）移到修整分选台上修整分选：由人工从包装间输送带将葡萄周转箱移到修整分选台上进行修整分选。修整分选台侧边上部一般叠放原料葡萄周转箱2箱供修整分选用，侧边下部放置1个空塑料周转箱，使修剪下来的废弃葡萄由修整分选台侧槽漏斗流入该空箱，修整分选台的正下部可平放2个空塑料周转箱，用于放置次品葡萄，修整分选台上部的扁盘放置修整好的葡萄。由1位员工进行修整分选。

（8）葡萄装盒称重：把修整好的葡萄装盒称重。葡萄称重在称量台上进行，称量台上放置1台程序式电子秤，台面上侧旁一般放置小包装塑料盒，台面下空间放置带有外包装的整箱小包装塑料盒。由1位员工进行装盒称重，当达到设定重量范围内，屏幕显现对号（√），随即由该员工从程序式电子秤移走放在侧旁的输送带上。一般每盒装0.5千克。

（9）自动贴标：在装有葡萄的塑料小盒上自动贴上商标。

（10）单层装入扁平纸箱：将装有葡萄并称好重量的小包装塑料盒由人工单层装入衬有塑料保鲜袋的扁平纸箱，一般每箱装10塑料小盒。

（11）上放保鲜纸封袋封箱：在小包装塑料盒上放一张定量保鲜垫，然后折封保鲜袋和保鲜箱。

（12）托盘化包装：将装有葡萄小包装塑料盒的扁平纸箱放在塑料或木托盘上，一般每层6箱，码23层高，每托共138箱，葡萄净重690千克。

3.电商物流销售包装工艺技术 做好基于O2O销售模式鲜食葡萄微环境可控包装及应用技术工作。重点进行调整微环境的多功能包装材料的选择工作，减振缓冲增持强度包装材料的选择工作，加强隔热、增持强度、保持稳定和阻隔微环境气体的包装和结构优化工作。

（1）明确电商物流销售存在的问题并提出解决方案：鲜食葡萄电商销售存在的几个主要问题为：冷链断链，应用机械集中制冷难；家庭消费者占主导，商品量一次性需求少；消费区域广且分散，流通半径长短差异大；多种不同产品混装，配送过程振动大并常常发生野蛮装卸。需解决的措施有：无源冷链物流解决方案或无源与有源相结合的冷链解决方案；产品预冷、隔热包装与蓄冷剂添加相结合；减振缓冲与增持包装强度相结合。

（2）电商物流销售冷链物流解决方案：一般可采用3套冷链物流解决方案：无源冷链物流解决方案、有源（机械制冷）冷链物流解决方案和无源与有源相结合的冷链物流解决方案。

①无源冷链物流。完整的无源冷链物流解决方案为，外包装、保温容器、经过预冷的鲜食葡萄和蓄冷剂应用。通过研究发现，外包装要由一定的强度和韧性，起到加强作用；保温容器通过保温材料隔热起到减少包装内外热交换的作用，保持箱内产品稳定的温度；经过预冷的低果温鲜食葡萄产品，可起到降低生理生化代谢和抑制腐烂微生物繁殖的作用；蓄冷剂通过其相变过程吸收包装箱内微环境的热量，使包装箱内微环境得到持续保持低温，降低鲜食葡萄的回温速率。

②有源冷链物流。完整的有源（机械制冷）冷链物流解决方案为，各种包装（打孔或敞口）的产品通过多种预冷设备降低品温，放入机械冷藏库冷藏，放入冷藏运输车辆运输，放入冷藏货柜或货架销售，放入家用冰箱备用食用。

③无源和有源相结合的冷链物流。完整的无源和有源相结合的冷链物流解决方案为，完整的无源冷链与完整的有源冷链物流相结合。

（3）选择调整微环境的多功能包装材料：进行微环境的多功能包装材料的选择调整。根据无源冷链的特点，要求包装的隔热封闭性，根据有源冷链的特点要求多种形式包装并部分处于开放性。

（4）把握无源和有源相结合的冷链物流保温与降温效果：一般无源制冷包装件处于常温下流通，所以要以此为基础进一步改进隔热包装；有源冷链包装及开放（打孔）程度，温度的下降速率，一般相同的包装方式的葡萄预冷时间随风速增大而缩短，总体而言，风速从3.5米/秒到5.5米/秒随着风速的增大，预冷时间的影响变小。相同的风速下，葡萄预冷时间随着纸箱与泡沫箱开孔率的增加而缩短，从2%到6%开孔率增加对葡萄预冷时间影响变大。巨峰和牛奶葡萄均是套袋包装预冷时间最长，分别为843分钟和767分钟；裸放时间最短；分别为67分钟和53分钟。其余预冷时间均在二者之间。相同包装方式的葡萄，预冷期间失水率随风速增加而升高。相同风速下，泡沫箱与纸箱开孔率增加，失水率变大。

（5）选择减振缓冲增持强度包装材料：要选择减振缓冲增持强度的包装材料，可选择的材料与形式有：带空泡塑料垫多折叠材料缓冲减振；软质泡沫塑料垫多折叠材料缓冲减振；塑料泡沫网套材料缓冲减振；纸垫或塑料丝或泡沫塑料丝缓冲减振；蜂窝束缚型包装+单穗包装缓冲减振；真空与空气双连袋包装缓冲减振；单穗真空包装或单穗热收缩包装或单穗泡沫网包装和单穗塑料及无纺布包装，缓冲减振；单盒包装缓冲减振；充气柱包装缓冲减振。要根据品种特性选择使用。

五、设施葡萄冷藏与冷链物流

（一）创立低温环境实施葡萄冷藏和流通保鲜

为了最大限度地延长葡萄贮运期及销售期，从采收到销售过程，均应使葡萄处于低温环境，抑制其呼吸作用、果实快速软化和由微生物引起的发霉腐烂。进行冷凉-亚常温-低温-冰温系列精准控温技术和管理，是温度管理的必要措施。

1.创立田间低温环境

①选择早晨天亮后田间露水干后，趁葡萄果温较低的时候开始采收，至上午10点前采收结束。

②在田间地头采用双层黑塑料网搭建集货棚，把采收的葡萄周转箱置于遮荫棚内，尽可能减缓果温上升。

2.在亚常温下进行商品化处理

①采收的葡萄必须在2～3小时内运入冷凉库内预冷，要求葡萄采收离树3～6小时内把果体中心温度降至10℃以下。

②将预冷至10℃以下的葡萄转移到15～18℃亚常温环境的加工包装车间，进行商品化处理，按不同要求进行分级、内外包装和商品化修饰。

3.低温预冷

①需长期贮藏的葡萄，要求从采收离树2～4小时内从田间直接送入低温预冷库进行快速预冷。

②经商品化处理的葡萄，也需送入冷凉库快速预冷。

③快速预冷要求葡萄从采收后在10～16小时内把果体中心温度降至-1～1℃，可采用面壁式或塑料罩式压差预冷技术。然后移入恒温冷藏库或冰温高湿冷藏库进行较长期贮藏，需要销售时才出库，如图17-6。

4.普通冷藏和冰温高湿冷藏

①等果体中心温度降到-1～1℃时，把包装葡萄的塑料保鲜袋口扎紧冷藏。

②葡萄冷藏库冷藏，果实温度（品温）控制在-0.5～0℃的范围和环境相对湿度在

90%～95%，如图18-7。

图17-6　多种预冷方式（差压预冷、隧道预冷、冷藏间预冷）

图17-7　长期和短期精准控温冷藏

③冰温高湿冷藏，是采用精准控温的夹套冰温贮藏保鲜，把夹套内温度设定在－1.5～－0.5℃，并使贮藏部位的温度降到－0.65～－0.35℃，而且在整个贮藏期间库温波动极小，控制在0.15℃ ±0.15℃的范围内，蒸发器融霜期间对库温的波动也明显减小。

5.果实低温流通保鲜　从采摘至零售终端，各环节均需采用全程恒温冷链，才能保持葡萄果实新鲜品质，在一定时间内不变质、不腐烂。

①经过预冷的葡萄商品可在6～24小时内配送到目的地的情况，可采用简易保温覆盖保冷运输车配送；也可采用保温车运输配送。

②经过预冷的葡萄商品在24～48小时及以上才能配送到目的地的情况，需采用冷藏车或冷藏集装箱运输配送，如图17-8。

图17-8　集装化冷藏运输

③葡萄商品量较大时，需要在销售地租用周转冷库或自建微型冷库，以防通过冷链运送到的葡萄果实软化或霉烂。

④葡萄果实应陈列在冷藏柜里或冷藏货架上销售，以防产品软化或霉烂。

（二）温度精准检测、监测与控制技术及应用

1.果实冰点温度测试技术及其应用　物体从液态转变成固态这一物态相变过程称为凝固，此过程将会同时向外界释放出热量（潜热）。果实冰点温度值就是指由果实所含的水溶性物质液态转变成固态过程这一时间点所处的温度参数。

新鲜葡萄，属于鲜活的植物组织，果实内具有大量含水溶性物质的汁液。为了抑制葡萄组织的呼吸强度、减低其蒸腾作用，降低其品温是实现这些目标极其重要的技术手段。生产实践显示，在不损坏果实组织结构的情况下，贮藏保鲜环境的温度越低，越接近而不低于其果实的冰点温度，越有利于葡萄果实贮藏期的延长。因此，掌握葡萄果肉的冰点温度值是搞好其贮藏保鲜所需的必要参数，测试探明葡萄果实的冰点温度值是精准确定并设定其适宜贮藏温度的工作基础，而贮藏保鲜管理人员往往需要根据果实的冰点温度值来精准确定和设定果实的最低贮藏温度。通常在低温条件下，葡萄果实汁液温度随时间延长而逐步下降，当温度降至该汁液的冰点温度时，由于出现液体放热的物理现象，温度随时间下降过了该液体冰点而不结冻后又回升，之后在该液体的冰点冻结后，温度又随着时间下降，达到一定温度值后，具有一段时间温度不随时间而下降。据此，可测得葡萄汁液温度与时间发展变化的关系，并把其绘制成曲线，其中温度不随时间下降的这一段时间相对应的温度，即为该汁液的冰点温度，此时该汁液的物态由液态转变为固体。下面就葡萄果实的冰点温度测试方法做一介绍。

（1）冰盐水浴法：该方法是测试冰点最常规的传统方法，也是基于冰点概念所用的方法。具体为将盛有葡萄果实汁液的容器（如烧杯）置于冰盐中，汁液中插入温度计，温度计的水银球必须浸入汁液中，不断搅拌汁液，当汁液温度降至2℃以下时，开始记录温度随时间的变化数值，定时记录（如每30秒一次）。汁液温度随时间不断下降，降至冰点以下时，汁液仍不结冰，出现过冷现象后，汁液温度突然上升到某一点，并出现相对稳定，持续时间几分钟。此后，汁液温度再次缓慢下降，直到汁液大部分结冰。根据记录的数据绘出温度—时间曲线，曲线平缓处相对应的温度即为汁液的冰点温度，如图17-9。

现在，为了避免人为的操作因素，已经将水银球测定的传统方法进行了改正，多数

科技人员采用热电偶温度记录仪（需要提前标定），用以替代水银温度计，可把温度值直接记录下来，然后再将数据进行分析，即可得到冰点温度数据。此操作方便、快捷，成本低廉，使用范围广阔（表17-10）。

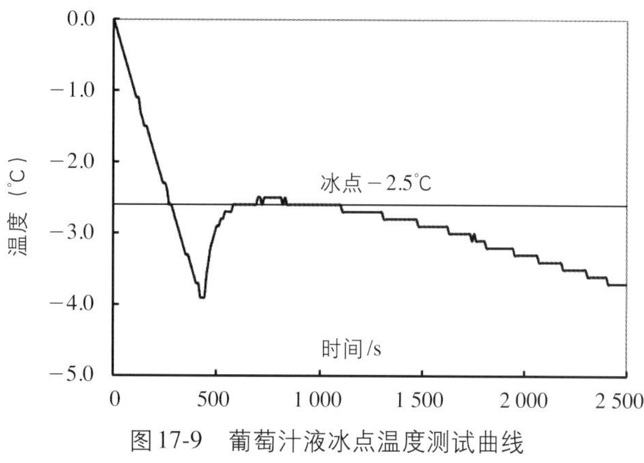

图17-9 葡萄汁液冰点温度测试曲线

（2）电导率值法：如上方法所述，葡萄果实汁液温度在下降过程中达到其冰点时，由于汁液中水分开始结冰，放出大量潜热，温度呈现相对稳定的阶段，称为“最大冰晶生成区”，此时，经电导率仪检测，汁液的电导率会发生突降现象，而电导率突降时的温度值即为汁液的冰点温度。此法的优点是：测试过程简单，时间较长，测试结果准确，此法的不足之处是较难判断和掌握物料达到冰点时测定的电导率数。

表17-10 冰盐水浴改正法测试的部分葡萄品种果粒冰点温度（单位：℃）

品种冰点温度	红地球 −2.7	茉莉莎 −3.3	马奶 −3.5	玫瑰香 −2.9	紫甜 −2.55	巨玫瑰 −3.45	克瑞森无核 −2.3
品种冰点温度	保尔加尔−2.7	美夏 −2.5	沪太八号−3.1	阳光玫瑰−2.9	白罗莎里奥−3.1	脆宝−2.85	晚红宝 −2.5
品种冰点温度	红富士 −2.7	金手指 −3.05	早黑宝−2.6	晚黑宝−3.85	美人指 −3.5	夏黑 −2.8	醉金香 −3.5

注：无年份标注的为2018年采样。

2.葡萄贮藏保鲜环境温控装置及其应用 葡萄贮藏环境温度控制管理主要包含三个方面：第一是冷藏库代表性位点设定的绝对温度值（可采用一个位点或三个位点温度加权平均值），即果实接触库位要求控制的具体适宜温度；第二是冷藏库同一代表性位点设定的温度波动值，即果实所处环境围绕绝对温度值上下浮（波）动的差值；第三是贮藏库内不同位点要求不大于的温度差值。在生产实践中，掌握好贮藏环境这三个方面温度检测、监测与精准设定和控制装置的应用，对与搞好葡萄贮运保鲜、保持果实质量和延长其贮运期限具有十分重要的生产意义和现实指导意义。

（1）贮藏库温控装置的精度优化选择与校对：

①温度计的选择。就温度检测原理而言，水银温度计温度检测优势大，测试精度高，在生产中常把其作为标准温度计使用，用其校正其他类型的温度计（仪）。贮藏过程中常推荐使用专业级标准水银气象温度计（精度为0.1℃，至少为0.2℃）进行库温的测定。生产中在制冷设备上广泛使用电子温度计，常用的有铂电阻电子温度计和铜电阻电子温度计，其中精密的铂电阻电子温度计能达到基准温度计的要求，而铜电阻电子温度计使用较少。选择电子温度计时一定要注意其精度，一般A级：±0.15℃；B级：±0.3℃；C级：±0.6℃。

②温度计测量温度的校正。校正的方法是：把电子温度计传感头和水银温度计绑定

好，然后一并插入保温杯冰水混合（0℃）液中，找出电子温度计传感头所测温度在显示表上的指示值，以水银温度计测定的温度为基准进行对比，然后将显示值调整至标准水银温度计读数值（0℃）。

（2）冷藏库控温装置与制冷运行控制：

①温度控制器的应用。冷藏库的控温就是要把冷藏库温度控制在设定温度范围内，并保持不同时间同一部位和同一时间不同部位的温度波动小且长期保持相对稳定。温度控制器是用来自动控制制冷设备开启而实现控制冷藏库温度的必要部件。

常用的电子温度控制器是利用了某些导体或半导体（如电阻温度计、电偶温度计等）的导电性能可随温度的变化而发生变化的特性，来达到检测贮藏环境温度的变化和控制制冷压缩机的开启和停止。电子温度控制器具有精度高、检测控制距离远，容易实现多点检测和调控等优点，目前得到越来越广泛的应用。

②制冷运行控制。在单制冷压缩机单贮藏库间的情况下，可安装单个温度控制器直接控制冷制压缩机的开停，使冷藏库温度稳定控制在设定范围内。在单压缩机或并联压缩机多贮藏库间的情况下，往往安装多个温度控制器和控制制冷剂供液的电磁阀，通过温度控制器与电磁阀配合使用，分别对相应的贮藏库间进行温度控制。

（3）缩小贮藏库同一部位不同时间温差的调节：

①高精度温度控制器选择：采用高精度温度传感器，传感器的温度传感精度及温控器显示、控制分度值均可达到0.1℃，使其在循环风机的区域内形成不超过0.2℃的温差。

一般情况下，选择使用以PT100电阻电子温度计为例精度高有A级：±0.15℃，B级：±0.3℃，C级：±0.6℃，选择精度越高的越好，但选择要根据具体要求而定。

②传感器位置投放。如由一个传感器控制时，如果冷藏库是小型冷藏库，传感器应放置在蒸发器冷风机下的部位；如果冷藏库是大型冷藏库，传感器应放置在冷藏库的中间位。如由多个（如三个）传感器控制时，要在冷藏库的前中后分别放置。

③较窄温度范围设定。一般情况下，温度设定的范围越窄越好，但温度设定范围要根据具体要求而定。

④多传感器加权平均温度控制。需采用PLC多传感器加权平均温度控制，一般采用3个传感器进行监测控制。

⑤高质量电器元件与多传感器温度控制。选用高质量电器元件，在制冷运行过程避免出现电器故障，造成制冷机组应该制冷时不启动，使产品受热，制冷机组不应该制冷时而启动，使产品受冻；需采用PLC多传感器温度控制，当一个传感器发生故障不能发挥功能时，另一个传感器可发挥作用，使制冷机组正常运行，一般采用2～3个传感器进行监测控制。

（4）缩小贮藏库同一时间不同部位温差的调节：在生产中，由于受到贮藏库建筑构造、制冷机组冷风配送系统功能与果实装载形式的影响，贮运环境内的同一时间不同部位往往会出现较大的温度差，需要通过科学调节来将其缩小。

①二重壁库体结构优化。普通结构的冷藏库温度场相对不均匀，通过优化设计改造可明显得到改善。改造成可实现传热传质与传热不传质互换形式夹套二重壁结构的库体，只要在原有冷藏库内建造一个金属板房，板房墙上安装上可开闭的进排气窗就可以了。另一可改造成能实现温和传质传热形式夹套二重壁结构的库体，要在原有冷藏库内建造

一个金属或木制板房，板房墙下部安装有常开的进气窗，在顶棚安装微孔布风板或布套就可以了。

②空气环流设备结构优化。在设计贮藏库时要充分考虑不同部位温度的均匀一致性，通常要从贮藏库结构的优化和设备匹配性的选型上来解决此问题，如在蒸发器冷风机的出风方向温度不均匀时，可安装带有侧面出风口的梯形送风通道来调节风压、风量和风向来达到调节目的；如蒸发器蒸发面积不够时通过更换较大蒸发面积的蒸发器，冷风机的风压和风量要足够满足冷空气的均布和温度场的均匀。

③冷库门结构优化。冷库的库门结构的不同可明显影响不同部位的温差。安装电动门可快速开闭冷库的库门、在冷库的库门上方安装冷风幕、挂装棉质门帘或塑料条、采用双并联门缓冲结构可阻挡冷热空气的交换、采用封闭装卸仓库门，都可阻挡冷热空气的交换，保持贮藏库温度场的均匀。

④贮藏工艺调节。在注重设备装置优化的情况下还要注重贮藏工艺的调节。包装箱要有一定的通风孔道，入贮产品要进行科学合理的码垛，库间较大时要考虑产品包装箱的分层摆放，分垛摆放，要调整箱与箱间距、垛与垛间距、垛与墙壁间距，垛与库地面间距，要在地面铺放托盘。总之，要保证产品包装箱垛四周空气畅通流动，与地面间通风畅通，避免空气滞流死角现象的出现，造成温度上升且不均匀。贮藏操作工艺调节还有，要把预冷间与贮藏间分开使用，避免预冷时新入库产品引起贮藏库原有产品的升温，避免频繁开启库门引起门口果实温度剧烈的变化，以及通过部位监控如发现部位温度异常或差别较大时，应及时地采取排解措施等。

(5) 不同时间不同部位温差的双调节：

①新型变频制冷方式的应用。采用新型变频制冷方式，安装变频器调控制冷压缩机，当其工作至库温接近设定温度时，进入低频、低速运转状态，不断向贮藏库提供少量冷量，以克服普通制冷方式蒸发器不连续运转、严重结霜与加热除霜造成库内的温度波动。利用压缩机变频技术进行制冷量调节；利用电子膨胀法进行制冷剂流量调节，利用风扇变速进行热交换能力调节。

②双制冷机双蒸发器或单制冷机双蒸发器运行。设置双制冷机双蒸发器或单制冷机双蒸发器运行，使一个蒸发器除霜时，另一个蒸发器仍在进行制冷工作，以减少温度波动。

③除霜设备的优化和管理。采用高档电器元件使除霜功能不易出现问题；在蒸发器上安装温度传感器，一旦除霜控制出现故障使蒸发器表面温度升高过度就会报警并自动断电，防止库温升高或发生火灾。可采用高压冷凉水或热氟与热氨代替电热除霜，从温度控制的角度而言，高压冷凉水除霜最好、热氟与热氨除霜次之、电热除霜最差。要科学设定每次除霜时间长短和各次除霜时间的间隔并配以手动除霜，贮藏初期要加强除霜工作，延长每次除霜时间，缩短各次除霜时间间隔，中后期要缩短每次除霜时间，延长各次除霜时间间隔，设定参数要根据实际情况灵活调整。

（三）冷藏库与果实温度的综合管理

温度管理涉及冷藏库与果实温度两大方面的综合管理，良好库温管理是良好果温管理的基础，只有库温管理好果温才有希望管理好，但库温管理好并不等于果温就能管理好，因果温管理还有许多需要注意的特殊条件和影响因素。因此，只有库温和果温都实现统一综合科学合理的管控，果温才能达到贮藏保鲜的要求，果实才能贮藏保鲜得更好。

1.冷藏库温度的综合管理 冷藏库温管理内容包括：冷库的建造、冷库检修、控温仪温度校对、贮温设定、提前降温、贮温监测、蒸发器除霜、停电与发电机的配备、电力和制冷机故障的及时排除、加热防冻等措施和选择责任心强的冷库管理人员等措施。

（1）冷藏库的建造：要根据单位或库主对果品贮藏时间和数量的要求，选择库容、制冷、隔热、保温相协调的冷库材料和结构，包括冷库的结构和隔热层、制冷机组、自控系统和冷库门的构造。

（2）冷库检修：在葡萄入贮之前的相当一段时间，要对冷库、制冷机组和电力进行检修，为冷库后期无故障制冷运行打下基础。

（3）控温仪温度显示校对：在保温杯内放入冰水混合物（为0℃），把具有0.1℃精度的气象水银温度计和制冷传感器绑定放入保温杯内，对控温仪温度显示进行校正，应为0℃。

（4）贮温正确精准设定：对控温仪的温度控制进行正确精准设定（控温仪的精度要求为0.1℃），普通冷库设定值为－0.5℃ ±0.5℃，冰温高湿冷库夹套内的温度设定值在－1.5～－0.3℃。

（5）冷库提前降温：葡萄入贮前，要提前1～2天把冷库的温度降到设定的温度－0.5℃ ±0.5℃。

（6）贮温监测：可用气象水银温度计进行库内一点或多点贮温实时监测，也可用数字温度巡检仪（电脑表）或红外电子眼监视器气象温度计有线远程传输进行监测，还可用冷库温度无线远程传输监测与安全报警设施（具有短信、电话、声光、语音报警功能）进行监测，最好对温度进行多点监测。

（7）蒸发器除霜：可采用高压冷凉水、电热或热氟与热氨除霜，从温度控制的角度而言，高压冷凉水除霜最好、热氟与热氨除霜次之、电热除霜最差。要科学设定每次除霜时间长短和各次除霜时间的间隔并配以手动除霜，贮藏初期要加强除霜工作，延长每次除霜时间，缩短各次除霜时间间隔，中后期要缩短每次除霜时间，延长各次除霜时间间隔，设定参数要根据实际情况灵活调整。

（8）停电与发电机的配备：在停电多发和停电时间较长的地区要配备发电机组，以解决制冷机组不间断制冷运行的问题。

（9）电力和制冷机组故障的及时排除：在电力供应和制冷机组出现故障时应及时排除，尽快恢复电力供应和制冷机组的正常运行。

（10）加热防冻等措施：在寒冷地区的冬季应注意冷库的保温和加热升温，在不太寒冷地区可科学利用原有电热除霜设备对冷藏库进行适当加热，在较寒冷地区应安装专门的加热设备以防果实受冻。把冷藏库建造在大容积房间（房套库）是冬季防冻最有效的办法。

（11）选择责任心强的冷库管理人员：最终要选择懂技术且责任心强的冷库管理人员。

2.果实温度的综合管理 果实温度管理内容包括：采收时间、库外预贮、及时入贮、每库一天的入贮量、产品预冷、库的专一预冷与无缝化冷藏顺序转库、不同包装的温度管理、码垛间隔与通风、靠近蒸发器的防冻管理和箱温及果温的监测、防止单库超量装载等措施。

（1）采收时间：葡萄采收要选择晴天露水干后的冷凉时间采收。

（2）库外预贮：当在冷凉季节夜温较低时，如采收量较大且库容较小，可在库外过夜预贮，在清晨装入贮藏库。

（3）及时入贮：外温较高时，一般要求葡萄采收后至多在2 ～ 4小时内装入冷库，进入预冷过程。

（4）每库一天的入贮量：不管预冷还是冷藏，产品每次入库量应为该库贮藏能力的10%～ 15%，特别在外温和果温高时更应严格遵守。

（5）产品预冷：要进行开袋敞口预冷，根据不同品种、果粒大小、外温和果温、降雨程度，库的装量和码垛，外包装种类，一般要求预冷几小时至十几小时后扎袋，扎袋时果温要求降到1℃及以下。

（6）建设专用预冷库或无缝化冷藏顺序转库：最好建设专用预冷库以便更快速地降温。在多库入贮时，最好在各冷库连接的墙壁开门，便于库的专一预冷与无缝化冷藏顺序转库。

（7）不同包装的温度管理：由于木板箱、纸箱、塑料箱和泡沫箱的材质、大小和开孔程度不同，造成降温速度不同，在预冷时间和码垛间隔等温度管理措施方面给予区别对待。

（8）码垛间隔与通风：码小花垛，注意箱与箱之间、垛与垛之间、垛与地面和墙体之间的通风，要留有主通风道和地面放置垫板，合理码垛尽可能维持库内各个部位温度均匀一致。

（9）靠近蒸发器的防冻管理：在靠近蒸发器果垛上放置塑料布或纸板做保护，防止果实受冻。

（10）箱温及果温的监测：设置气温和果肉专用温度计，经常对箱温和果温进行监测。

（11）防止单库超量装载：每库装量为库容的50%～ 70%，防止单库超量装载。

六、设施葡萄防腐保鲜处理

设施葡萄贮运过程中极易发生由灰霉菌等有害微生物引起的发霉和腐烂，造成鲜食葡萄贮藏过程中的重大经济损失。为了使鲜食葡萄实现良好贮运保鲜，应正确采用四段式杀菌保鲜技术，方可有效防止贮运过程中的霉烂发生。鲜食葡萄四段式杀菌保鲜技术主要包括：果实田间病害防控、果实贮前气态处理、果实贮运保鲜设施清洁消毒以及果实贮运过程中的防腐处理，如图17-10。

1.果实田间病害防控 田间正常的病害防控是搞好鲜食葡萄贮运过程中防腐防霉的第一大关，只有把好这一关，才可将要入贮的鲜食葡萄带菌量降到最低，才可为鲜食葡萄贮运提供健康耐贮运的果实，才可把鲜食葡萄在贮运过程中达到能引起腐烂的菌群数量级的时间显著得到延迟。尤其要搞好鲜食葡萄田间正常的灰霉病防控，减少贮运前菌群数量，降低贮运发病风险和压力。

2.果实贮运前气态处理 鲜食葡萄贮运前气态处理是防止贮运过程中灰霉菌发病重要的辅助性技术措施，再配套有固态保鲜剂的使用，就可形成鲜食葡萄气固双效处理保鲜

图17-10　鲜食葡萄贮运四段式防腐保鲜处理
果实田间病害防控、果实贮前气态处理、果实贮运保鲜设施清洁消毒以及果实贮运过程中的防腐处理

新一代技术措施。它适应于以下3种情况的鲜食葡萄贮运保鲜：二氧化硫高度敏感品种、秋雨滞后地区和带菌量高的中早熟品种。

3.果实贮运保鲜设施清洁消毒　鲜食葡萄贮运保鲜设施（包机械冷藏库和冷藏车等），是鲜食葡萄贮运病害的主要初侵染源之一，对贮运保鲜设施进行清洁和消毒可有效地减少和杀灭贮运保鲜设施中的病原微生物，减少和推迟贮运病害二次污染的发生。因而，在每次贮运产品之前必须对贮运保鲜设施进行彻底清扫，也应对地面、货架、塑料箱等进行清洗，以达到洁净卫生。同时要对贮运设施、贮藏用具等进行消毒杀菌处理。

4.果实贮运过程中防腐保鲜处理　葡萄柔软多汁，贮运期内很易发生灰霉病。在-1℃低温下仍可使病害传染，造成腐烂变质。多年贮运实践总结的经验是葡萄贮运过程中必须配合使用防腐措施，多使用袋装粉剂和片剂保鲜剂以及塑料片和纸片保鲜垫，及时足量而不过量投放保鲜剂也是成功贮运的关键。

七、设施葡萄贮运保鲜期潜力预警及果实货架寿命确定

1.年度果实总体贮运保鲜期潜力预警　根据对该年度入贮的鲜食葡萄总的果实质量影响因素的追溯与研判、总的果实水分影响因素的追溯与研判、总的果实温度影响因素的追溯与研判和总的果实防腐影响因素的追溯与研判，在与正常年份、正常质量和正常管理进行比对后，明确该年度总的贮藏保鲜影响因素是朝着增加鲜食葡萄耐贮运性与抗病性的方向发展了，还是朝着降低鲜食葡萄耐贮运性与抗病性的方向发展了。把多项指标列表进行综合评判，得出总体保鲜期潜力的预测与预警结果。

2.年度不同批次果实贮运保鲜期潜力预警 把该年度鲜食葡萄不同批次的果实质量影响因素的追溯与研判、果实水分影响因素的追溯与研判、果实温度影响因素的追溯与研判和果实防腐影响因素的追溯与研判，与正常年份、正常质量和正常管理进行对比和互比，明确哪批入贮的鲜食葡萄的耐贮藏性和抗病性最强，哪批最弱，哪批介于中间，把入贮的不同批次鲜食葡萄列表进行耐贮藏性和抗病性的对比与排序，得出排次结果作为该年度不同批次入贮的鲜食葡萄贮藏期长短的判定和确定出库上市先后的依据。

3.基于保鲜期潜力预警的果实货架寿命确定 根据该年度入贮的鲜食葡萄总体贮藏影响因素的追溯与研判，得出该年度入贮的鲜食葡萄总体保鲜潜力预测与预警的结果；根据该年度入贮的不同批次鲜食葡萄贮藏影响因素的追溯与研判，得出不同批次鲜食葡萄保鲜期潜力预测与预警的结果，最后做出不同批次鲜食葡萄与保鲜期潜力预测关联的贮藏期确定，并对出库上市先后做出决断，并可作为销售部门的营销指导。

第十八章 设施葡萄休眠期管理

设施葡萄由于生态环境受人为调控，可以调整葡萄产期——促早、延后和一年多收。我国(海南省除外)葡萄促早栽培、一年一收正常栽培和一年多收栽培的一次果采收以后，树体还要延续生长；而延后栽培和一年多收栽培的二次果或三次果采收以后，气温下降逐渐进入冬季，树体开始预休眠并很快进入休眠状态。

一、葡萄树体休眠特性

（一）葡萄树体休眠概念

葡萄休眠是营养器官生长暂时停顿，仅维持微弱生命活动的时期，称为休眠期。休眠是落叶果树在系统发育进程中为了适应不良环境（低温、干旱）而形成的一种特性，是进入休眠的葡萄树体对低温逆境一种生理适应的自我保护，是葡萄生产管理中不可忽视的重要环节，唯有人为辅助其科学渡过休眠期，才有翌年优质、丰产、高效的收获。

葡萄植株的休眠一般是指从秋季落叶开始到次年树液开始流动时为止，休眠期根据其生理活动特性可分为两个阶段：自然休眠和被迫休眠。

1.自然休眠 又称为生理休眠、深休眠等。是由葡萄器官本身特性决定的，需要一定的低温条件才能通过此期。在自然休眠阶段即使给予树体适宜生长的环境条件（如温、湿度等）也不能萌芽生长。葡萄自然休眠期一般从秋末枝条开始成熟时或冬初开始到第二年1–2月树液开始流动结束。

2.被迫休眠 是指葡萄树体通过自然休眠后，已经完成了萌芽生长所需的准备，但由于不利的逆境条件（低温、干旱等）的胁迫而暂时不萌芽生长而处于被迫休眠的现象。逆境消除即可萌芽生长。

被迫休眠与自然休眠一般从外观上不易辨别，所以通常以芽开始活动（萌芽）为葡萄树体解除休眠的标志。

虽然习惯上将落叶作为自然休眠期开始的标志，但实际上葡萄新梢上的冬芽进入休眠状态要早得多，大约在8月间新梢中下部充实饱满的冬芽即已进入休眠始期。9月下旬至10月下旬处于休眠中期，至翌年1–2月即可结束自然休眠。如此时温度等条件适宜，植株即可萌芽生长，否则就处于被迫休眠状态。

（二）葡萄树体休眠的生理特性

葡萄的休眠与树体枝蔓成熟密切相关。葡萄新梢在浆果成熟期已开始木质化和成熟。浆果采收后，叶片的同化作用仍继续进行，合成的营养物质大量积累于根部、多年生蔓和新梢内。新梢在成熟过程中，下部最先变成褐色，然后逐步向上移。天气晴朗、叶片光照充足、气温稳定均有利于成熟过程的加快进行。休眠期间细胞中的淀粉转化为脂类物质，细胞原生质由亲水状态转为疏水状态，从而增强了抗寒能力。休眠越深，植株忍耐低温的能力越强。

而新梢的成熟和秋末冬初的抗寒锻炼关系密切。最适宜的抗寒锻炼条件是气候缓慢下降、日照充足。这样能使葡萄在越冬前各器官积累大量的营养物质（主要是淀粉），以作为冬季休眠和翌春萌芽生长的物质基础。一般认为抗寒锻炼过程可分为两个阶段，在第一阶段中淀粉转化为糖，积累在细胞内成为御寒的保护物质，此阶段最适宜的锻炼温度为－3℃；第二阶段为细胞的脱水阶段，细胞脱水后可避免细胞结冰，原生质才具有更高的抗寒力。此阶段最适宜的温度为－5℃，如温度突然降至－8℃或－10℃时则不利于锻炼的进行，可能引起枝条和芽眼的严重冻害。

新梢成熟的越好，则能更好地在秋季的低温条件下通过锻炼并及时进入休眠。例如，新梢上的芽眼在未接受锻炼以前，在－8 ～ －6℃时就可能被冻死，可是在经过锻炼、进入深度休眠之后，抗寒力显著提高，能忍受－18 ～ －16℃的低温。

为了保证新梢的成熟和顺利通过抗寒锻炼进入休眠，在生产上需要采取一些措施。一是合理留产，保证新梢有适当的生长量，维持健壮的树势；二是在生长季中保持有足量健康的叶片，使之不受病虫危害并获得足够的光照，保证浆果和枝蔓及时成熟；三是在生长后期要控制N肥的用量和水分的供应，使新梢及时停止生长，以利于在晚秋良好成熟和更好地接受抗寒锻炼和正常进入休眠。

（三）葡萄休眠期的需冷量

落叶果树解除自然休眠所需的有效低温时数或单位数称为落叶果树的需冷量，又称低温需求量。葡萄树体进入休眠后，需要经过一定的低温期、达到一定的需冷量才能解除休眠。包括葡萄在内的木本果树通常用7.2℃以下的低温累积时数计算（或判断）需冷量。葡萄不同种类和品种从自然休眠转入开始生长所要求的需冷量（低温量）有较大的差异。需冷量最低仅为200 ～ 300小时（个别美洲种葡萄），一般完全打破自然休眠则要求1 000 ～ 1 200小时。如倍蕾玫瑰经200 ～ 300小时的低温处理后，在适于生长的条件下需经100天芽眼才能萌发，而经过500小时低温处理后，50天即可萌芽。

近年来，国内在设施葡萄品种需冷量方面开展了一些研究，取得了一定进展。王海波等（2011）用≤7.2 ℃需冷量估算模型（详见第十一章需冷量估算模型），分别对22个设施葡萄常用品种的需冷量进行了测定分析，结果表明（见表11-1）品种间需冷量值差异较大，介于573 ～ 1 246 小时之间，且欧美杂种品种需冷量值普遍高于欧亚种品种。需冷量最低的品种有87-1、莎巴珍珠和红香妃，均为573小时，需冷量较高的品种包括火焰无核和矢富萝莎（均为1 030小时）、巨玫瑰和红旗特早玫瑰（均为1 102小时），巨峰需冷量要求最高，为1 246小时；朱运钦等（2008）研究了15个设施葡萄品种的需冷量，结果表明，品种间的需冷量差异较大，在715～1 116小时之间，其中金星无核和大粒六月紫的需冷量最低，在715小时以下，而巨峰（1 063小时）、京亚和无核白鸡心（1 116小时）几个品种需冷量较高；章镇等（2002）也研究了19个供试葡萄品种的需冷量，结果表明，需冷量最少的品种为巨星、藤稔、里扎马特、希姆莱特、无核金星、紫珍香6个品种，低温时数（需冷量）均为606小时，而绯红（1 494小时）、黑玫瑰和无核早红（均为1 622小时）几个品种需冷量较高。

因此，了解和掌握葡萄品种的需冷量对设施葡萄品种选择和采取的栽培管理措施非常重要。

二、设施葡萄解除休眠技术

（一）葡萄被迫休眠的解除

在设施栽培条件下，自然休眠解除后，进行扣棚保温，可使冬芽提早萌发和开花，使葡萄提早成熟、提早上市。可根据各品种需冷量确定升温时间，待满足需冷量后方可升温。葡萄的自然休眠期较长，一般自然休眠的结束时间多在12月初至翌年1月中下旬。如果过早升温，葡萄需冷量不足，易造成发芽迟缓且不整齐、卷须多，新梢生长不一致，花序退化，浆果产量降低，品质变劣。

（二）葡萄自然休眠的解除

1.葡萄的预休眠　当葡萄低温积累量不够，休眠没有结束时，就开始加温或保温，则从加温到开花所需的天数多，萌芽和开花不整齐。因此，设施栽培只有在基本上满足了果树的低温要求，开始进入休眠觉醒时期进行加温，才能对开花和成熟有促进作用。所以，开展温室葡萄促早栽培时，第一步必须做好“预休眠”。当秋末葡萄即将落叶时，监测夜间温度能下降至7.2℃左右，即可及时进行扣棚，并盖上草苫。此时扣棚不是为了升温，而是为了积蓄夜间的冷量，延长低温时间，进行预冷，以提前打破休眠。具体做法为夜间打开放风口，让棚室温度降低，而白天关闭所有通风口，盖草苫或棉帘、遮光，保持低温到夜温低于−5℃止。大多数葡萄品种经过30～40天的低温预冷处理，便可满足低温需求量，即可开始白天揭苫升温生产。

2.利用变温方法打破自然休眠　杨天仪等（2002）等分别在恒温条件下(0～5℃冰箱)和田间自然条件下研究5个葡萄品种需冷量时发现，同一品种在自然条件下的需冷量要低于恒温条件下的需冷量，其中无核白鸡心葡萄最高相差超过221小时。因此认为自然条件下低温变幅较大，更有利于葡萄通过休眠，在葡萄休眠期一定范围内的变温对通过（解除）自然休眠更有效。这个试验结果给我们设施葡萄休眠期温度管理、缩短自然休眠时间提供了重要启示。

国外有研究认为，为了满足休眠的需要，在连续的低温周期中，人们认为8℃的低温最有效，比8℃高或低的温度，对解除休眠的效果均差。如12℃的效果仅是8℃的46%，而0℃只达到8℃效果的33%。但是，在低温处理过程中，用较高温度间断处理，如用13～15℃处理8小时，0℃处理16小时，则对低温反应有促进作用，0℃的低温变得像8℃

一样有效。然而，在一天的低温处理中，如果超过8小时的高温处理（19 ～ 21℃），就可能消除低温的效应。在一天的4℃低温处理中，如果实施8小时24℃高温处理，就能完全消除低温的作用。

3.施用化学药剂打破自然休眠 在设施内（温室、大棚）栽培的葡萄，为了使果实早上市，常采用石灰氮、二硝基邻甲酚（DNOC）、细胞分裂素、矿物油、亚麻油、鲸油等化学药剂打破自然休眠、促进萌芽。目前设施葡萄生产上应用最普遍的打破休眠的氰胺类化学药剂是石灰氮和单氰胺。

（1）石灰氮打破葡萄休眠的应用技术：石灰氮（氰氨基化钙，$CaCN_2$）是应用较广、效果良好、成本较低的一种化学破眠剂。可打破自然休眠，能使萌芽迅速和萌发整齐。

①施药时间。石灰氮打破葡萄休眠的处理时期一般提前20 ～ 30天，最佳时间是温室升温前10 天。如果温度、湿度、光照正常，一般处理后15天左右植株即可萌芽。对亚热带和热带地区露地栽培的葡萄，为促进芽正常整齐萌发，需于萌芽前20 ～ 30天使用1次；两季生产，促使冬芽当年萌发，需于花芽分化完成后至达到深度自然休眠前结合剪梢、去叶等措施使用1次。石灰氮或单氰胺等破眠剂处理一般应选择晴好天气进行，气温以10 ～ 20 ℃之间最佳，气温低于5 ℃时应取消处理。

②施药浓度与药剂配制，杨天仪等（2001）上海地区促成栽培的巨峰葡萄20% 石灰氮（石灰氮：水=1 ： 5）上清液12月中旬处理结果母枝效果最好，这与日本的有关报道基本一致。

国内外生产实践证明，石灰氮打破葡萄休眠的有效浓度是10% ～ 20%的石灰氮浸出液（石灰氮加水充分搅拌后静置4 ～ 6小时的上清液）。石灰氮水溶液的一般配制方法是将粉末状药剂置于非铁容器中，加入4 ～ 10倍的温水（40 ℃左右），充分搅拌后静置4 ～ 6 小时，然后取上清液备用。为提高石灰氮溶液的稳定性和破眠效果，减少药害的发生，有条件的可适当调整溶液的pH是一种简单可行的方法。在pH为8时，药剂表现出稳定的破眠效果，而且贮存时间相应延长；调整石灰氮的pH可用无机酸（如硫酸、盐酸和硝酸等），也可用有机酸（如醋酸等）。

③施药方法。石灰氮打破葡萄休眠涂抹或喷布芽眼，使用时可直接全面均匀喷施休眠枝条或直接涂抹休眠芽。处理原则是顶端芽不需要处理，只处理顶端芽下面所需要的芽眼。

④注意事项。

A.配制石灰氮或单氰胺药剂时禁用铁制容器。

B.均具有一定毒性，因此在处理或贮藏时应做好安全防护，避免药液与皮肤直接接触。

C.由于石灰氮或单氰胺有较强的醇溶性，所以操作人员应注意在使用前后一天内不可饮酒。

D.药剂应放在儿童接触不到的地方，保存于避光干燥处，不能与酸或碱性药剂放在一起保存。

（2）单氰胺打破葡萄休眠的应用技术：一般认为单氰胺打破葡萄休眠的效果好于石灰氮，破眠效果明显、稳定，能使整个萌芽过程缩短，萌芽更趋于整齐一致，而且便于贮存。单氰胺打破葡萄休眠的有效浓度因处理时期和品种而异。目前在葡萄生产中，主要使用的是经特殊工艺处理后含有50%有效成分的稳定单氰胺水溶液（商品名多美滋），一般使用浓度为0.5%～3.0%。配制水溶液时需要按0.2%～0.4%的比例加入非离子型表面活性剂，不能与其他农药混配。单氰胺在室温下贮藏有效期很短，但如在1.5～5℃条件下冷藏，有效期至少可以保持一年以上。

（3）其他药剂打破葡萄休眠的应用技术：矿物油、2-乙烯氯醇是较早用于葡萄破眠的化学药剂，但实践证明二者的破眠效果一般，并且2-乙烯氯醇是挥发性的剧毒化合物，在设施条件下使用对人体具有很大的危害性，且破眠催芽效果不稳定，加之在药剂处理前需花费较多人工进行刻伤处理，这些缺点使其应用受到较大的限制。

我国台湾省采用乙烯氯醇5～10倍液，在根系活动旺盛期涂抹枝条，7～15天即可看到芽的萌发。但乙烯氯醇有毒，使用时应注意安全。

近年来，利用大蒜及其产品打破葡萄休眠的应用研究较多。日本有研究结果表明，大蒜泥和大蒜汁处理后，均能刺激或打破休眠状态下巨峰、亚历山大玫瑰等葡萄品种枝条芽的萌发，并且打破休眠效果稳定，并且无毒无害，是有希望的葡萄破眠催芽药剂。

打破葡萄芽休眠的破眠剂还有硫脲、硝酸钾（KNO_3）、硝酸铵（NH_4NO_3）等。有研究证明2%～5%的硫脲水溶液处理，可以打破葡萄树体的休眠，但破眠催芽效果低于单氰胺；硝酸钾一般与其他破眠药剂混合使用效果好，单独使用时破眠作用效果不显著；望月太曾用硝酸铵对巨峰和先锋葡萄品种的休眠芽涂抹处理，取得了较好的效果，能使葡萄提早萌芽13～15天，这种处理方法适用于葡萄露地栽培及设施栽培。孙凌俊（2005）曾对日光温室栽培的无核白鸡心、奥古斯特、维多利亚等葡萄品种进行了试验研究，结果是7%～16%的硝酸铵处理虽有一定的效果，但作用不稳定，只对少数品种效果较好。

三、葡萄树体抗寒能力与防寒技术

（一）葡萄树体抗寒能力

葡萄不同种和品种对低温的反应不同。在通过正常的成熟和抗寒锻炼之后，一般欧洲种葡萄的芽眼可忍耐－18～－16℃左右的低温，美洲种可忍受－22～－20℃左右的低温，欧美杂种可忍受－22～－18℃的低温，山葡萄可忍受－40～－30℃以上的低温。一年生枝的木质部比芽眼抗寒力稍强。葡萄在生长期间的抗寒性很弱，春季膨大的芽眼能忍耐－1℃的低温，温度下降到－4～－3℃时常发生冻害，嫩梢和叶片在－1℃时开始受冻，0℃时花序受冻，秋季叶片和浆果在－5～－3℃时受冻。

葡萄根系的抗寒力远比成熟的枝条弱。休眠期大部分欧洲种葡萄的根系在－5～－3℃左右时即受冻致死，欧美杂种在－7～－5℃时即受冻，美洲种在－9～－7℃时即受冻害。河岸葡萄的根系可忍耐－13～－11℃的低温，贝达（Beta）根系受冻的临界温度为－13～－12℃，山葡萄根系在葡萄属中抗寒性最强，可忍受－16～－15℃的低温。了解不同种和品种根系的抗寒力，对寒冷地区制定安全越冬的防寒措施有极为重要的参考价值。

（二）葡萄树体防寒技术

1.我国葡萄防寒区域的确定 葡萄休眠期的抗寒能力是有一定局限的，超过抗寒力极限的低温环境，就可使植株特别是根系发生冻害。为了防止冬季植株发生冻害，在冬季绝对最低气温平均值－15℃线以北地区的露地栽培葡萄基本都要采取越冬防寒措施才能安全越冬。根据气象资料，我国寒冷地区葡萄重点产区绝对最低气温情况（表18-1）。其中安徽萧县和山东烟台为葡萄露地越冬的临界地区，有的年份也会出现冻害。南方各地葡萄均可露地安全越冬，但海拔高、气候寒冷处也需覆盖越冬。北方各地除抗寒的山葡萄外，都需进行防寒覆盖，以保证植株安全越冬。而设施葡萄，由于不同类型的设施保温防寒效果差异很大，另当别论（详见本章五）。

表18-1　我国北方各地绝对最低气温

地名	纬度（北纬）	绝对最低气温（℃）
河南　郑州	34° 43′	－12.2
安徽　萧县	30° 04′	－14.6
山东　青岛	36° 11′	－16.4
烟台	37° 32′	－15.0
平度	36° 47′	－18.0
济南	36° 41′	－19.2
北京	39° 57′	－22.8
河北　昌黎	39° 41′	－24.6
辽宁　大连	38° 54′	－20.0
沈阳	42° 17′	－32.9
吉林　公主岭	43° 30′	－34.5
长春	43° 53′	－36.5
黑龙江 哈尔滨	45° 45′	－41.4
山西　清徐	37° 40′	－18.5
甘肃　兰州	36° 01′	－24.8
新疆　吐鲁番	42° 58′	－28.3
和田	37° 07′	－29.5

2.防寒覆土宽度和厚度的确定　多年的生产实践经验表明，凡是越冬期间能保持葡萄根桩周围1米以上和地表下60厘米土层内的根系不受冻害，第二年葡萄植株就能正常生长和结果。根据沈阳农业大学在辽宁省各地的调查，发现露地葡萄园自根葡萄根系受冻深度与冬季地温－5℃所达到的深度大致相符。这样，可根据当地历年地温稳定在－5℃的土层深度作为防寒土堆的厚度，而防寒土堆的宽度为1米加上2倍的厚度。例如沈阳历年－5℃地温在50厘米深度，鞍山为40厘米，熊岳为30厘米，则自根葡萄防寒土堆的厚度×宽度分别为（厘米）：沈阳50×200、鞍山40×180、熊岳30×160。此外，沙地葡萄园由于沙土导热性强，而且易透风，防寒土堆的厚度和宽度需适当增加。而设施葡萄，由于设施可覆盖防寒，就我国冬季绝对低温－15℃以北地区葡萄植株也可以不下架埋土

防寒。

3.其他覆盖物宽度和厚度的确定 近年来，随着防寒用工成本的增加，寒冷地区一些露地和设施葡萄园开始应用针刺棉或保温被覆盖防寒，节省了埋土防寒用工，取得了良好的效果。方法是：修剪下架后，先在枝蔓上覆盖一层编织布（带膜彩条布）或旧塑料保湿，然后再覆盖一层针刺棉或保温被对树体进行越冬保护，根据各地冬季寒冷情况，覆盖材料宽度在1～1.5米。为了保证防寒效果和树体安全越冬，要选用较致密和厚实的针刺棉或保温被。

近年来一些葡萄园试用塑膜防寒，效果良好。做法是：先在枝蔓上盖麦秆或稻草40厘米厚，上盖塑料薄膜，薄膜周围用土培严。但要特别注意不能碰破薄膜，以免因冷空气透入而造成冻害。

四、设施葡萄越冬前管理

设施葡萄秋果或冬果采收以后至入冬以前，还有很多农事需要认真对待的，尽管有的项目在前面有关章节已经阐述，作为“休眠期管理”的完整性，还是稍作连贯处理为好。

（一）冬季修剪

冬季修剪一般在葡萄进入休眠季节，养分充分回流以后进行。即在叶片干枯或叶片脱落后2周开始到伤流前2～3周结束，最迟也要在葡萄破眠前3～5天完成，一般以12月底到翌年1月下旬为宜。

1.结果母枝的更新 可采用单枝更新(适宜极易形成花芽的品种)，适用于篱架水平型、棚架龙干形和高、宽、垂架双臂形等树形，不需留预备枝，留1～3个芽短剪，结果部位不易外移；结果母枝还可采用双枝更新（一长一短），即冬剪时将结果母枝按所需的长度剪截，一般留4～6个芽以上，在其下面相邻的成熟枝条留2芽短截，作为预备枝。冬剪时，长留的结果母枝结果后全部疏除，预备枝发出的2个枝条，上位枝留作结果母枝留4～6个芽以上剪截，下位枝留2芽短截，作为预备枝，以后每年如此循环进行，基本可保持结果部位稳定。

2.骨干枝的更新 南方设施葡萄不同品种、不同整形方式的植株生长一定年限后，骨干枝(主蔓和侧蔓)容易出现局部衰弱和光秃现象，必须根据具体情况进行不同程度的更新来解决上述问题，保持树体健壮的生长势。根据更新部位和程度不同，可采用小更新、中更新和大更新三种方式。小更新是在主蔓和侧蔓先端(前部)的更新，是经常应用的一种方法；中更新是在主蔓的中段(中部)和大侧蔓基部进行的更新，已达到复壮枝蔓、防止光秃的目的：大更新是指剪去主蔓的大部分或全部的更新，一般用主蔓基部的新枝或萌蘖来代替培养成新主蔓。

（二）清理园地和架面

设施葡萄栽培清理园地和架面十分重要。冬剪后要把架面上残留的枝叶、卷须等清理干净，把留下的枝蔓按要求在架面上摆布、固定好；还要对地面上残留的病果、落叶、修剪后的枝蔓及时清理，刮除老翘皮，并运至距离栽培地点比较远的地方烧毁处理。在园地和架面清理之后，对树体、畦面、设施内墙面及地面喷撒波美度3° ~ 5° 石硫合剂彻底杀菌消毒处理，以消灭越冬病原菌及虫卵等。

（三）修整设施

休眠期要对设施进行一次全面的检查，及时修整损坏的设施。检查和修整内容包括：架材(立柱和铁线)、棚膜、压膜槽和压膜线、通风口、灌溉和排水管道、喷滴灌设施、配药池等。如有损坏要及时更换或修复，保证设施和树体越冬安全，为来年葡萄生长发育提供基础保障。

五、设施葡萄越冬防寒方法

北方设施葡萄广泛采用抗寒砧木嫁接栽培，由于根系抗寒力强于自根苗的2 ~ 3倍，故可大大简化防寒，各地可根据当地冬季绝对低温值采取相应防寒措施。

（一）日光温室葡萄越冬防寒方法

北方传统露地栽培需要埋土防寒的地区，采用日光温室栽培的设施葡萄，由于设施全面封闭管理保温保湿性能好，葡萄可以不下架，只需要对设施表面覆盖保温材料防寒，植株即可安全越冬，达到简化防寒的效果。常用的温室表面覆盖材料有草帘、针刺棉、保温被、黑塑料等。这样通过覆盖保温材料可以保持设施内黑暗、温度和湿度相对稳定，植株可安全越冬。覆盖防寒时间从树体落叶前后开始直至到揭帘升温为止。日光温室葡萄进入深休眠后，通常在温室棚面外部覆盖保温帘防寒，可以一直延续到需要升温促发芽时才揭帘。

（二）塑料大棚葡萄越冬防寒方法

冬季不太寒冷的黄河流域、黄河以北到华北中南部，虽然露地葡萄还需要简易埋土防寒，但塑料大棚（冷棚）栽培的葡萄，不下架防寒也能安全越冬，但在严寒的季节(1–2月)，当棚外气温连续低于－10℃时，设施晚间应封闭所有通风口，白天适当通风，保持土壤不冻结或轻微冻结，维持根系正常吸收水分，防止枝条抽干。

冬季寒冷地区（12月至翌年2月经常出现－20℃的低温），塑料大棚（冷棚）栽培的葡萄，可以根据情况采取以下任意一种防寒方法。

1.埋土防寒　冬剪下架后，抗寒砧木嫁接苗先在葡萄枝蔓上覆盖一层编织布（带膜彩条布）或旧塑料保湿，然后再覆土15 ~ 20厘米即可，品种自根苗覆土适当加宽加厚。

2.覆盖针刺棉或保温被防寒　冬剪下架后，同样先在葡萄枝蔓上覆盖一层编织布（带膜彩条布）或旧塑料保湿，然后再覆盖一层针刺棉或保温被对树体进行越冬保护。

3.起拱表面覆盖保温材料防寒　冬剪下架后，在葡萄枝蔓上先起拱覆盖一层编织布(带膜彩条布）或旧塑料保湿，然后再覆盖一层针刺棉或保温被保温。管理要求是寒冷季节（11月末至翌年2月末）封闭保温，以后温度升高后适时通风降温。

4.大棚表面覆盖保温材料防寒　树体可不修剪、不下架，11月中旬封闭大棚后，在设施表面覆盖针刺棉或保温被等保温材料对葡萄树体进行保护。这种方法减轻了树体下架造成的损伤和劳力成本，是一种效果较好的防寒方法。

5.塑料大棚覆帘保温防寒 其棚内气温和地温变化较大，要设气温和地温的温度传感器，设定防冻指标，实行自动报警，以便及时采取补温措施。尤其要预防葡萄枝蔓风干，保持棚室内相对湿度60%上下，有条件的应相隔一定时间开机往架面喷水保湿。

（三）设施葡萄越冬防寒其他问题

（1）要关注下雪天气，大雪停后（有特大暴雪及时除雪）及时清理积雪，防止压塌设施。

（2）注意棚室内空气湿度，空气长期过于干燥，要喷水，防止葡萄抽条芽眼失水干死或不发芽。

（3）注意防止鼠害，发现老鼠活动要及时施鼠药诱杀，以免葡萄枝芽造成损失。

图18-1 大棚葡萄休眠期冬态

主要参考文献

蔡之博，李军，等，2017. 如何选择葡萄品种[J]. 北方果树 (2)26-28.

蔡之博，胡楠楠，赵常青，等.2017. 早春日光温室葡萄生理缺素的解决措施[J]. 北方果树(9): 41-42.

晁无疾，管仲新，张仲明，2008. 环剥对红地球葡萄果实发育和枝条生长的影响[J]. 中外葡萄与葡萄酒(1): 8-11.

晁无疾，周敏，马云峰，2001. 温室葡萄开花生物学特性观察[J]. 中外葡萄与葡萄酒 (2): 18-20.

陈锦永，方金豹，顾红，等，2005. 环剥和GA处理对红地球葡萄果实性状的影响[J]. 果树学报，22(6): 610-614.

陈锦永，顾红，赵长竹，等，2010. ABA促进巨峰葡萄着色和成熟试验简报[J]. 中外葡萄与葡萄酒 (1): 43-44.

陈锦永，2011. 植物生长调节剂在葡萄生产中的应用[M]. 北京: 中国农业出版社.

陈晓岚，涂霞艺，2020. 生物刺激素在欧美的最新管理进展[J]. 世界农药，42(2): 29-32.

程建徽，魏灵珠，李琳，等，2012. 浙东南沿海地区葡萄避灾抗台栽培关键技术[J]. 中外葡萄与葡萄酒(3) : 26-27.

董新平，1985. 葡萄果实发育过程中幼果期的重要性[J]. 山梨之园艺(5): 14-19.

范海涛，2003. 世界设施农业发展现状. 环球视窗 (1): 30-31.

房玉林，李华，陶永胜，2003. 葡萄休眠及打破休眠的研究进展[M]. 第三届国际葡萄与葡萄酒学术研讨会论文集，西安: 陕西人民出版社，30-36.

高东升，李宪利，耿莉，1997. 国外果树设施栽培的现状[J]. 世界农业(1): 30-32.

郭家选，沈元月，2018. 我国设施果树研究进展与展望[J]. 中国园艺文摘(1): 194-196.

郭民主，2006. 果树的自然灾害及其防御对策[J]. 山西果树(3) : 30-32.

郭绍杰，陈恢彪，李铭，等，2012. 干旱区赤霞珠葡萄着色期含糖量变化及其数学模型研究[J]. 安徽农业科学，40(12): 7048-4049.

郭西智，陈锦永，顾红，等，2016. 葡萄果实着色影响因素及改进措施[J]. 中外葡萄与葡萄酒 (5): 124-127.

郭修武，1999. 葡萄栽培新技术大全[M]，沈阳: 辽宁科学技术出版社.

贾宗锴，张运涛，1999. 环剥对大棚葡萄浆果品质的影响初报[J]. 河北职业技术师范学院学报，13(4): 32-34.

蒯传化，刘三军，杨朝选，等，2009. 葡萄日灼病的发生与防治[J]. 中国果树 (3) : 42-45.

蒯传化，杨朝选，刘三军，等，2008. 落叶果树果实日灼病研究进展[J]. 果树学报，25(6): 23-25.

李翠芳，董尊，秦素洁，等，2018. 果园霜冻的发生与预防[J]. 安徽农学通报 (14) : 47-48.

李华，2001. 葡萄集约化栽培手册[M]. 西安: 西安地图出版社.

李铭，郑强卿，窦忠江，等，2010. 果实中花色素苷合成代谢的调控机制及影响因素[J]. 安徽农业科学，38(16): 8381-8384, 8387.

李铭，郑强卿，窦忠江，等，2010. 果实中花色素苷合成代谢的调控机制及影响因素[J]. 安徽农业科学，38(16): 8381-8384, 8387.

李晓春，张新中，张文，等，2019. 植物生长调节剂限量标准分析与问题研究[J]. 甘肃科技，35(2): 146-150.

李亚东，郭修武，张冰冰，2012. 浆果栽培学[M]. 北京: 中国农业出版社.

梁春浩, 2009. 葡萄褐斑病病原学、流行规律及防治技术研究[D]. 沈阳：沈阳农业大学.

廖月枝, 严金娥, 刘敬学, 2018. 果树裂果原因及防治技术研究进展[J]. 河北果树(5): 23-27.

刘凤之, 段长青, 2012. 葡萄生产配套技术手册[M] . 北京: 中国农业出版社.

刘俊, 2012. 北方葡萄减灾栽培技术[M]. 石家庄: 河北科学技术出版社.

刘向标, 段江燕, 2016. 植物花色素苷研究进展[J]. 陕西农业科学, (1): 104-109.

鲁会冉, 等, 2017. 葡萄花穗整形技术研究进展[J]. 江西农业学报, 29(7): 56 ～ 61.

路瑶, 2012. 水分胁迫、夏季修剪对葡萄花芽分化的影响研究[D]. 长沙：湖南农业大学.

罗国光, 2001. 世界葡萄产业的概况及发展趋势[J]. 中外葡萄与葡萄酒(5): 54-58.

罗正荣, 1993. 新植物生长调节剂CPPU及其在果树和蔬菜上的应用[J]. 植物生理学报, 29(1): 297-299.

马玉萍, 潘长虹, 陶小祥, 等, 2017. 除草剂药害类型、发生原因及药害补救预防措施的探讨[J]. 青海农林科技(3) : 47-50.

聂章镇, 高志红, 盛炳成, 等, 2002. 葡萄不同品种需冷量研究初报[J] . 中国果树(3): 15-17.

潘瑞积, 1996. 植物生长延缓剂的生化效应[J]. 植物生理学通讯(6): 17-19.

容新民, 2005. 葡萄日灼产生的原因及预防对策[J]. 中外葡萄与葡萄酒(2) : 35-36.

尚昊, 陈文仙, 2019. 以色列精准农业"让沙漠变绿洲"[J] . 参考消息(12): 11-12 .

邵长凯, 2016. 济南市主栽葡萄的生物学特性及开花和传粉的生态学研究[D]. 烟台: 鲁东大学.

申艳红, 姜涛, 陈晓静, 等, 2008. 南方葡萄栽培抗台风综合技术[A]. ——中国园艺学会第八届青年学术讨论会暨现代园艺论坛论文集[C]. 上海: 上海交通大学出版社.

盛强文, 2016. 影响葡萄品质的环境因素探讨[J]. 现代园艺(8): 46-47.

石化联合会氰胺应用调研组, 2018. 氰胺产品在农业领域扩大应用范围的建议[J] . 中国石油和化工经济分析(9): 41-43.

石雪晖, 杨国顺, 刘昆玉, 等, 2019. 图解南方葡萄优质高效栽培技术[M] . 北京: 中国农业出版社.

石雪辉, 杨国顺, 刘昆玉, 等, 2019. 南方葡萄优质高效栽培[M] . 北京: 中国农业出版社.

石占萍, 陵军成, 2015. 葡萄园除草剂药害与扇叶病毒病的症状鉴别与防治措施[J]. 河北林业科技(3) : 25-26.

束胜, 康云艳, 王玉, 等, 2018. 世界设施园艺发展概况、特点及趋势分析[J]. 中国蔬菜 (7): 1-13.

孙凌俊, 赵文东, 张治东, 等, 2005. 提早解除葡萄休眠的药剂筛选试验[J] . 北方果树(1): 13-14.

塔依尔 · 艾合买提, 张新华, 依克然 · 库尔班, 等, 2014. 吐鲁番设施葡萄促成栽培关键技术[J] . 农村科技(6): 59-60.

王旭, 赵思东, 周光益, 等, 2006. 避雨栽培条件下环剥对葡萄生长结果的影响[J]. 经济林研究, 24 (3): 25-27.

王柏秋, 杨立柱, 王晔青, 等, 2015. '着色香' 葡萄设施栽培中的问题及对策[J] . 北方果树(3): 19-20.

王海波, 王宝亮, 王孝娣, 等, 2019. 设施葡萄22个常用品种需冷量的研究[J] . 中外葡萄与葡萄酒(11): 20-22+25.

王海波, 王孝娣, 王宝亮, 等, 2009. 中国设施葡萄产业现状及发展对策[J]. 中外葡萄与葡萄酒 (9): 61-65.

王海波, 王孝娣, 王宝亮, 等, 2011. 设施葡萄常用品种的需冷量、需热量及两者关系研究[J] . 果树学报, 28(1): 37-41.

王江柱, 仇贵生, 2013. 葡萄病虫害诊断与防治原色图鉴[M]. 北京: 化学工业出版社.

王青雪, 袁洪振, 2016. 葡萄主干环剥效果试验报告[J]. 山东林业科技(6): 50-52.

王燕华, 陶磅, 贾克功, 2005. 葡萄花芽分化与花器官发育研究进展[J]. 中国果树(2): 51-52.

王忠跃,2017.葡萄健身栽培与病虫害防控[M].北京:中国农业科学技术出版社.

吴 俊,钟家煌,等,2002.生长季修剪和环剥对藤稔葡萄果实生长及叶片光合作用的影响[J].山东农业大学学报,33 (2): 148-153

辛慧荣,桑建荣,2004.番茄肥害与防治[J].北京农业 (6)41.

修德仁,田淑芬,商佳胤,等,2010.图解葡萄架式与整形修剪 [M] .北京:中国农业出版社:153-156.

杨天仪,李世诚,蒋爱丽,等,2001.葡萄品种需冷量及打破休眠研究[J] .果树学报, 18(6): 321-324.

杨治元,王其松,应霄,2014.彩图版夏黑葡萄[M].北京:中国农业出版社:122.

杨治元,2013.台风对浙江沿海地区葡萄危害的调查与减灾措施[J].中外葡萄与葡萄酒 (2) : 31-32.

袁志友,李宪利,孙庆华,等,2003.巨峰葡萄花芽分化的研究[J].西北植物学报(3): 389-394.

张 强,陈秋生,刘烨潼,等,2012.葡萄果实中糖类成分与品质特征研究进展[J].湖北农业科学(22): 4978-4981.

张鹏,2011. 葡萄灰霉病发生规律及防治技术研究[M].北京:中国农业科学院.

张英,穆楠,张雪清,2008.国外设施农业的发展现状与趋势[J].农业与技术,28(2): 123-125.

张玉星,2003.果树栽培学各论北方本第三版[M].北京:中国农业出版社:99.

张玉星,2014.果树栽培学总论[M],第四版,北京:中国农业出版社.

张运涛,张国辉,周延文,1997.温度对果树休眠的影响[J] .河北果树(3): 6-8.

赵宝龙,孙军利,杨兆勤,2008. 葡萄扇叶病病状与除草剂2, 4-D药害症状的区别及防治[J].中外葡萄与葡萄酒(3): 34.

赵常青,蔡之博,康德忠,等,2013.葡萄促成栽培休眠障碍与花芽分化异常表现及解决方法[J].中外葡萄与葡萄酒(3): 32-33.

赵常青,蔡之博,吕冬梅,等,2019.现代设施葡萄栽培技术[M] .北京:中国农业出版社.

赵海亮,2016.设施葡萄休眠调控和扣棚升温管理技术[J] .农业技术(12): 44-45.

赵海亮,2016.设施葡萄休眠调控和扣棚升温管理技术[J] .农业技术(12): 44-45.

赵奎华, 2006.葡萄病虫害原色图鉴[M].北京:中国农业出版社.

周良强,崔永亮,程祖强,等,2013. 不同处理措施对巨峰葡萄着色和果实品质的影响[J].资源开发与市场,29(7): 686-688.

朱运钦,乔改梅,王子崇,等,2008.15个葡萄品种需冷量的研究[J].中国果树 (6): 16-18.

坂神 泰辅,1994.果树の病害虫[M].二卷.日本:日本植物防疫协会.

後藤 昭二,寺林隆志,1980.ブドウ灰色カビ病菌*Botritiscinerea*の同定および培养上の特征と病原性について[J].日本农艺化学会志,54(2): 117 － 121.

那须 英夫,藤井新太郎,1985.ブドウのすす点病菌*Zygophialajamaicensis* Mason について[J].日植病报,51: 536-545.

农文协,2005.原色果树病害虫百科[M].二版.东京:农山渔村文化协会.

齐藤 司朗,1986.果树病害防除の新技术[J].农耕と园艺(5): 192 － 195.

矢野 龍,1962.ブドウ病気[M].日本:原山梨县果树试验场.

寺井 康夫,1988.アメリカミブリ州立大学でのブドウ根頭がんしゆ病の研修[J].今月の农业,11: 36 － 39.

田中 宽康,1983.欧米におけるブドウのウイルス病对策[J].果实日本(7、8): 36-44.

中村 真人,1990.ブドウ最近の灰色かビ病发生の状况とその原因[J].今月の农业(5): 58-63.

Bovey R. et al., 1980.Virus and virus-like diseases of grapevines[M].USA: APS Prress.

Mink G. I. Parsons J. L.1977. Procedures for rapid detection of virus and virus-like disease of grapevine[J]. Ibid. 61(7): 56-571.

Pearson C. R. Goheen A. C., 1988. Compendium of grape diseases[M]. USA: The American Phytopathological Society.

Raski D. J. et al., 1983. Strategies against grapevine fanleaf virus and its nematode vector[J]. Plant Disease 67(3): 335-339.

编后

《中国设施葡萄栽培技术大全》一书，终于与读者见面了。说来话长，自2011年下半年本人拟就本书编写大纲以来，至今正巧十年。在此期间我们每年都按编写大纲所拟项目内容的要求，奔赴各有关葡萄产区进行调研，并随时对〝编写大纲〞进行调整和修改。时间顺至2018年春，国内设施葡萄产业迅猛发展，其面积已达约28万公顷，占全国葡萄面积70.3万公顷的39.8%。本人1997年编写的《葡萄生产技术大全》一书时，当时是针对露地葡萄生产的技术内容，如今已不完全适用，迫切需要新增一些符合我国国情的〝设施葡萄〞全书来指导葡萄田间生产和经营管理。这就给我们一种无形的压力，鞭策我情不自禁地又一次提笔，并得到身边的一些葡萄专家教授的热情参与，很快组成了《中国设施葡萄栽培技术大全》编委会，又根据各自的工作基础和爱好，对全书18章内容进行了分工，制定了编写计划。最后得到中国农业出版社有关领导的支持。

本书的顺利出版，体现出大协作的精神。本人除在〝前言〞中提到一些感谢的话以外，直到今天，还有一些不得不说的话想借〝编后〞做一交代。

首先，我要向编委们致歉。由于编委会是私营自由组合缺乏经费支持，没有召开过编委会会议，没有相聚在一起讨论和明确编写原则和精准分工的机会，致使书稿风范多样、部分内容重叠、计量单位不统一等，作为主编又不得不调整某些文章结构、表达方式，甚至忍痛割爱，以求全书的统筹兼顾。

其次，要向葡农们致敬！近十多年来，我国设施葡萄面积几乎翻了多番，葡萄产量增加了3倍多。葡萄生产设施类型五花八门一起上，你们摸着石头〝过河〞，探着身子〝爬坡〞，迎来葡萄〝早上市〞，拖着〝提子〞晚采收，硬是将国产葡萄从初夏6月提前到早春3月春分上市并延长至翌年2月春节大年，几乎一年四季365天，天天都有新鲜葡萄上市。今天应该说，这本书是你们催生出世的，书中很多技术和管理内容大多出自你们的〝经验〞和〝教训〞，是你们用汗水和辛劳浇灌树立起来的“丰碑”！

向葡萄科技界致敬！向葡萄种植者致敬！

主编　严大义敬

2020年7月于沈阳

图书在版编目（CIP）数据

中国设施葡萄栽培技术大全/严大义主编．—北京：中国农业出版社，2022.1
ISBN 978-7-109-27282-8

Ⅰ.①中… Ⅱ.①严… Ⅲ.①葡萄栽培–设施农业 Ⅳ.①S628

中国版本图书馆CIP数据核字（2020）第170195号

中国农业出版社出版
地址：北京市朝阳区麦子店街18号楼
邮编：100125
责任编辑：王琦瑢　王黎黎
版式设计：杜　然　　责任校对：沙凯霖　　责任印制：王　宏
印刷：北京通州皇家印刷厂
版次：2022年1月第1版
印次：2022年1月北京第1次印刷
发行：新华书店北京发行所
开本：787mm × 1092mm　1/16
印张：26.25
字数：620千字
定价：480.00元